Thermische Solaranlagen

Springer

*Berlin
Heidelberg
New York
Barcelona
Budapest
Hong Kong
London
Mailand
Paris
Tokyo*

Nikolai V. Khartchenko

Thermische Solaranlagen
Grundlagen, Planung und Auslegung

Mit 169 Abbildungen und 80 Tabellen

Springer

Prof. Dr.-Ing. Nikolai V. Khartchenko

Institut für Energietechnik
Technische Universität Berlin
Marchstraße 18
D-10587 Berlin

ISBN 3-540-58300-9 Springer-Verlag Berlin Heidelberg NewYork

Die Deutsche Bibliothek - CIP-Einheitsaufnahme
Chartčenko, Nikolai V.: Thermische Solaranlagen: Grundlagen, Planung und Auslegung /
Nikolai V. Chartčenko. - Berlin; Heidelberg; New York; Barcelona; Budapest;
Hong Kong; London; Mailand; Paris; Tokyo: Springer, 1995
 ISBN 3-540-58300-9

Dieses Werk ist urheberrechtlich geschützt. Die dadurch begründeten Rechte, insbesondere die der
Übersetzung, des Nachdrucks, des Vortrags, der Entnahme von Abbildungen und Tabellen, der
Funksendung, der Mikroverfilmung oder der Vervielfältigung auf anderen Wegen und der Speicherung
in Datenverarbeitungsanlagen, bleiben, auch bei nur auszugsweiser Verwertung, vorbehalten. Eine
Vervielfältigung dieses Werkes oder von Teilen dieses Werkes ist auch im Einzelfall nur in den Grenzen
der gesetzlichen Bestimmungen des Urheberrechtsgesetzes der Bundesrepublik Deutschland vom 9.
September 1965 in der jeweils geltenden Fassung zulässig. Sie ist grundsätzlich vergütungspflichtig.
Zuwiderhandlungen unterliegen den Strafbestimmungen des Urheberrechtsgesetzes.

© Springer-Verlag Berlin Heidelberg 1995

Die Wiedergabe von Gebrauchsnamen, Handelsnamen, Warenbezeichnungen usw. in diesem Werk
berechtigt auch ohne besondere Kennzeichnung nicht zu der Annahme, daß solche Namen im Sinne der
Warenzeichen- und Markenschutz-Gesetzgebung als frei zu betrachten wären und daher von jedermann
benutzt werden dürften.

Sollte in diesem Werk direkt oder indirekt auf Gesetze, Vorschriften oder Richtlinien (z.B. DIN, VDI,
VDE) Bezug genommen oder aus ihnen zitiert worden sein, so kann der Verlag keine Gewähr für
Richtigkeit, Vollständigkeit oder Aktualität übernehmen. Es empfiehlt sich, gegebenenfalls für die
eigenen Arbeiten die vollständigen Vorschriften oder Richtlinien in der jeweils gültigen Fassung
hinzuzuziehen.

Satz: Reproduktionsfertige Vorlagen vom Autor
SPIN: 10470540   68/3020 - 5 4 3 2 1 0 - Gedruckt auf säurefreiem Papier

Vorwort

Das vorliegende Buch kann als Lehrbuch für Studierende und als Fachbuch für Ingenieure benutzt werden. Es soll Studierenden und Einsteigern in das Fachgebiet Solartechnik Kenntnisse aus der Thermodynamik, Wärmeübertragung und Strömungslehre in kompakter Form vermitteln, die die Grundlage für das Verstehen der Vorgänge in den Komponenten der Solaranlagen bilden.
Photovoltaik-Anlagen werden ergänzend kurz behandelt.

Das Buch beschreibt den aktuellen Entwicklungsstand der thermischen Solartechnik, der modernen Kollektoren, Wärmespeicher und anderer Einrichtungen. Weitere Informationen können der Literatur im aktuellen Schriftenverzeichnis entnommen werden, auf die im Text verwiesen wird.

Das Buch beschreibt die Anwendung der anerkannten Verfahren zur Berechnung und Planung aktiver und passiver Solaranlagen. Verfahren für die Wirtschaftlichkeitsanalyse und Optimierung der Solaranlagen werden auch dargestellt.

In allen Kapiteln werden nach wichtigen Abschnitten zahlreiche Anwendungsbeispiele gegeben, die die theoretische Darstellung verdeutlichen und ergänzen. Als Arbeitshilfen sind die Tabellen und Diagramme im Text und im Anhang gedacht, denen man alle wichtigen Daten zur Berechnung und Auslegung von thermischen Solaranlagen entnehmen kann. Die Klima- und Strahlungsdaten für alle Gebiete der Welt, insbesonders für Deutschland und Europa, sind in einer solchen Form dargestellt, daß sie direkt zur Berechnung verwendet werden können. Daneben finden sich die Stoffwerte der gängigen Wärmeträger und Wärmespeichermedien. Auf diese Weise werden dem Benutzer umfassende Unterlagen zur Planung thermischer Solaranlagen zur Verfügung gestellt.

Berlin, Mai 1995   Nikolai Khartchenko

Inhalt

	Symbolverzeichnis	XI
1	**Sonnenstrahlung**	1
1.1	Extraterrestrische Sonnenstrahlung und Solarkonstante	1
1.2	Sonnenenergieangebot auf der Erdoberfläche	5
1.3	Direktstrahlung auf geneigte Flächen	11
1.3.1	Lage der Sonne bezüglich eines Ortes auf der Erde	11
1.3.2	Einfallswinkel der Direktstrahlung auf geneigte, horizontale und vertikale Flächen..................................	14
1.4	Stündliche und tägliche Gesamtstrahlung auf geneigte Flächen ...	17
1.5	Berechnung der stündlichen Global- und Diffusstrahlung von Tageswerten	22
2	**Physikalische Grundlagen der Solartechnik**	28
2.1	Thermodynamik in Anwendung an thermischen Solaranlagen	28
2.1.1	Erster und zweiter Hauptsätze der Thermodynamik............	29
2.1.2	Kreisprozesse der Energieumwandlung	29
2.2	Wärmeübertragung in Anwendung an thermischen Solaranlagen ..	34
2.2.1	Wärmeleitung..	34
2.2.2	Differenzenverfahren für die numerische Lösung der Wärmeleitungsgleichung	36
2.2.3	Wärmeübertragung durch Konvektion	38
2.2.4	Wärmedurchgang und Wärmetauscher	39
2.2.5	Wärmeübertragung durch Strahlung	44
3	**Niedertemperatur-Solarkollektoren**	49
3.1	Einteilung von Solarkollektoren	49
3.2	Aufbau von Flachkollektoren............................	53
3.3	Optische Eigenschaften von Solarkollektoren	56
3.3.1	Reflexions-, Transmissions- und Absorptionsgrad der transparenten Kollektorabdeckung........................	56
3.3.2	Optischer Wirkungsgrad eines Kollektors	62
3.3.3	Selektive Absorberbeschichtungen	67
3.4	Thermische Prozesse in Niedertemperatur-Kollektoren..........	70
3.4.1	Wärmeverluste eines Flachkollektors......................	70
3.4.2	Gesamtwärmedurchgangskoeffizient. Kollektorfluid-Austrittstemperatur..	74
3.5	Leistungsfähigkeit von Solarkollektoren	82
3.5.1	Nutzwärmeleistung und Wirkungsgrad eines Flachkollektor	82

3.5.2	Energieertrag eines Kollektorfeldes	93
3.6	Evakuierte Solarkollektoren	96
3.7	Prüfung von Solarkollektoren	98
4	**Konzentrierende Solarkollektoren**	**102**
4.1	Konzentrationsverhältnis, Absorbertemperatur und optischer Wirkungsgrad eines konzentrierenden Kollektors	102
4.2	Nutzwärmeleistung und Wirkungsgrad von konzentrierenden Kollektoren	107
4.3	Kollektoren mit niedrigem Konzentrationsverhältnis	112
5	**Langzeit-Leistungsfähigkeit von Solarkollektoren**	**119**
5.1	Nutzbarkeitsgrad eines Solarkollektors	119
5.2	Verallgemeinerter Nutzbarkeitsgrad eines Solarkollektors	121
5.3	Energieertrag eines Solarkollektors	127
6	**Energiespeicher**	**133**
6.1	Arten von Energiespeichern und ihre Bewertungsgrößen	133
6.2	Wärmespeicher für Niedertemperatur-Solaranlagen	137
6.2.1	Wasserwärmespeicher - physikalische Grundlagen und mathematische Modellierung	139
6.2.2	Feststoff-Wärmespeicher - physikalische Grundlagen und mathematische Modellierung	147
6.3	Latentwärmespeicher - Kenngrößen, Speichermedien, Wärmeübertragung	155
6.4	Mittel- und Hochtemperatur-Wärmespeicher	168
6.5	Thermochemische Energiespeicher	171
7	**Wirtschaftlichkeitsanalyse von Solaranlagen**	**174**
7.1	Jährliche Kosten für die Solarenergie	174
7.2	Wirtschaftliche Bewertungskriterien für Solaranlagen	175
7.3	Optimierung der Kollektorfläche einer Solaranlage	177
8	**Solaranlagen zur Brauchwasser- und Schwimmbaderwärmung**	**180**
8.1	Solare Schwerkraftanlagen zur Wassererwärmung	180
8.2	Solaranlagen mit integrierten Speicher-Kollektoren	186
8.3	Zwangsumlauf-Solaranlagen zur Warmwasserbereitung	187
8.4	Energieertrag einer Solaranlage zur Wassererwärmung und Zusatzenergiebedarf	193
8.5	Langzeit-Leistungsfähigkeit offener Solaranlagen	197
8.6	Nutzung der Sonnenenergie zur Schwimmbaderwärmung	201
8.6.1	Aufbau der Solaranlagen zur Schwimmbaderwärmung	201
8.6.2	Energiebilanz, Wärmeverluste und Heizwärmebedarf für Schwimmbäder	204
8.6.3	Auslegung der Kollektorfläche für die Schwimmbaderwärmung	215

9	**Solarheizungssysteme**	217
9.1	Aktive Solarsysteme zur Unterstützung der Raumheizung	217
9.2	Systeme zur passiven Sonnenenergienutzung	223
9.2.1	Arten von passiven Solarheizsystemen	223
9.2.2	Energiegewinn eines passiven Solarheizsystems	227
9.3	Heizungsanlagen auf Basis von Solarkollektoren und Wärmepumpen	233
10	**Solare Kühlung**	237
10.1	Solare Kompressions-Kälteanlagen	237
10.2	Solare Absorptions-Kälteanlagen	241
10.3	Solare Adsorptionskühlung, passive und thermoelektrische Kühlung	250
10.4	Thermodynamische Berechnung einer solaren Absorptions-Kälteanlage	253
10.5	Berechnung der Kühllast für solare Klimaanlagen	259
11	**Solare Nahwärmeversorgungssysteme**	262
11.1	Aufbau und Komponenten von solaren Nahwärmesystemen mit saisonalen Wärmespeichern	262
11.2	Technische Daten der solarunterstützten Nahwärmesysteme	270
11.3	Energetische Kenngrößen und langfristige Leistungsfähigkeit von ZSHASW	273
11.4	Berechnung der Wärmeverluste saisonaler Wärmespeicher	277
11.5	Planung und Auslegung der ZSHASW	281
12	**Berechnung und Auslegung von Solaranlagen zur Heizung und Warmwasserbereitung**	289
12.1	Das f-Chart-Verfahren zur Berechnung von solaren Heizungs- und Warmwasserbereitungsanlagen	289
12.1.1	Grundlagen des f-Chart-Verfahrens	289
12.1.2	Methodische Vorgehensweise bei der Berechnung von Solaranlagen nach dem f-Chart-Verfahren	297
12.2	Rechnerunterstützte Auslegung und Optimierung der Solaranlagen	302
12.3	Das ϕ-f-Chart-Verfahren für die Berechnung von Solaranlagen	306
12.4	Auslegung der Niedertemperatur-Wärmespeicher	311
12.5	Auslegung der Wärmetauscher für Solaranlagen	319
12.6	Strömungstechnische Berechnungen von Solaranlagen	327
12.6.1	Druckverluste durch Reibung und Einzelströmungswiderstände	327
12.6.2	Auslegung der Pumpe des Kollektorkreislaufs einer Solaranlage	332
12.7	Auslegung eines Ausdehnungsgefässes	336
12.8	Zusatzheizung, Regel- und Steuerungseinrichtungen	339
13	**Berechnung und Auslegung von passiven Solarheizsystemen**	342
13.1	Empirische Berechnungsverfahren für passive Solarheizsysteme	342
13.2	Berechnung des monatlichen Zusatzenergiebedarfs eines Gebäudes mit passivem Solarheizsystem	351

13.3	Auslegung von passiven Solarheizsystemen aufgrund der Erfahrungsdaten	359
14	**Solarthermische Kraftanlagen zur Stromerzeugung**	**363**
14.1	Solarfarm-Kraftanlagen	363
14.2	Solarturm-Kraftanlagen	368
14.3	Andere Arten von solarthermischen Kraftanlagen	373
14.4	Direkt-Umwandlung der Sonnenstrahlung in elektrische Energie	376
15	**Solaranlagen für südliche Regionen**	**381**
15.1	Solare Trocknungsanlagen	381
15.2	Meer- und Brackwasserentsalzung mit Sonnenenergie	388
15.3	Kochen mit Sonnenenergie	392
15.4	Wasserpumpen mit solarthermischem Antrieb	394
	Tabellenanhang	396
	Literaturverzeichnis	431
	Stichwortverzeichnis	439

Symbolverzeichnis

A	Fläche; Kollektorfläche
A_a	Aperturfläche
A_{abs}	Absorberfläche
a	Azimutwinkel des Kollektors; Temperaturleitfähigkeit; Annuitätsfaktor
a_s	Azimutwinkel der Sonne
B	Breite
Bi	Biot-Zahl
C	Konzentrationsverhältnis
c	Lichtgeschwindigkeit; spezifische Wärmekapazität
c_p	spezifische Wärmekapazität bei konstantem Druck
D	Durchmesser (z.B. des Speichers)
d	Durchmesser (z.B. des Rohrs, der Partikel)
E	Energie; Globalstrahlung auf eine horizontale Fläche innerhalb eines bestimmten Zeitraums (Tag, Monat, Jahr)
E_D	Direktstrahlung auf eine horizontale Fläche
E_d	Diffusstrahlung auf eine horizontale Fläche
E_k	Globalstrahlung auf eine geneigte Kollektorfläche
E_{kD}	Direkte Sonnenstrahlung auf eine geneigte Kollektorfläche
E_{kd}	Diffusstrahlung auf eine geneigte Kollektorfläche
E_o	Extraterrestrische Sonnenstrahlung auf eine horizontale Fläche oberhalb der Erdatmosphäre
f	solarer Deckungsgrad
F'	Absorberwirkungsgradfaktor
F''	Kollektordurchflußfaktor
Fo	Fourier-Zahl
F_R	Wärmeabfuhrfaktor des Kollektors
g	Erdbeschleunigung
I	Strahlungsintensität; Investitionskosten
I_o	Intensität der extraterrestrischen Sonnenstrahlung auf eine horizontale Fläche oberhalb der Erdatmosphäre
I_{ol}	Spektrale Strahlungsintensität des schwarzen Körpers
H	Höhe
h	spezifische Enthalpie
I	Globalstrahlungsstärke in der Meßebene (gewöhnlich in einer horizontalen Ebene)
I_D	Direktstrahlungsstärke in einer horizontalen Ebene

I_{Dk}	Direktstrahlungsstärke auf eine geneigte Kollektorfläche
I_{Dn}	Direktstrahlungsstärke auf eine zur direkten Strahlung senkrecht liegende Ebene
I_k	Globalstrahlungsstärke auf eine geneigte Kollektorfläche
Gr	Grashof-Zahl
I_d	Diffusstrahlungsstärke in einer horizontalen Ebene
I_{dk}	Diffusstrahlungsstärke auf eine geneigte Kollektorfläche
I_{sc}	Solarkonstante
K	Wärmedurchgangskoeffizient; Wärmeverlustkoeffizient ; Kosten
K_T	Clearness Index
L	Länge; geographische Länge
l	maßgebende Länge
Q_L	Wärmelast
m	Masse
$\dot{m}$	Massenstrom
N	Anzahl (z.B. der Tage im Monat)
n	Brechungsindex; Anzahl
Nu	Nusselt-Zahl
P	Leistung
p	Druck
Pr	Prandtl-Zahl
Q	Wärmemenge
$\dot{Q}$	Energiefluß; Wärmeleistung
q	Wärmemenge pro Flächeneinheit und Zeiteinheit; Wärmestromdichte
Q_{sol}	Energieertrag der Solaranlage
Q_{zus}	Zusatzenergiemenge; Hilfsenergiemenge
R	Radius (z.B. des Behälters)
r	Radius (z.B. des Rohrs)
R	thermischer Widerstand; Umrechnungsfaktor für die Globalstrahlung; Verhältnis der Globalstrahlung auf eine geneigte Kollektorfläche zur Globalstrahlung in einer horizontalen Ebene
Ra	Rayleigh-Zahl
R_D	Umrechnungsfaktor für die direkte Sonnenstrahlung; Verhältnis der Direktstrahlung auf eine geneigte Kollektorfläche zur Direktstrahlung auf eine horizontale Ebene
R_d	Umrechnungsfaktor für die Diffusstrahlung (Himmelsstrahlung); Verhältnis der Diffusstrahlung auf eine geneigte Kollektorfläche zur Diffusstrahlung auf eine horizontale Ebene
Re	Reynolds-Zahl
s	spez. Entropie
St	Stanton-Zahl
Ste	Stefan-Zahl
t	Zeit
T	Temperatur
V	Volumen

v	Spezifisches Volumen
w	Geschwindigkeit
W	Abstand zwischen Rohren oder Rippen
x	Feuchtegehalt der Luft
Z	Zeitgleichung

Griechische Symbole

α	Absorptionsgrad; Sonnenhöhenstandwinkel; Wärmeübergangskoeffizient
β	Neigungswinkel einer Ebene (eines Kollektors)
β'	Raumausdehnungskoeffizient
γ	Auffangfaktor für die Sonnenstrahlung; Winkel
d	Deklinationswinkel; Dicke; Steuerungsfaktor
Δ	Differenz; Abfall; Gefälle
ε	Emissionsgrad; Leistungszahl der Kältemaschine; Porosität des Schüttbetts
ϕ	Kollektornutzbarkeitsgrad
η	Wirkungsgrad; Nutzungsgrad
λ	Wellenlänge; Wärmeleitfähigkeit; Rohrreibungszahl
ν	kinematische Viskosität; Frequenz
μ	dynamische Viskosität
θ	Einfallswinkel der Sonnenstrahlung; Brechungswinkel
θ_z	Zenitwinkel
ρ	Dichte; Reflexionsgrad
σ	Stefan-Boltzmann-Konstante
τ	Transmissionsgrad
ψ	Randhalbwinkel des Konzentrators
φ	geographische Breite; relative Feuchtigkeit der Luft; Leistungszahl der Kompressions-Wärmepumpe
ζ	Leistungszahl der Absorptions-Wärmepumpe; Widerstandsbeiwert
ξ	Konzentration; Massenanteil
ω	Stundenwinkel

Indizes

a	Apertur; Jahr
abs	Absorber; absorbiert
anf	Anfangs- (z.B. die Anfangstemperatur)
aus	Austritts- (z.B. die Austrittstemperatur)
e	Empfänger
ein	Eintritts- (Eintrittstemperatur)
D	Direktstrahlung; Wasserdampf

d	Diffusstrahlung; Himmelstrahlung; Tag
el	elektrisch
end	End- (z.B. die Endtemperatur)
f	Feststoff; Fluid (Medium)
fl	flüssig; Flüssigkeit
g	Glas
ges	gesamt
j	Jahr
k	Kollektor; geneigte Fläche; Konvektion
kf	Kollektorfeld
kr	kritischer Wert
kw	Kaltwasser
L	Luft; Lüftungs- (z.B. die Lüftungswärmeverluste)
m	Mittel; mittlere
max	Maximum
min	Minimum
n	normal (senkrecht); netto; nutzbar
o	oben; Oberseite (Frontseite) des Kollektors; schwarzer Körper
p	Absorberplatte
r	Rücklauf- (z.B. die Rücklauftemperatur)
s	Sonne; Sonnenuntergang bzw. Sonnenaufgang; Speicher
sch	Schmelz- (z.B. die Schmelztemperatur)
sol	solar
str	Strahlung
th	thermisch
tr	Transmissions- (z.B. die Transmissionswärmeverluste)
u	Umgebung; unten; untere Seite (Rückseite) des Kollektors
v	Verlust; Volumen; Vorlauf (z.B. die Vorlauftemperatur)
vd	Verdunstung
w	Wand; Wasser; Wind
ww	Warmwasser
zus	Zusatzenergie

1 Sonnenstrahlung

1.1 Extraterrestrische Sonnenstrahlung und Solarkonstante

Das Zentralgestirn unseres Planetensystems, die Sonne (die römische Bezeichnung ist sol, die griechische helios), ist etwa 4,5 Milliarden Jahre alt und wird nach wissenschaftlichen Schätzungen nocheinmal solange ihre Energie ausstrahlen. Die Sonne hat einen Durchmesser von 1,39 Millionen km, ihre Masse beträgt $2 \cdot 10^{30}$ kg und ihr Volumen ist das 333-tausendfache des Volumens der Erde [1.3]. Sie besteht zu 75% aus Wasserstoff, zu 23% aus Helium, sowie zu 2% aus über sechzig verschiedenen schwereren Elementen, die teilweise ionisiert oder in atomarer Form vorliegen. In der Sonne laufen Kernfusionsreaktionen ab, bei welchen Wasserstoffatome (vier Protonen) zu Heliumatomen (ein Heliumnuklein) werden und weitere schwerere Kerne entstehen. Die Heliumnukleinmasse ist geringer als die der vier Protone, der Massenverlust Δm (in kg) wird in die Energie E umgesetzt, die sich mit der Lichtgeschwindigkeit c_o ($3 \cdot 10^8$ m/s) nach Einstein folgendermaßen berechnen läßt:

$$E = \Delta m \, c_o^2 \text{ in J} \qquad (1.1.1)$$

Rund 90% der gesamten Sonnenenergie wird in der Zentralzone der Sonne erzeugt, in der ein Druck von etwa 200 Milliarden bar und eine Temperatur von 8 bis 40 Millionen K herrscht. Diese Zone macht 15% des Gesamtvolumens und 40% der Gesamtmasse aus, ihre Materiedichte beträgt 10^5 kg/m^3. Die Wellenlängen λ der als X- und γ-Strahlung in der Zentralzone freigesetzten Energie werden bei den sinkenden Temperaturen mit der Entfernung von dem Sonnenzentrum größer. Aus der Oberflächenschicht der Sonne von einigen hundert km Dicke und einer Dichte von 10^{-5} kg/m^3, die als die Photosphäre bezeichnet wird, geht die Sonnenstrahlung ins Weltall hauptsächlich aus. Oberhalb der Photosphäre befindet sich die Chromosphäre, eine ungefähr 10000 km dicke Gasschicht mit sehr kleiner Dichte und etwas höherer Temperatur. Die äußerste Oberflächenschicht der Sonne, die Korona, hat eine extrem niedrige Dichte, aber eine Temperatur von $1 \cdot 10^6$ Grad.

Die Sonnenstrahlung an der oberen Grenze der Erdatmosphäre wird als die *extraterrestrische Strahlung* bezeichnet. Gemäß den jüngsten Messungen entspricht die extraterrestrische Strahlung nach dem Spektrum und der gesamten Energiemenge etwa der Strahlung eines schwarzen Körpers mit einer Temperatur von 5777 K. Die Sonne strahlt je Sekunde einen Gesamtenergiestrom von rund $4 \cdot 10^{23}$ kW aus, davon erreicht nur der geringe Anteil von $2{,}16 \cdot 10^{-5}$ die Erde in einem Raumwinkel von 32' bzw. 0,53°.

Die *Solarkonstante* I_{sc} *ist die Stärke der extraterrestrischen Strahlung*, die auf eine senkrecht zur Strahlung gerichtete Fläche bei mittlerer Entfernung der Erde von der Sonne von 149,5 Millionen km außerhalb der Erdatmosphäre trifft. Nach neuesten Messungen beträgt I_{sc} 1367 W/m², das entspricht einem stündlichen Energiestrom von 4,921 MJ/m² [1.6]. Durch die Elliptizität der Erdbahn verändert sich der Abstand Erde-Sonne während des Jahres um ±1,7%, dabei ist er am 21. Dezember am kürzesten und am 22. Juni am längsten. Daher bekommt die Erde im Dezember ca. um 7% mehr Sonnenenergie als im Juni. Die extraterrestrische Strahlungsstärke I_{on} für eine senkrecht zur Strahlung gerichtete Fläche im Laufe des Jahres schwankt um ±3,3% und errechnet sich durch die Solarkonstante I_{sc} wie folgt:

$$I_{on} = I_{sc} [1 + 0{,}033 \cos (360 n / 365)] \text{ in W/m}^2 \quad (1.1.2)$$

mit: n = Tagesnummer im Jahr (n = 1 bis 365).

Den größten Wert von 1412 W/m² hat I_{on} am 1. Januar und den kleinsten von 1322 W/m² am 1 Juli.

Die Sonne strahlt ein elektromagnetisches Spektrum im Wellenlängenbereich λ von 0,25 bis über 5 μm aus, d. h. von Röntgenstrahlen über Ultraviolett-Strahlen und sichtbares Licht bis hin zur Infrarot-Wärmestrahlung. Das Spektrum der extraterrestrischen Strahlung nach dem Standard von WRC (World Radiation Centre) ist in der Tabelle 1.1.1 und in Bild 1.1.1 bei mittlerem Abstand Sonne-Erde von 149,5 Millionen km aufgeführt [1.6]. $I_{o\lambda}$ ist die mittlere monochromatische Intensität der extraterrestrischen Strahlung bezogen auf das Wellenlängenintervall von

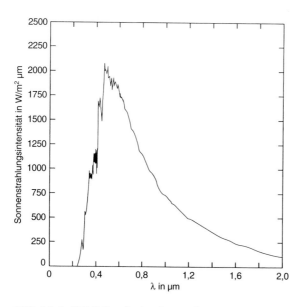

Bild 1.1.1. WRC-Standardspektrum der extraterrestrischen Strahlung bei mittlerem Abstand Sonne-Erde von 149,5 Millionen km [1.6]

1.1 Extraterrestrische Sonnenstrahlung und Solarkonstante   3

der Mitte des vorangegangenen Intervalls bis zur Mitte des nächsten Intervalls. Beispielsweise ist $I_{o\lambda}$ = 505,6 W/(m²µm) die mittlere extraterrestrische Strahlungsintensität im Wellenlängenintervall von 1,15 µm bis 1,25 µm. Aus Tabelle 1.1.1 ist ersichtlich, daß die Sonnenstrahlung eine kurzwellige Strahlung ist. 98,8% der extraterrestrischen Strahlung wird im Wellenlängenbereich λ von 0,25 bis 3,5 µm abgestrahlt, davon entfällt 48% auf den Bereich des sichtbaren Lichts mit Wellenlängen λ von 0,38 bis 0,78 µm und 32,6% auf die nahe Infrarotsstrahlung (λ bis 1,5 µm). Die Strahlungsstärke $I_{o\lambda}$ erreicht ihren höchsten Wert von 2042,6 W/(m²µm) bei der Wellenlänge λ von 0,46 µm, die im Bereich des sichtbaren Lichts liegt [1.6]. Die Solarkonstante I_{sc} ist ein Integralwert, der über den gesamten Wellenlängenbereich des Sonnenspektrums berechnet wird und der Fläche unter der Kurve in Bild 1.1.1 entspricht.

Tabelle 1.1.1. Spektrale Intensität der extraterrestrischen Strahlung $I_{o\lambda}$ in W/m²µm (nach dem WRC-Spektrum [1.3, 1.13]). $f_{o\lambda}$ = Anteil der Strahlung mit Wellenlängen < λ (in µm)

λ	$I_{o\lambda}$	$f_{o\lambda}$	λ	$I_{o\lambda}$	$f_{o\lambda}$	λ	$I_{o\lambda}$	$f_{o\lambda}$
0,250	13,8	0,002	0,520	1820,9	0,243	0,880	965,7	0,621
0,275	224,5	0,005	0,530	1873,4	0,257	0,900	911,9	0,635
0,300	542,3	0,012	0,540	1873,3	0,271	0,920	846,8	0,648
0,325	778,4	0,023	0,550	1875,0	0,284	0,940	803,8	0,660
0,340	912,0	0,033	0,560	1841,1	0,298	0,960	768,5	0,671
0,350	983,0	0,040	0,570	1843,2	0,311	0,980	763,5	0,683
0,360	967,0	0,047	0,580	1844,6	0,325	1,000	756,5	0,694
0,370	1130,8	0,056	0,590	1782,2	0,338	1,050	668,6	0,720
0,380	1070,3	0,064	0,600	1765,4	0,351	1,100	591,1	0,743
0,390	1029,5	0,071	0,620	1716,4	0,377	1,200	505,6	0,783
0,400	1476,9	0,079	0,640	1693,6	0,401	1,300	429,5	0,817
0,410	1698,0	0,092	0,660	1545,7	0,424	1,400	354,7	0,846
0,420	1726,2	0,104	0,680	1492,7	0,447	1,500	296,6	0,870
0,430	1591,1	0,117	0,700	1416,6	0,468	1,600	241,7	0,890
0,440	1837,6	0,129	0,720	1351,3	0,488	1,800	169,0	0,921
0,450	1995,2	0,143	0,740	1292,4	0,507	2,000	100,7	0,941
0,460	2042,6	0,158	0,760	1236,1	0,526	2,500	49,5	0,968
0,470	1996,0	0,173	0,780	1188,7	0,544	3,000	25,5	0,981
0,480	2028,8	0,187	0,800	1133,3	0,561	3,500	14,3	0,988
0,490	1892,4	0,201	0,820	1089,0	0,577	4,000	7,8	0,992
0,500	1918,3	0,216	0,840	1035,2	0,593	5,000	2,7	0,996
0,510	1926,1	0,230	0,860	967,1	0,607	8,000	0,8	0,999

Tabelle 1.1.2. Tagessummen der extraterrestrischen Strahlung E_o (in MJ/m²d) auf eine horizontale Fläche [1.3]

φ	Jan.	Feb.	März	Apr.	Mai	Jun.	Jul.	Aug.	Sep.	Okt.	Nov.	Dez.
					Nördliche Halbkugel							
90	-	-	1,2	19,3	37,2	44,8	41,2	26,5	5,4	-	-	-
80	-	-	4,7	19,6	36,6	44,2	40,5	26,1	9,0	0,6	-	-
70	0,1	2,7	10,9	23,1	35,3	42,1	38,7	27,5	14,8	4,9	0,3	-
65	1,2	5,4	13,9	25,4	35,7	41,0	38,3	29,2	17,7	7,8	2,0	0,4
60	3,5	8,3	16,9	27,6	36,6	41,0	38,8	30,9	20,5	10,8	4,5	2,3
55	6,2	11,3	19,8	29,6	37,6	41,3	39,4	32,6	23,1	13,8	7,3	4,8
50	9,1	14,4	22,5	31,5	38,5	41,5	40,0	34,1	25,5	16,7	10,3	7,7
45	12,2	17,4	25,1	33,2	39,2	41,7	40,4	35,3	27,8	19,6	13,3	10,7
40	15,3	20,3	27,4	34,6	39,7	41,7	40,6	36,4	29,8	22,4	16,4	13,7
35	18,3	23,1	29,6	35,8	40,0	41,5	40,6	37,3	31,7	25,0	19,3	16,8
30	21,3	25,7	31,5	36,8	40,0	41,1	40,4	37,8	33,2	27,4	22,2	19,9
25	24,2	28,2	33,2	37,5	39,8	40,4	40,0	38,2	34,6	29,6	25,0	22,9
20	27,0	30,5	34,7	37,9	39,3	39,5	39,3	38,2	35,6	31,6	27,7	25,8
15	29,6	32,6	35,9	38,0	38,5	38,4	38,3	38,0	36,4	33,4	30,1	28,5
10	32,0	34,4	36,8	37,9	37,5	37,0	37,1	37,5	37,0	35,0	32,4	31,1
5	34,2	36,0	37,5	37,4	36,3	35,3	35,6	36,7	37,2	36,3	34,5	33,5
				Äquator								
0	36,2	37,4	37,8	36,7	34,8	33,5	34,0	35,7	37,2	37,3	36,3	35,7
				Südliche Halbkugel								
-5	38,0	38,5	37,9	35,8	33,0	31,4	32,1	34,4	36,9	38,0	37,9	37,6
-10	39,5	39,3	37,7	34,5	31,1	29,2	29,9	32,9	36,3	38,5	39,3	39,4
-15	40,8	39,8	37,2	33,0	28,9	26,8	27,6	31,1	35,4	38,7	40,4	40,9
-20	41,8	40,0	36,4	31,3	26,6	24,2	25,2	29,1	34,3	38,6	41,2	42,1
-25	42,5	40,0	35,4	29,3	24,1	21,5	22,6	27,0	32,9	38,2	41,7	43,1
-30	43,0	39,7	34,0	27,2	21,4	18,7	19,9	24,6	31,2	37,6	42,0	43,8
-35	43,2	39,1	32,5	24,8	18,6	15,8	17,0	22,1	29,3	36,6	42,0	44,2
-40	43,1	38,2	30,6	22,3	15,8	12,9	14,2	19,4	27,2	35,5	41,7	44,5
-45	42,8	37,1	28,6	19,6	12,9	10,0	11,3	16,6	24,9	34,0	41,2	44,5
-50	42,3	35,7	26,3	16,8	10,0	7,2	8,4	13,8	22,4	32,4	40,5	44,3
-55	41,7	34,1	23,9	13,9	7,2	4,5	5,7	10,9	19,8	30,5	39,6	44,0
-60	41,0	32,4	21,2	10,9	4,5	2,2	3,1	8,0	17,0	28,4	38,7	43,7
-65	40,5	30,6	18,5	7,9	2,1	0,3	1,0	5,2	14,1	26,2	37,8	43,7
-70	40,8	28,8	15,6	5,0	0,4	-	-	2,6	11,1	24,0	37,4	44,9
-80	42,7	27,4	9,7	0,6	-	-	-	-	5,0	20,6	38,8	47,1
-90	3,3	27,8	6,2	-	-	-	-	-	1,4	20,4	39,4	47,8

Wenn die gemessenen Strahlungsdaten für einen bestimmten Ort fehlen, kann man die erforderlichen Werte mit Hilfe der extraterrestrischen Strahlung ermitteln. Tabelle 1.1.2 gibt die Tagessummen der extraterrestrischen Strahlung E_o (in MJ/m²d) auf eine horizontale Fläche für alle geographische Breiten der nördlichen ($\varphi>0$) und südlichen ($\varphi<0$) Halbkugel an [1.3].

1.2 Sonnenenergieangebot auf der Erdoberfläche

Global-, Direkt- und Diffusstrahlung, Strahlungsstärke. Der Sonnenenergiestrom an der oberen Grenze der Erdatmosphäre beträgt $5,6 \cdot 10^{24}$ J pro Jahr. Ungefähr ein Drittel des gesamten jährlichen Sonnenenergiestroms zur Erde wird von der Erdatmosphäre zurück ins Weltall reflektiert, rund 43% werden für die Erwärmung der Erdoberfläche und ca. 23% für die Verdunstung und Niederschlagsbildung verbraucht. Nur 0,2% verursachen die Bildung der Wellen und Wasserströmungen in Meeren und Ozeanen. Ein halbes Prozent schafft die Windenergie und die Luftströmungen in der Atmosphäre, noch weniger die Photosyntese zur Erzeugung der Biomasse. Der Anteil des Sonnenenergiestromes auf die Landfläche liegt nur bei 1/5. Nahezu 2/3 des Sonnenenergiestromes werden von Meeren und Ozeanen absorbiert. All das trägt letztlich zur Erwärmung von Luft, Wasser und Boden bei, was wiederum eine Abstrahlung der Wärme in den Weltraum zur Folge hat. Die Energieströme und die Leistungswerte der Sonnenstrahlung sind in Tabelle 1.2.1 zusammengestellt [1.7].

Beim Durchgang durch die Lufthülle wird die Sonnenstrahlung abgeschwächt und verändert. Atome, Moleküle, Aerosole, Staubteilchen und insbesondere Wolken reflektieren einen Teil der Sonnenstrahlung in den Weltraum, ein zweiter Teil jedoch wird von den Komponenten der Atmosphäre in alle Richtungen gestreut und so entsteht die Diffusstrahlung bzw. Himmelsstrahlung. Infolge der Absorpti-

Tabelle 1.2.1. Energie und Leistung der extraterrestrischen und terrestrischen Sonnenstrahlung

		Jährlicher Energiestrom		Leistung in 10^{14} kW
		in 10^{24} J	in 10^{18} kWh	
1.	Extraterrestrische Sonnenstrahlung	5,6	1,56	1,78
	davon reflektiert ins Weltall	1,9	0,53	0,58
2.	Sonnenstrahlung an der Erdoberfläche	3,7	1,03	1,2
	davon:			
	Erwärmung der Erde	2,4	0,67	0,78
	Windenergie	0,057	0,016	0,018
	Verdunstung und Niederschlagsbildung	1,3	0,36	0,42

on wird die Sonnenstrahlung geschwächt, dabei werden die Röntgen- und Teilchenstrahlungen vollständig und die ultraviolette Strahlung fast völlig verschluckt. Das Spektrum der auftreffenden Sonnenstrahlung am Meeresniveau unterscheidet sich stark von den Spektren der extraterrestrischen Strahlung und der eines schwarzen Körpers bei 5777 K.

Die solare *Globalstrahlung* E, die auf die Erdoberfläche trifft, setzt sich aus *Diffusstrahlung* E_d (Himmelsstrahlung) und *Direktstrahlung* E_D (gerichteter Sonnenstrahlung) zusammen. Die *Intensität* bzw. *Stärke* I der Globalstrahlung hängt von der geographischen Breite, von der Tages- und Jahreszeit, sowie von Witterungsbedingungen ab. Bei tiefstehender Sonne hat die Sonnenstrahlung einen weiteren Weg durch die Lufthülle der Erde, d.h. die zu durchstrahlende Luftmasse ist größer, und daher ist I kleiner im Vergleich zum höchsten Sonnenstand. An klaren Sommertagen erreicht die Strahlungsstärke I in Äquatornähe rund 1000 W/m^2. Dabei besteht die Globalstrahlung zu ungefähr 90% aus Direkt- und zu 10% aus Diffusstrahlung. In Mitteleuropa beträgt I höchstens 900 W/m^2. An trüben Wintertagen mit völlig bedecktem Himmel ist die Globalstrahlung zu 100% Diffusstrahlung und die Strahlungsstärke I kann dann auf unter 100 W je m^2 sinken.

Die Verteilung der Globalstrahlung, die auf eine horizontale Fläche auf der Erdoberfläche trifft, zeigt Bild 1.2.1. Im Wüstengürtel der Erde beidseits des Äquators (in Nordafrika, Nahem Osten, Zentralasien, Süd- und Nordamerika, Australien) sind die höchsten Strahlungswerte erreichbar. Die mittlere jährliche Globalstrahlung auf der Erdoberfläche bewegt sich insgesamt zwischen 800 und 2400 kWh pro m^2. In Mitteleuropa und in Deutschland wird die Globalstrahlung in der Höhe von 900 bis 1100 kWh (in Gebirgen bis 1400 kWh) je m^2 und Jahr gemessen.

Der Jahresgang der täglichen Globalstrahlung, die je m^2 vertikaler Fläche mit südlicher oder östlicher bzw. westlicher Ausrichtung an verschiedenen geographischen Breiten (einschließlich Nordpol, Polarkreis und Äquator) auftrifft, ist in Bild 1.2.2 aufgeführt [1.7]. Es ist bemerkenswert, daß die höchste Einstrahlung während der Periode vom 21. März bis 22. September die Wände am Nordpol empfangen, in der zweiten Hälfte des Jahres während der Polarnacht scheint dort die Sonne überhaupt nicht. Die Sonnenenergiemenge, die jeden Tag auf vertikale Flächen mit östlicher bzw. westlicher Ausrichtung auf den Äquator trifft, bleibt gleich hoch über das Jahr, für die südlich orientierten vertikalen Flächen aber ist sie im Sommer (vom 21. März bis 22. September) gleich Null.

Tabelle A 1 im Anhang enthält Klimadaten ausgewählter Orte. Die Tabelle enthält die Monatsmittelwerte der täglichen Globalstrahlung E auf eine horizontale Fläche, des Clearness Index K_T (der Begriff wird im Abs. 1.5.1 erläutert), der Umgebungstemperatur T_u und die monatliche Gradtagzahl GT (die Definition von GT ist in Kapitel 12 angegeben) [1.3]. Für die GUS-Länder sind die Monatsmittelwerte der Global- (E) und Diffusstrahlung (E_d) angegeben [1.7].

Sonnenscheindauer. Eine wichtige Kenngröße der Sonnenstrahlung an einem bestimmten Ort ist die tägliche bzw. jährliche Sonnenscheindauer. Sie wird mit einem Sonnenscheinautografen von Campbell-Stokes gemessen. Die jährliche Sonnenscheindauer in Deutschland liegt zwischen 1438 Stunden in Düsseldorf und

1.2 Sonnenenergieangebot auf der Erdoberfläche 7

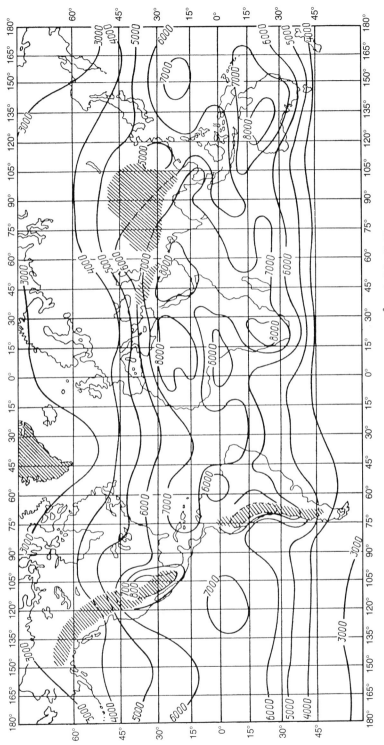

Bild 1.2.1. Jahreswerte der Globalstrahlung auf eine horizontale Fläche in MJ pro m² und Jahr [1.7]

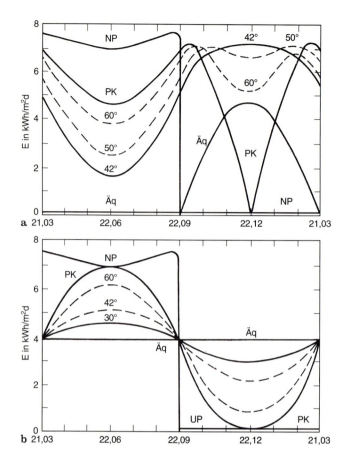

Bild 1.2.2. Jahresgang der täglichen Sonnenstrahlung E [in kWh/(m²d)] auf vertikale Flächen südlicher (**a**) und östlicher (**b**) Ausrichtung auf dem Äquator (Äq), am Nordpol (NP), am Polarkreis (PK) und an verschiedenen Breiten (42, 50 und 60° NB) [1.7]

1874 Stunden in Freiburg (1760 h in Berlin). Die Sonnenscheindauer beträgt 2300-2812 h/a in Südeuropa und 3200-3465 h/a in Nordafrika [1.7].

Richtwerte der Sonnenstrahlung in Deutschland. Allgemeine Daten über die Sonnenstrahlung in Deutschland sind in Tabelle 1.2.2 angegeben. Bild 1.2.3 verdeutlicht den Jahresgang der Sonnenstrahlung in Hamburg, Trier, Norderney, Hohenpeißberg und Weihenstephan. Dabei geben die Kurven die in den Jahren 1966-1975 gemessenen Monatsmittelwerte der täglichen Globalstrahlung, die auf eine horizontale Fläche trifft, wieder. Tabelle 1.2.3 gibt die Monats- und Jahresmittelwerte der täglichen Global- und Diffusstrahlung auf eine horizontale Fläche an ausgewählten Orten Deutschlands nach Messungen in den Jahren 1978-1982 an.

Tabelle 1.2.2. Richtwerte zu Sonnenstrahlungsdaten der BRD

Sonnenstrahlungsdaten	Werte
1. Eingestrahlte Sonnenenergie auf horizontale Fläche	
Jährliche Einstrahlung (in $kWh/m^2 a$)	900-1200
Tägliche Einstrahlung (in $kWh/m^2 d$)	
-Jahresdurchschnittswert	2,75
-Maximale Tagessumme (sehr klarer Sommertag)	ca. 8
-Minimale Tagessumme (stark bewölkter Wintertag)	ca. 0,1
-Mittlere Tagessumme an 100 besten Sonnentagen des Jahres	ca. 5,5
-Mittlere Tagessumme an 100 ungünstigen Tagen des Jahres	unter 1
2. Strahlungstärke (in W/m^2)	
-Maximale Strahlungstärke auf senkrecht bestrahlte Fläche	1000
-Strahlungsstärke bei stark bewölktem Himmel	unter 300

Messung der Sonnenstrahlung. Bei einer Messung der Sonnenstrahlung wird am häufigsten die Globalstrahlung, d.h. die Summe der gerichteten und diffusen Strahlung des gesamten Halbraumes auf eine horizontale Fläche mittels eines Pyranometers registriert [1.13]. Meßwerte werden als Energie pro Zeiteinheit und pro Flächeneinheit angegeben. Um die Diffusstrahlung, d.h. die Himmelsstrahlung, zu messen, blendet man die gerichtete Strahlung durch eine Scheibe aus. Wenn der Sensor dieses Meßgerätes nach unten gerichtet wird, mißt er die reflektierte Sonnenstrahlung. Derartige Meßgeräte wandeln die Strahlung in eine andere Energieform um und liefern ein Maß für den Energiefluß, der durch die Strahlung erzeugt wird.

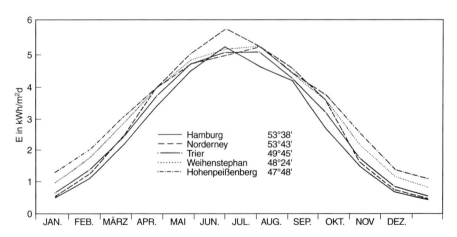

Bild 1.2.3. Jahresgang der Globalstrahlung in den ausgewählten Orten in der BRD. Monatsmittelwerte der Tagessummen nach Messungen in 1966-1975

Tabelle 1.2.3. Monatsmittelwerte der täglichen Global- und Diffusstrahlung (E bzw. E_d in kWh/m²d) auf die horizontale Ebene für Orte in der BRD

	Jan	Febr	März	April	Mai	Juni	Juli	Aug	Sept	Okt	Nov	Dez	Jahr
Braunschweig													
E	0,71	1,35	2,18	3,70	5,11	4,84	4,48	4,00	2,99	1,65	0,81	0,45	2,69
E_d	0,50	0,89	1,41	2,00	2,48	2,94	2,76	2,33	1,65	1,01	0,54	0,37	1,57
Freiburg													
E	0,82	1,46	2,30	3,88	4,61	5,04	4,75	3,48	3,48	1,73	1,10	0,66	2,86
E_d	0,60	0,83	1,37	1,95	2,22	2,59	2,34	2,01	1,52	0,99	0,65	0,45	1,46
Hamburg													
E	0,61	1,17	2,25	4,02	4,56	4,76	4,79	3,88	2,91	1,27	0,72	0,36	2,70
E_d	0,40	0,71	1,35	1,97	2,20	2,84	2,68	2,10	1,74	0,85	0,50	0,29	1,47
Hohenpeißenberg													
E	1,20	2,01	2,95	4,10	4,90	5,02	4,71	3,57	3,57	2,15	1,35	0,95	3,13
E_d	0,71	1,07	1,60	2,20	2,47	2,64	2,40	2,19	1,60	1,11	0,68	0,60	1,61
Kassel													
E	0,69	1,38	1,97	3,41	4,88	4,60	4,07	3,83	3,07	1,49	0,77	0,46	2,57
E_d	0,52	0,90	1,28	1,91	2,40	2,87	2,73	2,32	1,68	0,98	0,59	0,40	1,55
Mannheim													
E	0,84	1,48	2,23	3,76	5,07	4,92	4,36	3,32	3,32	1,55	0,96	0,57	2,76
E_d	0,61	0,87	1,42	1,97	2,39	2,86	2,63	2,29	1,66	1,00	0,62	0,45	1,56
Norderney													
E	0,52	1,15	2,06	3,83	5,26	4,96	4,82	4,02	2,93	1,50	0,68	0,38	2,68
E_d	0,38	0,74	1,22	2,00	2,50	2,76	2,71	2,19	1,53	0,89	0,46	0,30	1,48
Osnabrück													
E	0,64	1,24	1,94	3,59	4,71	4,57	4,30	3,75	2,92	1,55	0,78	0,41	2,53
E_d	0,44	0,75	1,31	1,94	2,48	2,92	2,72	2,27	1,67	1,01	0,53	0,34	1,53
Passau													
E	0,88	1,85	2,58	3,73	5,37	5,06	4,38	3,28	3,28	1,93	0,86	0,65	2,92
E_d	0,66	0,97	1,49	2,02	2,55	2,70	2,56	2,36	1,61	1,10	0,65	0,52	1,60
Stuttgart													
E	0,90	1,68	2,36	3,93	4,69	4,88	4,38	3,31	3,31	1,65	0,97	0,67	2,79
E_d	0,61	0,93	1,51	2,06	2,41	2,84	2,54	2,33	1,74	1,01	0,63	0,50	1 59
E_{Dn}	0,99	1,96	1,74	3,13	3,49	2,96	2,77	2,84	2,88	1,54	1,08	0,69	2,17
Trier													
E	0,77	1,44	2,09	3,80	4,80	4,83	4,51	3,18	3,18	1,62	0,85	0,50	2,70
E_d	0,57	0,89	1,32	1,93	2,45	2,88	2,69	2,32	1,73	1,03	0,59	0,41	1,57
Würzburg													
E	0,84	1,55	2,43	3,94	4,88	5,25	4,63	4,23	3,23	1,70	0,93	0,62	2,85
E_d	0,63	0,97	1,51	2,05	2,45	2,93	2,81	2,34	1,72	1,06	0,64	0,47	1,63

Pyrheliometer messen die Intensität der Direktstrahlung unter senkrechtem Einfallswinkel, dabei wird nur Sonnenstrahlung aus einem sehr kleinen Bereich des Himmels rund um die Sonne empfangen [1.13].

Aufgrund ihrer Empfindlichkeit (von 0,1 bis 1 W/cm^2), Stabilität (von 1 bis 5% Änderung pro Jahr) und Genauigkeit (von 1 bis 5%) sind die Pyranometer in Instrumente der 1., 2. und 3. Klasse aufgeteilt. Zur 1. Klasse gehören Pyranometer mit Thermoelementen, z.B. Eppley-Pyranometer. Zur 2. Klasse gehören Pyranometer von Moll-Gorczynski, Eppley, Dirmhirn-Sanberer, Yanishevsky u.a. Das Abbot-Pyrheliometer und das Angström-Kompensationspyrheliometer werden als Standard-Instrumente zur Eichung anderer Meßgeräte verwendet. Das Prinzip des Pyranometers beruht auf der Messung der Temperaturdifferenz zwischen einer schwarzen Absorptionsoberfläche und einer weißen Reflexionsoberfläche mittels Thermoelementen, die Millivoltsignale geben, welche registriert und über die Zeit integriert werden können. Das Pyranometer Kipp und Zonnen (in den USA Eppley genannt) beruht auf diesem Prinzip und wird im meteorologischen Dienst am häufigsten eingesetzt. Es besteht aus konzentrischen Silberringen mit einer Dicke von 0,25 mm, die schwarz bzw. weiß beschichtet sind, mit entweder 10 oder 50 Thermoelementen, um die Temperaturunterschiede zwischen den beschichteten Ringen festzustellen [1.13].

Pyranometer werden in waagerechter Stellung geeicht. Bei allgemeinem Gebrauch ohne häufige Eichung sind die Daten meist nicht genauer als ±15%. Bei häufiger Eichung mit einem Referenz-Instrument können die Daten auf ±2% genau sein.

1.3 Direktstrahlung auf geneigte Flächen

1.3.1 Lage der Sonne bezüglich eines Ortes auf der Erde

Wahre Ortszeit (Sonnenzeit). Bei Berechnungen der stündlichen Sonnenstrahlung wird die wahre Ortszeit (WOZ) bzw. Sonnenzeit t_s benutzt. Definitionsgemäß ist die *Sonnenzeit* t_s bei dem Sonnenhöchststand gleich genau 12 Uhr. Die Sonnenzeit unterscheidet sich von der *örtlichen Standardzeit* t_o wegen der Abweichung der geographischen Länge L_o des Ortes P vom Bezugsmeridian L_s der gegebenen Zeitzone. Für die Mitteleuropäische Zeit beträgt der Zeitmeridian 15 Grad östlicher Länge und wird mit einer Korrektur von 4 min je Grad der Längendifferenz berechnet. Die zweite Korrektur ist die sogenannte Zeitgleichung Z zum Ausgleich der nichtkreisförmigen Erdbahn. Für Orte, die östlich vom Greenwich-Nullmeridian liegen, wird *die wahre Ortszeit* t_s mittels folgender Gleichung berechnet:

$$t_s = t_o + 4 (L_s - L_o) + Z \tag{1.3.1}$$

Gegebenenfalls ist zu beachten, daß bei der Sommerzeit der Zeitmeridian um 15 Grad nach Osten verschoben wird. So entspricht die Winterzeit von 10 Uhr der Sommerzeit von 9 Uhr.

Breitengrad, Stundenwinkel und Deklination der Sonne. Für die Berechnung der verfügbaren Sonnenenergiemenge, die auf eine geneigte, beliebig orientierte Kollektorfläche im Punkt P auf der Erdoberfäche trifft, ist der Einfallswinkel der Direktstrahlung auf eine horizontale bzw. geneigte Fläche nötig.

Die Lage eines Ortes (Punkt P in Bild 1.3.1) auf der Erdoberfläche bezüglich der Sonnenstrahlung an einem bestimmten Zeitpunkt wird durch drei Winkel angegeben: durch die geographische Breite φ, den Stundenwinkel ω und die Deklination δ der Sonne.

Die *geographische Breite* φ ist der Winkelabstand des Ortes P vom Äquator. Sie ist der Winkel zwischen der Linie OP, die den Punkt P mit dem Erdzentrum O verbindet, und ihrer Projektion auf die Äquatorebene. Für Orte auf der nördlichen Halbkugel liegt φ zwischen 0° (Äquator) und 90° (Nordpol), auf der südlichen Halbkugel ist φ negativ (- 90° am Südpol).

Der *Stundenwinkel* ω ist der Winkel in der Äquatorebene zwischen der Projektion der Linie OP und der Projektion der Linie OO_s auf die Äquatorebene, die das Zentrum der Erde O mit dem Zentrum der Sonne O_s verbindet. Der Sonnenhöchststand um 12 Uhr der Sonnenzeit entspricht dem Nullpunkt (ω = 0). Eine Stunde Abweichung vom Mittag entspricht 15°, am Vormittag ist der Stundenwinkel ω positiv, am Nachmittag negativ (z.B. ist ω = 37,5° um 9 Uhr 30 und -45° um 15 Uhr).

Die *Deklination* δ der Sonne ist der Winkelabstand der Sonne bei ihrem höchsten Stand (im Zenit um12 Uhr der Sonnenzeit) vom Himmelsäquator. Sie ist der Winkel zwischen der Linie OO_s und ihrer Projektion auf die Äquatorebene. Die Umdrehungsachse der Erde steht immer im gleichen Winkel nämlich 66,55° gegen die Ebene der Erdumlaufbahn geneigt. Aufgrund der scheinbaren Sonnenbewegung schwankt die Deklination δ der Sonne je nach Jahreszeit zwischen -23,45° am 22. Dezember und + 23,45° am 22. Juni und ist am 21. März sowie am 23. September gleich 0°. Bei praktischen Berechnungen kann die Deklination δ als konstant während eines Tages betrachtet werden und läßt sich für einen bestimm-

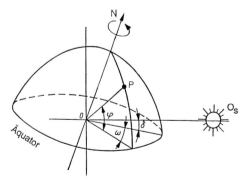

Bild 1.3.1. Lage eines Punktes P auf der Erdoberfläche in bezug auf die Sonnenstrahlung: φ = Breitengrad, ω = Stundenwinkel, δ = Deklination der Sonne

ten Tag mittels der Formel von Cooper (zitiert nach [1.3]) berechnen:

$$\delta = 23{,}45 \sin [360 (284 + n) / 365] \text{ in Grad} \tag{1.3.2}$$

mit: n = Tag im Jahr, von 1 bis 365.

Zenitwinkel, Azimutwinkel und Höhenwinkel der Sonne. Bei Berechnungen der einfallenden Sonnenstrahlung werden außer den Hauptwinkeln (die geographische Breite φ, die Deklination δ und der Stundenwinkel ω) noch die folgenden Winkel verwendet: der Zenitwinkel θ_z, der Azimutwinkel a_s der Sonne und der Höhenwinkel α der Sonne (Bild 1.3.2).

Der *Zenitwinkel* θ_z der Sonne ist der Winkel zwischen einem Sonnenstrahl und der Vertikalen im Punkt P. Er ist gleich dem Einfallswinkel θ der Direktstrahlung auf eine horizontale Fläche, der sich aus folgender Gleichung errechnen läßt:

$$\cos \theta = \cos \delta \cos \omega \cos \varphi + \sin \delta \sin \varphi \tag{1.3.3}$$

Der *Sonnenhöhenwinkel* α ist der Winkel in der vertikalen Ebene gemessen zwischen dem Sonnenstrahl und der Projektion des Sonnenstrahls auf eine horizontale Ebene. Dabei gilt $\alpha = 90° - \theta_z$.

Der *Azimutwinkel* a_s der Sonne ist die Winkelabweichung der Projektion des Sonnenstrahls auf eine horizontale Ebene vom Süden, wobei die Abweichung nach Osten positiv und nach Westen negativ gerechnet wird. Der Azimutwinkel a_s der Sonne nimmt die Werte zwischen 0° und 180° an und läßt sich aus folgender Gleichung ermitteln [1.6]:

$$\cos a_s = (\cos \delta \cos \omega \sin \varphi - \sin \delta \cos \varphi) / \cos \alpha \tag{1.3.4}$$

Die Lage der Sonne an einem vertretbaren Tag jeden Monats für Orte mit geographischer Breite φ von 40, 50 und 60° auf der nördlichen Halbkugel kann aus dem Sonnenstanddiagramm, das im Anhang (Bild A 1 a bis c) angegeben ist, ermittelt werden.

Tabelle A 2 enthält die Angaben über den Sonnenstand (Höhenwinkel α und Azimut a_s) während eines Tages jeden Monats an geographischen Breiten von 48 und 56°. In der Tabelle sind auch die stündliche Werte der Einstrahlung auf eine

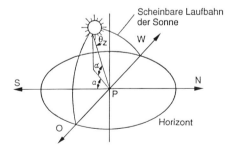

Bild 1.3.2. Scheinbare Laufbahn der Sonne für einen Beobachter im Punkt P: θ_z = Zenithwinkel, a_s = Azimutwinkel der Sonne, α = Höhenwinkel der Sonne

horizontale, geneigte (mit einem Neigungswinkel β gleich dem Breitengrad φ), vertikale bzw. senkrecht zur Strahlung liegende Fläche an einem heiteren Tag jeden Monats aufgeführt.

1.3.2 Einfallswinkel der Direktstrahlung auf geneigte, horizontale und vertikale Flächen

Einfallswinkel der Direktstrahlung auf eine beliebig orientierte geneigte Fläche. Die Direktstrahlung, die auf einen geneigten Solarkollektor trifft, wird aufgrund der Direktstrahlung auf eine horizontale Fläche und des entsprechenden Einfallswinkel berechnet. Der *Einfallswinkel der Direktstrahlung* ist der Winkel zwischen der Flächennormalen und der Strahlungsrichtung. Bild 1.3.3 zeigt den Einfallswinkel der Direktstrahlung für eine horizontale bzw. geneigte Fläche.

Für eine beliebig orientierte geneigte Fläche an einem bestimmten Standort zu einem beliebigen Zeitpunkt ist der Einfallswinkel der Direktstrahlung θ abhängig von dem Neigungswinkel β und der Ausrichtung (dem Azimut a der Fläche - s. unten), sowie vom Sonnenstand (dem Sonnenhöhenwinkel α und dem Azimutwinkel a_s).

Der *Einfallswinkel $θ_k$ der Direktstrahlung* auf die Fläche eines Kollektors mit einem Neigungswinkel β und einem Azimutwinkel a, d.h. *auf eine beliebig orientierte geneigte Fläche*, wird folgermaßen berechnet [1.8]:

$$\cos θ_k = \sin δ (\sin φ \cos β - \cos φ \sin β \cos a) + \cos δ \cos ω (\cos φ \cos β + \sin φ \sin β \cos a) + \cos δ \sin β \sin a \sin ω \qquad (1.3.5)$$

mit: φ = geographische Breite, δ = Deklination der Sonne,
ω = Stundenwinkel.

Der *Azimutwinkel a der Fläche* wird in der horizontalen Ebene zwischen der Richtung nach Süden und der Flächennormalen gemessen. Insgesamt liegt a zwischen 0° (bei südlicher Ausrichtung der Fläche) und 180° (für die nach Norden ausgerichtete Fläche), bei der Abweichung der Flächennormalen vom Süden nach Osten ist a negativ, nach Westen - positiv.

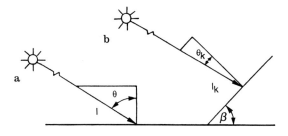

Bild 1.3.3. Einfallswinkel θ der Direktstrahlung auf eine horizontale (**a**) bzw. geneigte (**b**) Fläche.

1.3 Direktstrahlung auf geneigte Flächen   15

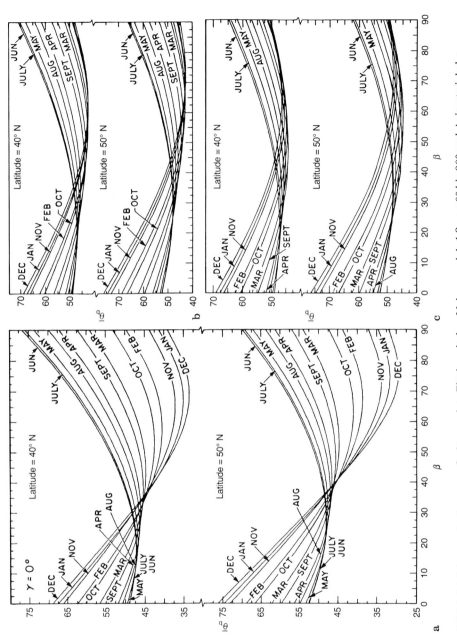

Bild 1.3.4. Monatsmittelwert von θ_k für geneigte Fläche mit dem Neigungswinkel β von 0° bis 90° und Azimutwinkel a von 0° (**a**), ±30° (**b**) und ±45° (**c**). Geographische Breite φ: 40° und 50°[1.3]

Bild 1.3.4 zeigt die Monatsmittelwerte von θ_k für geneigte Flächen mit dem Neigungswinkel β von 0° bis 90° und Azimutwinkel a von 0°, ±30° und ±45° an der geographischen Breite φ von 40° bzw. 50°.

Für geneigte Flächen südlicher Ausrichtung sowie für horizontale und vertikale Flächen wird der Einfallswinkel der Direktstrahlung nach den folgenden vereinfachten Beziehungen berechnet.

Einfallswinkel der Direktstrahlung auf eine geneigte Fläche südlicher Ausrichtung. Für eine geneigte Fläche, die auf den Äquator ausgerichtet (genau nach Süden auf der nördlichen Halbkugel) ist, also a = 0° und der Einfallswinkel θ_k läßt sich aus folgender Beziehung berechnen [1.8]:

$$\cos \theta_k = \cos (\varphi - \beta) \cos \delta \cos \omega + \sin (\varphi - \beta) \sin \delta \qquad (1.3.6)$$

Auf der südlichen Halbkugel muß der Ausdruck φ - β in der Gleichung (1.3.6) durch φ + β ersetzt werden.

Am Mittag (ω = 0°) gilt für geneigte Flächen auf der nördlichen Halbkugel

$$\theta_k = |\varphi - \delta - \beta| \qquad (1.3.7)$$

Einfallswinkel der Direktstrahlung auf eine horizontale bzw. vertikale Fläche. Der Einfallswinkel θ der Direktstrahlung auf eine horizontale Fläche errechnet sich aus Gleichung (1.3.6) für β = 0°. Dabei wird die oben aufgeführte Gleichung (1.3.3) erhalten. Am Mittag (ω = 0°) gilt für eine horizontale Fläche auf der nördlichen Halbkugel:

$$\theta = |\varphi - \delta| \qquad (1.3.8)$$

Auf der südlichen Halbkugel muß die Differenz φ - δ in den Gleichungen (1.3.7) und (1.3.8) durch den Ausdruck -φ + δ ersetzt werden.

Durch Einsetzen von β = 90° in die Gleichung (1.3.6) wird der Einfallswinkel θ_v der Direktstrahlung auf eine vertikale Fläche erhalten:

$$\cos \theta_v = -\sin \delta \cos \varphi \cos a + \cos \delta \cos \omega \sin \varphi \cos a + \cos \delta \sin a \sin \omega \qquad (1.3.9)$$

Einfallswinkel der Direktstrahlung auf eine nachgeführte Fläche. Um den Einfallswinkel der Direktstrahlung auf eine Fläche zu jedem Zeitpunkt des Tages minimal zu halten, wird die Fläche der Sonne nachgeführt. Für den Einfallswinkel θ_k auf eine Fläche (z.B. eines Parabolspiegels), die eine kontinuierliche Nachführung zur Sonne durch Drehung um zwei Achsen besitzt und die stets senkrecht zur Richtung der Sonnenstrahlung liegt, gilt daher $\cos \theta_k = 1$.

Für einen Parabolrinnen-Kollektor mit kontinuierlicher Nachführung zur Sonne durch Drehung um eine geneigte Achse (um die Polarachse) gilt

$$\cos \theta_k = \cos \delta \qquad (1.3.10)$$

Für eine Fläche, die durch eine kontinuierliche Nachführung zur Sonne um eine horizontale Ost-West-Achse gedreht wird, gilt

$$\cos \theta_k = (1 - \cos^2\delta \cos^2\omega)^{0,5} \qquad (1.3.11)$$

Stundenwinkel des Sonnenuntergangs, Tageslänge. Der *Stundenwinkel* ω_s des *Sonnenuntergangs* (bzw. -aufgangs) kann berechnet werden, wenn die Gleichung (1.3.3) nach ω bei $\theta_k = 90°$ aufgelöst wird:

$$\omega_s = \arccos(-\tan\varphi \tan\delta) \qquad (1.3.12)$$

Der Stundenwinkel ω_{sk} des Sonnenunterganges für eine geneigte Fläche kann entweder gleich ω_s oder kleiner sein. Zunächst wird ω_{sk}' wie folgt berechnet:

$$\omega_{sk}' = \arccos[-\tan(\varphi - \beta)\tan\delta] \qquad (1.3.13)$$

Als ω_{sk} wird nun der kleinere Wert von ω_s und ω_{sk}' angenommen.

Die *Tageslänge* t_d ist die Stundenzahl vom Sonnenaufgang bis zum Sonnenuntergang. Es gilt:

$$t_d = 2\,\omega_s / 15 \qquad (1.3.14)$$

1.4 Stündliche und tägliche Gesamtstrahlung auf geneigte Flächen

Extraterrestrische Strahlung auf eine horizontale Fläche. Unter Berücksichtigung der Gleichung (1.3.3) läßt sich die *Intensität I_o der extraterrestrischen Strahlung*, die auf eine horizontale Fläche außerhalb der Erdatmosphäre trifft, wie folgt berechnen:

$$I_o = I_{on}\cos\theta = I_{sc}[1 + 0{,}033\cos(360\,n/365)](\sin\varphi\sin\delta + \cos\varphi\cos\delta\cos\omega) \text{ in W/m}^2 \qquad (1.4.1)$$

mit: I_{on} = Intensität der extraterrestrischen Strahlung auf eine senkrecht zur Strahlung liegende Ebene in W/m²,
I_{sc} = Solarkonstante (1367 W/m²).

Für die *Tagessumme E_o der extraterrestrischen Strahlung* auf eine horizontale Fläche an einem bestimmten Tag n (mit n = 1 am 1. Januar) gilt [1.6]:

$$E_o = (3{,}6\cdot 24 / \pi)\, I_{sc}[1 + 0{,}033\cos(360\,n/365)](\cos\varphi\cos\delta\sin\omega_s + (\pi\,\omega_s/180)\sin\varphi\sin\delta] \text{ in kJ/(m}^2\text{d)} \qquad (1.4.2)$$

mit: ω_s = Stundenwinkel des Sonnenuntergangs am Tag n in Grad.

Stündliche bzw. tägliche Direktstrahlung auf eine geneigte Fläche südlicher Ausrichtung. Solarkollektoren werden entweder in einer geneigten Lage aufgestellt oder der Sonne nachgeführt. Flachkollektoren können die Direkt- und Diffusstrahlung sowie einen Teil der Sonnenstrahlung, der von der Umgebung auf die Kollektorfläche reflektiert wird, absorbieren. Die Gesamtstrahlung auf eine geneigte Kollektorfläche wird aus der Globalstrahlung auf eine horizontale Fläche mit Hilfe eines Umrechnungsfaktors ermittelt. Die Umrechnung der Direktstrahlung erfolgt nach den Regeln der geometrischen Optik. Für die Diffusstrahlung wird angenommen, daß ihr größter Teil aus der Nähe der Sonne stammt und mit einem Einfallswinkel von 60° auf eine horizontale Fläche trifft.

Die *momentane bzw. stündliche Direktstrahlung* I_{Dk} auf eine geneigte Fläche mit südlicher Ausrichtung wird aus der momentanen bzw. stündlichen Direktstrahlung I_D auf eine horizontale Fläche an demselben Ort mit dem folgenden Umrechnungsfaktor berechnet [1.3]:

$$R_D = I_{Dk}/I_D = \cos\theta_k / \cos\theta = [\cos(\varphi - \beta)\cos\delta\cos\omega \\ + \sin(\varphi - \beta)\sin\delta] / [\cos\varphi\cos\delta\cos\omega + \sin\varphi\sin\delta] \quad (1.4.3)$$

Dabei läßt sich der Einfallswinkel der Direktstrahlung auf die geneigte (θ_k) bzw. horizontale (θ) Fläche aus den Gleichungen (1.3.6) bzw. (1.3.3) berechnen.

Die Direktstrahlung E_{Dk}, die innerhalb eines Tages auf eine geneigte Kollektorfläche südlicher Ausrichtung trifft, errechnet sich aus der täglichen Direktstrahlung E_D auf eine horizontale Fläche mit dem folgenden *mittleren Umrechnungsfaktor* [1.8]:

$$\overline{R}_D = E_{Dk}/E_D = [\cos(\varphi - \beta)\cos\delta\sin\omega_{sk} + (\pi\,\omega_{sk}/180)\sin(\varphi - \beta)\sin\delta] / \\ [\cos\varphi\cos\delta\sin\omega_s + (\pi\,\omega_s/180)\sin\varphi\sin\delta] \quad (1.4.4)$$

mit: ω_{sk} bzw. ω_s = Stundenwinkel des Sonnenuntergangs für eine geneigte bzw. horizontale Fläche am betreffenden Tag (nach den Gleichungen 1.3.12 und 1.3.13).

Stündliche bzw. tägliche Gesamtstrahlung auf eine geneigte Fläche südlicher Ausrichtung. Die *momentane bzw. stündliche Gesamtstrahlung* I_k auf die Empfangsfläche eines Kollektors mit einem Neigungswinkel β gegen die Horizontale errechnet sich mittels folgender Gleichung [1.4, 1.12]:

$$I_k = I\,R = I_D\,R_D + I_d(1 + \cos\beta)/2 + I\,\rho(1 - \cos\beta)/2 \quad \text{in W/m}^2 \quad (1.4.5)$$

mit: I, I_D bzw. I_d = momentane bzw. stündliche Werte der Globalstrahlung, Direkt- bzw. Diffusstrahlung auf eine horizontale Fläche in W/m^2, ρ = Reflexionsgrad der Umgebung (Albedo des Bodens).

Für die stündliche Gesamtstrahlung I_k gilt nun der folgende *Umrechnungsfaktor*:

$$R = R_D(1 - I_d/I) + I_d/I(1 + \cos\beta)/2 + \rho(1 - \cos\beta)/2 \quad (1.4.6)$$

Mit den Tageswerten der Global-, Direkt- bzw. Diffusstrahlung (E, E_D bzw. E_d) auf eine horizontale Fläche errechnet sich die *tägliche Gesamtstrahlung* E_k auf eine geneigte Kollektorfläche wie folgt:

$$E_k = E\,\overline{R} = E_D\,\overline{R}_D + E_d(1 + \cos\beta)/2 + E\,\rho(1 - \cos\beta)/2 \\ \text{in MJ/m}^2\text{d} \quad (1.4.7)$$

Dabei gilt für den Umrechnungsfaktor $\overline{R}_D$ die Gleichung (1.4.4) mit den Winkeln δ, ω_s und ω_{sk} für den betreffenden Tag.

Der *tägliche Umrechnungsfaktor für die Gesamtstrahlung* berechnet sich aus:

$$\overline{R} = \overline{R}_D(1 - E_d/E) + E_d/E(1 + \cos\beta)/2 + \rho(1 - \cos\beta)/2 \quad (1.4.8)$$

Im allgemeinen Fall der beliebig orientierten geneigten Flächen wird die Umrechnung der Sonnenstrahlung nach [1.9] vorgenommen. Bei geringer Abweichung

1.4 Stündliche und tägliche Gesamtstrahlung auf geneigte Flächen

(bis zu 20°) des Kollektors von südlicher Ausrichtung sind die Gleichungen für südlich orientierte Kollektoren näherungsweise gültig.

Monatsmittelwert der täglichen Gesamtstrahlung auf eine geneigte Kollektorfläche. Die Berechnung des Monatsmittelwertes der täglichen Gesamtstrahlung auf eine geneigte Kollektorfläche erfolgt nach den oben aufgeführten Gleichungen mit den Werten der täglichen Globalstrahlung E und Diffusstrahlung E_D auf eine horizontale Fläche für den mittleren Tag eines Monats. Der Stundenwinkel des Sonnenunterganges ω_{sk} bzw. ω_s für eine geneigte bzw. horizontale Fläche wird ebenfalls für den mittleren Tag eines Monats berechnet. Bei der Berechnung der Deklination δ der Sonne soll die Tageszahl n des mittleren Tages eines Monats aus der Tabelle 1.4.1 in die Gleichung (1.3.2) eingesetzt werden.

Bild 1.4.1 zeigt die berechneten Werte des Umrechnungsfaktors $\overline{R}_D$ für Monatsmittelwerte der täglichen Direktstrahlung, die auf die südlich ausgerichteten, geneigten Flächen an verschiedenen geographischen Breiten trifft (s. auch Tabelle A4 im Anhang). Der Neigungswinkel β der Fläche ist entweder gleich dem Breitengrad φ (Bild 1.4.1 a) oder unterscheidet sich von φ um ±15° (Bild 1.4.1 b bzw. c). Die Monatsmittelwerte des Faktors $\overline{R}$ für die Umrechnung der Globalstrahlung von horizontaler Ebene in die Gesamtstrahlung auf die Kollektorfläche mit einem Neigungswinkel β von 30, 45 und 60° sowie auf die vertikalen Flächen südlicher Ausrichtung für eine geographische Breite von 50° sind in Tabelle 1.4.2 angegeben.

Beispiel 1.4.1

Für einen Flachkollektor mit einem Neigungswinkel β von 45° und einer südlichen Ausrichtung (Azimut a = 0°) in Berlin (geographische Breite φ = 52,4°) soll die stündliche Gesamtstrahlung I_k auf den geneigten Kollektor um 12 Uhr 30 am 15. Juni berechnet werden. Die stündliche Globalstrahlung I auf eine horizontale Fläche beträgt 1,43 MJ/(m²h), dabei ist der stündliche Diffusstrahlungsanteil I_d/I gleich 0,6 und das Albedo des Bodens ρ = 0,2.

Lösung:

Die Deklination δ der Sonne am 15. Juni (Tageszahl n = 166) berechnet sich mit Gleichung (1.3.2) zu:

$$\delta = 23{,}45 \sin [360 (284 + 166) / 365] = 23{,}3°$$

Mit dem Stundenwinkel für 12 Uhr 30 ω = -7,5° gilt für den Umrechnungsfaktor R_D für die Direktstrahlung aus Gleichung (1.4.3):

$$R_D = [\cos (52{,}4° - 45°) \cos 23{,}3° \cos (-7{,}5°) + \sin (52{,}4° - 45°) \sin 23{,}3°] / [\cos 52{,}4° \cos 23{,}3° \cos (-7{,}5°) + \sin 52{,}4° \sin 23{,}3°] = 1{,}1.$$

Für die stündliche Gesamtstrahlung auf den Kollektor gilt nun:

$$I_k = I (1 - I_d/I) + I_d (1 + \cos \beta) / 2 + I \rho (1 - \cos \beta) / 2 = 1{,}43 (1 - 0{,}6)$$

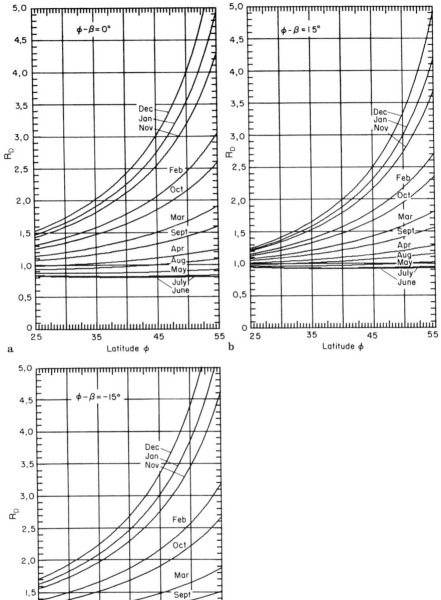

Bild 1.4.1. Umrechnungsfaktor R_D für die mittlere tägliche Direktstrahlung auf die südlich ausgerichteten Flächen mit einem Neigungswinkel β an verschiedenen geographischen Breiten φ: a) $\beta = \varphi$, b) $\beta = \varphi - 15°$, c) $\beta = \varphi + 15°$ [1.3]

1.4 Stündliche und tägliche Gesamtstrahlung auf geneigte Flächen 21

+ 1,43 0,6 (1 + cos 45°) / 2 + 0,2·1,43 0,6 (1 - cos 45°) / 2 = 0,629 + 0,733
+ 0,042 = 1,404 MJ/(m²h).

Der Umrechnungsfaktor ist $R = I_k/I$ = 1,404 / 1,43 = 0,98.

Tabelle 1.4.1. Tageszahl n des mittleren Tages des Monats

Monat	Jan	Feb	März	April	Mai	Juni	Juli	Aug	Sep	Okt	Nov	Dez
n	17	47	75	105	135	162	198	228	258	288	318	344

Tabelle 1.4.2. Monatsmittelwerte des Umrechnungsfaktors $\overline{R}$ für die Globalstrahlung auf die Kollektorfläche mit einem Neigungswinkel β von 30, 45, 60 und 90° mit südlicher Ausrichtung. Geographische Breite φ = 50°, Albedo ρ = 0,2 (nach [1.7])

Monat	Neigungswinkel β in Grad			
	30	45	60	90
Januar	1,3	1,37	1,37	1,18
Februar	1,35	1,43	1,44	1,23
März	1,24	1,27	1,23	0,98
April	1,10	1,07	0,99	0,69
Mai	1,02	0,95	0,84	0,53
Juni	0,98	0,90	0,78	0,47
Juli	0,99	0,92	0,81	0,49
August	1,07	1,02	0,93	0,62
September	1,20	1,21	1,15	0,88
Oktober	1,34	1,41	1,40	1,18
November	1,32	1,40	1,40	1,21
Dezember	1,41	1,52	1,56	1,39
Jahresdurchschnitt	1,11	1,09	1,01	0,72

Beispiel 1.4.2

Für den Flachkollektor aus Beispiel 1.4.1 soll die stündliche Gesamtstrahlung auf den Kollektor mit unterschiedlichem Azimut (Südabweichung) a (45°, 90° bzw. 120) berechnet werden.

Lösung:

Die Lösung wurde mit dem PC-Programm RAY erstellt. Die folgenden Ergebnisse geben die stündlichen Strahlungswerte an: die Diffusstrahlung I_{dk} = 0,73 MJ/(m²h)

und die vom Boden auf den Kollektor reflektierte Strahlung I_{rk} = 0,04 MJ/(m²h) (beide sind nur von dem Neigungswinkel β abhängig).

Die Direktstrahlung I_{Dk} beträgt bei dem Azimut von 45°, 90° bzw. 120°: 0,55, 0,31 bzw. 0,12 MJ/(m²h).

Daraus folgt für die Gesamtstrahlung I_k auf die Kollektorfläche bei einem a von 45°, 90° bzw. 120°: 1,32, 1,08 bzw. 0,89 MJ/(m²h). Für den südlich orientierten Kollektor gilt I_k = 1,404 MJ/(m²h) (aus Beispiel 1.4.1).

Die Ergebnisse zeigen, daß auf einen Kollektor mit Süd-Ost- oder Süd-West-Ausrichtung (a = 45°) um 5,7% und auf einen Kollektor mit Ost- oder West-Ausrichtung (a = 90°) um 23% weniger Sonnenstrahlung auftrifft als auf einen südlich orientierten Kollektor. Bei a = 120° beträgt der Unterschied ca. 37%.

Im Anhang (Bild A2) sind die Jahreswerte der Global-, Direkt- und Diffusstrahlung für geeignete Flächen beliebiger Ausrichtung in Berlin aufgeführt.

1.5 Berechnung der stündlichen Global- und Diffusstrahlung von Tageswerten

Schätzung der Globalstrahlung aufgrund des Clearness Index. Bei der Planung der Solaranlagen liegen in der Regel keine Strahlungsdaten für die geneigte Ebene vor. Dann ist es notwendig, vorhandene Strahlungsdaten (meistens die in der horizontalen Ebene gemessenen Globalstrahlungsdaten) auf die geneigte Fläche umzurechnen. Da Direktstrahlung und Diffusstrahlung unterschiedlich stark von der Ausrichtung der Empfangsfläche abhängen, ist vor der eigentlichen Umrechnung eine Aufteilung der Globalstrahlung in die beiden Einzelanteile notwendig. Hierzu gibt es verschiedene empirische Ansätze, die auf statistischer Analyse der Strahlungsdaten beruhen. Sie ermöglichen die Berechnung der stündlichen Strahlungswerte von den täglichen Werten. Wenn die Strahlungsmeßdaten für den betreffenden Ort fehlen, ist es möglich, die Globalstrahlung mit Hilfe empirischer Beziehungen abzuschätzen [1.12].

Für die Beziehung zwischen dem Verhältnis der Monatsmittelwerte der täglichen Globalstrahlung E und der extraterrestrischen Strahlung E_o auf eine horizontale Fläche und dem mittleren Bruchteil n/N der maximal möglichen Tagessonnenscheindauer bietet Page [1.12] die folgende Gleichung an:

$$E/E_o = a + b\, n/N \tag{1.5.1}$$

mit: n = Monatsmittelwert der Tagessonnenscheindauer,
N = Monatsmittelwert der maximal möglichen Tagessonnenscheindauer, d.h.
die Länge des mittleren Tages des Monats,
a und b = Konstanten für den betreffenden Ort.

Die Werte von E_o werden nach der Gleichung (1.4.2) berechnet. Die Konstante a liegt im Bereich von 0,14- 0,54, die Konstante b liegt zwischen 0,18 und 0,73. Für Orte mit einer vorwiegend feuchten und trüben Atmosphäre beträgt die Summe

1.5 Berechnung der stündlichen Global- und Diffusstrahlung von Tageswerten

a+b ungefähr 0,65, für Orte mit einer trockenen und staubfreien Atmosphäre liegt sie um 0,8. Für Hamburg gilt: a = 0,22 und b = 0,57.

Der *Clearness Index* K_T ist der Quotient aus der Globalstrahlung und der extraterrestrischen Strahlung eine horizontale Fläche. Die Werte und die entsprechenden K_T-Werte können auf Monat, Tag oder Stunde bezogen werden. Mit den Monatsmittelwerten der täglichen Globalstrahlung E und der extraterrestrischen Strahlung E_o wird der mittlere Clearness Index des Monats erhalten [1.6, 1.10]:

$$\overline{K}_T = E/E_o \qquad (1.5.2)$$

Analog ergibt sich der tägliche Clearness Index K_T mit den Strahlungswerten E und E_o für einen bestimmten Tag bzw. ein stündlicher Clearness Index k_T mit den stündlichen Werten der terrestrischen Globalstrahlung (I) und der extraterrestrischen Strahlung (I_o), die auf eine horizontale Fläche trifft.

Diffusstrahlungsanteil an der Globalstrahlung am mittleren Tag eines Monats. Es gibt einen Zusammenhang zwischen dem Verhältnis $\overline{E}_d/\overline{E}$ der Monatsmittelwerte der täglichen Diffus- und Globalstrahlung auf eine horizontale Fläche einerseits und dem Monatsmittelwert des Clearness Index $\overline{K}_T$ andererseits. Mit dem Stundenwinkel ω_s zur Sonnenuntergangszeit auf der horizontalen Ebene am mittleren Tag des Monats errechnet sich der *Monatsmittelwert des täglichen Diffusstrahlungsanteils* $\overline{E}_d/\overline{E}$ wie folgt [1.4]:

$$\overline{E}_d/\overline{E} = 1{,}391 - 3{,}560\,\overline{K}_T + 4{,}189\,\overline{K}_T{}^2 - 2{,}137\,\overline{K}_T{}^3 \text{ für } \omega_s \leq 81{,}4° \quad (1.5.3)$$

$$\overline{E}_d/\overline{E} = 1{,}311 - 3{,}022\,\overline{K}_T + 3{,}427\,\overline{K}_T{}^2 - 1{,}821\,\overline{K}_T{}^3 \text{ für } \omega_s > 81{,}4° \quad (1.5.4)$$

Die empirischen Beziehungen (1.5.3) und (1.5.4) gelten für die Monatsmittelwerte des täglichen Clearness Index im Bereich $0{,}3 \leq \overline{K}_T \leq 0{,}8$.

Diffusstrahlungsanteil an der Globalstrahlung an einem bestimmten Tag. Um den *Anteil der Diffusstrahlung* E_d an der Globalstrahlung E *an einem bestimmten Tag* zu berechnen, wird der Clearness Index K_T dieses Tages benutzt.

Dabei können die folgenden empirischen Beziehungen angewendet werden [1.4].

Für $\omega_s < 81{,}4°$:

a) $E_d/E = 1{,}0 - 0{,}2727\,K_T + 2{,}4495\,K_T{}^2 - 11{,}9514\,K_T{}^3 + 9{,}3879\,K_T{}^4$
   bei $K_T < 0{,}715$ $\qquad(1.5.5)$

b) $E_d/E = 0{,}143$ bei $K_T \geq 0{,}715$ $\qquad(1.5.6)$

Für $\omega_s \geq 81{,}4°$

a) $E_d/E = 1{,}0 + 0{,}2832\,K_T - 2{,}5557 K_T{}^2 + 0{,}8448\,K_T{}^3$ bei $K_T < 0{,}722$ $\quad(1.5.7)$

b) $E_d/E = 0{,}175$ bei $K_T \geq 0{,}722$ $\qquad(1.5.8)$

Die Gleichungen (1.5.5) - (1.5.8) sind in Bild 1.5.1 graphisch dargestellt.

Berechnung der stündlichen Global- und Diffusstrahlung von Tageswerten. Die tägliche Globalstrahlung auf eine horizontale Fläche an einem bestimten Tag

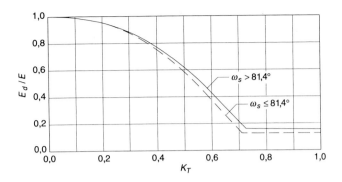

Bild 1.5.1. Diffusstrahlungsanteil E_d/E am bestimmten Tag in Abhängigkeit vom K_T-Tageswert und vom Stundenwinkel ω_S des Sonnenuntergangs [1.4]

setzt sich aus den stündlichen Werten zusammen. Der *Quotient r aus der stündlichen Globalstrahlung I für eine Stunde mit dem Stundenwinkel ω und der täglichen Globalstrahlung E an einem Tag mit einem Stundenwinkel ω_s des Sonnenuntergangs* errechnet sich wie folgt [1.1, 1.2]:

$$r = I/E = (\pi/24)(a + b \cos \omega)(\cos \omega - \cos \omega_s) / [\sin \omega_s - (\pi \omega_s / 180) \cos \omega_s] \quad (1.5.9)$$

Die Koeffizienten a und b sind:

$$a = 0{,}409 + 0{,}5016 \sin (\omega_s - 60) \text{ und } b = 0{,}6609 - 0{,}4767 \sin (\omega_s - 60) \quad (1.5.9a)$$

Für den *Quotienten r_d aus der stündlichen Diffusstrahlung I_d und der täglichen Diffusstrahlung E_d* auf eine horizontale Fläche gilt [1.10]:

$$r_d = I_d/E_d = (\pi/24)(\cos \omega - \cos \omega_s) / [\sin \omega_s - (\pi \omega_s / 180) \cos \omega_s] \quad (1.5.10)$$

Die Gleichungen (1.5.9) und (1.5.10) sind in Bild 1.5.2 und Bild 1.5.3 graphisch dargestellt.

Stündlicher Diffusstrahlungsanteil an der Globalstrahlung. Bei bekannten stündlichen Werten des Clearness Index k_T können die *stündlichen Werte des Anteils der Diffusstrahlung I_d an der stündlicher Globalstrahlung I* auf eine horizontale Fläche mit den folgenden Gleichungen berechnet werden [1.11]:

$$I_d/I = 1{,}0 - 0{,}249 \, k_T \text{ für } k_T < 0{,}35 \quad (1.5.11)$$
$$I_d/I = 1{,}557 - 1{,}84 \, k_T \text{ für } 0{,}35 < k_T < 0{,}75 \quad (1.5.12)$$
$$I_d/I = 0{,}177 \text{ für } k_T > 0{,}75 \quad (1.5.13)$$

Stündliche Strahlungswerte können nach dem Programm RAY des Instituts für Energietechnik der Technischen Universität Berlin berechnet werden. Die Beispiele 1.5.1 und 1.5.2 veranschaulichen die Anwendung des Verfahrens.

1.5 Berechnung der stündlichen Global- und Diffusstrahlung von Tageswerten

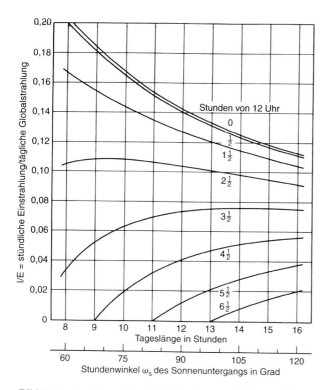

Bild 1.5.2. Quotient r der stündlichen I zur täglichen E Globalstrahlung in Abhängigkeit von der Tageslänge [1.10]

Beispiel 1.5.1

Für einen täglichen Clearness Index $K_T = 0,44$ am 16. März mit einer Tagessumme der Globalstrahlung E von 9,5 MJ/(m²d) in Stuttgart soll die tägliche Diffusstrahlung sowie die stündliche Global- bzw. Diffusstrahlung zwischen 10 und 11 Uhr berechnet werden. Der Stundenwinkel ω_s des Sonnenuntergangs am 16. März in Stuttgart beträgt 82,35°, der Stundenwinkel ω für den Mittelpunkt der Stunde von 10 bis 11 Uhr ist -22,5°.

Lösung:

1. Der tägliche Diffusstrahlungsanteil läßt sich aus Gleichung (1.5.7) errechnen:

$$E_d/E = 1,0 + 0,2832 \cdot 0,44 - 2,5557 \cdot 0,44^2 + 0,8448 \cdot 0,44^3 = 0,702.$$

2. Die tägliche Diffusstrahlung beträgt:

$$E_d = E \, (E_d/E) = 9,5 \cdot 0,702 = 6,67 \text{ MJ/(m}^2\text{d)}.$$

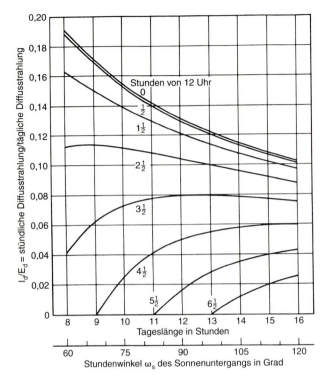

Bild 1.5.3. Quotient r_d der stündlichen I_d zur täglichen E_d Diffusstrahlung in Abhängigkeit von der Tageslänge [1.10]

3. Die Koeffizienten a und b werden aus Gleichung (1.5.9a) und erhalten:

$a = 0{,}409 + 0{,}5016 \sin(\omega_s - 60) = 0{,}409 + 0{,}5016 \sin(82{,}35 - 60) = 0{,}6$,

$b = 0{,}6609 - 0{,}4767 \sin(\omega_s - 60) = 0{,}6609 - 0{,}4767 \sin(82{,}35 - 60) = 0{,}5$

4. Der Quotient I/E berechnet sich mit Gleichung (1.5.9) zu

$r = I/E = (\pi/24)\,[0{,}6 + 0{,}5 \cos(-22{,}5)]\,[\cos(-22{,}5) - \cos 82{,}35]\,/\,[\sin 82{,}35 - (\pi\, 82{,}35 / 180) \cos 82{,}35] = 0{,}137$.

5. Der Quotient r_d aus der stündlichen Diffusstrahlung I_d und der täglichen Diffusstrahlung E_d auf eine horizontale Fläche errechnet sich aus Gleichung (1.5.10) zu:

$r_d = I_d/E_d = (\pi/24)\,[\cos(-22{,}5) - \cos 82{,}35]\,/\,[\sin 82{,}35 - (\pi\, 82{,}35 / 180) \cos 82{,}35] = 0{,}129$.

6. Die stündliche Global- bzw. Diffusstrahlung zwischen 10 und 11 Uhr beträgt

$I = rE = 0{,}137 \cdot 9{,}5 = 1{,}306$ Wh/(m^{2}h) bzw. $I_d = r_d E_d = 0{,}129 \cdot 6{,}67 = 0{,}86$ Wh/(m^{2}h).

1.5 Berechnung der stündlichen Global- und Diffusstrahlung von Tageswerten

7. Der stündliche Diffusstrahlungsanteil ist

$I_d/I = 0{,}86/1{,}306 = 0{,}66$.

8. Eine alternative Lösung aus Bildern 1.5.2 und 1.5.3 ergibt:

$I/E = 0{,}133$ und $I_d/E_d = 0{,}128$.

Daraus folgt:

$I = 1{,}266$ Wh/(m^{2}h), $I_d = 0{,}854$ Wh/(m^{2}h) und $I_d/I = 0{,}67$.

Es ist ersichtlich, daß sich die Ergebnisse nur geringfügig unterscheiden.

Beispiel 1.5.2

Für einen täglichen Clearness Index $K_T = 0{,}4$ am 11. Juni soll die Tagessumme der Globalstrahlung E auf eine horizontale Fläche in Stuttgart berechnet werden.

Lösung:

1. Am 11.06 ist n = 162, δ = 23,1° und der Stundenwinkel ω_s des Sonnenuntergangs in Stuttgart ist:

ω_s = arccos (-tan φ tan δ) = arccos (-tan 48,8 tan 23,1) = 119,11°.

2. Für die tägliche extraterrestrische Strahlung auf eine horizontale Fläche gilt:

$E_o = (3{,}6 \cdot 24 / \pi)\ I_{sc}\ [1 + 0{,}033\ \cos(360\ n/365)]\ (\cos\varphi\ \cos\delta\ \sin\omega_s + (\pi\ \omega_s/180)\ \sin\varphi\ \sin\delta] = 41{,}6$ MJ/m^{2}d.

3. Die tägliche Globalstrahlung auf eine horizontale Fläche errechnet sich zu:

$E = K_T\ E_o = 0{,}4 \cdot 41{,}6 = 16{,}64$ MJ/m^{2}d.

2 Physikalische Grundlagen der Solartechnik

2.1 Thermodynamik in Anwendung an solarthermischen Anlagen

2.1.1 Erster und zweiter Hauptsatz der Thermodynamik

Für ein geschlossenes thermodynamisches System (s. Bild 2.1.1a) lautet *der erste Hauptsatz der Thermodynamik*: Die zugeführte oder abgeführte Wärme Q ist gleich der Summe der Änderung der inneren Energie ΔU des Systems und der Volumenänderungsarbeit W hinsichtlich der Umgebung [2.1, 2.2]:

$$Q = \Delta U + W \text{ in J} \tag{2.1.1}$$

Die *Änderung der inneren Energie* eines idealen Gases kann mittels der Temperaturänderung berechnet werden:

$$\Delta U = U_2 - U_1 = m\, c_v\, (T_2 - T_1) \text{ in J,} \tag{2.1.2}$$

wobei U die innere Energie des Systems in J, m die Masse in kg, c_v die spezifische isochore Wärmekapazität in J/kgK und T die Temperatur des Arbeitsstoffes in K ist. Die Indizes 1 und 2 bezeichnen den Anfangs- und Endzustand.

Für die *Wärme* Q bzw. *Volumenänderungsarbeit* W gilt allgemein:

$$dQ = m\, T\, ds \text{ bzw. } dW = m\, p\, dv \text{ in J,} \tag{2.1.3}$$

wobei s die spezifische Entropie in J/kgK, p der Druck in Pa und v das spezifische Volumen des Arbeitsstoffes in m^3/kg ist.

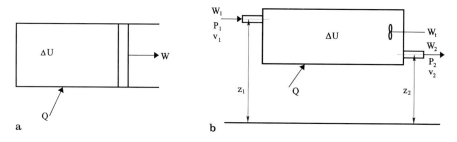

Bild 2.1.1. Schema eines geschlossenen (**a**) bzw. offenen (**b**) thermodynamischen Systems mit Energieflüssen

Die Wärme Q und die Arbeit W sind von der Zustandsänderung abhängig. Beispielsweise gilt für die isobare Zustandsänderung eines idealen Gases:

$$Q = m\, c_p\, (T_2 - T_1) \text{ bzw. } W = m\, p\, (v_2 - v_1) = p\, (V_2 - V_1) \text{ in J,} \qquad (2.1.4)$$

wobei c_p die spezifische isobare Wärmekapazität des Arbeitsstoffes in J/kgK und V das Volumen des Systems in m³ ist.

Für ein offenes thermodynamisches System (s. Bild 2.1.1b), das vom Arbeitsstoff durchflossen wird, lautet der erste Hauptsatz [2.1, 2.2]:

$$\begin{aligned} Q &= \Delta U + m\,(p_2 v_2 - p_1 v_1) + m\,(w_2^2 - w_1^2)/2 + m\,g\,(z_2 - z_1) + W_t \\ &= \Delta H + m\,(w_2^2 - w_1^2)/2 + m\,g\,(z_2 - z_1) + W_t \text{ in J,} \end{aligned} \qquad (2.1.5)$$

wobei w die Geschwindigkeit des strömenden Arbeitsstoffes in m/s, g die Erdbeschleunigung in m²/s, z die vertikale Koordinate in m, ΔH die Änderung der Enthalpie des Arbeitsstoffes in J und W_t die technische Arbeit in J ist. Der Index 1 bzw. 2 bezieht sich auf den Eintritts- bzw. Austrittsquerschnitt des Systems.

Für die *Änderung der Enthalpie* eines idealen Gases gilt:

$$\Delta H = H_2 - H_1 = m\, c_p\, (T_2 - T_1) \text{ in J} \qquad (2.1.6)$$

Für die spezifische *technische Arbeit* bezogen auf 1 kg Arbeitsstoff gilt:

$$dw_t = -v\, dp \text{ in J/kg} \qquad (2.1.7)$$

Sie ist von der Zustandsänderung abhängig. Für die technische Arbeit bei der isentropen Expansion mit Exponent k (1,4 für Luft) gilt beispielsweise:

$$W_t = (V_1 P_1 - V_2 P_2)\, k / (k-1) \text{ in J} \qquad (2.1.8)$$

Für einen *Kreisprozeß* lautet der erste Hauptsatz: Die Nutzarbeit W_N des Kreisprozesses ist der Nutzwärme Q_N gleich. Dabei gilt für W_N bzw. Q_N

$$W_N = W_{exp} - W_{verd} \text{ in J bzw. } Q_N = Q_{zu} - Q_{ab} \text{ in J} \qquad (2.1.9)$$

wobei W_{exp} bzw. W_{verd} die Expansions- bzw Verdichtungsarbeit und Q_{zu} bzw. Q_{ab} die zu- bzw. abgeführte Wärme ist.

Der zweite Hauptsatz der Thermodynamik lautet: Die Entropie S eines adiabaten geschlossenen Systems kann niemals abnehmen - bei reversiblen Prozessen bleibt sie konstant, bei irreversiblen Prozessen nimmt sie zu: $\Delta S \geq 0$.

2.1.2 Kreisprozesse der Energieumwandlung

In solarthermischen Anlagen zur Stromerzeugung werden hauptsächlich Dampfturbinenkraftanlagen verwendet. Gasturbinenkraftanlagen, sowie Stirling - Motorkraftanlagen können auch zur Kraftgewinnung eingesetzt werden. Die thermodynamische Grundlage für Wärmekraftmaschinen und Kältemaschinen ist der Carnot-Kreisprozeß.

Carnot-Kreisprozeß. Der *Carnot-Kreisprozeß* ist ein idealer Kreisprozeß und besteht aus einer isothermen und einer isentropen Expansion, sowie aus einer isothermen und einer isentropen Verdichtung. Er verläuft mit einem idealen Gas reversibel zwischen den Temperaturen T_1 und T_2 [2.2].

Der *rechtslaufende Carnot-Kreisprozeß* (Bild 2.1.2 a) gilt als ein idealer Vergleichskreisprozeß für Wärmekraftmaschinen. Dabei gilt für die im Kreisprozeß *zu- bzw. abgeführte Wärme* bezogen auf 1 kg des idealen Gases:

$$q_{zu} = T_1 (s_2 - s_1) \text{ bzw. } q_{ab} = T_2 (s_2 - s_1) \text{ in J/kg} \qquad (2.1.10)$$

wobei T_1 bzw. T_2 die Temperatur der oberen bzw. unteren Wärmequelle in K und s_1 bzw. s_2 die spezifische Entropie des Gases vor bzw. nach isothermer Expansion (sowie nach bzw. vor isothermer Verdichtung) in J/kgK ist.

Für die umgesetzte *Nutzwärme* pro kg Gases gilt in einem Carnot-Kreisprozeß:

$$q_N = q_{zu} - q_{ab} = (T_1 - T_2)(s_2 - s_1) \text{ in J/kg} \qquad (2.1.11)$$

Die *Nutzarbeit* bezogen auf 1 kg des idealen Gases ist in einem Carnot-Kreisprozeß:

$$w_N = w_{exp} - w_{verd} = R (T_1 - T_2) \ln (p_1/p_2) = R (T_1 - T_2) \ln (v_2/v_1) \text{ in J/kg} \qquad (2.1.12)$$

wobei R die Gaskonstante in J/kg K, p der Druck in Pa und v das spezifische Volumen des Gases in m³/kg ist. Der Index 1 bzw. 2 bezieht sich auf den Zustand des Gases vor bzw. nach der isothermen Expansion.

Im Temperaturbereich zwischen T_1 und T_2 besitzt der Carnot-Kreisprozeß den höchst möglichen *thermischen Wirkungsgrad* [2.2, 2.4]:

$$\eta_{th,c} = w_N / q_{zu} = (q_{zu} - q_{ab})/ q_{zu} = 1 - T_2/T_1 \qquad (2.1.13)$$

Der $\eta_{th,c}$-Wert nimmt mit steigender Temperatur T_1 der Wärmezufuhr und sinkender Temperatur T_2 der Wärmeabfuhr zu.

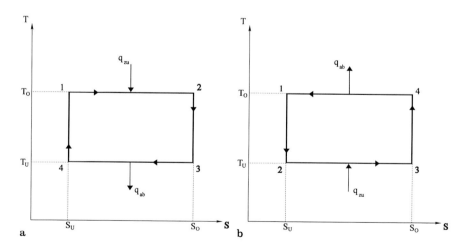

Bild 2.1.2. Rechts- (a) und linkslaufender (b) Carnot-Kreisprozeß

Als idealer Vergleichskreisprozeß für Kältemaschinen, die zum Wärmeentzug bei tiefer Temperatur T_2 dienen und bei der Kälteerzeugung und Kühlung ihren Einsatz finden, sowie für Wärmepumpen, die zur Heizwärmeabgabe bei hoher Temperatur T_1 verwendet werden, gilt der ideale *linkslaufende Carnot-Kreisprozeß* (Bild 2.1.2 b).

Für die in einem linkslaufenden Carnot-Kreisprozeß *zu- bzw. abgeführte Wärme* bezogen auf 1 kg des idealen Gases gilt:

$$q_{zu} = T_2 (s_2 - s_1) \text{ bzw. } q_{ab} = T_1 (s_2 - s_1) \text{ in J/kg} \qquad (2.1.14)$$

Der spezifische *Netto-Arbeitsaufwand* wird durch die Verdichtungs- und Expansionsarbeit bestimmt:

$$w = w_{verd} - w_{exp} = R (T_1 - T_2) \ln (p_1/p_2) \text{ in J/kg} \qquad (2.1.15)$$

Für die Leistungszahl einer Kältemaschine bzw. Heizzahl einer Wärmepumpe nach dem Carnot-Kreisprozeß gilt [2.2]:

$$\varepsilon_{k,c} = q_{zu} / w = T_2 / (T_1 - T_2) \text{ bzw. } \varphi_{w,c} = q_{ab} / w = T_1 / (T_1 - T_2) \qquad (2.1.16)$$

Die beiden Werte sind größer als 1 und nehmen mit Senkung der Temperaturdifferenz $T_1 - T_2$ zu.

Clausius - Rankine - Kreisprozeß von Dampfturbinenkraftanlagen. Eine Dampfturbinenkraftanlage besteht grundsätzlich aus einem Dampferzeuger D mit einem Dampfüberhitzer Ü, einer Dampfturbine T mit dem Elektrogenerator, einem Kondensator K und einer Pumpe P (s. Bild 2.1.3). Im Kreisprozeß läuft der Arbeitsstoff (Wasser/Wasserdampf oder organische Medien) die folgenden Zustandsänderungen durch (s. Bild 2.1.4): eine isentrope Expansion des Arbeitsstoffdamp-

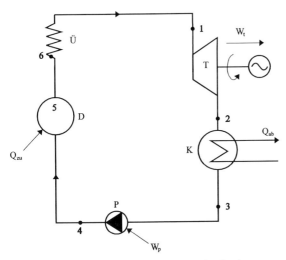

Bild 2.1.3. Schaltbild der Dampfturbinenkraftanlage

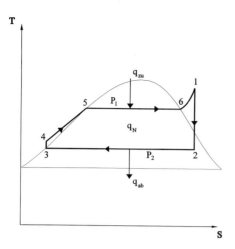

Bild 2.1.4. Clausius-Rankine Kreisprozeß im T-s-Diagramm

fes in der Turbine (1 - 2), eine isobare und isotherme Kondensation mit der Wärmeabfuhr im Kondensator bei p_2 = konst (2 - 3), eine isentrope Druckerhöhung des flüssigen Arbeitsstoffes in der Pumpe (3 - 4) und eine isobare Wärmezufuhr im Dampferzeuger (4 - 5 - 6) und -überhitzer bei p_1 = konst (6 - 1).

Für die *Wärmezufuhr* im Dampferzeuger und Dampfüberhitzer, bzw. für die *Wärmeabfuhr* im Kondensator, gilt:

$$q_{zu} \approx h_1 - h_2' \text{ in kJ/kg bzw. } q_{ab} = h_2 - h_2' \text{ in kJ/kg} \qquad (2.1.17)$$

wobei h_1 bzw. h_2 die spezifische Enthalpie des Dampfes am Turbineneintritt bzw. -austritt in kJ/kg und h_2' die spezifische Enthalpie der gesättigten Flüssigkeit am Austritt des Kondensators bei dem Druck p_2 in kJ/kg ist.

Die *spezifische Nutzarbeit* w_N des Kreisprozesses bezogen auf 1 kg des Arbeitsstoffs wird näherungsweise durch die Arbeit der Turbine w_t (weil der Arbeitsaufwand in der Pumpe im Vergleich zu w_t vernachlässigbar klein ist) bestimmt:

$$w_N \approx w_t = h_1 - h_2 \text{ in J/kg} \qquad (2.1.18)$$

Für den *thermischen Wirkungsgrad* des Clausius-Rankine-Kreisprozesses gilt [2.2, 2.4]:

$$\eta_{th} = w_N / q_{zu} = (h_1 - h_2) / (h_1 - h_2') \qquad (2.1.19)$$

Er nimmt mit der Erhöhung des Druckes p_1 und der Temperatur T_1 vor der Turbine und mit der Senkung des Druckes p_2 bzw. der Temperatur T_2 nach der Turbine zu.

Joule-Kreisprozeß von Gasturbinenkraftanlagen. Eine Gasturbinenkraftanlage besteht aus einer Gasturbine T mit dem Elektrogenerator G, einer Brennkammer BK und einem Kompressor K (s. Bild 2.1.5). Als Arbeitsstoff dient ein ideales Gas, z.B. die Luft. Der Kreisprozeß (s. Bild 2.1.6) besteht aus folgenden Zustandsänderungen: eine isentrope Verdichtung im Kompressor (1 - 2), eine isobare Wärmezu-

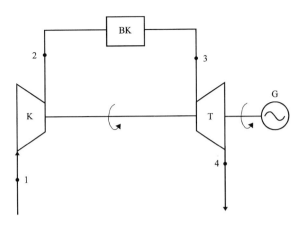

Bild 2.1.5. Schaltbild der Gasturbinenkraftanlage

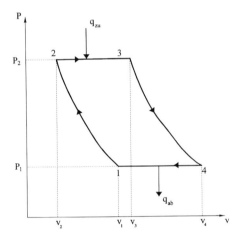

Bild 2.1.6. Kreisprozeß der Gasturbinenkraftanlage im p-v-Diagramm

fuhr in der Brennkammer bei p_2 = konst (2 - 3), eine isentrope Expansion in der Gastubine (3 - 4) und eine isobare Wärmeabfuhr an die Umgebung bei p_1 = konst (4 - 1).

Für die *Wärmezufuhr* q_{zu} in der Brennkammer bzw. *Wärmeabfuhr* q_{ab} an die Umgebung gilt:

$$q_{zu} = c_p (T_3 - T_2) \text{ bzw. } q_{ab} = c_p (T_4 - T_1) \text{ in J/kg} \qquad (2.1.20)$$

Für die *spezifische Nutzarbeit* des Joule-Kreisprozesses gilt:

$$w_N = w_{exp} - w_{verd} = q_{zu} - q_{ab} = c_p [(T_3 - T_2) - (T_4 - T_1)] \text{ in J/kg} \qquad (2.1.21)$$

34   2 Physikalische Grundlagen der Solartechnik

Der *thermische Wirkungsgrad* des Joule-Kreisprozesses ist [2.1, 2.2, 2.4]:

$$\eta_{th} = w_N / q_{zu} = 1 - T_1/T_2 = 1 - (p_1/p_2)^{(k-1)/k} \qquad (2.1.22)$$

Dabei nimmt η_{th} mit Erhöhung des Druckverhältnisses p_2/p_1 zu.

2.2 Wärmeübertragung in Anwendung an thermischen Solaranlagen

2.2.1 Wärmeleitung

Wärmeübertragungsvorgänge spielen eine wichtige Rolle in Solarkollektoren, Wärmespeichern, Wärmetauschern und anderen Komponenten der solarthermischen Anlagen. Im allgemeinen erfolgt die Wärmeübertragung durch *Wärmeleitung, Konvektion und Strahlung* und wird durch eine *Temperaturdifferenz* in einem Körper oder in einem Medium ausgelöst. Wärme geht stets von einem Medium (einer Stelle) hoher Temperatur auf ein Medium (eine Stelle) niedriger Temperatur über. Die Wärmeübertragung in Solarkollektoren und Wärmespeichern hat einen sehr komplizierten Charakter, da die drei Wärmeübertragungsmechanismen gleichzeitig wirken.

Die Temperaturverteilung in einem Raum bzw. Körper läßt sich als ein-, zwei- oder dreidimensionales *Temperaturfeld* beschreiben. Außerdem kann die Temperatur zeitabhängig sein. Im allgemeinen Fall eines dreidimensionalen nichtstationären Temperaturfeldes ist die Temperatur eine Funktion der Ortskoordinaten und der Zeit T = f (x, y, z, t). Ein stationäres Temperaturfeld liegt vor, wenn die Temperatur zeitunabhängig ist. In einer unendlichen ebenen Wand bzw. einem unendlich langen Zylinder oder einer Kugelhülle herrscht ein eindimensionales Temperaturfeld T = f(x) bzw. T = f(r) mit einem Temperaturgradienten grad T = dT/dx bzw. grad T = dT/dr. Bei Wärmeleitung erfolgt die Wärmeübertragung durch die Translationsbewegung der Moleküle in Gasen und Flüssigkeiten, durch die Gitterschwingung und die Drehbewegung der Atome in festen Körpern. In Metallen sind Elektronen an der Wärmeleitung beteiligt.

Die *Wärmestromdichte* q ist die Wärmemenge, die je Sekunde durch einen m^2 der Körperfläche übertragen wird. Nach Fourier gilt [2.2]:

$$q = - \lambda \text{ grad T in W/m}^2, \qquad (2.2.1)$$

wobei λ die *Wärmeleitfähigkeit* des Stoffes in W/m K ist.

Für die nichtstationäre Wärmeleitung im Körper ohne interne Wärmequellen gilt die *Fouriersche Differentialgleichung* [2.2]:

$$\partial T/\partial t = a \left(\partial^2 T/\partial x^2 + \partial^2 T/\partial y^2 + \partial^2 T/\partial z^2 \right), \qquad (2.2.2)$$

wobei t die Zeit in s, $a = \lambda / (\rho \cdot c)$ die Temperaturleitfähigkeit des Stoffes in m^2/s, ρ die Dichte des Stoffes in kg/m^3 und c die spezifische Wärmekapazität des Stoffes in J/kgK ist.

2.2 Wärmeübertragung in Anwendung an thermischen Solaranlagen

Für die *eindimensionale stationäre Wärmeleitung* in einer ebenen Wand gilt:

$$d^2T/dx^2 = 0 \qquad (2.2.3)$$

Der *Wärmestrom* $\dot{Q}$ in einer ebenen Wand (Bild 2.2.1a) errechnet sich wie folgt [2.2]:

$$\dot{Q} = A\,(\lambda/\delta)\,(T_1 - T_2) = A\,(T_1 - T_2)/R \text{ in W}, \qquad (2.2.4)$$

wobei λ die Wärmeleitfähigkeit des Stoffes in W/mK, δ die Dicke der Wand in m, T_1 bzw. T_2 die Oberflächentemperaturen in °C und A die Fläche der Wand in m² und R der thermische Widerstand der Wand in m²K/W ist.

Für die ebene Wand gilt $R = \delta/\lambda$.

In der ebenen Wand mit Randbedingungen der 1. Art, d.h. $T(x=0) = T_1$ und $T(x=\delta) = T_2$, ist die *Temperatur* linear verteilt [2.2]:

$$T = T_1 - x\,(T_1 - T_2)/\delta \qquad (2.2.5)$$

Oft besteht eine Wand aus verschiedenen Werk- oder Baustoffen. Eine dreischichtige ebene Wand mit Schichtdicken δ_1, δ_2 und δ_3, Temperaturen der inneren Oberfläche T_1 und äußeren Oberfläche T_4, ist in Bild 2.2.1b skizziert und Bild 2.2.2 zeigt ein thermisches Netzwerk für diese Wand. Mit einem *thermischen Widerstand* der i-ten Wandschicht $R_i = (\delta/\lambda)_i$ gilt für die Wärmestromdichte q in W/m²:

$$q = (T_1 - T_2)/R_1 = (T_2 - T_3)/R_2 = (T_3 - T_4)/R_3 = (T_1 - T_4)/(R_1 + R_2 + R_3) \qquad (2.2.6)$$

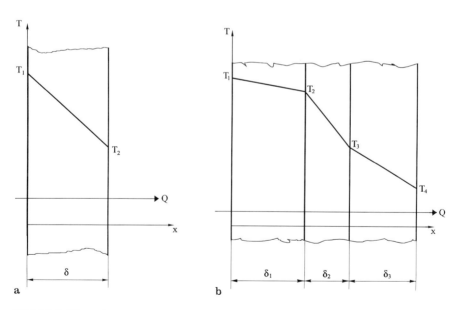

Bild 2.2.1. Wärmeleitung in einer ebenen Einschicht - bzw. Mehrschicht-Wand (**a** bzw. **b**)

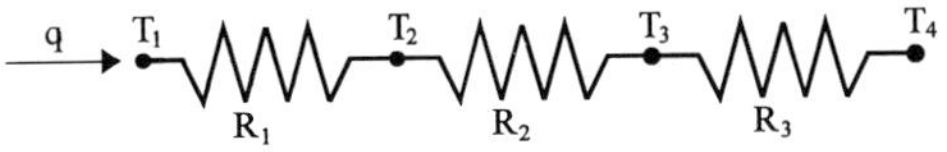

Bild 2.2.2. Thermisches Netzwerk für eine dreischichtige ebene Wand

Die *Temperaturen an Grenzflächen der Wandschichten* errechnen sich wie folgt:

$$T_2 = T_1 - q \cdot R_1 \text{ und } T_3 = T_1 - q \cdot (R_1 + R_2) = T_4 + q \cdot R_3 \qquad (2.2.7)$$

Für den *Wärmestrom* $\dot{Q}$ in einem unendlichen Hohlzylinder, d.h. in einem Rohr, dessen Länge L sehr viel größer ist als sein Durchmesser, mit den Temperaturen der Innen- und Außenoberfläche (T_1 bzw. T_2) gilt [2.2]:

$$\dot{Q} = L (T_1 - T_2) / R_l \text{ in W} \qquad (2.2.8)$$

Dabei errechnet sich der *thermische Widerstand* bezogen auf 1 m Rohrlänge wie folgt:

$$R_l = (1 / 2\pi \lambda) \ln (d_2/d_1) \text{ in m K/W,} \qquad (2.2.9)$$

wobei d_1 bzw. d_2 der Innen- bzw. Außendurchmesser des Rohrs in m ist.

Die *Temperatur* T in der Rohrwand am Durchmesser d ($d_1 < d < d_2$) errechnet sich aus:

$$T = T_1 - (\dot{Q} / L) (1/2\pi \lambda) \cdot \ln (d/d_1) = T_1 - (T_1 - T_2) \ln (d/d_1) / \ln (d_2/d_1) \qquad (2.2.10)$$

Daraus folgt für den *Wärmestrom*:

$$\dot{Q} = L (T_1 - T_2) / [(1/2\pi \lambda) \ln (d_2/d_1)] \text{ in W} \qquad (2.2.11)$$

2.2.2 Differenzenverfahren zur numerischen Lösung der Wärmeleitungsgleichung

Beim Differenzenverfahren werden die Ableitungen durch *finite Differenzen* approximiert und die Integration von Differentialgleichungen wird näherungsweise durch Lösen eines Systems von algebraischen Gleichungen ersetzt. Bei numerischer Lösung der Wärmeleitungsgleichung wird eine Diskretisierung des Raumes und der Zeit durchführt. Für die zweidimensionale Wärmeleitung ohne interne Wärmequellen läßt sich die Differentialgleichung (2.2.2) wie folgt schreiben [2.2]:

$$\partial T/\partial t = a (\partial^2 T/\partial x^2 + \partial^2 T/\partial y^2) \qquad (2.2.12)$$

Das *Diskretisierungsschema* ist in Bild 2.2.3 angegeben. Mit *Schrittweiten* Δx und Δy erhält man die diskreten *Gitterpunkten*, in welchen die Temperaturen gesucht werden. Zwecks einer Vereinfachung wird angenommen, daß $\Delta x = \Delta y = h$ ist. Die Temperatur im Punkt A wird als $T(x_A, y_A)$ bzw. $T_{i,j}$ bezeichnet. Mit Hilfe der

2.2 Wärmeübertragung in Anwendung an thermischen Solaranlagen

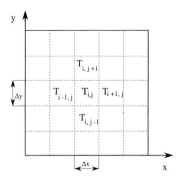

Bild 2.2.3. Diskretisierungsschema für die Lösung der zweidimensionalen Wärmeleitung nach dem Differenzenverfahren

Taylor-Reihe kann man für die Temperaturen in Punkten E und D die folgenden Ansätze schreiben [2.4]:

$$T_E = T(x_A+h, y_A) = T_{i+1,j} = T_{i,j} + h\, T_{i,j}' + h^2/2 \cdot T_{i,j}'' + h^3/3 \cdot T_{i,j}''' + \ldots \quad (a)$$

$$T_D = T(x_A-h, y_A) = T_{i-1,j} = T_{i,j} - h\, T_{i,j}' + 1/2 \cdot h^2\, T_{i,j}'' - 1/3 \cdot h^3\, T_{i,j}''' + \ldots \quad (b)$$

Durch das Addieren bzw. Subtrahieren der obigen Gleichungen (a) und (b) erhält man für die 1. und 2. Ableitung der Temperatur die folgenden Näherungsformeln in Differenzenform unter Vernachlässigung der dritten und höheren Ableitungen ($T_{i,j}'''$ usw.):

$$T_{i,j}' = (T_E - T_D) / 2h \quad \text{und} \quad T_{i,j}'' = (T_E + T_D - 2T_{i,j}) / h^2 \qquad (2.2.13)$$

Näherungsweise läßt sich die 1. Ableitung T' entweder durch eine *zentrale Differenz*

$$T' = (T_{i+1,j} - T_{i-1,j}) / 2h, \qquad (c)$$

durch eine *vordere Differenz*

$$T' = (T_{i+1,j} - T_{i,j}) / h \qquad (d)$$

oder durch eine *hintere Differenz*

$$T' = (T_{i,j} - T_{i-1,j}) / h \qquad (e)$$

schreiben.

Man kann die Ableitung $\partial T/\partial t$ bei explizitem bzw. implizitem Verfahren in Differenzform darstellen:

$$\partial T/\partial t \approx \Delta T/\Delta t = (T_{i,j}^{n+1} - T_{i,j}^n) / \Delta t \quad \text{bzw.} \quad dT/dt \approx (T_{i,j}^n - T_{i,j}^{n-1}) / \Delta t \qquad (2.2.14)$$

Dabei bezeichnen die Hochzeichen n, n-1 und n+1 die Zeitpunkte t, t-Δt und t+Δt mit einem Zeitschritt Δt.

Daraus folgt für die *Temperatur nach dem expliziten bzw. impliziten Verfahren*

$$T_{i,j}^{n+1} = T_{i,j}^{n} + (\Delta T / \Delta t) \Delta t \text{ bzw. } T_{i,j}^{n} = T_{i,j}^{n-1} + (\Delta T / \Delta t) \Delta t \qquad (2.2.15)$$

Bei explizitem Verfahren erhält man die Temperaturen $T_{i,j}^{n+1}$ in allen Knotenpunkten (i,j) zum Zeitpunkt $t+\Delta t$ direkt aus den Temperaturen $T_{i,j}^{n}$ zum Zeitpunkt t. Eine korrekte Auswahl der Schrittweiten (Δx, Δy und Δt) gewährleistet die erwünschte Genauigkeit, sowie die Konvergenz und Stabilität der numerischen Lösung [2.4]. Für die eindimensionale Wärmeleitung gilt die folgende Differenzengleichung für die Ableitung $\partial T/\partial t$ nach dem expliziten Verfahren:

$$\partial T/\partial t \approx (T_{i,j}^{n+1} - T_{i,j}^{n}) / \Delta t = (a / \Delta x^2)(T_{i-1,j}^{n} + T_{i+1,j}^{n} - 2T_{i,j}^{n}) \qquad (2.2.16)$$

Für den zulässigen Zeitschritt Δt bei ein- bzw. zweidimensionaler Wärmeleitung gilt:

$$\Delta t \leq \Delta x^2 / a \text{ bzw. } \Delta t \leq 2 / [a(1/\Delta x^2 + 1/\Delta y^2)] \qquad (2.2.17)$$

Bei kleinen Δx-Werten wird Δt sehr klein. Beispielsweise bei $\Delta x = 10$ mm und $a = 10^{-6}$ m²/s muß Δt unter 100 s liegen. Bei automatisch veränderlichem Zeitschritt Δt ist der explizite Integrationsalgorithmus unbedingt stabil [2.4].

2.2.3 Wärmeübertragung durch Konvektion

Wärmetransport erfolgt bei Konvektion durch ein strömendes Medium (Fluid), das sich in Berührung mit einem festen Körper befindet. Es wird zwischen der natürlichen und erzwungenen Konvektion unterschieden. Die *Newtonsche Gleichung* bestimmt den konvektiven *Wärmestrom* [2.4]:

$$\dot{Q} = \alpha (T_w - T_f) A \text{ in W} \qquad (2.2.18)$$

wobei α der Wärmeübergangskoeffizient in W/(m² K), T_w bzw. T_f die Wand- bzw. Fluidtemperatur in °C und A die Fläche in m² ist.

Die *natürliche (freie) Konvektion* des Fluids entsteht durch eine Auftriebskraft, die durch den Dichteunterschied zwischen dem wärmeren Teil und kälteren Teil des Fluids verursacht wird. Das Fluid erwärmt sich bei der Berührung mit einem festen Körper (einer wärmeabgebenden Fläche) mit höherer Temperatur, wird leichter und infolge der Schwerkraftwirkung nach oben verschoben. Auf diese Weise erfolgt die Wärmeübertragung durch natürliche Konvektion.

Die konvektive Wärmeübertragung ist durch einen Wärmeübergangskoeffizienten α gekennzeichnet, der von dem Temperaturunterschied zwischen dem festen Körper und dem Fluid, von der Art des Fluids und seinen Eigenschaften, sowie von der Form, Größe und Lage des Körpers abhängt. Diese Abhängigkeit hat einen sehr komplizierten Charakter und läßt sich daher nur experimentell untersuchen.

Der *Wärmeübergangskoeffizient* α bei der natürlichen Konvektion läßt sich aus einer Beziehung zwischen der Nusselt-Zahl Nu = $\alpha L / \lambda$ und Rayleigh-Zahl

$Ra = g \beta' \Delta T L^3 / (\nu \alpha)$ berechnen. Dabei sind: α der Wärmeübergangskoeffizient in W/(m²K), L die maßgebliche Länge in m, g die Erdbeschleunigung in m/s² (9,81 m/s²), ΔT die Temperaturdifferenz in K, λ die Wärmeleitfähigkeit des Fluids in W/(mK), ν die kinematische Viskosität des Fluids in m²/s, β' der Raumausdehnungskoeffizient des Fluids in 1/K und a die Temperaturleitfähigkeit des Fluids in m²/s. Die physikalischen Eigenschaften (ρ, λ, c_p und ν) des Fluids sind in der Regel auf seine mittlere Temperatur T_m bezogen.

Für die *freie Konvektion* gilt [2.4]:

$$\alpha = Nu \lambda / L = C Ra^n \lambda / L \qquad (2.2.19)$$

wobei C und n von der Rayleigh-Zahl Ra abhängig sind (s. z.B. [2.4]). Bei Ra von 500 bis $2 \cdot 10^7$ gilt: C = 0,54 und n = 1/4.

Bei erzwungener Konvektion strömt ein Fluid unter der Druckkraft einer Pumpe oder eines Gebläses. Bei Solaranlagen kommt interne Strömung in Rohren und Kanälen, sowie externe Umströmung von Platten, Rohren und Rohrbündeln in Wärmetauschern in Betracht. In Abhängigkeit von der Strömungsgeschwindigkeit w, Kanalgröße (z.B. Rohrdurchmesser d) und kinematischer Viskosität des Fluids ist die Strömung laminar bei der Reynolds-Zahl Re = w d / ν unter 2320 oder turbulent bei Re über 10000. Die physikalischen Eigenschaften des Fluids werden durch die Einbeziehung der Prandtl-Zahl Pr = ν / a = μ c_p / λ berücksichtigt. Dabei ist μ die dynamische Viskosität des Fluids in Pa.s und c_p die spezifische isobare Wärmekapazität des Fluids in J/kgK.

Bei erzwungener Konvektion gilt die folgende Gleichung von Hausen für den gesamten Bereich der turbulenten Strömung in Rohren und Kanälen (bei Re > 2320) bei Pr = 1,5 - 500 [2.8]:

$$Nu = 0,012 \, (Re^{0,87} - 280) \, Pr^{0,4} \, [1 + (d/L)^{2/3}] \, (Pr/Pr_w)^{0,11} \qquad (2.2.20)$$

mit d und L = Durchmesser und Länge des Rohres in m.

Die Stoffwerte des Fluids (λ und ν) und die Prandtl-Zahl Pr sind auf die mittlere Fluidtemperatur T_m bezogen, Pr_w wird dagegen bei der Wandtemperatur T_w ermittelt.

2.2.4 Wärmedurchgang und Wärmetauscher

In Solarkollektoren, Wärmespeichern und Wärmetauschern treten Wärmeleitung und Konvektion gemeinsam auf. Beim Wärmedurchgang durch eine ebene Wand mit einer Dicke δ und einer Fläche A aus dem Stoff mit einer Wärmeleitzahl λ (Bild 2.2.4), die zwei fluide Medien mit unterschiedlichen Temperaturen T_1 und T_2 trennt, gilt für den *Wärmestrom* [2.2]:

$$\dot{Q} = K A (T_1 - T_2) \text{ in W} \qquad (2.2.21)$$

Dabei gilt für den *Wärmedurchgangskoeffizienten*

$$K = [1/\alpha_1 + \delta/\lambda + 1/\alpha_2]^{-1} \text{ in W/(m}^2\text{K)} \qquad (2.2.22)$$

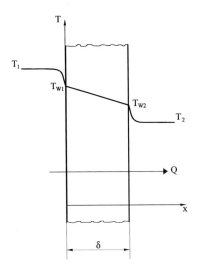

Bild 2.2.4. Wärmedurchgang über eine unendliche ebene Wand

mit α_1 bzw. α_2 = Wärmeübergangskoeffizient auf der Innen - bzw. Außenseite der Wand in W/(m²K).

Für die *Temperaturen* T_{w1} und T_{w2} der Wandoberflächen gelten:

$$T_{w1} = T_1 - \dot{Q} / (A\,\alpha_1) \text{ und } T_{w2} = T_2 + \dot{Q} / (A\,\alpha_2) \qquad (2.2.23)$$

Für eine mehrschichtige ebene Wand wird die Summe der thermischen Widerstände δ/λ aller Schichten in Gl. (2.2.22) für den Wärmedurchgangskoeffizienten eingesetzt.

Für den Wärmestrom $\dot{Q}$ beim *Wärmedurchgang* durch eine unendliche *zylindrische Wand* (ein Rohr mit der Länge L viel größer als sein Durchmesser d) gilt [2.2, 2.4]:

$$\dot{Q} = L\,(T_1 - T_2) / [1/(\pi\,d_1\,\alpha_1) + (1/2\pi\,\lambda)\ln(d_2/d_1) + 1/(\pi\,d_2\,\alpha_2)] \text{ in W} \qquad (2.2.24)$$

Der Wärmedurchgangskoeffizient K kann dabei entweder auf die innere, äußere oder mittlere Fläche (A_1, A_2 bzw. A_m) der Wand bezogen sein [2.2, 2.4].

In Solaranlagen werden *Wärmetauscher* verschiedener Bauarten verwendet. Meistens finden *Rekuperatoren* in Form von *Doppelrohr-, Rohrbündel- oder Platten-Wärmetauscher* Einsatz [2.3, 2.6]. Seltener werden *Regeneratoren*, z.B. in Schüttbettspeichern, verwendet. Als Wärmeträger werden Kollektor-Arbeitsstoffe (Wasser, frostsichere Flüssigkeit, Luft) und Speichermedien, sowie Arbeitsmittel der Heizsysteme verwendet. Je nach Stromführung in Rekuperatoren unterscheiden sich Gleich-, Gegen- und Kreuzstromwärmetauscher. Ein Gleichstrom-Doppelrohr-Wärmetauscher ist in Bild 2.2.5 schematisch dargestellt. Der Temperaturverlauf

2.2 Wärmeübertragung in Anwendung an thermischen Solaranlagen   41

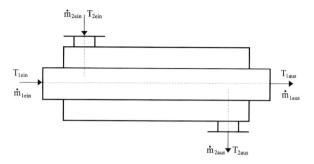

Bild 2.2.5. Doppelrohr-Wärmetauscher mit Gleichstrom

von beiden Wärmeträgern in Doppelrohr-Wärmetauschern mit Gleich- und Gegenstrom ist in Bild 2.2.6 a und Bild 2.2.6 b aufgeführt.

Für die *Wärmeleistung* eines rekuperativen Wärmetauschers bei Vernachlässigung der Wärmeverluste gilt die folgende Energiebilanz [2.3]:

$$\dot{Q} = \dot{m}_1 (h_{1ein} - h_{1aus}) = \dot{m}_2 (h_{2aus} - h_{2ein}) \text{ in W} \qquad (2.2.25)$$

mit: $\dot{m}$ = Massenstrom des Wärmeträgers in kg/s,
h_{ein} bzw. h_{aus} = Eintritts- bzw. Austrittsenthalpie des Wärmeträgers in J/kg.

Der Index 1 bzw. 2 bezeichnet den heißen bzw. kalten Wärmeträger.

Ohne Phasenzustandsänderung (Verdampfung, Kondensation, Schmelzen, Erstarren) der Wärmeträger im Wärmetauscher gilt [2.3]:

$$\dot{Q} = \dot{m}_1 c_{p1} (T_{1ein} - T_{1aus}) = \dot{m}_2 c_{p2} (T_{2aus} - T_{2ein}) \text{ in W} \qquad (2.2.26)$$

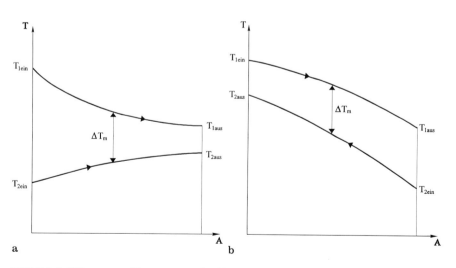

Bild 2.2.6. Wärmeträger-Temperaturverlauf in Doppelrohr-Wärmeübertragern mit Gleichstrom (**a**) und Gegenstrom (**b**)

2 Physikalische Grundlagen der Solartechnik

mit: c_p = spezifische Wärmekapazität des Wärmeträgers in J/kgK,
T_{ein} bzw. T_{aus} = Eintritts- bzw. Austrittstemperatur des Wärmeträgers in °C.

Die *Heizfläche eines Wärmetauschers* läßt sich wie folgt berechnen:

$$A = \dot{Q} / (K \Delta T_m) \text{ in m}^2 \tag{2.2.27}$$

Für den Wärmedurchgangskoeffizienten K gilt Gl. (2.2.22) und die *mittlere Temperaturdifferenz* ΔT_m errechnet sich wie folgt:

$$\Delta T_m = (\Delta T_{gr} - \Delta T_{kl}) / \ln(\Delta T_{gr}/\Delta T_{kl}) \tag{2.2.28}$$

Dabei gelten für die größere und kleinere Temperaturdifferenz (ΔT_{gr} bzw. ΔT_{kl}):
a) bei Gleichstrom-Wärmetauschern

$$\Delta T_{gr} = T_{1ein} - T_{2ein} \text{ und } \Delta T_{kl} = T_{1aus} - T_{2aus} \tag{2.2.29}$$

b) bei Gegenstrom-Wärmetauschern

$$\Delta T_{gr} = T_{1ein} - T_{2aus} \text{ und } \Delta T_{kl} = T_{1aus} - T_{2ein} \tag{2.2.30}$$

Bei $\Delta T_{gr}/\Delta T_{kl} \leq 1{,}7$ kann eine arithmetische mittlere Temperaturdifferenz verwendet werden.

Energetisch ist der Wärmetauscher bestimmter Art durch die dimensionslose *Betriebscharakteristik* ε, das *Wärmewertverhältnis* a und die *Leistungskennzahl* NTU gekennzeichnet. Die Betriebscharakteristik ε des Wärmetauschers ist das Verhältnis der tatsächlich übertragenen Wärmeleistung $\dot{Q}$ des Wärmetauschers zur maximalen Wärmeleistung $\dot{Q}_{max}$, die in einem unendlich großen Gegenstrom-Wärmetauscher übertragen würde. Nach Definition gilt für die Betriebscharakteristik ε, das Wärmewertverhältnis a bzw. die Leistungskennzahl NTU (Number of Transfer Units) [2.3]:

$$\varepsilon = \dot{Q} / \dot{Q}_{max}, \; a = (\dot{m} c_p)_{min} / (\dot{m} c_p)_{max} \text{ und NTU} = K A / (\dot{m} c_p)_{min}$$

Die Indizes min und max bezeichnen den kleineren und größeren Wärmewert von beiden Wärmeträgern.

Mit der maximal möglichen Wärmeleistung

$$\dot{Q}_{max} = (\dot{m} c_p)_{min} (T_{1ein} - T_{2ein}) \text{ in W} \tag{2.2.32}$$

errechnet sich die tatsächliche Wärmeleistung des Wärmetauschers wie folgt:

$$\dot{Q} = \varepsilon (\dot{m} c_p)_{min} (T_{1ein} - T_{2ein}) \text{ in W} \tag{2.2.33}$$

wobei T_{1ein} und T_{2ein} die Eintrittstemperaturen des heißen (1) und kalten (2) Wärmeträgers sind.

Für eine bestimmte Wärmetauscherart ist die Betriebscharakteristik ε eine Funktion von dem Wärmewertverhältnis a und der Leistungskennzahl NTU. Wenn $(\dot{m} c_p)_{min}$ gleich $(\dot{m} c_p)_1$ ist, gilt [2.3]:

$$\varepsilon = (T_{1ein} - T_{1aus})/(T_{1ein} - T_{2ein}) = (T_{2aus} - T_{2ein})/[a(T_{1ein} - T_{2ein})] \tag{2.2.34}$$

2.2 Wärmeübertragung in Anwendung an thermischen Solaranlagen

Bei $(\dot{m} c_p)_{min} = (\dot{m} c_p)_2$ gilt:

$$\varepsilon = (T_{1ein} - T_{1aus})/[a(T_{1ein} - T_{2ein})] = (T_{2aus} - T_{2ein})/(T_{1ein} - T_{2ein}) \quad (2.2.35)$$

Mit bekanntem ε-Wert lassen sich die unbekannten Temperaturen der Wärmeträger leicht ermitteln. Für die Austrittstemperatur des heißen (T_{1aus}) bzw. kalten (T_{2aus}) Wärmeträgers im Wärmetauscher gilt:

$$T_{1aus} = T_{1ein} - \dot{Q} / (\dot{m} c_p)_1 \text{ bzw. } T_{2aus} = T_{2ein} + \dot{Q} / (\dot{m} c_p)_2 \quad (2.2.36)$$

Für ein Doppelrohr-Wärmetauscher mit Gleich- bzw. Gegenstrom gilt [2.3]:

$$\varepsilon = \{1 - \exp[-NTU(1+a)]\} / (1+a) \quad (2.2.37)$$

bzw. $\varepsilon = \{1 - \exp[-NTU(1-a)]\}/\{1 - a \exp[-NTU(1-a)]\} \quad (2.2.38)$

Für Rohrbündel-Wärmetauscher mit mehrmaliger Durchströmung der Rohrinnenseite (geraden Anzahl der Pässe) und einmaliger Querströmung auf der Rohraußenseite gilt [2.3]:

$$\varepsilon = 2/(1 + a + \sqrt{(1+a^2)}\{1+\exp[-NTU\sqrt{(1+a^2)}]\}/\{1 - \exp[-NTU\sqrt{(1+a^2)}]\})$$
$$(2.2.39)$$

Bei einem Wärmespeicher mit einem Tauch-Wärmetauscher gilt für die Austrittstemperatur T_{aus} des Wärmetauschermediums:

$$T_{aus} = (1 - \varepsilon) T_{ein} + \varepsilon T_s \text{ in } °C \quad (2.2.40)$$

mit: T_{ein} = Eintrittstemperatur des Wärmetauschermediums,
T_s = mittlere Speichertemperatur.

Mit einem Wärmedurchgangskoeffizienten K und einer Austauschfläche A des Wärmetauschers beim Massenstrom des Wärmetauschermediums $\dot{m}$ gilt für die Betriebscharakteristik ε des Wärmetauschers in diesem Fall

$$\varepsilon = 1 - \exp[-(KA)/(\dot{m} c_p)] = 1 - \exp(-NTU) \quad (2.2.41)$$

Beispiel 2.2.1

Wie groß ist die Wärmeträgeraustrittstemperatur T_{aus} in einem Tauch-Wärmetauscher mit einer Heizfläche A von 2,5 m² zur Beladung eines durchgemischten Wasserwärmespeichers?
Der Massenstrom m des Wärmeträgers im Kollektor beträgt 1009 kg/h mit der spezifischen Wärmekapazität c_p von 3,87 kJ/kgK, der Wärmedurchgangskoeffizient K ist 582 W/m²K. Die Speichermediumtemperatur T_s beträgt 57 °C und die Wärmeträgereintrittstemperatur T_{ein} ist 67 °C.

Lösung:

Die Betriebscharakteristik ε des Wärmetauschers errechnet sich aus Gl. (2.2.41):

$$\varepsilon = 1 - \exp[-(582 \cdot 2,5)/(1009 \cdot 3870 / 3600)] = 0,739.$$

Nun ergibt sich die Wärmeträgeraustrittstemperatur T_{aus} aus Gl. (2.2.40) zu:

$$T_{aus} = (1 - 0{,}739)\,67 + 0{,}739 \cdot 57 = 59{,}6\ °C.$$

Beispiel 2.2.2

Die Betriebscharakteristik ε eines Kreuzstrom-Wärmetauschers, der zur Wassererwärmung durch die warme Luft aus einem Luftkollektor verwendet wird, beträgt 0,7. Der Luftstrom am Wärmetauscher-Eintritt hat eine Temperatur $T_{1,ein}$ von 70 °C. Wie groß ist die Wasseraustrittstemperatur $T_{w,aus}$, wenn die Kaltwassertemperatur $T_{w,ein}$ am Wärmetauscher-Eintritt 25 °C beträgt?

Lösung:

Die Warmwassertemperatur $T_{w,aus}$ am Wärmetauscher-Austritt läßt sich wie folgt errechnen:

$$T_{w,aus} = T_{w,ein} + \varepsilon\,(T_{1,ein} - T_{w,ein}) = 25 + 0{,}7\,(70 - 25) = 56{,}5\ °C.$$

2.2.5 Wärmeübertragung durch Strahlung

Schwarze, weiße und graue Körper. Strahlung spielt eine dominierende Rolle in Solarkollektoren. Thermische Strahlung ist eine Form der elektromagnetischen Strahlung, die sich von anderen Formen der elektromagnetischen Strahlung (von γ-Strahlen mit Wellenlängen λ von 10^{-8} µm bis zu Radiowellen mit λ bis 10^{10} µm) durch ihre Frequenz n und Wellenlänge λ unterscheidet.

Als *Wärmestrahlung* (thermische Strahlung) wird die Strahlung mit Wellenlängen λ von ungefähr 0,2 bis ungefähr 1000 µm bezeichnet. Sie wird von festen, flüssigen und gasförmigen Körpern emittiert, sowie absorbiert. Strahlung pflanzt sich mit Lichtgeschwindigkeit c durch den Raum fort. Die Lichtgeschwindigkeit c in einem Medium ist kleiner als im Vakuum ($c_o = 3 \cdot 10^8$ m/s):

$$c = \nu\,\lambda = c_o / n \text{ in m/s} \qquad (2.2.42)$$

mit: ν = Frequenz in s^{-1}, λ = Wellenlänge in m, n = Brechungsindex des Mediums. Die Energie eines Photons (eines Partikels mit der Null-Masse und Null-Ladung) errechnet sich aus $e_\nu = 6{,}6256 \cdot 10^{34}\,\nu$ [in J] und nimmt mit zunehmender Frequenz ν, d.h. mit abnehmender Wellenlänge λ, zu.

Der Wärmestrahlungsstrom Q, der auf einen Körper trifft, wird absorbiert (Q_a), reflektiert (Q_r) und transmittiert (Q_t):

$$Q = Q_a + Q_r + Q_t \text{ in W} \qquad (2.2.43)$$

Die Verhältnisse Q_a/Q, Q_r/Q und Q_t/Q werden als der *Absorptionsgrad* α, der *Reflexionsgrad* ρ bzw. der *Transmissionsgrad* τ des Körpers bezeichnet. Es gilt:

$$\alpha + \rho + \tau = 1 \qquad (2.2.44)$$

Die Strahlungseigenschaften (α, ρ und τ) eines Körpers sind von der Stoffart, Temperatur und Beschaffenheit der Oberfläche abhängig. Ein sog. schwarzer Körper absorbiert die auftreffende Strahlung vollständig, d.h. für ihn ist der Absorptionsgrad $\alpha = 1$ und $\rho = \tau = 0$. Bei einer bestimmten Temperatur emittiert ein schwarzer Körper von allen möglichen Körpern den größten Energiestrom. Ein weißer Körper reflektiert die gesamte auftreffende Strahlung, d.h. für ihn ist der Reflexionsgrad $\rho = 1$ und $\alpha = \tau = 0$. Schwarze, sowie weiße Körper existieren in der Natur nicht. Manche Stoffe kommen dem schwarzen Körper nahe, z.B., Ruß absorbiert ca. 99 % der auftreffenden Strahlung. Polierte Metalle (Aluminium, Kupfer, Gold) haben einen Reflexionsgrad ρ von 0,97 - 0,99. Ein Körper, der die auftreffende Strahlung vollständig transmittiert (hindurchläßt), heißt diatherm, er besitzt einen Transmissionsgrad τ von 1 und $\alpha = \rho = 0$. Für undurchläßige (opaque) Oberflächen ist der Transmissionsgrad $\tau = 0$ und die Summe $\alpha + \rho = 1$. Als völlig durchläßig lassen sich nur ein- und zweiatomige Gase oder ihre Gemische, z.B. reine trockene Luft, betrachten. Die Luft der Atmosphäre enthält aber solche Bestandteile wie Staub, CO_2, H_2O, Aerosole usw., die die Sonnenstrahlung absorbieren und ihre eigene langwellige Strahlung emittieren. Die Reflexion der Strahlung erfolgt auf blanken, glatten Oberflächen spiegelnd (mit dem Ausfallswinkel gleich dem Einfallswinkel) und von matten Oberflächen diffus (mit gleichmäßiger Verteilung der reflektierten Strahlung nach allen Richtungen).

Für *graue Körper* ist der Absorptionsgrad α_λ kleiner als 1 und bleibt konstant über den ganzen Wellenlängenbereich λ von 0 bis ∞ unabhängig von der Wellenlänge der einfallenden Strahlung. Die meisten technischen Oberflächen können näherungsweise als graue Körper betrachtet werden. Für sogenannte farbige (selektiv absorbierende und emittierende) Körper hängt der Absorptionsgrad α_λ von der Wellenlänge λ ab. Sie absorbieren Strahlung verschiedener Wellenlängen unterschiedlich stark, d.h. sie sind *selektive Absorber*, sowie *selektive Emitter* der Strahlung. Zu farbigen Körpern gehören dreiatomige Gase, inklusive Wasserdampf und Kohlendioxid.

Planck'sches und Wien'sches Gesetze für schwarze Körper. Die *monochromatische Strahlungsintensität* $I_{o\lambda}$ eines schwarzen Körpers ist die Energiemenge, welche je Sekunde von 1 m^2 Oberfläche des Körpers im Wellenlängenbereich von 1 µm emittiert wird. Das Planck'sche Gesetz gibt die spektrale Verteilung der monochromatischen Strahlungsintensität $I_{o\lambda}$ eines schwarzen Körpers bei der Temperatur T über die Wellenlängen λ an [2.7]:

$$I_{o\lambda} = C_1 / \lambda^5 (e^{C_2/T} - 1) \text{ in W/m}^2 \text{ µm} \qquad (2.2.45)$$

mit: $C_1 = 3{,}7405 \cdot 10^{-16}$ W m^2 und $C_2 = 0{,}0143879$ m K.

Die Wellenlänge λ_{max}, bei welcher die Strahlung eines schwarzen Körpers ihre maximale Strahlungsintensität $I_{o\lambda}$ aufweist, ist von der Temperatur des emittierenden Körpers abhängig und wird mit steigender Temperatur kleiner. Nach dem Wien'schen Gesetz verschiebt sich die maximale Strahlungsintensität eines schwarzen Körpers mit steigender Temperatur zu kürzeren Wellenlängen, so daß das Produkt aus λ_{max} und T konstant bleibt: $\lambda_{max} \cdot T = 2897{,}8$ µm K.

2 Physikalische Grundlagen der Solartechnik

Stefan-Boltzmann'sches Gesetz. Das Integrieren der Gleichung (2.2.45) über alle Wellenlängen λ von 0 bis ∞ ergibt den *Strahlungsstrom* E_o, der pro m² Fläche eines schwarzen Körpers bei einer Temperatur T je Sekunde emittiert wird [2.7]:

$$E_o = \int I_{o\lambda} \, d\lambda = \sigma \, T^4, \, W/m^2 \qquad (2.2.46)$$

Hierbei ist $\sigma = 5,67 \cdot 10^{-8} \, W/(m^2 K^4)$ die *Stefan-Boltzmann Konstante*.

Das *Stefan-Boltzmann'sche Gesetz* sagt aus, daß der Strahlungsenergiestrom E_o eines schwarzen Emitters der 4. Potenz seiner absoluten Temperatur T proportional ist.

Für die Berechnungen des Strahlungsaustausches kann die Gleichung (2.2.46) in der folgender Form benutzt werden:

$$E_o = C_o \, (T/100)^4 \qquad (2.2.47)$$

wobei $C_o = 5,67 \, W/(m^2 \, K^4)$ der Strahlungskoeffizient des schwarzen Körpers ist.

Das Stefan-Boltzmann Gesetz in Anwendung auf graue Körper lautet [2.7]:

$$E = \varepsilon \, E_o = \varepsilon \, \sigma \, T^4 = \varepsilon \, C_o(T/100)^4 = C \, (T/100)^4, \, W/m^2 \qquad (2.2.48)$$

mit: ε = Emissionsgrad des grauen Körpers,
$C = \varepsilon \, C_o$ = Strahlungskoeffizient des grauen Körpers in $W/(m^2 \, K^4)$.

Kirchhoff'sches Gesetz. Nach dem Kirchhoffschen Gesetz für einen grauen Körper ist der monochromatische Absorptionsgrad a_λ gleich dem monochromatischen Emissionsgrad ε_λ des Körpers unter der Bedingung der gleichen Temperaturen des bestrahlten Körpers und des Emitters [2.7]. Näherungsweise ist das Kirchhoffsche Gesetz auf die integralen Werte von α und ε für den ganzen Wellenlängenbereich anwendbar.

Strahlungsaustausch zwischen zwei unendlich großen parallelen grauen Flächen. Der Strahlungsaustausch zwischen grauen Flächen, die räumlich beliebig orientiert sind, ist ein sehr komplizierter Vorgang. In einigen speziellen Fällen aber kann die Berechnung des Strahlungsaustausches nach vereinfachten Ansätzen durchgeführt werden. In einem planparallelen System, z.B. im Solarkollektor, sind zwei unendlich große graue Flächen durch ein strahlungsdurchlässiges Medium Luft getrennt (Bild 2.2.7 a). Bei kleinem Abstand zwischen den Flächen gilt es auch für die Flächen endlicher Größe. Für den resultierenden *Strahlungsstrom* $\dot{Q}$, der von dem warmen Körper 1 mit einer Temperatur T_1 und einem Emissionsgrad ε_1 auf den kalten Körper 2 mit einer Temperatur T_2 und einem Emissionsgrad ε_2 je Sekunde über die Fläche A übergeht, gilt [2.7]:

$$\dot{Q} = \sigma \, A \, \varepsilon_{12} \, (T_1^4 - T_2^4) = A \, C_{12} \, [\, (T_1/100)^4 - (T_2/100)^4] \, \text{in W} \qquad (2.2.49)$$

Der *effektive Emissionsgrad* ε_{12} bzw. Strahlungskoeffizient C_{12} des Systems ist:

$$\varepsilon_{12} = 1 \, / \, [(1/\varepsilon_1) + (1/\varepsilon_2) - 1] \qquad (2.2.50)$$

bzw. $C_{12} = \sigma \, \varepsilon_{12} = 1 \, / \, [(1/C_1) + (1/C_2) - (1/C_o)] \qquad (2.2.51)$

Dabei sind $C_1 = \varepsilon_1 C_o$ und $C_2 = \varepsilon_2 C_o$ die Strahlungskoeffizienten der Flächen 1 und 2.

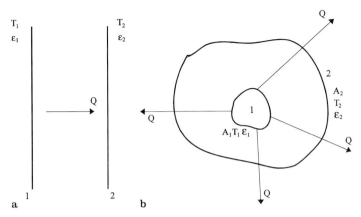

Bild 2.2.7. Strahlungsaustausch zwischen zwei unendlichen parallelen Ebenen (**a**) bzw. zwischen einem Körper und seiner Umwandung (**b**)

Strahlungsaustausch zwischen einem Körper und seiner Umwandung. Ein konvexer grauer Körper 1 ist von seiner grauen Umwandung 2 beliebiger Form durch ein strahlungsdurchlässiges Medium (Luft) getrennt (Bild 2.2.7 b). Der heiße Körper 1 besitzt eine Fläche A_1, eine Temperatur T_1 und einen Emissionsgrad ε_1. Der umschließende Körper 2 mit einer Fläche A_2 hat eine Temperatur T_2 und einen Emissionsgrad ε_2. Der resultierende *Strahlungsstrom* $\dot{Q}$, der von dem heißen Körper 1 auf den kälteren Körper 2 je Sekunde übergeht, läßt sich wie folgt berechnen [2.7]:

$$\dot{Q} = \varepsilon_{12}\, \sigma\, (T_1^4 - T_2^4)\, A_1 = C_{12}\, [\,(T_1/100)^4 - (T_2/100)^4\,]\, A_1 \text{ in W} \qquad (2.2.52)$$

Für den effektiven Emissionsgrad ε_{12} bzw. Strahlungskoeffizienten C_{12} des Systems von zwei Flächen gilt:

$$\varepsilon_{12} = 1/\{(1/\varepsilon_1) + [(1/\varepsilon_2) - 1](A_1/A_2)\} \qquad (2.2.53)$$

$$\text{bzw. } C_{12} = 1/\{(1/C_1) + [(1/C_2) - (1/C_o)](A_1/A_2)\} \qquad (2.2.54)$$

Falls die Fläche A_1 sehr viel kleiner als die Fläche A_2 ist, d.h. $A_1/A_2 \approx 0$, gilt:

$$\dot{Q} = \varepsilon_1\, \sigma\, (T_1^4 - T_2^4)\, A_1 \text{ in W} \qquad (2.2.55)$$

Wärmeübergangskoeffizient für den Strahlungsaustausch. Bei wärmetechnischen Berechnungen von Solarkollektoren wird der Wärmeübergangskoeffizient α_{str} für die Wärmeübertragung durch Strahlung benutzt. Es gilt [2.2, 2.5]:

$$\alpha_{str} = \dot{Q}\,/[A\,(T_2 - T_1)] \text{ in W/(m}^2\text{K)} \qquad (2.2.56)$$

Setzt man den Strahlungsstrom $\dot{Q}$ aus Gleichung (2.2.52) ein, erhält man für α_{str} beim Strahlungaustausch in einem System von zwei plan-parallelen Flächen:

$$\alpha_{str} = \varepsilon_{12}\, \sigma\, (T_2 + T_1)\,(T_2^2 + T_1^2) = 4\,\varepsilon_{12}\, \sigma\, T_m^3 \text{ in W/(m}^2\text{K)}, \qquad (2.2.57)$$

worin $T_m = 0{,}5\,(T_1 + T_2)$ die mittlere Temperatur des Systems in K ist.

Beispiel 2.2.3

Es soll der Wärmeübergangskoeffizient für den Strahlungsaustausch zwischen der Absorberplatte (mit $T_a = 100\,°C$ und $\varepsilon_a = 0,1$) und der Glasscheibe ($T_g = 30\,°C$ und $\varepsilon_g = 0,88$) eines Flachkollektors berechnet werden.

Lösung:

Mit dem effektiven Emissionsgrad

$$\varepsilon_{ag} = 1 / [(1/\varepsilon_a) + (1/\varepsilon_g) - 1] = 1 / [(1/0,1) + (1/0,88) - 1] = 0,099$$

läßt sich der Wärmeübergangskoeffizient berechnen:

$$\alpha_{str} = \varepsilon_{ag}\,\sigma\,(T_a^4 - T_g^4) / (T_a - T_g) = 0,099 \cdot 5,67 \cdot 10^{-8} \cdot (373^4 - 303^4) / (373 - 303)$$
$$= 0,873\ W/(m^2 K).$$

3 Niedertemperatur-Solarkollektoren

3.1 Einteilung von Solarkollektoren

In einem Solarkollektor wird die Sonnenstrahlung absorbiert, in Wärme umgewandelt und zur Erwärmung eines flüssigen oder gasförmigen Wärmeträgers benutzt. Es gibt verschiedene Arten von Solarkollektoren [3.7, 3.12]. Sie können einerseits nach dem Arbeitsprinzip in *nichtkonzentrierende und konzentrierende Kollektoren* und andererseits nach dem Einsatzgebiet und erreichbarer Temperatur in *Nieder-, Mittel- und Hochtemperaturkollektoren* einteilen. Weiterhin unterscheiden sich Kollektoren nach dem zu erwärmenden Wärmeträger, so gibt es *Flüssigkeits- und Luftkollektoren*. Eine Sonderart von Solarkollektoren stellen die *evakuierten Kollektoren* dar. Bis 1993 wurden in Deutschland insgesamt rund 400 000 m^2, in Japan und den USA mehr als je 10 Mio. m^2 Solarkollektorflächen installiert.

Niedertemperaturkollektoren. Im Niedertemperaturbereich (unter 100 °C) werden *Flachkollektoren, Absorber und evakuierte Kollektoren* verwendet. *Flachkollektoren* sind nichtkonzentrierende Solarkollektoren. Sie nutzen Direkt- wie Diffusstrahlung, brauchen keine Nachführung nach der Sonne und deshalb werden normalerweise in einer festen geneigten Lage installiert. Der Aufbau eines Flachkollektors zur Erwärmung eines flüssigen Wärmeträgermediums ist in Bild 3.1.1 schematisch dargestellt. *Flachkollektoren* sind einsetzbar für unterschiedliche Niedertemperaturanwendungen, z.B. zur Brauchwasserbereitung und Heizung, Trocknung von Heu und landwirtschaftlichen Produkten, Meerwasserentsalzung,

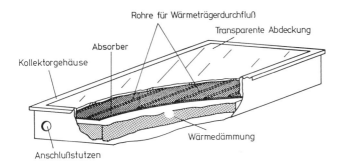

Bild 3.1.1. Flachkollektor [nach Solar Energie Technik].

Klimatisierung u.a. In Solaranlagen für die Brauchwassererwärmung auf eine Temperatur von 45-60 °C können hocheffiziente Flachkollektoren Gewinne von 250 bis 400 kWh je Quadratmeter und Jahr im mitteleuropäischen Klima bringen. Die jährliche Heizöleinsparung beträgt entsprechend etwa 45 bis 70 Liter pro m^2 Kollektorfläche.

Ein *Absorber* ist grundsätzlich ein Flachkollektor ohne transparente Abdeckung und ohne Wärmedämmung. Er ist direkt der Umgebungsluft ausgesetzt und daher nutzt jede Art der Umweltenergie: Sonnenstrahlung, sensible und latente Wärme von Luft und Niederschlägen. Absorber werden in unterschiedlichen Formen gestaltet und aus verschiedenen Werkstoffen gebaut, z. B. als Platten aus Kupferblech mit angelöteten Wärmeträger-Rohren, als Matten aus Kunststoffrohren oder als Beton-Fassadenelemente der Gebäude. Sie werden auf das Dach gelegt, an der Fassade montiert oder im Garten aufgestellt und für den Gebrauch einer Heizung verwendet. Einfache und preisgünstige Absorber, die völlig aus Kunststoffen gebaut sind, lassen Wasser auf bis 30 °C im Sommer erwärmen und kommen bei der Schwimmbaderwärmung in Einsatz. Sie liefern jährlich etwa 200 kWh (entsprechend 35 Liter Heizöleinsparung) je m^2 Fläche zur Beheizung von Schwimmbädern.

Evakuierte Solarkollektoren werden entweder als *Vakuum-Röhrenkollektoren* (Bild 3.1.2) oder als *Vakuum-Flachkollektoren* (Bild 3.1.3) ausgeführt [3.2, 3.3, 3.6]. Sie werden normalerweise als nichtkonzentrierende Kollektoren gestaltet. Vakuum-Röhrenkollektoren können ein Arbeitsmedium auf eine Temperatur bis zu 250 °C aufwärmen. Sie finden Einsatz in Solaranlagen zur Warmwasserbereitung, Heizung und Prozeßwärmeerzeugung. Bei einem Vakuum-Flachkollektor wird der Zwischenraum zwischen der Absorberplatte und Deckscheibe evakuiert, wobei die Scheibe durch die von unten aufgesetzten Stützelemente vor der Implosion geschützt wird. Vakuum-Flachkollektoren haben etwas höhere optische Wirkungsgrade als Vakuum-Röhrenkollektoren, aber sie müssen alle zwei bis drei Jahre

Bild 3.1.2. Vakuum-Röhrenkollektor [nach Stiebel Eltron]

3.1 Einteilung von Solarkollektoren 51

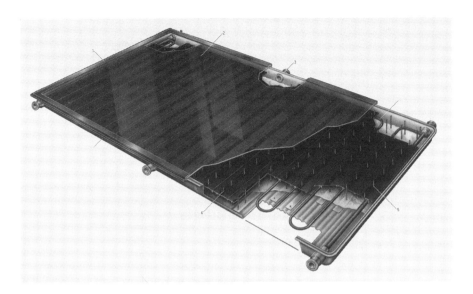

Bild 3.1.3. Vakuum-Flachkollektor: 1 - Rahmen, 2 - hochtrasparentes Glasabdeckung, 3 - Vakuumsauganschluß, 4 - mäanderförmiges Wärmeträgerkupferrohr, 5 - Stützelement, 6 - Absorberplatte, 7 - Gehäuse [nach Thermosolar].

wieder evakuiert werden, da das Vakuum (10^{-8} bar bzw. 10^{-3} Pa) durch Metallausgasungsprozesse und unvermeidliche Leckagen allmählich abnimmt.

Je nach Betriebstemperatur erreichen jährliche Energieerträge von Vakuum-Röhrenkollektoren 300 bis 600 kWh/m^2. Die entsprechende jährliche Heizöleinsparung beträgt etwa 90 bis 110 Liter pro m^2 Kollektorfläche.

Im Niedertemperaturbereich kann auch ein *Speicher-Kollektor* (siehe Bild 3.1.4) und ein sogenannter *Solarteich* verwendet werden. In einem Speicher-Kollektor wird ein Flachkollektor mit einem Wärmespeicher in einer konstruktiven Einheit integriert. Ein Wassertank mit einem Inhalt von 80 bis 160

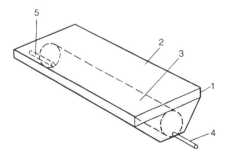

Bild 3.1.4. Speicher-Kollektor: 1 - Gehäuse, 2 - Glasscheibe, 3 - Wassertank, 4 - Kaltwasseranschluß, 5 - Warmwasseranschluß

Litern in einem wärmegedämmten Gehäuse mit transparenter Abdeckung von 1 bis 2 m^2 Fläche dient als Solarkollektor sowie Wärmespeicher und wird zur Brauchwassererwärmung benutzt. Die Oberfläche des Speichertanks besitzt oft eine selektive Beschichtung. Das Wasser im Speichertank wird durch die absorbierte Sonnenstrahlung tagsüber erwärmt und am Abend verbraucht. Zur Verbesserung der Effizienz kann in einem Speicher-Kollektor transparente Wärmedämmung verwendet werden.

Bei einem *Solarteich* liegt eine ganz andere Kombination eines Solarkollektors mit einem Wärmespeicher vor. Es wurde beobachtet, daß in manchen flachen Salzseen zum Unterschied von Süßwasserseen das Wasser nahe dem Boden viel salzreicher und daher dichter ist als an der Oberfläche. Durch die Sonnenenergieabsorption erhitzt sich die Sole am Boden des Solarteichs auf eine hohe Temperatur, aber bleibt doch unten [3.5]. In 1984 wurde in Israel ein Solarkraftwerk auf diesem Prinzip gebaut. Am Grunde der beiden 2,5 m tiefen, zusammen 253 000 m^2 großen Solarteiche erreicht die Temperatur 85°C, an der Oberfläche nur 28°C. Diese heiße Sole verdampft in einem Wärmetauscher Ammoniak, der Dampf treibt eine Turbine mit einem 5-MW-Generator an, der jährlich 1000 Stunden läuft.

Mittel- und Hochtemperaturkollektoren. Um ein Arbeitsmedium auf eine Temperatur über 100 °C zu erwärmen, werden meist konzentrierende Solarkollektoren verwendet. Bis 250 °C können auch Vakuum-Röhrenkollektoren eingesetzt werden, aber ihre Effizienz bei Temperaturen um 250 °C ist niedrig. Daher kommen im Mittel- und Hochtemperaturbereich konzentrierende Kollektoren in Einsatz. Ein *konzentrierender oder fokussierender Kollektor* (Bild 3.1.5) besteht aus einem optischen System (*Konzentrator*) und einem *Strahlungsempfänger*. Es gibt zwei Arten von Strahlungskonzentratoren [3.6, 3.7]: Reflexionskonzentratoren in Form eines Spiegels (Flachspiegel, sphärischer, konischer bzw. parabolischer Spiegel) und Brechungskonzentratoren (Linsen, z.B. sog. Fresnel-Linsen). Optisches System eines konzentrierenden Kollektors fokussiert die einfallende Sonnenstrahlung auf einen Empfänger mit relativ kleiner Oberfläche, der entweder längs seiner Brennlinie (*Linienkonzentratoren*, z.B. ein Parabolrinnen-Konzentrator) oder um einen Brennpunkt (*Punktkonzentratoren*, z.B. ein Paraboloidspiegel) angeordnet wird. Dabei wird die Strahlungsintensität um das Mehrfache, d.h. um ein *Konzentrationsverhältnis* C, gesteigert. Die maximal möglichen Werte von dem Konzen-

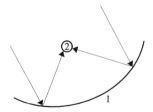

Bild 3.1.5. Konzentrierender Kollektor: 1 - Konzentrator, 2 - Strahlungsempfänger

Tabelle 3.1.1. Konzentrationsverhältnis C_{max} und maximal erreichbare Betriebstemperatur T_{max} für Kollektoren verschiedener Art

Kollektorart	Konzentrationsverhältnis C_{max}	Temperatur T_{max} in °C
Flachkollektor	1	100
CPC	12	250
Parabolrinnen-Konzentrator	100	1300
Zylindrische Fresnel-Linse	40	800
Paraboloid-Spiegel	8000	4000

CPC = zusammengesetzter Parabol-Trog Konzentrator

trationsverhältnis C und der Temperatur für Kollektoren verschiedener Art sind in Tabelle 3.1.1 gegenübergestellt. Die praktisch erreichbaren Werte sind kleiner. Analog den Flachkollektoren sammeln *zusammengesetzte Parabol-Trog-Konzentratoren* die Direkt- und Diffusstrahlung und können in einer geneigten Lage festaufgestellt werden. Sie weisen Konzentrationsverhältnisse bis 12 auf und können einen Wärmeträger auf höchstens 250 °C erhitzen. Andere Arten von konzentrierenden Kollektoren sammeln nur die Direktstrahlung und besitzen hohe Konzentrationsverhältnisse, so daß Betriebstemperaturen von 1000 °C und höher erreichbar sind. Dabei müssen sie der Sonne durch Drehung um eine Achse bei Linienkonzentratoren oder um zwei Achsen bei Punktkonzentratoren nachgeführt werden. Meistens wird ein Arbeitsmedium im Strahlungsempfänger eines konzentrierenden Kollektors auf eine Temperatur von 300 bis 1000 °C erwärmt. Die konzentrierenden Kollektoren werden hauptsächlich in solarthermischen Anlagen zur Stromerzeugung und Prozeßwärmeversorgung verwendet. Die konzentrierenden Kollektoren werden in Kapitel 4 eingehend behandelt.

3.2 Aufbau von Flachkollektoren

Ein typischer *Flachkollektor für Flüssigkeitserwärmung* ist in Bild 3.2.1 gezeigt. Der Kollektor besteht aus einer Absorberplatte, einer Reihe von Rohren oder Kanälen, durch welche ein flüssiger Wärmeträger fließt, einer transparenten Abdeckung und einem Gehäuse mit Wärmedämmung. Für eine effektive Nutzung der Sonnenstrahlung muß die Absorberplatte einen sicheren thermischen Kontakt mit den von dem Wärmeträger durchströmten Rohren haben. Normalerweise bildet die Absorberplatte zusammen mit den Rohren oder Kanälen eine Einheit - einen *Absorber*, in welchem die auftreffende Sonnenstrahlung absorbiert, in Wärme umgewandelt und zur Erwärmung des Wärmeträgers genutzt wird. Die *Absorberplatte* wird meist aus einem geschwärzten und gut wärmeleitenden Metall gefertigt. In *hocheffizienten Flachkollektoren* wird eine *selektive Beschichtung* des Absorbers benutzt, die die Wärmeverluste durch Abstrahlung wesentlich verringert.

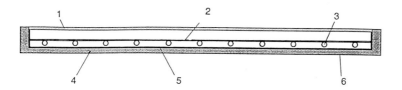

Bild 3.2.1. Aufbau eines Flüssigkeitskollektors (Querschnitt): 1 - transparente Abdeckung, 2 - Absorberplatte, 3 - Rohrsystem, 4 - Wärmedämmung, 5 - Alu-Reflexionsfolie, 6 - Gehäuse

Eine *transparente Abdeckung* wird in Form einer oder zwei Scheiben aus Glas oder durchsichtigem Kunststoff ausgeführt. Sie ermöglicht eine erhebliche Verringerung der Wärmeverluste des Kollektors durch Abstrahlung und Konvektion an die Umgebung.

Das Gehäuse des Kollektors muß eine ausreichende *Wärmedämmung* an der Rückseite und im Randbereich haben, um die Wärmeverluste durch Wärmeleitung zu verringern. In hocheffizienten Flachkollektoren wird eine Reflexionsfolie unter dem Absorber angeordnet, um die Wärmeverluste durch Strahlung von der Rückseite zu reduzieren.

Als *Wärmeträger* in Solaranlagen für Heizung und Warmwasserbereitung wird die Nutzwärme mit einem frostsicheren Medium (Ethylen- oder -Propylenglykol-Wasser-Gemische) aus dem Solarkollektor abgeführt und in einen Wärmespeicher eingespeist oder direkt zum Verbraucher geliefert. Im Anhang sind die Stoffwerte der Wärmeträgermedien für Solarkollektoren aufgeführt.

Verschiedene konstruktive Absorberausführungen sind möglich. Einige typische Absorberbauarten für Flüssigkeitskollektoren sind in Bild 3.2.2 schematisch dargestellt. Die am häufigsten verwendeten *Absorberbauarten* in derzeitigen Flüssigkeitskollektoren schließen ein [3.11]:

a) eine *Absorberplatine* (ein Blech) mit Rohren, die von oben, von unten oder in der gleichen Ebene an die Platine angeschweißt oder angelötet werden,
b) Kanäle zwischen zwei zusammengeschweißten Blechen aus verzinktem Stahl - einem wellenförmigen und einem ebenen Blech,
c) einen sogenannten *Roll-Bond-Absorber* aus Aluminium und
d) einen sogenannten *Sunstrip-Absorber* mit jeweils einem Kupferrohr zwischen zwei dünnen Lamellen aus Aluminium oder Kupfer.

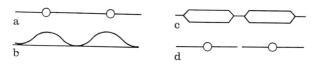

Bild 3.2.2. Absorberarten von Flüssigkeitskollektoren: a - Rohren mit Flossen, b - Wellen- und Flachblech, c - Paneel-Absorber (Roll-Bond), d - Sunstrip-Absorber

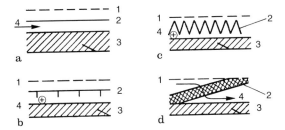

Bild 3.2.3. Schemen der Luftkollektoren mit Luftströmung unter einem Blechabsorber (**a**), Rippenblechabsorber (**b**) bzw. sägeförmigen Absorber (**c**), sowie durch einen porösen Volumenabsorber (**d**): 1 - transparente Abdeckung, 2 - Absorber, 3 - Wärmedämmung, 4 - Luftströmungsrichtung

In Bild 3.2.3 sind die typischen Bauformen des Absorbers für Luftkollektoren schematisch dargestellt. Der *Absorber eines Luftkollektors* kann aus einem Flachblech (a), einem berippten Blech (b), einem wellen- oder sägeförmigen Blech (c) hergestellt oder als eine poröse Struktur ausgeführt werden. Dabei kann die Luft oberhalb oder unterhalb des Flachbleches entlangströmen. Es sind auch beide Pässe der Luft möglich - zunächst strömt die Luft oberhalb, danach unterhalb des Bleches. Bei einem berippten Blechabsorber strömt die Luft längs der Rippen auf der unteren Seite des Absorbers. Alle Absorberarten müssen einen hohen Absorptionsgrad haben. Für einen porösen Volumenabsorber muß der Stromwiderstand gering sein.

Eine wesentliche Verbesserung der Kollektorbeschaffenheit durch Verringerung der Konvektionswärmeverluste bietet eine transparente Wabenstruktur, die im Luftraum zwischen der Absorberplatte und Deckscheibe angeordnet wird. Möglich ist auch der Einbau eines dünnwändigen Elementes aus hartem Kunststoff hoher Transparenz [3.5]. Dabei wird die freie Konvektion der Luft unterdrückt und die Wärmeverluste des Kollektors gesenkt.

Die *Wärmeträgerrohre* im Kollektor können unterschiedlich gestaltet werden. Dies können vertikale Rohre sein, die an das untere Verteilrohr und obere Sammelrohr angeschweißt sind. Dies kann auch ein mäanderförmiges Rohr, d.h. eine waagerechte Rohrschlange, sein. Die Anschlußstutzen werden einseitig oder beidseitig am Kollektorgehäuse angeordnet. Der gesamte Wärmeträgerinhalt des Absorbers zusammen mit Verteil- und Sammelrohren muß minimal sein, um eine geringe thermische Trägheit des Kollektors zu erreichen.

In großflächigen Solaranlagen werden Kollektor-Module in Reihe und parallel verbunden, so daß ein Kollektor-Feld entsteht (Bild 3.2.4). Um eine gleichmäßige Verteilung des Kollektorfluids zwischen den Modulen sicherzustellen, ist eine Verschaltung nach sogenanntem Tichelmann-Schema empfehlenswert, da bei diesem Schema die Gesamtlänge der Zu- und Abflußrohrleitungen für jedes Kollektormodul gleich ist. Dementsprechend hat jedes Kollektormodul zusammen mit Rohrleitungen den gleichen hydraulischen Widerstand.

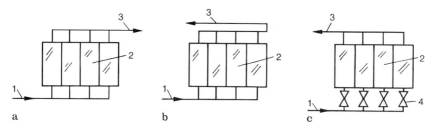

Bild 3.2.4. Verrohrung von Flachkollektor-Modulen: a - mit Vor- und Rücklaufrohrleitungen in einer Richtung, b - nach sog. Tichelmann-Schema, c - mit entgegengerichteten Vor - und Rücklaufrohrleitungen: 1 - Rücklaufrohrleitung, 2 - Kollektor-Modul, 3 - Vorlaufrohrleitung, 4 - Regelventil

3.3 Optische Eigenschaften von Solarkollektoren

3.3.1 Reflexions-, Transmissions- und Absorptionsgrad der transparenten Kollektorabdeckung

Beim Durchgang der Sonnenstrahlung durch eine transparente Abdeckung eines Solarkollektors treten *Energieverluste durch Reflexion* an beiden Seiten der Abdeckung sowie durch Absorption in Deckscheiben auf.

Der *Reflexionsgrad* ρ einer transparenten Kollektorabdeckung wird definiert als das Verhältnis der reflektierten Strahlungsstärke I_r zur einfallenden Strahlungsstärke I (in W/m^2):

$$\rho = I_r / I \qquad (3.3.1)$$

An einer glatten Grenzfläche (Bild 3.3.1), die zwei Medien (z.B. Luft und Glas bzw. Kunststoff) trennt, wird die einfallende Sonnenstrahlung teilweise reflektiert. Bei Vernachlässigung der Strahlungsabsorption in der Deckscheibe gilt nach Fresnel für den Reflexionsgrad ρ_n bzw. ρ_p für die senkrecht bzw. parallel zur Einfallsebene polarisierte Sonnenstrahlung [3.5-3.7]:

$$\rho_n = \sin^2(\theta_2 - \theta_1) / \sin^2(\theta_2 + \theta_1) \qquad (3.3.2)$$

bzw. $\rho_p = \tan^2(\theta_2 - \theta_1) / \tan^2(\theta_2 + \theta_1)$ \qquad (3.3.3)

mit: θ_1 bzw. θ_2 = Einfalls- bzw. Brechungswinkel für die Strahlung in Grad.

Beim Durchgang des natürlichen unpolarisierten Lichtes läßt sich der gesamte Reflexionsgrad ρ unter dieser Bedingung als Mittelwert der Reflexionsgrade ρ_n und ρ_p berechnen:

$$\rho = 0{,}5\,(\rho_n + \rho_p) = 0{,}5\,[\sin^2(\theta_2 - \theta_1) / \sin^2(\theta_2 + \theta_1) \\ + \tan^2(\theta_2 - \theta_1) / \tan^2(\theta_2 + \theta_1)] \qquad (3.3.4)$$

3.3 Optische Eigenschaften von Solarkollektoren

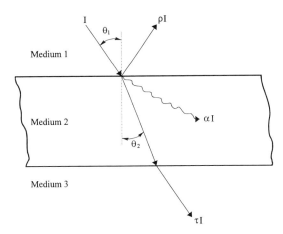

Bild 3.3.1. Reflexion und Brechung der Direktstrahlung an einer glatten Grenzfläche von zwei Medien Luft (1) und Glas (2)

Die Winkel θ_1 und θ_2 sind durch die Snellius-Beziehung mit den Brechungsindizes n_1 und n_2 der beiden Medien folgendermaßen verknüpft:

$$\sin \theta_2 / \sin \theta_1 = n_1 / n_2 \qquad (3.3.5)$$

Mit bekannten n_1 und n_2 läßt sich der Reflexionsgrad ρ jeder einzelnen Grenzfläche aus den obigen Gleichungen berechnen.

Für Luft ist der *Brechungsindex* n_1 ungefähr gleich 1. Der Brechungsindex n_2 für die Stoffe der eventuellen transparenten Kollektorabdeckungen ist in Tabelle 3.3.1 angegeben [3.5].

Bei senkrechtem Strahleneinfall ($\theta_2 = \theta_1 = 0$) gilt für den Reflexionsgrad

$$\rho_n = \rho_p = [(n_1 - n_2) / (n_1 + n_2)]^2. \qquad (3.3.6)$$

Mit $n_1 = 1$ (für Luft) und $n_2 = n$ erhält man

$$\rho_n = \rho_p = [(n - 1) / (n + 1)]^2. \qquad (3.3.7)$$

Der *Transmissionsgrad* τ einer transparenten Kollektorabdeckung wird definiert als Verhältnis der abgeschwächten durchtretenden Strahlungsstärke I_t zur einfal-

Tabelle 3.3.1. Brechungsindex n_2 für Stoffe der transparenten Abdeckung [3.5]

Material	Brechungsindex n_2
Glas	1,526
Polyfluoräthylen, -propylen und -tetrafluoräthylen	1,34-1,37
Polyvinilfluorid und -methylmetakrylat	1,45-1,49
Polykarbonat	1,6

lenden Strahlungsstärke I:

$$\tau = I_t / I \tag{3.3.8}$$

Mit den Reflexionsgraden ρ_n und ρ_p für die senkrecht bzw. parallel zur Einfallsebene polarisierte Sonnenstrahlung gilt für den Transmissionsgrad τ_r einer Deckscheibe unter der Bedingung, daß nur die Reflexionsverluste (ohne Absorptionsverluste) berücksichtigt werden, folgendes:

$$\tau_r = 0{,}5 \left[(1 - \rho_p) / (1 + \rho_p) + (1 - \rho_n) / (1 + \rho_n) \right] \tag{3.3.9}$$

Wenn eine transparente Kollektorabdeckung aus N gleichen Deckscheiben besteht, gilt

$$\tau_r = 0{,}5 \left\{ (1 - \rho_p) / [1 + (2N - 1) \rho_p] + (1 - \rho_n) / [1 + (2N - 1) \rho_n] \right\}. \tag{3.3.10}$$

Für den technisch wichtigen Fall von zwei Deckscheiben kann die Gleichung (3.3.10) vereinfacht werden:

$$\tau_r = 0{,}5 \left[(1 - \rho_p) / (1 + 3 \rho_p) + (1 - \rho_n) / (1 + 3 \rho_n) \right] \tag{3.3.11}$$

Durch die Absorption der Strahlung in der Abdeckung nimmt die Strahlungsstärke I exponentiell mit dem Strahlensweg L ab. Deshalb gilt für den Transmissionsgrad τ_a, der nur die Strahlungsverluste durch Absorption in der transparenten Abdeckung berücksichtigt [3.5]:

$$\tau_a = \exp(-kL) = \exp(-k \delta / \cos \theta_2) \tag{3.3.12}$$

wobei k der Extinktionskoeffizient der Deckscheibe in m^{-1}, δ die Dicke der Deckscheibe in m und θ_2 der Brechungswinkel aus Gleichung (3.3.5) in Grad sind.

Der *Extinktionskoeffizient* k ist vom Medium abhängig, so liegt er für Glas zwischen 4 m^{-1} für wasserklares Glas mit geringem Eisenoxidgehalt (rund 0,03% Fe_2O_3) und 32 m^{-1} für grünstichiges wärmeabsorbierenden Glas mit hohem Eisenoxidgehalt (ca. 0,5% Fe_2O_3). Um einen höheren Transmissionsgrad einer transparenten Abdeckung zu erreichen, soll Glas mit niedrigem Fe_2O_3-Gehalt (im Bereich von 0,03% bis 0,07%) ausgewählt werden. Für normales Fensterglas kann k = 10 m^{-1} angenommen werden.

Beispielsweise bei 3 mm starkem Glas gilt für τ_a bei senkrechtem Strahlungseinfall ($\theta_1 = \theta_2 = 0°$) $\tau_a = \exp(-10 \cdot 0{,}003 / \cos 0°) = 0{,}97$ und beim Einfallswinkel θ_1 von 90° ist der Brechungswinkel $\theta_2 = \arcsin(\sin \theta_1 / n) = \arcsin(1 / 1{,}526) \approx 41°$ und $\tau_a = \exp(-10 \cdot 0{,}003 / \cos 41°) = 0{,}961$.

Dabei ist zu erkennen, daß der Einfluß des Einfallswinkels θ_1 auf den τ_a-Wert sehr gering ist.

Bei der Berechnung von τ_a für eine Kollektorabdeckung, die aus N gleichen Deckscheiben besteht, muß die gesamte Stärke von allen Deckscheiben in die Gleichung (3.3.12) eingesetzt werden.

Unter Berücksichtigung der Reflexions- und Absorptionsverluste für den gesamten Transmissionsgrad τ einer Deckscheibe gilt näherungsweise (bei Einfallswinkel von 0° bis 60°):

$$\tau \approx \tau_r \tau_a \tag{3.3.13}$$

3.3 Optische Eigenschaften von Solarkollektoren

Dabei müssen die Werte von τ_r und τ_a aus Gleichungen (3.3.9) bis (3.3.11) bzw. (3.3.12) eingesetzt werden.

Der *Absorptionsgrad* α einer transparenten Kollektorabdeckung ist das Verhältnis der absorbierten zur einfallenden Strahlungsstärke:

$$\alpha = I_a / I \qquad (3.3.14)$$

Für den Absorptionsgrad α einer Deckscheibe gilt:

$$\alpha \approx 1 - \tau_a \qquad (3.3.15)$$

Die Strahlungsbilanz für die Deckscheibe ergibt somit für den Reflexionsgrad [3.5]

$$\rho = 1 - \alpha - \tau \approx \tau_a (1 - \tau_r) \approx \tau_a - \tau \qquad (3.3.16)$$

Die Gleichungen (3.3.13), (3.3.15) und (3.3.16) gelten für die optischen Eigenschaften (τ, ρ und α) einer Deckscheibe unter Berücksichtigung der Reflexions- und Absorptionsverluste.

Der Transmissionsgrad τ der transparenten Kollektorabdeckung mit einer bis vier gleichen Deckscheiben in Abhängigkeit von dem Strahlungseinfallswinkel θ ist im Bild 3.3.2 (ohne Absorptionsverluste in der Abdeckung) bzw. im Bild 3.3.3 (mit Absorptionsverlusten) dargestellt.

Der Transmissionsgrad τ einer Glasscheibe ist weiterhin von der Beschaffenheit der Oberfläche abhängig. Für Scheiben mit rauher Oberfläche ist τ größer als für glatte Flächen. Tabelle 3.3.2 gibt die τ-Werte für glatte und abgebeizte Gläser in Abhängigkeit von dem Einfallswinkel θ an. In Tabelle 3.3.3 sind die

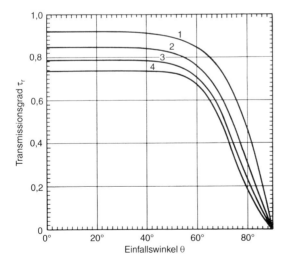

Bild 3.3.2. Transmissionsgrad τ_r der transparenten Kollektorabdeckung mit 1 bis 4 nichtabsorbierenden Deckscheiben in Abhängigkeit vom Direktstrahlungs-Einfallswinkel θ (in Grad) [3.5]

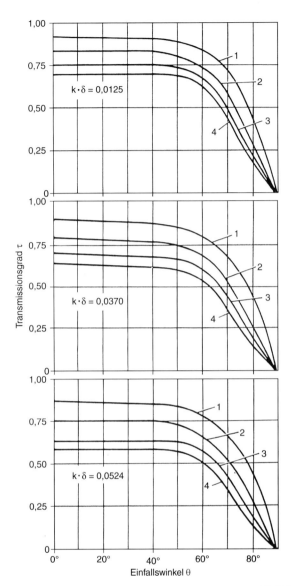

Bild 3.3.3. Transmissionsgrad τ der transparenten Kollektorabdeckung mit 1 bis 4 absorbierenden Deckscheiben in Abhängigkeit vom Direktstrahlungs-Einfallswinkel θ (in Grad). Das Produkt aus dem Extinktionskoeffizienten k und Glasscheibendicke δ ist: a) $k\delta$ = 0,0125, b) $k\delta$ = 0,0370 und c) $k\delta$ = 0,0524 [3.5]

τ-Werte für Verglasung und Polymerfolien bei senkrechter Sonneneinstrahlung verzeichnet.

Für eine transparente Kollektorabdeckung mit zwei Deckscheiben aus verschiedenen Stoffen, z.B. aus einer äußeren Glasscheibe (Index 1) und einer inneren

3.3 Optische Eigenschaften von Solarkollektoren

Tabelle 3.3.2. Transmissionsgrad τ für glatte und abgebeizte Glasoberflächen in Abhängigkeit vom Einfallswinkel [3.5]

Einfallswinkel θ in Grad	0	20	40	50	60	70	80	90
Abgebeiztes Glas	0,941	0,947	0,945	0,938	0,916	0,808	0,5627	0
Glattes Glas	0,888	0,894	0,903	0,886	0,854	0,736	0,468	0

Tabelle 3.3.3. Maximaler Transmissionsgrad τ der transparenten Abdeckung (bei senkrechter Einstrahlung)

Transparente Abdeckung	τ
Einfach-Verglasung	0,88-0,92
Doppelt-Verglasung	0,83-0,85
PVC-Folie, transparent	0,85-0,87
PE-Folie	0,92-0,94
Einfach-Verglasung + PE-Folie	0,84-0,85

Bezeichnungen: PVC- Polyvinylchlorid, PE-Polyäthylen

Polymerfolie (Index 2), gilt für den Transmissions- bzw. Reflexionsgrad [3.5-3.7]

$$\tau = 0,5 \{[\tau_1 \tau_2 / (1 - \rho_1 \rho_2)]_n + [\tau_1 \tau_2 / (1 - \rho_1 \rho_2)]_p\} \quad (3.3.17)$$

$$\rho = 0,5 [(\rho_1 + \tau \rho_2 \tau_1 / \tau_2)_n + (\rho_1 + \tau \rho_2 \tau_1 / \tau_2)_p] \quad (3.3.18)$$

mit den Indizes n und p für die senkrecht bzw. parallel zur Einfallsebene polarisierten Komponenten der Sonnenstrahlung.

Der *Reflexionsgrad ρ_d einer transparenten Abdeckung für die Diffusstrahlung* läßt sich aufgrund der Annahme von einem Einfallswinkel θ_1 der Diffusstrahlung von 60° berechnen. Für eine Deckscheibe mit einer Dicke δ und mit einem Extinktionskoeffizienten k gilt [3.5]

$$\rho_d \approx \exp(-k \delta / \cos \theta_2) - \tau \quad (3.3.19)$$

mit: θ_2 = Brechungswinkel für die Diffusstrahlung,
τ = Tranmissionsgrad der transparenten Abdeckung.

Die errechneten ρ_d-Werte für eine transparente Abdeckung aus 1 bzw. 2 Glasscheiben mit k δ (pro Scheibe) von 0,0125; 0,0370 bzw. 0,0524 und n = 1,526 sind in Tabelle 3.3.4 angegeben.

Tabelle 3.3.4. Reflexionsgrad r_d der transparenten Abdeckung für die Diffusstrahlung

Abdeckung k·δ	0,0125	0,0370	0,0524	0,096
1 Glasscheibe	0,15	0,12	0,11	0,065
2 Glasscheiben	0,22	0,17	0,14	0,09

3.3.2 Optischer Wirkungsgrad eines Kollektors

Effektives Transmissionsgrad-Absorptionsgrad-Produkt eines Flachkollektors. Das System, das aus der Absorberplatte und transparenter Abdeckung eines Flachkollektors besteht, wird durch *das effektive Produkt (τα) aus dem Transmissionsgrad τ der nichtabsorbierenden transparenten Abdeckung und dem Absorptionsgrad α der Absorberplatte* für die Globalstrahlung gekennzeichnet [3.5]:

$$(\tau\,\alpha) = \tau\,\alpha\,/\,[1 - (1 - \alpha)\,\rho_d] \tag{3.3.20}$$

Für eine transparente Abdeckung aus n verschiedenen nichtabsorbierenden Deckscheiben (z.B. aus einer Glasscheibe und einer Polymerfolie) gilt [3.5]:

$$(\tau\,\alpha) = \tau\,\alpha\,\sum\,[\,(1 - \alpha)\,\rho_d\,]^n \tag{3.3.21}$$

In der Regel gilt für die meisten Flachkollektoren [3.5, 3.6]:

$$(\tau\,\alpha) = 1{,}01\,\tau\,\alpha \tag{3.3.22}$$

Gleichungen (3.3.20) und (3.3.21) gelten dann, wenn die Strahlungsabsorption in Deckscheiben vernachlässigt werden kann. Berücksichtigt man die Absorption der Strahlung in der Deckscheibe und die entsprechend reduzierten Wärmeverluste, erhält man das effektive Transmissionsgrad-Absorptionsgrad-Produkt $(\tau\,\alpha)_{eff}$. Bild 3.3.4 verdeutlicht die Wechselwirkung zwischen der Sonnenstrahlung, der Glasscheibe mit einem Transmissionsgrad τ für die Globalstrahlung und einem Reflexionsgrad ρ_d für die Diffusstrahlung und der Absorberplatte mit einem Absorptionsgrad α.

Für einen 1-Glasscheiben-Flachkollektor gilt [3.5, 3.6]:

$$(\tau\,\alpha)_{eff} = (\tau\,\alpha) + K_o\,(1 - \tau_a)\,/\,\alpha_w \tag{3.3.23}$$

wobei τ_a der Transmissionsgrad infolge der Absorption in der Deckscheibe, K_o der Wärmedurchgangskoeffizient für die Frontseite des Kollektors und α der Wärmeübergangskoeffizient von der äußeren Deckscheibe an die Umgebung sind.

Für τ_a gilt die Gleichung (3.3.12) mit $\theta_2 = 0°$, d.h. $\tau_a = \exp(-k\,\delta)$.

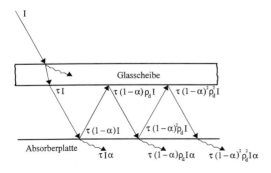

Bild 3.3.4. Zur Bestimmung des effektiven Transmissionsgrad-Absorptionsgrad-Produktes (τα) für einen Flachkollektor

3.3 Optische Eigenschaften von Solarkollektoren

Bezeichnet man das Verhältnis K_o/α_w als s, erhält man für einen Flachkollektor mit einer transparenten Abdeckung aus n identischen Deckscheiben [3.5-3.7]

$$(\tau \alpha)_{eff} = (\tau \alpha) + (1 - \tau_a) \sum (s_i \tau^{i-1}) \text{ mit } i = 2, \ldots n \qquad (3.3.24)$$

Beispielsweise gelten für einen Flachkollektor mit zwei Glasscheiben die folgenden s_i-Werte [3.5]:

1) bei einem Absorber mit $\varepsilon_a = 0{,}95$ ist $s_1 = 0{,}15$ und $s_2 = 0{,}62$,
2) bei einem Absorber mit $\varepsilon_a = 0{,}1$ ist $s_1 = 0{,}09$ und $s_2 = 0{,}4$.

Praktisch ist $(\tau \alpha)_{eff}$ nur um ca. 1 bis 2% größer als $(\tau \alpha)$ und für einen 1-Glasscheiben-Flachkollektor gilt [3.5-3.7]:

$$(\tau \alpha)_{eff} \approx 1{,}02 \, \tau \alpha \qquad (3.3.25)$$

Die von einem Flachkollektor *absorbierte Sonnenstrahlung* setzt sich aus der absorbierten Direktstrahlung (Index D), Diffusstrahlung (Index d) und vom Boden auf den Kollektor reflektierten Globalstrahlung (Index r) zusammen. *Für den momentan absorbierten Sonnenstrahlungsstrom* E_{abs} gilt [3.5-3.7]:

$$E_{abs} = A \, [I_D \, R_D \, (\tau \alpha)_D + I_d \, (\tau \alpha)_d \, (1 + \cos \beta) / 2 \\ + (I_D + I_d) \, \rho \, (\tau \alpha)_r \, (1 - \cos \beta) / 2] \text{ in W} \qquad (3.3.26)$$

mit: A = Kollektorfläche in m²,
I = Stärke der auftreffenden Sonnenstrahlung in W/m²,
R_D = Umrechnungsfaktor für die Direktstrahlung,
$(\tau \alpha)$ = effektives Transmissionsgrad-Absorptionsgrad-Produkt,
β = Neigungswinkel des Kollektors in Grad,
ρ = Reflexionsgrad des Bodens.

Statt einzelner $(\tau \alpha)$-Werte für die Direkt-, Diffus- und reflektierte Globalstrahlung kann ein effektiver Mittelwert $(\tau \alpha)$ in die Gleichung (3.3.26) einsetzt werden.

Mit Monatsmittelwerten der Tagessummen der auf die horizontale Fläche auftreffenden Global- und Diffusstrahlung E und E_d, des effektives Transmissionsgrad-Absorptionsgrad-Produktes ($\overline{\tau \alpha}$) und des Umrechnungsfaktors $\overline{R}_D$ für die Direktstrahlung erhält man für den *Monatsdurchschnitt der täglich von einem Flachkollektor absorbierten Globalstrahlung* $E_{abs,mo}$ (in MJ pro Tag):

$$E_{abs,mo} = A \, (\overline{\tau \alpha}) \, [(E - E_d) \, \overline{R}_D + E_d \, (1 + \cos \beta) / 2 + E \, \rho \, (1 - \cos \beta) / 2] \qquad (3.3.27)$$

Optischer Wirkungsgrad des Kollektors. Die auf die transparente Abdeckung eines Solarkollektors auftreffende Sonnenstrahlung wird nur geringfügig reflektiert und hauptsächlich (bis 92% bei einem hochwertigem Glas) hindurchgelassen (transmittiert). Die transmittierte Sonnenstrahlung wird von dem Absorber (bis 96%) absorbiert. Wegen der Reflexion und Absorption der Sonnenstrahlung in der transparenten Abdeckung sowie wegen ihrer Reflexion von der Absorberplatte entstehen *optische Energieverluste* im Solarkollektor, die durch seinen optischen Wirkungsgrad η_o berücksichtigt werden. Der im Kollektor absorbierte Sonnenenergiestrom E_{abs} ist mit dem auftreffenden Sonnenenergiestrom $A\, I_k$ durch den *optischen Wirkungsgrad η_o des Kollektors* verknüpft:

$$\eta_o = E_{abs}/A\, I_k \tag{3.3.28}$$

Um einen hohen optischen Wirkungsgrad η_o eines Kollektors zu erzielen, muß die transparente Abdeckung eine hohen Transmissionsgrad τ und der Absorber einen hohen Absorptionsgrad α aufweisen. τ hängt vom Eisengehalt des Glases, der Dicke der Scheibe, dem Einfallswinkel θ der Direktstrahlung und der Oberflächenrauhigkeit ab (vgl. Bild 3.3.2). Bei θ über 45° steigen die Reflexionsverluste sehr stark an, so daß bei $\theta = 90°$ ist $\tau = 0$. Im Gegensatz zu Flachkollektoren nähert sich der Einfallswinkel in Randzonen der zylindrischen Röhre eines Vakuum-Röhrenkollektors 90° und daher besitzen sie einen kleineren optischen Wirkungsgrad als Flachkollektoren.

Es wird zwischen einem momentanen und gemittelten optischen Wirkungsgrad des Kollektors, der auf eine längere Zeitperiode (Stunde, Tag, etc.) bezogen und mittels entsprechender Energiemengen (E_{abs} und E_k) berechnet wird, unterschieden.

Beispiele 3.3.1-3.3.4 veranschaulichen die Berechnung der optischen Eigenschaften der transparenter Abdeckung und des optischen Wirkungsgrades des Flachkollektors.

Beispiel 3.3.1. *Reflexionsgrad und Transmissionsgrad der transparenter Abdeckung (ohne Strahlungsabsorption).*

Für eine Glasscheibe (ohne Berücksichtigung der Absorptionsverluste) mit einem Brechungsindex n von 1,526 soll der Reflexionsgrad ρ beim Einfallswinkel von 0° bzw. 45° ermittelt werden. Weiter soll der Transmissionsgrad τ_r für eine transparente Kollektorabdeckung aus zwei solchen Glasscheiben beim Sonneneinstrahlwinkel θ_1 von 0° bzw. 45° berechnet werden.

Lösung:

1. Für den Reflexionsgrad beim senkrechten Strahleneinfall gilt aus Gleichung (3.3.7): $\rho_n = \rho_p = [(1,526 - 1) / (1,526 + 1)]^2 = 0,0434$.

2. Bei $n_1 = 1$ gilt aus Gleichung (3.3.5) für den Brechungswinkel

$\theta_2 = \arcsin(\sin\theta_1 / n_2) = \arcsin(\sin 45° / 1,526) = 27,6°$.

3. Nun läßt sich der Reflexionsgrad ρ_{45} beim Einfallswinkel von 45° aus Gleichung (3.3.4) berechnen:

$\rho_{45} = 0,5\ \{[\sin^2(27,6 - 45) / \sin^2(\theta_2 + \theta_1)] + [\tan^2(\theta_2 - \theta_1) / \tan^2(\theta_2 + \theta_1)]\} = 0,5\ \{0,0981 + 0,0096\} = 0,054$.

Es ist ersichtlich, daß der Anteil der reflektierten Strahlung 4,34% beim senkrecht einfallenden Licht und 5,4% beim Einfallswinkel von 45° beträgt.

3.3 Optische Eigenschaften von Solarkollektoren 65

4. Für den Transmissionsgrad τ_r der transparenten Kollektorabdeckung gilt beim Einfallswinkel θ_1 von 0° bzw. 45° aus Gleichung (3.3.11):

$\tau_r = 0{,}5 \, [(1 - \rho_p) / (1 + 3 \, \rho_p) + (1 - \rho_n) / (1 + 3 \, \rho_n)] \approx (1 - \rho) / (1 + 3 \, \rho)$
$= (1 - 0{,}0434) / (1 + 3 \cdot 0{,}0434) = 0{,}846.$
bzw. $\tau_r = 0{,}5 \, [(1 - 0{,}0096) / (1 + 3 \cdot 0{,}0096) + (1 - 0{,}0981) / (1 + 3 \cdot 0{,}0981)]$
$= 0{,}83.$

Der Unterschied zwischen den τ_r-Werten beim Einfallswinkel 0° und 45° ist gering.

Beispiel 3.3.2. *Transmissionsgrad der transparenter Abdeckung (mit Absorption).*

Für eine Glasscheibe von 3 mm Stärke mit einem Extinktionskoeffizienten $k = 32$ m^{-1} bzw. 4 m^{-1} soll der Transmissionsgrad τ_a bei einem Einfallswinkel θ der Direktstrahlung von 0° und 60° ermittelt werden.

Lösung:

Aus der Gleichung (3.3.12) gilt bei $\theta = 0°$ bzw. $\theta = 60°$:

$\tau_o = \exp(-32 \cdot 0{,}003) = 0{,}908$ bzw. $\tau_o = \exp(-4 \cdot 0{,}003) = 0{,}988$

$\tau_{60} = \exp(-32 \cdot 0{,}003 / \cos 60°) = 0{,}825$ bzw. $\tau_{60} = \exp(-4 \cdot 0{,}003 / \cos 60°)$
$= 0{,}976.$

Beispiel 3.3.3. *Optische Eigenschaften einer transparenten Abdeckung aus einer Glasscheibe und einer Folie.*

Für eine transparente Abdeckung eines Flachkollektors, die aus einer äußeren Glasscheibe (Index 1) mit $n = 1{,}526$ und $k \, \delta = 0{,}037$ und einer inneren dünnen Polymerfolie (Index 2) mit $\delta \approx 0$ und $n = 1{,}34$ besteht, sollen die optischen Eigenschaften bei einem Einfallswinkel von 45° ermittelt werden.

Lösung:

1. Transmissionsgrad τ_a der Glasscheibe bzw. Polymerfolie

a) Für den Brechungswinkel θ_2 für Glas bzw. Folie gilt aus Gleichung (3.3.5):

 $\sin \theta_2 = \sin 45° / 1{,}526 = 0{,}463$ und $\theta_2 = 27{,}6°$,
 bzw. $\sin \theta_2 = \sin 45° / 1{,}34 = 0{,}528$ und $\theta_2 = 31{,}85°$.

b) Der Transmissionsgrad τ_a für Glas bzw. Folie ergibt sich aus Gleichung (3.3.12):

 $\tau_{a1} = \exp(-0{,}037 / \cos 27{,}6°) = 0{,}959$ und $\tau_{a2} = 1$.

66   3 Niedertemperatur-Solarkollektoren

c) Da die Dicke der Folie $\delta \approx 0$ ist, gibt es keine Absorption in der Folie und deshalb ist $\tau_a = 1$.

2. Berechnung der Reflexionsgrade ρ_n und ρ_p für polarisierte Komponenten des Lichts erfolgt nach den Gleichungen (3.3.2) und (3.3.3):

a) Für Glas gelten

$$\rho_{p1} = \sin^2(27{,}6° - 45°) / \sin^2(27{,}6° + 45°) = 0{,}0982$$

und $\rho_{p1} = \tan^2(27{,}6° - 45°) / \tan^2(27{,}6° + 45°) = 0{,}0096$.

b) Analog ergeben sich für Folie

$$\rho_{n2} = 0{,}055 \text{ und } \rho_{p2} = 0{,}0298.$$

3. Der Transmissionsgrad τ_r für Glas bzw. Folie errechnet sich aus Gleichung (3.3.9):

$$\tau_{r2} = 0{,}5\ [(1 - 0{,}0096) / (1 + 0{,}0096) + (1 - 0{,}0982) / (1 + 0{,}0982)] = 0{,}901$$

bzw. $\tau_{r1} = 0{,}5\ [(1 - 0{,}0298) / (1 + 0{,}0298) + (1 - 0{,}055) / (1 + 0{,}055)] = 0{,}919$.

4. Berechnung der optischen Eigenschaften (τ, ρ und α) für Glas und Folie

a) Der Transmissionsgrad τ für Glas bzw. Folie ergibt sich aus Gleichung (3.3.13):

$$\tau_1 = \tau_{r1}\ \tau_{a1} = 0{,}901 \cdot 0{,}959 = 0{,}864 \text{ bzw. } \tau_2 = t_{r2}\ \tau_{a2} = 0{,}919 \cdot 1 = 0{,}919.$$

b) Der Absorptionsgrad α für Glas bzw. Folie errechnet sich aus Gleichung (3.3.15)

$$\alpha_1 = 1 - \tau_{a1} = 1 - 0{,}959 = 0{,}041 \text{ bzw. } \alpha_2 = 1 - \tau_{a2} = 1 - 1 = 0.$$

c) Für den Reflexionsgrad ρ für Glas bzw. Folie gilt aus Gleichung (3.3.16)

$$\rho_1 = \tau_{a1} - \tau_1 = 0{,}959 - 0{,}864 = 0{,}095 \text{ bzw. } \rho_2 = \tau_{a2} - \tau_2 = 1 - 0{,}919 = 0{,}081.$$

5. Optische Eigenschaften der transparenten Abdeckung

a) Der gesamte Transmissionsgrad τ ergibt sich aus Gleichung (3.3.17)

$$\tau = 0{,}5\ \{[\tau_1\ \tau_2 / (1 - \rho_1\ \rho_2)]_n + [\tau_1\ \tau_2 / (1 - \rho_1\ \rho_2)]_p\} \approx \tau_1\ t_2 / (1 - \rho_1\ \rho_2)$$
$$= 0{,}864 \cdot 0{,}919 / (1 - 0{,}095 \cdot 0{,}081) = 0{,}8.$$

b) Nun errechnet sich der gesamte Reflexionsgrad r aus Gleichung (3.3.18)

$$\rho = 0{,}5\ [(\rho_1 + \tau\ \rho_2\ \tau_1 / \tau_2)_n + (\rho_1 + \tau\ \rho_2\ \tau_1 / \tau_2)_p] \approx \rho_1 + \tau\ \rho_2\ \tau_1 / \tau_2$$
$$= 0{,}095 + 0{,}8 \cdot 0{,}081 \cdot 0{,}864 / 0{,}919 = 0{,}156.$$

c) Mit den Werten von τ und ρ gilt für den gesamten Absorptionsgrad

$$\alpha = 1 - \tau - \rho = 1 - 0{,}959 = 1 - 0{,}8 - 0{,}156 = 0{,}044.$$

3.3 Optische Eigenschaften von Solarkollektoren   67

Beispiel 3.3.4. *Optischer Wirkungsgrad eines Kollektors.*

Für einen Flachkollektor mit einer Fläche A von 2 m^2 und einer transparenten Abdeckung aus einer Glasscheibe mit k δ = 0,0370 und Brechungsindex n = 1,526 und einem Absorptionsgrad der Absorberplatte α = 0,95 soll der optische Wirkungsgrad η_o des Kollektors bei einem Einfallswinkel θ_1 der Direktstrahlung von 30° berechnet werden. Die Globalstrahlungstärke I_k in der Kollektorebene beträgt 800 W/m^2.

Lösung:

Der Tranmissionsgrad für die Globalstrahlung beträgt τ = 0,92 bei θ_1 = 30° (vgl. Bild 3.3.3). Der Brechungswinkel θ_2 der Diffusstrahlung ergibt sich bei dem Einfallswinkel θ_1 von 60° aus Gleichung (3.3.5) zu:

$$\sin \theta_2 = \sin \theta_1 / n = \sin 60° / 1{,}526 = 0{,}568 \text{ und } \theta_2 = 34{,}6°.$$

Der Reflexionsgrad für die Diffusstrahlung errechnet sich aus Gleichung (3.3.19) zu

$$\rho_d \approx \exp(-k \delta / \cos \theta_1) - \tau = \exp(-0{,}0370 / \cos 34{,}6°) - 0{,}87 \cdot 0{,}956 - 0{,}87$$
$$= 0{,}086.$$

Für den optischen Wirkungsgrad des Kollektors gilt aus Gleichungen (3.3.28) und (3.3.20):

$$\eta_o = E_{abs}/AI_k = \tau \alpha / [1 - (1 - a) \rho_d] = 0{,}92 \cdot 0{,}95 / [1 - (1 - 0{,}95) \cdot 0{,}086]$$
$$= 0{,}877.$$

3.3.3 Selektive Absorberbeschichtungen

Selektive Beschichtungen weisen unterschiedliche Strahlungseigenschaften in Wellenlängenbereichen von Sonnenstrahlung und Infrarot-Strahlung auf. Je nach Absorptionsgrad α im Bereich des Sonnenspektrums und Emissionsgrad ε im Infrarot-Bereich unterscheiden sich vier Arten der lichtundurchlässigen Oberflächen [3.5-3.7, 3.16]:

1) mit hohem Absorptionsgrad α und hohem Emissionsgrad ε, z.B. schwarzer Alkydharzlack,
2) mit niedrigen Werten von α und ε, z.B. Aluminiumfolie,
3) mit niedrigem α-Wert und hohem ε-Wert, z.B. weißer Epoxidharzlack,
4) mit hohem α-Wert und niedrigem ε-Wert, z.B. Schwarznickel oder Schwarzchrom.

Die selektiven Absorptionsbeschichtungen für Solarkollektoren müssen einen hohen Absorptionsgrad α im Wellenlängenbereich des Sonnenspektrums und einen niedrigen Emissionsgrad ε im Infrarot-Strahlungsbereich aufweisen. Sie müssen preisgünstig und stabil, insbesondere bei erhöhter Temperatur, sein [3.5, 3.6, 3.16].

Für eine ideale selektive Absorptionsbeschichtung ist $\alpha = 1$ und $\varepsilon = 0$. Eine *selektive Beschichtung des Absorbers* eines Kollektors stellt eine spektral schwarze dünne Schicht (mit einem hohen α-Wert bei Wellenlängen λ unter 2-3 µm und hoher Durchlässigkeit bei λ über 2-3 µm) auf einem glänzenden Metall-Substrat (mit hohem Reflexionsgrad ρ und niedrigem Emissionsgrad ε bei λ über 2-3 µm) dar [3.6].

Die *solare Absorptionsselektivität* kann durch Verwendung von

- solar selektiven Oxiden, Sulfiden, Nitriden und Karbiden von Übergangselementen sowie Halbleiter (mit $\alpha = 0{,}7\text{-}0{,}95$ bei $\lambda < 1$ µm und $\varepsilon = 0{,}04\text{-}0{,}18$ bei $\lambda > 2$ µm),
- Tandemschichten aus absorbierender Halbleiteroberschicht und reflektierendem Metall, z.B. $PbS + Al$, $CuO + Al$, $Cu_2O + Cu$,
- Verbundfilmen mit Interferenzeffekten in dünnen Multischicht-Oberflächenstrukturen aus reflektierendem Metall (Cu, Ag, Au, Al, Cr und Mo) und Dielektrikum, z.B. $Al_2O_3\text{-}Mo\text{-}Al_2O_3$ (mit $\alpha = 0{,}85$ und $\varepsilon = 0{,}11$ bei 500 °C), Schwarznickel etc.,
- Dispersionen von Metall- und Halbleiterpartikeln in einer Matrix von einem Dielektrikum oder Leiter, z.B. Schwarzchrom oder selektive Lacke mit sehr feinen Halbleiterpartikeln in einem Silikonlack für Metalloberflächen,

erzeugt werden [3.6, 3.13, 3.14].

Meistens werden *selektive Absorptionsbeschichtungen aus Metalloxiden* (CuO, Fe_3O_4, Cr_2O_3 und Co_3O_4) *und Sulfidschichten auf verschiedenen Metallen* verwendet. Insbesondere finden derzeit *Schwarznickel* (Nickelsulfid-Zinksulfid NiS-ZnS) und *Schwarzchrom* ($Cr\text{-}Cr_2O_3$) Einsatz in Solarkollektoren. Der *spektrale Reflexionsgrad* ρ einer selektiven Absorptionsbeschichtung, z.B. der Beschichtung Schwarznickel bzw. Schwarzchrom, ist in Bild 3.3.5 aufgezeichnet. Für den Absorptionsgrad α bzw. Emissionsgrad ε einer lichtundurchlässigen Fläche gilt:

$$\alpha = 1 - \rho \text{ bzw. } \varepsilon = 1 - \rho.$$

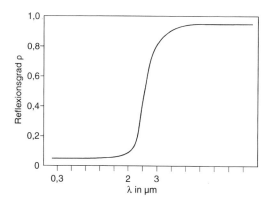

Bild 3.3.5. Spektraler Reflexionsgrad ρ einer selektiven Absorptionsbeschichtung

3.3 Optische Eigenschaften von Solarkollektoren   69

Es ist erkennbar, daß der Reflexionsgrad ρ im Bereich des Sonnenspektrums gering und dadurch der Absorptionsgrad α hoch ist. Im Bereich der Wärmestrahlung ist ρ dagegen hoch, dementsprechend ist der Emissionsgrad ε gering. Für Schwarzchrom auf Ni-plattiertem Stahl sind folgende Werte kennzeichnend: α = 0,95 und ε = 0,09 [3.13].

Preisgünstige und effektive Absorptionsbeschichtungen für Niedertemperatur-Kollektoren bei erheblichen Flächengrößen bieten *selektive Farben mit Absorptionspigmenten* an [3.14]. Ihre Anwendung erfolgt durch Auflösung der Halbleiterpartikel in geeigneten Bindemitteln mit hohem Transmissionsgrad im Infrarot-Bereich. Das Absorptionsverhalten ist von den Strahlungseigenschaften der Pigmente, deren Partikelgröße und Multireflexionseffekten im Verbund Pigment-Bindemittel abhängig. Eine Suspension von Ge, Si und PbS in Kombination mit einem Hochtemperatur-Silikonbindemittel erzeugt Absorptionsschichten mit einem Absorptionsgrad α von 0,91, 0,83 bzw. 0,96 im Bereich des Sonnenspektrums, aber auch mit hohem Emissionsgrad ε im Infrarot-Bereich. Hauptparameter der Beschichtung sind die Konzentration des Pigmentes und die Dicke der Schicht. Es gelingt, ein gutes Selektivitätsverhältnis α/ε nur bei Schichtdicken unter 2 μm zu erreichen. Eine verbesserte Selektivität weisen die Absorptionsbeschichtungen aufgrund des Pigments $FeMnCuO_x$ in Kombination mit Phenoxy- und Silikonteer auf. Sie besitzen die Absorptionsgrade α in der Höhe von 0,92 bzw. 0,87 und die Emissionsgrade ε von 0,14 bzw. 0,18 für die erste bzw. zweite Kombination. Außerdem sind sie thermisch langfristig stabil bis 150 °C [3.14].

Erzeugung selektiver Absorptionsbeschichtungen. Zur Herstellung von selektiven Absorptionsschichten können verschiedene Verfahren benutzt werden [3.6, 3.13]:
- Vakuum-Aufdampfung (z.B. Se und CdTe auf Ag-Film auf Glassubstrat, α = 0,98) oder Vakuum-Aufsprühverfahren (in Argon, für Vakuum-Röhrenkollektoren, α = 0,8, ε = 0,03),
- Elektrolyse oder Ionen-Austausch (z.B. NiS-PbS-ZnS auf Substrat aus Al oder Cu, α = 0,95),
- chemische Auflagerung aus Gasphase oder chemische Oxidation (z.B. polierter Stahl oxidiert zu Fe_3O_4 in Alkalilösung bei 140 °C, 1 Min., α = 0,83, ε = 0,06),
- elektrolytische Plattierung (z.B. Erzeugung von Schwarznickel und Schwarzchrom),
- Anstreichen der Absorberplatten mit selektiven Farben.

Bei der Erzeugung von Schwarzchrom wird hochpolierter Substrat mit Nickel und Schwarzchrom (Cr-Cr_2O_3) in folgenden Schritten elektroplattiert [3.6, 3.13]:
1) Entfettung in Chloroform, Elektroreinigung und Abspülung,
2) Nickel-Plattierung,
3) Abspülung mit Destillierwasser, Azeton oder Chloroform und Heißlufttrocknung,
4) Schwarzchrom-Plattierung im Bad (400 g Cr_2O_3, 60 g NaOH und 0,5 g H_2SiF_6, 7,5 g $BaCO_3$ und 2,5 g Sucrose pro 1 Liter) bei 23±2 °C, Stromdichte 0,2 A/cm^2, anschließend Abspülung.

Um die besten Ergebnisse bei Verwendung selektiver Absorptionsbeschichtungen in Flachkollektoren zu erreichen, werden vor allem höchste α-Werte angestrebt.

Schwarzchrom weist sehr günstige Strahlungseigenschaften und zufriedenstellende Beständigkeit bei erhöhter Temperatur sowie in feuchter Atmosphäre auf. Kommerzielle Kollektoren weisen im Betrieb die besten Werte von α = 0,94 und ε = 0,08 auf. Der Übergang von niedrigen zu hohen ρ-Werten erfolgt bei λ von 1,5 bis 5 μm (je dünner, desto geringer λ) [3.5, 3.6].

Tabelle 3.3.5 gibt die Werte von α und ε für selektive Beschichtungen Schwarzchrom und Schwarznickel an.

Bei Temperaturerhöhung über 60 °C nimmt die Temperaturabhängigkeit des Emissionsgrades ε zu und steigen die Strahlungsverluste des Absorbers. In der Praxis wird dieser Effekt dadurch verstärkt, daß Absorber normalerweise gegen die Umwelt durch Glas oder Kunststoffolien geschützt sind, die beide im Prinzip auch temperaturabhängige optische Eigenschaften aufweisen. Ernstes Problem bei der Nutzung von selektiven Schichten ist ihre Langzeitstabilität.

Tabelle 3.3.5. Absorptionsgrad α und Emissionsgrad ε von Schwarzchrom und Schwarznickel [3.6]

Beschichtung	α	ε	Temperatur
Schwarzchrom	0,85-0,90	0,07-0,10	80
Schwarznickel	0,82-0,90	0,07-0,15	80

3. 4 Thermische Prozesse in Niedertemperatur-Kollektoren

3.4.1 Wärmeverluste eines Flachkollektors

Die Wärmeübertragung in Solarkollektoren ist von sehr komplizierter physikalischer Natur, weil sie durch Konvektion, Strahlung und Wärmeleitung instationär erfolgt. Für die praktische Zwecke einer wärmetechnischen Analyse von Flachkollektoren aber kann ein vereinfachtes stationäres Modell der Wärmeübertragung angenommen werden. Bei diesem Modell wird die Absorption der Strahlung in transparenten Deckscheiben des Kollektors vernachlässigt und weiterhin wird angenommen, daß die Wärmeübertragung mit Ausnahme der Absorberplatte eindimensional ist. Bei der Wärmestrahlungsberechnung wird der Himmel als schwarzer Körper mit einer Temperatur betrachtet, die der Umgebungstemperatur gleich ist. Die Stoffwerte des Wärmeträgers und fester Stoffe werden temperaturunabhängig angenommen.

3.4 Thermische Prozesse in Niedertemperatur-Kollektoren

Der vom Absorber *absorbierte Sonnenenergiestrom* E_{abs} wird in die *Nutzwärmeleistung $\dot{Q}_k$ und Wärmeverluststrom $\dot{Q}_v$ des Kollektors* aufgeteilt:

$$E_{abs} = \dot{Q}_k + \dot{Q}_v \text{ in W} \tag{3.4.1}$$

Wegen der erhöhten Absorbertemperatur gegenüber der Umgebung geht ein Teil der absorbierten Energie durch Wärmeleitung, Konvektion und Strahlung an die Umgebung verloren.

In Flachkollektoren geht Wärme durch natürliche Konvektion und Strahlung von der Absorberplatte auf die Deckscheibe im dazwischen liegenden Luftraum über.

Der *konvektive Wärmestrom* $\dot{Q}_{konv}$ von der Absorberplatte an die Deckscheibe eines Flachkollektors läßt sich durch die Differenz zwischen der Absorberplattentemperatur T_a und der Deckscheibentemperatur T_g, die Fläche A und den Wärmeübergangskoeffizienten α wie folgt berechnen:

$$\dot{Q}_{konv} = \alpha A (T_a - T_g) \text{ in W} \tag{3.4.2}$$

Um den Wärmeübergangskoeffizienten α bei natürlicher Konvektion im Luftraum zwischen der Absorberplatte und der Deckscheibe eines Flachkollektors mit einem Neigungswinkel β im Bereich von 0° bis 75° zu berechnen, wird die folgende Gleichung für die Nusselt-Zahl verwendet [3.9]:

$$Nu = 1 + 1{,}44 \, [1 - 1708 \sin^{1{,}6}(1{,}8\,\beta) / Ra \cos \beta] \, (1 - 1708 / Ra \cos \beta)^+$$
$$+ [(Ra \cos \beta / 5830)^{1/3} - 1]^+ \tag{3.4.3}$$

Das Hochzeichen $^+$ in der Gleichung (3.4.3) bezeichnet, daß nur positive Werte der eingeklammerten Ausdrücke genutzt werden dürfen. Bei negativem Vorzeichen müssen sie gleich Null gesetzt werden. Bei reiner Wärmeleitung ist Nu gleich 1. Die Gleichung (3.4.3) ist in Bild 3.4.1 graphisch dargestellt. Bei senkrecht aufgestellten Kollektoren kann die Kurve für $\beta = 75°$ benutzt werden.

Nun gilt:

$$\alpha = Nu \, \lambda / d_{gl} \text{ in W/(m}^2\text{K)} \tag{3.4.4}$$

mit: λ = Wärmeleitfähigkeit der Luft in W/mK,
d_{gl} = gleichwertiger hydraulischer Durchmesser des Kanals in m.

Der gleichwertige (hydraulische) Durchmesser eines Luftkanals mit der Querschnittsfläche A_q und dem benetzten Umfang U ist

$$d_{gl} = 4 A_q / U \text{ in m} \tag{3.4.5}$$

Für den Wärmeübergangskoeffizienten α_w für Wind mit einer Geschwindigkeit w (in m/s) gilt nach McAdams [3.16]:

$$\alpha_w = 5{,}7 + 3{,}8 \, w \text{ in W/(m}^2\text{K)} \tag{3.4.6}$$

Wird nur der konvektive Wärmeübergang berücksichtigt, gilt [3.5]:

$$\alpha_w = 2{,}8 + 3 \, w \tag{3.4.7}$$

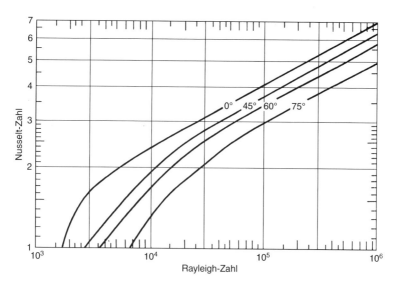

Bild 3.4.1. Nusselt-Zahl in Abhängigkeit von Rayleigh-Zahl für freie Konvektion im Luftraum zwischen zwei parallelen Platten [3.9]. Neigungswinkel β von 0° bis 75°

Die Wärmeübertragung in Kollektoren läßt sich mit Hilfe eines *thermischen Netzwerkes* mit den thermischen Widerständen R_1, R_2, R_3 und R_4 für einen Flachkollektor mit einer Deckscheibe veranschaulichen (siehe Bild 3.4.2).

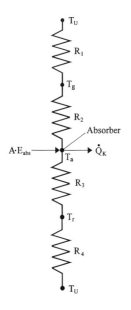

Bild 3.4.2. Thermisches Netzwerk für einen Flachkollektor mit einer Glasscheibe

3.4 Thermische Prozesse in Niedertemperatur-Kollektoren

Der thermische Widerstand des Wärmeübergangs von der Glasscheibe an die Umgebung ist:

$$R_1 = 1 / (\alpha_{k,g-u} + \alpha_{s,g-u}) \text{ in W/(m}^2\text{K)} \tag{3.4.8}$$

Hierbei ist $\alpha_{k,g-u}$ bzw. $\alpha_{s,g-u}$ der Wärmeübergangskoeffizient durch Konvektion bzw. Strahlung zwischen der Glasscheibe (Index g) und Umgebung (Index u). Der $\alpha_{k,g-u}$-Wert kann aus Gleichung (3.4.6) berechnet werden. Für den Strahlungswärmeübergangskoeffizienten $\alpha_{s,g-u}$ gilt

$$\alpha_{s,g-u} = \sigma (T_g^4 - T_u^4) / [(T_g - T_u)(1/\varepsilon_g + 1/\varepsilon_u - 1)] \text{ in W/(m}^2 \text{ K)}. \tag{3.4.9}$$

Dabei sind die Temperaturen T_g der Glasscheibe und T_u der Umgebung in K.

Der *gesamte Wärmeverluststrom* $\dot{Q}_v$ wird in den Wärmeverluststrom $\dot{Q}_o$ von der Frontseite des Kollektors (nach oben) und den Wärmeverluststrom $\dot{Q}_u$ von der Rückseite des Kollektors (nach unten) aufgeteilt.

Für den Wärmeverluststrom $\dot{Q}_o$ gilt:

$$\dot{Q}_o = A (T_g - T_u) / R_1 = A (T_g - T_u)(\alpha_w + \alpha_{s,g-u}) \text{ in W} \tag{3.4.10}$$

Der thermische Widerstand des Wärmeübergangs durch Konvektion und Strahlung im Raum zwischen der Absorberplatte und der Glasscheibe ist

$$R_2 = 1/(\alpha_{k,a-g} + \alpha_{s,a-g}) \text{ in (m}^2\text{K)/W}. \tag{3.4.11}$$

Hierbei wird $\alpha_{k,a-g}$ aus Gleichung (3.4.3) berechnet oder dem Bild 3.4.1 entnommen und $\alpha_{s,a-g}$ wird aus Gleichung (3.4.9) mit entsprechenden Temperaturen und Emissionsgraden der Absorberplatte und Glasscheibe berechnet.

Für $\dot{Q}_o$ gilt nun

$$\dot{Q}_o = A (T_a - T_g) / R_2 = A(\alpha_{k,a-g} + \alpha_{s,a-g})(T_a - T_g) \text{ in W} \tag{3.4.12}$$

bzw. $\dot{Q}_o = A (T_a - T_u) / (R_1 + R_2)$ in W. (3.4.13)

Der thermische Widerstand der Wärmeisolierung an der Rückseite und am Randbereich des Kollektors ist:

$$R_3 = (\delta / \lambda)_{iso} \text{ in (m}^2\text{K)/W}, \tag{3.4.14}$$

wobei δ_{iso} die Dicke und λ_{iso} die Wärmeleitfähigkeit der Isolierung ist.

Der Wärmeverluststrom von der Rückseite des Kollektors läßt sich wie folgt berechnen:

$$\dot{Q}_u = A (T_a - T_r) / R_3 \text{ in W}, \tag{3.4.15}$$

wobei T_r die Temperatur der äußeren Oberfläche des Kollektorsgehäuses ist.

Der thermische Widerstand des Wärmeübergangs vom Kollektorgehäuse an die Umgebung ist

$$R_4 = 1 / (\alpha_{k,r-u} + \alpha_{s,r-u}) \text{ in (m}^2\text{K)/W}, \tag{3.4.16}$$

wobei $\alpha_{k,r-u}$ bzw. $\alpha_{s,r-u}$ die Wärmeübergangskoeffizienten durch Konvektion und Strahlung von der Rückseite des Kollektors an die Umgebung ist.
Es gilt:

$$\dot{Q}_u = A\,(T_a - T_u)\,/\,(R_3 + R_4) \text{ in W}. \tag{3.4.18}$$

Da $R_4 \ll R_3$, gilt näherungsweise:

$$\dot{Q}_u \approx A\,(T_a - T_u)\,/\,R_3 = (\lambda\,/\,\delta)_{iso}\,A\,(T_a - T_u) \text{ in W} \tag{3.4.19}$$

3.4.2 Gesamtwärmedurchgangskoeffizient. Kollektorfluid-Austrittstemperatur

Gesamtwärmedurchgangskoeffizient. Der *Gesamtwärmedurchgangskoeffizient* K_k eines Flachkollektors setzt sich aus den Wärmedurchgangskoeffizienten für die Frontseite (K_o) und für die Rückseite (K_u) des Kollektors zusammen

$$K_k = K_o + K_u \tag{3.4.20}$$

Dabei ist der Wärmedurchgangskoeffizient für den Randbereich vernachlässigt worden.

Der Wärmedurchgangskoeffizient K_o ist durch die folgenden Parameter bestimmt: Anzahl N der Glasscheiben, Neigungswinkel β des Kollektors gegenüber der Horizontalen, Emissionsgrad der Glasscheibe bzw. Absorberplatte (ε_g bzw. ε_a), Wärmeübergangskoeffizient α_w für Wind, Temperaturen der Absorberplatte T_a und der Umgebung T_u. Nach Klein [3.10] gilt für K_o die folgende empirische Gleichung:

$$K_o = (N\,/\,\{(C\,/\,T_a)\,[(T_a - T_u)\,/\,(N + f)]^e\} + 1\,/\,\alpha_w)^{-1} + \sigma\,(T_a + T_u)\,(T_a^2 + T_u^2)\,/\,[(\varepsilon_a + 0{,}00591\,N\,\alpha_w)^{-1} + (2N + f - 1 + 0{,}133\,\varepsilon_a)\,/\,\varepsilon_g - N] \text{ in W/(m}^2\text{K)} \tag{3.4.21}$$

Hierbei sind die Temperaturen T_u und T_a in K und der Wärmeübergangskoeffizient α_w in W/(m²K) einzusetzen. Der ε_g-Wert kann gleich 0,88 angenommen werden und der ε_a-Wert beträgt 0,9 bis 0,95 für einen schwarzen Absorber bzw. 0,05 bis 0,15 für einen selektiven Absorber.

Für f, e und C gelten [3.10]:

$f = (1 + 0{,}089\alpha_w - 0{,}1166\,\alpha_w\,\varepsilon_a)\,(1 + 0{,}07866\,N)$, $e = 0{,}430\,(1 - 100\,/\,T_a)$
und
$C = 520(1 - 5{,}1 \cdot 10^{-5}\,\beta^2)$ für $0° < \beta < 70°$ (für $70° < \beta < 90°$ wird $\beta = 70°$ angesetzt).

Die Gleichung (3.4.21) ist für eine mittlere Absorbertemperatur T_a im Bereich von 20 °C bis 200 °C gültig und gibt K_o-Werte mit einem Fehler unter 0,3 W/(m²K) an.

Eine genauere allgemeine Gleichung für K_o ist in [3.15] aufgeführt.

Bild 3.4.3 zeigt die berechneten Werte vom Wärmedurchgangskoeffizienten K_o für einen Flachkollektor mit einer bis drei Deckscheiben bei einem Neigungs-

3.4 Thermische Prozesse in Niedertemperatur-Kollektoren

winkel β von 45°, mit einem schwarzen (ε_a = 0,95) oder selektiv beschichteten (ε_a = 0,1) Absorber, bei einer mittleren Absorberplattentemperatur T_a von 20 bis 200 °C und einer Umgebungstemperatur T_u zwischen -20 °C und 40 °C und bei einem Wärmeübergangskoeffizienten α_w für Wind von 10 und 20 W/(m²K). Es ist ersichtlich, daß die Anzahl N von Deckscheiben, der Emissionsgrad ε_a der Absorberplatte und die Temperaturdifferenz T_a - T_u zwischen der Absorberplatte und Umgebung sowie der Wärmeübergangskoeffizienten α_w für Wind einen starken Einfluß auf den K_o-Wert ausüben. Die Verwendung des selektiv beschichteten Absorbers oder der zweifach verglasten transparenten Abdeckung verringert die Wärmeverluste durch Strahlung und dementsprechend den K_o-Wert erheblich. Nur in Hochtemperatur-Flachkollektoren wird eine zweifache transparente Abdeckung mit selektivem Absorber kombiniert.

Der Abstand s zwischen der Absorberplatte und der Glasscheibe sowie zwischen den Glasscheiben im Kollektor mit zwei Glasscheiben über 10-20 mm bis 40 mm beeinflußt den Wärmedurchgangskoeffizienten K_o sehr wenig, bei s unter 10 mm nimmt K_o stark zu. Bei Steigerung des Kollektorneigungswinkels β von 0° bis 70° nimmt der K_o-Wert um etwa 10-15% ab.

Die Temperaturen der Absorberplatte (T_a) und der Deckscheibe (T_g) sind unbekannt, deshalb muß die Berechnung von K_o aus Gleichung (3.4.21) iterativ durchgeführt werden. Zunächst wird ein Wert der Glasscheibe-Temperatur T_g oder der Absorberplattentemperatur T_a angenommen und der Wärmedurchgangskoeffizient K_o berechnet. Mit diesem K_o-Wert und der Temperaturdifferenz T_a - T_u lassen sich die Wärmeverluststromdichte q_o von der Frontseite des Kollektors und der neue T_g-Wert wie folgt ermitteln:

$$q_o = K_o (T_a - T_u) \text{ in W/m}^2 \tag{3.4.22}$$

$$T_g = T_a - q_o / (\alpha_{k,g-a} + \alpha_{s,g-a}) \tag{3.4.23}$$

Für den Wärmedurchgangskoeffizienten K_u für die Rückseite des Kollektors gilt:

$$K_u \approx (\lambda / \delta)_{iso} \tag{3.4.24}$$

Temperaturverteilung und Kollektorfluid-Austrittstemperatur. Durch die absorbierte Sonnenenergie steigt die Temperatur der Absorberplatte an. In der Mitte der Platte zwischen zwei Rohren ist die Temperatur höher als in der Nähe der Rohre. Ein Teil dieser Wärme wird in der Absorberplatte, die als eine Flosse (Lamelle oder Rippe) der mit ihr verbundenen Rohren wirkt, zu äußeren Oberflächen der von einem Arbeitsmedium durchflossenen Rohre geleitet und weiter durch die Wärmeleitung in der Rohrwand und durch die Konvektion an das Arbeitsmedium übertragen. Diese Energie erhöht die Flüssigkeitstemperatur in Strömungsrichtung und wird als Nutzwärme aus dem Solarkollektor abgeführt.

Um die Temperaturverteilung im Absorber eines Flüssigkeitskollektors festzustellen, wird eine bestimmte Absorberbauart (siehe Bild 3.2.2a) angenommen. Unter Annahme, daß die Temperaturgradienten in der Absorberplatte in Strömungsrichtung des Kollektorfluids und durch die Absorberplatte vernachlässigbar sind, läßt sich die Temperaturverteilung in einer Absorberplatte (mit hoher Wär-

3 Niedertemperatur-Solarkollektoren

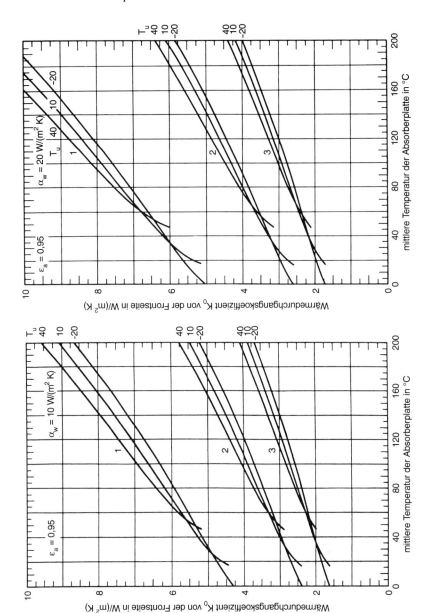

3.4 Thermische Prozesse in Niedertemperatur-Kollektoren 77

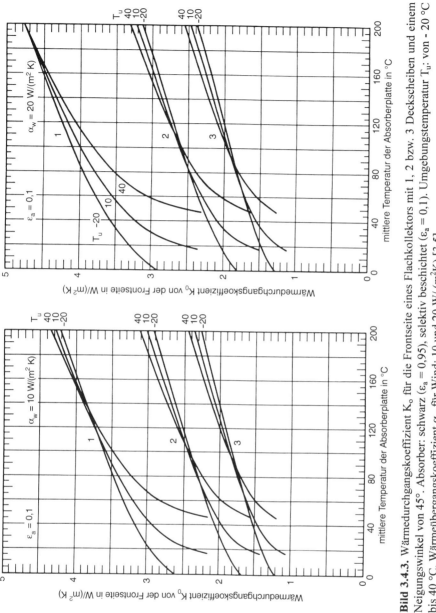

Bild 3.4.3. Wärmedurchgangskoeffizient K_o für die Frontseite eines Flachkollektors mit 1, 2 bzw. 3 Deckscheiben und einem Neigungswinkel von 45°. Absorber: schwarz ($\varepsilon_a = 0{,}95$), selektiv beschichtet ($\varepsilon_a = 0{,}1$). Umgebungstemperatur T_u: von −20 °C bis 40 °C. Wärmeübergangskoeffizient α_w für Wind: 10 und 20 W/(m²K) [3.5]

meleitfähigkeit λ) zwischen zwei Rohren feststellen. Bei einem Rohrabstand W und Außenrohrdurchmesser D hat die Rippe eine Länge (W-D)/2. Die Basistemperatur der Rippe über der Verbindungsstelle beträgt T_b.

Für die Temperatur der Absorberplatte an beliebiger Stelle x gilt [3.5]:

$$T = T_u + I_a / K_k + (T_b - T_u - I_a / K_k) \cosh mx / \cosh [m (W - D)/2] \quad (3.4.25)$$

mit: T_u = Umgebungstemperatur in °C,
I_a = Einstrahlung auf die Absorberplatte in W/m²,
K_k = Gesamtwärmedurchgangskoeffizient des Kollektors in W/(m²K),
$m = \sqrt{(K_k/\delta\lambda)}$ in m^{-1},
δ = Dicke der Rippe in m,
λ = Wärmeleitfähigkeit der Rippe in W/m K,
x = Koordinate längs der Rippe in m.

Der Wärmestrom q_a, der pro Einheitsrohrlänge in Durchflußrichtung in der Absorberplatte von beiden Seiten zum Rohr hin fließt, läßt sich wie folgt berechnen:

$$q_a = (W - D) \eta_r [I_a - K_k (T_b - T_u)] \text{ in W/m} \quad (3.4.26)$$

Dabei ist der *Rippenwirkungsgrad*

$$\eta_r = \tanh [m (W - D)/2] / [m (W - D)/2]. \quad (3.4.27)$$

Für den Gesamtwärmegewinn q_k der Absorberplatte mit einem Rohr zusammen gilt je m Rohrlänge:

$$q_k = [(W - D) \eta_r + D] [I_a - K_k (T_b - T_u)] \text{ in W/m} \quad (3.4.28)$$

Dieser Wärmestrom wird von der Absorberplatte auf den Wärmeträger im Rohr übertragen. Andererseits läßt sich q_k durch die mittlere Temperatur T_m des Wärmeträgers wie folgt ausdrücken:

$$q_k = W F' [I_a - K_k (T_m - T_u)] \text{ in W/m} \quad (3.4.29)$$

Hierbei ist F'der *Absorberwirkungsgradfaktor*, d.h. der Quotient aus den thermischen Widerständen des Wärmedurchgangs von der Absorberplatte bzw. vom Wärmeträger an die Umgebung. Er ist von der Absorbergeometrie abhängig. Für den Absorber von Bild 3.2.2a gilt [3.5, 3.6]:

$$F' = 1/\{W / [(W - D) \eta_r + D] + W / (K_k C_b) + W / (\pi d \alpha_i)\} \quad (3.4.30)$$

mit: $C_b = \lambda_b D / \delta_b$ = Wärmeleitfähigkeit der Verbindungsstelle in W/(m K),
λ_b = Wärmeleitfähigkeit des Verbindungsstoffes in W/(m K),
δ_b = Breite bzw. Dicke der Verbindungsstelle in m,
d = Innendurchmesser des Rohres in m,
α_i = Wärmeübergangskoeffizient im Innern des Rohrs in W/(m² K).

Der Faktor F' ist im wesentlichen eine Konstante für eine bestimmte Konstruktion des Kollektors und den Kollektorfluid-Massenstrom. Hauptsächlich wird F' durch

3.4 Thermische Prozesse in Niedertemperatur-Kollektoren   79

den Rippenwirkungsgrad η_r bestimmt, er wird auch vom Verhältnis K_k / α_i und vom Produkt $K_k C_b$ (beide sind in gewissem Maße temperaturabhängig) beeinflußt. Der Einfluß des Gesamtwärmedurchgangskoeffizienten K_k des Kollektors, des Abstands W der Rohre, des Wärmeübergangskoeffizienten α_i im Rohr und des Produktes aus dem Wärmeleitfähigkeit λ der Absorberplatte und ihrer Dicke δ auf den Absorberwirkungsgradfaktor F' läßt sich wie folgt angeben. Der F'-Wert wächst mit zunehmendem Produkt $\lambda\delta$ sowie mit zunehmenden Wärmeübergangskoeffizienten α_i (bei turbulenter Strömung des Arbeitsmediums in Kollektorrohren mit einem Durchmesser von 10-12 mm ist der Wärmeübergangskoeffizient α_i normalerweise größer als 1000 W/(m^{2}K) und bei solchen Werten übt er keinen wesentlichen Einfluß mehr aus). Zugleich nimmt der Absorberwirkungsgradfaktor F' mit wachsenden Gesamtwärmedurchgangskoeffizienten K_k und Rohrabstand W ab.

Bei einem guten Kontakt an der Verbindungsstelle zwischen der Absorberplatte und dem Rohr überschreitet C_b den Wert von 30 W/(m K). Für Schweiß- und Lötverbindungen ist C_b sehr groß, so daß der Term $W/K_k C_b$ in Gleichung (3.4.30) vernachlässigt werden kann. F' für Flachkollektoren dieser Bauart kann dem Bild 3.4.4 entnommen werden. Für andere Bauarten des Absorbers gelten andere Ansätze für F' [3.5]. Tabelle 3.4.1 enthält die typischen F'-Werte für Flüssigkeitskollektoren mit einer Absorberplattendicke von 1 mm und einem Rohrdurchmesser von 25 mm in Abhängigkeit vom Absorbermaterial (Wärmeleitzahl λ) und Rohrabstand W.

Nun wird die Temperaturverteilung des Wärmeträgers in einem Flachkollektor betrachtet. Für die *Wärmeträgertemperatur* T an beliebiger Stelle y in Durchflußrichtung im Flachkollektor mit n Rohren bei einer Eintrittstemperatur T_{ein} gilt [3.5, 3.6]:

$$T = T_u - I_a / K_k + (T_{ein} - T_u - I_a / K_k) \exp(- K_k n W F'y / (\dot{m}c_p)_k) \quad (3.4.31)$$

Bei einer Länge L des Kollektors und einer Fläche A = n L W gilt für die *Austrittstemperatur* T_{aus} des Wärmeträgers:

$$T_{aus} = T_u + I_a / K_k + (T_{ein} - T_u - I_a / K_k) \exp[-K_k A F' / (\dot{m}c_p)_k] \quad (3.4.32)$$

Beispiel 3.4.1. *Gesamtwärmedurchgangskoeffizient eines Kollektors mit schwarzem bzw. selektivem Absorber.*

Für einen Flüssigkeitsflachkollektor mit einem schwarz angestrichenen Absorber in Form einer Platte mit Rohren soll der Gesamtwärmedurchgangskoeffizient K_k des Kollektors bei einer Umgebungstemperatur T_u von 20 °C und einer Windgeschwindigkeit w von 3 m/s berechnet werden. Der Abstand Glasscheibe-Absorberplatte s beträgt 20 mm, der Neigungswinkel β 45°.

Absorberplatte: mittlere Temperatur T_a = 80 °C, Emissionsgrad e_a = 0,95 (schwarzer Absorber) bzw. ε_a = 0,1 (selektiver Absorber).
Glasscheibe: Anzahl N = 1, Emissionsgrad ε_g = 0,88.
Wärmeisolierung: λ_{iso} = 0,04 W/(m K), δ_{iso} = 0,05 m.

80 3 Niedertemperatur-Solarkollektoren

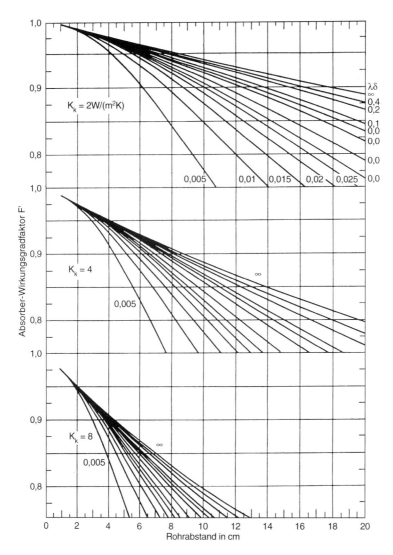

Bild 3.4.4. Absorber-Wirkungsgradfaktor F' in Abhängigkeit vom Rohrabstand. Rohrdurchmesser 10 mm. Gesamtwärmedurchgangskoeffizient des Kollektors K_k = 2, 4 bzw. 8 W/(m²K). Das $\lambda\delta$-Produkt (in W/K) für die Absorberplatte ist: von 0,005 bis ∞. Wärmeübergangskoeffizient in Rohren α_i [in W/(m²K)]: a) 100, b) 300, c) 1000 [3.5]

Lösung:

A. Kollektor mit schwarzem Absorber (ε_a = 0,95).

1. Der konvektive Wärmeübergangskoeffizient für Wind errechnet sich aus Gleichung (3.4.7) zu: α_w = 2,8 + 3 w = 11,8 W/(m²K).

3.4 Thermische Prozesse in Niedertemperatur-Kollektoren   81

Tabelle 3.4.1. Absorberwirkungsgradfaktor F' für Flüssigkeitskollektoren [3.11]

Absorber-Material	λ, W/(m K)	Rohrabstand W, mm		
		50	100	150
Kupfer	390	0,989	0,972	0,948
Aluminium	205	0,988	0,967	0,934
Stahl	45	0,984	0,925	0,819

2. Der Wärmedurchgangskoeffizient für die Rückseite des Kollektors beträgt:

$K_u = \lambda_{iso} / \delta_{iso} = 0{,}04 / 0{,}05 = 0{,}8$ W/(m²K).

3. Die Hilfsgrößen e, C und f bei $\beta = 45°$, $T_a = 353$ K, $N = 1$ und $\varepsilon_a = 0{,}95$ sind:

$e = 0{,}430 \, (1 - 100 / 353) = 0{,}308$, $C = 520 \, (1 - 5{,}1 \cdot 10^{-5} \, 452) = 466{,}3$ und
$f = (1 + 0{,}089 \cdot 11{,}8 - 0{,}1166 \cdot 11{,}8 \cdot 0{,}95)(1 + 0{,}07866) = 0{,}802$

4. Der Wärmeverlustkoeffizient K_o von der Frontseite des Kollektors errechnet sich bei $\varepsilon_a = 0{,}95$ aus Gleichung (3.4.21) zu:

$K_o = \{1 / (466{,}3 / 353)[(353 - 293) / (1 + 0{,}802)]^{0{,}308} + 1 / 11{,}8\}^{-1}$
$+ 5{,}67 \cdot 10^{-8} \, (353 + 293)(353^2 + 293^2) / [(0{,}95 + 0{,}00591 \cdot 11{,}8)^{-1}$
$+ (2 + 0{,}802 - 1 + 0{,}133 \cdot 0{,}95) / 0{,}88 - 1] = 6{,}47$ W/(m²K).

6. Der Gesamtwärmedurchgangskoeffizient K_k des Kollektors beträgt nun

$K_k = K_o + K_u = 6{,}47 + 0{,}8 = 7{,}27$ W/(m²K).

B. Kollektor mit selektiv beschichtetem Absorber ($\varepsilon_a = 0{,}1$).

7. Die Werte von α_w, K_u, e und C sind dem Teil A übernommen worden.
8. Die Hilfsgröße f bei $N = 1$ und $\varepsilon_a = 0{,}1$ ist:

$f = (1 + 0{,}089 \cdot 11{,}8 - 0{,}1166 \cdot 11{,}8 \cdot 0{,}1)(1 + 0{,}07866) = 2{,}063$

9. Für den Wärmedurchgangskoeffizienten K_o bei $\varepsilon_a = 0{,}1$ gilt nun:

$K_o = (1 / \{(466{,}3 / 353)[(353 - 293) / (1 + 2{,}063)]^{0{,}308}\} + 1 / 11{,}8)^{-1}$
$+ 5{,}67 \cdot 10^{-8} \cdot (353 + 293)(353^2 + 293^2) / [(0{,}1 + 0{,}00591 \cdot 11{,}8)^{-1}$
$+ (2 + 2{,}063 - 1 + 0{,}133 \cdot 0{,}1) / 0{,}88 - 1] = 3{,}51$ W/(m²K).

10. Der Gesamtwärmedurchgangskoeffizient K_k ist nun:

$K_k = K_o + K_u = 3{,}51 + 0{,}8 = 4{,}31$ W/(m²K).

3.5 Leistungsfähigkeit von Solarkollektoren

3.5.1 Nutzwärmeleistung und Wirkungsgrad eines Flachkollektors

Nutzwärmeleistung eines Flachkollektors. Bei Vernachlässigung der in Glasscheiben gespeicherten Wärme gilt für die momentane Nutzwärmeleistung eines Flachkollektors [3.6]:

$$\dot{Q}_k = I_k \, A \, \eta_o - \dot{Q}_v \text{ in W} \tag{3.5.1}$$

mit: A = Kollektorfläche in m^2,
I_k = Sonnenstrahlungsstärke in der Kollektorebene in W/m^2,
$\dot{Q}_v$ = gesamter Wärmeverluststrom des Kollektors in W,
η_o = optischer Wirkungsgrad des Kollektors.

Der Wärmeverluststrom $\dot{Q}_v$ wird üblicherweise durch den Gesamtwärmedurchgangskoeffizienten K_k des Kollektors, die Kollektorfläche A und die mittleren Absorber- und Umgebungstemperatur (T_a bzw. T_u) berechnet:

$$\dot{Q}_v = K_k \, A \, (T_a - T_u) \text{ in W} \tag{3.5.2}$$

Aus Gleichungen (3.5.1) und (3.5.2) ergibt sich:

$$\dot{Q}_k = I_k \, A \, (\tau\alpha) - K_k \, A \, (T_a - T_u) \text{ in W} \tag{3.5.3}$$

Da die mittlere Absorbertemperatur schwer zu bestimmen ist, läßt sich $\dot{Q}_k$ mittels des Absorberwirkungsgradfaktors F' und der mittleren Temperatur T_m des Wärmeträgers wie folgt berechnen:

$$\dot{Q}_k = A \, F' \, [I_k \, (\tau\,\alpha) - K_k(T_m - T_u)] \text{ in W} \tag{3.5.4}$$

Mit der Kollektor-Eintrittstemperatur T_{ein} des Wärmeträgers gilt [3.5]:

$$\dot{Q}_k = A \, F_R \, [I_k \, (\tau\alpha) - K_k \, (T_{ein} - T_u)] \tag{3.5.5}$$

Dabei ist der F_R-Wert der *Wärmeabfuhr- bzw. Wärmetransportfaktor* des Kollektors. Es gilt [3.6]:

$$F_R = (\dot{m}c_p)_k / (A \, K_k) \, \{1 - \exp[-A \, K_k \, F' / (\dot{m}c_p)_k]\} \tag{3.5.6}$$

mit: $\dot{m}_k$ = Massenstrom des Wärmeträgers im Kollektor in kg/s,
c_{pk} = spezifische Wärmekapazität des Kollektorfluids in J/kgK.

Die Wärmeverluste des Kollektors bezogen auf die Eintrittstemperatur T_{ein} des Kollektorfluids sind geringer, als die tatsächlichen, da seine Temperatur in Strömungsrichtung steigt und daher die Wärmeverluste zunehmen. Man kann den Energiegewinn $\dot{Q}_k$ des Kollektors unter der Annahme, daß der gesamte Kollektor die Temperatur T_{ein} aufweist, berechnen. Der Faktor F_R ermöglicht nun, den Kollektor-Energiegewinn auf den tatsächlichen Betrag bei steigender Temperatur des Wärmeträgers umzurechnen. Bei zunehmendem Massenstrom des Kollektorfluids

3.5 Leistungsfähigkeit von Solarkollektoren

sinkt der gesamte Wärmeträger-Temperaturanstieg ΔT_f im Kollektor. Dementsprechend sinkt die mittlere Kollektortemperatur und tritt ein Zuwachs im Energiegewinn ein. Dadurch wird eine Erhöhung des Wärmetransportfaktors F_R verursacht. Man beachte, daß F_R immer kleiner als der Absorberwirkungsgradfaktor F' ist. Wenn der Kollektor-Massenstrom sehr groß wird, sinkt die Temperaturdifferenz ΔT_f zwischen Kollektoraustritt und -eintritt gegen Null; die Temperatur der Absorberplatte bleibt aber größer als die des Wärmeträgers. Dies wird durch den Absorberwirkungsgradfaktor F' berücksichtigt.

Das Verhältnis von F_R zu F' heißt der *Kollektor-Durchflußfaktor* [3.6]:

$$F'' = F_R / F' = [(\dot{m}c_p)_k / (A\, K_k\, F')] \{1 - \exp[-A\, K_k\, F' / (\dot{m}c_p)_k\, I_k]\} \quad (3.5.7)$$

Bild 3.5.1 stellt die Beziehung zwischen dem Kollektor-Durchflußfaktor F'' und dem dimensionslosen Parameter $(\dot{m}c_p)_k / (A\, K_k F')$ dar.

Die Gleichung (3.5.5) für die Berechnung der Nutzwärmeleistung $\dot{Q}_k$ ist als die Hottel-Whillier-Bliss Gleichung (in abgekürzter Form: die HWB-Gleichung) bekannt. Sie liegt allen Berechnungen des Energieertrags der Flachkollektoren zugrunde. In dieser Gleichung wird die Wärmespeicherung im Kollektor vernachlässigt. Die HWB-Gleichung hat einen wichtigen Vorteil vor anderen Gleichungen für $\dot{Q}_k$, da sie eine leicht meßbare Kollektorfluid-Eintrittstemperatur T_{ein} enthält.

Beispiel 3.5.1. *Nutzwärmeleistung und Kollektoraustrittstemperatur.*

Für einen 1-Glasscheiben-Luftkollektor mit einer Länge von 5 m und einer Breite von 1,5 m sollen die Austrittstemperatur T_{aus} und Nutzwärmeleistung $\dot{Q}_k$ des Kollektors bei einer Umgebungstemperatur T_u von 15 °C und einer Windgeschwind-

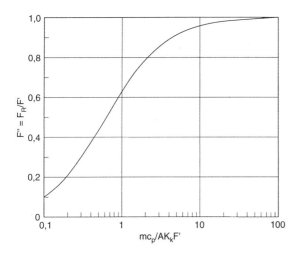

Bild 3.5.1. Kollektor-Durchflußfaktor F'' in Abhängigkeit von $(\dot{m}c_p)/(AK_kF')$ [3.5]

84   3 Niedertemperatur-Solarkollektoren

igkeit w von 3 m/s berechnet werden. Luft strömt in einem 15 mm hohen Luftkanal unter der Absorberplatte mit einer Eintrittstemperatur T_{ein} von 30 °C und einem Massenstrom $\dot{m}_K$ von 0,06 kg/s. Der Abstand Glasscheibe-Absorberplatte s beträgt 25 mm. Emissionsgrad ε_a der selektiv beschichteten Absorberplatte beträgt 0,1, der der Glasscheibe $\varepsilon_g = 0{,}88$. Effektiver Transmissionsgrad-Absorptionsgrad-Produkt $(\tau\alpha)$ des Kollektors beträgt 0,83. Wärmeisolierung: $\lambda_{iso} = 0{,}045\,W/(m\,K)$, $\delta_{iso} = 0{,}05\,m$.

Lösung:

1. Annahme: die mittlere Temperatur der Absorberplatte $T_a = 50$ °C.

2. Der Wärmeübergangskoeffizient für Wind ist: $\alpha_w = 2{,}8 + 3\,w = 11{,}8$ W/(m²K).

3. Mit den Hilfsgrößen

   $f = (1 + 0{,}089\,\alpha_w - 0{,}1166\,\alpha_w\varepsilon_a)(1 + 0{,}07866) = (1 + 0{,}089\cdot 11{,}8 - 0{,}1166\cdot 11{,}8\cdot 0{,}1)\,(1 + 0{,}07866) = 2{,}063$, $C = 520\,(1 - 5{,}1\cdot 10^{-5}/_0^{-5}\,\beta^2 =$
   $520(1 - 5{,}1\cdot 10^{-5}\,45^2) = 466{,}3$
   und $e = 0{,}430\,(1 - 100\,/\,T_a) = 0{,}430(1 - 100\,/\,323) = 0{,}297$

   errechnet sich der Wärmeverlustkoeffizient K_o für die Frontseite des Kollektors zu

   $K_o = \{1\,/\,\{(466{,}3\,/\,323)[(323 - 288)\,/\,(1 + 2{,}063)]^{0{,}297}\} + 1\,/\,11{,}8\}^{-1}$
   $+ 5{,}67\cdot 10^{-8}\,(323 + 288)\,(323^2 + 288^2)\,/\,[1\,/\,(0{,}1 + 0{,}00591\cdot 11{,}8)$
   $+ (2 + 2{,}063 - 1 + 0{,}133\cdot 0{,}1)\,/\,0{,}88 - 1] = 3{,}15\,W/(m^2K)$.

4. Für den Wärmeverlustkoeffizienten für die Rückseite des Kollektors gilt

   $K_u = (\lambda\,/\,\delta)_{iso} = 0{,}045\,/\,0{,}05 = 0{,}9\,W/(m^2K)$.

5. Nun gilt für den Gesamtwärmedurchgangskoeffizienten des Kollektors

   $K_k = K_o + K_u = 3{,}15 + 0{,}9 = 4{,}05\,W/(m^2K)$.

6. Annahme der mittleren Lufttemperatur: $T_m = 40$ °C.

7. Die Stoffwerte der Luft bei $T_m = 40$ °C sind: $\rho = 1{,}127$ kg/m³, $c_p = 1007$ J/(kg K), $\lambda = 0{,}0272$ W/(mK) und $\mu = 1{,}9\cdot 10^{-5}$ Pa s. Prandtl-Zahl Pr = 0,7.

8. Der Wärmeübergangskoeffizient α_s durch Strahlung im Luftkanal errechnet sich wie folgt:

   $\alpha_s = 4\,\sigma\,T_m^3/(1/\varepsilon_a + 1/\varepsilon_a - 1) = 4\cdot 5{,}67\cdot 10^{-8}\cdot 313^3/(1/0{,}95 + 1/0{,}95 - 1)$
   $= 6{,}29\,W/(m^2K)$.

3.5 Leistungsfähigkeit von Solarkollektoren

9. a) Gleichwertiger Durchmesser bzw. die Querschnittsfläche des Luftkanals mit der Höhe h ist: $d_{gl} = 2h = 0,03$ m bzw. $A_q = Bh = 1,5 \cdot 0,015 = 0,0225$ m².

   b) Die Reynolds-Zahl ist $Re = \dot{m}_K d_{gl} / (A_g \mu) = 0,06 \cdot 0,03 / (0,0225 \cdot 1,9 \cdot 10^{-5}) = 4210$.

   c) Der Wärmeübergangskoeffizient durch Konvektion im Luftkanal ist:
   $$a_k = 0,0158 \, Re^{0,8} \lambda / d_{gl} = 0,0158 \cdot 4210^{0,8} \cdot 0,0272 / 0,03 = 11,36 \text{ W/(m}^2\text{K)}.$$

10. Mit $\alpha_1 = \alpha_2 = \alpha_k = 11,36$ W/(m²K) gilt für den Absorberwirkungsgradfaktor:
    $$F' = 1 / \{1 + K_k / [\alpha_1 + \alpha_2 \alpha_s / (\alpha_2 + \alpha_s)]\} = 1 / \{1 + 4,05 / [11,36 + 11,36 \cdot 6,29 / (11,36 + 6,29)]\} = 0,79.$$

11. Mit $B = (mc_p)_k / (A K_k F') = 0,06 \cdot 1007 / (1,5 \cdot 5 \cdot 4,05 \cdot 0,79) = 2,52$ gilt
    $$F'' = B [1 - \exp(-1/B)] = 2,52 [1 - \exp(-1/2,52)] = 0,825.$$

12. Nun gilt für den Wärmeabfuhrfaktor des Kollektors
    $$F_R = F' \, F'' = 0,79 \cdot 0,825 = 0,65.$$

13. Die Nutzwärmeleistung des Kollektors errechnet sich aus Gleichung (3.5.4) zu
    $$\dot{Q}_k = A \, F' \, [I_k (\tau \alpha) - K_k(T_m - T_u)] = 7,5 \cdot 0,79 \, [800 \cdot 0,83 - 4,05 \, (40 - 15)]$$
    $$= 3334,3 \text{ W}.$$

14. Die Kollektoraustrittstemperatur der Luft errechnet sich zu
    $$T_{aus} = T_{ein} + \dot{Q}_k / (\dot{m} c_p)_k = 30 + 3334,3 / 0,06 \cdot 1007 = 85,2 \, °C.$$

15. Die mittlere Temperatur der Absorberplatte bzw. der Luft ist
    $$T_a = T_{ein} + \dot{Q}_k (1 - F_R)/(A K_k F_R) = 30 + 3334,3 (1 - 0,65)/(7,5 \cdot 4,05 \cdot 0,65) = 89 \, °C,$$
    $$T_m = T_{ein} + \dot{Q}_k (1 - F'')/(A K_k F_R) = 30 + 3334,3(1 - 0,825)/(7,5 \cdot 4,05 \cdot 0,65)$$
    $$= 59,6 \, °C.$$

16. Da dieser Wert von der angenommenen Temperatur $T_m = 40 \, °C$ abweicht, wird die Berechnung nochmals wiederholt. Nun werden $T_a = 80 \, °C$ und $T_m = 53 \, °C$ angenommen.

17. Mit diesen Temperaturen werden die folgenden Werte berechnet:
    $K_k = K_o + K_u = 3,5 + 0,9 = 4,4$ W/(m²K),
    $\alpha_k = 0,0158 \cdot 4082^{0,8} \cdot 0,0282 / 0,03 = 11,5$ W/(m²K),
    $F' = 0,736$, $F'' = 2,494 [1 - \exp(-1/2,494)] = 0,824$ und
    $F_R = 0,736 \cdot 0,824 = 0,606$.

18. Die Nutzwärmeleistung des Kollektors und die Kollektoraustrittstemperatur sind:

86   3 Niedertemperatur-Solarkollektoren

$\dot{Q}_k = 7{,}5 \cdot 0{,}736 \, [800 \cdot 0{,}83 - 4{,}4 \cdot (53-15)] = 2742{,}3$ W und

$T_{aus} = T_{ein} + \dot{Q}_k / (\dot{m}c_p)_k = 30 + 2742{,}3 / 0{,}06 \cdot 1008 = 75{,}3 \, °C$.

19. Nun errechnet sich die mittlere Temperatur der Absorberplatte bzw. der Luft:

$T_a = T_{ein} + \dot{Q}_k (1 - F_R) / (A \, K_k \, F_R) = 84 \, °C$,

$T_m = T_{ein} + \dot{Q}_k (1 - F'') / (A \, K_k \, F_R) = 54 \, °C$.

20. Nach noch einer Iteration lassen sich die folgenden Endergebnisse erhalten:

$K_k = 4{,}48 \, W/(m^2 K)$, $F_R = 0{,}604$, $\dot{Q}_k = 2686$ W, $T_{aus} = 74{,}4 \, °C$,
$T_a = 82{,}4 \, °C$ und $T_m = 53{,}2 \, °C$.

Wirkungsgrad eines Kollektors. Der *Wirkungsgrad* η_k *eines Kollektors* wird bezeichnet als das Verhältnis der Nutzwärmeleistung $\dot{Q}_k$ des Kollektors mit einer Fläche A zu dem auf den Kollektor auftreffenden Sonnenenergiestrom mit einer Intensität I_k:

$$\eta_k = \dot{Q}_k / (A \, I_k). \tag{3.5.8}$$

Setzt man die Gleichungen (3.5.3), (3.5.4) bzw. (3.5.5) für $\dot{Q}_k$ in die Gleichung (3.5.8) ein, erhält man die folgenden Gleichungen für den Wirkungsgrad eines Flachkollektors:

$$\eta_k = (\tau\alpha) - K_k (T_a - T_u) / I_k \tag{3.5.9}$$

$$\eta_k = F' \, [\, (\tau\alpha) - K_k (T_m - T_u) / I_k \,] \tag{3.5.10}$$

$$\eta_k = F_R \, [(\tau\alpha) - K_k (T_{ein} - T_u) / I_k]. \tag{3.5.11}$$

Als eine Bezugstemperatur wird entweder die mittlere Absorbertemperatur T_a, die mittlere Kollektorfluidtemperatur T_m oder die Kollektorfluid-Eintrittstemperatur T_{ein} verwendet.

In der vorangegangenen Analyse wurde unterstellt, daß der mittlere Wärmedurchgangskoeffizient K_k des Kollektors eine temperaturunabhängige Größe sei. Diese Annahme ist nur bei niedrigen Kollektortemperaturen zulässig. Bei höheren Temperaturen muß die Temperaturabhängigkeit von K_k berücksichtigt werden, der infolge des steigenden Anteils der Strahlungswärmeverluste mit der Temperatur zunimmt.

Eine Prüfung eines Solarkollektors wird durchgeführt, um seine Kennlinie zu erstellen. Die *Kennlinie eines Solarkollektors* (siehe Bild 3.5.2) stellt eine Beziehung zwischen dem Kollektor-Wirkungsgrad η_k und dem Parameter x = (T_{ein} - T_u)/I_k graphisch dar. *Die Null-Ordinate der Kennlinie ist der effektive optische Wirkungsgrad $F_R(\tau\alpha)_n$ bei senkrechtem Strahleneinfall*. Für den effektiven Gesamtwärmedurchgangskoeffizienten gilt $F_R K_k = \tan \gamma$. Mit Hilfe der durch Messungen erstellten Kennlinie des Kollektors werden seine *Kennwerte* $F_R(\tau\alpha)_n$ und $F_R K_k$ bestimmt. Bild 3.5.3 stellt Kennlinien verschiedener Kollektoren gegenüber. Zusätzlich sind die Bestrahlungs-Isolinien (I_k von 300 bis 1000 W/m^2) und die erreichbare Temperaturerhöhung ΔT des Wärmeträgers Wasser aufgetragen. Je nach erforderlicher Temperaturerhöhung ΔT kann die günstigste Kollektorart ausge-

3.5 Leistungsfähigkeit von Solarkollektoren   87

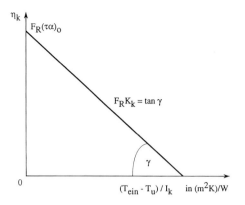

Bild 3.5.2. Kennlinie eines Flachkollektors

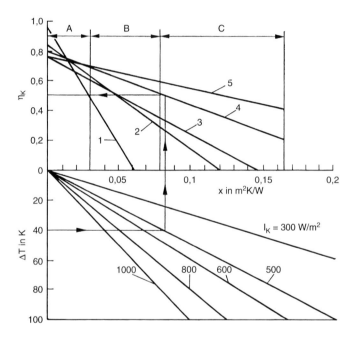

Bild 3.5.3. Kennlinien und Einsatzbereiche von Kollektoren verschiedener Arten: 1 - Kollektor ohne transparente Abdeckung, 2 - Flachkollektor mit scharzem Absorber und einer Deckscheibe, 3 - Flachkollektor mit schwarzem Absorber und zwei Deckscheiben, 4 - Flachkollektor mit selektivem Absorber und einer Deckscheibe, 5 - Vakuum-Röhrenkollektor

wählt werden. Der Parameter x liegt im Bereich A bei Schwimmbaderwärmung, im Bereich B bei solaren Brauchwasseranlagen und im Bereich C bei Solarheizungen mit Wassersystemen. Für die Schwimmbaderwärmung sind beispielsweise Kollektoren ohne transparente Abdeckung anderen Kollektorarten vorzuziehen. Es

3 Niedertemperatur-Solarkollektoren

ist erwähnungswert, daß bei erhöhter Temperatur die Temperaturabhängigkeit des Gesamtwärmedurchgangskoeffizienten K_k berücksichtigt werden muß. Dies führt dazu, daß die Kennlinie bei größeren x-Werten von der Geraden abweicht und der Wirkungsgrad des Kollektors geringer wird. Das gilt vor allem für Vakuum-Röhrenkollektoren.

Beispiel 3.5.2. *Nutzwärmeleistung und Wirkungsgrad eines Flüsigkeitskollektors.*

Für einen Flachkollektor sollen die Nutzwärmeleistung $\dot{Q}_k$ und der Wirkungsgrad η_k bei einer Einstrahlungstärke I_k von 800 W/m² und einer Umgebungstemperatur T_u von 20 °C berechnet werden.
Abmessungen des Kollektors sind: L x B = 2 m x 1,2 m.
Absorberplatte: Kupfer, Dicke δ = 0,5 mm, Wärmeleitzahl λ = 400 W/(m K).
Rohre: Außen-/Innendurchmesser D bzw. d beträgt 12 bzw. 10 mm, Rohrabstand W = 120 mm. Wärmeträger: 50%/50%-Wasser/Polyäthylenglykol-Gemisch, die Kollektoreintritts- bzw. mittlere Temperatur des Wärmeträgers ist T_{ein} = 50 °C bzw. T_m = 60 °C, der Massenstrom des Wärmeträgers im Kollektor ist $\dot{m}_k$ = 0,03 kg/s, der Wärmeübergangskoeffizient im Innern des Rohres ist a_i = 500 W/(m²K). Das effektive Transmissionsgrad-Absorptionsgrad-Produkt $(\tau\alpha)$ des Kollektors beträgt 0,83, der Gesamtwärmedurchgangskoeffizient K_k ist 4,31 W/(m²K).

Lösung:

1. Die spezifische Wärmekapazität des Wärmeträgers bei T_m = 60 °C ist
c_p = 3400 J/(kg K).

2. Mit m = $\sqrt{(K_k / \lambda \delta)}$ = $\sqrt{(4,31 / 400 \cdot 0,0005)}$ = 4,642 1/m
und x = m (W - D) / 2 = 4,642·(0,12 - 0,012) / 2 = 0,2507
berechnet sich der Rippenwirkungsgrad des Absorbers zu:
η_r = tanh x / x = tanh 0,2507 / 0,2507 = 0,997.

3. Der Absorberwirkungsgradfaktor ist

F' = 1/{W / [D + (W - D) η_r] + W K_k / (π d α_i)} = 1/{0,12 / [0,012 + (0,12 - 0,012) 0,997] + 0,12·4,31 / (π 0,01·500)} = 0,965.

4. Mit B = ($\dot{m}c_p$)$_k$ / (A K_k) = 0,03·3400 / (2,4·4,31) = 9,861 gilt für den Durchflußfaktor

F'' = B [1 - exp (-1 / B)] = 9,861 [1 - exp (-1 / 9,861)] = 0,968.

5. Nun ist der Wärmeabfuhrfaktor F_R = F' F'' = 0,965·0,968 = 0,934.

6. Die Nutzwärmeleistung des Kollektors errechnet sich aus Gleichung (3.5.5) zu

$\dot{Q}_k$ = A F_R [I_k $(\tau\alpha)$ - K_k(T_{ein} - T_u)] = 2,4·0,934 [800·0,83 - 4,31 (50 - 20)]
= 1198,6 W.

7. Der Wirkungsgrad des Kollektors ist $\eta_k = \dot{Q}_k / (A\, I_k) = 1198,6 / 2,4 \cdot 800 = 0,624$.

Auswahl der Kollektorart für Niedertemperaturanwendungen. Die Auswahl eines geeigneten Solarkollektors für eine Anwendung erfolgt in Abhängigkeit von seinem Wirkungsgrad und dem Energieertrag, welche durch die erforderliche Betriebstemperatur und die Strahlungsstärke bestimmt werden. Das folgende Beispiel veranschaulicht die Vorgehensweise bei der Auswahl des Kollektors aufgrund seiner spezifischen Nutzwärmeleistung, welche mit Hilfe der Kennlinie des Kollektors berechnet werden soll.

Beispiel 3.5.3. *Vergleich von Kollektoren nach spezifischer Nutzwärmeleistung.*

Es sollen die Solarkollektoren für die Freibaderwärmung, die Warmwasserbereitung und die Heizung ausgewählt werden.
Die Rahmenbedingungen sind wie folgt:
- die Temperaturdifferenz ΔT gegenüber der Umgebungstemperatur beträgt 8 K für die Freibaderwärmung, 30 K für die Warmwasserbereitung und 50 K für die Heizung;
- die Strahlungsstärke I_k in der Kollektorebene beträgt 1000 W/m² (maximal), 600 W/m² (Mittelwert) und 200 W/m² (minimal).

Bei der Auswahl stehen drei Kollektorarten mit den folgenden Kennwerten (vgl. die Kennlinien in Bild 3.5.2) zur Verfügung:
  a) der Absorber mit $F_R(\tau\alpha) = 0,95$ und $F_R K_k = 16$ W/m²K,
  b) der Flachkollektor mit selektivem Absorber und einer Glasscheibe mit $F_R(\tau\alpha) = 0,83$ und $F_R K_k = 3,5$ W/m²K und
  c) der Vakuum-Röhrenkollektor mit $F_R(\tau\alpha) = 0,76$ und $F_R K_k = 1,6$ W/m²K.

Für die aufgeführten Solarkollektoren soll der Wirkungsgrad η_k und die spezifische Nutzwärmeleistung q_k bei den angegeben Werten der Temperaturdifferenz ΔT und der Strahlungsstärke I_k verglichen werden.

Lösung:

Der Wirkungsgrad η_k eines Solarkollektors läßt sich mit Hilfe seiner Kennwerte wie folgt berechnen:

$$\eta_k = F_R(\tau\alpha) - F_R K_k \, \Delta T / I_k$$

Für die spezifische Nutzwärmeleistung q_k eines Solarkollektors gilt

$$q_k = I_k\, \eta_k \text{ in W/m}^2.$$

Die Berechnungsergebnisse sind in Tabelle 3.5.1 aufgeführt. Unterstrichen ist der höchste Wert von q_k für jede Strahlungsstärke I_k und die Temperaturdifferenz ΔT.

Aus der Tabelle ist ersichtlich, daß die geeignetste Kollektorart ist: der Absorber für die Freibaderwärmung, der Flachkollektor für die Warmwasserbereitung im

Tabelle 3.5.1. Wirkungsgrad η_k und spezifische Nutzwärmeleistung q_k in W/m² von Kollektoren (zu Beispiel 3.5.3). I_k = 200, 600 und 1000 W/m², ΔT = 8, 30 und 50 K

Strahlungsstärke I_k in W/m²	1000			600			200		
Temperaturdifferenz ΔT in K	8	30	50	8	30	50	8	30	50
Absorber mit $F_R (\tau\alpha) = 0{,}95$ und $F_R K_k = 16$ W/m²K									
η_K	0,82	0,47	0,15	0,74	0,15	--	0,31	--	--
q_k in W/m²	820	470	150	442	90	--	62	--	--
Flachkollektor mit $F_R(\tau\alpha) = 0{,}83$ und $F_R K_k = 3{,}5$ W/m²K									
η_k	0,8	0,72	0,66	0,78	0,66	0,54	0,69	0,44	0,05
q_k in W/m²	802	725	655	470	393	323	138	88	9
Vakuum-Röhrenkollektor mit $F_R(\tau\alpha) = 0{,}76$ und $F_R K_k = 1{,}6$ W/m²K									
	0,75	0,71	0,68	0,74	0,68	0,63	0,65	0,52	0,36
q_k in W/m²	747	712	680	443	408	376	139	104	72

Sommermonaten und der Vakuum-Röhrenkollektor für die Heizung sowie für die Warmwasserbereitung bei niedriger Strahlungsstärke.

Optimaler Neigungswinkel eines Flachkollektors. Solare Flachkollektoren müssen so aufgestellt werden, daß sie einen maximal möglichen Energieertrag über eine Hauptnutzungsperiode ernten können. Früher wurde angenommen, daß der optimale Neigungswinkel β_{opt} eines Flachkollektors nur von dem geographischen Breitengrad φ des Ortes abhängig sei. Aus diesem Grund gibt es folgende Faustregel: Der optimale Neigungswinkel β_{opt} eines Kollektors für solare Heizungs- und Brauchwasserbereitungsanlagen in einem Ort mit der geographischen Breite φ soll im Bereich von $\varphi-15°$ für Anlagen hauptsächlich mit sommerlichem Betrieb bis $\varphi+15°$ für Solaranlagen mit Betrieb hauptsächlich im Winter, d.h für Heizungsanlagen, gewählt werden. Gemäß dieser Regel sollen die Flachkollektoren in den Heizungs- und Brauchwasserbereitungsanlagen mit einem ganzjährigen Betrieb einen Neigungswinkel β_{opt}, der dem Breitengrad φ des Standortes gleich ist, besitzen. Die Voraussetzung dafür ist die Überlegung, daß die Direktstrahlung um 12 Uhr Sonnenzeit auf die Kollektorfläche senkrecht auftreffen muß, d.h. die Strahlen treffen auf den Kollektor mit einem Einfallswinkel von 0° auf. Generell gesagt muß der Anteil der Diffusstrahlung an der Globalstrahlung bei der Auswahl eines optimalen Neigungswinkels β_{opt} des Flachkollektors berücksichtigt werden. In Gegenden mit großem Anteil der Direktstrahlung sind die oben geschriebenen Empfehlungen in Hinsicht des optimalen Neigungswinkels β_{opt} für kleine Solaranlagen gültig.

Als Kriterium für eine Auswahl des optimalen Neigungswinkels β_{opt} kann der maximale Energieertrag des Solarkollektors über die betreffende Zeitperiode dienen. Bei Solaranlagen für die Prozeßwärmeerzeugung bleibt die Wärmelast ungefähr gleich groß über das Jahr, die Heizungs- bzw. Kühlungswärmelast $\dot{Q}_L$ aber unterliegt starken saisonalen Änderungen. Deshalb ist der optimale Neigungswinkel des Solarkollektors β_{opt} in diesen Fällen nicht nur von der geographischen Breite φ, sondern auch von der Wärmelast $\dot{Q}_L$ abhängig.

Leerlauftemperatur des Kollektors. Die maximal mögliche Absorbertemperatur oder *Leerlauftemperatur* (Stau- oder Stagnationstemperatur) eines Kollektors tritt bei fehlendem Durchfluß des Kollektors durch den Wärmeträger auf. In diesem Fall ist der Energieertrag gleich Null, also die absorbierte Energiemenge hält den Wärmeverlusten das Gleichgewicht.

Setzt man die Gleichung (3.5.5) gleich Null, erhält man die Stillstands- bzw. Leerlauftemperatur des Absorbers:

$$T_{a,max} = T_u + I_k \, F_R(\tau\alpha) \, / \, F_R K_k \qquad (3.5.12)$$

Kritische Strahlungsstärke. Die *kritische Strahlungsstärke* I_{kr} eines Kollektors ist genau die Strahlungsstärke I, bei welcher die Nutzwärmeleistung $\dot{Q}_k$ dieses Kollektors noch gleich Null ist. Nur bei Werten von I oberhalb von I_{kr} ist der Energiegewinn größer als die Wärmeverluste des Kollektors. Man erhält die folgende Gleichung für die kritische Strahlungsstärke I_{kr}, wenn man $\dot{Q}_k$ in der Gleichung (3.5.5) gleich Null setzt:

$$I_{kr} = F_R K_k \, (T_{ein} - T_u) \, / \, F_R(\tau\alpha) \text{ in W/m}^2 \qquad (3.5.13)$$

Die Gleichung (3.5.13) zeigt, daß die kritische Strahlungsstärke I_{kr} für einen Kollektor desto größer ist, je größer der effektive Wärmeverlustkoeffizient $F_R K_k$ des Kollektors und je größer die Temperaturdifferenz zwischen der Kollektorfluideintrittstemperatur T_{ein} und der Umgebungstemperatur T_u sind und je kleiner der effektive optische Wirkungsgrad $F_R(\tau\alpha)$ des Kollektors ist.

Beispiel 3.5.4. *Leerlauftemperatur, kritische Strahlungsstärke, Energieertrag.*

Es sollen die Leerlauftemperatur $T_{a,max}$, die kritische Strahlungsstärke I_{kr}, der stündliche Energieertrag q_k pro m² Kollektorfläche und die Wassertemperaturerhöhung ΔT_w für jeweils einen Flachkollektor (FK), Vakuum-Röhrenkollektor (VRK) und Kunststoffkollektor (KK) berechnet werden. Die Kennwerte der Kollektoren sind in Tabelle 3.5.2 angegeben. Die Ausgangsdaten sind: Umgebungstemperatur $T_u = 15$ °C, Strahlungsstärke in der Kollektorebene $I_k = 600$ W/m², Wassermassenstrom $m_k = 40$ kg/(h m²) und Eintrittstemperatur $T_{ein} = 25$ °C.

Lösung:

Für die Leerlauftemperatur $T_{a,max}$ des Absorbers gilt die Gleichung (3.5.12):

$$T_{a,max} = T_u + I_k \, F_R(\tau\alpha) \, / \, F_R K_k$$

Der stündliche Energieertrag q_k pro m² Kollektorfläche läßt sich aus Gleichung (3.5.5) berechnen:

$$q_k = I_k \, F_R(\tau\alpha) - F_R K_k \, (T_{ein} - T_u).$$

Tabelle 3.5.2. Ausgangsdaten und Ergebnisse zu Beispiel 3.5.4

Kollektor	FK	VRK	KK
$F_R(\tau\alpha)$	0,82	0,7	0,85
$F_R K_k$ in W/(m²K)	4,3	1,75	20
$T_{a,max}$ in °C	129,4	255	40,5
q_k in Wh/(h m²)	449	402,5	310
ΔT in K	9,6	8,65	6,66
I_{kr} in W/m²	52,4	25	235,3

FK - Flachkollektor, VRK -Vakuum-Röhrenkollektor und KK -Kunststoffkollektor (Absorber)

Die Wassertemperaturerhöhung berechnet sich wie folgt:

$\Delta T_w = q_k / (\dot{m} c_p)_k$ mit $c_p = 1,163$ Wh/kg K.

Für die kritische Strahlungsstärke gilt Gleichung (3.5.13):

$I_{kr} = F_R K_k (T_{ein} - T_u) / F_R(\tau\alpha)$

Die Berechnungsergebnisse sind in Tabelle 3.5.2 zusammengestellt.

Zeitkonstante eines Solarkollektors. Die thermische Trägheit eines Solarkollektors ist durch seine Wärmekapazität gegeben. Die effektive Gesamtwärmekapazität des Solarkollektors C_k setzt sich aus der Wärmekapazität des Wärmeträgerfluids (C_f), der Wärmekapazität des Absorbers und der Bauteile mit der Temperatur des Absorbers (C_a) und Wärmekapazität der übrigen Bauteile (C_b), die eine Temperatur zwischen der Absorber- und Umgebungstemperatur haben, zusammen:

$$C_k = C_f + C_a + C_b \text{ in J/K} \tag{3.5.14}$$

Dabei gilt für die Wärmekapazität des Wärmeträgers C_f mit der Masse M_f und der spezifischen Wärmekapazität c_{pf}: $C_f = M_f c_{pf}$.

Die *Zeitkonstante t_k eines Solarkollektors* wird wie folgt bestimmt. Der Kollektor wird einer plötzlichen stufenweisen Änderung der Sonnenstrahlungsstärke I_k oder der Eintrittstemperatur T_{ein} des Kollektorfluids unterworfen. Danach wird der zeitliche Verlauf der Austrittstemperatur T_{aus} des Kollektorfluids gemessen. T_{aus} wird in Funktion der Zeit t in einem Diagramm aufgezeichnet. Nach langer (theoretisch unendlicher) Zeit erreicht T_{aus} ihren stationären Wert T_∞. Mit der Anfangstemperatur $T_{aus,0}$ (bei t = 0) ist die mögliche Temperaturänderung gleich $T_{aus,0} - T_\infty$. Die Zeitkonstante t_k des Solarkollektors wird definiert als die Zeit, die für die Änderung der Austrittstemperatur T_{aus} auf 0,632 der theoretisch möglichen erforderlich ist. Demzufolge gilt [3.6]:

$$(T_{aus} - T_\infty) / (T_{aus,0} - T_\infty) = 1 / e = 0,368 \tag{3.5.15}$$

Für die *Zeitkonstante des Solarkollektors* gilt nun:

$$t_k = C_k / (F_R K_k A) [(F'/ F_R) - 1] \text{ in s} \tag{3.5.16}$$

Je größer die Masse des Wärmeträgers in Absorberrohren (genauer in dem gesamten Solarkollektorkreis) ist, um so größer ist t_k. Die praktische Bedeutung der Zeitkonstante t_k eines Solarkollektors besteht darin, daß der Kollektor mit einem großen Wert von t_k träger ist und auf die Änderungen in Sonnenstrahlung mit Verzögerung reagiert. Je größer t_k ist, um so länger dauert die Aufheizung des Kollektors auf die Temperatur, bei welcher die Nutzwärme an den Verbraucher oder in den Speicher abgeführt werden kann. Beispielsweise bei einem Absorberinhalt von 3 Liter pro m² Kollektorfläche und einer Strahlungsstärke von 600 W/m² dauert der Aufheizvorgang von 30 auf 50 °C bei einer Umgebungstemperatur von 20 °C etwa 10 Minuten, bei einem Inhalt von 0,6 l/m² nur 2 Minuten. Deshalb sollen die Rohre mit einem kleinen Durchmesser (von 6 bis 10 mm) und einer Strömungsgeschwindigkeit w um 0,7 m/s verwendet werden. Diese Geschwindigkeit soll auch für die Dimensionierung der Verbindungsrohre angenommen werden.

3.5.2 Energieertrag eines Solarkollektorfeldes

Parallel- bzw. Reihenschaltung von Kollektormodulen. Ein Solarkollektorfeld beliebiger Größe kann aus einzelnen Kollektormodulen aufgebaut werden. Der Netto-Energieertrag eines Kollektorfeldes ist vom Verschaltungsschema der Kollektormodule abhängig. Ein großflächiges Kollektorfeld besteht aus mehreren parallel geschalteten Kollektorsträngen, die aus den parallel und in-Reihe geschalteten Kollektormodulen gebildet sind. Eine Parallelschaltung wird nun mit einer Reihenschaltung von zwei identischen Kollektormodulen verglichen. Bei gleichen Massenströmen in beiden Modulen wird die Wärmeträger-Geschwindigkeit im Falle der Reihenschaltung zweimal so groß wie in parallel geschalteten Modulen. Das kann eine Steigerung des Wärmeübergangskoeffizienten α_i verursachen und demzufolge ist ein Anstieg vom F'-Wert möglich. Ist das nicht der Fall, wird die Wärmeleistung der beiden Schaltungsarten von Kollektormodulen praktisch identisch. Wenn der Unterschied in F' zwischen beiden Schaltungsschemen erheblich ist, dann wird auch F_R beeinflußt und daher wird die Leistung der beiden Schaltungen nicht gleich sein. Das ist auch der Fall, wenn z. B. das erste Modul eine Deckscheibe und das zweite Modul zwei Deckscheiben besitzt.

Bei der Reihenschaltung einzelner Kollektormodulen ist die Eintrittstemperatur T_{ein} für das zweite Modul gleich der Austrittstemperatur T_{aus} des ersten Moduls. Nun gilt für die gesamte Netto-Wärmeleistung

$$\dot{Q}_k = \dot{Q}_{k1} + \dot{Q}_{k2} = A_1 F_{R1} [I_k (\tau\alpha)_1 - K_{k1} (T_{ein} - T_u)]$$
$$+ A_2 F_{R2} [I_k (\tau\alpha)_2 - K_{k2} (T_{1aus} - T_u)] \text{ in W.} \qquad (3.5.17)$$

Dabei ist $T_{1aus} = T_{ein} + \dot{Q}_{k1} / (\dot{m}c_p)_k$ in °C. $\qquad (3.5.18)$

Die Kennwerte $F_R(\tau\alpha)$ und $F_R K_k$ jedes Kollektor-Moduls müssen dem tatsächlichen Massenstrom m_k im Solarkollektor entsprechen. Dann ist

$$\dot{Q}_k = \dot{Q}_{k1} + \dot{Q}_{k2} = I_k [A_1 F_{R1} (\tau\alpha)_1 (1 - S) + A_2 F_{R2} (\tau\alpha)_2]$$
$$- (T_{ein} - T_u) [A_1 F_{R1} K_{k1} (1 - S) + A_2 F_{R2} K_{k2}] \qquad (3.5.19)$$

3 Niedertemperatur-Solarkollektoren

mit $S = A_2 F_{R2} K_{k2} / (\dot{m}c_p)_k$. (3.5.20)

Man kann eine Reihenschaltung von zwei Kollektormodulen als einen großen Solarkollektor mit einer gesamten Kollektorfläche $A = A_1 + A_2$ und

$$F_R (\tau\alpha) = [A_1 F_{R1} (\tau\alpha)_1 (1 - S) + A_2 F_{R2} (\tau\alpha)_2] / A \qquad (3.5.21)$$

und $F_R K_k = [A_1 F_{R1} K_{k1} (1 - S) + A_2 F_{R2} K_{k2}] / A$ (3.5.22)

betrachten.

Bei n identischen Kollektormodulen ist $A = n A_1$ und dann gilt:

$$F_R(\tau\alpha) = A_1 F_{R1}(\tau\alpha)_1 [1 - (1 - S)^n] / (n S) \qquad (3.5.23)$$

und $F_R K_k = A_1 F_{R1} K_{k1} [1 - (1 - S)^n] / (n S)$ (3.5.24)

Bei zwei identischen Kollektormodulen wird n = 2 angesetzt.

Beispiel 3.5.5. *Effektiver Wärmeverlustkoeffizient für zwei Kollektoren in-Reihe.*

Zwei Flachkollektoren aus dem Beispiel 3.5.2 werden in-Reihe geschaltet. Der gesamte Massendurchsatz $\dot{m}_k$ des Wärmeträgers im Kollektor beträgt 180 kg/h. Es sollen der Gesamtwärmeabfuhrkoeffizient F_g und der effektive Wärmeverlustkoeffizient $F_g K_k$ für die Verschaltung dieser zwei Kollektoren berechnet werden.

Lösung:

Die gesamte Kollektorfläche beträgt $A_g = 2 A = 2 \cdot 2{,}4 = 4{,}8$ m² und der Massenstrom des Wärmeträgers ist $\dot{m}_k = 180$ kg/h $= 0{,}05$ kg/s. Mit F' = 0,965, $c_p = 3400$ J/(kg K) und $K_k = 4{,}31$ W/(m²K) aus Beispiel 3.5.2 berechnet sich für die Verschaltung von zwei Kollektoren das Verhältnis

$F_g/F' = [(\dot{m}c_p)_k / (A_g F' K_k)] \{1-\exp [- A_g F' K_k / (\dot{m}c_p)_k]\} = 0{,}05 \cdot 3350 /$
$(4{,}8 \cdot 0{,}965 \cdot 4{,}31) \cdot \{1 - \exp [-4{,}8 \cdot 0{,}965 \cdot 4{,}31/(0{,}05 \cdot 3350)]\} = 0{,}943$

Der gesamte Wärmeabfuhrfaktor F_g ist nun $F_g = 0{,}943$ F' $= 0{,}943 \cdot 0{,}965 = 0{,}91$
Damit ergibt sich der effektive Wärmeverlustkoeffizient zu:

$F_g K_k = 0{,}91 \cdot 4{,}31 = 3{,}92$ W/(m²K).

Einfluß des Wärmetauschers und der Verbindungsrohrleitungen auf die Solarkreisleistung. Die Einbindung eines Wärmetauschers in den Kreislauf eines Kollektors mit frostsicherem Wärmeträger verringert die Nutzwärmeleistung des Solarkreises, da die Kollektor-Eintrittstemperatur T_{ein} um einige Grade größer wird als die Speichertemperatur T_s und dadurch wird der Wirkungsgrad des Kollektors kleiner als beim direkten Kollektoranschluß an den Speicher.

Um dieser Leistungsabnahme Rechnung zu tragen, muß der Wärmetransportfaktor F_R des Kollektors wie folgt korrigiert werden:

$$F_R'/F_R = 1 / \{1 + (A F_R K_k) / (\dot{m}c_p)_k [(\dot{m}c_p)_k / \varepsilon (\dot{m}c_p)_{min} - 1]\} \qquad (3.5.25)$$

3.5 Leistungsfähigkeit von Solarkollektoren   95

mit: F_R' = Wärmetransportfaktor für den Kollektor-Wärmetauscher-Verbund,
$(\dot{m}c_p)_k$ = Wärmekapazitätsstrom des Kollektor-Wärmeträgers in W/K,
$(\dot{m}c_p)_{min}$ = kleinerer Wärmewert von beiden Wärmeträgern,
ε = Betriebscharakteristik des Wärmetauschers.

Die Wärmeverluste in den Verbindungsrohren zwischen dem Solarkollektor und dem Wärmespeicher beeinträchtigen die Leistung eines Solarkreises.

Für das Verhältnis des gesamten Wärmeverlustkoeffizienten K_k' des Kollektors mit den Verbindungsrohren zu dem Wärmeverlustkoeffizienten K_k des Kollektors gilt:

$$K_k'/K_k = \{1 - [K_R A_e / (\dot{m}c_p)_k] + [K_R (A_e + A_a) / (A F_r K_k)]\} / [1 + K_R A_a / (\dot{m}c_p)_k] \quad (3.5.26)$$

mit: K_R = Wärmeverlustkoeffizient der Rohrleitung in W/(m²K),
A_e bzw. A_a = Fläche der Verbindungsrohre am Eintritt bzw. Austritt des Kollektors in m².

Dabei muß auch der optische Wirkungsgrad η_o des Kollektors wie folgt korrigiert werden:

$$\eta_o' = \eta_o / [1 + K_R A_a / (\dot{m}c_p)_k] \quad (3.5.27)$$

Beispiel 3.5.6. *Wärmeverlustkoeffizient für den Verbund Kollektor-Wärmetauscher.*

Im Solarkreislauf wird der Flachkollektor aus dem Beispiel 3.5.2 mittels eines Wärmetauschers mit dem Wärmespeicher verknüpft. Der Wärmetauscher besitzt eine Betriebscharakteristik ε von 0,7. Das Verhältnis $(\dot{m}c_p)_s/(\dot{m}c_p)_k$ der Wärmekapazitätsströme der beiden Wärmeträger im Wärmetauscher (Indizes s und k bezeichnen die Speicher- und Kollektorseite) beträgt 0,8. Es soll der effektive Gesamtwärmeverlustkoeffizient $F_R'K_k$ für den Verbund Kollektor-Wärmetauscher berechnet werden.

Lösung:

Mit $(\dot{m}c_p)_k$ = 167,5 W/K und $F_R K_k$ = 0,934·4,31 = 4,026 W/(m²K) (aus Beispiel 3.5.2) und $(\dot{m}c_p)_{min} = (\dot{m}c_p)_s$ = 0,8 $(\dot{m}c_p)_k$ = 134 W/K gilt für das Verhältnis

$F_R'/F_R = 1/\{1 + (A F_R K_k) / (\dot{m}c_p)_k [(\dot{m}c_p)_k / \varepsilon(\dot{m}c_p)_{min} - 1]\}$
$= 1/\{1 + 2,4 \cdot 4,026 / 167,5 [167,5/0,7 \cdot 134 - 1]\} = 0,931$

Nun ergibt sich der effektive Wärmeverlustkoeffizient $F_R'K_k$ für den Verbund Kollektor-Wärmetauscher zu

$F_R'K_k = F_R K_k \cdot (F_R'/F_R) = 4,026 \cdot 0,931 = 3,75$ W/(m²K).

3.6 Evakuierte Solarkollektoren

In Flachkollektoren sind die Wärmeverluste infolge der Luftkonvektion im Raum zwischen dem Absorber und der Glasabdeckung erheblich. Man kann sie stark vermindern, indem die Luft aus diesem Raum evakuiert wird. So erhält man einen Vakuum-Flachkollektor. Eine heliotechnisch bessere Lösung bietet ein evakuierter Röhrenkollektor, in dem der Absorber in eine luftleere Glasröhre gesetzt wird. Dabei werden die Konvektionswärmeverluste im Kollektor praktisch eliminiert. Dadurch wird die Effizienz eines Vakuum-Röhrenkollektors wesentlich erhöht und ein Wärmeträger kann auf 250 °C erwärmt werden [3.2, 3.3., 3.12].

Bei erhöhter Temperatur beansprucht ein evakuierter Kollektor aufgrund des höheren Wirkungsgrades nur etwa die halbe Fläche der Flachkollektoren bei gleicher Leistung. Im Niedertemperaturbereich können aber Flachkollektoren eine höhere Effizienz als Vakuumkollektoren aufweisen.

In Bild 3.6.1 sind unterschiedliche Bauarten der Vakuum-Röhrenkollektoren schematisch dargestellt [3.2]. Der Wärmetransport von einer Absorberplatte kann mittels eines durchflossenen U-förmigen Rohres (a) oder eines Wärmerohres (b) erfolgen. In anderen Konstruktionen (c) wird auf eine Absorberplatte überhaupt verzichtet. Ein Reflektor richtet Sonnenstrahlen auf ein Wärmeträgerrohr im Innern der Glasröhre oder unter der Röhre. Bei einem äußeren Absorber und Wärmeträgerrohr (d) wird Wärmedämmung benötigt.

Durch Einbettung eines Wärmerohres in den Absorber (b) wird eine wesentliche Verbesserung der Konstruktion eines Vakuum-Röhrenkollektors erzielt. Ein *Wärmerohr* (Heat Pipe) ist ein geschlossenes evakuiertes Rohr, das teilweise mit einem Arbeitsstoff gefüllt ist. Das Wärmerohr ist in drei Zonen aufgeteilt. Im unteren Teil befindet sich eine Verdampfungszone, in welcher flüssiger Arbeitsstoff in Dampf umgewandelt wird. Der Dampf steigt durch die mittlere Strecke des Wär-

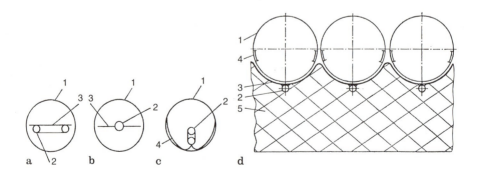

Bild 3.6.1. Arten von Vakuum-Röhrenkollektoren (im Querschnitt): mit U-förmigem Rohr (**a**), mit Wärmerohr (**b**), mit Innenreflektor (**c**) und mit äußerem Absorber und Wärmedämmung (**d**): 1 - Glasröhre, 2 - Wärmeträgerrohr bzw. Wärmerohr, 3 - Absorber, 4 - Reflektor, 5 - Wärmedämmung

merohres, die als eine Wärmetransportzone wirkt. Im oberen Teil des Rohres wird die Wärme durch ein Kühlmittel, z.B. durch das zu erwärmende Wasser, abgeführt. In dieser Kondensationszone verflüssigt sich der Dampf und die Flüssigkeit fließt in die Verdampfungszone zurück. Ein Wärmerohr besitzt eine hervorragend hohe Wärmetransportfähigkeit unter praktisch isothermischen Bedingungen im Rohr. Im Innenraum des Wärmerohres stellt sich zu jedem Zeitpunkt eine Sättigungstemperatur des Arbeitsstoffes ein, die durch die Einstrahlung und die Kühlmitteltemperatur bestimmt wird. Sogar bei geringer Bestrahlungsstärke setzt sich der Wärmetransportvorgang ein, der aus intensiven Wärmeübertragungsvogängen bei Verdampfung und Kondensation besteht. Ein Vakuum-Röhrenkollektor mit Wärmerohren besitzt eine geringe Wärmeträgheit. Daher heizt er sich rasch auf. Dank des Vakuums erreicht die Temperatur des Arbeitsstoffes bis zu 250 °C.

Eine kritische Stelle in einem Vakuum-Röhrenkollektor stellt die Verbindung zwischen der Glasröhre und dem Metallrohr dar, da diese Werkstoffe unterschiedliche Ausdehnungskoeffizienten aufweisen. Daher wird eine große thermische Beanspruchung der Verbindungsstelle verursacht. Wenn ein U-förmiges Wärmeträgerrohr verwendet wird, sind zwei solche Stellen vorhanden.

Der Absorber des Vakuum-Röhrenkollektors in Bild 3.6.2 besteht aus einem koaxialen Wärmeträgerrohr und einer dünnen Absorberplatine. Im Innern einer Glasröhre befindet sich eine Absorberplatine, beispielsweise ein selektiv beschichtetes Kupferblech. Das flüssige Wärmeträgermedium fließt in das innere Rohr ein und durch den ringförmigen Kanal zwischen dem äußeren und dem inneren Rohr aus. Zur Abdichtung der Glasröhre wird derzeit eine Thermokompressions-Verbindungstechnik verwendet. Die Glas-Metallverbindung ist mit Hilfe einer robusten Metallkappe sichergestellt, die als Membran und vakuumdichter Röhrenverschluß dient. Das Wärmeträger-Kupferrohr geht durch diese Metallkappe hindurch.

Bild 3.6.3 zeigt einen Vakuum-Röhrenkollektor mit einem Wärmerohr. Es stellt ein geschlossenes Rohr dar, aus welchem Luft entfernt wurde. Teilweise ist das Wärmerohr mit einem Arbeitsstoff gefüllt, der bei der Wärmezufuhr durch die Strahlungsabsorption verdampft. Im oberen Teil des Wärmerohres wird Wärme abgeführt und der Arbeitsstoff-Dampf kondensiert. Durch die Schwerkraft fließt das Kondensat zurück in die Verdampfungszone.

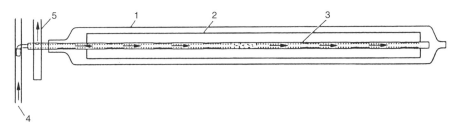

Bild 3.6.2. Aufbau eines Vakuum-Röhrenkollektors mit koaxialem Wärmeträgerrohr: 1 - Glasröhre, 2 - Absorberplatte, 3 - koaxiales Wärmeträgerrohr, 4 - Wärmeträgerzufluß, 5 - Wärmeträgerabfluß

98　3 Niedertemperatur-Solarkollektoren

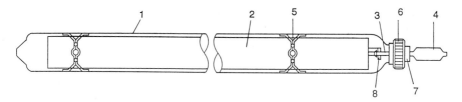

Bild 3.6.3. Aufbau eines Vakuum-Röhrenkollektors mit Wärmerohr (Lux 2000, Dornier-Prinz Solartechnik): 1 - Glasröhre, 2 - Absorberplatte, 3 - Wärmerohr, 4 - Kondensationszone des Wärmerohres, 5 - Absorberstütze, 6 - Überwurfmutter, 7 - Spezialmetallring, 8 - Getter-Ring

In der Regel besitzt die Glasröhre eines Vakuum-Röhrenkollektors einen Durchmesser von 50-100 mm und eine Länge von 1,5-2,5 m. Das Material der Röhre ist normalerweise ein hochwertiges hochtransparentes Borosilikatglas. Im Innern der Glasröhre herrscht ein Vakuum von ca. 10^{-8} bar. Das Vakuum wird mit Hilfe eines Getters langfristig sichergestellt, der die durch eine eventuelle Metallausgasung freigesetzten Gase absorbiert.

Einzelröhren (von 6 bis 30) können über eine Anschlußbox zu einem Kollektormodul verbunden werden. Das Modul aus sechs Einzelröhren je 100 x 2000 mm hat eine Länge von 2200 mm und eine Breite von etwa 750 mm. Bei der Gesamtfläche eines Moduls von 1,15 m^2 beträgt die Aperturfläche 1,05 m^2. Das Gewicht eines Moduls ohne Wärmeträger beträgt ca. 37 kg. Das Einlauf-/Auslauf-Rohr hat einen Anschluß von 22 mm Durchmesser. Die Anschlußbox des Kollektormoduls wird aus Aluminium hergestellt und mit Mineralwolle wärmegedämmt.

Mit den spezifischen Kosten von über 1200 DM pro m^2 Kollektorfläche sind Vakuum-Röhrenkollektoren 2 bis 2,5-mal teurer als Flachkollektoren. Durch mögliche Verbilligung der Herstellung sowie die Erhöhung der Nutzungsdauer dürften die Vakuum-Röhrenkollektoren anstelle der Flachkollektoren nicht nur in Solaranlagen für Warmwasserbereitung und Heizung, sondern auch in Nahwärmesystemen (siehe Kapitel 11) und für Prozeßwärme bis 250 °C eingesetzt werden.

Technische Daten ausgewählter Vakuum-Röhrenkollektoren, die den Stand der Technik der 90-er Jahren kennzeichnen, sind u.a. in [3.2, 3.3, 3.12] angegeben.

3.7 Prüfung von Solarkollektoren

Stationäres Testverfahren. Der *Wirkungsgrad eines Solarkollektors* stellt das Verhältnis der Nutzwärmeleistung $\dot{Q}_k$ zur auf die Kollektorfläche A treffenden Globalstrahlung mit einer Stärke I_k in der Kollektorebene dar (vgl. Gleichung 3.5.8).

Dabei ist die *Nutzwärmeleistung des Kollektors*

$$\dot{Q}_k = E_{abs} - \dot{Q}_v = (\dot{m}c_p)_k (T_{aus} - T_{ein}) \text{ in W}, \qquad (3.7.1)$$

wobei E_{abs} der absorbierte Strahlungsstrom, $\dot{Q}_v$ der Wärmeverluststrom, m_k der Massenstrom, c_{pk} die spezifische Wärmekapazität und T_{ein} bzw. T_{aus} die Eintritts- bzw. Austrittstemperatur des Kollektorfluids ist.

Für $\dot{Q}_k$ gilt

$$\dot{Q}_k = A\, F_R\, [I_k\, (\tau\alpha)_n - K_k\, (T_{ein} - T_u)] \qquad (3.7.2)$$

$$\dot{Q}_k = A\, F_m\, [I_k\, (\tau\alpha)_n - K_k\, (T_m - T_u)], \qquad (3.7.3)$$

wobei T_{ein} bzw. T_m die Eintritts- bzw. mittlere Temperatur des Kollektorfluids ist. F_m ist ungefähr gleich dem Absorber-Wirkungsgradesfaktor F', deshalb wird weiterhin F' anstelle F_m eingesetzt.

Für T_m gilt

$$T_m = (T_{ein} + T_{aus})/2. \qquad (3.7.4)$$

Mit $\dot{Q}_k$ aus Gleichung (3.7.2) bzw. (3.7.3) erhält man den Wirkungsgrad des Kollektors bezogen auf T_{ein} bzw. T_m:

$$\eta_k = F_R\, (\tau\alpha)_n - F_R\, K_k\, (T_{ein} - T_u) / I_k \qquad (3.7.5)$$

$$\eta_{km} = F'(\tau\alpha)_n - F'\, K_k\, (T_m - T_u) / I_k \qquad (3.7.6)$$

Bei Luftkollektoren wird oft der Wirkungsgrad auf die Austrittstemperatur T_{aus} der Luft bezogen:

$$\eta_{ka} = F_a\, (\tau\alpha)_n - F_a\, K_k\, (T_{aus} - T_u) / I_k \qquad (3.7.7)$$

Der erste Term auf der rechten Seite der Gleichungen (3.7.5)-(3.7.7) stellt den effektiven optischen Wirkungsgrad η_o des Kollektors dar.

Je nach der Bezugstemperatur T_{ein}, T_m bzw. T_{aus} gilt für den effektiven optischen Wirkungsgrad des Solarkollektors jeweils

$$\eta_o = F_R(\tau\alpha)_n \qquad (3.7.8)$$
$$\eta_{om} = F'(\tau\alpha)_n \qquad (3.7.9)$$
$$\eta_{oa} = F_a(\tau\alpha)_n. \qquad (3.7.10)$$

Um die Testergebnisse nach verschiedenen Verfahren zu vergleichen, werden die Faktoren F_R, F' und F_a wie folgt umgerechnet:

$$F_R = F' / [1 + A\, F'\, K_k / 2(\dot{m}c_p)_k] = F_a / [1 + A\, F_a K_k / (\dot{m}c_p)_k] \qquad (3.7.11)$$

Der Wirkungsgrad η_k des Solarkollektors kann entweder auf die Gesamt-, Glas- oder Aperturfläche des Solarkollektors bezogen werden. Dadurch erhält man unterschiedliche Werte des Wirkungsgrades für denselben Kollektor. Beim Vergleich verschiedener Kollektoren aufgrund des Wirkungsgrades muß die Bezugsfläche definiert werden. Wenn nötig, werden die Werte von η_k entsprechend der Bezugsfläche umgerechnet.

Prüfstand, Prüfbedingungen und Durchführung der Prüfung. Grundsätzlich werden zwei Arten der Testverfahren verwendet: quasi-stationäre und instationäre Verfahren [3.1, 3.4, 3.8, 3.11].

3 Niedertemperatur-Solarkollektoren

Bei allen Testverfahren werden die folgenden Meßgeräte verwendet:
1) Pyranometer mit Abschirmung zur Messung von Global- und Diffusstrahlungsstärke (I_k bzw. I_{dk}) in der Kollektorebene,
2) Durchflußmesser zur Messung des Volumen- bzw. Massenstroms ($\dot{V}$ bzw. $\dot{m}$),
3) Widerstandsthermometer und Temperaturfühler zur Messung der Kollektor-Eintrittstemperatur T_{ein}, der Kollektor-Temperaturdifferenz $\Delta T = T_{aus} - T_{ein}$ und der Umgebungstemperatur T_u.

Bestimmung des optischen Wirkungsgrades. Die folgenden Anforderungen müssen bei der quasi-stationären Prüfung erfüllt werden:
1) die Globalstrahlungsstärke I_K darf 600 W/m² nicht unterschreiten,
2) die Kollektor-Eintrittstemperatur T_{ein} muß gleich der Umgebungstemperatur T_u sein,
3) ΔT im Kollektor muß zwischen 4 und 20 K liegen und
4) $\dot{V}$ bzw. $\dot{m}$ und ΔT müssen konstant bleiben.

Der Prüfvorgang setzt sich aus einer Einlaufphase von 30 Minuten und Meßphase von 15 Minuten zusammen. Die Werte von I_k, ΔT, T_{ein} und V bzw. m sind kontinuierlich aufzuzeichnen. Es sind je zwei Messungen von η_o bei einem Einstrahlwinkel von 0° bis 15° und bei 45° durchzuführen.

Die Auswertung des optischen Wirkungsgrad erfolgt nach der Formel:

$$\eta_o = (\dot{m} c_p)_k \Delta T / (A\, I_k) \tag{3.7.12}$$

Um den Einfluß des im Laufe des Tages veränderlichen Einfallswinkels θ der Direktstrahlung auf den optischen Wirkungsgrad des Solarkollektors zu berücksichtigen, wird ein Korrekturfaktor K_{opt} benutzt. Er stellt das Verhältnis des mittleren Transmissionsgrad-Absorptionsgard-Produktes $(\tau\alpha)$ zu dem bei senkrechtem Einfall $(\tau\alpha)_n$ dar. Für Flachkollektoren gilt [3.6]:

$$K_{opt} = 1 + b_o (1 / \cos\theta - 1) \tag{3.7.13}$$

wobei b_o der Faktor des Einfallswinkels ist.

Bestimmung der Wärmeverluste des Solarkollektors. Bei der Bestimmung der Wärmeverluste des Solarkollektors im Innentest werden alle oben genannten Größen mit Ausnahme von Strahlungsstärke ermittelt. Zusätzlich wird die Luftgeschwindigkeit w über der Kollektorabdeckung gemessen.

Bei der Prüfungsdurchführung wird der vorgewärmte Wärmeträger im Solarkollektor von oben nach unten strömen. Die Messungen werden unter den folgenden Bedingungen in quasi-stationärer Betriebsweise bei natürlicher und erzwungener Konvektion der Luft (w von 0 und 4 m/s) durchgeführt [3.4]:
1) die Kollektor-Eintrittstemperatur T_{ein} soll gleich 30, 50, 70 und 90 °C sein,
2) die Raumtemperatur T_u soll 15-25 °C betragen.

Die Auswertung von Wärmeverlusten $\dot{Q}_v$ erfolgt nach der Formel:

$$\dot{Q}_v = (\dot{m} c_p)_k (T_{ein} - T_{aus}) \text{ in W} \tag{3.7.14}$$

Für den effektiven Wärmeverlustkoeffizienten des Kollektors gilt:

$$F_R K_k = \dot{Q}_v / [A (T_{ein} - T_u)] \text{ in W/(m}^2\text{K)} \tag{3.7.15}$$

Für den Wirkungsgrad des Solarkollektors folgt daraus:

$$\eta_k = F_R (\tau\alpha)_n - F_R K_k \Delta T / I_k \tag{3.7.16}$$

Die Meßdaten werden in einem Diagramm mit einem Koordinatensystem η_k und $\Delta T / I_k$ aufgezeichnet. Dabei stellt ΔT die Differenz zwischen der Bezugstemperatur des Solarkollektor-Wärmeträgers T_{ein}, T_m bzw. T_{aus} und der Umgebungstemperatur T_u dar. Je nach Bezugstemperatur erhält man je eine Kennlinie des Solarkollektors mit den folgenden Werten der Null-Ordinate: $F_R(\tau\alpha)_n$, $F'(\tau\alpha)_n$ bzw. $F_a(\tau\alpha)_n$. Dabei entspricht die Neigung der jeweiligen Kennlinie dem Wert: $F_R K_k$, $F'K_k$ bzw. $F_a K_k$. Die Kennlinie, die in Bild 3.5.2 dargestellt ist, wird meist benutzt. Die optisch-wärmetechnische Güte eines Solarkollektors wird durch die Werte von $F_R(\tau\alpha)_n$, $F_R K_k$ und K_{opt} sowie durch die Zeitkonstante t_k vollständig gekennzeichnet.

Instationäres Testverfahren. Alternativ zu dem oben beschriebenen stationären Prüfverfahren ist das instationäre Testverfahren. Dies beruht auf dem folgenden Modell des Solarkollektors:

$$\begin{aligned}C_k dT_m/ dt = &\ A\ F'\ \{(\tau\alpha)_n [I_k + b_o I_D (1 / \cos\theta - 1) + b_o I_d (1 / \cos\theta_d - 1)] \\&+ K_k (T_u - T_m)\} + (\dot{m}c_p)_k (T_{ein} - T_{aus}) \text{ in W}\end{aligned} \tag{3.7.17}$$

4 Konzentrierende Solarkollektoren

4.1 Konzentrationsverhältnis, Absorbertemperatur und optischer Wirkungsgrad eines konzentrierenden Kollektors

Arten von konzentrierenden Kollektoren. Um Temperaturen oberhalb von 100 °C zu erreichen, muß entweder eine Konzentration der Sonnenstrahlungsenergie auf eine im Vergleich zu der Einstrahlsöffnung kleinere Empfängerfläche oder eine Vakuumisolierung in Solarkollektoren verwendet werden. In konzentrierenden Kollektoren werden die Wärmeverluste durch eine Verringerung der wärmeabgebenden Fläche erheblich reduziert und dadurch können hohe Temperaturen erreicht werden [4.1, 4.3]. In Tabelle 4.1.1 sind Kollektoren verschiedener Arten nach der Betriebstemperatur T, dem Wirkungsgrad η_k und der erforderlichen Aperturfläche A_a (bezogen auf die Flachkollektorfläche A_{fk}) gegenübergestellt.

Ein konzentrierender Kollektor besteht aus einem *Strahlungskonzentrator* (Reflektor, Spiegel oder Linse) und einem *Strahlungsempfänger* (Absorber oder Receiver), der die Sonnenenergie absorbiert und in Wärme umwandelt. Die Haupttypen der konzentrierenden Kollektoren sind in Bild 4.1.1 schematisch dargestellt.

Es gibt zwei Arten von Konzentratoren. Konzentratoren erster Art bilden eine mehr oder weniger scharfe Abbildung der Sonne auf einer Empfängerfläche. Zu dieser Gruppe gehören verschiedene Arten von *Spiegeln und Linsen*. Sie werden in *Linien- und Punktkonzentratoren* eingeteilt. Beispielsweise gehört ein *Parabolrinnen-Konzentrator* zu Linienkonzentratoren und ein *Paraboloidspiegel* zu Punktkonzentratorenen. Die Linienkonzentratoren (Bild 4.1.1 a) bündeln die Direktstrahlung ungefähr auf die Brennlinie, die Punktkonzentratoren (Bild 4.1.1 c) konzentrieren die Direktstrahlung um den Brennpunkt. Je nach Bauart können die

Tabelle 4.1.1. Betriebstemperatur T, Wirkungsgrad η_k und erforderliche Aperturfläche verschiedener Kollektorarten

Kollektortyp	T, °C	η_k, %	A_a/A_{fk}	Nachführung
Flachkollektor	30-100	30-50	1	keine
Vakuum-Röhrenkollektor	90-300	30-60	0,5-1,1	keine
Parabolrinnen-Konzentrator mit Rohrabsorber	300-500	50-70	0,3-0,5	einachsige
Heliostatenfeld mit Zentralreceiver	bis 1000	60-75	0,2-0,4	zweiachsige

4.1 Konzentrationsverhältnis, Absorbertemperatur und optischer Wirkungsgrad   103

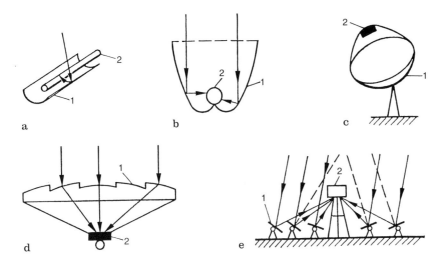

Bild 4.1.1. Hauptarten von konzentrierenden Kollektoren: a - Kollektor mit Parabolrinnen-Konzentrator, b - zusammengesetzter Parabol-Trogkonzentrator, c - Kollektor mit Paraboloidspiegel, d - Kollektor mit Fresnel-Linse, e - Heliostatenfeld mit Zentralempfänger. 1 - Konzentrator, 2 - Strahlungsempfänger

sogenannten *Fresnel-Linsen* (Bild 4.1.1 d) als Linien- oder Punktkonzentratoren ausgeführt werden.

Konzentratoren zweiter Art können eine scharfe Abbildung der Sonne auf einer Empfängerfläche nicht bilden. Zu dieser Gruppe gehören Planreflektoren und der sogenannte *zusammengesetzte Parabol-Trogkonzentrator* CPC (aus Englischem Compound Parabolic Concentrator, siehe Bild 4.1.1 b). Im Unterschied zu Konzentratoren erster Art benötigen CPCs nur eine geringe periodische Regelung der Position des Konzentrators im Laufe des Jahres, eine kontinuierliche Nachführung eines CPC-Konzentrators nach der Sonne ist nicht erforderlich. Um ein bestimmtes Konzentrationsverhältnis zu erhalten, ist eine Regelung des Neigungswinkels des CPCs einmal pro Saison ausreichend. Ein Vorteil der konzentrierenden Kollektoren zweiter Art besteht darin, daß sie nicht nur die Direktstrahlung, sondern auch die Diffusstrahlung und vom Boden reflektierte Strahlung auffangen können. Vorausgesetzt wird nur, daß die Strahlung mit einem Einfallswinkel in bestimmten Grenzen auf die Apertur, d.h. die Einstrahlsöffnung, des CPC-Konzentrators trifft. Diese Grenzen bestimmen einen Aufnahme- oder Randwinkel eines CPCs.

Theoretisches und praktisches Konzentrationsverhältnis. Das *Konzentrationsverhältnis* eines konzentrierenden Kollektors ist definiert als das Verhältnis der Aperturfläche A_a zur Absorberfläche A_{abs} des Strahlungsempfängers

$$C = A_a / A_{abs} \qquad (4.1.1)$$

Nimmt man an, daß die Sonne ein schwarzer Strahler mit einer Temperatur T_s von 5777 K ist, erhält man für die Einstrahlung auf die Aperturfläche A_a eines Strah-

4 Konzentrierende Solarkollektoren

lungsempfängers

$$\dot{Q}_{s\text{-abs}} = \sigma A_a T_s^4 (R_s / L)^2 = \sigma A_a T_s^4 \sin^2(\zeta/2) \text{ in W}, \qquad (4.1.2)$$

wobei $\sigma = 5{,}67.10^{-8}$ W/(m^{2}K^4) die Stefan-Boltzmann-Konstante, R_s der Radius der Sonne in km, L der Abstand des Strahlungsempfängers von der Sonne in km und $\zeta = 32' = 0{,}53°$ der Raumwinkel ist, in dem die Sonnenstrahlen auf die Erde treffen.

Für die Strahlung, die von einem idealen schwarzen Absorber mit einer Temperatur T_{abs} abgestrahlt wird und auf die Sonne trifft, gilt

$$\dot{Q}_{abs\text{-}s} = \sigma A_{abs} T_{abs}^4 \varphi_{abs\text{-}s}, \qquad (4.1.3)$$

wobei $\varphi_{abs\text{-}s}$ der Anteil der Empfängerstrahlung, der auf die Sonne trifft, ist.

Das *maximale Konzentrationsverhältnis* C_{max} bei einem idealen Konzentrator wäre nur unter der Bedingung zu erreichen, daß $T_s = T_{abs}$, $\dot{Q}_{s\text{-abs}} = \dot{Q}_{abs\text{-}s}$ und $\varphi_{abs\text{-}s} = 1$. Aus den Gleichungen (4.1.2) und (4.1.3) folgt nun für das maximale Konzentrationsverhältnis eines idealen rotationssymmetrischen Konzentrators mit kreisförmigem Sonnenbild, z.B. des Paraboloidspiegels,

$$C_{max} = 1 / \sin^2(\zeta/2) = 1 / \sin^2 0{,}267° \approx 46050. \qquad (4.1.4)$$

Für ideale Linienkonzentratoren, z.B. für parabolische Zylinderspiegel, gilt

$$C_{max} = 1 / \sin(\zeta/2) = 1 / \sin 0{,}267° \approx 215. \qquad (4.1.5)$$

Das maximale Konzentrationsverhältnis eines realen Parabolrinnen-Konzentrators ist

$$C_{max} = \sin \psi \cos(\psi + 0{,}267° + \delta/2) / \sin(0{,}267° + \delta/2) - 1 \qquad (4.1.6)$$

mit: ψ = Randhalbwinkel des Konzentrators, δ = Winkelfehler des Konzentrators.

Bei Linienkonzentratoren liegt das Konzentrationsverhältnis praktisch zwischen 20 und 100.

Im Hochtemperaturbereich werden drei Konzentratorarten - der Paraboloid-Konzentrator, die Fresnel-Linse und das Heliostatenfeld - verwendet. Mit diesen Konzentratoren können die C_{max}-Werte von 1000 bis 8000 erreicht werden.

Für *das maximale Konzentrationsverhältnis C_{max} eines Paraboloid-Konzentrators* mit einem sphärischen Absorber bzw. Flachabsorber gilt [4.4 - 4.6]:

$$C_{max} = 0{,}25 \sin^2 \psi / \sin^2(0{,}267° + \delta/2) - 1 \qquad (4.1.7)$$

bzw. $C_{max} = 0{,}25 [\sin^2 \psi \cos^2(\psi + 0{,}267° + \delta/2)] / \sin^2(0{,}267° + \delta/2) - 1$

$$\qquad (4.1.8)$$

Vorausgesetzt wird, daß die gesamte vom Spiegel reflektierte Strahlung auf den Absorber trifft und keine Verschattung des Spiegels entsteht.

Für ein *Heliostatenfeld* (Bild 4.1.1 e), das aus mehreren ebenen Spiegeln besteht und in einem Solarturm-Kraftwerk verwendet wird, ist das Konzentrationsverhältnis C durch den Randhalbwinkel ψ, den Anteil φ der gesamten Spiegelflä-

4.1 Konzentrationsverhältnis, Absorbertemperatur und optischer Wirkungsgrad

che an der Bodenfläche und den Winkelfehler δ bestimmt. Um eine gegenseitige Verschattung von Heliostaten zu minimieren, soll φ 0,3 - 0,5 betragen. Das maximale Konzentrationsverhältnis C_{max} für ein Heliostatenfeld wird mit den Gleichungen (4.1.7) und (4.1.8) bestimmt. Dabei muß der erste Term mit dem Faktor φ multipliziert werden.

Maximale Absorbertemperatur. Bei C_{max} = 46050 sollte die maximale theoretische Temperatur von 5777 K an einem idealen Strahlungsempfänger erreicht werden. Praktisch erreichbare C-Werte und die entsprechenden Absorbertemperaturen sind wesentlich geringer. Das Konzentrationsverhältnis C eines Kollektors ist vom Konzentratortyp und der Fertigungs- und Orientierungsgenauigkeit abhängig. Die maximale Absorbertemperatur $T_{abs,max}$ läßt sich aufgrund einer Energiebilanz für den Absorber ohne Wärmeabfuhr wie folgt errechnen

$$T_{a,max} = T_s \, (C / C_{max})^{1/4} \text{ in K.} \qquad (4.1.9)$$

Tabelle 4.1.2 gibt die Anhaltswerte vom maximalen Konzentrationsverhältnis C_{max} und der maximalen Absorbertemperatur $T_{a,max}$ für Kollektoren mit Punkt- und Linienkonzentratoren verschiedener Art an. Die tatsächliche Absorbertemperatur T_a hängt von den Energieverlusten durch Reflexion, Strahlung und Konvektion ab. Die Kollektoren mit Linienkonzentratoren werden im Mitteltemperaturbereich (von 300 bis 500 °C, obwohl Temperaturen bis zu 1000 °C sind theoretisch möglich) und die mit Punktkonzentratoren im Hochtemperaturbereich von 500 bis 4000 °C eingesetzt.

Tabelle 4.1.2. Maximal erreichbares Konzentrationsverhältnis C_{max} und Absorbertemperatur $T_{abs,max}$ für konzentrierende Kollektoren [4.3]

Konzentratortyp	C_{max}	$T_{a,max}$ in °C
Punktkonzentratoren		
Paraboloidspiegel	8000	4000
Fresnel-Linse mit 100 Segmenten	5000	3400
Konischer Spiegel	1500	2400
Sphärischer Spiegel	1200	2300
Linienkonzentratoren		
Parabolischer Zylinderspiegel	100	1300
Zylindrische Fresnel-Linse	40	800
Kreiszylinderspiegel	40	800
Zusammengesetzter Parabol-Trogkonzentrator CPC	15	300

Optischer Wirkungsgrad eines konzentrierenden Kollektors. Ein typischer Solarkollektor mit einem Linienkonzentrator in Form einer Parabolrinne mit einem Rohrabsorber ist in Bild 4.1.1 a schematisch dargestellt.

Die *absorbierte Sonnenstrahlungsstärke* I_{abs} eines konzentrierenden Kollektors, bezogen auf m^2 der unverschatteten Aperturfläche A_a im allgemeinen ergibt sich wie folgt:

$$I_{abs} = I_{Dk}\, \rho\, \gamma\, \tau\, \alpha_a \text{ in W/m}^2. \tag{4.1.10}$$

Hierbei sind:

I_{Dk} = Direktstrahlungsstärke auf die Kollektorapertur in W/m²,
ρ = Reflexionsgrad eines Konzentrators (Spiegels),
γ = Auffangfaktor,
τ = Transmissionsgrad einer transparenten Abdeckung des Absorbers,
α_a = Absorptionsgrad des Absorbers.

Der Auffangfaktor γ eines konzentrierenden Kollektors kennzeichnet den Anteil der vom Spiegel reflektierten Strahlung an der auf den Absorber einfallenden Sonnenstrahlung. Für Konzentratoren, die ein Sonnenbild erzeugen können (z.B. Spiegel, Linsen), ist γ von großer Bedeutung und soll mindestens um 0,9 liegen. Er ist von der Qualität des Konzentrators, sowie von seiner Herstellungs- und Ausrichtungsgenauigkeit abhängig. Steuerungseinrichtungen sind nötig, um die Genauigkeit der Positionierung des Konzentrators durch die Nachführungsvorrichtung zu kontrollieren und seine Lage zu korrigieren.

Der optische Wirkungsgrad η_o eines konzentrierenden Kollektors wird definiert als das Verhältnis der absorbierten Sonnenstrahlungsstärke I_{abs} zur einfallenden Direktstrahlungsstärke I_{Dk}. Demzufolge ergibt sich aus der Gleichung (4.1.10):

$$\eta_o = I_{abs} / I_{Dk} = \rho\, \gamma\, \tau\, \alpha_a. \tag{4.1.11}$$

Beim Einfallswinkel θ der Direktstrahlung von 0° gilt für den optischen Wirkungsgrad

$$\eta_{o,0} = \rho\, (\gamma\, \tau\, \alpha_a)_0 \tag{4.1.12}$$

Bei Abweichung des Einfallswinkels θ von 0° muß der optische Wirkungsgrad des Kollektors korrigiert werden

$$\eta_o = \eta_{o,0}\, K_{opt}. \tag{4.1.13}$$

Der Korrekturfaktor K_{opt} wird durch eine Prüfung bestimmt.

Der ρ-Wert liegt zwischen 0,76 - 0,8 für Glas und Kunststoff (Acryl, Teflon) mit einer Aluminiumschicht und 0,87 bei einer Silberschicht auf Glas oder Acryl. Der höchste ρ-Wert von 0,93 wird bei einem Spezialglas mit einer Silberschicht erreicht. Ein konzentrierender Kollektor kann die höchste Leistung nur dann erreichen, wenn alle Beiwerte, die seinen optischen Wirkungsgrad η_o bestimmen, langfristig maximale Werte aufweisen. Der Absorber eines konzentrierenden Kollektors wird oft selektiv beschichtet, damit er einen hohen Absorptionsgrad α_a und

4.2 Nutzwärmeleistung und Wirkungsgrad eines konzentrierenden Kollektors

Thermische Analyse eines konzentrierenden Kollektors. Für einen konzentrierenden Kollektor mit einem Parabolrinnen-Konzentrator und einem Rohrabsorber mit einer evakuierten Glashülle (siehe Bild 4.2.1) wird angenommen, daß der Temperaturgradient im Umfang des Rohrs vernachlässigbar klein ist. Der Gesamtwärmedurchgangskoeffizient K_k des Kollektors berücksichtigt die Wärmeverluste durch Konvektion und Strahlung an die Umgebung sowie durch Wärmeleitung in Stützelementen. Die Konvektion in der evakuierten Glashülle wird vernachlässigt. Dann gilt für den *Gesamtwärmedurchgangskoeffizienten* K_k des Kollektors

$$K_k = 1 / [(A_{abs}/A_g)(\alpha_k + \alpha_{s,g-u}) + 1/\alpha_{s,a-g}] \text{ in W/(m}^2\text{K)} \tag{4.2.1}$$

mit: α_k bzw. $\alpha_{s,g-u}$ = Wärmeübergangskoeffizient durch Konvektion bzw. Strahlung von der Glashülle an die Umgebung in W/(m²K),
$\alpha_{s,a-g}$ = Wärmeübergangskoeffizient für den Strahlungsaustausch zwischen dem Absorber und der Glashülle in W/(m²K),
A_{abs} bzw. A_g = Fläche des Absorbers bzw. der Glashülle in m².

Die Werte von α_k, $\alpha_{s,g-u}$ und $\alpha_{s,a-g}$ werden nach den Ansätzen aus Kapitel 2 berechnet. Beispielsweise gilt

$$\alpha_{s,g-u} = 4\,\sigma\,\varepsilon_g T_m^3 \text{ in W/(m}^2\text{K)}, \tag{4.2.2}$$

wobei T_m der Mittelwert der Temperatur der Glashülle und der Umgebung (T_g und T_u) in K ist.

Der Wärmestrom $\dot{Q}_{s,a-g}$, der durch Strahlung vom Absorber auf die Glashülle übergeht, ist

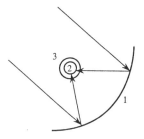

Bild 4.2.1. Schema eines konzentrierenden Kollektors mit Parabolrinnen-Konzentrator (1) und Rohrabsorber (2) mit evakuierter Glashülle (3)

$$\dot{Q}_{s,a\text{-}g} = \sigma\, A_{abs}\, (T_a^4 - T_g^4) / [1/\varepsilon_{abs} + (A_{abs}/A_g)(1/\varepsilon_g - 1)] \text{ in W} \qquad (4.2.3)$$

mit: T_a bzw. T_g = Temperatur des Absorbers und der Glashülle in K,
A_{abs} bzw. A_g = Fläche des Absorbers und der Glashülle in m^2,
ε_{abs} bzw. ε_g = Emissionsgrad des Absorbers und der Glashülle.

Nun gilt

$$\alpha_{s,a\text{-}g} = \dot{Q}_{s,a\text{-}g} / [A_{abs}(T_a - T_g)] = \sigma(T_a^2 + T_g^2)(T_a + T_g) /$$
$$[1/\varepsilon_{abs} + (d_g/d_{abs})(1/\varepsilon_g - 1)] \text{ in W/(m}^2\text{K)} \qquad (4.2.4)$$

mit d_{abs} bzw. d_g = Durchmesser des Absorberrohrs und der Glashülle in m.

Die Temperatur der nichtabsorbierenden Glashülle wird wie folgt überprüft:

$$T_g = [T_a\, \alpha_{s,a\text{-}g} + T_u (d_g/d_{abs})(\alpha_{s,g\text{-}u} + \alpha_k)] / [\alpha_{s,a\text{-}g} + (d_g/d_{abs})(\alpha_{s,g\text{-}u} + \alpha_k)] \qquad (4.2.5)$$

Der *Wärmeverluststrom* $\dot{Q}_{k,v}$ des Kollektors errechnet sich üblicherweise:

$$\dot{Q}_{k,v} = K_k\, A_{abs}\, (T_a - T_u) \text{ in W} \qquad (4.2.6)$$

Da bei hoher Absorbertemperatur spielt die Wärmeübertragung durch Strahlung eine wichtige Rolle, ist K_k für konzentrierende Kollektoren sehr stark temperaturabhängig.

Nutzwärmeleistung eines konzentrierenden Kollektors. Für die *Nutzwärmeleistung* $\dot{Q}_k$ eines konzentrierenden Kollektors gilt allgemein [4.1]:

$$\dot{Q}_k = F_R\, A_a\, [I_{abs} - (A_{abs}/A_a)\, K_k\, (T_{ein} - T_u)] =$$
$$F_R\, A_a\, [I_{abs} - (K_k/C)(T_{ein} - T_u)] \text{ in W}, \qquad (4.2.7)$$

wobei F_R der Wärmeabfuhrfaktor des Kollektors, A_{abs} die Absorberfläche in m^2, A_a die unbeschattete Aperturfläche in m^2, C das Konzentrationsverhältnis des Kollektors, T_{ein} und T_u die Wärmeträger-Eintritts- und Umgebungstemperatur in °C ist.

Der *Wärmeabfuhrfaktor* F_R des Kollektors läßt sich wie folgt berechnen:

$$F_R = [(\dot{m}\, c_p)_k / (A_{abs}\, K_k)]\, \{1 - \exp[-F'\, A_{abs}\, K_k / (\dot{m}\, c_p)_k]\}, \qquad (4.2.8)$$

wobei F' der *Absorberwirkungsgradfaktor*, $\dot{m}_k$ der Massenstrom des Wärmeträgers in kg/s, c_{pk} die spezifische isobare Wärmekapazität des Wärmeträgers in J/kg K ist.

Für Kollektoren mit Linienkonzentrator und Rohrabsorber gilt

$$F' = (1/K_k) / [(1/K_k) + (d_a/\alpha_i d_i) + (d_a/2\lambda)\ln(d_a/d_i)], \qquad (4.2.9)$$

wobei d_a bzw. d_i der Außen- bzw. Innendurchmesser des Rohrabsorbers in m, α_i der Wärmeübergangskoeffizient im Innern des Rohrs in W/(m^{2}K) und λ die Wärmeleitfähigkeit des Rohrwerkstoffs in W/(m K) ist.

Setzt man die Gleichungen (4.1.10)-(4.1.13) in die Gleichung (4.2.7), erhält man:

$$\dot{Q}_k = A_a\, F_R\, [I_{Dk}\, \rho\, (\gamma\, \tau\, \alpha_a)_0\, K_{opt} - (K_k/C)(T_{ein} - T_u)] \text{ in W} \qquad (4.2.10)$$

4.2 Nutzwärmeleistung und Wirkungsgrad eines konzentrierenden Kollektors 109

Der maximal mögliche jährliche Energieertrag eines konzentrierenden Kollektors läßt sich nach den empirischen Gleichungen, die in Kapitel 5 aufgeführt werden, errechnen.

Wirkungsgrad eines konzentrierenden Kollektors bzw. eines Kollektorfeldes.
Für den *Wirkungsgrad* eines konzentrierenden Kollektors gilt [4.1]:

$$\eta_k = \dot{Q}_k / A_a I_{Dk} = F_R [\rho (\gamma \tau \alpha_a)_0 K_{opt} - (K_k / C\, I_{DK}) (T_{ein} - T_u)] \qquad (4.2.11)$$

Die Beziehung zwischen η_k, C und T_a für konzentrierende Kollektoren ist in Bild 4.2.2 dargestellt. Die Basiswerte sind: $I_{Dk} = 800$ W/m², $T_u = 298$ K, $\rho = 0{,}85$, $\varepsilon_a = 0{,}15$, $\alpha_a = 0{,}95$ und $K_k = 8$ W/(m²K).

Der *Wirkungsgrad* η_{kf} *eines Kollektorfeldes*, das aus mehreren Kollektormodulen besteht, ist wegen der zusätzlichen Wärmeverluste, z.B. in Verbindungsrohrleitungen etc., als beim Einzelkollektor:

$$\eta_{kf} = \eta_k\, \eta_{vr} \qquad (4.2.12)$$

mit: η_k = Wirkungsgrad eines Kollektormoduls,
η_{vr} = Wärmeverlustfaktor der Verbindungsrohrleitungen (ca. 0,8 - 0,9)

Mit der Nutzwärmeleistung $\dot{Q}_k$ eines Kollektormoduls gilt für die *Nutzwärmeleistung eines Kollektorfeldes* aus n_k Kollektormodulen:

$$\dot{Q}_{kf} = n_k\, \dot{Q}_k\, \eta_{vr} \text{ in W} \qquad (4.2.13)$$

Auslegung eines Parabolrinnen-Konzentrators. Der *Randhalbwinkel* ψ_r eines Parabolrinnen-Konzentrators errechnet sich durch die Brennweite f, die Apertur a

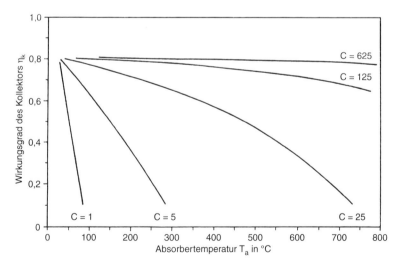

Bild 4.2.2. Wirkungsgrad η_k der konzentrierenden Kollektoren in Anbhängigkeit von dem Konzentrationsverhältnis C und Absorbertemperatur T_a bei $I_D = 800$ W/m², $T_u = 25$ °C, $K_k = 8$ W/m²K, $\alpha_a = 0{,}95$, $\varepsilon_a = 0{,}15$ und $\rho = 0{,}85$

und den maximalen Spiegelradius r_r wie folgt [4.2]:

$$\psi_r = \arctan \{8 \, (f/a) / [16 \, (f/a)^2 - 1]\} = \arcsin (a / 2 \, r_r) \tag{4.2.14}$$

Die Stärke des Strahlungsstroms am Absorber des Kollektors mit einem Parabolrinnen-Konzentrator wird durch das Verhältnis a/f bestimmt. Die theoretische Größe des Sonnenbildes in der Brennebene läßt sich mit Hilfe des Randwinkels ψ ermitteln. Die in einem Raumwinkel von 32' einfallende Direktstrahlung wird auf einen Absorber konzentriert. Unter Voraussetzung eines achsenparallelen Strahleneinfalls, d.h. beim Einfallswinkel θ von 0°, gilt für die theoretische Breite B_0 des Sonnenbildes in der Brennebene eines idealen Parabolrinnen-Konzentrators

$$B_0 = 2 \, r_r \sin 0{,}267° / \cos (\psi + 0{,}267°) = a \sin 0{,}267° / \sin \psi \cos (\psi + 0{,}267°) \tag{4.2.15}$$

Dies entspricht dem Durchmesser eines Halbzylinder-Absorbers.

Bei einem beliebigen Einfallswinkel θ gilt für die Breite B des Sonnenbildes

$$B = 2r_r \sin (0{,}267°/ \cos \theta) / \cos (\psi + 0{,}267°/\cos \theta). \tag{4.2.16}$$

Wenn ein Rohrabsorber mit der Achse in der Brennebene verwendet wird, gilt für seinen Durchmesser:

$$D = 2 \, r_r \sin 0{,}267° = a \sin 0{,}267° / \sin \psi \tag{4.2.17}$$

Bei realen Parabolrinnen-Konzentratoren mit Abweichungen der Oberflächenform von einer genauen Parabel sind die Sonnenbilder größer als bei einem perfekten Spiegel. Der Raumwinkel der reflektierten Sonnenstrahlung ist um einen Betrag von $\delta/2$ größer. Dabei ist δ der Winkelfehler der Spiegeloberfläche. Demzufolge muß ein realer Absorber größer sein als im idealen Fall. Für die Breite der Sonnenbilder in der Brennebene bei senkrechtem Strahlungseinfall ($\theta = 0°$) gilt:

$$B_0 = 2 \, r_r \sin (0{,}267° + \delta/2) / \cos (\psi + 0{,}267° + \delta/2)$$
$$= a \sin (0{,}267° + \delta/2) / \sin \psi \cos (\psi + 0{,}267° + \delta/2) \tag{4.2.18}$$

Für den Durchmesser eines Rohrabsorbers gilt nun:

$$D = 2 \, r_r \sin (0{,}267° + \delta/2) = a \sin (0{,}267° + \delta/2) / \sin \psi \tag{4.2.19}$$

Bei einer Vergrößerung des Absorbers erhöhen sich die Wärmeverluste. Daher soll ein Absorber optimal 90 bis 95% der vom Konzentrator reflektierten Sonnenstrahlung auffangen können.

Der Gesamtwirkungsgrad der Energieumwandlung mit Hilfe einer Solarfarm-Kraftanlage wird wie folgt berechnet:

$$\eta_{ges} = \eta_{kf} \, \eta_{th} \tag{4.2.20}$$

mit: η_{kf} = Wirkungsgrad des Kollektorfeldes,
η_{th} = thermischer Wirkungsgrad des Kreisprozesses.

Die Anwendung von konzentrierenden Kollektoren in solarthermischen Anlagen zur Stromerzeugung wird in Kapitel 14 behandelt.

4.2 Nutzwärmeleistung und Wirkungsgrad eines konzentrierenden Kollektors   111

Die Beispiele 4.2.1 und 4.2.2 veranschaulichen die Anwendung der aufgeführten Ansätze.

Beispiel 4.2.1

Es soll der Gesamtwärmedurchgangskoeffizient für einen Rohrabsorber mit einem Durchmesser d_{abs} von 20 mm bei T_a = 300 °C berechnet werden. Das Rohr ist mit einer evakuierten Glashülle mit einem Durchmesser d_g von 60 mm ausgestattet. Die Umgebungstemperatur beträgt T_u = 30 °C. Der Wärmeübergangskoeffizient durch Konvektion von der Glashülle an die Umgebung ist $\alpha_{k,g-u}$ = 12 W/(m²K). Der Emissionsgrad des Glases bzw. des selektiv beschichteten Rohrabsorbers beträgt ε_g = 0,88 bzw. ε_a = 0,2.

Lösung:

Die Temperatur der Glashülle T_g von 50 °C wird angenommen. Dann ist die mittlere Lufttemperatur T_m gleich 40 °C. Mit T_m = 313 K gilt für den Wärmeübergangskoeffizienten durch Strahlung von der Glashülle an die Umgebung

$$\alpha_{s,g-u} = 4\,\sigma\,\varepsilon_g\,T_m^3 = 4 \cdot 5{,}67 \cdot 10^{-8} \cdot 0{,}88 \cdot 313^3 = 6{,}12 \text{ W/(m}^2\text{K)}.$$

Mit den Werten von T_g, T_a, ε_g und ε_a sowie von d_{abs}/d_g ergibt sich $\alpha_{s,a-g}$ aus der Gleichung (4.2.4) zu:

$$\alpha_{s,a-g} = 5{,}67 \cdot 10^{-8} \cdot (573^2 + 323^2)(573 + 323)/[1/0{,}2 + (20/60)(1/0{,}88 - 1)]$$
$$= 4{,}36 \text{ W/(m}^2\text{K)}.$$

Der Gesamtwärmedurchgangskoeffizient errechnet sich aus der Gleichung (4.2.1) zu:

$$K_k = 1/[(A_{abs}/A_g)/(\alpha_k + \alpha_{s,g-u}) + 1/\alpha_{s,a-g}] = 1/[(20/60)/(12+6{,}12) + 1/4{,}36] = 4{,}04 \text{ W/(m}^2\text{K)}.$$

Zur Überprüfung wird die Temperatur der Glashülle nach der Gleichung (4.2.5) errechnet:

$$T_g = [T_a \alpha_{s,a-g} + T_u (A_g/A_{abs})(\alpha_{s,g-u} + \alpha_k)] / [\alpha_{s,a-g} + (A_g/A_{abs})(\alpha_{s,g-u} + \alpha_k)] =$$
$$[300 \cdot 4{,}36 + 30(60/20)(6{,}12 + 12)] / [4{,}36 + (60/20)(6{,}12 + 12)] =$$
$$50{,}05 \text{ °C}.$$

Beispiel 4.2.2

Es sollen die Nutzwärmeleistung $\dot{Q}_k$ und die Wärmeträger-Austrittstemperatur T_{aus} für einen konzentrierenden Kollektor mit einem Parabolrinnenkonzentrator von 2 m Breite und 12 m Länge berechnet werden. Die absorbierte Strahlungsstärke beträgt I_{abs} = 500 W/m². Ein Edelstahlrohr mit Außen-/ Innendurchmesser d_a/d_i = 50 / 44 mm (Wärmeleitfähigkeit λ = 20 W/m K) dient als Absorber. Es hat eine evakuierte Glashülle mit einem Durchmesser von d_g = 80 mm. Als Wärmeträger dient ein Thermoöl mit einer Eintrittstemperatur T_{ein} = 250 °C, einem Massenstrom $\dot{m}$ = 0,045 kg/s und c_p = 3200 J/kg K. Die Umgebungstemperatur beträgt T_u = 30 °C. Der Wärmeübergangskoeffizient für den Wärmeträger ist α_k = 500 W/(m²K) und der Gesamtwärmedurchgangskoeffizient ist K_k = 4,04 W/(m²K).

Lösung:

Die Außenfläche des Rohrabsorbers ist $A_{abs} = \pi\, d_a\, L = \pi\, 0,05 \cdot 12 = 1,885$ m².
Die Aperturfläche A_a des Konzentrators unter Berücksichtigung der Verschattung eines entsprechenden Teils des Spiegels beträgt

$$A_a = (B - d_g) L = (2 - 0,08)12 = 23,04 \text{ m}^2.$$

Daraus folgt für das Konzentrationsverhältnis C = A_a/A_{abs} = 23,04 / 1,885 = 12,2.
Der Absorberwirkungsgradfaktor errechnet sich nach der Gleichung (4.2.9) zu

$$F' = 1/[1 + 4,04\, (0,05\, /\, 500 \cdot 0,044) + 4,04\, (0,05\, /\, 2 \cdot 20)\, \ln(0,05\, /\, 0,044)] = 0,99.$$

Für den Wärmeabfuhrfaktor des Kollektors gilt nach der Gleichung (4.2.8):

$$F_R = (0,045 \cdot 3200\, /\, 1,885 \cdot 4,04)[1 - \exp(-0,99 \cdot 1,885 \cdot 4,04\, /\, 0,045 \cdot 3200] = 0,964.$$

Die Gleichung (4.2.7) ergibt die Nutzwärmeleistung des Kollektors zu:

$$\dot{Q}_k = F_R\, A_a\, [I_{abs} - (K_k\, /\, C)\, (T_{ein} - T_u)] = 0,964 \cdot 23,04\, [500 - (4,04\, /\, 12,2) \cdot (250 - 30)] = 9490,2 \text{ W}.$$

Die Austrittstemperatur des Wärmeträgers errechnet sich zu

$$T_{aus} = T_{ein} + \dot{Q}_k\, /\, (m\, c_p) = 250 + 9490,2\, /\, 0,045 \cdot 3200 = 315,9\, °C.$$

4.3 Kollektoren mit niedrigem Konzentrationsverhältnis

Der sogenannte *zusammengesetzte Parabol-Trogkonzentrator* CPC besteht aus zwei parabolischen Seitenreflektoren und einem flachen oder zylindrischen Strahlungsempfänger (Absorber). Dabei kann das Konzentrationsverhältnis C theoretisch 15 erreichen, praktisch liegt es aber höchstens bei 12. Dieser Kollektor absorbiert nicht nur die Direktstrahlung (wie die üblichen konzentrierenden Kollektoren), sondern auch teilweise die Diffusstrahlung und braucht nur eine periodische Nachführung nach der Sonne.

Bild 4.3.1 zeigt schematisch den unabgehauenen, d.h. vollen, CPC und den abgehauenen CPC. Die parabolischen Seitenreflektoren dienen als Linien-Trogkonzentratoren. Ein flacher Absorber wird zwischen den Brennpunkten der beiden

4.3 Kollektoren mit niedrigem Konzentrationsverhältnis 113

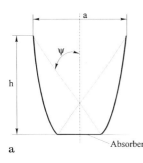
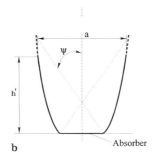

Bild 4.3.1. Schema eines vollen unabgehauenen CPC (**a**) und eines abgehauenen CPC (**b**): a - Apertur, h - Höhe des vollen CPCs, h' - Höhe des abgehauenen CPCs, ψ - Randhalbwinkel. 1 - Parabelreflektor, 2 - Absorber

Parabeln angeordnet. Die Höhe eines CPCs wird zwischen dem Absorber und der oberen Kante der Seitenreflektoren gemessen. Die Apertur a ist der Abstand zwischen den Kanten der Seitenreflektoren. Der Winkel zwischen der Achse und der Geraden, die den Brennpunkt einer der Parabeln mit der entgegengesetzten oberen Kante verbindet, wird als der Randhalbwinkel ψ bezeichnet. Für einen idealen Konzentrator mit perfekten Paraboloberflächen wird die gesamte Strahlung, die auf die Apertur mit einem Einfallswinkel innerhalb des Grenzen von $-\psi$ bis $+\psi$ trifft, auf einen am Boden des CPCs angebrachten Flachabsorber reflektiert.

Im Idealfall gilt für das maximale Konzentrationsverhältnis eines CPCs [4.4 - 4.6]:

$$C_{max} = 1 / \sin \psi \qquad (4.3.1)$$

Bei $\psi = 15°$ ist $C_{max} = 4,8$, bei $36°$ nur 1,7. Je kleiner ψ ist, um so größer ist das maximale Konzentrationsverhältnis C_{max}. Um ein C_{max} von 11,5 zu erreichen, muß ψ gleich $5°$ sein.

Bei einem realen CPC geht die einfallende Strahlung teilweise verloren. Da der obere Teil des CPCs kaum zur Reflexion der Strahlung beiträgt, wird ein abgehauener CPC durch das Abhauen des oberen Teils des Reflektors (normalerweise von ca. 50% der Gesamthöhe) hergestellt. Die Bilder 4.3.2 bis 4.3.4 zeigen die Beziehungen zwischen dem Konzentrationsverhältnis C des CPCs einerseits, und bestimmten geometrischen Parametern sowie der mittleren Anzahl n der Reflexionen der Strahlung im CPC vor dem Auftreffen auf den Absorber andererseits. Für einen idealen vollen CPC mit $\psi = 6°$ erhält man aus Bild 4.3.2 das Höhe/Apertur-Verhältnis H/a = 5,3 und das Konzentrationsverhältnis C = 9,6 [4.4]. Aus Bild 4.3.3 erhält man die mittlere Anzahl der Reflexionen der Strahlung im CPC n = 1,21 [4.4].

Für einen abgehauenen CPC mit einem Höhe/Apertur-Verhältnis H/a von 2,65 ergibt Bild 4.3.3 das Konzentrationsverhältnis C = 8,5. Dabei liegt die mittlere Anzahl n der Strahlungsreflexionen im CPC zwischen $n_{min} = 1 - 1/C = 0,88$ und 1 (siehe Bild 4.3.4). Das Verhältnis der Reflektorfläche A_r zur Aperturfläche A_a für

114   4 Konzentrierende Solarkollektoren

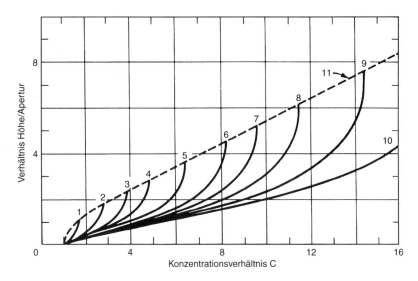

Bild 4.3.2. Beziehung zwischen dem Verhältnis der Höhe H zur Aperturbreite a, dem Konzentrationsverhältnis C und Randhalbwinkel ψ für volle und abgehauene CPC: 1 - 36°, 2 - 21°, 3 - 15°, 4 - 12°, 5 - 9°, 6 - 7°, 7 - 6°, 8 - 5°, 9 - 4°, 10 - 3°, 11 - voller CPC [4.5]

den abgehauenen CPC ist dabei gleich 5,9 [4.4]. In einem CPC -Kollektor können Rohrabsorber mit evakuierter Glashülle verwendet werden.

Ein CPC-Kollektor wird aus mehreren CPC-Modulen zusammengestellt. Die günstigste Ausrichtung eines CPC-Kollektors ist längs einer horizontalen West-Ost-Achse mit einem regulierbaren Neigungswinkel der Apertur, damit der Einfallswinkel der Direktstrahlung zwischen -ψ und +ψ, d.h. innerhalb des Randwinkels 2ψ liegt. Bei der Berechnung der absorbierten Strahlung wird dies zunächst überprüft und erst dann werden die Beträge der Direkt- und Diffusstrahlung sowie der vom Boden reflektierten Strahlung berechnet. Für die *absorbierte Gesamtstrahlung* gilt [4.1, 4.4]:

$$E_{abs} = I_{abs} A_a = \rho^n \cdot (I_{D,a} \tau_D \alpha_D + I_{d,a} \tau_d \alpha_d + I_{r,a} \tau_r \alpha_r) \cdot A_a \text{ in W} \qquad (4.3.2)$$

mit: ρ = Reflexionsgrad des Reflektors,
n = Anzahl der Strahlungsreflexionen im CPC,
$I_{D,a}$ = Stärke der auf die Apertur innerhalb des Randwinkels 2ψ treffenden Direktstrahlung in W/m²,
τ = Transmissionsgrad der transparenten Abdeckung (falls vorhanden),
α = Absorptionsgrad des Absorbers.

Die Indizes D, d und r bezeichnen die Direkt-, Diffus- und vom Boden reflektierte Sonnenstrahlung.

Die vom Boden reflektierte Strahlung trifft nur dann auf den CPC, wenn der Absorber den Boden sieht, d.h. bei β + ψ > 90° (mit β = Neigungswinkel des CPCs).

4.3 Kollektoren mit niedrigem Konzentrationsverhältnis   115

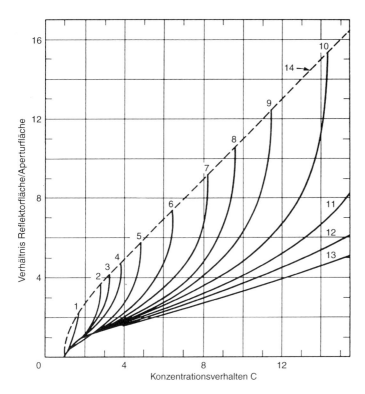

Bild 4.3.3. Beziehung zwischen dem Verhältnis der Reflektorfläche A_r zur Aperturfläche A_a, dem Konzentrationsverhältnis C und Randhalbwinkel ψ für volle und abgehauene CPC: 1 - 36°, 2 - 21°, 3 - 18°, 4 - 15°, 5 - 12°, 6 - 9°, 7 - 7°, 8 - 6°, 9 - 5°, 10 - 4°, 11 - 3°, 12 - 2°, 13 - 1°, 14 - voller CPC [4.5]

Die Direktstrahlung wird dann aufgefangen, wenn die folgende Bedingung erfüllt wird [4.1]:

$$\beta - \psi \leq \arctan(\tan \psi \cos \alpha_s) \leq \beta + \psi \qquad (4.3.3)$$

Der Azimutwinkel a_s der Sonne wird wie folgt errechnet:

$$a_s = C_1 C_2 a_s' + 90 C_3 (1 - C_1 C_2) \qquad (4.3.4)$$

Hierbei wird der Hilfswinkel a_s' aus der folgenden Gleichung berechnet

$$\sin a_s' = \sin \omega \cos \delta / \sin \theta_z \text{ oder } \tan a_s' = \sin \omega / (\sin \delta \cos \omega - \cos \varphi \tan \delta) \qquad (4.3.5)$$

Für die Konstanten C_1, C_2 und C_3 gilt:

$C_1 = 1$ bei $|\omega| \leq \omega_e$, sonst $C_1 = -1$,
$C_2 = 1$ bei $\varphi - \delta \geq 0$, sonst $C_2 = -1$ und
$C_3 = 1$ bei $\omega \geq 0$, sonst $C_3 = -1$.

4 Konzentrierende Solarkollektoren

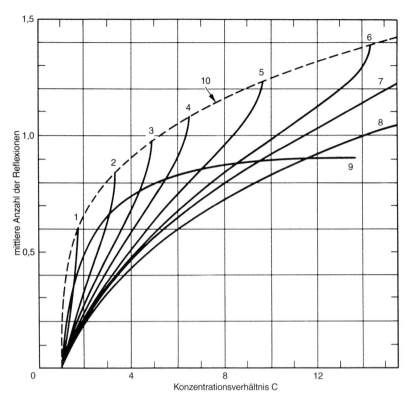

Bild 4.3.4. Beziehung zwischen der mittleren Zahl n der Strahlungsreflexionen, dem Konzentrationsverhältnis C und Randhalbwinkel ψ für volle (unabgehauene) und abgehauene CPC: 1 - 36°, 2 - 18°, 3 - 12°, 4 - 9°, 5 - 6°, 6 - 4°, 7 - 3°, 8 - 1°, 9 - $n_{min} = 1 - 1/C$, 10 - voller CPC [4.5]

Dabei ist der zusätzliche Stundenwinkel:

$$\omega_e = \arccos(\tan \delta / \tan \varphi) \qquad (4.3.6)$$

Für den Zenithwinkel θ_z der Sonne gilt:

$$\cos \theta_z = \cos \varphi \cos \delta \cos \omega + \sin \varphi \sin \delta \qquad (4.3.7)$$

Die Stärke $I_{D,a}$ der in den CPC einfallenden Direktstrahlung errechnet sich wie folgt:

$$I_{D,a} = I_{D,n} \cos \theta \text{ in W/m}^2, \qquad (4.3.8)$$

wobei $I_{D,n}$ die Direktstrahlungsstärke auf die senkrecht zur Strahlung liegende Fläche und θ der Einfallswinkel der Direktstrahlung auf die Kollektorapertur ist.

Wenn die Bedingung (4.3.3) nicht erfüllt ist, wird $I_{D,a}$ gleich Null gesetzt.

Bei einem Konzentrationsverhältnis C gelten für die Stärke der auf die Apertur eines CPCs treffenden Diffusstrahlung $I_{d,a}$ bzw. der vom Boden reflektierten Strahlung $I_{r,a}$ die folgenden Ansätze:

4.3 Kollektoren mit niedrigem Konzentrationsverhältnis

1) für $\beta + \psi < 90°$ $I_{d,a} = I_d / C$ (4.3.9)

2) für $\beta + \psi > 90°$ $I_{d,a} = 0,5\, I_d (1/C + \cos\beta)$ (4.3.10)

3) für $\beta + \psi < 90°$ $I_{r,a} = 0$ (4.3.11)

4) für $\beta + \psi > 90°$ $I_{r,a} = 0,5\, I (1/C - \cos\beta)$ (4.3.12)

mit: I bzw. I_d = Global- bzw. Diffusstrahlungsstärke auf eine horizontale Ebene, W/m².

Für den effektiven Einfallswinkel der isotropen (d.h. über das Himmelsgewölbe gleichmäßig verteilten) Diffusstrahlung in einen CPC gilt [4.4]:

$$\theta_d = 44,86° - 0,0716\,\psi + 0,00423\,\psi^2 \text{ in Grad} \quad (4.3.13)$$

Der Transmissionsgrad der Diffusstrahlung wird bei diesem Winkel ermittelt.
Der Gesamtwärmedurchgangskoeffizient K_k eines CPCs hängt hauptsächlich von der Temperatur T_a und dem Emissionsgrad ε_a des Absorbers, sowie von dem Konzentrationsverhältnis C ab. Beispielsweise für einen CPC mit einem schwarzen Flachabsorber ($\varepsilon_a = 0,9$) bei $T_a = 485$ K steigt der K_k-Wert von 12 auf 20 W/(m²K) bei der Erhöhung des Konzentrationsverhältnisses C von 2 auf 8. Bei tieferen Absorbertemperaturen ist K_k kleiner. Bei $T_a = 385$ K und C = 2 beträgt $K_k = 5$ W/(m²K), während bei C = 8 $K_k = 8$ W/(m²K) ist. Eine selektive Beschichtung des Absorbers reduziert den K_k-Wert wesentlich. So ändert sich der K_k-Wert für einen CPC mit selektivem Absorber ($\varepsilon_a = 0,1$) bei der Erhöhung des C-Wertes von 2 auf 8, wenn $T_a = 485$ K, nur von 8 auf 12 W/(m²K).

Beispiel 4.3.1.

Es soll die effektive einfallende Direktstrahlung für einen CPC mit einem Randhalbwinkel ψ von 15° an einem Ort mit dem Breitengrad $\varphi = 48°$ berechnet werden. Der Kollektor ist längs einer horizontalen West-Ost-Achse mit einem Neigungswinkel β von 20° angeordnet. Die Stärke $I_{D,n}$ der senkrecht einfallenden Direktstrahlung am 17. Juli um 14 Uhr beträgt 750 W/m².

Lösung:

Für den 17. Juli mit n = 198 beträgt die Deklination der Sonne $\delta = 21,2°$, um 14 Uhr ist der Stundenwinkel $\omega = 30°$. Nun gilt für den Zenitwinkel θ_z der Sonne nach der Gleichung (4.3.7):

$\cos\theta_z = \cos 48° \cos 21,2° \cos 30° + \sin 48° \sin 21,2° = 0,808$
bzw. $\theta_z = 36,1°$.

Mit $\omega_e = \arccos(\tan\delta / \tan\varphi) = 69,5°$ gilt:

$a_s' = \arcsin[\sin 30° \cos 21,2° / \sin 36,1°] = 52,3°$, $\varphi - \delta = 48 - 21,2 = 26,8° > 0$ und $C_1 = C_2 = C_3 = 1$.

Nun wird mit dem Azimutwinkel der Sonne $a_s = a_s' = 52,3°$ der folgende Term ausgewertet: $\arctan(\tan\psi \cos a_s) = \arctan(\tan 15° \cos 52,3°) = 9,3°$

Die Bedingung (4.3.3) $\beta - \psi \leq \arctan(\tan \psi \cos a_s) \leq \beta + \psi$, d.h. $5° \leq 9,3° \leq 35°$ ist damit erfüllt. Nun errechnet sich der Einfallswinkel θ der Direktstrahlung auf die Apertur nach der Gleichung (1.3.7) aus Kapitel 1:

$\cos \theta = \cos (\varphi - \beta) \cos \delta \cos \omega + \sin (\varphi - \beta) \sin \delta = \cos(48° - 20°) \cos 21,2°$
$\cos 30° + \sin (48° - 20°) \sin 21,2° = 0,883$ und $\theta = 28°$.

Die Stärke der in den CPC einfallenden Direktstrahlung, bezogen auf m² Aperturfläche beträgt nun: $I_{D,a} = I_{D,n} \cos \theta = 750 \cdot 0,883 = 662,2$ W/m².

Beispiel 4.3.2

Für den CPC aus Beispiel 4.3.1 soll die absorbierte Strahlung E_{abs} und der spezifische Kollektor-Energieertrag Q_k/A_a, bezogen auf m² Aperturfläche für die Stunde von 13.30 Uhr bis 14.30 Uhr am 17. Juli berechnet werden.

Dabei sind die folgenden Randbedingungen gegeben: die stündliche Direktstrahlung bzw. Diffusstrahlung auf eine Horizontale für die betreffende Stunde I_D = 0,61 kWh/(m²h) bzw. I_d = 0,3 kWh/(m²h), das Konzentrationsverhältnis C = 3,5, der Reflexionsgrad des Reflektors ρ = 0,84, der Absorptionsgrad des Absorbers α = 0,95, der Transmissionsgrad der transparenten Abdeckung für die Direktstrahlung τ_D = 0,91 (beim Einfallswinkel θ von 28°, siehe Beispiel 4.3.1) und für die Diffusstrahlung τ_d = 0,88 (bei einem Einfallswinkel θ_d von 45°), der Gesamtwärmedurchgangskoeffizient K_k = 12,8 W/(m²K), der Wärmeabfuhrfaktor F_R = 0,96, die Kollektoreintrittstemperatur des Wärmeträgers T_{ein} = 60 °C und die Umgebungstemperatur T_u = 20 °C.

Lösung:

Mit $\cos \theta = 0,883$ und $\cos \theta_z = 0,808$ aus Beispiel 4.3.1 errechnet sich die auf die Apertur treffende Diffus- bzw. Direktstrahlung sowie die vom Boden reflektierte Strahlung:

$I_{d,a} = I_d / C = 0,3 / 3,5 = 0,07$ kWh/m²h,
$I_{D,a} = I_D \cos \theta / \cos \theta_z = 0,61 \cdot 0,883 / 0,808 = 0,667$ kWh/(m²h) und $I_{r,a} = 0$.

Mit ρ = 0,84, τ_d = 0,88 und τ_D = 0,91 sowie mit mittlerer Anzahl der Reflexionen n = 0,6 (aus Bild 4.3.4) läßt sich die Stärke der innerhalb der betreffenden Stunde absorbierten Strahlung, bezogen auf die Aperturfläche nach der Gleichung (4.3.2), berechnen:

$I_{abs} = \rho^n (I_{D,a} \tau_D \alpha_D + I_{d,a} \tau_d \alpha_d + I_{r,a} \tau_r \alpha_r)$
$= 0,84^{0,6} (0,667 \cdot 0,91 \cdot 0,95 + 0,07 \cdot 0,88 \cdot 0,95 + 0) = 0,572$ kWh/(m²h).

Nun errechnet sich der stündliche Energieertrag des CPCs, bezogen auf m² Aperturfläche, nach der Gleichung (4.2.7) zu:

$Q_k / A_a = F_R [I_{abs} - (K_k / C) (T_{ein} - T_u)] = 0,96 [0,572 - (0,0128/3,5) \cdot (60 - 20)] = 0,408$ kWh/(m²h).

5 Langzeit-Leistungsfähigkeit von Solarkollektoren

5.1 Nutzbarkeitsgrad eines Solarkollektors

Aufgrund der thermischen Analyse von Flachkollektoren, die in Kapitel 3 behandelt wurde, ist es grundsätzlich möglich, sowohl die kurzfristige als auch die langfristige Leistungsfähigkeit des Solarkollektors mittels eines aufwendigen Integrationsverfahrens zu ermitteln. In der Praxis ist es aber sinnvoller, die Abschätzung der langfristigen Leistungsfähigkeit des Kollektors mit Hilfe eines Näherungsverfahrens durchzuführen, das auf der statistischen Analyse der Strahlungsdaten basiert. Bei diesem Verfahren spielt der sogenannte Nutzbarkeitsgrad des Kollektors die Hauptrolle. Um den *Nutzbarkeitsgrad* ϕ eines Kollektors zu ermitteln, wird zunächst die kritische Strahlungsstärke I_{kr} bestimmt. Die *kritische Strahlungsstärke* I_{kr} entspricht dem Nullwert der Nutzwärmeleistung $\dot{Q}_k$ des Kollektors. Das bedeutet: wenn die auf den Kollektor treffende Strahlungsstärke I_k der kritischen Strahlungsstärke I_{kr} gleich ist, dann ist die absorbierte Strahlungsenergie durch die Wärmeverluste des Kollektors ausgeglichen. Bei geringeren I_k-Werten sind die Wärmeverluste des Kollektors größer als der Energiegewinn. Nur wenn I_k größer als I_{kr} ist, gewinnt der Kollektor die Sonnenenergie, und seine Nutzwärmeleistung $\dot{Q}_k$ überschreitet den Nullwert.

Der zeitliche Verlauf der Globalstrahlung an einem bestimmten Ort kann mittels eines Modells dargestellt werden. Dieses Modell wird aufgrund einer statistischen Analyse der Strahlungsdaten erstellt. Dabei wird ein Monat als eine zufällige Reihe von guten, schlechten und mittleren Tagen mit hohen, niedrigen bzw. mittleren Tagessummen der Globalstrahlung dargestellt. Im Vergleich zu einem Modell, das einen Monat als eine Reihe gleicher Tage mit einem Monatsmittelwert der täglichen Einstrahlung darstellt, ergibt das statistisch fundierte Modell des Monats mit zufälliger Verteilung der Tagesstrahlungswerte einen höheren Langzeit-Energieertrag des Kollektors. Die Berechnung der Langzeit-Leistungsfähigkeit eines Solarkollektors aufgrund der mittleren Stundenstrahlungswerten I_k ergibt niedrigere Kollektorertragswerte im Vergleich zu den Werten, die nach dem Nutzbarkeitsgradverfahren ermittelt werden.

Bild 5.1.1 zeigt eine zufällige Reihe aus drei Tagen mit unterschiedlichen Tagessummen der Globalstrahlung. Während des ersten Tages mit geringer Einstrahlung liegen die Stundenwerte der Sonnenstrahlungsstärke I_k auf die Kollektorfläche unter dem kritischen Wert I_{kr}. Deshalb wird an diesem Tag überhaupt keine Nutzwärme gewonnen. Am zweiten bzw. dritten Tag wird ein Teil der zur Verfügung stehenden Sonnenstrahlung in die Nutzwärme umgewandelt. Die je-

120   5 Langzeit-Leistungsfähigkeit von Solarkollektoren

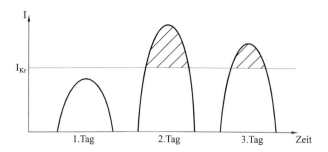

Bild 5.1.1. Kritische Strahlungsstärke und die gewinnbare Sonnenenergie an drei Tagen in der Reihe

weils schraffierte Fläche entspricht der Einstrahlung mit $I_k > I_{kr}$. Sie wird in die Nutzwärme des Kollektors umgewandelt.

Aufgrund der Hottel-Whillier-Bliss-Gleichung (s. Gleichung 3.5.5 in Kapitel 3), die für die Nutzwärmeleistung $\dot{Q}_k$ des Flachkollektors gilt, ergibt sich *die kritische Strahlungsstärke* (bei $\dot{Q}_k = 0$) wie folgt:

$$I_{kr} = F_R K_k (T_{ein} - T_u) / F_R \eta_o \text{ in W/m}^2 \tag{5.1.1}$$

mit: F_R = Wärmeabfuhrfaktor des Kollektors,
    K_k = Gesamtwärmedurchgangskoeffizient des Kollektors in W/(m²K),
    η_o = optischer Wirkungsgrad des Kollektors,
    T_{ein} bzw. T_u = Kollektor-Eintritts- bzw. Umgebungstemperatur in °C.

Es wird zwischen den stündlichen und täglichen Werten des Nutzbarkeitsgrades eines Kollektors unterschieden. Das Verhältnis der stündlichen Globalstrahlung I_i, die innerhalb einer bestimmten Stunde i, z.B. von 11 Uhr bis 12 Uhr, auf den Kollektor trifft, zu dem Monatsmittelwert der einfallenden Globalstrahlung I_k für diese Stunde wird als das Strahlungsverhältnis X bezeichnet:

$$X = I_i / I_k \tag{5.1.2}$$

Dementsprechend wird auch das Verhältnis der kritischen Strahlungsstärke I_{kr} zum Monatsmittelwert der einfallenden Globalstrahlung I_k für die betreffende Stunde als das *kritische Strahlungsverhältnis* X_{kr} bezeichnet:

$$X_{kr} = I_{kr} / I_k \tag{5.1.3}$$

Nun kann der Nutzbarkeitsgrad ϕ (auf Englisch Utilizability nach Liu und Jordan [5.6]) des Solarkollektors definiert werden. Dabei stellt der *stündliche Nutzbarkeitsgrad* ϕ eines Kollektors für eine bestimmte Stunde den Anteil der stündlichen Globalstrahlung I_k dar, der über der kritischen Strahlungsstärke I_{kr} liegt,

$$\phi = (I_k - I_{kr})^+ / I_k \tag{5.1.4}$$

Der Wert von ϕ liegt zwischen 0 und 1. Das Hochzeichen + bedeutet, daß nur positive Werte des Ausdrucks in Klammern in Betracht genommen werden.

Für die Ermittlung des Langzeit-Energieertrags eines Solarkollektors wird der stündliche Nutzbarkeitsgrad ϕ für eine bestimmte Stunde eines Tages nicht verwendet. Stattdessen wird der stündliche Nutzbarkeitsgrad ϕ_i für die betreffende Stunde i des ganzen Monats, der aus N Tagen besteht, benutzt [5.4 - 5.7]:

$$\phi_i = (1/N) \Sigma [(I_i - I_{kr})^+ / I_k] \tag{5.1.5}$$

Mit Hilfe der ϕ_i-Werte wird die statistische Verteilung der Sonnenstrahlung am betreffenden Ort gekennzeichnet.

Für den Monatsmittelwert des täglichen Nutzbarkeitsgrades eines Kollektors gilt:

$$\overline{\phi} = \sum_{}^{N}\sum_{}^{n}(I_i - I_{kr})^+ / \sum_{}^{N}\sum_{}^{n}(I_i = (1/Nn)\sum_{}^{N}\sum_{}^{n}(I_i - I_{kr})^+ / E_k \tag{5.1.6}$$

mit: n = Anzahl der Betriebsstunden des Kollektors an einem Tag,
N = Anzahl der Tage im betreffenden Monat,
E_k = Monatsmittelwert der täglichen Einstrahlung auf die Kollektorfläche.

Positive Werte von Differenzen ($I_i - I_{kr}$) werden über n Stunden jedes von N Tagen des Monats aufaddiert.

Mit den Strahlungsverhältnissen X und X_{kr} gilt für den täglichen Nutzbarkeitsgrad eines Kollektors:

$$\overline{\phi} = (1/Nn) \sum_{}^{N}\sum_{}^{n}(X - X_{kr})^+ \tag{5.1.7}$$

Bei der Berechnung des kritischen Strahlungsverhältnisses X_{kr} muß grundsätzlich die über die Tagesstunden gemittelte Umgebungstemperatur benutzt werden. Stattdessen wird die mittlere Temperatur T_u für den ganzen Tag (24 Stunden) verwendet, der Fehler kann dabei vernachlässigt werden. *Der tägliche Nutzbarkeitsgrad ϕ eines Kollektors wird als der Mittelwert aus den stündlichen Werten ϕ_i bestimmt:*

$$\phi = \Sigma I_i \phi_i / \Sigma I_i \tag{5.1.8}$$

5.2 Verallgemeinerter Nutzbarkeitsgrad eines Solarkollektors

Verallgemeinerter stündlicher Nutzbarkeitsgrad. Bei der Berechnung des Energieertrags eines Solarkollektors werden in der Regel die sogenannten verallgemeinerten stündlichen und täglichen Werte des Nutzbarkeitsgrades des Kollektors verwendet. Sie sind orts- und monatsunabhängig, aber abhängig von dem mittleren Clearness Index $\overline{K}_T$ und von der Neigung sowie Ausrichtung der Fläche.

Bild 5.2.1 zeigt die Beziehung zwischen dem verallgemeinerten stündlichen Nutzbarkeitsgrad $\overline{\phi}$ für die geneigten südorientierten Flächen und dem kritischen

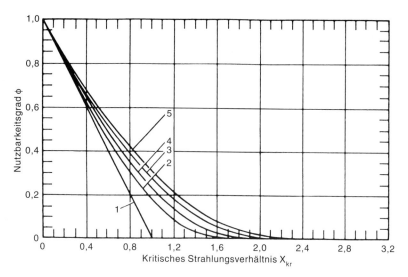

Bild 5.2.1. Verallgemeinerter stündlicher Nutzbarkeitsgrad φ des Kollektors in Abhängigkeit vom kritischen Strahlungsverhältnis X_{kr} für horizontale und geneigte südorientierte Flächen. Mittlerer Clearness Index $\overline{K}_T = 0,5$ [5.7]: 1 - Tage mit gleicher Einstrahlung, 2 - horizontale Fläche, 3 - $R_D = 2$, 4 - $R_D = 5$, 5 - R_D ist sehr groß

Strahlungsverhältnis $\overline{X}_{kr}$ bei Clearness Index $\overline{K}_T$ von 0,3, 0,5 und 0,7 (nach Liu und Jordan [5.7]).

Diese graphische Beziehung zwischen φ, $\overline{K}_T$ und X_{kr} wird mit der folgenden Gleichung beschrieben (nach Bhatia, zitiert nach [5.9]):

$$\overline{\phi} = a \exp(b\, \overline{K}_T) \exp\{[c \exp(d\, \overline{K}_T) + e\, R_D \exp(f\, \overline{K}_T)] X_{kr}\} \qquad (5.2.1)$$

Die Koeffizienten in der Gleichung (5.2.1) sind:

a = 0,9147, b = 0,2881, c = - 0,7006, d = 1,769, e = 0,09324 und
f = - 0,1593.

Der verallgemeinerte stündliche Nutzbarkeitsgrad φ eines Kollektors kann nach dem alternativen Verfahren von Clark u.a. [5.1] berechnet werden. Zunächst wird das maximale Strahlungsverhältnis X_{max} in Abhängigkeit von dem Neigungswinkel β des Kollektors, der Deklination δ der Sonne und dem Monatsmittelwert des Clearness Index k für die betreffende Stunde wie folgt berechnet:

$$X_{max} = 1,85 + 0,169\, r_s/k^2 - 0,0696 \cos\beta / k^2 - 0,981\, k / \cos^2\delta \qquad (5.2.2)$$

mit: r_s = Quotient aus den Monatsmittelwerten der stündlichen Globalstrahlung auf die geneigte und horizontale Fläche.

Hierbei gilt für k bzw. r_s:

$$k = I / I_0 = r\, E / I_0 \qquad (5.2.3)$$

$$\text{bzw. } r_s = I_k / I = I_k / r\, E \qquad (5.2.4)$$

5.2 Verallgemeinerter Nutzbarkeitsgrad eines Solarkollektors

mit: I bzw. I_o = stündliche Globalstrahlung auf die horizontale Fläche auf der Erde bzw. extraterrestrische Strahlung,
I_k = Monatsmittelwert der stündlichen Globalstrahlung auf die Kollektorfläche,
E bzw. E_o = Tageswerte der Globalstrahlung bzw. extraterrestrischen Strahlung auf die horizontale Fläche,
r = Anteil der stündlichen Globalstrahlung an der täglichen Globalstrahlung.

Je nach dem kritischen Strahlungsverhältnis X_{kr} und dem maximalen Strahlungsverhältnis X_{max} gilt für den *verallgemeinerten stündlichen Nutzbarkeitsgrad* ϕ eines Kollektors:

$$\phi = 0 \text{ bei } X_{kr} \geq X_{max} \qquad (5.2.5)$$

$$\phi = (1 - X_{kr} / X_{max})^2 \text{ bei } X_{max} = 2 \qquad (5.2.6)$$

$$\text{sonst ist } \phi = |s - [s^2 + (1 + 2s)(1 - X_{kr} / X_{max})^2]^{0,5}| \qquad (5.2.7)$$

$$\text{mit } s = (X_{max} - 1)/(2 - X_{max}) \qquad (5.2.8)$$

Verallgemeinerter täglicher Nutzbarkeitsgrad. Für praktische Berechnungen hat der verallgemeinerte tägliche Nutzbarkeitsgrad $\bar{\phi}$ des Kollektors eine größere Bedeutung als der stündliche Nutzbarkeitsgrad. Bild 5.2.2 stellt die Beziehung zwischen dem verallgemeinerten täglichen Nutzbarkeitsgrad $\bar{\phi}$ des Kollektors und dem Monatsmittelwert des kritischen Strahlungsverhältnisses $\bar{X}_{kr}$ für die Monatsmittelwerte des Clearness Index $\bar{K}_T$ von 0,3 bis 0,7 graphisch dar (nach [5.5]). Die Kurven sind nur für Flachkollektoren anwendbar. Im Unterschied zu Bild 5.2.1 entsprechen die Zahlen auf den Kurven dem Verhältnis des Monatsmittelwerts des Faktors R für die Umrechnung der Globalstrahlung von horizontaler auf die geneigte Fläche zum Umrechnungsfaktor R_o für 12 Uhr des mittleren Tages des Monats. Man muß beachten, daß in diesem Fall das kritische Strahlungsverhältnis $\bar{X}_{kr}$ auf die Strahlungsstärke $I_{k,o}$ in der Kollektorebene um 12 Uhr des mittleren Tages des Monats bezogen ist:

$$\bar{X}_{kr} = I_{kr} / I_{k,o} \qquad (5.2.9)$$

Dabei ist

$$I_{k,o} = R_o \, r_o \, E \qquad (5.2.10)$$

mit: r_o = Verhältnis der stündlichen Strahlung um 12 Uhr zu der Tagessumme der Globalstrahlung auf die horizontale Fläche am mittleren Tag des Monats.

Für die Beziehung zwischen dem täglichen Nutzbarkeitsgrad $\bar{\phi}$ des Kollektors und $\bar{X}_{kr}$ aus Bild 5.2.2 gilt die folgende Gleichung (nach [5.6]):

$$\bar{\phi} = \exp\{[a + b(R_o / R)](\bar{X}_{kr} + c\,\bar{X}_{kr}^2)\} \qquad (5.2.11)$$

124 5 Langzeit-Leistungsfähigkeit von Solarkollektoren

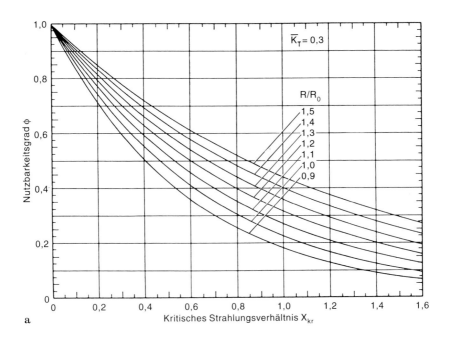

a

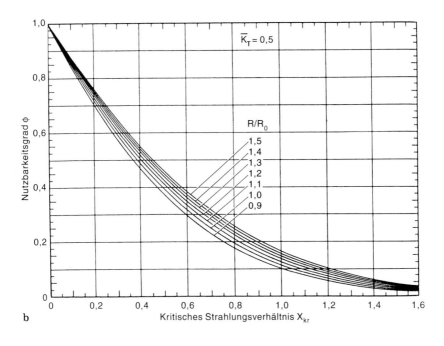

b

5.2 Verallgemeinerter Nutzbarkeitsgrad eines Solarkollektors

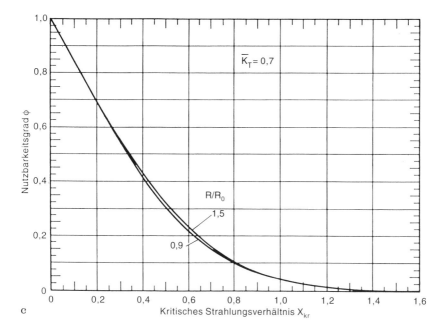

Bild 5.2.2. Verallgemeinerter täglicher Nutzbarkeitsgrad $\bar{\phi}$ des Kollektors in Abhängigkeit vom Monatsmittelwert des kritischen Strahlungsverhältnisses $\bar{X}_{kr}$. Monatsmittelwerte des Clearness Index $\bar{K}_T = 0{,}3$, $0{,}5$ bzw. $0{,}7$ [5.7]

mit den Koeffizienten $a = 2{,}943 - 9{,}271\,\bar{K}_T + 4{,}031\,\bar{K}_T{}^2$, $b = -4{,}345 + 8{,}853\,\bar{K}_T - 3{,}602\,\bar{K}_T{}^2$ und $c = -0{,}170 - 0{,}306\,\bar{K}_T + 2{,}936\,\bar{K}_T{}^2$, wobei $\bar{K}_T$ der Monatsmittelwert des Clearness Index ist.

Die maximale Strahlungsstärke I_{max}, bei der das Sonnenenergieangebot die stündliche Wärmelast Q_l überschreitet und ein nicht nutzbarer Sonnenenergie-überschuß entsteht, der aus dem Solarkreislauf an die Umbegung abgeführt werden muß, läßt sich wie folgt errechnen:

$$I_{max} = I_{kr} + Q_L / (A\,F_R\eta_o) \text{ in W/m}^2 \tag{5.2.12}$$

Eine alternative empirische Beziehung für den Nutzbarkeitsgrad ϕ des Kollektors wurde von Collares-Pereira und Rabl [5.2, 5.3] vorgeschlagen. Sie ist für verschiedene Kollektorarten (Flach- und konzentrierende Kollektoren) gültig. Dabei ist der Nutzbarkeitsgrad ϕ des Kollektors als Funktion von drei Parametern dargestellt: der Clearness Index K_T, das kritische Strahlungsverhältnis $X_{kr,c}$ und der Umrechnungsfaktor R_c.

Für *das kritische Strahlungsverhältnis* nach Collares-Pereira und Rabl [5.2, 5.3] gilt:

$$X_{kr,c} = Q_{k,v} / (A_a\,\eta_o\,E_{k,d}) \tag{5.2.13}$$

mit: $Q_{k,v,d}$ = tägliche Wärmeverluste des Kollektors in MJ/d,
A_a = Aperturfläche des Kollektors in m²,
η_o = Monatsmittelwert des optischen Wirkungsgrades,
$E_{k,d}$ = Gesamtstrahlung auf den Kollektor während eines Tages in MJ/m²d.

Für $E_{k,d}$ vom Sonnenaufgang t_1 bis zum Sonnenuntergang t_2 gilt:

$$E_{kt} = (1/N) \sum^{N} \int (I_{Dn}\cos\theta_k + I_d / C)\, dt \qquad (5.2.14)$$

mit: θ_k = Einfallswinkel der Strahlung auf die Kollektorapertur in Grad,
I_{Dn} = momentane Strahlungsstärke der Direktstrahlung bei senkrechtem Einfall in W/m²,
I_d = Strahlungsstärke der Diffusstrahlung in W/m²,
C = Konzentrationsverhältnis,
t = Zeit in s.

Die Integration in der Gleichung (5.2.14) erfolgt von der Sonnenaufgangszeit t_1 bis zur Sonnenuntergangszeit t_2 (in der Aperturebene des Kollektors) für jeden Tag. Danach wird das Aufaddieren über N Tage der betreffenden Periode durchgeführt.
Man kann diesen Wert auch wie folgt berechnen:

$$E_{k,c} = R'\, E - R_d'\, E_d \qquad (5.2.15)$$

mit: E bzw. E_d = Monatsmittelwerte der täglichen Global- bzw. Diffusstrahlung auf eine horizontale Fläche in MJ/m²d,
R' bzw. R_d' = Umrechnungsfaktoren.

Die Faktoren R' und R_d' sind:

$$R_d' = \int r_d [\cos\theta_k / \cos\theta - 1 / C]\, dt \qquad (5.2.16)$$

$$\text{und } R' = \int r (\cos\theta_k / \cos\theta)\, dt \qquad (5.2.17)$$

mit: r bzw. r_d = Anteile der stündlichen Global- bzw. Diffusstrahlung an den jeweiligen Tageswerten,
θ = Einfallswinkel für die horizontale Ebene in Grad.

Das Verhältnis von R_d'/R' wird als R_c bezeichnet. Typisch liegt R_c zwischen 0,1 und 0,8 für Kollektoren ohne Nachführung (für kleines Konzentrationsverhältnis C) und zwischen 0,95 und 1,05 für Kollektoren mit Nachführung (bei C über 10). Nach Collares-Pereira und Rabl [5.2, 5.3] gelten für den täglichen Nutzbarkeitsgrad f_c eines Kollektors ohne Nachführung bei $0 \leq X_{kr}$ und $C \leq 1,2$:

a) für $0,3 \leq K_T \leq 0,5$ $\phi_c = \exp[-X_{kr,c} + (0,337 - 1,76\, K_T + 0,55\, R_c)\, X_{kr,c}^2]$ (5.2.18)

b) für $0,5 \leq K_T \leq 0,75$ $\phi_c = 1 - X_{kr,c} + (0,5 - 0,67\, K_T + 0,25\, R_c)\, X_{kr,c}^2]$ (5.2.19)

Für konzentrierende Kollektoren mit Nachführung bei C über 10 gelten [5.2, 5.3]:

a) für $0,3 \leq K_T \leq 0,5$ und $0 \leq X_{kr,c} \leq 1,2$

$$\phi_c = 1 - (0,049 + 1,44\, K_T)\, X_{kr,c} + 0,341\, K_T\, X_{kr,c}^2 \qquad (5.2.20)$$

b) für $K_T \geq 0,75$ $\phi_c = 1 - X_{kr,c}$ (5.2.21)

Darüberhinaus wird das Verfahren zur Berechnung des Energieertrags eines Solarkollektors mittels des täglichen Nutzbarkeitsgrades verwendet.

5.3 Energieertrag eines Solarkollektors

Stündlicher, täglicher und monatlicher Energieertrag. Die Nutzwärmeleistung $\dot{Q}_k$ eines Solarkollektors eines bestimmten Typs an gewissem Standort wird normalerweise durch die Einstrahlungsstärke I_k, den Massenstrom m_k und die Eintrittstemperatur T_{ein} des Kollektorwärmeträgers sowie durch den effektiven optischen Wirkungsgrad $F_R\eta_o$ und effektiven Gesamtwärmedurchgangskoeffizienten $F_R K_k$ des Kollektors bestimmt. Die Kollektoreintrittstemperatur T_{ein} übt einen starken Einfluß auf den Wirkungsgrad η_k und demzufolge auf die Nutzwärmeleistung Q_k des Solarkollektors aus. Im allgemeinen Fall verändert sich die Kollektoreintrittstemperatur T_{ein} nicht nur Tag für Tag, sondern auch von Stunde zur Stunde an allen Tagen eines Monats. Der monatliche Energieertrag Q_{mo} eines Solarkollektors setzt sich aus den Tageswerten Q_i zusammen. Der Tageswert Q_d für den Tag j wird als die Summe der Stundenwerte Q_i berechnet.

Üblicherweise wird der stündliche Energieertrag Q_{ij} eines Flachkollektors nach der Hottel-Whillier-Bliss-Gleichung berechnet. Für den *täglichen Energieertrag* Q_d des Kollektors gilt die Summe der Stundenwerte Q_i für n Sonnenscheinstunden:

$$Q_d = \Sigma Q_i = A\, F_R \Sigma \left[\eta_o I_{ki} - K_k(T_{ein} - T_u)\right]^+ \text{ in Wh}, \qquad (5.3.1)$$

wobei I_{ki} die Strahlungsstärke in der Kollektorebene für die i-te Stunde in W/m² ist.

Das Hochzeichen + bedeutet, daß nur positive Beträge aufaddiert werden dürfen.

Die Summe von N täglichen Werten Q_d ergibt den monatlichen Energieertrag Q_{mo} des Kollektors:

$$Q_{mo} = \Sigma Q_j \qquad (5.3.2)$$

Die Berechnung von Q_{mo} auf diese Weise ist sehr aufwendig, weil dabei die Stundenwerte Q_i für n Kollektorbetriebsstunden von N Tagen des betrachteten Monats nötig sind. Der Berechnungsumfang kann durch bestimmte Vereinfachungen wesentlich reduziert werden.

Die Eintrittstemperatur T_{ein} des Kollektorwärmeträgermediums kann beispielsweise im Laufe eines Tages konstant bleiben, aber sie wird sich von Tag zu Tag verändern. In diesem Fall wird der stündliche Energieertrag Q_i des Kollektors überhaupt nicht gebraucht und der monatliche Energieertrag Q_{mo} läßt sich nun direkt aus den Tageswerten Q_d errechnen. Wenn die stündliche Kollektoreintrittstemperatur T_{ein} an allen Tagen eines Monats eine gleiche Änderung aufweist, wird zunächst der Energieertrag Q_i des Kollektors für eine bestimmte Stunde i, z. B. von 9 Uhr bis 10 Uhr, für alle Tage des Monats ermittelt.

Der stündliche Energieertrag Q_i eines Solarkollektors für die i-te Stunde während eines Monats wird mittels des stündlichen Nutzbarkeitsgrades ϕ_i des Kollektors und der mittleren Strahlungsstärke I_i in der Kollektorebene für diese Stunde wie folgt berechnet:

$$Q_i = A\ F_R\eta_o\ I_i\ \phi_i \text{ in Wh/h} \tag{5.3.3}$$

Wenn die Kollektoreintrittstemperatur T_{ein} während aller Sonnenscheinstunden eines Tages sowie an allen Tagen des Monats konstant bleibt, läßt sich *der monatliche Energieertrag* Q_{mo} des Kollektors durch den täglichen Nutzbarkeitsgrad ϕ und die Tagessumme der Gesamtstrahlung E_k [in Wh/m^{2}d] auf die Kollektorfläche berechnen:

$$Q_{mo} = A\ F_R\eta_o\ E_k\ N\ \phi \text{ in Wh/mo} \tag{5.3.4}$$

Der einfachste Fall liegt vor, wenn die Kollektoreintrittstemperatur T_{ein} über das ganze Jahr konstant bleibt. Dies gilt beispielsweise für die offenen Solaranlagen zur Prozeßwärmeversorgung sowie für die Solaranlagen ohne Wärmespeicher. Das oben beschriebene Berechnungsverfahren gilt auch in diesem Fall. Mit dem verallgemeinerten Nutzbarkeitsgrad des Kollektors vereinfacht sich die Berechnung der Langzeit-Leistungsfähigkeit eines Solarkollektors erheblich. Mit dem täglichen Nutzbarkeitsgrad ϕ_c aus den Gleichungen (5.2.18) - (5.2.21) und der täglichen Einstrahlung $E_{k,c}$ aus der Gleichung (5.2.15) nach Collares-Pereira und Rabl [5.2, 5.3] läßt sich der monatliche Energieertrag eines beliebigen Kollektors aus der Gleichung (5.3.4) berechnen.

Die Betriebszeit t_d des Kollektors an einem Tag ergibt sich aus der Differenz zwischen den Sonnenscheinstunden t_{ss} und der gesamten Zeit t_{kr}, während der die Strahlungsstärke I unter dem kritischen Wert I_{kr} liegt. Dementsprechend gilt für die gesamte Kollektor - Betriebszeit t_{mo} in einem Monat

$$t_{mo} = t_{ss} - t_{kr} = -d(\dot{Q}_{mo}/AF_R\eta_o)\ /\ dI_{kr} \text{ in h/mo} \tag{5.3.5}$$

Jahres-Energieertrag eines Solarkollektors. Der Jahres-Energieertrag Q_j eines Solarkollektors kann mittels einer Näherungsgleichung abgeschätzt werden, die aus den Ergebnissen einer dynamischen Simulation von Solaranlagen auf der stündlichen Basis stammt. Für einen bestimmten Kollektortyp (Flach- oder konzentrierender Kollektor) läßt sich eine empirische Beziehung zwischen dem Jahres-Energieertrag Q_j des Kollektors, dem Jahresmittelwert der Direktstrahlung I_{Dn} auf die senkrechte Fläche, der geographischen Breite φ des Ortes und der kritischen Strahlungsstärke I_{kr} herleiten. Dabei wird I_{Dn} für zum Äquator geneigte Kollektoren (mit dem Neigungswinkel β gleich dem Breitengrad φ) wie folgt berechnet [5.8]:

$$I_{Dn} = 1{,}37\ \overline{K}_T - 0{,}34 \text{ in kW/m}^2 \tag{5.3.6}$$

mit $\overline{K}_T$ = Jahresmittelwert des Clearness Index für den betreffenden Ort.

Für den *maximal möglichen Jahres-Energieertrag Q_j eines Flachkollektors* gilt die folgende empirische Gleichung [5.8]:

5.3 Energieertrag eines Solarkollektors

$Q_j / (AF_R\eta_o) = 5{,}215 + 6{,}973\ I_{Dn} - (5{,}412 - 4{,}293\ I_{Dn})\ \varphi + (1{,}403 -$
$0{,}899\ I_{Dn})\ \varphi^2 + [- 18{,}596 - 5{,}931\ I_{Dn} + (15{,}468 + 18{,}845\ I_{Dn})\ \varphi - (0{,}164 +$
$35{,}51\ I_{Dn})\ \varphi^2]\ I_{kr} + [14{,}601 - 3{,}57\ I_{Dn} - (13{,}675 + 15{,}549\ I_{Dn})\ \varphi + (1{,}62 +$
$30{,}564\ I_{Dn})\ \varphi^2]\ I_{kr}^2$ in GJ/m²a   (5.3.7)

Hierbei sind:

A = Absorberfläche des Kollektors in m²,
F_R = Wärmeabfuhrfaktor,
η_o = optischer Wirkungsgrad,
φ = geographische Breite in Radiant,
I_{kr} = kritische Sonnenstrahlungsintensität in kW/m².

Im allgemeinen läßt sich die Gleichung (5.3.7) wie folgt schreiben:

$Q_j / (AF_R\eta_o) = a_1 + a_2\ I_{kr} + a_3\ I_{kr}^2$ in GJ/m²a   (5.3.8)

mit a_1, a_2 und a_3 = ortsspezifische Koeffizienten.

Die maximal mögliche Jahres-Betriebszeit t_j eines Kollektors läßt sich durch das Differenzieren der Gleichung (5.3.8) nach I_{kr} ermitteln:

$t_j = -277{,}8\ (a_2 + 2a_3\ I_{kr})$ in h/a   (5.3.9)

Für den maximal möglichen Jahres-Energieertrag Q_j von konzentrierenden Kollektoren bezogen auf 1 m² Aperturfläche A_a und auf den effektiven optischen Wirkungsgrad $F_R\eta_o$ bei senkrechtem Strahlungseinfall auf die Apertur gelten die folgenden empirischen Gleichungen in Abhängigkeit von der Konzentratorart. Der Wert von $Q_j / (A_a F_R\eta_o)$ hat eine Einheit von GJ/m² pro Jahr.

1. *Für einen zusammengesetzten Parabol-Trogkonzentrator* (CPC) mit einem Konzentrationsverhältnis C rund 1,5 und einem Randhalbwinkel ψ von 35° bei einem Neigungswinkel β gleich dem Breitengrad φ und einer südlichen Ausrichtung gilt:

$Q_j / (A_a F_R \eta_o) = 1{,}738 + 11{,}758\ I_{Dn} + (1{,}990 - 8{,}875\ I_{dn})\ \varphi + (-3{,}236 + 7{,}617$
$I_{Dn})\varphi^2 + [(-13{,}240 - 14{,}688\ I_{Dn}) + (3{,}979 + 43{,}653\ I_{dn})\ \varphi + (7{,}345 - 52{,}556$
$I_{Dn})\varphi^2]\ I_{kr} + [(14{,}015 - 1{,}437\ I_{Dn}) + (-11{,}88 - 25{,}852\ I_{dn})\ \varphi + (-0{,}079 +$
$39{,}538\ I_{dn})\ \varphi^2]\ I_{kr}^2$ (5.3.10)

2. *Für Solarkollektoren mit Linienkonzentratoren*, die durch die Aperturdrehung um eine horizontale Achse mit der Ausrichtung Ost - West nachgeführt werden, gilt:

$Q_j / (A_a F_R\eta_o) = -0{,}098 + 11{,}944\ I_{Dn} - 0{,}657\ I_{Dn}^2 + (-0{,}599 - 30{,}363\ I_{Dn}$
$+ 17{,}788\ I_{Dn}^2)\ I_{kr} + (1{,}093 + 17{,}606\ I_{Dn} - 17{,}290\ I_{Dn}^2)\ I_{kr}^2$ (5.3.11)

3. *Für Solarkollektoren mit Linienkonzentratoren*, die durch die Drehung um eine horizontale Achse mit Ausrichtung Nord-Süd nachgeführt werden, gilt:

130   5 Langzeit-Leistungsfähigkeit von Solarkollektoren

$Q_j / (A_a F_R \eta_o) = 0{,}640 + 11{,}981\ I_{Dn} + (-2{,}365 + 7{,}979\ I_{Dn})\ \varphi + (2{,}380 - 12{,}409\ I_{Dn})\ \varphi^2 + [(-6{,}021 - 19{,}086\ I_{Dn}) + (-4{,}592 + 20{,}298\ I_{dn})\ \varphi + (10{,}570 - 22{,}978\ I_{dn})\ \varphi^2]\ I_{kr} + [(6{,}440 + 5{,}219\ I_{Dn}) + (6{,}986 - 30{,}500\ I_{dn})\ \varphi + (-14{,}095 + 40{,}089\ I_{dn})\ \varphi^2]\ I_{kr}^2$

(5.3.12)

4. *Für Solarkollektoren mit Linienkonzentratoren*, die durch die Drehung um die Polarachse nachgeführt werden, gilt:

$Q_j / A_a F_R \eta_o = -0{,}075 + 14{,}432\ I_{Dn} - 0{,}592\ I_{Dn}^2 + [-0{,}780 - 35{,}670\ I_{Dn} + 24{,}520\ I_{Dn}^2]\ I_{kr} + [1{,}373 + 19{,}604\ I_{Dn} - 23{,}965\ I_{Dn}^2]\ I_{kr}^2$

(5.3.13)

5. *Für Solarkollektoren mit Punktkonzentratoren*, die durch die Aperturdrehung um zwei Achsen nachgeführt werden, gilt:

$Q_j / (A_a F_R \eta_o) = -0{,}147 + 16{,}084\ I_{Dn} - 0{,}792\ I_{Dn}^2 + (-0{,}886 - 37{,}659\ I_{Dn} + 26{,}983\ I_{Dn}^2)\ I_{kr} + (1{,}700 + 18{,}883\ I_{Dn} - 24{,}887\ I_{Dn}^2)\ I_{kr}^2$

(5.3.14)

Die Werte des maximal möglichen Jahres-Energieertrags Q_j der konzentrierenden und Flachkollektoren in Abhängigkeit von der Differenz zwischen der Kollektoreintrittstemperatur T_{ein} und der Umgebungstemperatur T_u ist in Bild 5.3.1 (für

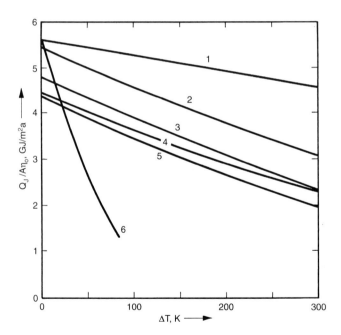

Bild 5.3.1. Jahresenergieertrag $Q_j/A_a \eta_o$ für konzentrierende und Flachkollektoren in Abhängigkeit von Temperaturdifferenz zwischen der Kollektoreintrittstemperatur T_{ein} und der Umgebungstemperatur T_u in sonnenreichen Gebieten ($I_{Dn} = 0{,}6$ kW/m^2): 1 - Paraboloid-Konzentrator, 2 - Parabolrinnen-Konzentrator (PRK) mit Aperturdrehung um die Polarachse, 3 - PRK mit Aperturdrehung um die Nord-Süd-Achse, 4 - PRK mit Aperturdrehung um die Ost-West-Achse, 5 - CPC, 6 - Flachkollektor [5.8]

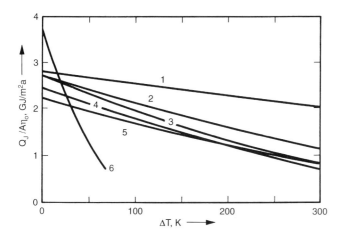

Bild 5.3.2. Jahresenergieertrag $Q_j/A_a \eta_o$ für konzentrierende und Flachkollektoren in Abhängigkeit von der Temperaturdifferenz zwischen der Kollektoreintrittstemperatur T_{ein} und der Umgebungstemperatur T_u in Gebieten mit mildem Klima ($I_{Dn} = 0,3$ kW/m^2): 1 bis 6 - s. Bild 5.3.1 [5.8]

sonnenreiche Gebiete mit $I_{Dn} = 0,6$ kW/m^2) und Bild 5.3.2 (für Gebiete mit hohem Bewölkungsgrad und $I_{Dn} = 0,3$ kW/m^2) aufgezeichnet. Dabei ist Q_j [in GJ/m^2 a] auf 1 m^2 Aperturfläche A_a des Kollektors und auf den effektiven optischen Wirkungsgrad η_o bei senkrechtem Strahleneinfall bezogen.

In Kapitel 8 wird das hier betrachtete Verfahren zur Einschätzung der langfristigen Leistungsfähigkeit der Solarkollektoren auf die Solaranlagen erweitert.

Beispiel 5.3.1

In einer Prozeßwärme-Solaranlage wird der Flachkollektor aus Beispiel 3.7.1 benutzt. Die Kennwerte des Solarkollektors: $F_R K_k = 4,3$ W/(m^{2}K) und $F_R \eta_o = 0,82$.

Für den Standort der Anlage gelten: Breitengrad $\varphi = 48,8° = 0,852$ Radiant. Jahresmittelwert des Clearness Index $\overline{K}_T = 0,4$. Jahresmittelwert der Umgebungstemperatur $T_u = 10$ °C. Die Kaltwassertemperatur $T_{kw} = 30$ °C.

Es soll der maximal mögliche jährliche Netto-Energieertrag und die maximal mögliche Anzahl von Betriebsstunden des Solarkollektors pro Jahr berechnet werden.

Lösung:

1. Für den Jahresmittelwert der Direktstrahlungsstärke I_{Dn}, die auf eine senkrecht zur Strahlung liegende Fläche trifft, gilt:

$$I_{Dn} = 1,37 \cdot \overline{K}_T - 0,34 = 1,37 \cdot 0,4 - 0,34 = 0,208 \text{ kW/m}^2$$

2. Mit der Eintrittstemperatur T_{ein}, die gleich der Kaltwassertemperatur T_{kw} gesetzt werden kann, errechnet sich die kritische Strahlungstärke zu:

$$I_{kr} = [F_R K_k / F_R \eta_o] \cdot (T_{ein} - T_u) = (4{,}3 / 0{,}82)(30 - 10) \approx 105 \text{ W/m}^2$$

3. Der maximal mögliche jährliche Energieertrag Q_j des Kollektors bezogen auf $AF_R \eta_o$ läßt sich nach der Gleichung (5.3.7) errechnen:

$Q_j/A_a F_R \eta_o = 5{,}215 + 6{,}973 \cdot 0{,}208 + (-5{,}412 + 4{,}293 \cdot 0{,}208) \, 0{,}852 +$
$(1{,}403 - 0{,}899 \cdot 0{,}208) \, 0{,}852^2 + [(-18{,}596 - 5{,}931 \cdot 0{,}208) + (15{,}468 +$
$18{,}845 \cdot 0{,}208) \, 0{,}852 - (0{,}164 + 35{,}510 \cdot 0{,}208) \cdot 0{,}852^2] \, 0{,}105 + [(14{,}601 -$
$3{,}570 \cdot 0{,}208) - (13{,}675 + 15{,}549 \cdot 0{,}208) \, 0{,}852 + (1{,}620 + 30{,}564 \cdot$
$0{,}208) \cdot 0{,}852^2] \, 0{,}105^2 = 2{,}833 \text{ GJ/m}^2$ pro Jahr.

6 Energiespeicher

6.1 Arten von Energiespeichern und ihre Bewertungsgrößen

Das unerschöpfbare Sonnenenergieangebot hat folgende Besonderheiten, die seine Nutzung erschweren: niedrige Strahlungsstärke, saisonale und tägliche Änderung der Einstrahlung infolge der Bewegung der Erde um die Sonne, sowie unregelmäßige örtliche und zeitliche Schwankungen der Strahlungsdichte in Äbhängigkeit von der Bewölkung. Um eine sichere Energieversorgung mit einer Solaranlage zu gewährleisten, müssen Energiespeicher verwendet werden. Die Energiespeicherung ist das Schaffen eines Energievorrats in einer Einrichtung mittels eines Speichermediums. Die Einrichtung wird als Energiespeicher bezeichnet. Ein Energiespeicher erfüllt die Aufgaben des Ausgleichs von unterschiedlichen Leistungsverläufen der Energieerzeugung und des Energieverbrauchs, ihre zeitliche bzw. räumliche Verschiebung sowie Anpassung der Leistungabgabe an den veränderlichen Bedarf (Glättung des Energieverbrauchsprofils, Spitzenlastdeckung). Bild 6.1.1 zeigt die Einbindung eines Energiespeichers in ein Energieversorgungssystem.

Grundsätzlich unterscheiden sich die folgenden *Arten von Energiespeichern* [6.10, 6.12]:

- *Wärmespeicher* für fühlbare (sensible) und latente Wärme,
- *thermochemische Speicher* mit Energiespeicherung mittels reversibler endo- und exothermer chemischer Reaktionen,
- *Speicher für elektrische Energie* (Batterien, Akkumulatoren, supraleitende Magnetfeldspeicher) und
- Energiespeicher für mechanische (kinetische und potentielle) Energie - Schwungradspeicher, Pumpspeicherbecken, Druckluftspeicher.

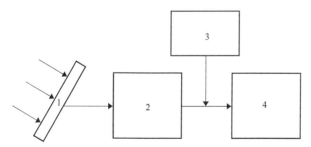

Bild 6.1.1. Einbindung eines Energiespeichers in ein solares Energieversorgungssystem: 1 - Solarkollektor, 2 - Energiespeicher, 3 - Zusatzenergiequelle, 4 - Verbraucher

6 Energiespeicher

Bei Solaranlagen spielen Wärmespeicher eine besonders wichtige Rolle. Ein thermisches Speichersystem erfaßt den Speicherbehälter mit Wärmedämmung, das Speichermedium, die Be- und Entladeeinrichtungen und Hilfseinrichtungen (Wärmetauscher, Pumpen, Rohrleitungen, Armaturen, Korrosionsschutz und Sicherheitseinrichtungen). Das gesamte Energiesystem schließt außerdem Solarkollektoren und andere Energiewandler, Energieverteiler und -verbraucher ein.

Die wichtigsten *Bewertungsgrößen eines Energiespeichers* sind [6.2, 6.10, 6.12]:

- die Speicherkapazität (Brutto- bzw. Netto- Speicherkapazität),
- die spezifische Energiedichte des Speichers,
- die Be- bzw. Entladungsleistung,
- die Energieverluste und der Hilfsenergieverbrauch,
- die Dauer der Energiespeicherung,
- der Nutzungsgrad,
- die betriebswirtschaftlichen Kennwerte (Investitionskosten, Lebens- und Amortisationsdauer).

Speicherkapazität und Energiedichte eines Energiespeichers. Als die *Speicherkapazität eines Energiespeichers* wird die maximale Energiemenge bezeichnet, die im Speicher von gegebener Art und Größe während eines Betriebszyklus angesammelt werden kann.

Die maximale *kinetische Energie E_k eines ringförmigen Schwungrades* von einem Radius R und einer Masse m, die am Rande des Rades konzentriert wird, das sich mit einer maximalen Drehgeschwindigkeit ω_{max} dreht, errechnet sich nach der Formel:

$$E_k = 0{,}5 \; m \cdot R^2 \; \omega_{max}^2 \text{ in J} \tag{6.1.1}$$

Die *potentielle Energie eines Wasserbeckens* mit einer Wassermasse m in der Höhe von H über die Basisebene beträgt

$$E = m \, g \, H \text{ in J}, \tag{6.1.2}$$

wobei g die Erdbeschleunigung in m/s² ist.

Die *Speicherkapazität Q_S eines Wärmespeichers* mit dem Speichermedium Warmwasser ergibt sich beispielsweise zu [6.4]:

$$Q_S = m \, c_p \, \Delta T_{max} \text{ in J}, \tag{6.1.3}$$

wobei m die Masse des Wassers in kg, c_p die spezifische isobare Wärmekapazität des Wassers in J/(kg K) und ΔT_{max} die maximale Temperaturspreizung im Speicher in K ist.

Man kann zwischen der Brutto- bzw. Netto-Speicherkapazität eines Speichers unterscheiden. Die Brutto-Speicherkapazität entspricht der gespeicherten Energiemenge ohne Berücksichtigung der Energieverluste des Speichers. Die Netto-Speicherkapazität ist die tatsächlich nutzbare Energiemenge.

Die spezifische Energiedichte eines Speichers ist die auf 1 kg oder 1 m³ bezogene Speicherkapazität. Für einen Wärmespeicher mit der Masse m und dem Vo-

6.1 Arten von Energiespeichern und ihre Bewertungsgrößen

lumen V des Speichermediums gilt für die *spezifische Energiedichte* q bzw. q_V:

$$q = Q_s / m = c_p \Delta T_{max} \text{ in J/kg} \tag{6.1.4}$$

$$\text{bzw. } q_v = Q_s / V = \rho_s c_p \Delta T_{max} \text{ in J/m}^3 \tag{6.1.5}$$

Mit der Dichte ρ_s des Speichermediums gilt:

$$q_v = q \, \rho_s \tag{6.1.6}$$

Tabelle 6.1.1 gibt die Energiedichte der Energiespeicher verschiedener Arten und der Brennstoffe an.

Be- bzw. Entladungsleistung des Speichers. Als die Be- bzw. Entladungsleistung wird die Energiemenge bezeichnet, die pro Zeiteinheit dem Speicher zugeführt bzw. entnommen wird. Sie ist zeitabhängig. Am Anfang des Be- bzw. Entladens ist die jeweilige Leistung größer als am Ende.

Die *Be- bzw. Entladungsleistung eines Wärmespeichers* ist:

$$\dot{Q}_{be} = dQ_{be}/dt \text{ bzw. } \dot{Q}_{ent} = dQ_{ent}/dt \text{ in W}, \tag{6.1.7}$$

wobei $\dot{Q}_{be}$ bzw. $\dot{Q}_{ent}$ die beladene (eingespeicherte) bzw. entladene (ausgespeicherte) Wärmemenge in J ist.

Unter dem *Ladegrad* versteht man das Verhältnis der im Speicher angesammelten Energiemenge zur Speicherkapazität. Der *Füllfaktor* bezeichnet den Grad der Befüllung des Speicherbehälters mit dem Speichermedium.

Dauer der Energiespeicherung. Je nach Speicherungsdauer wird zwischen den *Kurz- und Langzeit-Energiespeichern* unterschieden. Der Begriff Speicherungsdauer ist relativ und von der Energieform, der Anlagenart sowie vom Verwendungszweck abhängig. So wird z.B. in solarthermischen Kraftanlagen eine Wärmespeicherung in Kurzzeitspeichern vorgesehen, die für den Kreislaufbetrieb bei mangelnder Sonneneinstrahlung einen Energievorrat für 30 Minuten bis zu 1-2 Stunden sicherstellt. Bei Niedertemperatur-Solaranlagen sind Kurzzeit-Wärmespeicher für eine Periode von wenigstens 8 Stunden bis zu 1-2 Tagen zu berechnen. Im allgemeinen werden Speicher, deren Speicherdauer im Bereich von Stunden bis zu wenigen Tagen liegt, als Kurzzeitspeicher bezeichnet.

Speicher mit einer Speicherungsdauer von mehreren Wochen bis zu Jahren werden als Langzeit-Speicher bezeichnet. Dazu zählen beispielsweise saisonale Wärmespeicher (Jahresspeicher), welche die sommerliche Sonnenwärme für die Nutzung in Heizungssystemen in der kalten Jahreshälfte in Speichern großer Kapazität aufbewahren.

Der gesamte *Betriebszyklus eines Speichers* besteht aus:

1) dem *Beladen* des Speichers durch Energiezufuhr aus einer Energiequelle,
2) dem *Speichern* (bzw. der Stillstandsphase) ohne Energiezufuhr und -abfuhr und
3) dem *Entladen* des Speichers durch Energieentnahme für Verbraucher.

Die gesamte *Zyklusdauer* t_{zykl} setzt sich aus der Beladezeit t_{be}, Speicherzeit (oder Stillstandszeit) t_{sp} und Entladezeit t_{ent} zusammen [6.4]:

Tabelle 6.1.1. Massen- bzw. volumenspezifische Energiedichte von Brennstoffen und Energiespeichern [6.12]

Brennstoffe bzw. Energiespeicher	Energiedichte Wh/kg	Wh/m^3	Temperatur °C
Fossile Brennstoffe			
Holz	4200	2000	
Kohle	8300	12500	
Erdöl	11000	8300	
Methan	5800	4400	
Propan	12800	7000	
Benzin	11600	9000	
Sensible Wärmespeicher ($\Delta T = 50$ K)			
Wasser	58	58	20 -100
Feststoffe (Beton, Granit, Geröll)	11	29	20 - 100
Eisen	6	50	20 - 350
Aluminium	12	34	20 - 350
Latentwärmespeicher			
Eis	93	93	0
Paraffin	47	39	ca. 55
Anorganische Salzhydrate	55	80	30 - 70
Ammoniumtiocyanat NH4SCN	12	16	88
Lithiumhydrid LiH	1300	1070	686
Lithiumfluorid LiF	290	760	850
Mechanische Energiespeicher			
Hydroenergie, Höhe 100 m	0,3	0,3	
Schwungrad	20 - 30	300 - 400	
Chemische Energiespeicher/Synthetische Brennstoffe			
Wasserstoff, flüssig	33000	2490	
Wasserstoff, Metallhydride	600 - 2500	2 - 5000	
Ethanol	7694	6100	
Methanol	1389	5900	
Batterien (Akkus)			
Blei-Schwefelsäure	40	80	20 - 30
Nickel-Cadmium	100	100	
Eisen-Nickel	60	-	
Na-S, Li-S	150	-	300 - 375

$$t_{zykl} = t_{be} + t_{sp} + t_{ent} \tag{6.1.8}$$

Am Anfang und Ende eines vollen Speicherzyklus hat der Speicher den gleichen Energieinhalt.

Bild 6.1.2 zeigt den Betriebszyklus eines Wärmespeichers mit zeitlichem Temperaturverlauf während des Beladens, der Stillstandsphase (mit Wärmeverlusten) und des Entladens.

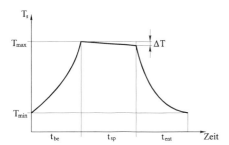

Bild 6.1.2. Betriebszyklus eines Wärmespeichers mit einer Dauer des Beladens t_{be}, der Stillstandsphase t_{sp} und des Entladens t_{ent}

Nutzungsgrad eines Energiespeichers. Unter dem *Nutzungsgrad* η_S eines Energiespeichers wird das Verhältnis der abgeführten Energiemenge E_{ab} zur zugeführten Energiemenge E_{zu} verstanden [6.3, 6.4, 6.10]:

$$\eta_S = E_{ab} / E_{zu} \tag{6.1.9}$$

Die Werte von E_{ab} und E_{zu} werden normalerweise auf einen Betriebszyklus bezogen.

Man kann bei der Berechnung des Nutzungsgrades des Speichers auch die Energieverluste $E_{s,v}$ wie folgt einbeziehen:

$$\eta_S = (E_{zu} - E_{s,v}) / E_{zu} \tag{6.1.10}$$

Sollen statt dessen die momentanen Leistungen eingesetzt werden, erhält man den momentanen Wirkungsgrad des Speichers.

6.2 Wärmespeicher für Niedertemperatur-Solaranlagen

Arten von Wärmespeichern. Eine besondere Rolle in solartechnischen Anlagen fällt den Speichern der thermischen Energie zu. Der Anwendungszweck der Wärmespeicher ist die Sicherstellung der bedarfsgerechten Energieversorgung mit Solaranlagen, unabhängig von Schwankungen der Sonneneinstrahlung in der Weise, daß die bei einer maximalen Sonneneinstrahlung anfallende Überschußwärme gespeichert und bei Sonneneinstrahlungsausfall oder bei hohem Wärmebedarf

138   6 Energiespeicher

wieder abgegeben wird. Mit Hilfe des Speichers wird der Verbrauch fossiler Brennstoffe und damit die CO_2-Emission verringert.

Die folgenden *Arten der Wärmespeicherung* sind gebräuchlich [6.1, 6.3, 6.9]:
- die Speicherung sensibler (fühlbarer) Wärme,
- die Latentwärmespeicherung,
- die thermochemische Energiespeicherung.

Die einfachste und meist verbreitete Form der Wärmespeicherung stellt die Speicherung sensibler thermischer Energie in festen und flüssigen Medien dar. Dabei erfolgt eine Änderung des Speicherenergieinhalts beim Speicherbeladen bzw. -entladen durch eine Steigerung bzw. Senkung der Temperatur des Speichermaterials.

Bei der Latentwärmespeicherung ist eine Erhöhung des Speicherenergieinhalts beim Speicherbeladen durch eine hohe Phasenübergangsenergie verursacht, dabei bleibt die Temperatur des Speichermediums nahezu konstant.

Bei thermochemischer Energiespeicherung wird die Enthalpie der endothermen bzw. exothermen reversiblen chemischen Reaktionen genutzt. Bei dieser Art von Energiespeicherung liegt eine wesentlich höhere Energiedichte gegenüber den beiden anderen Speicherungsformen vor. Die Reaktionen können in allen drei Aggregatzuständen (fest-gas-flüssig bzw. flüssig-gasförmig) verlaufen [6.10, 6.12].

Wärmespeicher lassen sich nach ihrer Temperatur einteilen in:

- *Niedertemperaturspeicher* mit Temperaturen unter 100 °C,
- *Mitteltemperaturspeicher* mit Temperaturen von 100 bis 500 °C und
- *Hochtemperaturspeicher* mit Temperaturen über 500 °C.

Bild 6.2.1 und Bild 6.2.2 zeigen den Tages- und Jahresverläufe der Sonneneinstrahlung E und des Wärmeverbrauchs Q für die Heizung und Brauchwasserversorgung eines Hauses. Von der Tagessumme E der am sonnenreichen Tag sammelbaren Sonnenenergie wird der Teil E_1 direkt zur Deckung des Wärmebedarfs gebraucht und der Teil E_2 in den Speicher eingespeist. In der Nacht muß der Wär-

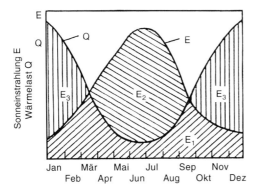

Bild 6.2.1. Jahresverlauf der Sonneneinstrahlung und der Wärmelast

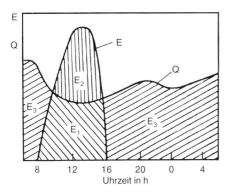

Bild 6.2.2. Tagesgang der Sonneneinstrahlung und des Wärmeverbrauchs

mebedarf Q entweder aus dem Speicher (der Teil E_3) oder durch die Zusatzheizung gedeckt werden. Aus den Jahresgängen der Sonneneinstrahlung E und des Wärmebedarfs Q ist ersichtlich, daß nach wie vor E_1 den Anteil bezeichnet, der direkt zur Wärmebedarfsdeckung verwendet wird. Der im Sommer entstehende Sonnenenergieüberschuß E_2 kann in einem saisonalen Wärmespeicher aufbewahrt werden, um das Energiedefizit E_3 im Winter völlig oder teilweise auszugleichen.

Aufgrund dieser Zusammenhänge zwischen dem Sonnenenergieangebot und dem Wärmebedarf werden die Niedertemperaturspeicher in Solaranlagen sowohl zur kurzzeitigen als auch zur saisonalen Wärmespeicherung verwendet. Die aus dem Speicher abführbare Wärme wird zur Warmwasserbereitung und Raumheizung, sei es direkt in Einfamilienhäusern oder über ein Nah- bzw. Fernwärmeverteilungsnetz für große Regionen, gebraucht.

Im Mitteltemperaturbereich wird Wärme in solarthermischen Anlagen zur Stromerzeugung und zur Prozeßwärmeversorgung verwendet. Eingesetzt werden Druckwasserspeicher, Dampfspeicher, Feststoff- und Thermoölspeicher [6.4, 6.10]. Hochtemperaturspeicher sind erforderlich bei Solarkraftwerken ebenfalls als Feststoff- und Mehrstoffspeicher (z.B. Thermoöl+Gestein+Sand) oder als Speicher mit flüssigem Natrium oder Salzen zur kurzzeitigen oder mehrstündigen Überbrückung von Änderungen der Sonneneinstrahlung.

6.2.1 Wasserwärmespeicher - physikalische Grundlagen und mathematische Modellierung

Physikalische Grundlagen der Wasserwärmespeicher. *Speichermedien* für die Speicherung der fühlbaren (sensiblen) Wärme müssen eine *hohe spezifische Wärmekapazität* aufweisen. Vor allem bei Temperaturen unter 100 °C kommt Wasser mit einer spezifischen Wärmekapazität von 4,187 kJ/kg K in Frage. Oberhalb von 100 °C sind Druckbehälter für Wasserwärmespeicher erforderlich. Zur Wärmespeicherung bei Temperaturen über 100 °C finden andere flüssige Medien, wie z. B. organische Fluide, geschmolzene Salze oder Metalle, Einsatz. Als feste Speichermaterialien sind Beton, Erdreich, Metalle, Mineralien und keramische Mate-

Tabelle 6.2.1. Stoffwerte der Niedertemperatur-Speichermedien [6.10]

Stoff	Dichte ρ, kg/m^3	Wärmeleitzahl λ, W/(m K)	Spez. Wärmekapazität c, J/(kg K)
Granit	2750	2,9	890
Erdreich (grobkiesig)	2040	0,59	1840
Tonboden	1450	1,28	880
Normalbeton	2400	2,1	1000
Wasser	1000	0,68	4187

rialien anwendbar [6.3, 6.9, 6.10, 6.17]. Stoffwerte der Speichermedien für die Niedertemperatur-Wärmespeicherung sind in Tabelle 6.2.1 aufgeführt.

Im Niedertemperaturbereich werden Wasserwärmespeicher und Gestein-Wärmespeicher am häufigsten verwendet [6.7]. Wasserwärmespeicher sind für den Einsatz in Solaranlagen mit Flüssigkeitskollektoren und Gestein-Wärmespeicher in Solaranlagen mit Luftkollektoren geeignet. Bild 6.2.3 stellt eine Ausführungsvariante des Wasserwärmespeichers schematisch dar.

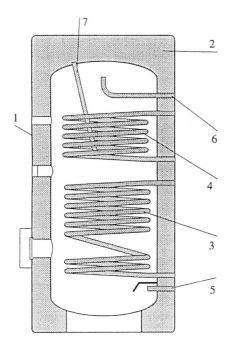

Bild 6.2.3. Schema des Warmwasserspeichers mit inneren Einrichtungen: 1 - Speichermantel, 2 - Wärmedämmung, 3 - Solarkreis - Wärmetauscher, 4 - Zusatzheizung, 5 - Kaltwasseranschluß, 6 - Warmwasserabfuhr, 7 - Opferanode [nach Solar Energie Technik].

Die *Speicherkapazität eines sensiblen Wärmespeichers* errechnet sich wie folgt:

$$Q_s = m \, c \, (T_{max} - T_{min}) \text{ in J}, \tag{6.2.1}$$

wobei m die Masse des Speichermediums in kg, c die spezifische Wärmekapazität des Speichermediums in J/kgK und T_{max} bzw. T_{min} die maximale bzw. minimale Temperatur im Speicher in °C ist.

Man kann die Speicherkapazität auch durch das Volumen V des Speichermediums ermitteln:

$$Q_s = V \, \rho \, c \, (T_{max} - T_{min}) = V \, c' \, (T_{max} - T_{min}) \text{ in J}, \tag{6.2.2}$$

wobei ρ die Dichte des Speichermediums in kg/m³ und c' die volumenbezogene spezifische Wärmekapazität des Speichermediums in J/m³K ist.

Für die massen- bzw. volumenbezogenen Energiedichte des Speichers gilt:

$$q = Q / m = c \, (T_{max} - T_{min}) \text{ in J/kg} \tag{6.2.3}$$

$$\text{bzw. } q_v = Q / V = c' \, (T_{max} - T_{min}) \text{ in J/m}^3 \tag{6.2.4}$$

Die Temperaturverteilung in einem Wärmespeicher wird sehr stark durch die Mischungsvorgänge beeinflußt. In einem vollständig durchgemischten Wasserwärmespeicher ist die Temperatur des Speichermediums gleichmäßig im gesamten Volumen verteilt. Bei richtig geplanter und ausgeführter Wärmeträgerzufuhr und -abfuhr kann eine Schichtung des Speichermediums im Speicher erzielt werden. In diesem Fall ändert sich die Temperaturverteilung im Speicher derart, daß sich das warme Speichermedium im oberen Teil des Wärmespeichers sammelt, während im unteren Teil eine geringere Temperatur herrscht.

Eine *Temperaturschichtung des Speichermediums* im Wärmespeicher bringt bestimmte Vorteile mit sich [6.5-6.7, 6.10]. Im Gegensatz zu den durchgemischten Speichern wird in diesem Fall wenigstens ein Teil des Speichermediums auf eine Temperatur erwärmt, die der Verbrauchertemperatur entspricht. Außerdem wird das Medium mit geringerer Temperatur dem Kollektor zugeführt, wodurch der Wirkungsgrad des Kollektors höher sein wird. Durch diese beiden Faktoren wird insgesamt ein höherer Grad der Sonnenenergienutzung erzielt. Die Voraussetzung zur Temperaturschichtung des Mediums im Wärmespeicher ist die Verhinderung der Durchmischung des Mediums. Beispielsweise in Gestein-Wärmespeichern, die im nächsten Abschnitt besprochen werden, nimmt die Temperatur des Wärmeträgers (Luft) beim Beladen des Wärmespeichers in Strömungsrichtung ab. Dabei erfolgt im Wärmespeicher keine Rückmischung der Luft. Gestein-Wärmespeicher sind immer derart geschichtet, daß in senkrecht angeordneten Speichern die höchste Temperatur im oberen Teil und die niedrigste Temperatur im unteren Teil vorliegt. Beim Entladen wird die kalte Luft von unten nach oben durch die Schüttung im Wärmespeicher geführt, so daß die Luft am Austritt des Speichers die höchst mögliche Temperatur aufweist.

In Warmwasserspeichern ohne Wärmetauscher kann die Temperaturschichtung des Speichermediums Wasser nur durch eine sorgfältige Ausführung der Belade- und Entladevorrichtungen sowie durch eine zweckmäßige Auswahl

142   6 Energiespeicher

des Massenstroms erzielt werden [6.5, 6.6]. Dabei muß die Durchmischung des Wassers minimiert werden. Eine sogenannte Low-Flow Betriebsweise, bei welcher der Kollektor mit einem geringen Massenstrom des flüssigen Wärmeträgers arbeitet, begünstigt die Temperaturschichtung des Speichermediums im Wärmespeicher. Die damit verbundenen Vorteile sind oben erläutert worden.

Ein vollständig durchgemischter Wasserwärmespeicher mit direktem Anschluß an die Kollektorvorlaufrohrleitung sowie an den Wärmeabnehmer ist in Bild 6.2.4 a schematisch dargestellt. Da dabei die Kollektormedium-Eintrittstemperatur T_{ein} der Wärmespeichertemperatur T_s gleich ist, läßt sich *die Beladeleistung* des Wärmespeichers wie folgt ermitteln:

$$\dot{Q}_{be} = \dot{Q}_k = \delta_k (\dot{m}c_p)_k (T_{aus} - T_s) \text{ in W,} \qquad (6.2.5)$$

wobei δ_k der Steuerungsparameter, $\dot{m}_k$ der Massenstrom im Kollektorkreislauf in kg/s, c_{pk} die spezifische Wärmekapazität des Wärmeträgermediums im Kollektorkreislauf in J/kgK, T_{aus} die Kollektoraustrittstemperatur in °C und T_s die einheitliche Temperatur im durchgemischten Wärmespeicher in °C ist.

Die Entladung des Wärmespeichers erfolgt durch den Wärmelastkreislauf mit dem Massenstrom $\dot{m}_L$ und der Rücklauftemperatur $T_{rück}$ des Wärmeträgermediums im Kreislauf. Für *die Entladeleistung* des Wärmespeichers gilt:

$$\dot{Q}_{ent} = \dot{Q}_L = \delta_L (\dot{m}c_p)_L (T_s - T_{rück}) \text{ in W} \qquad (6.2.6)$$

Der Parameter δ ist gleich 1 bei eingeschalteter und 0 bei ausgeschalteter Pumpe.

Bei *Zweikreis-Solaranlagen* wird im Kollektor ein frostsicherer Wärmeträger verwendet und zur Wärmeübergabe auf das Speichermedium wird ein Wärmetauscher benötigt. Entsprechend wird noch ein Wärmetauscher auf der Verbraucherseite genutzt. Die beiden Wärmetauscher können entweder innerhalb oder außerhalb des Wärmespeichers untergebracht werden [6.10].

Bild 6.2.4 b stellt einen Warmwasserspeicher mit internen Wärmetauschern zur Be- und Entladung des Speichers schematisch dar. In diesem Fall ist die Kollektoreintrittstemperatur T_{ein} der Wärmespeichertemperatur T_s nicht gleich, deshalb gilt für die *Beladeleistung* $\dot{Q}_{be}$ *des Wärmespeichers* ist gleich der Nutzwärmeleistung $\dot{Q}_k$ des Kollektors:

$$\dot{Q}_{be} = \delta_k (\dot{m}c_p)_k (T_{aus} - T_{ein}) \text{ in W} \qquad (6.2.7)$$

Der Temperaturabfall im Wärmetauscher, der innerhalb des Wärmespeichers angeordnet ist, läßt aus der folgenden Gleichung errechnen:

$$T_{aus} - T_{ein} = (T_{aus} - T_s)\{1 - \exp[-(KA)_w/(\dot{m}c_p)_k]\}, \qquad (6.2.8)$$

wobei K_w der Wärmedurchgangskoeffizient des Wärmetauschers im Kollektorkreis in W/(m²K) und A_w die Heizfläche des Wärmetauschers im Kollektorkreis in m² ist.

Die *Entladeleistung* $\dot{Q}_{ent}$ *des Wärmespeichers*, die mittels eines internen Wärmetauschers dem Speichermedium entzogen wird, ist gleich der momentanen Wärmelast $\dot{Q}_L$:

$$\dot{Q}_{ent} = \delta_L (\dot{m}c_p)_L (T_{vor} - T_{rück}) \text{ in W,} \qquad (6.2.9)$$

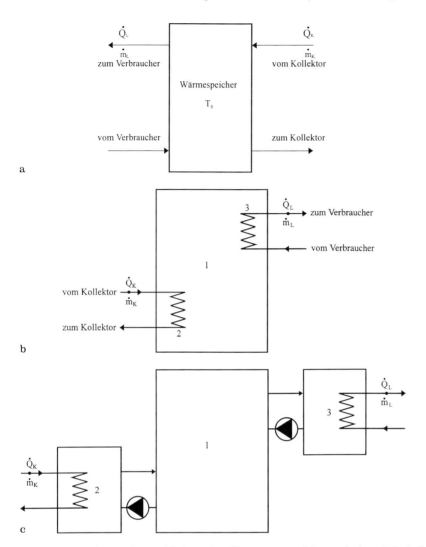

Bild 6.2.4. Varianten der Verbindung des Warmwasserspeichers mit dem Solarkollektor und dem Verbraucher: a) direkter Anschluß (**a**), mit internen (**b**) bzw. externen (**c**) Be- und Entlade-Wärmetauschern: 1 - Warmwasserspeicher, 2 - Wärmetauscher im Kollektorkreis, 3 - Wärmetauscher im Verbraucherkreis

dabei ist T_{vor} bzw. $T_{rück}$ die Vorlauf- bzw. Rücklauftemperatur im Wärmelastkreislauf.

Für die Temperaturerhöhung ΔT des Wärmelastkreislauf-Mediums im Wärmetauscher mit einem Wärmedurchgangskoeffizienten K_w und einer Heizfläche A_w gilt

$$\Delta T = T_{vor} - T_{rück} = (T_s - T_{rück}) \{1 - \exp[-(KA)_w / (\dot{m}c_p)_L]\} \qquad (6.2.10)$$

Bild 6.2.4 c stellt einen Warmwasserspeicher mit externen Wärmetauschern zur Be- und Entladung des Speichers schematisch dar.

Die Energiebilanz für einen Wärmetauscher im Kollektorkreis lautet: Die von dem Kollektorwärmeträgermedium im Wärmetauscher abgegebene Wärmeleistung ist gleich der Wärmeleistung, die dabei durch das Speichermedium aufgenommen wird. Die im Wärmetauscher übertragene Wärmeleistung ist gleichzeitig die Beladeleistung des Wärmespeichers.

Demnach läßt sich die Beladeleistung des Wärmespeichers aus der folgenden Energiebilanz errechnen:

$$\dot{Q}_{be} = (\dot{m}c_p)_k (T_{aus} - T_{ein}) = (\dot{m}c_p)_s (T_{s,aus} - T_{s,ein}) \text{ in W}, \quad (6.2.11)$$

wobei m_s der Massenstrom des Speichermediums im Wärmetauscher in kg/s, c_{ps} die spezifische Wärmekapazität des Speichermediums in J/kgK und $T_{s,ein}$ bzw. $T_{s,aus}$ die Eintritts- bzw. Austrittstemperatur des Speichermediums im Wärmetauscher in °C ist.

Bei der Berechnung von Wärmetauschern wird üblicherweise die Betriebscharakteristik ε verwendet (vgl. Kapitel 2). Die B*eladeleistung eines Wärmespeichers* kann nun wie folgt bestimmt werden:

$$\dot{Q}_{be} = \varepsilon (\dot{m}c_p)_k (T_{aus} - T_{s,ein}) \text{ in W} \quad (6.2.12)$$

Eine ähnliche Gleichung läßt sich für die Entladeleistung, die mittels eines externen Wärmetauschers im Kreislauf des Wärmeverbrauchers dem Speichermedium entzogen wird, aufstellen.

Bild 6.2.5 a bzw. Bild 6.2.5 b zeigt die Temperatursteigerung während des Beladens eines vollständig durchgemischten bzw. geschichteten Wasserwärmespeichers.

Dabei bezeichnen $T_{k,v}$ und $T_{k,r}$ die Kollektorvorlauf- und -rücklauftemperaturen, T_s die Temperatur des durchgemischten Speichers und $T_{s,o}$, $T_{s,m}$ und $T_{s,u}$ die Temperatur im oberen, mittleren und unteren Teil des geschichteten Speichers.

Mathematische Modellierung der Wasserwärmespeicher. Ein vollständig durchgemischter Wasserwärmespeicher ist durch eine einheitliche Temperatur T_s im gesamten Volumen V gekennzeichnet. Sie ist nur zeitabhängig. *Ein eindimensionales Modell des durchgemischten Wärmespeichers* läßt sich aufgrund einer momentanen Energiebilanz in der folgenden Form darstellen:

$$dU_s = \dot{Q}_{d,zu} - \dot{Q}_{d,ab} + \dot{Q}_{w,zu} - \dot{Q}_{w,ab} - \dot{Q}_{s,v} \text{ in W}, \quad (6.2.13)$$

wobei dU_s die Änderung der inneren Energie des Wärmespeichers, $\dot{Q}_{d,zu}$ bzw. $\dot{Q}_{d,ab}$ der direkt zu- bzw. abgeführter Wärmestrom, $\dot{Q}_{w,zu}$ bzw. $\dot{Q}_{w,ab}$ der Wärmestrom, der mittels inneren Wärmetauschern zu- bzw. abgeführt wird, und $\dot{Q}_{s,v}$ = Wärmeverluststrom ist.

Das Modell eines vollständig durchgemischten Wasserwärmespeichers mit direkter Wärmezufuhr aus einem Kollektor (Massenstrom $\dot{m}_k$, Austrittstemperatur $T_{k,aus}$), mit der Wärmeabfuhr an einen Verbraucher (Massenstrom $\dot{m}_L$, Rücklauftemperatur $T_{rück}$) und einer Zusatzheizung (Wärmeleistung $\dot{Q}_{zus}$) ist in Bild 6.2.6 veranschaulicht.

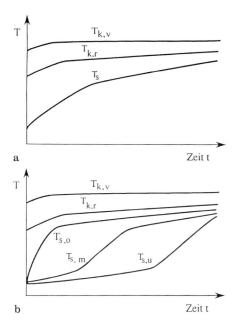

Bild 6.2.5. Temperaturverlauf in einem vollständig durchgemischten (**a**) und geschichteten (**b**) Warmwasserspeicher während des Beladens

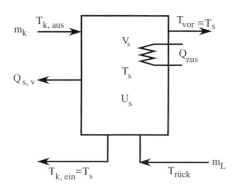

Bild 6.2.6. Modell eines vollständig durchgemischten Warmwasserspeichers

Mit den entsprechenden Ansätzen für die Terme der Gleichung (6.2.13) gilt:

$$V_s \rho_s c_{ps} dT_s/dt = \delta_k (\dot{m}c_p)_k (T_{k,aus} - T_s) - \delta_L (\dot{m}c_p)_L (T_s - T_{rück}) + \dot{Q}_{zus} - K_s A_s (T_s - T_u) \text{ in W}, \qquad (6.2.14)$$

wobei V_s das Speichervolumen in m³, $\dot{m}$ der Massenstrom in kg/s, T die Temperatur in °C, δ_k und δ_L der Parameter (1 bei eingeschalteter Pumpe bzw. 0 bei ausgeschalteter Pumpe im Kollektor- bzw. Wärmelast-Kreislauf) ist.

Die Indizes bezeichnen: s - Speicher oder Speichermedium, k - Kollektor, zus - Zusatzheizung, L - Wärmelast, rück - Rücklauf.

Die Gleichung (6.2.14) kann mit Hilfe des Differenzenverfahrens nach der *Speichertemperatur* T_s aufgelöst werden. Dabei läßt sich T_s für jede Stunde der Simulation aus der folgenden Gleichung berechnen:

$$T_{s,n+1} = T_{s,n} + (\Delta t / V_s \rho_s c_{ps})[\dot{Q}_k + \dot{Q}_{zus} - \dot{Q}_L - K_s A_s(T_u - T_s)] \text{ in } °C, \quad (6.2.15)$$

wobei $T_{s,n}$ bzw. $T_{s,n+1}$ die Speichertemperatur zu dem Zeitpunkt t bzw. t+Dt in °C, Δt das Zeitinterval von 1 h und $\dot{Q}_k$, $\dot{Q}_{zus}$ bzw. $\dot{Q}_L$ der stündliche Wärmestrom von dem Solarkollektor, der Zusatzheizung bzw. an die Verbraucher (Wärmelast) in Wh/h ist.

Im allgemeinen Fall wird die Temperatur in einem Warmwasserspeicher nicht gleichmäßig verteilt. Deshalb ist es sinnvoll, ein Modell des geschichteten Wasserwärmespeichers zu erstellen. Dafür wird der Wärmespeicher in n vollständig durchgemischten Schichten jeweils vom gleichen Volumen V_i aufgeteilt (Bild 6.2.7 a). Das Modell der i-ten Schicht des Speichers ist in Bild 6.2.7 b veranschaulicht. Für jede Schicht i mit einer jeweils einheitlichen Temperatur T_i wird eine momentane Energiebilanz in Form einer Differentialgleichung, die der Gleichung (6.2.14) für den durchgemischten Wärmespeicher ähnlich ist, aufgestellt. Die Differentialgleichungen für die einzelnen Schichten enthalten nun zusätzliche Terme, die die Massen- und Wärmeströme von bzw. zu den Nachbarschichten berücksichtigen. Deshalb unterscheiden sich die Differentialgleichungen für die obere Schicht (i=1), mittlere Schichten (i von 2 bis n-1) und die untere Schicht (i=n) des Wärmespeichers voneinander.

Die momentane Energiebilanz für die i-te Schicht des geschichteten Speichers läßt sich im allgemeinen wie folgt beschreiben:

$$dU_i = \dot{Q}_{i,d,zu} + \dot{Q}_{i,wt,zu} - \dot{Q}_{i,d,ab} - \dot{Q}_{i,wt,aus} - \dot{Q}_{i,s,v} + \dot{Q}_{i,l} + \dot{Q}_{i,k} \text{ in W} \quad (6.2.16)$$

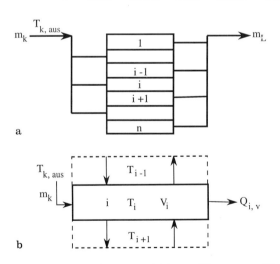

Bild 6.2.7. Modell eines geschichteten Warmwasser-Wärmespeichers

Alle Terme mit Ausnahme von zwei zusätzlichen Termen in der Gleichung (6.2.16) sind denen in Gleichung (6.2.13) analog. Der Term $\dot{Q}_{i,l}$ stellt den Netto-Wärmestrom durch Wärmeleitung und natürliche Konvektion zwischen den Nachbarschichten i-1, i und i+1 berücksichtigt, und der Term $\dot{Q}_{i,k}$, der den Netto-Wärmestrom durch erzwungene Konvektion zwischen diesen Schichten berücksichtigt. Nun werden nur diese Zusatzterme wie folgt behandelt.

Der Wärmestrom durch Wärmeleitung und natürliche Konvektion gemeinsam wird mittels der effektiven Wärmeleitzahl λ_{eff} berechnet:

$$\dot{Q}_i = -A_q \lambda_{eff}\, dT/dz \text{ in W} \qquad (6.2.17)$$

wobei A_q die Querschnittsfläche des Speichertanks, dT/dz der Temperaturgradient und z die vertikale Koordinate (von oben nach unten) ist.

Die effektive Wärmeleitzahl λ_{eff} setzt sich aus der Wärmeleitzahl λ des Mediums und aus dem konvektiven Zuschlag λ_k zusammen:

$$\lambda_{eff} = \lambda + \lambda_k \text{ in W/m K} \qquad (6.2.18)$$

Für den Wärmestrom durch Wärmeleitung und natürliche Konvektion zwischen den Nachbarschichten mit einer Höhe h und einer effektiven Wärmeleitzahl λ_{eff} gilt:

$$Q_{i-1,i} - Q_{i,i+1} = A_q \lambda_{eff}/h\, [(T_{i-1}-T_i) + (T_{i+1}-T_i)] \text{ in W} \qquad (6.2.19)$$

Die Wärmeströme durch die erzwungene Konvektion zwischen den Nachbarschichten lassen sich wie folgt berechnen. Für jede Schicht des Speichers (i von 1 bis n) wird eine Massenstrombilanz aufgestellt. Für den Wärmekapazitätsstrom aus der Schicht i-1 in die Schicht i bzw. aus der Schicht i in die Schicht i+1 gilt:

$$C_{i-1} = (\dot{m} c_p)_{i-1} \text{ in W/K} \qquad (6.2.20)$$

$$\text{bzw. } C_i = (\dot{m} c_p)_i \text{ in W/K}, \qquad (6.2.21)$$

wobei m der Massenstrom und c_p die spezifische Wärmekapazität ist.

Bei vorhandenen externen Anschlüssen müssen auch diese Wärmeströme berücksichtigt werden.

Der Netto-Wärmestrom $\dot{Q}_{i,k}$ für die i-te Schicht läßt sich wie folgt berechnen:

$$\dot{Q}_{i,k} = 0{,}5\, \{[|C_{i-1}| + C_{i-1}]T_{i-1} + [|C_i| - C_i]T_{i+1} + [C_{i-1} - |C_{i-1}| - C_i - |C_i|]T_i\} \text{ in W}$$
$$(6.2.22)$$

Die übrigen Terme in der Gleichung (6.2.16) errechnen sich nach den Ansätzen, die im Modell des durchgemischten Speichers oben angegeben sind. Man muß nur die Temperatur T_i der Schicht anstelle T_s einsetzen.

6.2.2 Feststoff-Wärmespeicher - physikalische Grundlagen und mathematische Modellierung

Physikalische Grundlagen der Feststoff-Wärmespeicher. In Solaranlagen mit Luftkollektoren werden in der Regel Gestein-Wärmespeicher mit einem Schüttbett

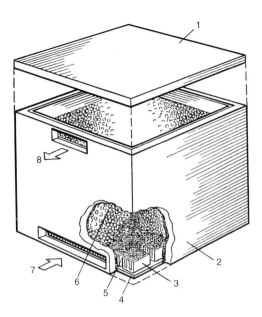

Bild 6.2.8. Aufbau eines Gesteinschüttung-Wärmespeichers: 1 - Decke, 2 - Speicherbehälter, 3 - Stützbetonblock mit Luftkanälen, 4 - Wärmedämmung, 5 - Drahtgitter, 6 - Gesteinschüttung, 7 - Kaltluftöffnung, 8 - Warmluftöffnung

von Kies, Schotter, Geröll u.a. als Speichermaterial verwendet [6.7]. Bild 6.2.8 zeigt den Aufbau eines Gestein-Wärmespeichers, und Bild 6.2.9 veranschaulicht seinen Temperaturverlauf während des Beladens.

Ein *Schüttbett-Wärmespeicher* verwertet die Wärmekapazität einer Anhäufung von locker gepacktem körnigem Material. Dieses wird von einem Luftstrom durchströmt, um Wärme in das Bett oder aus dem Bett zu transportieren. Der volumenspezifische Wärmeübergangskoeffizient α_v zwischen Luft und Feststoff ist groß genug, infolgedessen sowie aufgrund der großen gesamten Fläche der Feststoffpartikel ist die Temperaturdifferenz zwischen Luft und Feststoff bei Wärmezufuhr und -abfuhr gering. Die Wärmeleitfähigkeit der Schüttung ist dagegen gering und deshalb sind die Wärmeverluste im Stillstand in Abwesenheit des Luftstroms über kurze Perioden vernachlässigbar klein. Der Schüttbettspeicher ist naturgemäß ein geschichteter Wärmespeicher. Bei gewöhnlicher vertikaler Aufstellung wird der heiße Luftstrom zum Beladen des Speichers von oben und der kalte Luftstrom zum Entladen von unten zugeleitet. Die Temperatur des oberen Teils des Wärmespeichers wird immer höher als die des unteren Teils. Schüttbettspeicher werden manchmal mit horizontaler Luftströmung ausgeführt. In diesem Fall wird der heiße Luftstrom zum Beladen des Speichers von einer Seite zugeführt und aus entgegengesetzter Seite abgeführt, so daß der Temperaturgradient immer gegen die Luftströmungsrichtung (beim Beladen des Wärmespeichers) gerichtet ist.

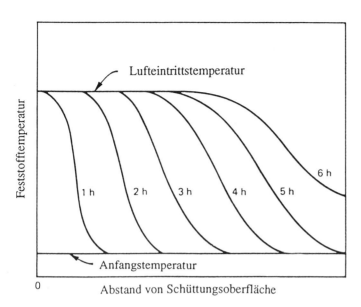

Bild 6.2.9. Temperaturverlauf in einem Schüttbett-Wärmespeicher während des Beladens

Die Wärmeleistung, die vom Luftstrom auf den Feststoff beim Beladen des Schüttbettspeichers übertragen wird, läßt sich wie folgt berechnen:

$$\dot{Q} = \alpha_v \, V \, (T_1 - T_f) \text{ in W,} \qquad (6.2.23)$$

wobei α_v der volumenbezogene Wärmeübergangskoeffizient zwischen dem Luftstrom und den Feststoffpartikeln in W/m³K, V das Volumen des Feststoffs in m³ und T_1 bzw. T_f die Temperatur des Luftstroms bzw. der Feststoffpartikel in °C ist.

Der volumenbezogene Wärmeübergangskoeffizient zwischen dem Luftstrom und den Partikeln im Schüttbettspeicher läßt sich wie folgt berechnen [6.7]:

$$\alpha_v = 650 \, (\rho \, w \, / \, d)^{0{,}7} \text{ in W/m}^3\text{K,} \qquad (6.2.24)$$

wobei ρ die Dichte der Luft in kg/m³, w die Geschwindigkeit der Luft in m/s und d der gleichwertige Durchmesser der Feststoffteilchen in m ist.

Für den gleichwertigen Durchmesser der Feststoffpartikel gilt:

$$d = [6 \, V(1-\varepsilon) \, / \, \pi \, n]^{1/3} \text{ in m,} \qquad (6.2.25)$$

wobei ε die Porosität (relatives Leerraumvolumen) des Schüttbetts und n die Anzahl der Partikel im Schüttbett ist.

Mit dem Wärmeübergangskoeffizienten α, Partikelradius R und der Wärmeleitfähigkeit λ wird die Biot-Zahl $Bi = \alpha R/\lambda$ für die Feststoffpartikel berechnet. Die Biot-Zahl stellt das Verhältnis des inneren thermischen Widerstands R/λ eines Partikels zum äußeren Widerstand $1/\alpha$ dar. Bei $Bi \leq 0{,}1$ ist der innere thermische Widerstand des Partikels im Vergleich zum äußeren Widerstand gering und damit sind die internen Temperaturgradienten im Partikel vernachlässigbar.

Der Druckverlust in einem Schüttbettspeicher kann im Bereich 100<Re<13000 aus der folgenden Gleichung berechnet werden (nach Cole, zitiert nach [6.7]):

$$\Delta p = \rho\, w^2\, (L/d)\, [(1-\varepsilon)^2 / Re\, \varepsilon^3][1{,}24\, Re/(1-\varepsilon) + 368] \text{ in Pa}, \qquad (6.2.26)$$

wobei L die Länge (Höhe) des Schüttbetts in Strömungsrichtung in m, d der gleichwertige Durchmesser der Feststoffteilchen in m, w die Luftgeschwindigkeit in m/s, ε die Porosität des Schüttbetts (von 0,35 bis 0,5), Re = wd/ν die Reynolds-Zahl und ν die kinematische Viskosität der Luft in m^2/s ist.

Für die Partikel mit einer unregelmäßigen Form wird ein Formfaktor f benutzt, um die Abweichung von der Kugelform in strömungstechnischen Berechnungen zu berücksichtigen. Der Formfaktor f ist das Verhältnis der Partikelfläche zur Fläche einer gleichgroßen Kugel. Es gibt keine sicheren Angaben über f-Werte, aber man kann bestimmte Näherungswerte benutzen, so kann z.B. für runde Kiespartikel f = 1,5, bei gebrochenen Granitpartikeln f = 2,5 für kleine Partikel und 1,5 für Partikel ab 50 mm angenommen werden.

Mit den bekannten Werten von ε und f gilt für den Druckverlust [6.7]:

$$\Delta p = \rho\, w^2\, (L/d)\, (1-\varepsilon)\, f/\varepsilon^{3/2}\, [4{,}74 + 166\,(1-\varepsilon)\, f/\varepsilon^{3/2}\, Re] \text{ in Pa} \qquad (6.2.27)$$

Bei unbekannten Werten von ε und f gilt die folgende vereinfachte Gleichung [6.8]:

$$\Delta p = \rho\, w^2\, (L/d)\, (21 + 1750/Re) \text{ in Pa} \qquad (6.2.28)$$

Bild 6.2.10 zeigt das Druckgefälle $\Delta p/L$ pro m Länge des Betts und den volumenbezogenen Wärmeübergangskoeffizienten α_v für den Schüttbettspeicher in Abhängigkeit von der Luftgeschwindigkeit und von dem Partikeldurchmesser.

Die gesamte Fläche der Partikel im Schüttbett ist:

$$A_p = 6\,(1-\varepsilon)\, V\, f/d \text{ in m}^2 \qquad (6.2.29)$$

Der flächenbezogene Wärmeübergangskoeffizient α errechnet sich aus:

$$\alpha = \alpha_v\, d/6\,(1-\varepsilon)\, f \text{ in W/(m}^2\text{K)} \qquad (6.2.30)$$

Betrachten wir die Wärmeübertragung in einem Schüttbettspeicher mit der gesamten Betthöhe H, der in n gleichen Schichten der Länge $\Delta x = H/n$ aufgeteilt ist. Bild 6.2.11 stellt das Diskretisierungsschema des Schüttbettspeichers bei der mathematischen Modellierung dar. Wegen der geringen Wärmeleitfähigkeit der Schüttung können die radialen Temperaturgradienten vernachlässigt werden, so daß sich jede Schicht i zum gegebenen Zeitpunkt t durch eine einheitliche Temperatur des Feststoffes $T_{f,i}$ kennzeichnen läßt.

Die momentane Energiebilanz für die i-te Schicht des Schüttbettspeichers beim Beladen (Wärmezufuhr mit heißem Luftstrom) läßt sich mit folgender Differentialgleichung beschreiben:

$$(1-\varepsilon)\, \rho_f\, c_f\, V_i\, dT_{f,i}/dt = \alpha_v\, V_i\, (T_{l,i-1} - T_{f,i}) - \dot{Q}_{v,i} \text{ in W}, \qquad (6.2.31)$$

wobeir ρ_f die Dichte des Feststoffs in kg/m^3, c_f die spezifische Wärmekapazität des Feststoffs in J/kg K, V_i das Volumen der i-ten Schicht in m^3, $T_{f,i}$ die Temperatur

6.2 Wärmespeicher für Niedertemperatur-Solaranlagen   151

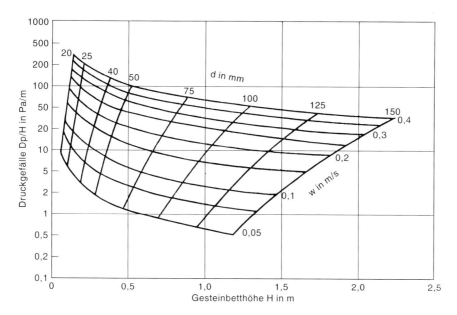

Bild 6.2.10. Druckgefälle Δp/L pro m Länge der Schüttung und volumenbezogener Wärmeübergangskoeffizient α_v für den Schotterbett-Wärmespeicher in Abhängigkeit von der Luftgeschwindigkeit w. Partikelgröße: von 20 bis 150 mm

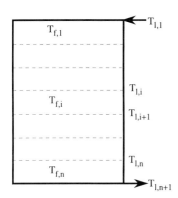

Bild 6.2.11. Modell des Feststoff-Wärmespeichers

des Feststoffs in °C, t die Zeit in s, $T_{l,i-1}$ die Temperatur des Luftstroms aus der i-1-ten Schicht in °C und $\dot{Q}_{v,i}$ = Wärmeverlustleistung der i-ten Schicht an die Umgebung in W ist.

Für *die Wärmeverlustleistung* der i-ten Schicht an die Umgebung gilt:

$$\dot{Q}_{v,i} = K_s (T_{f,i} - T_u) \Delta x \, U \text{ in W}, \qquad (6.2.32)$$

wobei K_s der Wärmeverlustkoeffizient des Speichers in W/m² K, T_u die Temperatur der Umgebung des Speichers in °C, Δx die Höhe der i-ten Schicht in m und U der Umfang des Speicherquerschnitts in m ist.

Da die spezifische Wärmekapazität der Luft im Vergleich zu der des Feststoffs vernachlässigt werden kann, ergibt sich die folgende Energiebilanz für die i-te Schicht des Speichers beim Beladen:

$$\dot{Q} = (\dot{m}c_p)_k (T_{1,i-1} - T_{1,i}) = \alpha_v V_i (T_{1,i-1} - T_{f,i}) \qquad (6.2.33)$$

Daraus folgt für *die Lufttemperatur in der i-ten Schicht* des Speichers:

$$T_{1,i} = T_{1,i-1} - \alpha_v V_i (T_{1,i-1} - T_{f,i}) / (\dot{m}c_p)_k, \qquad (6.2.34)$$

wobei $T_{1,i}$ bzw. $T_{1,i-1}$ die Lufttemperatur in i-ter bzw. i-1-ter Schicht in °C, $T_{f,i}$ die Feststofftemperatur in i-ter Schicht in °C, $\dot{m}_k$ der Massenstrom der Luft im Kollektor in kg/s und c_{pk} die spezifische Wärmekapazität der Luft in J/kg K ist.

Die Gleichungen (6.2.31) bzw. (6.2.34) stellen jeweils ein System von n algebraischen Gleichungen mit n unbekannten Feststofftemperaturen $T_{f,i}$ bzw. mit n unbekannten Lufttemperaturen $T_{1,i}$ dar.

Für das Entladen des Schüttbettspeichers, wenn Wärme aus dem Speicher mit einem Luftstrom abgeführt wird, lassen sich ähnliche Gleichungen herleiten.

Wenn der Wärmeübergangskoeffizient α_v zwischen dem Luftstrom und den Partikeln groß und die Biot-Zahl (Bi < 0,1) klein ist, ist die Temperaturdifferenz zwischen dem Luftstrom und den Partikeln gering. Die Lufttemperatur $T_{1,i}$ am Ausgang aus der i-ten Schicht ist nun gleich der örtlichen Feststofftemperatur $T_{f,i}$. Die Gleichungen (6.2.32) und (6.2.34) lassen sich in folgender Differentialgleichung zusammenfassen:

$$(1 - \varepsilon) \rho_f c_f V_i \, dT_{f,i}/dt = (\dot{m}c_p)_k (T_{f,i-1} - T_{f,i}) - \dot{Q}_{v,i} \qquad (6.2.35)$$

Dies stellt ein vereinfachtes System aus n Gleichungen mit n unbekannten Temperaturen des Feststoffs $T_{f,i}$ (gleich der Temperatur $T_{1,i}$ des Luftstroms) dar. Es läßt sich mit Hilfe des Differenzenverfahrens, das in Kapitel 2 beschrieben ist, lösen.

Im Innern des Schüttbettspeichers kann ein Wärmetauscher für die Wärmezufuhr oder -abfuhr untergebracht werden. Die Wärmeleistung, die mittels des Wärmetauschers dem Speicher zugeführt wird, läßt sich wie folgt berechnen:

$$\dot{Q}_w = \delta_w (\dot{m}c_p)_w (T_{ein} - T_{aus}) \text{ in W}, \qquad (6.2.36)$$

wobei δ_w der Steuerungsparameter ($\delta_w = 1$, Massenstrom des Wärmeträgers $\dot{m}_w > 0$, sonst 0), $\dot{m}_w$ der Massenstrom des Wärmeträgers in kg/s, c_{pw} die spezifische Wärmekapazität des Wärmeträgers in J/kg K und T_{ein} bzw. T_{aus} = Eintritts- bzw. Austrittstemperatur des Wärmeträgers in °C ist.

Bei Wärmeabfuhr aus dem Wärmespeicher müssen die Temperaturen in den Klammern vertauscht werden.

Für die Wassererwärmung in einer Solaranlage mit Luftkollektoren ist ein Wärmetauscher in Form einer Rippenrohrschlange geeignet. Die Rohrschlange wird im Speicher durch den Luftstrom im Querstrom umströmt. Für die Austrittstemperatur $T_{w,aus}$ des Wassers gilt:

$$T_{w,aus} = T_{w,ein} (1 - \varepsilon) + \varepsilon T_{1,ein} \text{ in } °C, \qquad (6.2.37)$$

wobei $T_{w,ein}$ die Eintrittstemperatur des Wassers in °C, ε die Betriebscharakteristik des Wärmetauschers und $T_{1,ein}$ = Temperatur des Luftstroms am Eintritt zur Sektion mit Wärmetauscher in °C ist.

Nur mit Langzeit-Wärmespeichern, die auch saisonale oder Jahres-Wärmespeicher genannt werden, kann Heizung mit Sonnenenergie in Verknüpfung mit Nahwärmeversorgungssystemen wirtschaftlich sichergestellt werden. Dafür wird die im Sommer überschüssige Solarwärme für den Winter aufgehoben. Die bisher gebauten und geplanten *Langzeit-Wärmespeicher*, z.B. Wasserwärmespeicher in Form von Stahl- und Betonbehältern, wassergefüllten Kavernen und Erdbecken, sowie Erdreichspeicher in Granit, Lehm, Grund und Aquifer, besitzen ein Volumen zwischen 500 m³ und 1.200.000 m³. Langzeit-Wärmespeicher werden in Kapitel 11 eingehend besprochen.

Gewisse Vorteile in Hinsicht der Speicherkapazität und Raumausnutzung bieten *Zwei- und Mehrstoff-Wärmespeicher*. In Bild 6.2.12 ist ein Speicher schematisch dargestellt, in dem drei Speichermedien - Wasser, Gestein und Beton - gebraucht werden.

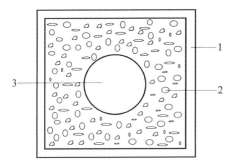

Bild 6.2.12. Mehrstoffspeicher: 1 - Betonbehälter, 2 - Gesteinschüttung, 3 - Wassertank

Beispiel 6.2.1

Für einen Schüttbettspeicher sollen die Abmessungen H, L und B, der Druckabfall Δp und der volumen- bzw. flächenbezogener Wärmeübergangskoeffizient α_v und α zwischen dem Luftstrom und Partikeln im Speicher berechnet werden. Die gespeicherte Wärmemenge Q_s soll 80 MJ betragen. Die minimale und die maximale Temperatur im Speicher sind: $T_{min} = T_{s,anf} = 30$ °C und $T_{max} = T_{s,end} = 50$ °C.

Der Luftstrom $\dot{V}$ beträgt 650 m³/h und die Luftgeschwindigkeit w ist 0,07 m/s. Das Speichermaterial ist Kies mit einem gleichwertigen Partikeldurchmesser d von 20 mm und einem Formfaktor f von 1,5. Die Porosität ε des Schüttbetts beträgt 0,4.

Lösung:

1. a) Die Stoffwerte der Luft bei der mittleren Temperatur von 40 °C sind:
Dichte $\rho_L = 1,112$ kg/m³, kinematische Viskosität $\nu_L = 17,17 \cdot 10^{-6}$ m²/s.
b) Die Stoffwerte des Kieses sind: spezifische Wärmekapazität c = 0,84 kJ/kg K, Dichte $\rho = 1600$ kg/m³.

2. Berechnung des Volumens und der Maße des Speichers:

$$V = Q_s / \rho\, c\, (1 - \varepsilon)\, (T_{max} - T_{min}) = 80000 / 1600 \cdot 0,84\, (1 - 0,4)\, (40 - 20)$$
$$= 4,96 \text{ m}^3$$

Die Querschnittsfläche des Speichers ist A = $\dot{V}$ / 3600 w = 650 / 3600 0,07 = 2,58 m²

Die Höhe des Speichers beträgt H = V/A = 4,96 m³ / 2,58 m² = 1,92 m.
Mit A = L B = 2,58 m² und L = 2 B gilt: B = $\sqrt{(0,5\, A)}$ = 1,135 m und L = 2,27 m.

3. Mit der Reynolds-Zahl Re = w d / ν_L = 0,07·0,02 / 17,17·10⁻⁶ = 81,54 kann der Druckabfall Δp im Schüttbettspeicher nach den folgenden Formeln berechnet werden:

a) $\Delta p = \rho_L\, w^2\, (H/d)\, [(1 - \varepsilon)^2 / Re\, \varepsilon^3]\, [1,24\, Re / (1 - \varepsilon) + 368] = 19,4$ Pa

b) $\Delta p = \rho_L\, w^2\, (H/d)\, (1 - \varepsilon)\, f / \varepsilon^{1,5}\, [4,74 + 166\, (1 - \varepsilon)\, f / \varepsilon^{1,5}\, Re] = 1,112 \cdot 0,07^2$ (1,92/0,02) (1-0,4) 1,5/0,4^{1,5} [4,74 + 166 (1 - 0,4) 1,5 / (0,4^{1,5} 81,54)] = 22,3 Pa

c) $\Delta p = \rho_L\, w^2\, (H/d)\, (21 + 1750/Re) = 1,112\, 0,07^2\, (1,92/0,02)\, (21 + 1750/81,54)$
= 22,2 Pa.

4. Volumenbezogener Wärmeübergangskoeffizient zwischen dem Luftstrom und Partikeln im Speicher ist:

$$\alpha_v = 650\, (\rho_L\, w / d)^{0,7} = 650\, (1,112 \cdot 0,07 / 0,02)^{0,7} = 1682,8 \text{ W/(m}^3\text{K)}.$$

5. Flächenbezogener Wärmeübergangskoeffizient im Speicher ist:

$$\alpha = \alpha_v\, d / [6\, (1 - \varepsilon)\, f] = 1682,8 \cdot 0,02 / [6\, (1 - 0,4)\, 1,5] = 6,23 \text{ W/(m}^2\text{K)}.$$

Beispiel 6.2.2

Es soll die Speicherkapazität eines Zweistoff-Wärmespeichers bestimmt werden. Den Speicher stellt ein wärmegedämmter Betontank mit einem Wasserinhalt von 20 m³ dar. Das Betonvolumen beträgt 2 m³. Die Temperaturspreizung ΔT beträgt 50 K.

Lösung:

Stoffwerte des Betons und des Wassers:
Dichte $\rho_b = 2400$ kg/m³ bzw. $\rho_w = 1000$ kg/m³, spezifische Wärmekapazität c_b = 1000 J/kgK bzw. $c_{pw} = 4187$ J/kg K.

6.3 Latentwärmespeicher – Kenngrößen, Speichermedien, Wärmeübertragung   155

Für die Speicherkapazität dieses Zweistoff-Wärmespeichers gilt:

$Q_s = (V_b\, \rho_b\, c_b + V_w\, \rho_w\, c_{pw})\, \Delta T = (2\,2400\,1000 + 20 \cdot 1000 \cdot 4187)\,50$
$= 4427$ MJ.

6.3 Latentwärmespeicher - Kenngrößen, Speichermedien, Wärmeübertragung

Speicherkapazität und Energiedichte eines Latentwärmespeichers. Für die Wärmespeicherung sind die *Phasenübergänge* fest/flüssig (*Schmelzen*) beim Speicherbeladen und flüssig/fest (*Erstarren*) beim Speicherentladen zumeist geeignet. Seltener wird der Phasenübergang fest/fest (*Kristallformänderung*) eingesetzt [6.1-6.4]. Beim Beladen eines Latentwärmespeichers wird das *Latentwärmespeichermaterial* (*LWS-Material*) aufgeschmolzen. Beim Entladen eines Latentwärmespeichers wird die flüssige Schmelze wieder abkühlt, und der Vorgang wird in umgekehrter Richtung durchlaufen. Bei chemisch reinen Stoffen erfolgt das Schmelzen sowie das Erstarren bei gleichbleibender Schmelztemperatur T_{sch}, bei Gemischen in einem Temperaturbereich.

Die *Wärmemenge* Q_s, die in einem Latentwärmespeicher gespeichert wird, setzt sich aus drei Termen zusammen:

1) aus sensibler (fühlbarer) Wärme Q_f, die für die Aufwärmung des Feststoffes von der Anfangstemperatur $T_{s,anf}$ auf die Schmelztemperatur T_{sch} erforderlich ist,
2) aus latenter Wärme des Phasenwechsels (Schmelzens) Q_{sch}, die für das Aufschmelzen des Mediums gebraucht wird, und
3) aus sensibler Wärme Q_{fl}, die zur Erwärmung des flüssigen Speichermediums auf die Endspeichertemperatur $T_{s,end}$ erforderlich ist.

Für die *Speicherkapazität eines Latentwärmespeichers* gilt:

$$Q_s = m\,[c_f\,(T_{sch} - T_{s,anf}) + h_{sch} + c_{fl}\,(T_{s,end} - T_{sch})] \text{ in J}, \qquad (6.3.1)$$

wobei m die Masse des Speichermediums in kg, c_f bzw. c_{fl} die spezifische Wärmekapazität des Mediums in festem bzw. flüssigem Zustand in J/kgK und h_{sch} die spezifische Schmelzenthalpie des Mediums in J/kg ist.

Die massenbezogene *Energiedichte eines Latentwärmespeichers* errechnet sich aus:

$$q = Q_s / m = c_f\,(T_{sch} - T_{anf}) + h_{sch} + c_{fl}\,(T_{end} - T_{sch}) \text{ in J/kg} \qquad (6.3.2)$$

Alternativ läßt sich Q_s mit den volumenbezogenen Wärmekapazitäten berechnen:

$$Q_s = V\,[c'_f\,(T_{sch} - T_{anf}) + \rho_f\, h_{sch} + c'_{fl}\,(T_{end} - T_{sch})] \text{ in J}, \qquad (6.3.3)$$

wobei V das Volumen des Speichermediums in m³, ρ_f die Dichte des Speichermediums in festem Zustand in m³ und c'f bzw. c'fl die volumenbezogene spezifische

Wärmekapazität des Speichermediums in festem bzw. flüssigem Zustand in $J/(m^3K)$ ist.

Für die volumenbezogene Energiedichte des Latentwärmespeichers gilt:

$$q_v = Q_s / V = \rho_f c'_f (T_{sch} - T_{anf}) + \eta_{fsch} + \rho_{fl} c'_{fl}(T_{end} - T_{sch}) \text{ in } J/m^3 \quad (6.3.4)$$

Analog den chemisch einheitlichen Stoffen verhält sich bei Phasenübergängen ein sogenanntes eutektisches Gemisch der Stoffe A und B mit der Zusammensetzung, welche die niedrigste Schmelztemperatur aller Gemische dieser Stoffe aufweist. Anders sieht es bei chemisch uneinheitlichen Stoffen, z.B. bei Salzhydraten und Paraffinen, aus. Die Phasenübergängenen verlaufen nicht bei einer festen Temperatur, sondern in einem Temperaturbereich.

Alle Stoffe, welche die folgenden Eigenschaften aufweisen, können prinzipiell als mögliche Speichermedien betrachtet werden:

1) möglichst hohe Phasenübergangsenthalpie h_{ph} bei einer Phasenübergangstemperatur T_{ph}, die an die Verbrauchstemperatur angepaßt ist,
2) günstige Stoffwerte (hohe spezifische Wärmekapazität c, Dichte ρ und Wärmeleitfähigkeit λ sowohl im festen als auch im flüssigen Zustand, und niedrige Zähigkeit μ des flüssigen Mediums).

An LWS-Materialien werden die folgenden Anforderungen gestellt [6.1, 6.2, 6.10]:
1) hohe chemische und physikalische Beständigkeit,
2) gute Verträglichkeit mit üblichen Konstruktionswerkstoffen,
3) keine Gefährdung der Gesundheit,
4) umkehrbare Phasenübergänge ohne Änderung der Zusammensetzung,
5) geringe Volumenänderung des Speichermaterials beim Phasenumwechsel,
6) Schmelzen der Salzhydrate ohne Abtrennung der Wassermoleküle vom Salz,
7) Verfügbarkeit in geforderten Mengen mit möglichst niedrigem Preis.

Diese Anforderungen können in der Praxis gleichzeitig nicht eingehalten werden.

Bei großen Werten von h_{ph} und c ist die Masse m des LWS-Materials, die für eine bestimmte Speicherkapazität Q_s erforderlich ist, klein. Je größer die Dichte des Stoffes ist, um so kleiner ist das erforderliche Volumen V des Speichermediums.

Beim Entladen eines Latentwärmespeichers kann die abführbare Wärmeleistung $\dot{Q}_{ent}$ durch den thermischen Widerstand R des auf der Wärmetauscheroberfläche abgelagerten festen Speichermediums, der im Laufe der Kristallisation anwächst, stark verringert werden. Je höher die Wärmeleitzahl λ des festen Stoffes ist, umso geringer ist R, und desto größer ist der übertragbare Wärmestrom. Der Beladungsvorgang des Latentwärmespeichers setzt sich aus zwei Teilen zusammen. Im ersten Teil, der haupsächlich bei Temperaturen unterhalb der Phasenübergangstemperatur T_{ph} abläuft, erfolgt die Wärmeübertragung nur durch Wärmeleitung im festen Stoff. Wenn das Schmelzen des Stoffes beginnt, kommt es zusätzlich zu einer natürlichen Konvektion in der Schmelze, die sich allmählich als der Hauptwärmeübertragungsmechanismus ausprägt. Die Strömung in der Schmelze ist grundsätzlich durch eine niedrige Zähigkeit μ des flüssigen Mediums erheblich

6.3 Latentwärmespeicher – Kenngrößen, Speichermedien, Wärmeübertragung

begünstigt. Dadurch wird die Geschwindigkeit des Schmelzens und die aufnehmbare Beladewärmeleistung des Latentwärmespeichers bestimmt. Die realen Materialien, die zum Einsatz in Latentwärmespeichern kommen, haben sehr ungünstige Wärmeübertragungseigenschaften. Meistens besitzen sie eine geringe Wärmeleitfähigkeit λ, die ungefähr der der Wärmedämmstoffe entspricht. Durch Wärmetauscher und Ausgleichsräume für Volumenausdehnung kann das Speichervolumen mit LWS-Material nicht völlig ausgefüllt werden. Üblicherweise liegt der Füllfaktor bei 80-85% [6.10].

Im Niedertemperaturbereich werden *anorganische Salzhydrate* von Natrium, Kalium, Calzium, Magnesium, *organische Fettsäuren und Paraffine* sowie Eutektiken von organischen und anorganischen Latentwärmespeicher-Materialien verwendet.

Die physikalischen Eigenschaften der LWS-Materialien für die Niedertemperatur-Wärmespeicherung sind in Tabelle 6.3.1 aufgeführt. Die Stoffwerte von Hexahydrat-Calciumchlorid $CaCl_2 \cdot 6H_2O$, Paraffinen und organischen Fettsäuren sind in Tabellen 6.3.2 bis 6.3.4 angegeben. Die Angaben über die Schmelztemperatur und Schmelzenthalpie der Eutektiken von organischen und anorganischen Latentwärmespeicher-Materialien sind in Tabelle 6.3.5 aufgeführt.

Die für die Wärmespeicherung nutzbare Schmelzenthalpie im Temperaturbereich von 0 bis 100 °C liegt meist unter 100 kWh bzw. 360 MJ je m^3 LWS-Material. Normalerweise wird die sensible Wärme hinzugefügt, die durch die Temperaturspreizung und die spezifische Wärmekapazität bestimmt wird. Bei Wasserwärmespeichern ist die spezifische Energiedichte von der Temperaturspreizung ΔT im Speicher abhängig, so daß sie bei $\Delta T = 60 - 20 = 40$ K 46,5 kWh bzw. 167,5 MJ je m^3 Wasser beträgt.

Bei der Latentwärmespeicherung können folgende Probleme auftreten [6.1, 6.10]:

1) die Unterkühlung des geschmolzenen Stoffes unter der Schmelztemperatur beim Entladen des Speichers,
2) die große Volumenänderung beim Phasenübergang,
3) der unzufriedenstellende Wärmeaustausch zwischen dem Wärmeträger- und Speichermedium beim Be- und Entladen des Speichers.

Um das chemische und physikalische Verhalten von anorganischen Salzhydraten zu stabilisieren, werden bestimmte an das Speichermaterial angepaßte Zusatzstoffe verwendet [6.1-6.3, 6.10]. Einige Stoffe verhindern die Trennung der Phasen im flüssigen Zustand. Dadurch wird die Zahl der Speicherzyklen erhöht. Andere verbessern das Kristallisationsverhalten des Speichermaterials, so daß die Unterkühlung vermindert wird.

Tabelle 6.3.6 gibt die Zusatzstoffe zur Steigerung der Kristallisationszentrenzahl und die Verdickungsstoffe zur Stabilisierung des Verhaltens von anorganischen Salzhydraten an. Stoffwerte von verschiedenen Materialien für Niedertemperaturwärmespeicherung sind in Tabelle 6.3.7 gegenübergestellt. Tabelle 6.3.8 gibt den Vergleich von sensiblen und latenten Wärmespeichermaterialien für die Speicherung von 1 GJ Wärme bei Temperaturdifferenz ΔT von 20 K an. Für

6 Energiespeicher

Tabelle 6.3.1. Stoffwerte der Niedertemperatur-Latentwärmespeichermedien [6.10]

Stoff	T_{sch} °C	ρ_f kg/m³	ρ_{fl}	λ_f W/(m K)	λ_{fl}	c_f J/(kg K)	c_{fl} kJ/m³K	h_{sch} kJ/kg	h_{sch} MJ/m³
Anorganische Stoffe									
Hexahydrat-Calziumchlorid									
$CaCl_2 \cdot 6H_2O$	29,2	1620	1500	0,6	0,3	1470	1470	172,5	258,1
Decahydrat-Natriumsulfat									
$Na_2SO_4 \cdot 10H_2O$	32,4	1460	1410	0,5	0,3	1760	3310	251	345,2
Dodecahydrat-Natriumphosphat									
$Na_2HPO_4 \cdot 12H_2O$	35,2	-	1420	0,5	-	1550	3180	279	403,2
Organische Fettsäuren									
Laurinsäure	44	-		0,91	0,4	0,2	-	-	175,3	159,6
Miristinsäure	54,1	-		0,87	-	-	1600	2260	187,8	162,8
Palmitinsäure									
$C_{15}H_{31}COOH$	65	-	0,88	-	-	1800	2730	184,5	162,9
Stearinsäure									
$C_{17}H_{35}COOH$	70,1	-	0,95	-	0,2	1670	2300	200,3	191
Paraffine (Alkane)									
Paraffin	22	900	770	0,3	0,2	2910	-	187,8	144
Octadecan	28	-	790	-	0,1	2100	2170	244,2	194,1
n-Eucosan	36,78	60	780	-	0,2	2010	2210	247	192

Bezeichnungen: T_{sch} - Schmelztemperatur, ρ - Dichte, λ - Wärmeleitfähigkeit, c bzw. h_{sch} - spezifische Wärmekapazität, f - fest, fl - flüssig.
2. In Spalten 3, 5 und 7 sind die Stoffwerte der festen Phase, 4, 6 und 8 die der flüssigen Phase angegeben.

Tabelle 6.3.2. Stoffwerte von $CaCl_2 \cdot 6H_2O$ (50,66% Masse $CaCl_2$) [6.10]

Eigenschaft	Feste Phase	Flüssige Phase
Schmelzpunkt T_{sch}, °C	29,48 (30,2)	
Schmelzenthalpie h_{sch}, kJ/kg	170	
Dichte ρ, kg/m³	1712	1519
Spez. Wärmekapazität c, kJ/kgK	1,44	2,32
Raumausdehnungsfaktor, 1/K	-	$5{,}24 \cdot 10^{-4}$
Viskosität μ, mPa.s	-	33,20
Wärmeleitfähigkeit λ, W/mK	-	0,54

6.3 Latentwärmespeicher – Kenngrößen, Speichermedien, Wärmeübertragung

Tabelle 6.3.3. Stoffwerte von Paraffinen [6.10]

Anzahl der C-Atome	Molmasse M kg/Mol	Schmelzpunkt T_{sch} °C	Schmelz-enthalpie h_{sch} kJ/kg	Dichte bei 70 °C ρ kg/m³
16	226	16,7	237	774
18	254	28,2	243	774
20	282	36,6	247	755
22	310	44,0	251	763
24	338	50,6	249	765
26	366	56,3	255	770
28	394	61,2	255	775
30	422	65,4	251	-
32	450	69,5	170	782
34	478	73,9	268	-
36	506	75,9	235	-

Volumendehnung beim Schmelzen beträgt ca. 10%.

Tabelle 6.3.4. Stoffwerte von organischen Fettsäuren [6.10]

Fettsäure /Chem.Formel	Schmelz-punkt T_{sch} °C	Schmelz-enthalpie h_{sch} kJ/kg	Wärme-kapazität c_f/c_{fl} kJ/kgK	Wärmeleit-fähigkeit λ_f/λ_{fl} W/mK	Dichte ρ_f/ρ_{fl} kg/m³
Kaprinsäure $C_{10}H_{20}O_2$	36	152	-	- / 0,15	1004/878
Laurinsäure $C_{12}H_{24}O_2$	49	177	1,6 / -	0,4 / 0,15	1007/862
Pentadekanoinsäure $C_{15}H_{30}O_2$	52,5	178	-	-	990/861
Myristinsäure $C_{14}H_{28}O_2$	53,7	187	1,6 / -		990/861
Palmitinsäure $C_{16}H_{32}O_2$	62,8	186	1,8 / 2,73	- / 0,16	989/850
Stearinsäure $C_{18}H_{36}O_2$	70,7	203	1,67 / 2,3	- / 0,17	965/848

die sensible Wärmespeicherung ist Wasser in Solaranlagen mit Flüssigkeitskollektoren und Gestein (Kies, Geröll, Granit) in Solaranlagen mit Luftkollektoren am besten geeignet. Als LWS-Materialien werden anorganische Salzhydrate wie Paraffine und organische Fettsäuren verwendet. Die Masse m und das Volumen V von sensiblen und latenten Wärmespeichermedien, die für die Speicherung von 1 GJ Wärme bei einer Temperaturdifferenz ΔT von 20 K erforderlich sind, sind in Tabelle 6.3.7 gegenübergestellt.

Tabelle 6.3.5. Eutektiken von anorganischen und organischen Latentwärmespeicher-Materialien

Material (Zusammensetzung)	Schmelzpunkt T_{sch}, °C	Schmelzenthalpie h_{sch}, kJ/kg
$Ca(NO_3)_2 \cdot 4H_2O + Mg(NO_3)_2 \cdot 6H_2O$ (47% + 33%)	30	136
$Mg(NO_3)_2 \cdot 6H_2O + MgCl_2 \cdot 6H_2O$ (58,7% + 41,3%)	59	132,2
$Mg(NO_3)_2 \cdot 6H_2O + Al(NO_3)_2 \cdot 9H_2O$ (53% + 47%)	61	148
$Mg(NO_3)_2 \cdot 6H_2O + NH_4NO_3$ (61,5% + 38,4%)	52	125,5
Myristinsäure + Kaprinsäure (34% + 66%)	24	147,7

Tabelle 6.3.6. Zusatzstoffe zur Steigerung der Krystallisationszentrenzahl und Verdickungstoffe zur Stabilisierung des Verhaltens von anorganischen Salzhydraten

Salzhydrat (Chem. Formel)	Krystallisationskeimbildende Stoffe	Suspensionsbildende Stoffe
$CaCl_2 \cdot 6\,H_2O$	$BaCO_3$, $SrCl_2$, $SrCO_3$ BaF_2SrF_2	Hydroxyethyl Zellulose
$Na_2SO_4 \cdot 10\,H_2O$	$Na_2B_4O_7$ Triäthylenglykol,	Bentonit, Ton Attapulgit
$Na_2HPO_4 \cdot 12\,H_2O$	Ruß	Bentonit, Ton Attapulgit, Stärke
$LiClO_3 \cdot 3\,H_2O$	$KClO_4$, Na_2SiF_6	K_2SiF_6, $BaSiF_6$

Oft werden auch *Zweistoff- Wärmespeicher* verwendet. Dies kann eine Kombination sowie von zwei sensiblen Speichermaterialien, z.B., von Wasser und Beton, Kies, oder Gestein, als auch von einem sensiblen und einem LWS-Material sein, z.B. von Wasser und Paraffin [6.6, 6.10].

Wärmeübertragung in Latentwärmespeichern. Mathematische Formulierung und dimensionslose Kenngrößen. Die Wärmeübertragung in Latentwärmespeichern ist durch eine geringe Wärmeleitfähigkeit der meisten Latentwärmespeichermedien stark beeinträchtigt. Durch eine zweckmäßige Konstruktion des

6.3 Latentwärmespeicher – Kenngrößen, Speichermedien, Wärmeübertragung

Tabelle 6.3.7. Vergleich der Stoffwerte von Latentwärmespeicher-Materialien für Niedertemperaturwärmespeicherung [6.10]

Stoff	Schmelz-punkt T_{sch} °C	Schmelz-enthalpie h_{sch} kJ/kg		Spez. Wärme-kapazität c_f / c_{fl} kJ/kgK	Wärmeleit-fähigkeit λ W/mK	Dichte ρ_f / ρ_{fl} kg/m^3
			MJ/m^3			
1. Glaubersalz $Na_2SO_4 \cdot 12H_2O$	32,4	251	430	1,76/3,30	1,85	1460/1330
2. $Mg(NO_3)_2 + NH_4NO_3$ (Eutektikum)	52,0	125	271	2,02/2,43	2,00	1633/1563
3. $CO(NH_2)_2 + NH_4B$ (Eutektikum)	76	151	274	1,59/1,98	2,41	1551/1442
4. Paraffin-Wachs	46,7	209	210	2,89/-	0,498	786/-
6. Laurinsäure	49,0	177	-	1,6/-	-	1007/862

Tabelle 6.3.8. Vergleich von sensiblen und latenten Wärmespeichermaterialien für die Speicherung von 1 GJ Wärme bei Temperaturdifferenz ΔT von 20 K

Stoffkennwerte	Wasser	Gestein Granit	Glaubersalz fest		Paraffin flüssig
1. Dichte ρ in kg/m^3	1000	1600	1460	1330	786
2. Spez. Wärmekapazität c in kJ/(kg K)	4,2	0,84	1,92	3,26	2,89
3. Wärmeleitfähigkeit λ in W/(m K)	0,6	0,45	1,85	1,714	0,498
4. Masse m in kg	11900	59500	3300	3300	3750
5. Relative Masse	1	5	0,28	0,28	0,32
6. Volumen V in m^3	11,9	57,2	2,26	2,26	4,77
7. Relatives Volumen	1	4,81	0,19	0,19	0,4

Anmerkungen:
1. Relative Masse und relatives Volumen sind auf die Masse bzw. auf das Volumen des Wassers bezogen.
2. Für Gestein-Wärmespeicher ist die Porosität von 35% angenommen worden.

Wärmetauschers kann dieses Problem aufgehoben werden. Die Wärme wird in Latentwärmespeichern durch Wärmeleitung und natürliche Konvektion übertragen [6.13, 6.14]. Beim Erstarren ist die instationäre Wärmeleitung der vorherrschende Mechanismus der Wärmeübertragung, während beim Schmelzen beide Wärmeübertragungsarten von großer Bedeutung sind. Eine mathematische Beschreibung der Wärmeübertragung schließt die Differentialgleichungen, die auf den Erhaltungssätzen für Energie, Masse und Impuls basieren, sowie die Anfangsbedingung und Randbedingung ein. Die Grundlagen sind in Kapitel 2 beschrieben.

Der einfachste Fall liegt bei der *eindimensionalen instationären Wärmeleitung* in Körpern einfacher geometrischer Form (halbunendlicher Körper, unendliche Platten, Zylinder oder Kugel) vor. Allgemein gilt nun für die Temperaturverteilung im Körper die Differentialgleichung (2.2.2) und die entsprechenden Anfangs- und Randbedingungen.

Für die Randbedingungen an der Phasengrenzfläche, die durch die zeitabhängige Koordinate s(t) bezeichnet wird, gelten die folgenden Ansätze [6.5]:

1) die Temperaturen der festen und flüssigen Phase ($T_f(s,t)$ bzw. $T_{fl}(s,t)$) sind der Schmelztemperatur T_{sch} gleich und
2) die Enthalpieänderung des Stoffes am Phasenübergang ist gleich der Differenz zwischen dem zugeführten und abgeführten Wärmestrom:

$$\rho_f h_{sch} \, ds/dt = \lambda_f \partial T_f/\partial x|_{x=s} - \lambda_{fl} \partial T_{fl}/\partial x|_{x=s}, \qquad (6.3.5)$$

wobei ρ_f die Dichte des Stoffes im festen Zustand in kg/m^3, h_{sch} die Schmelzenthalpie in J/kg, λ_f und λ_{fl} die Wärmeleitfähigkeit des Stoffes im festen und flüssigen Zustand in W/mK und ds der Zuwachs der Dicke der neuen Phase in m ist.

Für die Beschreibung der Wärmeübertragung in Latentwärmespeichern werden die folgenden *dimensionslosen Kenngrößen* verwendet [6.11, 6.20]:

1) die *Stefan-Zahl* Ste = $c_f T_{sch} - T_f) / h_{sch}$,
2) die *Biot-Zahl* Bi = $\alpha L / \lambda$,
3) die *Fourier-Zahl* Fo = $a \tau / L^2$,
4) die *Stanton-Zahl* St = $\alpha / (\rho c w)$,
5) die *Rayleigh-Zahl* Ra = $g L^3 \beta (T_w - T_{sch}) / \nu a$,
6) die *dimensionslose Temperatur* $\theta = (T - T_{sch}) / (T_o - T_{sch})$ und
7) die *dimensionslose Zeit* τ = Fo Ste.

Hierbei sind: L die kennzeichnende Länge in m, g die Erdbeschleunigung in m/s^2 β der Raumausdehnungskoeffizient in 1/K, T_w bzw. T_{sch} die Wand- bzw. Schmelztemperatur in °C, ν die kinematische Viskosität der Schmelze in m^2/s, α der Wärmeübergangskoeffizient in W/(m^{2}K), a die Temperaturleitfähigkeit in m^2/s, ρ die Dichte in kg/m^3, c die spezifische Wärmekapazität in J/kgK, w die Geschwindigkeit in m/s, T die Temperatur im Zeitpunkt t und T_o die Anfangstemperatur.

Exakte analytische Lösungen sind nur in einfachsten Fällen der eindimensionalen Wärmeleitung mit Phasenwechsel ohne Einfluß der Konvektion vorhanden, die in den folgenden Abschnitten betrachtet werden. Oft werden zur Lösung von Differentialgleichungen unterschiedliche analytische und numerische

6.3 Latentwärmespeicher – Kenngrößen, Speichermedien, Wärmeübertragung 163

Näherungsverfahren (Finite-Differenzen- und Finite-Elemente-Verfahren) verwendet (s. [6.13, 6.18, 6.20]). Das Differenzenverfahren ist in Kapitel 2 beschrieben.

Wärmeleitung in einem erstarrenden halbunendlichen Körper. Betrachtet wird das *Erstarren eines halbunendlichen Körpers* aus LWS-Material [6.5, 6.20]. Ursprünglich befindet sich der halbunendliche Körper im flüssigen Zustand und hat eine einheitliche Temperatur T_0, die über dem Schmelzpunkt T_{sch} liegt (s. Bild 6.3.1). Im Zeitpunkt $t = 0$ wird die Oberflächentemperatur plötzlich auf einen gleichbleibenden Wert T_w gesenkt, der unter der Schmelztemperatur T_{sch} liegt. Dies verursacht das Erstarren des Speichermaterials an der Phasengrenzfläche bei der Schmelztemperatur T_{sch}. Die Wärme, die beim Phasenübergang aus dem flüssigen in den festen Zustand an der Phasengrenzfläche freigesetzt wird und der Schmelzenthalpie h_{sch} gleich ist, wird über die Oberfläche abgeführt. Mit zunehmender Zeit t pflanzt sich die Phasengrenzfläche an der Oberfläche fort, d.h. die Position s(t) der Phasengrenzfläche, die die Dicke der festen Phase bestimmt, wächst mit der Zeit. In großer Entfernung von der Phasengrenzfläche bleibt die Temperatur der flüssigen Phase gleich T_0. Es wird angenommen, daß die Wärmeübertragung im Körper nur durch Wärmeleitung erfolgt und daß die natürliche Konvektion in der Schmelze vernachlässigt werden kann. Die Stoffwerte des LWS-Materials mit Ausnahme von der Dichte sind im festen und flüssigen Zustand unterschiedlich.

Die Lösung soll die Temperaturverteilung T(x,t) in fester und flüssiger Phase sowie die zeitabhängige Position s(t) der Phasengrenzfläche ergeben.

Die Temperaturverteilung wird durch die Differentialgleichung (2.2.2) beschrieben. Für die feste Phase, d.h. bei x>s(t), gilt der Index f, für die flüssige Phase, d.h.

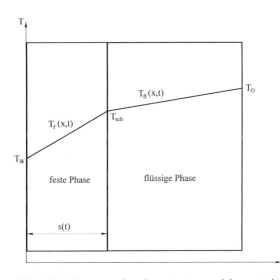

Bild 6.3.1. Erstarren eines Latentwärmespeichermaterials in Form eines halb-unendlichen Körpers

bei x<s(t), der Index fl. Damit erhält man die folgende *Differentialgleichung für die feste Phase*:

$$\partial T_f/\partial t = a_f \, \partial^2 T_f/\partial x^2 \qquad (6.3.6)$$

Die Anfangs- und Randbedingungen werden wie folgt geschrieben:

bei $t \leq 0$ gilt: $T_f(x,0) = T_{fl}(x,0) = T_o$ \qquad (6.3.7)

an der Oberfläche, d.h. bei $x = 0$ und $t > 0$, gilt $T_f(0,t) = T_w$ \qquad (6.3.8)

und in der Schmelze bei $x = \infty$ gilt $T_{fl}(x,t) = T_o$ \qquad (6.3.9)

Eine exakte Lösung der obigen Differentialgleichung mit angegebenen Anfangs- und Randbedingungen ergibt die dimensionslosen Temperaturen in fester und flüssiger Phase und die Position der Phasengrenzfläche in Abhängigkeit von der Zeit τ [6.13].

Für *die dimensionslose Temperatur in der festen Phase* gilt:

$$\theta_f = (T_f - T_w)/(T_{sch} - T_w) = \mathrm{erf}\,[x/2\,\sqrt{(a_f\,\tau)}] / \mathrm{erf}\,\gamma \qquad (6.3.10)$$

mit erf = Gaußsche Fehlerfunktion, γ = Parameter (s. unten).

Analog gilt für *die dimensionslose Temperatur θ_{fl} in der flüssigen Phase*:

$$\theta_{fl} = (T_{fl} - T_o)/(T_{sch} - T_o) = \mathrm{erfc}\,[x/2\,\sqrt{(a_f\tau)}] / \mathrm{erfc}\,\gamma\,\sqrt{(a_f/a_{fl})} \qquad (6.3.11)$$

mit erfc = komplementäre Gauss'sche Fehlerfunktion.

Dabei gilt für *die Position der Phasengrenzfläche*:

$$s(t) = 2\gamma\,\sqrt{(a_f\,\tau)} \qquad (6.3.12)$$

Der Parameter g wird aus der folgenden Gleichung gefunden:

$$(\mathrm{Ste}\,/\,\gamma\,\sqrt{\pi})\,[\exp(-\gamma^2)\,/\,\mathrm{erf}\,\gamma - G\,F\,\exp(-\gamma^2\,a_f/a_{fl})\,/\,\mathrm{erfc}\,\gamma\,(a_f/a_{fl})] = 1 \qquad (6.3.13)$$

Die dimensionslosen Kenngrößen, die in den o.g. Gleichungen benutzt werden, lassen sich wie folgt berechnen:

$$\mathrm{Ste} = c_f(T_o - T_{sch})/h_{sch} \qquad (6.3.14)$$

$$G = (\lambda_{fl}/\lambda_f)(a_f/a_{fl})^{1/2} \qquad (6.3.15)$$

$$F = (T_o - T_{sch})/(T_{sch} - T_w) \qquad (6.3.16)$$

Wenn die Anfangstemperatur T_o des halbunendlichen Körpers gleich der Schmelztemperatur T_{sch} ist, gilt [6.13, 6.20]:

$$\gamma\,\sqrt{\pi}\,\exp(-\gamma^2)\,\mathrm{erf}\,\gamma = \mathrm{Ste} \qquad (6.3.17)$$

Bei sehr geringen Ste-Werten gilt $\gamma \approx \sqrt{\mathrm{Ste}}$.

Für die Wärmestromdichte q_w an der Oberfläche des halbunendlichen Körpers gilt:

$$q_w = -\lambda_f\,(T_w - T_o)/\sqrt{(\pi\,a_f\,\tau)}\,\mathrm{erf}\,\gamma \qquad (6.3.18)$$

6.3 Latentwärmespeicher – Kenngrößen, Speichermedien, Wärmeübertragung 165

Die aufgeführte Lösung gilt nicht nur für das Erstarren, sondern auch für das Schmelzen des LWS-Materials.

Die o.g. Lösung gilt unter der Annahme der gleichen Dichte in der festen und flüssigen Phase. Wenn die Dichte ρ_f der festen Phase größer als die Dichte ρ_{fl} der flüssigen Phase ist, gilt für die dimensionslose Temperatur θ_{fl} in der flüssigen Phase beim Erstarren [6.13]:

$$\theta_{fl} = (T_{fl} - T_o)/(T_{sch} - T_o) = \text{erfc} \left[x/2 \sqrt{(a_{fl} \tau)} + \sqrt{a_f} (\rho_f - \rho_{fl}) h_{sch} / \sqrt{a_{fl} \rho_{fl}} \right] \tag{6.3.19}$$

Natürliche Konvektion in Latentwärmespeichern. In der Wärmeübertragung beim Schmelzen spielt die natürliche Konvektion eine wichtige Rolle. Beispielsweise beschleunigt die Konvektion sehr stark den Schmelzvorgang um ein senkrechtes Rohr, das von einem heißen Wärmeträger von unten nach oben durchflossen wird (s. Bild 6.3.2). Der Schmelzvorgang beginnt nur dann, wenn das Material auf die Schmelztemperatur erwärmt wird. Bei dem thermischen Verhalten der Schmelze kann man zwischen zwei Stufen unterscheiden. Am Anfang des Schmelzvorganges erfolgt die Wärmeübertragung in einer dünnen Schmelzschicht um das Rohr lediglich durch die Wärmeleitung, wobei das Schmelzen gleichmäßig über die ganze Rohrlänge verläuft. Die Phasengrenzfläche hat zunächst die Form eines koaxialen Zylinders, und der thermische Widerstand R der Schmelzzone ist gleich dem Verhältnis der Dicke d und der Wärmeleitzahl λ des geschmolzenen

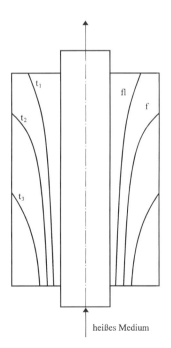

Bild 6.3.2. Natürliche Konvektion beim Schmelzvorgang um ein senkrechtes Rohr

Stoffes. Mit wachsender Dicke d der Schmelzzone nimmt der Widerstand R zu. Beginnend mit einer bestimmter Dicke der Schmelzzone setzt eine Aufwärtsbewegung der Schmelze in der Nähe der Rohroberfläche und eine Abwärtsbewegung an der Phasengrenzfläche ein. Diese natürliche Konvektion in der Schmelzzone, die als die sogenannte Benard-Konvektion bezeichnet wird, erscheint bei einer Rayleigh-Zahl Ra über 1700 [6.13, 6.19]. Nun nimmt der thermische Widerstand R der Schmelzzone stark ab. Damit steigt die Geschwindigkeit des Schmelzens erheblich.

In Bild 6.3.2 ist die Phasengrenzfläche als eine Kurve dargestellt, die von unten nach oben immer mehr von der Rohrachse abweicht. Die höchste Temperatur der Schmelze wird im oberen Teil der Schmelzzone erreicht. Das Schmelzen des Stoffes erfolgt durch die Wärmezufuhr von der abwärtsströmenden Schmelze an der Phasengrenzfläche. Die Geschwindigkeit des Schmelzens des Stoffes im oberen Teil ist ein Vielfaches der Geschwindigkeit im unteren Teil. Deshalb wächst die Schmelzzone von oben nach unten. Normalerweise soll die gesamte Wärmespeicherkapazität ausgenutzt werden. Das ist nur bei einer vollständigen Verschmelzung im ganzen Wärmespeicher möglich, deshalb muß die Auslegung des Speichers und der Heizflächen nach der Schmelzgeschwindigkeit im unteren Teil ausgerichtet werden.

Experimentelle Untersuchungen haben den starken Einfluß der natürlichen Konvektion auf die Bewegung der Phasengrenzfläche und den gesamten Verlauf des Schmelzvorganges des LWS-Materials in rechteckigen Kanälen, um waagerechte Rohre sowie innerhalb von Zylindern und Kugeln bewiesen [6.13]. So verläuft das Schmelzen um ein waagerechtes Heizrohr hauptsächlich oberhalb des Rohres. In Kanälen mit rechteckigem Querschnitt wird die höchste Schmelzgeschwindigkeit erreicht, wenn die Wärmezufuhr gleichzeitig von beiden Seitenflächen und vom Boden erfolgt. Dabei gehören die Temperaturdifferenz, die Rayleigh-Zahl, die Stefan-Zahl Ste und das Verhältnis der Höhe zur Breite des Kanals zu dem wichtigsten Einflußparametern. Bei kleinerem Verhältnis Höhe/Breite verläuft der Schmelzvorgang schneller.

Wenn die Anfangstemperatur T_0 der Schmelze der Schmelztemperatur T_{sch} gleich ist, erfolgt die Wärmeübertragung beim Erstarren nur durch Wärmeleitung. Beim Erstarren einer überhitzten Schmelze ist der Einfluß der natürlichen Konvektion stark ausgeprägt [6.13]. Der gesamte Vorgang kann nun in zwei Stufen bedingt aufgeteilt werden. Dies sind die Abkühlung des Stoffes von T_0 auf T_{sch} und das eigentliche Erstarren des Stoffes bei T_{sch} = konst auf der Kühlfläche. Bei der Abkühlung der überhitzten Schmelze wird der Vorgang durch die natürliche Konvektion in der flüssigen Phase und durch die Wärmeleitung in der Feststoffschicht bestimmt. Dabei kann die Geschwindigkeit des gesamten Vorgangs durch den Einfluß der konvektiven Rezirkulation in der flüssigen Phase stark verlangsamt werden. Nachdem sich die Temperatur der Schmelze auf die Schmelztemperatur herabgesenkt hat, verschwindet der Einfluß der Konvektion. Die Geschwindigkeit des Erstarrens nimmt zunächst zu und danach ab. Dies ist auf die Vergrößerung des thermischen Widerstands R des auf der Kühlfläche abgelagerten Feststoffes zurückzuführen, der mit wachsender Dicke d der Schicht zunimmt.

6.3 Latentwärmespeicher – Kenngrößen, Speichermedien, Wärmeübertragung   167

Für die Berechnung des mittleren Wärmeübergangskoeffizienten beim Schmelzen um den waagerechten Zylinder gilt die folgende empirische Gleichung [6.14]:

$$Nu = C\,(Ra\,Ste)^{1/3} \qquad (6.3.20)$$

Die Konstante C beträgt 0,0178 für die Randbedingung der 1. Art, d.h. für T_w = konst, bzw. 0,0135 für die Randbedingung der 2. Art, d.h. für q_w = konst.
Die maßgebende Länge L wird für die Berechnung von Nu und Ra durch den Zylinderdurchmesser d und den mittleren Durchmesser D_m der Phasengrenzfläche ermittelt.

Die Wärmeübertragung in Latentwärmespeichern ist um so effektiver, je größer die Stanton-Zahl St und die effektive Wärmeaustauschfläche A_w und je kleiner die Stefan-Zahl Ste und die Biot-Zahl Bi ist. Zur Verbesserung der Wärmeübertragungsfähigkeit der Latentwärmespeicher, die wegen der niedrigen Wärmeleitfähigkeit des LWS-Materials ungünstig ist, wird die Nutzung von berippten Wärmeaustauschflächen sowie von wärmeleitenden Metallmatrizen, d.h. von dünnwandigen Wabenstrukturen aus Metall im Innern des Speichers, angewiesen. Die Zugabe von Metallschrott zum LWS-Material verbessert seine effektive Wärmeleitung erheblich. Bild 6.3.3 stellt eine Bauart des Latentwärmespeichers in Form eines im

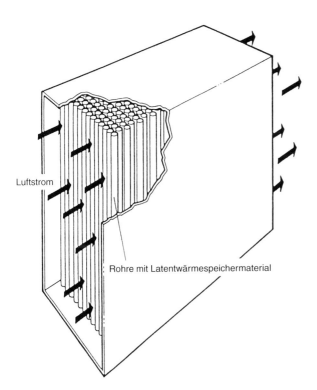

Bild 6.3.3. Ausführung eines Latentwärmespeichers in Form eines Rohrbündels mit Latentwärmespeichermaterial im rechteckigen Luftkanal [6.14]

horizontalen Luftkanal vertikal angeordneten Rohrbündels mit eingekapseltem LWS-Material schematisch dar.

6.4 Mittel- und Hochtemperatur-Wärmespeicher

In diesem Abschnitt handelt es sich um Wärmespeicher im Mitteltemperaturbereich von 100 bis 500 °C und im Hochtemperaturbereich bis 1300 °C. Im Mitteltemperaturbereich wird Sonnenenergie zur Prozeßwärme-, Kälte- und Stromerzeugung benutzt. Die Aufgabe eines Wärmespeichers in solarthermischen Anlagen besteht in der Überbrückung von Perioden mit geringer Sonneneinstrahlung. In Solarkraftwerken sind wegen großer Wärmeverluste bei diesen Temperaturen nur Kurzzeitspeicher (mit Speicherungsdauer von 0,5 bis zu 3 Stunden) und Tagesspeicher (mit Speicherungsdauer bis zu 14 Stunden) einsetzbar [6.9, 6.17].

Bis ca. 180 °C können Heißwasser- und Dampfspeicher verwendet werden [6.3, 6.4, 6.12]. Oberhalb dieser Temperatur bis ca. 400 °C werden derzeit hauptsächlich Ölspeicher benutzt. Dabei werden atmosphärische Speicher mit Mineralöl als Speichermedium unter 300 °C eingesetzt. Bei Temperaturen bis 400 °C werden Speicher verwendet, die unter Druck stehen und mit teurem Thermoöl betrieben werden. Im Temperaturbereich zwischen 300 und 500 °C sind auch sensible Speicher mit Salzschmelzen und flüssigem Metall (Natrium) als Speichermedium einsetzbar [6.6, 6.9].

Die Stoffwerte der Feststoffspeichermedien für den Mitteltemperaturbereich sind in Tabelle 6.4.1 zusammengestellt. In Tabelle 6.4.2 sind die Stoffwerte des synthetischen Thermoöls VP-1 angegeben, das als Wärmeträger und Speichermedium im Mittel-Temperaturbereich verwendet werden kann.

Die in Solarkraftwerken anwendbaren Speicherkonzepte sind stark durch den Wärmeträger, dessen Druck- und Temperaturniveau beeinflußt. Als Wärmeträger

Tabelle 6.4.1. Stoffwerte der Feststoffspeichermedien für den Mitteltemperaturbereich [6.6, 6.10]

Material	kg/m^3	c, J /(kg K)	λ, W /(m K)
Beton	2400	1000	2,1
Salz NaCl*			
Dichte	Spez.Wärmekapazität		Wämeleitfähigkeit
2160	950	4	
Stahlplatten	7850	550	35
Gußeisen	7800	500	46

* Schmelztemperatur 800 °C, Schmelzenthalpie 520 kJ/kg.

6.4 Mittel- und Hochtemperatur-Wärmespeicher

Tabelle 6.4.2. Stoffwerte des synthetischen Thermoöls VP-1 im Temperaturbereich 100-400 °C [6.6]

T °C	p bar	h' kJ/kg	h'' kJ/kg	c kJ/kgK	λ W/mK	ρ kg/m³	μ mPa.s
100	0,005	613,1	2115,6	1,774	0,128	999	0,999
200	0,246	1434,0	2771,2	2,048	0,113	913	0,372
300	2,461	2331,2	3525,3	2,320	0,099	815	0,205
400	11,123	3381,3	4291,1	2,588	0,085	689	0,139

T = Temperatur, p = Druck, h' = Flüssigkeitsenthalpie, h''= Dampfenthalpie, c = spezifische Wärmekapazität, λ = Wärmeleitfähigkeit, ρ = Dichte, μ = Viskosität.

in Solarkraftwerken werden Luft, Salz HITEC, Thermoöl und Wasserdampf verwendet. Beispielsweise erfolgt die Wärmespeicherung direkt mit dem Kollektor-Wärmeträgermedium Thermoöl in einem Zweitankspeicher, der sich aus einem bei atmosphärischem Druck betriebenen Kalt- und einem Heißtank (Bild 6.4.1) zusammensetzt. Die höchst zulässige Temperatur beträgt 400 °C. Bei diesem Konzept läßt sich eine konstante Speicheraustrittstemperatur und ein Nutzungsgrad von rund 100% erreichen. Weiteres über dieses Wärmespeicherkonzept wird in Kapitel 14 vermittelt.

Neben den sensiblen Wärmespeichern im Mitteltemperaturbereich kommen auch Latentwärmespeicher (LWS) in Betracht, die eine hohe Speicherenergiedichte aufweisen. LWS-Medien speichern nicht nur sensible Wärme, die mit der Temperaturerhöhung verbunden ist, sondern auch latente Wärme des Phasenübergangs aus dem festen in den flüssigen Zustand. Wie bei Niedertemperatur-LWS-Medien müssen auch LWS-Medien im Mitteltemperaturbereich preisgünstig verfügbar und nicht korrosiv oder giftig sein, und deren Schmelztemperatur T_{sch} muß im Verbrauchertemperaturbereich liegen. Für den Temperaturbereich von 280 bis 500 °C sind die Alkalimetall- und Erdalkalimetall-Nitrate und die Mischungen geeignet. In Tabelle 6.4.3 sind die Stoffdaten von Mitteltemperatur-Phasenwechselsalzen angegeben. In Kaskaden-Latentwärmespeichern werden Materialien mit unterschiedlichen Schmelztemperaturen verwendet (Bild 6.4.2). Bei Latent-

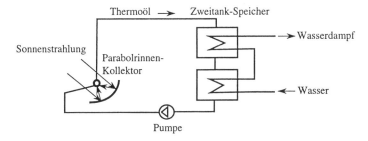

Bild 6.4.1. Schaltbild eines Zweitank-Speichers für ein Solarfarm-Kraftwerk.

Tabelle 6.4.3. Stoffdaten von Mitteltemperatur-Phasenwechselsalzen [6.6]

Salz	T_{sch} °C	h_{sch} kJ/kg	λ_f W/mK	λ_{fl}	c_f J/kgK	c_{pfl}	ρ_f kg/m³	ρ_{fl}
$NaNO_3$	314	182	0,58	0,56	1,88	1,88	1923	1923
$NaNO_2$	282	212	0,80	0,80	1,80	1,80	1808	1808
KNO_3	337	150	0,43	0,43	1,75	1,75	1860	1860
$LiNO_3$	252	530	1,33	0,60	2,03	2,00	2130	2130
$KNO_3/KBr/KCl$ (88/4,7/7,3%)	342	140	1,00	1,00	1,00	1,00	1887	1887
KNO_3/KCl (94,5/4,5%)	320	150	0,48	0,48	1,21	1,21	1890	1890
$NaNO_3/NaCl$ (93,6/6,4%)	294	171	0,61	0,61	1,80	1,80	1880	1880
$NaCl/KCl/LiCl$ (42,5/20,5/37%)	385	410				1800		

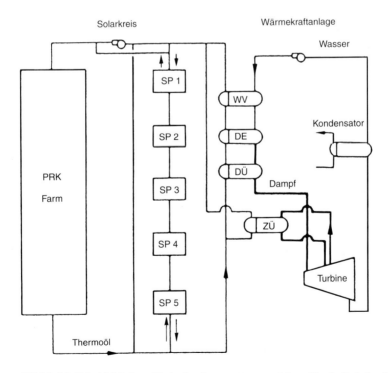

Bild 6.4.2. Schaltbild eines Kaskaden-Latentwärmespeichers für ein Solarkraftwerk.

wärmespeichern ist die Be- und Entladeleistung durch den schlechten Wärmeübergang zwischen dem Wärmeträger und dem Speichermaterial eingeschränkt. Die Wärmeleistung üblicher Wärmetauscher sinkt mit wachsender Dicke der Kristallschicht. Verbesserungen sind hauptsächlich durch Erhöhung des Raumanteils der Wärmetauschelemente im Speichervolumen möglich.

Zur Wärmespeicherung im Mitteltemperaturbereich können auch Metallhydride als Speichermedien genutzt werden. Die Eigenschaft von Metallhydriden (z.B. MgH_2), sich bei Zufuhr von Wärme in Metall und Wasserstoff zu zerlegen, macht es zusammen mit der Umkehrreaktion möglich, einen thermochemischen Speicher zu bauen. MgH_2 ist für den Temperaturbereich zwischen 300 und 400 °C geeignet.

Bei solarthermischen Anlagen im Hochtemperaturbereich, d.h. von 500 bis 1300 °C, sind Wärmespeicher zur kurzzeitigen Überbrückung von ungünstigen Perioden mit geringer Sonneneinstrahlung erforderlich [6.16]. Wenn Hochtemperatur-Solaranlagen mit Gas als Wärmeträger betrieben werden, sind sensible Speicher mit keramischem Material, z.B. mit Al_2O_3, SiO_2 oder MgO verwendbar. Durch Verwendung eines Zweistoff-Wärmespeichers, in welchem ein Salz als LWS-Medium in den Poren einer keramischen Matrix eingeschlossen ist und Wärmeträger-Gas in Kanälen durch das Hybridmaterial geleitet wird, werden die Schwierigkeiten behoben, die mit dem Wärmeaustausch zwischen dem Latentwärmespeicher-Medium und dem Warmeträger, der zum Be- und Entladen des Wärmespeichers benutzt wird, verbunden sind. In diesem Hybridwärmespeicher wird eine hohe Energiedichte erreicht, und die erforderliche Menge der Speichermedien wird viel kleiner im Gegensatz zum sensiblen Wärmespeicher.

6.5 Thermochemische Energiespeicher

Im Unterschied zu Wärmespeichern kann Energie auch dadurch gespeichert werden, daß sie zur Durchführung einer endothermen chemischen Reaktion eingesetzt wird. Die Reaktionsprodukte werden gespeichert, in der exothermen Rückreaktion wird die Wärme wieder gewonnen. *Thermochemische Speicher weisen eine hohe Energiedichte auf.* Eine Art solcher Energiespeicher basiert auf den Vorgängen der Ad- und Desorption im System, das aus einem Adsorptiv, z.B. Wasser, und einem Adsorbens, z.B. Zeolith (das sind aufbereitete Aluminium-Silizium-Oxide, 200 verschiedene Typen bekannt) besteht. Verlustlose thermochemische Speicher bei Umgebungstemperatur weisen bemerkenswerte Vorteile bei langen Speicherperioden auf. Die Lebensdauer vom Zeolith ist aber im Vergleich zu Wasser begrenzt. Als offenes System kann ein Festbettspeicher realisiert werden. Für den Desorptionvorgang ist eine höhere Temperatur erforderlich, als während des Entladens (Adsorption) erreicht werden kann. Die Wärmeein- und -auskopplung erfolgt über einen heißen, trockenen bzw. kühlen, feuchten Luftstrom.

Da thermochemische Energiespeicher naturgemäß komplexer sind als konventionelle sensible oder Latentwärmewärmespeicher und da die Speichermaterialkosten oft hoch sind, gibt es derzeit keine kommerziellen Anlagen und nur vereinzelt Prototypensysteme. Die betreffenden reversiblen Reaktionen sind:

- Dehydratisierung von Salzhydraten und Säuren, z.B. von $CaCl_2$ 2 H_2O, -
Deoxygenierung von Metalloxiden, thermische Dissoziation von Gasen, z.B. von SO_3,
- Zersetzung von Salzen, Metallkarbonaten und Ammoniakaten, z.B. von $CaCO_3$, $FeCl_2$.6 NH_3 oder $CaCl_2$ 8 NH_3.

In Tabelle 6.5.1 sind Medien für sensible Wärmespeicher, Latentwärmespeicher und thermochemische Energiespeicher gegenübergestellt. Dabei sind die Masse m und das Volumen V des Wärmespeichermaterials angegeben, die für eine Wärmespeicherkapazität Q_s = 1 MWh = 3,6 GJ bei einer Temperaturspreizung von 20 K erforderlich sind. Ein großer Gewinn an Masse und Volumen erfolgt beim Einsatz von Latentwärmespeichern und thermochemischen Energiespeichern.

Energiespeicherung mit chemischem Wärmerohr. Als *chemisches Wärmerohr* bezeichnet man ein System für die Sonnenenergiespeicherung und -übertragung mittels eines thermochemischen Kreisprozesses auf längere Abstände. Ein System kann z.B. für den Sonnenenergietransport aus Nordafrika oder aus dem Mittelmeerraum nach Mitteleuropa verwendet werden. Schema der thermochemischen Energiespeicherung mit chemischem Wärmerohr ist in Bild 6.5.1 dargestellt.

Unter einer *chemischen Wärmepumpe* versteht man ein System, in welchem bei niedriger Temperatur eine endotherme katalytische Reaktion und bei hoher Temperatur eine exotherme Reaktion verläuft. Die in einem Solarofen oder in einer Solarturmanlage eingefangene Sonnenstrahlungsenergie wird bei einer hohen

Tabelle 6.5.1. Energiedichte q und die erforderliche Masse m und Volumen V des Speichermaterials für sensible Wärmespeicher (SWS), Latentwärmespeicher (LWS) und thermochemische Energiespeicher (TCES).
Speicherkapazität Q_s = 1 MWh = 3,6 GJ. Temperaturspreizung ΔT = 20 K.

Parameter	SWS			LWS		TCES
	Wasser	Gestein	Beton	Glaubersalz	Paraffin	NH_4Br
Wärmekapazität c in kJ/kgK	4,19	0,84	1,1	3,3	2,5	-
Dichte ρ in kg/m³	1000	1600	2240	1330	770	-
Enthalpie h in kJ/kg	333,5	-	-	251	209	1910
Energiedichte:						
q in kJ/kg	84	17	22	317	259	1910
q_V in MJ/m³	84	27	49	422	199	5540
Masse m in 10³ kg	42,8	211,7	163,4	11,5	14,0	1,9
Relative Masse	1	4,9	3,8	0,27	0,33	0,04
Volumen in m³	42,8	203,6*	73,4	8,6	18	0,65
Relatives Volumen	1	4,76	1,7	0,2	0,42	0,015

*Gesteinschüttung mit einem Leerraumanteil von 35%.

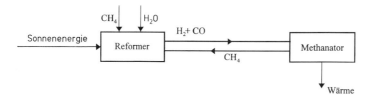

Bild 6.5.1. Schema der thermochemischen Energiespeicherung mit chemischem Wärmerohr

Temperatur absorbiert und in einem Hochtemperaturreaktor für den katalytischen Reformingsprozeß (sogenannter Eva-Prozeß) genutzt.

Im Reformer erfolgt die endotherme Reaktion von Methan mit Wasserdampf unter der Zufuhr der konzentrierten Sonnenenergie bei einer Temperatur von 960 °C:

$$CH_4 + H_2O = CO + 3H_2 - 6020 \text{ kJ pro kg } CH_4 \qquad (6.5.1)$$

Das auf diese Weise erzeugte energiereiche Gasgemisch ($CO + 3H_2$) ist Synthese- bzw. Energieträgergas. Dies wird zum Verbraucherort in einer Pipeline transportiert. Beim Bedarf wird in einem Methanator der sogenannte Adam-Prozeß, bei welchem sich Methan bildet, ablaufen lassen. Bei etwas niedrigerer Temperatur (500-700 °C), die aber für die Stromerzeugung ausreichend ist, wird Wärme freigesetzt. Als Katalysator in diesen beiden Reaktoren dient Rhodium bzw. Nickel [6.15].

Das *thermochemische Energietransport* erfolgt mit einer hohen Energiedichte der übertragenen Energie in unterirdischen Rohrleitungen über große Entfernungen praktisch ohne Energieverluste.

7 Wirtschaftlichkeitsanalyse von Solaranlagen

7.1 Jährliche Kosten für eine Solaranlage

In diesem Kapitel werden lediglich allgemeine Aspekte der Wirtschaftlichkeitsanalyse von Solaranlagen behandelt.

Bei der Wirtschaftlichkeitsanalyse einer Solaranlage werden in der Regel die folgenden Bewertungskriterien ermittelt: der *Investitionsaufwand* I, der monatliche bzw. jährliche *Brennstoffverbrauch* B, die monatliche bzw. jährliche *Brennstoffeinsparung* B_{spar}, die *Energiekosteneinsparung* $K_{en,spar}$ und die *Amortisationsdauer* n_a.

Die jährlichen Kosten K für eine Solaranlage oder für eine erzeugte Energieeinheit setzen sich aus den jährlichen Kapitalkosten K_{kap}, den jährlichen Energiekosten K_{en}, den jährlichen Betriebskosten K_{betr} und den jährlichen sonstigen Kosten K_{sonst} zusammen [7.4]:

$$K = K_{kap} + K_{en} + K_{betr} + K_{sonst} \text{ in DM pro Jahr} \qquad (7.1.1)$$

Die *jährlichen Kapitalkosten* K_{kap} dienen zur Verzinsung und Amortisation des Investitionskapitals für die Solaranlage. Die *Investitionskosten* I' für die Solaranlage lassen sich als Summe der drei Terme berechnen. Die ersten beiden Terme stellen die Kosten dar, die proportional der Kollektorfläche A und dem Speichervolumen V ansteigen, der dritte Term die fixen Kosten K_{fix}, die von der Größe der Komponenten unabhängig sind [7.3]:

$$I' = k_k A + k_s V + K_{fix} \text{ in DM} \qquad (7.1.2)$$

mit k_k bzw. k_s = spezifische Kollektor- bzw. Speicherkosten.

Der Erwerb von Solaranlagen wird in Deutschland derzeit staatlich gefördert. Bei der weiteren Wirtschaftlichkeitsanalyse von Solaranlagen werden die Investitionskosten um die staatliche Förderung reduziert:

$$I = I' (1 - z/100) = (k_k A + k_s V + K_{fix})(1 - z/100) \qquad (7.1.3)$$

mit z = Prozentsatz des Förderungszuschlags (30 bis 75%).

Die jährlichen *Kapitalkosten* K_{kap} für die Solaranlage, d.h. die jährliche Rückzahlungsrate, lassen sich bei gleichbleibenden Raten wie folgt errechnen:

$$K_{kap} = a \, I \text{ in DM/a} \qquad (7.1.4)$$

mit a = Annuitätsfaktor.

7.2 Wirtschaftliche Bewertungskriterien für Solaranlagen

Mit dem *Kapitalzinssatz* p und der *Nutzungsdauer* n der Solaranlage gilt für den normalen, konstanten *Annuitätsfaktor* [7.4]:

$$a = p\,(1+p)^n / [(1+p)^n - 1]$$

Aus dem Zinssatz p und der Nutzungsdauer n (für die Solaranlage zur Heizung und Warmwasserbereitung n = 15 bzw. 20 Jahre) ergeben sich die folgenden Werte des Annuitätsfaktors a:

p in %	4	6	8	10	12
a in % (n = 15)	9,0	10,3	11,68	13,15	14,68
a in % (n = 20)	7,36	8,72	10,19	11,75	13,39

Für die jährlichen *Energiekosten* K_{en} gilt:

$$K_{en} = P_{en,1}\, Q_{zus}/\eta_{ke} \quad \text{in DM/a} \tag{7.1.5}$$

mit: $P_{en,1}$ = Preis für den konventionellen Energieträger im 1. Betriebsjahr der Solaranlage (z. B., 8,90 DM/GJ für Heizöl EL [7.2]),
Q_{zus} = jährlicher Verbrauch an Zusatzenergie in MJ oder kWh,
η_{ke} = jährlicher Nutzungsgrad der konventionellen Energiequelle.

Die Wartungs-, Instandhaltungs-, Versicherungs- und Überwachungskosten gehören: zu den jährlichen *Betriebskosten* K_{betr}. Sie werden als Bruchteil m (1 bis 3%) der Investitionskosten I angesetzt.

Die *sonstigen Kosten* K_{sonst} berücksichtigen die Kosten für Versicherungen, Steuern, Verwaltung u.ä. und werden allgemein als s = 1% der Investitionskosten I angesetzt.

7.2 Wirtschaftliche Bewertungskriterien für Solaranlagen

Energiekosteneinsparung durch Nutzung der Sonnenenergie. Die Investitionskosten I einschließlich Zins und Zinseszins müssen innerhalb einer gewissen Zeit durch die Energiekosteneinsparung, die durch Nutzung der Sonnenenergie erwirtschaftet wird, amortisiert werden.

Für die *jährliche Energiekosteneinsparung* $K_{en,spar}$ ohne Energiepreissteigerung gilt:

$$K_{en,spar} = P_{en}\, f\, Q_L / \eta_{ke} \quad \text{in DM/a} \tag{7.2.1}$$

mit: P_{en} = Energiepreis in DM pro MJ oder kWh,
f = jährlicher solarer Deckungsgrad,
Q_L = jährliche Wärmelast in MJ oder kWh.
η_{ke} = Nutzungsgrad des Heizkessels.

Der solare Deckungsgrad f bezeichnet den Anteil der nutzbaren Solarwärme Q_{sol} in der Deckung der Gesamtwärmelast Q_L (vgl. Kapitel 12).

Die jährliche Energiekosteneinsparung $K_{en,spar}$ wird genauer bestimmt, wenn die anfallenden zusätzlichen Kapitalkosten, Instandhaltungs- und Wartungskosten, sowie Hilfsenergiekosten (Pumpenenergieverbrauch u.ä.) berücksichtigt werden [7.1].

Die *Kapitalrückflußdauer* n_r läßt sich nach dem statischen Verfahren als das Kosten/Nutzen-Verhältnis errechnen [7.4]:

$$n_r = I / K_{en,spar} \tag{7.2.2}$$

Nach der Annuitätenmethode muß der Investitionsaufwand I während der Nutzungsdauer von n Jahren in gleichen Raten (*Annuitäten*) A amortisiert werden [7.4]:

$$A = a\, I \text{ in DM/a} \tag{7.2.3}$$

Bei $K_{en,spar} > A$ ist die Investition wirtschaftlich.

Erforderlicher Brennstoffverbrauch. Die Berechnung der *Brennstoffmenge* B, die zur Deckung des monatlich bzw. jährlich erforderlichen Energiebedarfes Q_L in einer konventionellen Heizungsanlage notwendig ist, erfolgt nach der Formel:

$$B = Q_L / (H_u\, \eta_{ke}) \tag{7.2.4}$$

mit: B = Brennstoffbedarf in kg (für feste und flüssige Brennstoffe) oder m^3 (für gasförmige Brennstoffe) pro Monat oder pro Jahr,
H_u = unterer Heizwert des Brennstoffes (für Heizöl EL ist H_u = 11,86 kWh/kg, für Erdgas H ist H_u = 10 kWh/m^3),
η_{ke} = jährlicher Nutzungsgrad der konventionellen Heizungsanlage (Heizkessel u. ä.).

Monatliche bzw. jährliche Brennstoffeinsparung. Die monatlich bzw. jährlich durch die Sonnenenergienutzung *eingesparte Brennstoffmenge* B_{spar} errechnet sich nach der folgenden Formel:

$$B_{spar} = Q_{sol} / (H_u\, \eta_{ke}) \tag{7.2.5}$$

mit Q_{sol} = monatlicher bzw. jährlicher Netto-Energieertrag der Solaranlage in kWh.

Amortisationsdauer der Solaranlage nach statischem und dynamischem Verfahren. Die *Amortisationsdauer* der Solaranlage ohne Berücksichtigung der Preissteigerung der Energie (nach dem statischen Verfahren) errechnet sich aus [7.4]:

$$n_{a,st} = \ln[1/(1 - p\, I / K_{en,spar})] / \ln(1+p) \tag{7.2.6}$$

Bei der *Kapitalwertmethode* wird der gegenwärtige Wert (*Barwert*) $K_{en,bar}$ der Einsparungen während der Lebensdauer der Solaranlage, diskontiert auf den Beginn der Investition ohne Berücksichtigung der Preissteigerung der Energie, wie folgt berechnet [7.4]:

$$K_{en,bar} = K_{en,spar} / a = K_{en,spar}\, [(1+p)^n - 1] / [p(1+p)^n] \tag{7.2.7}$$

Die Investition ist nur dann wirtschaftlich, wenn der Barwert $K_{en,bar}$ größer als der Investitionsaufwand I ist.

Unter Berücksichtigung der Energiepreissteigerung ergibt sich die Amortisationsdauer der Solaranlage nach dem dynamischen Verfahren [7.1]:

$$n_{a,dyn} = \ln[1 + I/K_{en,spar}(e-p)] / \ln[(1+e)/(1+p)] \quad (7.2.8)$$

mit: e = Prozentsatz der Energiepreissteigerung.

Bei e = p gilt [7.1]: $n_{a,dyn} = I(1+e)/K_{en,spar}$ \hfill (7.2.9)

Energiekosteneinsparungen über die Lebensdauer. Die gesamten Energiekosteneinsparungen $K_{spar,ges}$ über die Lebensdauer der Solaranlage, diskontiert auf den Beginn der Investition, werden mittels der folgenden Formel berechnet [7.1]:

$$K_{spar,ges} = F_1 P_{en,1} f Q_L - F_2 I = F_1 K_{en,spar} - F_2 I \text{ in DM} \quad (7.2.10)$$

mit: F_1 und F_2 = Faktoren, $P_{en,1}$ = spezifische Brennstoffkosten im ersten Betriebsjahr in DM pro MJ oder kWh.

Der Faktor F_1 ist dem *Barwertfaktor* BWF gleich:

$$F_1 = BWF(n_L, e, p) \quad (7.2.11)$$

mit: n_L = Dauer der Wirtschaftlichkeitsanalyse, d.h. Lebensdauer der Solaranlage,

e = Preissteigerungssatz des Brennstoffs (3,9% für Heizöl EL [7.2]),

p = Kalkulations- bzw. Diskontierungszinssatz (z.B. 5%).

Für den Faktor F_2 gilt die folgende Näherungsgleichung [7.1]:

$$F_2 = d + (1-d) BWF(n_{min}, 0, p) / BWF(n_{kred}, 0, k) + s(1-i) BWF(n_L, i, p)$$
$$- i(1-d)\{BWF(n_{min}, p_{kred}, p)[p_{kred} - 1/BWF(n_{kred}, 0, p_{kred})]$$
$$+ BWF(n_{min}, 0, p) / BWF(n_{kred}, 0, p_{kred})\} \quad (7.2.12)$$

mit: d = Anteil der Investitionskosten, der direkt (ohne Kredit) finanziert wird (z. B. 10%),

n_L = Lebensdauer der Solaranlage (z. B. 20 Jahre),

n_{kred} = Laufzeit des Finanzierungskredits (z. B. 10 Jahre),

n_{min} = Minimum aus n_L und n_{kred},

p_{kred} = Kreditzinssatz (z. B. 10%),

s = Anteil der jährlichen Nebenkosten an den Investitionskosten (1 bis 3%),

i = allgemeine Inflationsrate (z. B. 4,5%).

7.3 Optimierung der Kollektorfläche einer Solaranlage

Die optimale Kollektorfläche A_{opt} kann mit Hilfe der Faktoren F_1 und F_2 bestimmt werden. Dabei erhält man den Wert von A_{opt} mittels eines nur graphisch oder numerisch auswertbaren Verfahrens.

Setzt man die Gleichung (7.1.2) in die Gleichung (7.2.10), erhält man (für die Vereinfachung der Darstellung wird die eventuelle staatliche Förderung nicht berücksichtigt, d.h. z = 0):

$$K_{spar,ges} = F_1 \, P_{en,1} \, f \, Q_L - F_2 \, (C_k \, A + C_s \, V + K_{fix}) \qquad (7.3.1)$$

Die optimale Kollektorfläche A_{opt} entspricht dem Maximum von $K_{spar,ges}$. Dabei ist der jährliche solare Deckungsgrad f von der Kollektorfläche A abhängig (s. Kapitel 12).

Aus der Bedingung $dK_{spar,ges}/dA = 0$ folgt:

$$F_1 \, P_{en,1} \, Q_L df/dA - F_2 \, C_k = 0 \text{ und } df/dA = F_2 \, C_k \, / \, F_1 \, P_{en,1} \, Q_L \qquad (7.3.2)$$

Mit bestimmten Werten des spezifischen Kollektorpreises k_k (in DM/m²) und des Energiepreises $P_{en,1}$ im 1. Betriebsjahr sowie mit Faktoren F_1 und F_2 kann die optimale Kollektorfläche A_{opt} graphisch ermittelt werden. Der optimalen Kollektorfläche A_{opt} entspricht der jährliche solare Deckungsgrad f_{opt}. Die Neigung der Kurve f = f(A) im Optimumspunkt ist durch die Gleichung (7.3.2) bestimmt. Die Gleichung (7.3.2) ergibt den Wert der Steigung df/dA im Punkt des Optimums der Kurve, die die Beziehung zwischen dem solaren Deckungsgrad f und der Kollektorfläche A beschreibt. Diese Kurve wird nach dem f-Chart-Verfahren ermittelt (siehe Bild 12.2.1 in Kapitel 12).

Die mittleren Jahreskosten P_w zur Bereitstellung von der Wärmemenge Q_L aus der gekoppelten Anlage, die aus der Solaranlage und der Zusatzheizung besteht, lassen sich wie folgt ermitteln:

$$P_w = f \, P_{sol} + (1 - f) \, P_{en} \text{ in DM/MJ oder DM/kWh} \qquad (7.3.3)$$

mit: P_{sol} bzw. P_{en} = Energiepreis der Solaranlage bzw. konventionellen Zusatzheizung.

Dieses Verfahren ist im Programm SOLPLAN zur Berechnung, Planung und Optimierung der Solaranlagen eingesetzt worden (siehe Abschnitt 12.2). Beispiel 7.3.1 verdeutlicht ein alternatives vereinfachtes Optimierungsverfahren. Die Optimierung der Größe der Solaranlage wird diesmal auf Basis des minimalen Investitionsaufwandes durchgeführt [7.3].

Beispiel 7.3.1

Es sollen die optimalen Größen für den Solarkollektor und für den Warmwasserspeicher einer Solaranlage ermittelt werden, bei welchen die Investitionskosten minimal sind. Die gesamten Investitionskosten setzen sich aus den fixen Kosten K_{fix} von 6000 DM, flächenbezogenen Kosten k_k von 800 DM pro m² Kollektorfläche und volumenbezogenen Kosten k_s von 2000 DM pro m³ Volumen des Wärmespeichers zusammen.

Die Wärmekapazität des täglichen Speichers beträgt Q_s = 100 MJ. An einem Tag mit einer Gesamteinstrahlung E_k auf die Kollektorfläche von 15 MJ/m²d soll die Speichertemperatur einen bestimmten Wert $T_{s,max}$ nicht überschreiten. Die Wärmeverluste des Speichers können vernachlässigt werden.

7.3 Optimierung der Kollektorfläche einer Solaranlage

Die Kennwerte des Kollektors sind: $F_R K_k = 3{,}8$ W/m²K und $F_R \eta_o = 0{,}8$.
Die Umgebungstemperatur beträgt $T_u = 20\,°C$. Die tägliche Nutzungsdauer t der Solaranlage beträgt 10 h.
Die zu minimierende Zielfunktion ist der Investitionsaufwand:

$$I = 6000 + 800\,A + 2000\,V$$

Die Einschränkungsbedingung lautet: Die tägliche Kollektorausbeute soll die Speicherkapazität Q_s von 100 MJ nicht überschreiten, d.h. $Q_k \leq 100$.
Für die tägliche Kollektorausbeute gilt näherungsweise:

$$Q_k = A\,[E_k\,F_R\eta_o - F_R K_k\,t\,(T_{ein} - T_u)]$$

Mit $E_k = 15$ MJ/m²d, $T_{ein} = 0{,}5\,(T_{s,max} + T_u)$ und $t = 10$ h = 36000 s/d ergibt sich:

$$Q_k = A\,[E_k\,F_R\eta_o - F_R K_k\,t\,(T_{ein} - T_u)] = A\,[15 \cdot 0{,}8 - 3{,}8 \cdot 36000 \cdot 0{,}5\,(T_{s,max} - 20) \cdot 10^{-6}] = A\,(13{,}368 - 0{,}0684\,T_{s,max}) = 100 \quad (7.3.4)$$

Mit der Speicherkapazität $Q_s = 100 \cdot 10^6$ J, minimaler Speichertemperatur $T_{s,min} = T_u = 20\,°C$, Wasserdichte $\rho = 1000$ kg/m³ und spezifischer Wärmekapazität $c_p = 4187$ J/kgK errechnet sich die maximale Speichertemperatur wie folgt:

$$T_{s,max} = Q_s/(V\rho\,c_p)_s + T_{s,min} = 100 \cdot 10^6/(V \cdot 1000 \cdot 4187) + 20 = 23{,}88/V + 20 \quad (7.3.5)$$

Setzt man die Gleichung (7.3.5) in die Gleichung (7.3.4), erhält man:

$$A\,[13{,}368 - 0{,}0684\,(23{,}88/V + 20)] = 100 \text{ bzw. } A\,(12 - 1{,}633/V) = 100 \quad (7.3.6)$$

Mit der Zielfunktion I wird der Lagrangean L wie folgt gebildet:

$$L = I - l\,[A\,(12 - 1{,}633/V) - 100] = 6000 + 800\,A + 2000\,V - l\,[A\,(12 - 1{,}633/V) - 100] \quad (7.3.7)$$

Um die optimale Kollektorfläche A_{opt} und das optimale Volumen V_{opt} des Wärmespeichers zu ermitteln, werden die folgenden partiellen Ableitungen Null gesetzt:

$$dL/dA = 0: \quad 800 - l\,(12 - 1{,}633/V) = 0 \quad (7.3.8)$$

$$dL/dV = 0: \quad 2000 - l\,1{,}633\,A/V^2 = 0 \quad (7.3.9)$$

$$dL/dl = 0: \quad A\,(12 - 1{,}633/V) - 100 = 0 \quad (7.3.10)$$

Die Auflösung des Gleichungssatzes (7.3.8)-(7.3.10) nach A und V ergibt die optimalen Werte der Kollektorfläche und des Speichervolumens:

$$A_{opt} = 11{,}7 \text{ m}^2 \text{ und } V_{opt} = 0{,}473 \text{ m}^3.$$

Der minimale Investitionsaufwand für die Solaranlage errechnet sich nun zu:

$$I_{min} = 6000 + 800\,A_{opt} + 2000\,V_{opt} = 16306 \text{ DM.}$$

8 Solaranlagen zur Brauchwasser- und Schwimmbaderwärmung

8.1 Solare Schwerkraftanlagen zur Wassererwärmung

Einteilung von Niedertemperatur-Solaranlagen. Niedertemperatur-Solaranlagen werden nach der Art der Sonnenenergienutzung, dem Anwendungszweck, der Verbrauchertemperatur, der Kollektorwärmeträgerart u.a. eingeteilt [8.2].

Je nach der Art der Sonnenenergienutzung lassen sich die Solaranlagen in aktive und passive Solaranlagen, sowie Hybridsolaranlagen einteilen [8.4].

Je nach dem Einsatzbereich und der Vebrauchertemperatur T_v im Niedertemperaturbereich unterscheidet man:
- Solaranlagen zur Schwimmbaderwärmung (T_v von 23 bis 30 °C),
- Solaranlagen zur Warmwasserbereitung (T_v von 45 bis 60 °C),
- solare Heizungsanlagen (T_v von 30 bis 90 °C),
- solare Kälte- und Klimaanlagen (T_v unter 10 °C),
- solare Heizungs- und Kühlungsanlagen (T_v von 4 bis 90 °C)
- Solaranlagen zur Prozeßwärmeerzeugung (T_v von 20 bis 90 °C).

Außerdem wird zwischen *offenen und geschlossenen Solaranlagen mit Flüssigkeitskollektoren* (Wasser oder frostsichere Flüssigkeiten) und *Solaranlagen mit Luftkollektoren, Solaranlagen mit kurz- und langfristiger Wärmespeicherung*, zwischen *monovalenten (autarken) und bivalenten Solaranlagen*, solarunterstützten *Nahwärmesystemen* und *Solaranlagen mit Wärmepumpen* unterschieden. Normalerweise werden Solaranlagen mit einer herkömmlichen *Zusatzheizung*, z.B. mit einem Niedertemperatur-Heizkessel, Brennwertkessel, Elektroerhitzer gekoppelt [8.4]. Eine offene Solaranlage hat eine ständige Verbindung zur Atmosphäre. Eine geschlossene Solarheizungsanlage wird mit einer Sicherheitseinrichtung gegen eine Überschreitung des zulässigen Drucks und mit einem Ausdehnungsgefäß ausgerüstet. In Solaranlagen mit einem offenen Kreislauf wird das aufgewärmte Wasser direkt aus dem Kollektorkreislauf an den Verbraucher geliefert. Bei geschlossenen Anlagen wird die Wärme zwischen dem Kreislauf des Kollektors und dem des Verbrauchers mittels Wärmetauscher übertragen.

Eine aktive Solaranlage besteht in der Regel aus folgenden Komponenten [8.2, 8.3]: Solarkollektor, Wärmespeicher, Pumpe oder Ventilator, Verbindungsrohrleitungen bzw. Luftkanäle, Wärmeübertrager, Regel- und Sicherheitseinrichtungen.

In diesem Kapitel werden nur Solaranlagen zur Warmwasserbereitung und Schwimmbaderwärmung betrachtet. Solarheizungsanlagen werden in Kapitel 9, Solaranlagen zur Kühlung in Kapitel 10 und solarunterstützte Nahwärmeversorgungssysteme in Kapitel 11 behandelt.

8.1 Solare Schwerkraftanlagen zur Wassererwärmung

Solaranlagen zur Warmwasserbereitung mit Schwerkraftumlauf. Die solare Warmwasserbereitung ist die am weitesten verbreitete Nutzung der Sonnenenergie. Man unterscheidet zwischen Solaranlagen zur Warmwasserbereitung mit *Schwerkraftumlauf* und solchen mit *Zwangumlauf* des Wärmeträgers. Solaranlagen mit Schwerkraftumlauf (auch als Thermosiphon-Solaranlagen bezeichnet) haben den einfachsten Aufbau. Eine *Thermosiphon-Solaranlage* (s. Bild 8.1.1) umfaßt einen Flachkollektor (1), einen Warmwasserspeicher (2), eine Vorlaufrohrleitung (3) und eine Rücklaufrohrleitung (4). Der Wasserumlauf wird durch die Schwerkraft bewirkt, die durch die Dichtedifferenz zwischen kaltem und warmem Wasser zustande kommt. Das Prinzip eines Thermosiphon-Wassererwärmers läßt sich wie folgt schildern. Das Wasser erwärmt sich durch Sonnenenergieabsorption im Kollektor, wird leichter und steigt in den Speicher auf, weil es durch das kältere Speicherwasser verdrängt wird [8.3, 8.6].

Der *Auftrieb einer Thermosiphon-Solaranlage* ist nicht nur durch die strömungstechnische Kenngrößen des Solarkreislaufs, sondern auch durch die Lage des Speichers bezüglich des Solarkollektors bestimmt. Der Wärmespeicher wird in der Regel 300 bis 600 mm über der oberen Kante des Solarkollektors aufgestellt. Bei dieser Anordnung wird nicht nur ein ausreichender Wasserumlauf während des Tages sichergestellt, sondern auch eine Umkehrung des Wasserumlaufs in der Nacht verhindert. Diese Strömung des Wassers in der umgekehrten Richtung kann durch eine starke Abkühlung des Solarkollektors wegen der erheblichen Wärmeabstrahlung an die Umgebung während der Nacht entstehen. Ein in die Vorlaufrohrleitung eingebautes Rückschlagventil verhindert diese Wasserrückströmung. Bei der Auslegung einer Thermosiphonanlage muß auf die Verringerung des hydrodynamischen Widerstands des Kreislaufs und gleichzeitig auf die Minderung der Wärmeverluste in allen Komponenten der Solaranlage geachtet werden, da der Auftrieb nicht nur vom Höhenunterschied zwischen Wärmespeicher und Solarkollektor, sondern auch von der Dichtedifferenz im Solarkollektor und im Wärmespeicher abhängig ist. Die Dichtedifferenz des Wassers ist durch die Gesamttemperaturdifferenz bestimmt. Der Massenstrom des Wassers in einer Thermosiphonan-

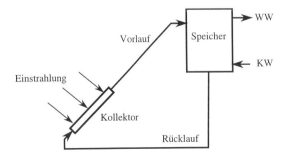

Bild 8.1.1. Prinzip einer solaren Thermosiphon-Warmwasserbereitungsanlage

lage stellt sich selbsttätig ein, je nach dem momentan vorhandenen Auftrieb und dem hydrodynamischen Widerstand des Kreislaufs. Er ist also durch die folgenden Parameter bestimmt [8.4, 8.8]:

- die Höhe H des Speichers über dem Kollektor,
- die Temperaturdifferenz ΔT zwischen Solarkollektor und Wärmespeicher,
- den hydrodynamischen Widerstand Δp des Kreislaufs.

Je größer H und ΔT sind und je geringer Δp ist, um so größer ist der Massenstrom m des Wassers in einer Thermosiphon-Solaranlage. Für eine gute Zirkulation des Wassers ist die Querschnittsgröße der Rohrleitungen von entscheidender Bedeutung. Die Verbindungsrohrleitungen müssen überall mit einer Steigung in Strömungsrichtung verlegt werden, so daß an keiner Stelle eine Luftansammlung entsteht.

In Zeiten unzureichender Sonneneinstrahlung muß das Brauchwasser entweder mit Hilfe eines eingebauten Elektroerhitzers (selten verwendet), eines Wärmetauschers im Innern des Speichers oder einer getrennten Nachheizung (durch Heizöl- oder Gas-Heizkessel) auf die erforderliche Warmwassertemperatur erwärmt werden.

Der Wärmespeicher kann entweder stehend oder liegend über dem Solarkollektor angeordnet werden. Bei einer typischen Ausführung werden 1-2 Solarkollektormodule von jeweils 1 bis 2 m^2 an einen Warmwassertank mit einem Inhalt von 120 bis 300 Litern angeschlossen. Der Solarkollektor kann auf einem Flachdach aufgestellt oder in ein Schrägdach integriert werden. Im letzten Fall läßt sich der Warmwassertank im Dachraum unterbringen (s. Bild 8.1.2).

Einkreis-Thermosiphon-Warmwasserbereitungsanlagen sind der Gefahr des Einfrierens unterworfen. Sie eignen sich nur für den Einsatz in sonnenreichen Ländern. Meist sind es kleine Solaranlagen zur Warmwasserbereitung in Einfamilienhäusern. Für die Warmwasserbereitung für große Verbraucher (Mehrfamilienhäuser, Krankenhäuser, Freizeitzentren, Hotels) können entweder größere Solaranlagen gebaut werden, oder es kann eine Mehrzahl kleiner Solaranlagen auf einem Flachdach aufgestellt werden.

Damit eine Thermosiphon-Solaranlage in der kalten Jahreshälfte ohne die Gefahr des Einfrierens betrieben werden kann, muß ein frostsicherer Wärmeträger im Solarkollektor verwendet werden. Dadurch verwandelt sich die Einkreis-Solaranlage in eine *Zweikreis-Solaranlage* mit einem geschlossenem Solarkreislauf. Die nutzbare Wärmeleistung des Solarkollektors wird mittels eines Wärmetauschers von dem frostsicheren Wärmeträger des Solarkollektorkreises auf das Wasser im Wärmespeicher übertragen.

Bild 8.1.3 zeigt das Berechnungsschema für eine Thermosiphon-Solaranlage. Als Basisniveau (z = 0) wird der Solarkollektoreintritt angenommen. Die vertikalen Positionen sind: z_1 für den Solarkollektoraustritt, z_2 für den Boden des Speichers und z_3 für den Vorlaufrohranschluß an den Wärmespeicher. Die entsprechenden Höhen sind: $H_1 = z_1$, $H_2 = z_2 - z_1$ und $H_3 = z_3 - z_2$.

Tagsüber ist die Wassertemperatur T_k im Solarkollektor und in der Vorlaufrohrleitung in der Regel höher als die Temperatur T_s im Speicher und in der

8.1 Solare Schwerkraftanlagen zur Wassererwärmung 183

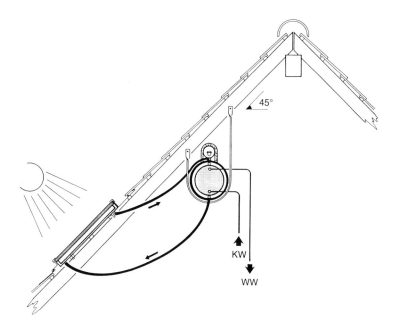

Bild 8.1.2. Solare Schwerkraft-Warmwasserbereitungsanlage mit dachintegriertem Flachkollektor und im Dachraum untergebrachtem Wärmespeicher [nach Solar Energie Technik].

Rücklaufrohrleitung. Der Auftriebsdruck p_{auf} ist proportional zur Dichtedifferenz $\Delta\rho$ des warmen und kalten Wassers in beiden Teilen des Kreislaufs und zur gesamten Höhe H des Kreislaufs. Er läßt sich wie folgt errechnen [8.4]:

$$p_{auf} = g \int \rho \, dH \approx g \left(\sum \rho_s H_s - \sum \rho_k H_k \right) \text{ in Pa} \tag{8.1.1}$$

mit: g = Erdbeschleunigung in m/s²,
ρ_s bzw. ρ_k = mittlere Dichte des Wassers im Speicher und in der Rücklaufrohrleitung bzw. im Kollektor und in der Vorlaufrohrleitung in kg/m³,
H_s bzw. H_k = Höhe der jeweiligen Komponente des Kreislaufs in m.

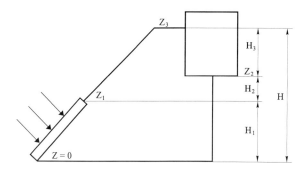

Bild 8.1.3. Berechnungsschema für eine Naturumlauf-Solaranlage

Der *Auftriebsdruck* p_{auf} befindet sich jederzeit im Gleichgewicht mit dem *Druckverlust* Δp durch Rohrreibung und Einzelwiderstände (Querschnittsänderungen, Bögen, Knicke, Ventile u.a.) im gesamten Kreislauf, der sich wie folgt errechnet:

$$\Delta p = (\rho\, w^2/2) \sum (\lambda\, L/d + \zeta) \text{ in Pa} \tag{8.1.2}$$

mit: ρ = Dichte des Wassers in kg/m^3,
 w = Strömungsgeschwindigkeit des Wassers in m/s,
 λ = Rohrreibungszahl,
 L bzw. d = Rohrlänge bzw. -durchmesser in m,
 ζ = Einzelwiderstandsbeiwert.

Für den Zusammenhang zwischen dem Volumenstrom $\dot{V}$ und dem Druckgefälle Δp bei laminarer Strömung (sie ist typisch bei Thermosiphon-Solaranlagen) in einem Rohr mit dem Durchmesser d und mit der Länge L gilt die folgende Hagen-Poiseuillesche Beziehung [8.4]:

$$\dot{V} = \pi\, d^4\, \Delta p / (128\, \mu\, L) \text{ in m}^3/\text{s} \tag{8.1.3}$$

Die Temperaturabhängigkeit der Dichte ρ des Wassers läßt sich näherungsweise mit der folgenden linearen Funktion beschreiben:

$$\rho = \rho_o [1 - \beta (T - T_o)] = \rho_o (1 - \beta\, \Delta T) \text{ in kg/m}^3 \tag{8.1.4}$$

mit: β = Raumausdehnungskoeffizient des Wassers in 1/K,
 ΔT = gesamte Wassertemperaturdifferenz im Kreislauf in K,
 ρ_o = Dichte des Wassers bei einer Bezugstemperatur T_o in kg/m^3.

Mit einer mittleren Dichte $\rho_m = \rho_o (1 - \beta\, \Delta T/2)$ gilt für den Massenstrom:

$$\dot{m} = \dot{V}\, \rho_m = (\pi\, d^4 \Delta p / 128\, \mu\, L)\, \rho_o\, (1 - \beta\, \Delta T/2) \tag{8.1.5}$$

Die Strömungsgeschwindigkeit in einem Kreisrohr errechnet sich wie folgt:

$$w = 4\, \dot{m} / (\pi\, d^2 \rho) \tag{8.1.6}$$

Bei laminarer Strömung (Reynoldszahl Re<2320) gilt für die Rohrreibungszahl [8.4]:

$$\lambda = 64 / Re = 64\, \mu / \rho\, w\, d \tag{8.1.7}$$

Nun erhält man aus Gleichung (8.1.2):

$$\Delta p = 128\, \mu\, L\, \dot{m} / (\pi\, \rho\, d^4) + 8\, \zeta\, m^2 / (\pi^2\, \rho\, d^4) \tag{8.1.8}$$

Bei Auswertung des Auftriebsdrucks p_{auf} nach Gleichung (8.1.1) kann die gesamte Temperaturänderung $\Delta T = T - T_o$ in der Thermosiphon-Solaranlage näherungsweise durch den Temperaturanstieg ΔT_k im Solarkollektor ersetzt werden, der aus der momentanen Energiebilanz des Kollektors ermittelt wird:

$$\Delta T_k = I_k\, A\, \eta_k / (\dot{m} c_p) \text{ in K} \tag{8.1.9}$$

mit: I_k = Globalstrahlungsstärke in der Kollektorebene in W/m^2,
 A = Kollektorfläche in m^2,

8.1 Solare Schwerkraftanlagen zur Wassererwärmung 185

η_k = Wirkungsgrad des Solarkollektors,
$\dot{m}$ = Massenstrom des Wassers im Kollektorkreislauf in kg/s,
c_p = spezifische isobare Wärmekapazität des Wassers in J/kgK.

Nun gilt für den Auftriebsdruck:

$$p_{auf} = g\, H\, \rho_o\, \beta\, \Delta T_k \text{ in Pa} \tag{8.1.10}$$

mit: H = wirksame Höhendifferenz des Kreislaufs in m,
ρ_o = Dichte des Wassers bei der Kollektoreintrittstemperatur in kg/m³.

Für den *Massenstrom des Wassers* gilt die folgende Näherungsgleichung [8.4]:

$$\dot{m} = (8\,\pi\,\mu\,L_{ges}/\zeta)\,[(1 + g\,\beta\,\zeta\,\rho_o^2\,d^4\,H\,\Delta T_k / 512\,\mu^2\,L_{ges}^2)^{1/2} - 1], \tag{8.1.11}$$

wobei L_{ges} die Gesamtlänge des Kreislaufs ist.

Man kann den Massenstrom auch aus der folgenden Gleichung berechnen [8.4]:

$$\dot{m} = -F'K_k A / (c_p \ln\{1 - [F'K_k(T_{aus} - T_{ein})]/[I_k(\eta_o) - K_k(T_{ein} - T_u)]\}) \tag{8.1.12}$$

wobei F' der Absorberwirkungsgradfaktor, T_{ein} bzw. T_{aus} die Eintritts- bzw. Austrittstemperatur des Wassers im Kollektor in °C, (η_o) der optische Wirkungsgrad des Kollektors und T_u die Umgebungstemperatur in °C ist.

Beispiel 8.1.1

In einer Solaranlage zur Warmwasserbereitung mit Schwerkraftumlauf wird ein Kollektor mit einer Fläche A von 2,4 m² und einem Gesamtwärmedurchgangskoeffizienten K_k von 4,3 W/(m²K) verwendet. Der Aluminium-Absorber besteht aus einer Platte (Dicke δ = 0,6 mm, Wärmeleitfähigkeit λ = 202 W/mK) und Rohren mit einem Durchmesser D von 10 mm, wobei der Rohrabstand W 120 mm beträgt.

Die Kollektoreintrittstemperatur des Wassers T_{ein} beträgt 28 °C und die Umgebungstemperatur T_u ist 14 °C. Die Temperatur des Wassers steigt im Kollektor stetig um $\Delta T_k = T_{aus} - T_{ein}$ = 8 K.

Wie groß ist die Nutzwärmeleistung $\dot{Q}_k$ des Solarkollektors bei einer Bestrahlung I_k = 830 W/m² und einem optischen Wirkungsgrad (η_o) = 0,82?

Lösung:

1) Der Absorberwirkungsgradfaktor F' läßt sich aus Bild 3.4.4 in Kapitel 3 bei K_k = 4,3 W/(m²K), D = 10 mm, W = 120 mm, $\lambda\,\delta$ = 0,12 W/K und einem Wärmeübergangskoeffizienten im Rohr α_i = 300 W/(m²K) ermitteln: F' = 0,929.

2) Für den Massenstrom des Wassers im Kollektor gilt Gleichung (8.1.12):

$\dot{m}$ = -(4,3·0,929·2,4) / (4187 ln {1 - [4,3·0,929·8]/[830·0,82 - 4,3 (28 - 14)]})
= 0,0433 kg/s.

3) Die Nutzwärmeleistung des Kollektors beträgt:

$\dot{Q}_k = \dot{m}c_p (T_{aus} - T_{ein}) = 0{,}0433 \cdot 4187 \cdot 8 = 1450$ W.

8.2 Solaranlagen mit integrierten Speicher-Kollektoren

In diesem Fall wird das Wasser in einem integrierten Speicher-Kollektor (s. Bild 3.1.4) erwärmt. Er besteht aus einer transparenten Abdeckung, einem Warmwassertank mit einer geschwärzten oder selektiv beschichteten Außenfläche, einem gut wärmegedämmten Gehäuse und Anschlüssen an die Kalt- und Warmwasserleitungen [8.6]. Durch den Einbau einer transparenten Wabenstruktur (beispielsweise einer transparenten Wärmedämmung) zwischen die Abdeckung und den Tank lassen sich die konvektiven Wärmeverluste des Speicher-Kollektors stark reduzieren [8.3]. In einem Gehäuse eines Speicher-Kollektors mit einer Apertur von 1,4-2 m^2 kann ein Wassertank mit einem Inhalt von 60-160 Litern untergebracht werden. Bei anderen Bauarten können mehrere Tanks in ein Gehäuse eingebaut oder mehrere Speicher-Kollektoren parallel zueinander geschaltet werden [8.4].

Für den Ein- bzw. Aufbau von Speicher-Kollektoren, der sich problemlos durchführen läßt, eignen sich Schräg- und Flachdächer, Balkone, Wände und Pergolas. Ein Speicher-Kollektor kann in einer Solaranlage zur Warmwasserbereitung mit einem Durchlauferhitzer für die Sommerzeit und einem Kessel für die Übergangsperiode gekoppelt werden.

Ein effektiver kompakter Wassererwärmer ist in Bild 8.2.1 schematisch dargestellt. Die Solaranlage besteht aus einem Flachkollektor mit Wärmerohren und einem angeschlossenen Warmwassertank, der waagerecht angeordnet ist. Die Verbindung zwischen den beiden Komponenten erfolgt mittels einer Wärmeleitplatte, die zur Wärmeübertragung von dem Absorber auf das Wasser im Wärmespeicher dient. Mit einem selektiven Absorber erreicht solch ein kompakter Wassererwärmer einen Nutzungsgrad von 60% [8.4].

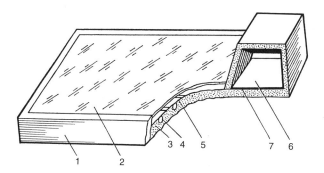

Bild 8.2.1. Solarer Kompakt - Wassererhitzer: 1 - Gehäuse, 2-Glasscheibe, 3 - Wärmedämmung, 4 - Wärmerohr, 5 - Absorber, 6 - Warmwasserbehälter, 7 - Wärmeleitplatte [8.4]

Beispiel 8.2.1

Ein Wassererhitzer besteht aus einem integrierten Speicher-Kollektor, der unter einem Neigungswinkel β gleich dem Breitengrad φ = 52° nach Süden orientiert wird. Die Maße des Speicher-Kollektors sind: B x L x H = 0,9 m x 2,2 m x 0,56 m, die Fläche ist A = B x L = 2 m², das Volumen beträgt V = 160 l.
Der optische Wirkungsgrad (τα) beträgt 0,835 und der Emissionsgrad des Speicher-Kollektors ist ε = 0,11. Der Gesamtwärmedurchgangskoeffizient des Speicher-Kollektors beträgt K_k = 3,7 W/(m²K). Kaltes Wasser mit einer Temperatur von T_{kw} = 18 °C wird um 11 Uhr eingefüllt. Die stündliche Einstrahlung auf den Speicher-Kollektor I_k beträgt 2,6 MJ/(m²h) von 11 bis 12 Uhr und 3,7 MJ/(m²h) von 12 bis 13 Uhr. Die Umgebungstemperatur T_u ist 15 °C.
Wie hoch ist die Warmwassertemperatur T_{ww} um 13 Uhr und der mittlere Wirkungsgrad η_k des Speicher-Kollektors?

Lösung:

Die Wassermenge im Speichertank beträgt m = ρ V = 1000·0,16 = 160 kg.
Die Temperatur des Wassers im Zeitpunkt t läßt sich mit der folgenden Gleichung errechnen:

$T_{ww} = T_u + (τα) I_k A / K_k - [(τα) I_k A / K_k - (T_{kw} - T_u)] \exp [-A K_k t / (m c_p)]$

Mit der stündlichen Einstrahlung I_{k1} = 2,6 MJ/m² h für den Zeitraum von 11 - 12 Uhr und I_{k2} = 3,7 MJm²/h für den Zeitraum von 12 - 13 Uhr errechnet sich die Warmwassertemperatur T_{ww} um 12 bzw. 13 Uhr zu:

$T_{ww,12}$ = 15 + 0,835·2,6·10⁶ / 3600·3,7 - [0,835·2,6·10⁶ / 3600·3,7 - (18 - 15)] exp [-(2·3,7·3600) / (160·4187)] = 24,24 °C und

$T_{ww,13}$ = 15 + 0,835·3,7·10⁶ / 3600·3,7 - [0,835·3,7·10⁶ / 3600·3,7 - (24,24 - 15)] exp [-(2·3,7·3600) / (160·4187)] = 32,92 °C.

Für die Nutzwärme des Speicher-Kollektors für die Periode von 11 bis 13 Uhr gilt:

Q_k = m c_p ($T_{ww,13}$ - T_{kw}) = 160·4,187 (32,92 - 18) = 9995 kJ

Der mittlere Wirkungsgrad η_k des Speicher-Kollektors errechnet sich zu:

η_k = Q_k / A (I_{k1} + I_{k2}) = 9995 / 2 (2600 + 3700) = 0,793.

8.3 Zwangsumlauf-Solaranlagen zur Warmwasserbereitung

Zur Warmwasserbereitung für größere Verbraucher werden normalerweise Solaranlagen mit erzwungenem Umlauf des Wärmeträgers mittels einer Umwälzpumpe verwendet. Diese Anlagen sind zuverlässig und bei richtiger Planung für

8 Solaranlagen zur Brauchwasser- und Schwimmbaderwärmung

den tatsächlichen Bedarf als Brennstoffsparer auch wirtschaftlich. Der Wärmespeicher wird normalerweise im Keller untergebracht. In Deutschland sind hauptsächlich Solaranlagen mit erzwungenem Umlauf installiert [8.3, 8.5-8.8].

Man unterscheidet zwischen *Einkreis- sowie Zweikreis-Zwangsumlauf-Solaranlagen zur Warmwasserbereitung* [8.6, 8.8]. Eine Einkreis-Solaranlage besteht aus einem Kollektor, einem Wärmespeicher, Verbindungsrohrleitungen mit einer Umwälzpumpe und einem Mischventil. Die Regelung der Solaranlage erfolgt mittels einer Regeleinrichtung mit Temperaturfühlern, die die Temperaturen im Kollektor und Speicher messen. Wenn die Temperatur am Kollektoraustritt die Temperatur im Speicher um einen vorher eingestellten Sollwert überschreitet, schaltet die Regelung die Pumpe ein. Bei Unterschreitung eines anderen Sollwertes wird die Pumpe ausgeschaltet. Das Mischventil ist automatisch regelbar nach erforderlicher Verbrauchertemperatur. Die Zusatzenergie, die für die Erwärmung des Wassers auf die erforderliche Verbrauchertemperatur notwendig ist, kann durch eine Nachheizung aufgebracht werden. In Gebieten mit Frostgefahr werden *Zweikreis-Warmwasserbereitungsanlagen* verwendet. Bild 8.3.1 stellt ein Grundschema der Zweikreis-Zwangsumlauf-Solaranlagen zur Warmwasserbereitung dar. Solche Anlagen bestehen aus einem geschlossenen Solarkreislauf mit frostsicherem Wärmeträger und einem Verbraucherkreislauf [8.8].

Die Effizienz einer Solaranlage erhöht sich, wenn ein *Wärmespeicher mit Temperaturschichtung* des Wassers im Solarkreis verwendet wird. In diesem Fall wird die obere Wasserschicht eine um einige Grad höhere Temperatur als die untere haben. Durch spezielle Vorrichtungen zur Wasserzufuhr kann die Temperaturschichtung gesichert werden [8.1]. Dazu wird beispielsweise ein senkrechtes Wasserzufuhrrohr mit mehreren Löchern in verschiedenen Ebenen verwendet. Das von oben ins Rohr eingespeiste Wasser fließt durch die jeweiligen Öffnungen in die Speicherschicht mit gleicher Wasserdichte aus. Eine *Solaranlage mit zwei Wärmespeicher-Wassererwärmern* ist in Bild 8.3.2 schematisch dargestellt. Dem ersten

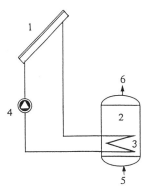

Bild 8.3.1. Grundschema einer Zweikreis-Zwangsumlauf-Solaranlage zur Warmwasserbereitung: 1 - Solarkollektor, 2 - Wärmespeicher, 3 - Wärmetauscher, 4 - Umwälzpumpe, 5 - Kaltwasseranschluß, 6 - Warmwasserentnahme

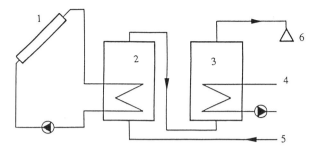

Bild 8.3.2. Zweikreis-Solaranlage zur Warmwasserbereitung mit zwei Wärmespeicher-Wassererwärmern: 1 - Solarkollektor, 2 - solarer Wärmespeicher, 3 - Wärmespeicher mit Nachheizung, 4 - Zusatzenergiezufuhr, 5 -Kaltwasseranschluß, 6 - Warmwasserzapfstelle

Wärmespeicher wird die Wärme aus dem Solarkollektor zugeführt, im zweiten wird der Wärmetauscher einer konventionellen Heizanlage untergebracht. Das Wasser wird im ersten Speicher solar vorgewärmt und in zweitem Speicher mittels einer Zusatzheizung auf die erforderliche Verbrauchertemperatur nachgeheizt. Bild 8.3.3 stellt eine Solaranlage mit zwei Wärmespeichern im Solarkreislauf und einer Nachheizung schematisch dar. Das Beladen der Speicher erfolgt über automatisch gesteuerte Klappen derart, daß die Temperatur im zweiten Tank höher als im ersten ist. Dadurch erhöht sich die Effizienz der Solaranlage.

Zusätzlich zu den Komponenten der Einkreisanlagen brauchen Zweikreisanlagen einen Wärmetauscher, ein Ausdehnungsgefäß im Solarkreislauf, eine Pumpe für das Wärmespeichermedium, zusätzliche Verbindungsrohre mit Armaturen sowie ein Sicherheitsventil. Die Anordnung eines Wärmetauschers im Kollektorkreislauf kann unterschiedlich sein [8.4, 8.8]. Grundsätzlich kann die solare Wärme mittels eines externen bzw. internen Wärmetauschers an das Wasser im

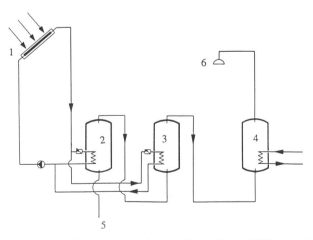

Bild 8.3.3. Warmwasserbereitungsanlage mit zwei Wärmespeichern: 1 - Solarkollektor, 2 - Niedertemperatur-Speicher, 3 - Hochtemperatur-Speicher, 4 - Nachheizung, 5 - Kaltwasseranschluß, 6 - Warmwasserzapfstelle

Speichertank übertragen werden. *Bei externen Gegenstrom-Wärmetauschern* (Rohrbündel- oder Plattenwärmetauscher) hat der Wärmedurchgangskoeffizient K einen verhältnismäßig großen Wert, so daß der Wärmetauscher kompakt ausgelegt werden kann. Durch eine ständige Umwälzung des Wassers im Wärmespeicher kommt die Temperaturschichtung aber nicht zustande. Ihr Einsatz kann bei Großsolaranlagen gerechtfertigt werden. *Interne Wärmetauscher* in Form einer Rohrschlange haben einen geringeren Wärmedurchgangskoeffizienten K und deshalb ist eine entsprechend größere Wärmeaustauschfläche erforderlich. Die spezifischen Kosten eines internen Wärmetauschers sind geringer im Vergleich zu denen des externen Wärmetauschers. Um die Temperaturschichtung zu fördern, werden senkrecht gewendelte Wärmetauscher den waagerechten bevorzugt. Die Verwendung eines Doppelmantel-Speichers ist für Solaranlagen praktisch nicht geeignet, da wegen eines noch geringeren K-Wertes die erforderliche Heizfläche viel größer ist. Da der *Doppelmantel* auf der ganzen Speicherhöhe angebracht wird, wird die Temperaturschichtung im Wärmespeicher gefährdet. Der Wirkungsgrad der Solaranlage wird in diesem Fall beeinträchtigt.

Drei *Varianten der Wärmezufuhr durch eine Zusatzheizung* sind prinzipiell möglich (Bild 8.3.4) [8.4, 8.8]. Das Grundprinzip bei einer Nutzung von Sonnenenergie und Zusatzenergie besteht darin, daß das Wasser erst dann mittels eines herkömmlichen Wassererwärmers auf die erforderliche Verbrauchertemperatur nachgeheizt werden darf, wenn die Sonnenenergie schon im höchstmöglichen Maße zu seiner Vorwärmung genutzt worden ist. Deshalb muß die Stelle der Zusatzenergiezufuhr so gewählt werden, daß die erstrangige Nutzung der Sonnen-

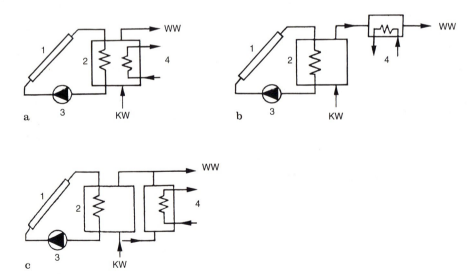

Bild 8.3.4. Zusatzwärmezufuhr direkt in den Warmwasserspeicher (**a**), mittels einer in Reihe (**b**) bzw. parallel (**c**) geschalteten Nachheizung: 1 - Kollektor, 2 - Warmwasserspeicher, 3 - Pumpe, 4 - Zusatzwärmezufuhr, KW - Kaltwasseranschluß, WW - Warmwasserentnahme

energie gefördert wird. Dabei muß die Temperaturschichtung des Wassers im Wärmespeicher sichergestellt werden, so daß der Wärmeträger in den Solarkollektor immer mit tiefst möglicher Temperatur eingespeist wird und dadurch ein hoher Wirkungsgrad des Kollektors und der gesamten Solaranlage erzielt wird. Dieses physikalische Prinzip läßt sich am besten in einer Zweitank-Solaranlage verwirklichen. In diesem Fall erfolgt die Zufuhr der solaren Wärme in den ersten Tank, der zur Vorwärmung des gesamten Stromes des Kaltwassers dient. In einem nachgeschalteten Tank wird das vorgewärmte Wasser mit einem herkömmlichen Kessel nachgeheizt. Energetisch ist diese Schaltung die günstigste, aber für kleine Solaranlagen auch die teuerste Variante. Um die Investitionskosten zu verringern, werden Eintank-Solaranlage verwendet. Hier wird eine Heizfläche der Zusatzheizung im oberen Teil eines stehenden schlanken Speichertanks untergebracht.

Es ist offensichtlich, daß die *Eintank-Solaranlagen* nach Bild 8.3.1 im Vergleich zu den *Zweitank-Solaranlagen* nach Bild 8.3.3 weniger effizient sind. Die Eintank-Solaranlagen arbeiten mit einer höheren mittleren Temperatur im Wärmespeicher. Dadurch wird der Wirkungsgrad des Solarkollektors beeinträchtigt, der mit zunehmender Kollektor-Eintrittstemperatur abnimmt. Zur Verminderung des Einflusses der Zusatzheizung auf den Solarkreislauf kann der obere Speicherbereich mit der Zusatzheizung durch eine Lochplatte von dem unteren Teil mit solarer Wärmezufuhr abgetrennt werden [8.4, 8.8].

Bild 8.3.5 zeigt ein Schaltbild einer Solaranlage zur Warmwasserbereitung komplett mit Sicherheits- und Absperrventilen, Ausdehnungsgefäß und Regeleinrichtung.

Fotos einiger Solaranlagen, die von der Firma UFE Solar in Berlin und im Umland 1991-1993 gebaut wurden, sind in Bild 8.3.6 und Bild 8.3.7 gezeigt. Man kann sehen, daß nicht nur Flachkollektoren sondern auch Vakuum-Röhren- und integrierte Speicher-Kollektoren installiert werden.

Die flächenbezogenen *Investitionskosten von Solaranlagen* zur Brauchwassererwärmung liegen zwischen 800 und 3000 DM/m^2. Kleinere Solaranlagen mit Vakuumröhren-Kollektoren (unter 10 m^2) liegen im oberen Kostenbereich, während Großanlagen mit Flachkollektoren (über 100 m^2) unter 1000 DM/m^2 realisiert werden können. Bei heute geltenden Gas- und Ölpreisen sowie Jahresnutzungsgraden der konventionellen Heizkessel zwischen 0,6 und 0,8 ergeben sich Energie-Arbeitspreise von 5 bis 8 Pf/kWh. Die Warmwasserbereitung mit elektrischen Durchlauferhitzern kostet rund 30 Pf/kWh. In der Regel liegen die Solarwärme-Preise für kleine Solaranlagen bei 40-50 Pf/kWh (ohne Subventionen und steuerliche Abschreibung).

Vergleich von Schwerkraft- und Zwangsumlauf-Warmwasserbereitungsanlagen. Eine Gegenüberstellung der solaren Schwerkraft- und Zwangsumlauf-Warmwasserbereitungsanlagen zeigt die folgenden Vor- und Nachteile beider Arten von Warmwasserbereitungsanlagen. Der *Hauptvorteil* der Thermosiphon-Warmwasserbereitungsanlagen besteht darin, daß der Umlauf des Wärmeträgermediums selbsttätig durch die Schwerkraft ohne Fremdenergie erfolgt. Der Aufbau der Thermosiphon-Solaranlagen ist sehr einfach und deshalb sind diese Anlagen billig. Die energetische Effizenz der Thermosiphon-Solaranlagen ist vergleichbar

192   8 Solaranlagen zur Brauchwasser- und Schwimmbaderwärmung

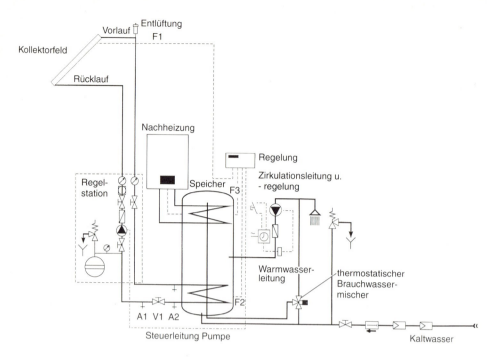

Bild 8.3.5. Schaltbild einer solaren Brauchwasserbereitungsanlage komplett mit Armaturen und Regelung (Fa. UFE Solar)

mit der von Solaranlagen mit erzwungenem Wasserumlauf. Im Betrieb sind sie zuverlässig. Deswegen sind sie sehr gut für kleine Verbraucher geeignet. Als *Nachteil* der Schwerkraft-Solaranlagen läßt sich die Einschränkung für die Lage des Speichertanks erwähnen, da dieser über dem Solarkollektor aufgestellt werden muß. Um einen geringen hydraulischen Widerstand des Solarkreislaufs zu erreichen, sollen Thermosiphon-Solaranlagen mit größeren Verbindungsrohrdurchmes-

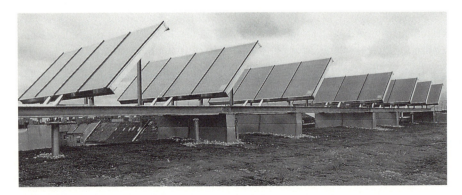

Bild 8.3.6. Warmwasserbereitungsanlage mit großflächigen Flachkollektoren

Bild 8.3.7. Warmwasserbereitungsanlage mit Vakuum-Röhrenkollektoren von Fa. Prinz - Dornier (gebaut von Fa. UFE Solar)

sern ausgeführt werden. Dies beeinträchtigt die thermische Dynamik der Schwerkraft-Solaranlagen, da sie eine größere Zeitkonstante und Wärmeträgheit besitzen. Die Aufheizzeit beträgt rund 60 Min. gegenüber 10-20 Min. bei richtig ausgelegten Zwangumlauf-Solaranlagen, deren Solarkollektoren und dünne Rohrleitungen einen kleinen Wärmeträgerinhalt aufweisen. Die Großanlagen werden nur mit Zwangumlauf ausgeführt.

In sonnenreichen Ländern (USA, Japan, Australien) sind jeweils mehrere Millionen Quadratmeter Kollektorfläche in Solaranlagen zur Warmwasserbereitung installiert. In manchen Mittelmeerländern insbesondere in Griechenland sind Schwerkraft-Solaranlagen zur Wassererwärmung weit verbreitet [8.4].

8.4 Energieertrag einer Solaranlage zur Wassererwärmung und Zusatzenergiebedarf

Wärmebedarf für die Wassererwärmung. Der Warmwasserverbrauch ist durch den stündlichen und täglichen Verlauf gekennzeichnet. Der tägliche *Wärmebedarf* Q_{ww} für die Wassererwärmung läßt sich wie folgt berechnen [8.2]:

$$Q_{ww} = V \rho c_p (T_{ww} - T_{kw}) + Q_v \text{ in J/d} \tag{8.4.1}$$

mit: V = täglicher Warmwasserbedarf pro Person in l/d,
 ρ = Dichte des Wassers in kg/l,
 c_p = spez. Wärmekapazität des Wassers in J/kg K,
 T_{ww} bzw. T_{kw} = Warm- bzw. Kaltwassertemperatur in °C,
 Q_v = Wärmeverluste.

Wenn Meßwerte über den Warmwasserverbrauch fehlen, können die folgenden mittleren Werte angenommen werden: V = 4-9 l/(Pers.d) für Bürogebäude, Schulen, Restaurants; V = 20-70 l/(Pers.d) für Wohneinheiten u.ä. Sie sind in der Regel auf eine Warmwassertemperatur T_{ww} von 60 °C bezogen, und bei Abweichungen muß der Warmwasserverbrauch mit dem Faktor $(60-T_{kw})/(T_{ww}-T_{kw})$ multipliziert werden. Als Anhaltswerte der Kaltwassertemperatur T_{kw} können 5-10 °C im Winter und 12-15 °C im Sommer angenommen werden.

Für die täglichen *Wärmeverluste* des Warmwassertanks und der Verbindungsrohre gilt näherungsweise:

$$Q_v = 1{,}1 \times 24 \times 3600 \, K_s \, A_s \, (T_{sm} - T_u) \text{ in J/d} \qquad (8.4.2)$$

mit: K_s = Wärmeverlustkoeffizient des Speichers in W/(m²K),
A_s = Außenfläche des Speichertanks in m²,
T_{sm} bzw. T_u = mittlere Speicher- bzw. Umgebungstemperatur in °C.

Der Faktor 1,1 berücksichtigt die Wärmeverluste der Verbindungsrohrleitungen.

Für den Wärmeverlustkoeffizienten des Warmwassertanks (unter Vernachlässigung des Widerstands der Tankswand) gilt:

$$K_s = 1 / [1/\alpha_i + (\delta/\lambda)_{iso} + 1/\alpha_a] \text{ in W/(m}^2\text{K)} \qquad (8.4.3)$$

mit: δ_{iso} = Dicke des Wärmedämmstoffes in m,
λ_{iso} = Wärmeleitfähigkeit des Wärmedämmstoffes in W/m K,
α_i bzw. α_a = Wärmeübergangskoeffizient an der inneren bzw. äußeren Oberfläche des Speichertanks in W/(m²K).

Für gut isolierte Wärmespeicher (80-120 mm dicke Wärmedämmung mit λ_{iso} von 0,04-0,045 W/mK) liegt K_s zwischen 0,35 und 0,5 W/(m²K) und bei einer Temperaturdifferenz von 30 K betragen die spezifischen Wärmeverluste 10 bis 15 W pro 1 m² der Außenfläche des Speichers.

Für die *Temperatur T_s in einem vollständig durchgemischten Speichertank* zum Zeitpunkt t gilt [8.4]:

$$T_s = T_u + (T_{s,o} - T_u) \exp[-K_s A_s t / (\rho c_p V_s)] \qquad (8.4.4)$$

mit $T_{s,o}$ = Temperatur des Speichers zu Beginn der Abkühlung (t = 0) in °C.

Beispiel 8.4.1

Es soll der tägliche Wärmebedarf (unter Berücksichtigung der Wärmeverluste) für die Brauchwasserbereitung in einem Haushalt mit 6 Personen berechnet werden. Der Warmwasserverbrauch beträgt 50 Litern pro Person und Tag. Die Kalt- bzw. Warmwassertemperatur beträgt 12 bzw. 60 °C. Für den zylindrischen Wärmespeicher mit einem Wasserinhalt V von 0,5 m³ sollen die Wärmeverluste an die Umgebung während 24 stündiger Abkühlung berechnet werden. Das Verhältnis der Höhe H des Tanks zu seinem Durchmesser D ist gleich 2. Die Speicher-Anfangstemperatur $T_{s,o}$ beträgt 60 °C und die Umgebungstemperatur T_u beträgt 15 °C. Die Wärmeübergangskoeffizienten betragen: $\alpha_i \approx 1000$ W/(m²K) und $\alpha_a \approx 10$ W/(m²K).

Lösung:

1. Die Innen- und Außenabmessungen sowie die Außenfläche (A_s) des Speichertanks mit einer Wärmedämmungsdicke δ von 100 mm sind:

8.4 Energieertrag einer Solaranlage zur Wassererwärmung und Zusatzenergiebedarf

$D_i = (2V / \pi)^{1/3} = (2 \cdot 0,5 / \pi)^{1/3} = 0,684$ m, $H_i = 2 D_i = 1,368$ m,
$D_a = D_i + 2\delta = 0,884 \approx 0,89$ m, $H_a = H_i + 2\delta = 1,568 \approx 1,57$ m und
$A_s = \pi (0,5 D_a^2 + D_a H_a) = 5,63$ m².

2. Für den Wärmedurchgangskoeffizienten K_s des Speichers gilt:

$K_s = 1 / (1/\alpha_i + 1/\alpha_a + \delta/\lambda) = 1 / (1/1000 + 1/10 + 0,1/0,04) =$
$0,385$ W/(m²K)

3. Die Speichertemperatur T_s am Ende der Abkühlungsperiode, d.h. zum Zeitpunkt $t = 24$ h, errechnet sich zu:

$T_s = T_u + (T_{s,o} - T_u) \exp[-K_s A_s t / (\rho c_p V_s)]$
$= 15 + (60 - 15) \exp [-0,388 \cdot 5,63 \cdot 24 \cdot 3600 / (1000 \cdot 4188 \cdot 0,5)] = 56,2$ °C.

4. Die mittlere Speichertemperatur T_{sm} beträgt:

$T_{sm} = 0,5 (T_{s,o} + T_s) = 0,5 (60 + 56,2) = 58,1$ °C

5. Die Wärmeverluste des Speichers und der Verbindungsrohre während 24 Stunden betragen:

$Q_v = 1,1 K_s A_s (T_{sm} - T_u) t = 1,1 \cdot 0,388 \cdot 5,63 \cdot (58,1 - 15) \cdot 24 \cdot 3600$
$= 8,88$ MJ/d.

Für eine gute Wärmedämmung des Speichertanks sind mindestens $\delta = 100$ mm des Wärmedämmstoffes mit $\lambda = 0,04$ W/m K erforderlich, für die Verbindungsrohre reicht die Dicke von 25-50 mm aus. Bei $\delta = 100$ mm ist die über 24 Stunden gemittelte Speichertemperatur T_{sm} um rund 2 K kleiner als $T_{s,o}$.

7. Der gesamte tägliche Wärmebedarf unter Berücksichtigung der Wärmeverluste ist:

$Q_{ww} = V \rho c_p (T_{ww} - T_{kw}) + Q_v = 6,40 \cdot 1000 \cdot 4,187 (60 - 12) + 8,88$
$= 57,08$ MJ/d.

Energieertrag der Solaranlage und Zusatzenergiebedarf. Für die Solaranlage zur Warmwasserbereitung mit einem Eintank-Wärmespeicher ist die Temperatur T_{aus}, bei welcher die Wärme entnommen wird, gleich der Speichertemperatur T_s. Bei vollständig durchgemischten Wärmespeichern hat diese Temperatur einen einheitlichen Wert für den ganzen Speicherinhalt. In Wärmespeichern mit Temperaturschichtung ist T_{aus} gleich der Temperatur $T_{s,ob}$ in der oberen Schicht des Speichers. Die Verbrauchertemperatur ist T_{ww} und die erforderliche Zusatzenergiemenge ergibt sich aus dem Vergleich zwischen T_{aus} und T_{ww}.

Bei $T_{aus} < T_{ww}$ wird die dem Speicher entnehmbare *Nutzwärmeleistung* $\dot{Q}_{sol}$ durch die von einer herkömmlichen Heizung zugeführte *Zusatzwärmeleistung* $\dot{Q}_{zus}$ ergänzt. Es gilt:

$$\dot{Q}_{sol} = (\dot{m} c_p)_w (T_{aus} - T_{kw}) \qquad (8.4.5)$$

$$\dot{Q}_{zus} = (\dot{m} c_p)_w (T_{ww} - T_{aus}) \qquad (8.4.6)$$

8 Solaranlagen zur Brauchwasser- und Schwimmbaderwärmung

Die erforderliche Zusatzwärmeleistung $\dot{Q}_{zus}$ wird mittels eines externen oder internen Wärmetauschers zugeführt.

Bei $T_{aus} \geq T_{ww}$ reicht die Nutzwärmeleistung $\dot{Q}_{sol}$ aus, um die Wärmelast zu decken. Dabei gilt:

$$\dot{Q}_{sol} = (\dot{m}c_p)_w (T_{ww} - T_{kw}) \qquad (8.4.7)$$

In einer Solaranlage mit einem Zweitank-Wärmespeicher wird ein Wassertank zu Vorwärmung des Wassers auf eine Temperatur $T_{s,1}$ mit Hilfe der Sonnenenergie und ein Nachheiztank mit einer Temperatur $T_{s,2}$ verwendet. Im zweiten Tank wird Wasser durch eine herkömmliche Nachheizung auf die erforderliche Temperatur T_{ww} aufgeheizt, damit $T_{ww} = T_{s,2}$ ist. Die Temperatur $T_{2,ein}$, mit welcher das Wasser in den zweiten Tank eintritt, errechnet sich unter Berücksichtigung der Wärmeverluste der Verbindungsrohrleitung (mit einer Länge L und einem Wärmeverlustkoeffizienten K_r bezogen auf 1 m Länge) an die Umgebung wie folgt:

$$T_{2,ein} = T_u + (T_{s,1} - T_u) \exp [- K_r L_r /(\dot{m}c_p)_w] \qquad (8.4.8)$$

Tabelle 8.4.1. Anhaltswerte für die Dimensionierung von Solaranlagen zur Warmwasserbereitung [8.6]

	Benennung	Empfohlener Anhaltswert
1.	Kollektorfläche	25 m² pro 1000 l Warmwasser pro Tag
2.	Wärmespeicherkapazität	40 bis 70 l pro m² Kollektorfläche
3.	Massenstrom des Kollektorwärmeträgers	20-50 kg/h pro m² Kollektorfläche
4.	Wärmetauscherfläche im Kollektorkreis	0,05-0,25 m² pro m² Kollektorfläche
5.	Massenstrom im externen Wärmetauscher	30-60 kg/h pro m² Kollektorfläche
6.	Volumen des Ausdehnungsgefässes	ca. 12% des Kollektorkreisinhalts
7.	Wärmetauscher für die Überschußwärmeabfuhr	Dimensionierung nach maximaler Kollektor-Wärmeleistung
8.	ΔT für das Ein- bzw. Ausschalten der Umwälzpumpe	8-12 K bzw. 2-3 K
9.	Druck im Kollektorkreis (im höchsten Punkt)	ca. 20 kPa
10.	Dicke der Speicher-Wärmedämmung	100-150 mm
11.	Wärmeträgergeschwindigkeit in Rohren	0,5-1,5 m/s

Für die dem Vorwärmer-Tank entnehmbare *Nutzwärmeleistung* gilt:

$$\dot{Q}_{sol} = (\dot{m}c_p)_w (T_{s,1} - T_{kw}) \text{ in W} \tag{8.4.9}$$

Die *erforderliche Wärmeleistung der Zusatzheizung* ist in diesem Fall:

$$\dot{Q}_{zus} = (\dot{m}c_p)_w (T_{ww} - T_{2,ein}) \text{ in W} \tag{8.4.10}$$

Für die maximale Wärmeleistung $\dot{Q}_{max}$ der Zusatzheizung, z.B. des Durchfluß-Wassererwärmers, gilt:

$$\dot{Q}_{max} = \delta (\dot{m}c_p)_w (T_{aus} - T_{ein}) \text{ in W,} \tag{8.4.11}$$

wobei δ der Parameter, der das Ein- und Ausschalten der Pumpe berücksichtigt (1 bzw. 0) und T_{ein} bzw. T_{aus} die Eintritts- bzw. Austrittstemperatur des Wassers im Durchfluß-Wassererwärmer in °C ist.

Daraus folgt für die *Austrittstemperatur des Warmwassers:*

$$T_{aus} = T_{ein} + \dot{Q}_{max} / (\dot{m}c_p)_w \text{ in °C} \tag{8.4.12}$$

Für die *Dimensionierung von Solaranlagen* zur Warmwasserbereitung in Mitteleuropa gelten die Überschlagswerte aus Tabelle 8.4.1 [8.6].

8.5 Langzeit-Leistungsfähigkeit offener Solaranlagen

Jahresenergiertrag offener Solaranlagen ohne Wärmespeicher. Eine offene Solaranlage ohne Speicher liefert das solar erwärmte Wärmeträgermedium (Wasser oder Luft) an den Verbraucher. Bei $T_{aus} < T_v$ wird das Wärmeträgermedium nachgeheizt, während sonnenarmen Perioden wird die Wärmelast durch die Zusatzheizung gedeckt. Wenn die Kollektor-Austrittstemperatur T_{aus} bei der erforderlichen Durchflußrate die Verbrauchertemperatur T_v überschreitet, wird die Überschußwärme produziert. Sie wird mittels eines Wärmetauschers an die Umgebung abgeführt. Die *Langzeit-Leistungsfähigkeit* einer offenen Solaranlage kann näherungsweise mit empirischen Verfahren ermittelt werden, die auf dem Begriff des Nutzbar-keitsgrades ϕ des Kollektors, der in Kapitel 5 behandelt wurde, basieren.

Die *Berechnung des monatlichen Energieertrags* $Q_{n,mo}$ der Solaranlage mit Hilfe des *täglichen Kollektor-Nutzbarkeitsgrades* ϕ (vgl. Kapitel 5) erfolgt in den folgenden Schritten:

1. *Berechnung der kritischen Strahlungsstärke* I_{kr} *und des kritischen Strahlungsverhältnisses* X_{kr} nach den Gleichungen (5.1.1) und (5.2.9).

2. Ermittlung des *täglichen Nutzbarkeitsgrades* ϕ des Kollektors nach Gleichung (5.2.11).

3. Berechnung des *monatlichen Energieertrags* nach Gleichung (5.3.4):

$$Q_{ges,mo} = A \, F_r \eta_o \, E_k \, N \, \phi \text{ in kWh/mo} \tag{8.5.1}$$

8 Solaranlagen zur Brauchwasser- und Schwimmbaderwärmung

Hierbei sind: A = Kollektorfläche, $F_R\eta_o$ = effektiver optischer Wirkungsgrad, E_k = tägliche Einstrahlung auf die Kollektorfläche, N = Anzahl der Tage im betreffenden Monat, ϕ = täglicher Nutzbarkeitsgrad des Kollektors.

4. Ermittlung der *maximalen Strahlungsstärke* I_{max}, bei welcher Energieüberschuß entsteht, nach Gleichung (5.2.12) und des entsprechenden *Nutzbarkeitsgrades* ϕ_{max} nach Gleichung (5.2.11).

5. Aufteilung von $Q_{ges,mo}$ in die *nutzbare Wärmemenge* $Q_{n,mo}$ und in den nicht nutzbaren *Energieüberschuß* $Q_{u,mo}$:

$$Q_{n,mo} = A\, F_R\eta_o\, E_k\, N\, (\phi - \phi_{max}) \text{ in kWh/mo} \tag{8.5.2}$$

$$Q_{u,mo} = A\, F_R\eta_o\, E_k N\, \phi_{max} \text{ in kWh/mo} \tag{8.5.3}$$

Für den *monatlichen solaren Deckungsgrad* f, d.h. für den Anteil der monatlichen Wärmelast Q_L, der durch die Sonnenenergie gedeckt wird, gilt:

$$f = Q_{n,mo} / Q_L \tag{8.5.4}$$

Es soll kein (nicht nutzbarer) Energieüberschuß erzeugt werden. Das bedeutet, daß die Kollektoraustrittstemperatur unter der Verbrauchertemperatur liegen muß. Hierdurch wird die Kollektorgröße eingeschränkt. Der Grenzwert der Kollektorfläche A_u, bei welchem noch kein Energieüberschuß entsteht, läßt sich wie folgt berechnen [8.11]:

$$A_u = -\dot{m}_L c_p / F'K_k \ln\{1 - Q_L (F'K_k / F'\eta_o) / [m_L c_p (I_{max} - I_{kr})]\} \text{ in m}^2 \tag{8.5.5}$$

mit: $\dot{m}_L$ = Massenstrom im Wärmelastkreis in kg/s,
c_p = spezifische Wärmekapazität des Wärmeträgers in J/kgK,
F' = Absorberwirkungsgradfaktor,
K_k = Gesamtwärmedurchgangskoeffizient des Kollektors in W/(m²K),
I_{max} bzw. I_{kr} = maximale Globalstrahlungsstärke (800 bis 1000 W/m² je nach Klima) bzw. kritische Strahlungsstärke in W/m².

Der *nicht nutzbare Energieüberschuß* entsteht bei einer Strahlungsstärke, die über dem Grenzwert I_u liegt. Es gilt:

$$I_u = I_{kr} + Q_L / AF_R\eta_o \text{ in W/m}^2 \tag{8.5.6}$$

Der *Jahresenergieertrag* einer Kollektoranlage läßt sich nach Gleichung (5.3.8) aus Kapitel 5 mit ortsspezifischen Koeffizienten a_1, a_2 und a_3 berechnen:

$$Q_{ges,j} = A\, F_R\eta_o\, (a_1 + a_2 I_{kr} + a_3 I_{kr}^2) \text{ in GJ/a} \tag{8.5.7}$$

Für die *jährliche Energieüberschußmenge* gilt analog:

$$Q_{u,j} = A\, F_r\eta_o\, [a_1 + a_2\, I_u + a_3\, I_u^2] \text{ in GJ/a} \tag{8.5.8}$$

Die *jährliche nutzbare Wärmemenge* der Solaranlage ohne Wärmespeicher läßt sich wie folgt berechnen:

$$Q_{n,j} = Q_{ges,j} - Q_{u,j} = A\, F_r\eta_o\, [a_2 (I_{kr} - I_u) + a_3 (I_{kr}^2 - I_u^2)] \text{ in GJ/a} \tag{8.5.9}$$

8.5 Langzeit-Leistungsfähigkeit offener Solaranlagen

Mit der Jahreswärmelast $Q_{L,j}$ gilt für den *jährlichen solaren Deckungsgrad*:

$$f_j = Q_{n,j} / Q_{L,j} \qquad (8.5.10)$$

Jahresenergieertrag einer offenen Solaranlage mit Wärmespeicher. Bei offenen Solaranlagen mit Wärmespeicher wird die Verbrauchertemperatur T_v durch den Einsatz einer Nachheizung konstant eingehalten.

Die *tägliche Betriebszeit* des Solarkollektors errechnet sich mit I_{kr} (in kW/m²):

$$t_d = -10^6 / 365 \, (a_2 + 2a_3 I_{kr}) \text{ in s} \qquad (8.5.11)$$

Der *jährliche Netto-Energieertrag* $Q_{n,j}$ *der Solaranlage* mit Wärmespeicher ist:

$$Q_{n,j} = Q_{k,j} - Q_{u,j} - Q_{v,j} \text{ in GJ pro Jahr} \qquad (8.5.12)$$

wobei $Q_{k,j}$ der jährliche Energieertrag des Kollektors, $Q_{u,j}$ der jährliche Energieüberschuß und $Q_{u,j}$ die jährlichen Wärmeverluste sind.

Für den Jahres-Energieertrag des Kollektors gilt:

$$Q_{k,j} = (a_1 + a_2 I_{kr} + 2a_3 I_{kr}^2)(\eta_o/K_k) \, \dot{m}_L c_p \, [1 - \exp(-F'AK_k / \dot{m}_L c_p)] \text{ in GJ/a}$$
$$(8.5.13)$$

Bei der Berechnung der *jährlichen Wärmeverlustmenge* wird ein quasi-stationärer Zustand des Speichers angenommen. Damit gilt:

$$Q_{v,j} = 365 \times 10^{-6} \, (KA)_s \, (T_s - T_u) \, t \text{ in GJ pro Jahr} \qquad (8.5.14)$$

mit: $(KA)_s$ = Produkt aus dem Wärmeverlustkoeffizienten und der Außenfläche des Speichers in W/K,
T_s bzw. T_u = Jahresmittelwerte der Speicher- bzw. Umgebungstemperatur in °C
t = Tagesdauer in s.

Mit der Verbraucher-Rücklauftemperatur T_r gilt für die mittlere Speichertemperatur:

$$T_s = T_r + Q_{u,j} / (365 \, \dot{m}_L c_p t_k) \qquad (8.5.15)$$

Aus Sicherheitsgründen soll die Temperatur im Kollektor einen maximalen Wert T_{max} (z.B. die Siedetemperatur von 100 °C) nicht überschreiten. *Der maximale Wert der Kollektorfläche* läßt sich bei der Spitzeneinstrahlung I_{max} am Standort der Solaranlage (z.B. 900 W/m²) wie folgt berechnen [8.11]:

$$A_{max} = - \dot{m}_L c_p / F'K_k \ln \{1 - (F'K_k / F'\eta_o)(T_{max} - T_r) / (I_{ma} - I_{kr})\} \text{ in m}^2 \quad (8.5.16)$$

Die optimale Kollektorfläche A_{opt} liegt unter A_{max} und läßt sich aufgrund von wirtschaftlichen Kriterien ermitteln. Die Berechnungvorgehensweise ist in Beispiel 8.5.1 veranschaulicht.

Beispiel 8.5.1. *Jahres-Energieertrag einer Prozeßwärme-Solaranlage*

In einer Prozeßwärme-Solaranlage wird ein Flachkollektor aus Beispiel 5.3.1 mit den folgenden Kennwerten verwendet: $F_R K_k$ = 4,3 W/(m²K), $F'K_k$ = 4,495

8 Solaranlagen zur Brauchwasser- und Schwimmbaderwärmung

W/(m²K) und $F_R\eta_o = 0,82$. Am Standort der Anlage (Breitengrad $\varphi = 0,852$ Radiant) betragen die maximale Einstrahlungsstärke I_{max} 0,9 kW/m², der mittlere Clearness Index $\overline{K}_T$ 0,4 und die mittlere Umgebungstemperatur T_u 10 °C. Die Solaranlage sollte täglich 12 Stunden (von 6-18 Uhr) an 280 Tagen pro Jahr eine techologische Anlage mit Warmwasser versorgen: der Massenstrom des Wassers $\dot{m}_L$ beträgt 0,1 kg/s, die Warmwasser- bzw. Kaltwassertemperatur ist T_{ww} =50 °C bzw. T_{kw} = 30 °C.

Es sollen die Jahreswerte des maximal möglichen Energieertrags des Kollektors, der Betriebsstunden des Kollektors, des nicht nutzbaren Energieüberschusses und des Netto-Energieertrags der Solaranlage sowie die erforderliche Kollektorfläche ermittelt werden.

Lösung:

1. Aus Beispiel 5.3.1 ergeben sich: die Direktstrahlungstärke I_{Dn} auf eine senkrecht zur Strahlung liegende Fläche $I_{Dn} = 0,208$ kW/m², die kritische Strahlungsstärke $I_{kr} = 0,105$ kW/m² und der maximal mögliche Jahresenergieertrag des Kollektors bezogen auf die Aperturfläche und den effektiven optischen Wirkungsgrad

    $Q_j / AF_R\eta_o = 2,833$ GJ/m²a.

2. Die Wärmelastleistung errechnet sich zu:

    $Q_L = \dot{m}_L c_p (T_{ww}-T_{kw}) = 0,1$ kg/s 4,187 kJ/(kg K) (50-30) K = 8,38 kW

3. Aus Gleichung (5.3.9) errechnen sich die maximal mögliche Jahresbetriebsstunden des Kollektors mit $a_2 = -8,794$ und $a_3 = 5,243$ zu:

    $t_j = -277,8 (a_2 + 2 a_3 I_{kr}) = -277,8 (-8,794+2 \cdot 5,243 \cdot 0,105) = 2137$ h/a

4. Für den Grenzwert der Kollektorfläche, bei welchem es noch keinen nicht nutzbaren Energieüberschuß gibt, gilt nach Gleichung (8.5.5):

    $A_u = -(70,35 /4,495) \ln \{1 -8,38 \cdot 4,3 /[0,82 \cdot 70,35 (0,9-0,105)]\} = 24,1$ m².

5. Mit einem Zuschuß von 10 % ergibt sich die erforderliche Kollektorfläche zu:

    $A = 1,1 \cdot 24,1 = 26,5$ m²

6. Mit $a_1 = 3,699$, $a_2 = -8,794$ und $a_3 = 5,243$ und der Strahlungsstärke

    $I_u = I_{kr} + Q_L/ (AF_R\eta_o) = 0,105 + 8,38 /(26,5 \cdot 0,82) = 0,432$ kW/m²

    errechnet sich der nicht nutzbare Energieüberschuß nach Gleichung (8.5.8) zu:

    $Q_{uj} / (AF_R\eta_o) = 3,699 - 8,79 \cdot 0,432 + 5,243 \cdot 0,4322 = 0,88$ GJ/m²a.

7. Der maximal mögliche Jahres-Energieertrag der Solaranlage ergibt sich zu:

    $Q_j = (Q_j / AF_R \eta_o) A F_R\eta_o = 2,833 \cdot 26,5 \cdot 0,82 = 61,56$ GJ/a.

8. Für den jährlichen nicht nutzbaren Energieüberschuß der Solaranlage gilt:

    $Q_{uj} = (Q_{uj} / AF_R\eta_o) A F_R \eta_o = 0,88$ GJ/(m²a) 26,5 m² $\cdot 0,82 = 19,14$ GJ/a.

9. Der tatsächliche jährliche Netto-Energieertrag der Solaranlage ist nun:

$Q_{n,j} = Q_j - Q_{u,j} = 61{,}56 - 19{,}14 = 42{,}42$ GJ/a.

8.6 Nutzung der Sonnenenergie zur Schwimmbaderwärmung

8.6.1 Aufbau der Solaranlagen zur Schwimmbaderwärmung

Unter den Klimabedingungen Mitteleuropas ist die Beheizung von Freibädern die günstigste Sonnenenergienutzung [8.4-8.7]. Günstig wirkt sich aus, daß die Temperatur des Beckenwassers nur geringfügig - auf 23-28 °C - erhöht werden muß. Je nach Standort treffen auf ein Becken während der Badesaison (von Mai bis September) 70 bis 80% der jährlichen Sonneneinstrahlung auf. Der Heizenergiebedarf und das Sonnenenergieangebot fallen dabei zeitlich zusammen. Die Sammlung der Sonnenenergie erfolgt mit einfachen preisgünstigen unabgedeckten Flachkollektoren oder Absorbern in Form von Kunststoffmatten. Diese Kollektoren weisen einen guten Wirkungsgrad sogar bei niedrigen Strahlungsstärken von 100-200 W/m^2 bei typischen geringen Temperaturdifferenzen zwischen dem Wasser im Kollektor und der Außenluft von 5 bis 10 K auf. Das Becken selbst dient als Wärmespeicher und auf eine Zusatzheizung kann man verzichten. Komponenten der Solaranlage können einfach in eine vorhandene Heizungsanlage des Beckens mit Umwälzpumpe, Filter und Regelung eingebunden werden. Auf diese Weise wird das ganze System einfach und kostengünstig aufgebaut.

Zur Schwimmbaderwärmung können *Einkreis- oder Zweikreis-Solaranlagen* verwendet werden [8.4-8.7]. Bei Einkreisanlagen (Bild 8.6.1a), die für die Freibadbeheizung eingesetzt werden, wird das Beckenwasser direkt in Kollektoren (Absorbern) mit einer relativ guten Effizienz erwärmt. *Einkreisanlagen* sind für den Einsatz in Freibädern geeignet und bestehen aus den folgenden Komponenten: Absorber, Umwälzpumpe, Filter, Rückschlagventil, Ventil zur Ent- und Belüftung, Bypaßlinie und Regeleinrichtung. Die Regelung schaltet die Umwälzpumpe nur dann ein, wenn die Kollektortemperatur ca. 3 K über der des Beckenwassers liegt, bei geringerer Temperaturdifferenz schaltet sie sie wieder aus. Normalerweise werden Einkreisanlagen ohne Speicher ausgeführt. Je nach den Anforderungen kann eine Zusatzheizung in den Solarkreis eingebunden werden.

Zweikreisanlagen werden dann eingesetzt, wenn außer der Schwimmbadbeheizung auch eine Brauchwassererwärmung nötig ist (Bild 8.6.1b) oder wenn ein Hallenbad ganzjährig beheizt werden soll. Eine Zweikreisanlage besteht aus einem Solarkreis mit frostsicherem Wärmeträger und einem Beckenwasserkreis. Diese sind durch einen Wärmetauscher miteinander verbunden. Der Solarkreis schließt einen Solarkollektor (SK), eine Pumpe (P), einen Speicher (SP), je einen Wärmetauscher (WT) zur Wärmeübergabe an das Speichermedium bzw. an das Beckenwasser (SB), ein Ausdehnungsgefäß (AG), ein 3-Wege-Ventil (V) und Rückschlagventile ein. Im Beckenwasserkreis werden eine Umwälzpumpe und ein Filter

202   8 Solaranlagen zur Brauchwasser- und Schwimmbaderwärmung

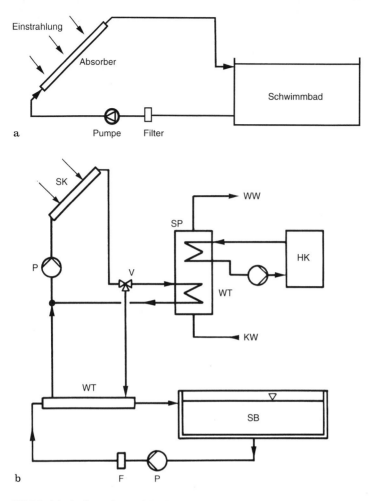

Bild 8.6.1. Aufbau einer Einkreis- (**a**) und Zweikreis- (**b**) Solaranlage zur Schwimmbad- und Brauchwassererwärmung

(F) verwendet. Die beiden Pumpen werden mittels der Steuerung nach der jeweils eingestellten Temperaturdifferenz ein- und ausgeschaltet, ähnlich wird die Position des 3-Wege-Ventils in Abhängigkeit von der Temperaturdifferenz geändert. Bei der Temperaturdifferenz zwischen der Kollektormedium-Austrittstemperatur T_{aus} und der Speicher- bzw. Beckentemperatur in Höhe von 5-8 K, setzt die Steuerung die Umwälzpumpe im Solar- bzw. Beckenkreislauf in Betrieb. Der ausgewählte Kollektor muß eine Erwärmung des Wärmeträgers auf eine Temperatur ermöglichen, die für die Brauchwasserbereitung (45-60°C) geeignet ist. Für die Schwimmbaderwärmung reichen viel geringere Temperaturen aus, z.B. 24-28 °C. Die Steuerung schaltet den Solarkreis entweder auf Schwimmbadbeheizung oder auf Aufladung des Speichers je nach der Kollektoraustrittstemperatur. Nur durch die Solaranlage selbst kann der gesamte Wärmebedarf nicht gedeckt werden. Bei schlechtem Wetter wird, wenn es keinen Wärmevorrat im Speicher mehr gibt, eine Zusatzheizung eingeschaltet. Die fehlende Wärmemenge wird durch einen Heizkessel (HK) geliefert und mittels eines im oberen Teil des Speichers angeordneten Wärmetauschers in den Speicher eingespeist.

Bild 8.6.2 zeigt die meist verwendeten Bauformen der *Absorber für die Schwimmbaderwärmung*: Rohrregister, Multikanal-, Platten- und Gewebeabsorber. Bei Rohrregister-Absorbern (s. Bild 8.6.2a) werden die Rohre mit einem Innendurchmesser von 6 bis 25 mm und einer Wandstärke von 1 bis 2,5 mm oft untereinander mit einem Zwischensteg verbunden und an Sammel- und Verteilrohre mit Klemmen, Stöpseln oder Steckverbindungen angeschlossen. Der Rohrabstand liegt normalerweise zwischen 2 und 10 mm, da die Wärmeleitfähigkeit des Kunststoffes ziemlich gering ist. Bei Multikanalabsorbern (s. Bild 8.6.2b) liegen mehrere Kanäle vor, die eine glatte gemeinsame Oberfläche bilden und voneinander durch dünne Wände (1 bis 2 mm) abgetrennt sind. Multikanalabsorber besitzen eine Kopfleiste mit angeschweißter Absorberfläche. Plattenabsorber (s. Bild 8.6.2c) bestehen aus relativ kleinen Absorberplatinen, die als Formteile geblasen oder gespritzt werden. Diese Absorberbauart ist teuer und hat sich daher nicht durchgesetzt. Bei energetisch effektiveren Gewebeabsorbern wird ein Stützgewebe beidseitig mit einem Kunststoff kaschiert.

Damit ein Absorber die erforderliche Güte erreichen kann, muß sein Material die folgenden Eigenschaften haben: hohen Absorptionsgrad α für die Sonnenstrahlung, gute Wärmeübertragungsfähigkeit vom Absorber an das Wasser, sowie hohe Beständigkeit gegenüber Umwelteinflüssen. Wegen seines Restchlorgehaltes ist das Beckenwasser stets aggressiv. Absorber werden deshalb ausschließlich aus Kunststoffen hergestellt: aus Polyethylen PE, Polypropylen PP, Polyvinylchlorid PVC, Ethylen-Propylen-Dien-Monomer EPDM und Ethylen-Tetra-Fluorethylen ETFE. Nachteilig sind die schlechte Wärmeleitfähigkeit von Kunststoffen und ihre geringe Beständigkeit gegenüber Ultraviolett-Strahlung und hohen Temperaturen. Eine Schwärzung der Kunststoffe mit Ruß erhöht ihren Absorptionsgrad α und ihre UV-Strahlungsstabilität.

Absorber als unabgedeckte Flachkollektoren sind energetisch gut zur Freibaderwärmung geeignet. Bei einer Differenz zwischen der Absorbereintrittstemperatur T_{ein}, die der Temperatur des Beckenwassers gleich ist, und der Umge-

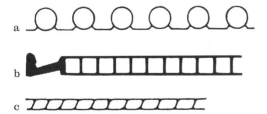

Bild 8.6.2. Bauformen der solaren Energieabsorber: a - Rohrregister-, b - Multikanal-, c - Plattenabsorber

bungstemperatur T_u von 5-10 K und einer mittleren Strahlungsstärke I_k in der Kollektorebene von 200 bis 1000 W/m², liegt das Verhältnis $(T_{ein}-T_u)/I_k$ zwischen 0,005 und 0,025 m²K/W. Der Wirkungsgrad von unabgedeckten Kollektoren bewegt sich dabei zwischen 80-90% und 30-40%. Absorber haben in der Regel einen hohen optischen Wirkungsgrad η_o (0,8-0,95), ihr Wärmeverlustkoeffizient K_k ist aber hoch, d.h. 16 bis 25 W/(m²K) [8.4, 8.7]. Im Vergleich zu Kollektoren mit transparenter Abdeckung weisen Absorber einen höheren Wirkungsgrad bei Freibaderwärmung auf.

8.6.2 Energiebilanz, Wärmeverluste und Heizwärmebedarf für Schwimmbäder

Energiebilanz und Wärmeverluste eines Freibades. Bild 8.6.3 zeigt die auftretenden Energieströme eines Freibades. Das Freibad erwärmt sich durch die absorbierte Sonnenstrahlung. Die einfallende Sonnenstrahlung E wird teilweise von der Beckenoberfläche zurückgeworfen ($E_r = \rho\,E$ mit ρ = Reflexionsgrad des Wassers), und der Rest der Sonnenstrahlung wird von Wasser, Boden und den Wänden des Beckens absorbiert ($E_{abs} = \alpha_{bad}\,E$ mit α_{bad} = Absorptionsgrad des Schwimmbades). Dieser Energiegewinn E_{abs} teilt sich in die Nutzwärme Q_{nutz}, die zur Schwimmbaderwärmung beiträgt, und in den Gesamtwärmeverlust $Q_{v,ges}$ auf.

Der Gesamtwärmeverlust $Q_{v,ges}$ eines Schwimmbades innerhalb eines bestimmten Zeitraumes - einer Stunde, eines Monats oder einer Badesaison - setzt sich aus den Wärmeverlusten durch Konvektion von der Wasserfläche an die Außenluft (Q_{kon}) und durch Verdunstung (Q_{vd}), aus den Transmissionswärmeverlusten (Q_{tr}) durch Wärmedurchgang über die Schwimmbadwände und den Boden an das Erdreich und aus den Strahlungswärmeverlusten (Q_{str}) zusammen:

$$Q_{v,ges} = Q_{kon} + Q_{vd} + Q_{tr} + Q_{str} \text{ in J} \tag{8.6.1}$$

Konvektionswärmeverluste eines Freibades. Für die *Wärmeverluste durch Konvektion* von der Wasseroberfläche an die Umgebung gilt:

$$Q_{kon} = \alpha_k\,A_{bad}\,(T_{bad} - T_u)\,t \text{ in J} \tag{8.6.2}$$

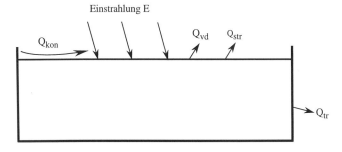

Bild 8.6.3. Energieströme eines Freibades

8.6 Nutzung der Sonnenenergie zur Schwimmbaderwärmung

mit: α_k = Wärmeübergangskoeffizient für den Wärmeübergang vom Wasser an die Außenluft in W/(m²K),
A_{bad} = Wasserspiegelfläche in m²,
T_{bad} bzw. T_u = Temperatur der Wasseroberfläche bzw. der Außenluft in °C,
t = Dauer der Berechnungsperiode (1 Stunde, 1 Monat, die Badesaison) in s.

Der Wärmeübergangskoeffizient α_k läßt sich nach Gleichung (3.4.6) in Kapitel 3 mit der Luftgeschwindigkeit w über dem Wasserspiegel berechnen:

$$\alpha_k = 5{,}7 + 3{,}8 \, w \text{ in W/(m}^2\text{K)} \tag{8.6.3}$$

Unter Berücksichtigung des Windschutzes des Freibades beträgt w 0,1 bis 0,2 der mittleren Windgeschwindigkeit am Standort. Bei einer mittleren Windgeschwindigkeit von 3 m/s kann α_k beispielsweise mit w zwischen 0,3 und 0,6 m/s berechnet werden.

Verdunstungswärmeverluste eines Freibades. Den größten Teil des Gesamtwärmeverlustes machen die Wärmeverluste Q_{vd} durch Verdunstung des Wassers von der Schwimmbadoberfläche aus. Die *Masse m_{vd} des je Sekunde verdunstenden Wassers* läßt sich wie folgt berechnen [8.12]:

$$m_{vd} = (30{,}6 + 32{,}1 \, w) \, A_{bad} \, (p_{bad} - p_{tau}) / 3600 \, h_{vd} \text{ in kg/s}, \tag{8.6.4}$$

wobei w die Windgeschwindigkeit in m/s, p_{bad} bzw. p_{tau} = Wasserdampf-Sättigungsdruck bei Schwimmbadtemperatur bzw. bei Taupunkttemperatur T_{tau} der Luft in mm Hg und h_{vd} die Verdampfungsenthalpie bei Schwimmbadtemperatur in J/kg sind.

Der Werte des Wasserdampfdrucks und des Feuchtegehalts der Luft in gesättigtem Zustand sind in Tabelle 8.6.1 und die der Taupunkttemperatur in Tabelle 8.6.2 aufgeführt.

Aus der Gl. (8.6.4) folgt für *die Wärmeverluste Q_{vd} durch Verdunstung des Wassers*:

$$Q_{vd} = m_{vd} \, h_{vd} \, t = (30{,}6 + 32{,}1 \, w) \, A_{bad} \, (p_{bad} - p_{tau}) \, t / 3600 \text{ in J} \tag{8.6.5}$$

Die Gleichung (8.6.5) wurde durch Vergleich zu experimentellen Daten verifiziert [8.12].

Tabelle 8.6.1. Wasserdampf-Sättigungsdruck p_s und Feuchtegehalt x der Luft im gesättigten Zustand

T, °C	14	16	18	20	22	24	26	28
p_s in kPa	1,597	1,817	2,062	2,337	2,642	2,982	3,360	3,778
x in kg/kg	0,0101	0,0115	0,0131	0,0149	0,0169	0,0191	0,0216	0,0244

Tabelle 8.6.2. Taupunkttemperatur T_{tau} der feuchten Luft bei einer Temperatur T und relativer Feuchte φ

φ in % T in °C	50	60	70	80	90
20	9,2	12	14,4	16,7	18,3
22	11	13,9	16,3	18,4	20,3
24	12,3	15,8	18,2	19,3	22,2
26	14,8	17,6	20,1	22,3	24,2
28	16,6	19,5	22	24,2	26,2
30	18,6	21,4	23,9	26,2	28,2

In [8.2] wird die folgende empirische Gleichung für Q_{vd} empfohlen:

$$Q_{vd} = A_{bad}\, p_a\, [35\, w + 43\, (T_{bad} - T_u)^{1/3}](x_{bad} - x_u)\, t \text{ in J}, \qquad (8.6.6)$$

wobei p_a der atmosphärische Druck in kPa, x_{bad} der Feuchtegehalt der gesättigten Luft bei Schwimmbadtemperatur in kg/kg und x_u der Feuchtegehalt der Außenluft in kg/kg ist.

In Beispiel 8.6.1 werden die Q_{vd}-Werte nach den Gleichungen (8.6.5) und (8.6.6) gegenübergestellt.

Strahlungswärmeverluste eines Freibades. Die *Strahlungswärmeverluste* des Schwimmbades ergeben sich aus:

$$Q_{str} = \sigma\, \varepsilon_{bad}\, A_{bad}\, (T_{bad}^4 - T_h^4)\, t \text{ in J} \qquad (8.6.7)$$

mit: $\sigma = 5{,}67 \cdot 10^{-8}$ W/(m²K⁴) = Stefan-Boltzmann-Konstante,
ε_{bad} = Emissionsgrad des Schwimmbades (man kann ε_{bad} = 0,9 annehmen), T_{bad} bzw. T_h = Monatsmittelwert der Bad- bzw. Himmelstemperatur in K.

Für die Himmelstemperatur T_h, die um 3-10 K und mehr (bei heiterem Himmel) kleiner als die Außenlufttemperatur T_u ist, gilt (mit allen Temperaturen in K) [8.12]:

$$T_h = T_u\, [0{,}8 + (T_{tau} - 273)\, /\, 250]^{0{,}25} \qquad (8.6.8)$$

Transmissionswärmeverluste. Für die *Transmissionswärmeverluste* durch die Wände und den Boden eines Schwimmbades gilt:

$$Q_{tr} = K_{bad}\, (A_w + A_{bad})\, (T_{bad} - T_{gw})\, t \text{ in J} \qquad (8.6.9)$$

mit: K_{bad} = Wärmedurchgangskoeffizient des Schwimmbades in W/(m²K),
A_w = Wandfläche des Schwimmbades in m²,
T_{gw} bzw. T_{bad} = Grundwasser- bzw. Schwimmbadtemperatur in °C.

8.6 Nutzung der Sonnenenergie zur Schwimmbaderwärmung   207

Für den Wärmedurchgangskoeffizienten vom Beckenwasser an das Erdreich gilt:

$$K_{bad} = 1 / [1/\alpha_i + (\delta/\lambda)_w + R_{erd}] \text{ in W/(m}^2\text{K)}, \qquad (8.6.10)$$

wobei α_i der Wärmeübergangskoeffizient für den Wärmeübergang vom Wasser an die Beckenwand in W/(m²K), δ_w die Dicke der Wand in m, λ_w die Wärmeleitfähigkeit der Wand in W/mK und R_{erd} = thermischer Widerstand des Erdreichs (ca. 1,5-3 m²K/W) ist.

Bei typischen Werten von α_i von 500 bis 1000 W/(m²K) kann $1/\alpha_i$ vernachlässigt werden. Die Transmissionswärmeverluste eines Schwimmbades sind viel kleiner als andere Wärmeverluste, so daß der Term Q_{tr} in der Gleichung (8.6.1) vernachlässigt werden kann. Die flächenspezifischen Wärmeverluste eines Freibades sind von der Lage, Temperatur und Anwendung der temporären Wärmeschutzes abhängig (s. Bild 8.6.4).

Sonnenenergiegewinn eines Freibades. Der *monatliche Sonnenenergiegewinn* Q_{sol} eines Freibades läßt sich wie folgt berechnen:

$$Q_{sol} = E\, A_{bad}\, \alpha_{bad}\, N_{tag} \text{ in J/mo}, \qquad (8.6.11)$$

wobei E der Mittelwert der täglichen Einstrahlung auf das Schwimmbad in J/m²d, α_{bad} der Absorptionsgrad des Schwimmbades und N_{tag} die Anzahl der Tage im Monat ist.

Der Absorptionsgrad α_{bad} ist in Abhängigkeit von der Tiefe und der Fliesenfarbe des Schwimmbades in Tabelle 8.6.3 angegeben.

Für den Netto-Energiegewinn Q_{gew} eines Freibades gilt:

$$Q_{gew} = Q_{sol} - Q_{v,ges} \qquad (8.6.12)$$

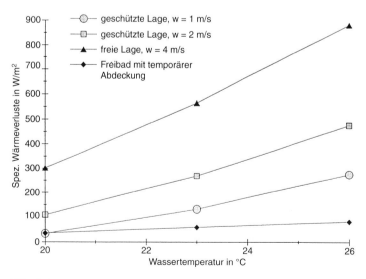

Bild 8.6.4. Spezifische Wärmeverluste des Freibades in Abhängigkeit von der Wassertemperatur, Lage des Bades, Windgeschwindigkeit und Anwendung temporärer Abdeckung

Tabelle 8.6.3. Absorptionsgrad des Schwimmbades α_{bad}

Beckentiefe in m		0,5	1,0	1,5	2,0
Fliesenfarbe:	Weiß	0,73	0,79	0,83	0,85
	Hellblau	0,84	0,87	0,90	0,91
	Dunkelblau	0,93	0,95	0,96	0,97

Wenn Q_{sol} kleiner als $Q_{v,ges}$ ist, nimmt die Temperatur des Beckenwassers ab.
Bei $Q_{sol} > Q_{v,ges}$ gilt für die Temperatur T_{end}, auf welche das Wasser durch den Netto-Energiegewinn Q_{gew} von dem Anfangswert T_{anf} erwärmt wird:

$$T_{end} = T_{anf} + Q_{sol} / \rho \, V \, c_p \text{ in } °C \tag{8.6.13}$$

wobei V das Volumen des Wassers im Becken in m³, ρ die Dichte des Wassers in kg/m³ und c_p die spezifische isobare Wärmekapazität des Wassers in J/(kg K) ist.

Wärmebedarf für die Beheizung eines Freibades. Wenn innerhalb der Nutzungsperiode der Gesamtwärmeverlust $Q_{v,ges}$ des Freibades größer als der Sonnenenergiegewinn Q_{sol} ist, kühlt sich das Wasser ab. Um die erforderliche Wassertemperatur im Schwimmbad zu erhalten, wird eine Zusatzheizung eingesetzt. *Für den erforderlichen stündlichen Wärmebedarf gilt*:

$$Q_{heiz,st} = Q_{v,ges} - Q_{sol} \text{ in J/h} \tag{8.6.14}$$

Der gesamte saisonale Heizwärmebedarf eines Freibades läßt sich aus der Energiebilanz über die ganze Badesaison ermitteln:

$$Q_{heiz,sais} = \sum (Q_{v,ges} - Q_{sol})^+ \text{ in J pro Saison} \tag{8.6.15}$$

Nur positive Beträge der Differenzen dürfen addiert werden.
Der Wert von $Q_{heiz,sais}$ kann auch wie folgt berechnet werden:

$$Q_{heiz,sais} = A_{bad} \, q_{heiz} \tag{8.6.16}$$

mit q_{heiz} der flächenspezifische Heizwärmebedarf des Freibades in J/m² pro Saison.
Für Freibäder ohne Abdeckung kann q_{heiz} von 465 W/m² angenommen werden, wenn die Temperatur des Beckenwassers während der Badesaison von Mai bis September 22 °C betragen soll [8.10].

Jahresheizwärmebedarf eines Freibades. Der *Jahresheizwärmebedarf* eines Freibades wird aufgrund des errechneten stündlichen Wärmeverbrauchs $Q_{heiz,st}$ und Jahres-Vollbetriebsstunden N_{bs} berechnet.

$$Q_{heiz,j} = Q_{heiz,st} \, N_{bs} \tag{8.6.17}$$

Dabei ist $Q_{heiz,st}$ gleich dem momentanen Wert von Q_{heiz}.

Heizwärmebedarf eines Hallenbades. Die Beheizung einer Halle mit einem Schwimmbad erfolgt mittels der Lüftung, die etwa 50 bis 70% des gesamten Wärmebedarfs deckt, und mittels der Heizkörper, die entsprechend die bleibenden 30 bis 50% der Wärmemenge liefern.

Die Berechnung der Wärmeverluste unterscheidet sich wesentlich von der bei Freibädern. Der gesamte Wärmebedarf setzt sich aus Beträgen zusammen, die die Wärmeverluste durch Wasserverdunstung ausgleichen und den Wärmebedarf zur Wassererwärmung für Duschen, zur Heizung und Lüftung der Halle sowie zur Frischwassererwärmung berücksichtigen.

Die Lüftung muß so angelegt sein, daß bei einer Wassertemperatur von 28 °C und einer Lufttemperatur von 30 °C eine relative Feuchte von 50 bis 55% eingehalten werden kann. Bei geringeren Temperaturen kann die relative Feuchte 60% betragen. Wenn die Wassertemperatur gleich der Lufttemperatur ist, sind die Wärmeverluste durch Verdunstung größer im Vergleich zu einer um 2-3 K zur Lufttemperatur kleineren Wassertemperatur. Bei einer Wassertemperatur von 26 °C, einer Lufttemperatur von 28 °C und einer relativen Feuchte von 60% liegt die verdunstende Wassermenge zwischen 0,1 und 0,2 kg/(m^{2}h) bei schwach bzw. stark bewegter Wasseroberfläche. Dabei betragen die Verdunstungswärmeverluste 65 bis 130 W pro m^2 Beckenfläche. Während der Nichtbenutzung sinken die Wärmeverluste bis zu 55 W/m^2 bei Hallenbädern ohne Abdeckung bzw. 5-10 W/m^2 bei Hallenbädern mit Abdeckung der Wasseroberfläche [8.10]. Umgerechnet auf 1 m^2 Wasserspiegelfläche liegen die Transmissionswärmeverluste der Halle zwischen 500 und 1000 W/m^2. Ein täglicher Frischwasserbedarf m_{fw} von 50 kg/(m^{2}d) kann angenommen werden.

Heizwärmeeinsparung bei solarbeheizten Schwimmbädern. Um den Heizwärmebedarf eines Schwimmbades zu reduzieren, kann das Bad durch eine isolierende Beckenabdeckung in der Nacht und während der Schlechtwetterperioden, wenn es nicht benutzt wird, gegen die Umwelteinflüsse geschützt werden. Am besten sind rolladenähnliche Schwimmkörper einsetzbar, die über die Wasserfläche gezogen werden. Dabei werden vor allem die Wärmeverluste durch Wasserverdunstung sowie auch die Wärmeverluste durch Konvektion und Abstrahlung verringert. Je nach Ausführung der Beckenabdeckung, Beckenwassertemperatur und der täglichen Dauer der Verwendung der Abdeckung läßt sich der Wärmebedarf wesentlich reduzieren.

Durch Verwendung einer temporären Wärmedämmung zur Abdeckung des Beckens während der Schlechtwetter- und Nichtbenutzungsperioden werden seine Wärmeverluste reduziert. Unter Vernachlässigung der Transmissionswärmeverluste gilt für den *Gesamtwärmeverlust eines Schwimmbades mit Abdeckung*:

$$Q_{v,ges,abd} = [(\dot{Q}_{kon,abd} + \dot{Q}_{str,abd}) t_{abd} + \dot{Q}_{v,ges} (24 - t_{abd})] N_{tag} \text{ in J} \qquad (8.6.18)$$

wobei $\dot{Q}_{kon,abd}$ bzw. $\dot{Q}_{str,abd}$ der Konvektions- bzw. Strahlungswärmeverluststrom für das Becken mit Abdeckung, t_{abd} die Dauer der Abdeckungsanwendung während eines Tages, $\dot{Q}_{v,ges}$ der Gesamtwärmeverluststrom für das Becken ohne Abdeckung und N_{tag} die Anzahl der Tage in der Berechnungsperiode (1 Monat, die Badesaison).

Für den Konvektionswärmeveruststrom für das Becken mit Abdeckung gilt:

$$\dot{Q}_{kon,abd} = K_{abd} \, A_{bad} \, (T_{bad} - T_u) \text{ in W} \tag{8.6.19}$$

Der Wärmeübergangskoeffizient ist nun:

$$K_{abd} = 1 / (1/\alpha_i + R_{abd} + 1/\alpha_k) \approx 1/(R_{abd} + 1/\alpha_k) \text{ in W/(m}^2\text{K)}, \tag{8.6.20}$$

wobei R_{abd} der thermische Widerstand der Abdeckung in m^2K/W ist. Der Wert von α_k wird nach der Gleichung (8.6.3) berechnet.

Der Strahlungswärmeverluststrom für das Becken mit Abdeckung läßt sich nach der Gleichung (8.6.7) genau berechnen, wenn anstelle ε_{bad} und T_{bad} die Werte für die Außenfläche der Abdeckung (ε_{abd} und T_{abd}) eingesetzt werden. Die Himmelstemperatur T_h muß auch korrigiert werden, da sie nachts kleiner als am Tage ist. Für die Temperatur der Außenfläche der Abdeckung gilt dabei:

$$T_{abd} = T_{bad} - q_{v,ges,abd} \, R_{abd} = T_u + q_{v,ges,abd} / \alpha_k \text{ in °C} \tag{8.6.21}$$

Da $q_{v,ges,abd}$ unbekannt ist, kann diese Gleichung nur iterativ angewendet werden.

Mit einem Minderungsfaktor f_{str} von 0,7-0,9 kann die Berechnung wie folgt vereinfacht werden:

$$\dot{Q}_{str,abd} = f_{str} \, \dot{Q}_{str} \tag{8.6.22}$$

Durch Abdeckung reduziert sich der saisonale Heizwärmebedarf eines Schwimmbades um:

$$\varepsilon = (Q_{heiz,sais} - Q_{heiz,sais,abd}) / Q_{heiz,sais} \tag{8.6.23}$$

Bei einer täglichen Nutzungsdauer der Abdeckung von 10-14 h kann mit einem mittleren ε-Wert von 0,4-0,5 gerechnet werden. An einem Standort mit jährlicher Einstrahlung von 1000 kWh/m² kann der saisonale Heizwärmebedarf durch die Verwendung einer temporären Abdeckung bei einer Beckenfläche von 1000 m² um 40-50% verringert werden. Dadurch ergibt sich eine Heizöleinsparung von 25 - 30 m³ pro Saison.

Beispiele 8.6.1 - 8.6.4 veranschaulichen die Berechnungsvorgehensweise.

Beispiel 8.6.1

Wie groß ist der Wärmebedarf für die Erwärmung eines Freischwimmbades mit den Maßen 20 x 8 x 1,8 m (Länge x Breite x Tiefe) in Berlin ($\varphi = 52,4°$) im Juli, wenn der Monatsmittelwert der täglichen Globalstrahlung auf eine horizontale Ebene E = 18,925 MJ/(m²d) beträgt? Die Schwimmbadwassertemperatur muß 24 °C betragen. Die mittlere Lufttemperatur im Juli ist T_u = 20 °C, die relative Feuchte φ der Luft beträgt 70 % und die Windgeschwindigkeit w = 0,5 m/s. Die Wände und der Boden des Bades sind aus Massivbeton (Stärke δ_w = 300 mm und Wärmeleitzahl λ_w = 2 W/mK) mit Isolierung (δ_{iso} = 50 mm und λ_{iso} = 0,045 W/mK) gebaut. Der thermische Widerstand des Erdreichs beträgt R_{erd} = 2,67 m²K/W. Der Absorptionsgrad α_{bad} des Schwimmbades kann gleich 0,81 angenommen werden.

Lösung:

1. Fläche des Wasserspiegels bzw. der Wände und des Bodens des Schwimmbades:

$A_{bad} = L \times B = 20 \times 8 = 160 \text{ m}^2$
bzw. $A_w + A_{bad} = 2 (L + B) T + A_{bad} = 2 (20 + 8) 1,8 + 160 = 260,8 \text{ m}^2$

2. Bei einer Windgeschwindigkeit w von 0,5 m/s gilt für den Wärmeübergangskoeffizienten:

$\alpha_w = 5,7 + 3,8 \text{ w} = 7,6 \text{ W}/(\text{m}^2\text{K})$

3. Der momentane Wärmeverluststrom und die monatlichen Wärmeverluste durch Konvektion betragen:

$\dot{Q}_{kon} = \alpha_w A_{bad} (T_{bad} - T_u) = 7,6 \cdot 160 (24 - 20) = 4864 \text{ W}$

$Q_{kon} = Q_{kon,s} \text{ t} = 4864 \cdot 31 \cdot 24 \cdot 3600 = 13,0 \text{ GJ/mo}$

4. Die Himmelstemperatur errechnet sich nach Gleichung (8.6.8) zu:

$T_h = T_u [0,8 + (T_{tau}-273)/250]^{0,25} = 293 [0,8 + (287,4-273)/250]^{0,25} = 282 \text{ K}$

Nun gilt für die Wärmeverluste durch Strahlung:

$\dot{Q}_{str} = \varepsilon_{bad} \sigma A_{bad}(T_{bad}^4 - T_h^4) = 0,81 \cdot 5,67 \cdot 10^{-8} \cdot 160 [297^4 - 282^4] = 10712 \text{ W}$

und $Q_{str} = 10712 \cdot 31 \cdot 24 \cdot 3600 = 28,7 \text{ GJ/mo}$

5. Der Feuchtegehalt der Luft bei $T_{bad} = 24$ °C ist $x_{bad} = 0,0191$ kg/kg im Sättigungszustand, bei $T_u = 20$ °C und $\varphi = 0,7$ ist:

$x_u = \varphi \, x_{u,s} = 0,7 \cdot 0,0149 = 0,0104$ kg/kg.

6. Der Verdunstungswärmeverluststrom errechnet sich nach Gleichung (8.6.6) mit einem atmosphärischen Druck von 101 kPa zu:

$\dot{Q}_{vd} = 160 \cdot 101 [35 \cdot 0,5 + 43 (24 - 20)^{1/3}] (0,0191 - 0,0104) = 10521 \text{ W}$

Die monatlichen Verdunstungswärmeverluste ergeben sich zu:

$Q_{vd} = 10521 \cdot 31 \cdot 24 \cdot 3600 = 28,2$ GJ/mo

7. Der Wärmedurchgangskoeffizient des Schwimmbades errechnet sich zu:

$K_{bad} \approx 1 / [(\delta/\lambda)_w + (\delta/\lambda)_{iso} + R_{erd}] = 1/[(0,3/2 + 0,05/0,045 + 2,67] = 0,254$ W/(m²K)

8. Für die Transmissionswärmeverluste gilt nach Gleichung (8.6.9):

$\dot{Q}_{tr} = 0,254 \cdot 260,8 (24-10) = 927$ W und $Q_{tr} = 927 \cdot 31 \cdot 24 \cdot 3600 = 2,5$ GJ/mo.

9. Der Gesamtwärmeverlust des Schwimmbades betragen:

$$\dot{Q}_{v,ges} = \dot{Q}_{kon} + \dot{Q}_{vd} + \dot{Q}_{tr} + \dot{Q}_{str} = 4864 + 10521 + 927 + 10712 = 27024 \text{ W}$$

$Q_{v,mo} = 27024 \cdot 2678400 = 72,4$ GJ/mo.

10. Der monatliche Energiegewinn durch die Sonneneinstrahlung errechnet sich nach der Gleichung (8.6.11) zu:

$Q_{sol} = 18,925 \cdot 160 \cdot 0,81 \cdot 31 = 76$ GJ/mo.

11. Die spezifischen Wärmeverluste bezogen auf 1 m² Wasserfläche betragen:

$q_v = \dot{Q}_{v,ges}/A_{bad} = 27024/160 = 169$ W/m²

bzw. $q_{v,mo} = 453$ MJ/m² pro Monat.

Die Berechnungsergebnisse sind in Tabelle 8.6.4 zusammengefaßt.

Aus der Berechnung folgt, daß die Wärmeverluste $Q_{v,mo}$ des Schwimmbades bei der angenommenen Temperatur von 24 °C kleiner als der solare Energiegewinn Q_{sol} sind. Dadurch wird die Schwimmbadtemperatur größer als angenommen.

Tabelle 8.6.4. Wärmeverluste und Sonnenenergiegewinn des Schwimmbades

Wärmeverluste und Sonnenenergiegewinn	Leistung W	Energiemenge GJ/mo	Anteil %
Wärmeverluste durch:			
- Konvektion	4864	13,0	18,0
- Strahlung	10712	28,7	39,6
- Verdunstung	10521	28,2	39,0
- Transmission	927	2,5	3,4
Gesamtwärmeverluste	27024	72,4	100
Sonnenenergiegewinn	-	76	

Beispiel 8.6.2. *Wärmeluste eines Freibades mit einer temporären Abdeckung.*

Es soll der Gesamtwärmeverluststrom für das Freibad aus Beispiel 8.6.1 berechnet werden, wenn eine Abdeckung mit einem thermischen Widerstand R_{abd} von 1,5 m²K/W für die Strahlungsverluste 14 Stunden täglich angewendet wird. Die Außenlufttemperatur in der Nacht wird um 3 K kleiner als der Tagesmittelwert angenommen.

8.6 Nutzung der Sonnenenergie zur Schwimmbaderwärmung 213

Lösung:

Für den Konvektionswärmeverluststrom für das Becken mit Abdeckung gilt:

$\dot{Q}_{kon,abd} = K_{abd} A_{bad} (T_{bad} - T_u)$ in W

Mit $\alpha_w = 7{,}6$ W/(m²K) und $R_{abd} = 1{,}5$ m²K/W gilt:

$K_{abd} \approx 1/(R_{abd} + 1/\alpha_w) = 1/(1{,}5 + 1/7{,}6) = 0{,}613$ W/(m²K).

Nun errechnet sich $\dot{Q}_{kon,abd}$ mit $T_u = 20 - 3 = 17\ °C$ zu:

$\dot{Q}_{kon,abd} = 0{,}613 \cdot 160\ (24 - 17) = 686{,}4$ W

Der Strahlungswärmeverluststrom für das Becken mit Abdeckung errechnet sich mit einem Minderungsfaktor f_{str} von 0,8 zu:

$\dot{Q}_{str,abd} = f_{str}\ \dot{Q}_{str} = 0{,}8 \cdot 10712 = 8569{,}6$ W

Der Gesamtwärmeverluststrom des Schwimmbades ohne Abdeckung beträgt unter Vernachlässigung der Transmissionswärmeverluste:

$\dot{Q}_{ges} = 27024 - 927 = 26097$ W

Der tägliche Gesamtwärmeverlust des Schwimmbades mit Abdeckung ist:

$\dot{Q}_{v,ges,abd} = [(\dot{Q}_{kon,abd} + \dot{Q}_{str,abd})\ t_{abd} + \dot{Q}_{v,ges}\ (24 - t_{abd})]\ N_{tag}$ in J,

wobei $\dot{Q}_{kon,abd}$ bzw. $\dot{Q}_{str,abd}$ der Konvektions- bzw. Strahlungswärmeverluststrom für das Becken mit Abdeckung, t_{abd} die Dauer der Abdeckungsanwendung während eines Tages, $\dot{Q}_{v,ges}$ der Gesamtwärmeverluststrom für das Becken ohne Abdeckung und N_{tag} die Anzahl der Tage in der Berechnungperiode (1 Monat, die Badesaison).

$Q_{v,ges,abd} = (Q_{kon,abd} + Q_{str,abd})\ t_{abd} + Q_{ges}\ (24 - t_{abd}) = (686{,}4 + 8569{,}6)\ 14 + 26097 \cdot (24 - 14) = 391$ kWh/d

Für das Schwimmbad ohne Abdeckung gilt:

$Q_{v,ges} = 685$ kWh/d

Durch Abdeckung verringert sich der tägliche Gesamtwärmeverlust um:

$\varepsilon = (685 - 391)/685 = 40\%$.

Beispiel 8.6.3. *Heizwärmeverbrauch eines Hallenschwimmbades.*

Ein öffentliches Hallenschwimmbad mit einer Fläche von 312 m² soll 12 h täglich benutzt werden. Die Badwassertemperatur soll 28 °C betragen. Der Massenstrom $\dot{m}_d$ des Warmwassers mit einer Temperatur von 42 °C für Duschen beträgt 24 kg/(m²h), die Kaltwassertemperatur ist 10 °C. Die Zulufttemperatur beträgt 28 °C

214   8 Solaranlagen zur Brauchwasser- und Schwimmbaderwärmung

und die Außentemperatur ist -15 °C. Die gesamte stündliche Lüftungsrate für die Schwimmhalle und übrigen Räume beträgt 50 m³/(m²h) bezogen auf Wasserfläche. Die Transmissionswärmeverluste der Halle betragen q_{tr} = 750 W/m².
 Es soll der erforderliche maximale Heizwärmeverbrauch pro m² Wasserspiegelfläche ermittelt werden.

Lösung:

Alle Wärmeverbrauchswerte sind weiter auf 1 m² Wasserfläche bezogen. Mit einer Wasserverdunstungsrate von 0,1 kg/h je m² Wasserfläche betragen die Verdunstungswärmeverluste:

$$q_{vd} = m_{vd}\, h_{vd} = 0{,}1 \text{ kg/(m}^2\text{h)} \cdot 2500 \text{ kJ/kg} \cdot 1 \text{ h}/3600 \text{ s} = 70 \text{ W/m}^2.$$

Mit V = 50 m³/(m²h) ergeben sich die Wärmeverluste durch Lüftung zu:

$$q_L = V\, c_p\, (T_i - T_a) = 50 \text{ m}^3/(\text{m}^2\text{h}) \cdot 0{,}36 \text{ Wh/(m}^3\text{K)} \cdot (28 + 15) = 773 \text{ W/m}^2$$

Für die Frischwasser- und Duschwassererwärmung, mit den Massenströmen m_{fw} und m_d, sind die folgenden Wärmeströme erforderlich:

$$q_{fw} = m_{fw}\, c_p\, \Delta T = (50/12) \text{ kg/(m}^2\text{h)} \cdot 1{,}163 \text{ Wh/(kg K)} \cdot (28 - 10) = 87 \text{ W/m}^2$$

und $q_d = m_d\, c_p\, \Delta T = 24 \text{ kg/(m}^2\text{h)} \cdot 1{,}163 \text{ Wh/(kg K)} \cdot (42 - 10) = 893 \text{ W/m}^2$

Die übrigen Wärmeverluste können mit dem Faktor von 1,1 mitberechnet werden, so daß der maximale spezifische Wärmebedarf beträgt:

$$q_{ges} = 1{,}1\, (q_{vd} + q_{tr} + q_L + q_{fw} + q_d) = 1{,}1\, (70 + 750 + 773 + 87 + 893) = 2830 \text{ W/m}^2.$$

Mit der Schwimmbadfläche von 312 m² ergibt sich der maximale Gesamtheizwärmebedarf zu:

$$Q_{heiz} = A_{bad}\, q_{ges} = 312 \text{ m}^2 \cdot 2830 \text{ W/m}^2 = 883 \text{ kW}.$$

Beispiel 8.6.4. *Jahres-Heizwärmeverbrauch eines Hallenbades mit Abdeckung*

Es soll der Jahres-Heizwärmeverbrauch für ein Schwimmbad mit einer Wasserfläche von 24 m² ermittelt werden. Dabei können nur Verdunstungswärmeverluste q_{vd} von 70 W/m² und Lüftungswärmeverluste q_L von 150 W/m² berücksichtigt werden. Die Beckenwassertemperatur beträgt 28 °C und die mittlere Außentemperatur für die Lüftung beträgt 10 °C. Während der Nichtbenutzungsperiode von 18 Stunden täglich wird das Becken mit einer temporären Wärmeschutzeinrichtung abgedeckt.
 Die jährliche Verdunstungs- bzw. Lüftungswärmeverluste bezogen auf 1 m² Beckenfläche lassen sich wie folgt berechnen:

$$q_{vd,j} = (24 - 18) \text{ h} \cdot 365 \text{ d} \cdot 70 \text{ W} = 153 \text{ kWh/(m}^2\text{a) und}$$

$$q_{L,j} = 10 \text{ m}^3/\text{h} \cdot 24 \text{ h} \cdot 365 \text{ d} \cdot 0{,}36 \text{ Wh/(m}^3\text{K)} \cdot (28 - 10) \text{ K} = 568 \text{ kWh/(m}^2\text{a)}.$$

8.6 Nutzung der Sonnenenergie zur Schwimmbaderwärmung

Mit A_{bad} = 24 m² errechnet sich der Jahres-Heizwärmeverbrauch zu:

$Q_{heiz} = (q_{vd,j} + q_{L,j}) A_{bad} = (153 + 568) 24 = 17,3$ MWh/a.

8.6.3 Auslegung der Kollektorfläche für die Schwimmbaderwärmung

Die erforderliche Kollektorfläche hängt von der Größe und Lage des Beckens, der Güte der Kollektoren bzw. Absorber, der Beckenwassertemperatur, der Dauer der Hauptnutzungsperiode der Solaranlage sowie von der Anwendung der temporären Abdeckung des Beckens während der Schlechtwetter- und Nichtbenutzungsperioden ab.

Die Kollektorfläche A kann aufgrund des spezifischen Wärmeverlustwertes q_v bezogen auf 1 m² Beckenfläche ausgelegt werden. Mit einem q_v-Wert aus [8.10] gilt für die täglichen Wärmeverluste des Beckens mit einer Fläche A_{bad}:

$Q_{v,tag} = z\, q_v\, A_{bad}\, 24\, /\, t_d$ in Wh/d (8.6.24)

mit: z = Korrekturfaktor für die Wärmeverluste in Verteilrohrleitungen ($z \approx 1,25$),
t_d = Betriebsdauer der Solaranlage pro Tag in h/d.

Mit einem mittleren täglichen Energieertrag $Q_{k,tag}$ des Kollektors gilt für die erforderliche Kollektorfläche:

$A = Q_{v,tag} / Q_{k,tag}$ (8.6.25)

Bei Überschlagsrechnungen kann A für ein Freibad wie folgt ermittelt werden:

$A = a\, A_{bad}\, k_1\, k_2\, k_3\, k_4,$ (8.6.26)

wobei a das Basisverhältnis a der erforderlichen Kollektorfläche A zur Beckenfläche A_{bad} und k_1, k_2, k_3 bzw. k_4 die Korrekturfaktoren für die Trübung der Atmosphäre, für die Neigung und Ausrichtung des Kollektors bzw. für die Wassertemperatur sind.

Für windgeschützte Freibäder mit einer Nutzungsperiode von Mai bis September bei mittlerer Wassertemperatur von 21 bzw. 22 °C kann a zwischen 1,1 und 0,75 m²/m² (ohne bzw. mit Abdeckung) angenommen werden. Bei freier Lage des Schwimmbades soll a um etwa 30% erhöht werden. Für Hallenbäder mit einer Wassertemperatur von 24 °C liegt a zwischen 0,3 und 0,5 m²/m² (mit bzw. ohne Abdeckung) [8.4].

Für den Korrekturfaktor k_1, der die Trübung der Atmosphäre berücksichtigt, gelten die folgenden Anhaltswerte: 0,8 für Industriegebiete, 0,9 für Großstädte, 1,0 für Dörfer und 1,1 für Gebirge. Der Faktor k_2 berücksichtigt den Neigungswinkel und k_3 die Ausrichtung des Kollektors. k_2 ist der Kehrwert des Umrechnungskoeffizienten R für die Globalstrahlung (vgl. Kapitel 1), bei waagerechten Kollektoren ist k_2 gleich 1. k_3 beträgt 1 bei südlicher Ausrichtung und 1,25 bei Abweichung von südlicher Ausrichtung um ±45°. Bei einer Abweichung der Wassertemperatur

Tabelle 8.6.5. Korrekturfaktor k_4 je Grad der Wassertemperatur-Überschreitung des angenommenen Wertes von 22°C bzw. 24°C für Frei- bzw. Hallenbäder

Schwimmbad	Faktor k_4
Freibad im Sommer ohne/mit Abdeckung	1,15/1,05
Freibad in Übergangszeit oder Hallenbad ohne/mit Abdeckung	1,25/1,1

von den in Tabelle 8.6.5 aufgeführten Werten wird der Faktor k_4 dieser Tabelle entnommen. Im allgemeinen sollte die Kollektorfläche für Freibäder mit Abdeckung rund 50 bis 100% der Wasserfläche betragen. Der Energieertrag eines Freibad-Kollektors erreicht etwa 200 bis 300 kWh pro m² Kollektorfläche und pro Saison.

Die Nutzung der Sonnenenergie ist nicht nur zur Beheizung kleiner privater Schwimmbäder, sondern auch großer öffentlicher Freibäder konkurrenzfähig. Bei einem durchschnittlichen Wärmebedarf von ca. 11 MWh für ein privates Schwimmbad mit einer Kollektorfläche von 24 m² können ca. 5 MWh pro Saison eingespart werden. Für öffentliche Freibäder beträgt die Energieeinsparung bei einer Kollektorfläche von 1000 m² ca. 200 MWh pro Saison bei einem saisonalen Wärmebedarf von 300 MWh. Die Kosten der Solaranlage betragen 150-250 DM/m². Bei einem Wirkungsgrad der Kesselanlage im Sommer von 50-70% werden 300 bis 600 kWh, d.h. 30-60 Litern Heizöl pro m² Kollektorfläche und Saison eingespart. Die Investitionskosten einer Solaranlage mit 1000 m² Kollektorfläche für ein Schwimmbad von 2000 m² Wasserfläche betragen 250000 DM. Bei 8% Zinsen und 15 Jahren Nutzungsdauer beträgt die Annuität ca. 11,7%. Zusammen mit den Wartungs- und Betriebskosten betragen die jährliche Auszahlungen 33500 DM, und die Amortisationszeit für eine Solaranlage ohne Zusatzheizung beträgt 5 bis 7 Jahre.

9 Solare Heizungssysteme

9.1 Aktive Solarsysteme zur Unterstützung der Raumheizung

Solaranlagen können nicht nur zur Warmwasserbereitung, sondern auch zur Unterstützung der Raumheizung eingesetzt werden. Allerdings ist zu beachten, daß in diesem Fall Sonnenenergieangebot und Heizwärmebedarf zeitlich versetzt anfallen. In den Sommermonaten mit größtem Sonnenenergieangebot wird Wärme im Gebäude lediglich zur Warmwasserbereitung gebraucht. Im Winter, wenn der Heizwärmebedarf des Gebäudes am größten ist, steht nur wenig Sonnenenergie zur Verfügung [9.7].

Als *Solarhaus* wird ein Gebäude bezeichnet, das *mit einem aktiven bzw. passiven System zur Sonnenenergienutzung* vollständig oder teilweise beheizt oder gekühlt wird. *In aktiven Solarheizungsanlagen* können Flüssigkeits- oder Luft-Flachkollektoren verwendet werden. Bei gleicher Nutzwärmeleistung muß der Volumenstrom bei Luftkollektoren nahezu 3000 mal größer als bei Flüssigkeitskollektoren sein, weil die speizifische Wärmekapazität der Luft nur 1,3 kJ/m³K im Vergleich zu 4,187 kJ/m³K des Wassers ist. Deshalb haben die Luftkollektoren und Luftkanäle viel größere Strömungsquerschnittsflächen sowie einen relativ hohen Arbeitsaufwand für den Luftumlauf. Der Wärmeabfuhrfaktor F_R ist für die Luftkollektoren geringer im Vergleich zu den Flüssigkeitskollektoren, und daher ist ihr Wirkungsgrad auch etwas geringer [9.5].

Der typische *Aufbau von Solarheizungsanlagen mit Flüssigkeits- bzw. Luftkollektoren* ist in Bild 9.1.1 a und b schematisch dargestellt. Die solaren Heizungsan-

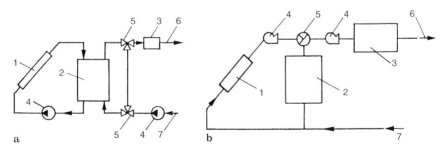

Bild 9.1.1. Prinzipieller Aufbau einer solaren Heizungsanlage mit Flüssigkeits - bzw. Luftkollektoren (**a** bzw. **b**): 1 - Solarkollektor, 2 - Wärmespeicher, 3 - Zusatzheizung, 4 - Pumpe bzw. Gebläse, 5 - Regelventil bzw. -klappe, 6 - Vorlauf-Rohrleitung bzw. Luftkanal, 7 - Rücklauf-Rohrleitung bzw. Luftkanal

lagen bestehen aus einem Solarkollektor, einem Wärmespeicher, einer Zusatzheizung, Rohrleitungen oder Luftkanälen mit Absperr- und Regelventilen bzw. Klappen, Umwälzpumpen oder Gebläsen, sowie aus einer Regel- und Steuerungseinrichtung.

Ein geeignetes Wärmeträgerfluid muß hohe Wärmekapazität, geringe Viskosität und Dichte, Frostsicherheit und guten Korrosionsschutz aufweisen. Als Wärmeträger wird eine frostsichere Flüssigkeit (in der Regel Wasser-Glykol-Gemische mit einem 40-50%-igen Gehalt an Polyäthylen- oder Polypropylenglykol) oder Luft verwendet. Bei Luftsystemen ist nicht nur die Frostgefahr, sondern auch die Korrosion der Ausstattung praktisch ausgeschlossen. Bei Flüssigkeitssystemen müssen Vorkehrungen getroffen werden, um die Korrosion und Kalkablagerung zu vermeiden. Aus Sicherheitsgründen muß bei Flüssigkeitssystemen auch beachtet werden, daß ein Überhitzungsproblem im Sommer nicht entstehen kann.

Als Voraussetzung für eine solar unterstützte Raumheizung gilt die Minimierung des Jahres-Heizwärmebedarfs des Gebäudes durch Maßnahmen der *Energieeinsparung und der passiven Sonnenenergienutzung*. Der Jahres-Heizwärmeverbrauch im Gebäudebestand Deutschlands liegt zwischen 220 und 270 kWh pro m^2 Wohnfläche. Der jährliche Heizenergieverbrauch eines Gebäudes wird von vielen Faktoren beeinflußt: durch die Kompaktheit des Bauwerks, die Dämmeigenschaften und die Speicherfähigkeit der Außenhaut, die Nutzungsgrade der Heiz- und Lüftungssysteme, die Nutzung der Sonnen- und Umweltenergie sowie auch durch das Benutzerverhalten. Die energetischen Vorteile ergeben sich aus dem Zusammenwirken von bauphysikalisch optimal dimensionierten Bauteilen der Gebäudehülle und der inneren Planung mit den passiven und aktiven Solarsystemen. Je kleiner das Verhältnis der gesamten Umschließungsfläche A_{geb} zum Volumen V_{geb} des Gebäudes ist, um so kompakter ist das Gebäude. Bei gleicher Nutzfläche besitzt ein kompakteres Gebäude geringere Transmissions-Wärmeverluste Q_{tr}. Demnach besitzen Mehrfamilienhäuser einen kleineren K_{geb}-Wert im Vergleich zu Einfamilienhäusern [9.10].

Die neue Wärmeschutzverordnung (WSchV 95) Deutschlands sieht eine wesentliche Einschränkung des spezifischen Jahres-Heizwärmebedarfs der Gebäude und der maximal zulässigen Werte der Wärmedurchgangskoeffizienten K für einzelne Bauteile vor. Die Richtwerte der WSchV 95 liegen nahe bei denen für sogenannte Niedrigenergiehäuser, die nur einen Bruchteil der Heizenergie eines konventionellen Wohnhauses verbrauchen. *Bei Niedrigenergiehäusern* (NEH), die nach dem Prinzip eines optimalen Wärmeschutzes und der maximalen Energieeinsparung durch eine kontrollierte Lüftung mit einer Wärmerückgewinnung und durch eine passive Nutzung der Sonnenenergie gebaut werden, *liegt der Jahres-Heizwärmebedarf zwischen 30 und 70 kWh je m^2 Wohnfläche.* Die Mehrkosten bei der NEH-Bauweise betragen 3-8% der herkömmlichen Baukosten. Die NEH-Bauweise setzt eine sehr gute Wärmedämmung der Außenhülle, die wind- und luftdicht ausgeführt werden soll, Vermeidung von Wärmebrücken (Stellen mit örtlich geringerem thermischem Widerstand), eine kontrollierte Lüftung sowie eine passive Sonnenenergienutzung voraus. Die Transmissionswärmeverluste des Niedrigenergiehauses sind durch eine optimale Wärmedämmung der Außenhülle

9.1 Aktive Solarsysteme zur Unterstützung der Raumheizung

und durch die Ausschließung der Wärmebrücken in Bauteilen minimiert. Die Richtwerte für den Wärmedurchgangskoeffizienten K und die erforderliche Dicke δ der Wärmedämmung mit einer Wärmeleitfähigkeit λ von 0,035-0,045 W/mK für Bauteile eines Niedrigenergiehauses sind in Tabelle 9.1.1 aufgeführt [9.11]. Die Lüftungswärmeverluste sind durch eine winddichte Haushülle und ein kontrolliertes Lüftungssystem so reduziert, daß die Luftwechselrate in der Regel unter 0,5 1/h liegt. Außerdem ist ein solches Haus architektonisch derart geplant und gebaut, daß die durch die Fenster einfallende Sonnenstrahlung zur Heizung optimal genutzt und gegen Überhitzung im Sommer geschützt wird. Wenn die Strom- und Wärmeversorgung völlig durch die Sonnen- und Umweltenergie erfolgt, entsteht ein *Null-Energiehaus*. Die Voraussetzung ist optimaler Wärmeschutz, Nutzung der inneren Energiequellen, Wärmerückgewinnung, Einsatz der Photovoltaik und solarthermischer Anlagen zur Warmwasserbereitung und Heizung (mittels eines optimal ausgelegten saisonalen Wärmespeichers).

Das Bauteil Fenster erfüllt im Gebäude eine wichtige Funktion des Sonnenenergiesammlers, gleichzeitig aber sind seine Wärmeverluste an die Umgebung erheblich, weil es den höchsten Wärmedurchgangskoeffizienten K unter allen Bauteilen besitzt. Der K-Wert des Fensters ist von der Beschaffenheit der Verglasung und von der Wärmeleitfähigkeit des Rahmenmaterials abhängig. Es wird zwischen den Werten K_g und K_f für die Verglasung selbst und für das gesamte Fenster unterschieden. Für verschiedene Verglasungsarten beträgt K_g [in W/(m^{2}K)]: 5,8 für Einfachverglasung, 3 für Doppelverglasung und 2,1 für Dreifachverglasung mit Luftzwischenraum s von 10-16 mm. Bei Doppelverglasungen aus zwei Isolierglaseinheiten (je zwei Glasscheiben mit s = 10-16 mm) in einem Kasten- oder Verbundfenster liegt K_g zwischen 1,4 für Normalglas und 1,0 für Wärmeschutzglas. Je nach Rahmenmaterial ist der gesamte Wärmedurchgangskoeffizient K_f des Fensters um 0,1-0,5 W/(m^{2}K) kleiner (bei Rahmen aus Holz oder Kunststoff) oder größer (bei Rahmen aus Beton oder Metall) als K_g [9.8]. Die Strahlungswärmeverluste des Fensters werden durch extrem dünne infrarot-reflektierende Glasbeschichtungen vermindert. Mit einer Argon- bzw. Kryptonfüllung können K_g-Werte von 1,2 bzw. 0,7 W/(m^{2}K) erreicht werden. Dabei verringert sich aber auch der Transmissionsgrad τ des Fensters, deshalb sind diese Wärmeschutzverglasungen für Systeme zur passiven Sonnenenergienutzung praktisch nicht geeignet.

Bei einem luftgefüllten Scheibenzwischenraum s von 20 bis 100 mm beträgt der Wärmedurchgangskoeffizient K_f 2,5 bzw. 3,2 W/(m^{2}K) für ein doppelt vergla-

Tabelle 9.1.1. Wärmedurchgangskoeffizient K und die erforderliche Dicke δ der Wärmedämmung (mit λ = 0,035-0,045 W/mK) für Niedrigenergiehäuser [9.11].

Bauteil	K in W/m^{2}K	δ in mm
Außenwand	0,2-0,3	150-200
Dachdecke	0,15-0,2	200-300
Kellerdecke	0,2-0,3	150-200
Zweischeiben-Wärmeschutz-Fenster	0,7-1,5	

stes Fenster mit Rahmen aus Holz oder Kunststoff bzw. aus Metall oder Beton. Bei einer Dreifachverglasung aus Einfachglas und einem Isolierglas mit s =10-16 mm liegt K_f zwischen 1,9 und 2,6 W/(m^{2}K) je nach dem Rahmenmaterial [9.8].

Die aktiven Solarheizungsanlagen werden am günstigsten mit *Niedertemperatur-Heizsystemen* mit Vorlauftemperaturen unter 50 °C gekoppelt. Die geeignetsten Heizsysteme sind mit Verwendung von Gasbrennwertkesseln, Heizöl-Niedertemperaturkesseln und Blockheizkraftwerken verbunden [9.10]. Je geringer die Vorlauftemperatur im Heizsystem ist, um so geringer ist auch die erforderliche Betriebstemperatur im Kollektor, und um so höher ist sein Wirkungsgrad. Bei Solarheizungsanlagen mit Flüssigkeitskollektoren werden meist Fußboden- oder Kapillarrohrheizsysteme verwendet. Bei Niedrigenergiehäusern mit gut geplantem System zur passiven Sonnenenergienutzung ist der Einsatz einer Fußbodenheizung nicht besonders günstig. Großflächige konventionelle Heizkörper können auch als Niedertemperaturheizsysteme eingesetzt werden.

Ein Fußbodenheizsystem wird auf eine Vorlauftemperatur von unter 40 °C ausgelegt. Wegen einer großen Masse des Betonestrichs ist es wärmetechnisch träge und liefert die gespeicherte Wärme auch dann, wenn es keinen Heizwärmebedarf mehr gibt.

Bei einem Kapillarrohrheizsystem werden dünnwandige Kunststoffröhrchen großflächig direkt unter dem Putz oder Fußboden verlegt. Dieses System besitzt eine geringere thermische Trägheit als die Fußbodenheizung und bietet daher bessere Möglichkeiten für die Raumtemperaturregelung.

Die solaren Luftsysteme sind sehr gut für die Warmluftheizung mittels eines Lüftungssystems geeignet. In diesem Fall reicht schon eine Luftvorlauftemperatur von 30 °C aus. Auf diese Temperatur wird auch der Kiesschüttungs-Wärmespeicher ausgelegt. Bild 9.1.2 zeigt schematisch eine solare Heizungs- und Warmwasserbereitungsanlage mit Luftkollektoren, einem Gestein-Wärmespeicher, zwei Gebläsen, einem Wärmetauscher und einer konventionellen Nachheizung. Die Wassererwärmung erfolgt in einem Luft-Wasser-Wärmetauscher. Im Gegensatz zu solaren Flüssigkeitssystemen ist es bei solaren Luftsystemen unmöglich, Wärme aus den Kollektoren den Verbrauchern zu liefern und gleichzeitig den Wärmespeicher aufzuladen. Die folgenden Betriebsweisen eines solaren Luftheizungssystems in Kopplung mit konventioneller Zusatzheizung sind möglich. Wenn die Kollektor-Luftaustrittstemperatur die für den Verbraucher erforderliche Temperatur überschreitet, wird die warme Luft aus dem Kollektor ins Haus über das Lüftungssystem geführt. Wenn kein Wärmebedarf vorhanden ist, wird die Nutzwärme des Kollektors zum Beladen des Wärmespeichers genutzt. Bei fehlender Sonneneinstrahlung wird der Wärmebedarf vorrangig aus dem geladenen Speicher und nach der Ausschöpfung des Speicherenergievorrats durch die Zusatzheizung gedeckt.

Bild 9.1.3 zeigt den Jahresverlauf des Wärmebedarfs eines konventionellen Neubau-Wohnhauses (Q_L) und eines Niedrigenergie-Wohnhauses ($Q_{L,n}$) sowie den des Energieertrags Q_{sol} einer Solaranlage mit zwei unterschiedlichen Kollektorflächen. Die untere Kurve Q_{sol} entspricht einer Kollektorfläche, beispielsweise 6 m^2 bei einem Einfamilienhaus, die für die Deckung des Warmwasserbedarfs ausgelegt ist. Bei einer wesentlich größeren Kollektorfläche, z.B. 25 m^2 (obere Kurve Q_{sol}), kann bis 50% der Jahres-Heizwärmelast gedeckt werden.

9.1 Aktive Solarsysteme zur Unterstützung der Raumheizung   221

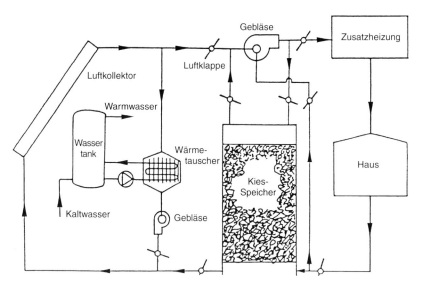

Bild 9.1.2. Schaltbild einer solaren Heizungs - und Warmwasserbereitungsanlage mit Luftkollektoren

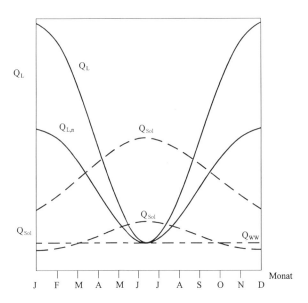

Bild 9.1.3. Jahres-Wärmebedarf eines Wohnhauses und Jahres-Energieertrag einer Solarheizungsanlage. Q_L bzw. $Q_{L,n}$ Wärmebedarf eines konventionellen Neubau-Wohnhauses bzw. eines Niedrigenergie-Wohnhauses, Q_{WW} Warmwasserbedarf

Bei Überschlagsrechnungen wird der Energieertrag der solaren Heizungsanlage im Auslegungsmonat, der näherungsweise dem Schnittpunkt der Kurven Q_L und Q_{sol} in Bild 9.1.3 entsprechen soll, mit dem Heizwärmebedarf abgestimmt. Auf dieser Basis wird die erforderliche Kollektorfläche ermittelt. Wird die Solaranlage auf den Winterbedarf ausgelegt, dann muß man mit einer Überdimensionierung rechnen. Sie darf keinesfalls zugelassen werden, weil dabei der Investitionsaufwand stark steigt, ohne den solaren Deckungsgrad wesentlich zu erhöhen. Eine überdimensionierte Solaranlage produziert im Sommer hohe Wärmeüberschüsse. Um die Wärmeversorgung in allen Monaten zu sichern, wird die konventionelle Zusatzheizung auf den Norm-Heizwärmebedarf (nach DIN 4701) ausgelegt.

Die Berechnung und Auslegung der aktiven Solarheizungsanlagen erfolgt nach empirischen Verfahren, die in Kapitel 12 behandelt werden. In Solarheizungsanlagen werden entweder Kurzzeit- oder Langzeit-Wärmespeicher eingesetzt. Der Energievorrat in einem Kurzzeit-Wärmespeicher soll für die Deckung der Heizwärmelast während 2-3 Tagen im Auslegungsmonat ausreichen. Als Wärmespeichermedium wird in Solaranlagen mit Flüssigkeitskollektoren Wasser und in Anlagen mit Luftkollektoren Feststoffschüttungen (Kies, Schotter) verwendet. Nur die Langzeit-Wärmespeicherung ermöglicht, einen hohen Jahreswert (von 70 bis 100%) des solaren Deckungsgrades zu erreichen. Die Solarheizungsanlagen mit saisonalen Wärmespeichern werden in Kapitel 11 behandelt.

In Tabelle 9.1.2 sind die Eigenschaften der Wärmeträger für Solarheizungsanlagen zusammengestellt. Für den Solarkreis kommen geschlossene Anlagensysteme mit ungiftigen Wasser-Propylenglykol-Mischungen in Betracht.

Stoffwerte der Kollektor-Wärmeträger sind im Anhang aufgeführt (s. Tabellen A5 und A6, Bilder A3 und A4).

Tabelle 9.1.2. Stoffwerte von Wärmeträgern für Solarheizungsanlagen bei 20 °C [9.5]

Eigenschaft	Wasser	Luft	WÄG	WPG	Ilexan P	Silikonöl
T_{ers}, °C	0	-	-36	-33	-37	-
T_s, °C	100	-	110	106	187	-
ρ, kg/m³	988	1,205	1068	1038	1043	970
c_p, kJ/(kg K)	4,182	1,005	3,3	3,6	2,48	1,47
λ, W/(m K)	0,604	0,026	0,43	0,42	0,20	0,17
ν, 10^{-6} m²/s	1,00	15,13	3,4	5	54	247

1. Wärmeträger: WÄG - Wasser-Äthylenglykol (50%:50%), WPG - Wasser-Propylenglykol (50%:50%), Ilexan P - Wasser+ 1,2-Polypropylenglykol (50%:50%).
2. T_{ers} - Erstarrungstemperatur, T_s - Siedetemperatur bei 1,013 bar, ρ - Dichte, c_p - spezifische Wärmekapazität, λ - Wärmeleitfähigkeit, ν - kinematische Viskosität.

9.2 Systeme zur passiven Sonnenenergienutzung

9.2.1 Arten von passiven Solarheizungssystemen

Voraussetzungen zur passiven Sonnenenergienutzung. Im Gegensatz zu aktiven Solarsystemen werden in passiven Systemen in der Regel keine mechanisch betriebenen Vorrichtungen verwendet. Die Funktionen des Sonnenenergiesammelns und der Wärmespeicherung werden durch die Bauteile des Gebäudes (Wände, Boden, Decke, Fenster) erfüllt. Die *passive Sonnenenergienutzung* bedeutet vor allem eine architektonische Gestaltung des Gebäudes in der Weise, daß möglichst viel Sonnenenergie in der kalten Jahreshälfte absorbiert, in Wärme umgewandelt und gespeichert wird. Diese Wärme wird durch natürliche Konvektion und Abstrahlung an die zu beheizenden Räume abgegeben. Im Sommer dagegen soll ein genügender Schutz gegen die Überhitzung des Gebäudes durch die Sonneneinstrahlung erreicht werden. Beim klimagerechten Bauen nach den Regeln der Solararchitektur muß das Gebäude einen erhöhten Wärmeschutz besitzen und seine Bauteile müssen zum Auffangen und Speichern der Sonnenenergie geeignet sein. Beispielsweise sammeln nach Süden orientierte Fenster und Wände oder Wintergärten die Sonnenenergie, während Fußböden, Innenwände oder im Inneren des Gebäudes untergebrachte Wasserbehälter die Funktion eines Wärmespeichers erfüllen [9.9].

Passive Sonnenenergienutzung kann in Wohnhäusern sowie in gewerblichen und öffentlichen Gebäuden vorgesehen werden. Ein gut geplantes Gebäude (auf nördlicher Erdkugelhälfte) mit passivem Solarheizsystem kennzeichnet sich durch:

- *eine windgeschützte Lage* mit guter Bestrahlung im Winter und einer Verschattung im Sommer (durch Überhänge, Bäume usw.),
- *ein möglichst kleines Verhältnis der Außenfläche zum Volumen und einen optimalen Wärmeschutz* (Wärmedämmung und zwei- bis dreifache Verglasung) zur Minderung des Transmissionswärmebedarfs,
- *eine kontrollierte Lüftung mit Wärmerückgewinnung* zum Zweck der Minimierung des Lüftungswärmebedarfs,
- *eine optimale Ausrichtung* mit seiner Längsachse in der Ost-West-Richtung,
- *eine ausreichende Wärmespeicherkapazität der Bauteile*,
- *eine optimale Verteilung der Fensterfläche* (50- 70% in der Südwand, 10% in der Nordseite und je 10-20% in der Ost- und Westwand.
- *eine günstige innere Planung* mit zur Sonne offenen Wohnräumen und mit Hilfsräumen auf der Nordseite,
- *einen hohen Absorptionsgrad* für die einfallende Sonnenstrahlung und eine hohe Speicherfähigkeit der Innenwände und Fußböden,
- *die Verwendung einer temporären Wärmedämmung* mit Regeleinrichtung zur Verringerung der Wärmeverluste in der Nacht und während der Perioden mit geringer Sonneneinstrahlung.

In Gebäuden mit der Sonnenenergienutzung kann eine *transparente Wärmedämmung* (TWD) verwendet werden. Im Gegensatz zu konventionellen Wärmedämmstoffen ermöglicht eine transparente Wärmedämmung, eine gute Wärmedämmfähigkeit der Bauteile mit einer effektiven Licht- und Sonnenscheindurchlässigkeit zu kombinieren [9.4]. Dies wird mit Hilfe von Strukturen aus verschiedenen Kunststoffen oder Silikat-Glas erreicht. Dabei muß die Wandhülle aus Beton oder schwerem Mauerwerk gebaut werden, um eine gute Wärmespeicherfähigkeit zu erreichen und Sonnenstrahlung gut absorbieren zu können. Gut geeignet sind Südwände und - mit Einschränkungen - auch West- und Ostwände. Gewinne zwischen 100 und 200 kWh/(m^{2}a) sind zu erwarten [9.4]. In Tabelle 9.2.1 sind der Transmisionsgrad und der Wärmedurchgangskoeffizient K für einige TWD-Materialien zusammengestellt..

Arten von passiven Solarheizungssystemen. Die Aufteilung von Systemen zur passiven Sonnenenergienutzung richtet sich nach der Art des Sonnenenergiegewinns, der Wärmespeicherung und des Wärmetransports im Gebäude.

Je nach Anordnung der sonnenenergiesammelnden Flächen und der Wärmespeichermassen innerhalb eines passiven Solarsystems werden Räume von der Sonnenstrahlung entweder direkt oder indirekt erwärmt. Dementsprechend wird zwischen den passiven Solarsystemen zum direkten und indirekten Sonnenenergiegewinn unterschieden [9.1, 9.9].

Systeme zum direkten Sonnenenergiegewinn umfassen die *großflächigen südorientierten Sonnenfenster* in der Wand oder im Dach (Bild 9.2.1a). Solche Systeme schließen auch *innere Wärmespeichermassen* in den Bauteilen Fußboden, Wände und Decke oder in Wasserbehältern ein.

Die durch Südfenster ins Gebäude eindringende Sonnenstrahlung wird im Innern der Räume durch die Wände und den Fußboden absorbiert und gespeichert. Die gespeicherte Wärme wird nachher mittels Luftkonvektion und Wärmestrahlung die Räume beheizen. Die Schwankungen der Innentemperatur während des Tag-Nacht-Zyklus sind durch die Einstrahlung und Wärmespeicherkapazität der Umschließungsflächen bestimmt. Um die Wärmeverluste durch die Rückstrahlung

Tabelle 9.2.1. Transmissionsgrad τ_d für Diffusstrahlung und Wärmedurchgangskoeffizient K für die transparente Wärmedämmung [9.4]

Material	Dicke in mm	τ_d	K in W/m^{2}K
PMMA-Schaum (5 µm Poren)	16+4	0,5	2,1
	48+4	0,3	1,1
Kapillarstruktur PC/PMMA			
- Wabenstruktur	100+4	0,71	0,9
	50+4	0,76	1,4
Aerogelfenster	10+2x4	0,55	1,5
	20+2x4	0,45	0,9
	40+2x4	0,32	0,5

PMMA=Polymethylmethacrylat, PC=Polycarbonat.

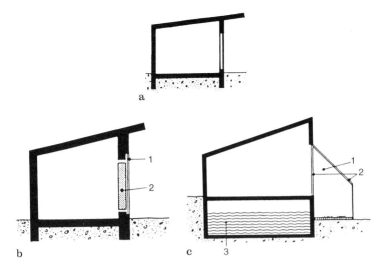

Bild 9.2.1. Systeme zur passiven Sonnenenergienutzung: Direkt-Energiegewinn-System (**a**), System mit Speicherwand (**b**) und System mit Wintergarten (**c**)

nach Außen zu reduzieren, werden die Fenster mit einer Doppelt- oder Dreifachverglasung versehen. In den Perioden der schwachen Einstrahlung und in der Nacht müssen die lichtdurchlässige Flächen mit temporärer Wärmeisolierung durch mindestens schwere Vorhänge, klappbare Deckplatten usw. geschützt werden. Der Schutz gegen die Überhitzung der Räume im Sommer wird durch die Fensterüberhänge, Jallousien, Rolläden und Rollos geleistet.

Diese einfachen und unaufwendigen Systeme haben den Vorteil der hohen Ausnutzung der Sonneneinstrahlung und des geringen Regelaufwandes. Große Schwankungen der Innenraumtemperatur im Laufe des Tag-Nacht-Zyklus insbesondere bei leichter Bauweise des Gebäudes sind möglich. Durch den Einsatz einer Zusatzheizung kann die erforderliche Lufttemperatur sichergestellt werden.

Passives Solarsystem mit Speicherwand (Bild 9.2.1 b) gehört *zu Systemen des indirekten Sonnenenergiegewinns* [9.1, 9.9].

Eine *Speicherwand* ist eine südorientierte verglaste Beton- oder Steinmauer. Die einfachste verglaste Speicherwand wird als Trombe-Wand genannt, die erste Wand dieser Art wurde 1967 im Solarhaus in Odeillo im Südfrankreich eingebaut. Die Frontoberfläche der südlich orientierten Speicherwand hinter der Doppelverglasung absorbiert die Sonnenstrahlung, wandelt sie in Wärme um und speichert die Wärme. Um einen hohen Absorptionsgrad der Wandoberfläche gegenüber der einfallenden Sonnenstrahlung zu erreichen, wird sie schwarz oder dunkelfarbig angestrichen. Die absorbierte Sonnenstrahlung erwärmt die Wandmasse. Die Geschwindigkeit der Fortpflanzung der Temperaturfront in der Wand ist durch den Temperaturleitkoeffizienten a des Wandmaterials und die Dicke δ der Wand, sowie durch die aufgeprägte Wärmestromdichte bestimmt. Von der Innenoberfläche der Wand wird die Wärme durch Luftkonvektion und Strahlung an den Innenraum abgegeben. Die täglichen Temperaturschwankungen in beheizten Räumen mit Speicherwand sind nicht so stark ausgeprägt wie bei Systemen mit direktem Sonnenenergiegewinn.

Zur Verbesserung des Wärmetransports in einem passiven System, z.B. mit Speicherwand, kann ein Ventilator verwendet werden. Dadurch wandelt sich das passive System in ein *Hybridsystem* um. Gebäude können gleichzeitig mit unterschiedlichen Arten von passiven Systemen, sowie mit einem aktiven Solarsystem zur Brauchwassererwärmung und Heizung versehen werden [9.3].

Eine weitere Art von passiven Indirekt-Energiegewinn-Systemen stellt ein *Wintergarten (verglaster Vorbau, Solarium, Atrium, Sonnenraum)* dar, der an der Südfassade des Gebäudes an- oder eingebaut wird (Bild 9.2.1 c) [9.1, 9.9].

In Mitteleuropa mit einem hohen jährlichen Anteil der Diffusstrahlung sollten die folgenden *Empfehlungen zur Auslegung der passiven Systeme mit Wintergarten* berücksichtigt werden [9.1, 9.3, 9.9].

1. Es sollte eine Doppel- bzw. Dreifachverglasung aus Klarglas mit einer Lichtdurchlässigkeit τ von 0,8 bzw. 0,7 verwendet werden.

2. In einer massiven Wand zwischen dem Wintergarten und den Wohnräumen sollten einfach verglaste Fenster vorgesehen werden. Die Gesamtfläche dieser Fenster sollte 35-100% der Verglasungsfläche des Wintergartens, aber nicht mehr als 30-45% der Wandfläche betragen.

3. Die Verglasungsfläche auf westlicher und östlicher Seite des Wintergartens sollte 10% seiner Fußbodenfläche nicht überschreiten.

4. Der Wintergartenfußboden sollte als eine Wärmespeichermasse ausgeführt werden. Die Fußbodenoberfläche sollte einen Absorptionsgrad α von mindestens 0,65 (wie bei ungefärbtem Beton) aufweisen. Für eine effektive Bestrahlung des Fußbodens und der Speicherwand muß die Verschattung durch Vorhänge, Pflanzen, Möbelgegenstände und Fußbodenbeläge vermieden werden (nicht mehr als 15-25% der gesamten Fußbodenfläche dürften mit diesen Gegenständen belegt werden).

5. Die Wärmeverluste des Wintergartens sollten durch die Wärmedämmung (auch temporäre Nachtisolierung) erheblich reduziert werden. Die Wärmespeichermasse im Fußboden mit dem Wandfundament sollte vor dem Grundwasser durch eine Hydroisolierung geschützt werden.

6. Durch Verwendung eines konventionellen Heizsystems wird die Senkung der Temperatur im Wintergarten unter 8-12 °C in Schlechtwetterperioden mit unausreichender Einstrahlung verhindert.

7. An warmen Tagen soll eine Temperaturerhöhung im Wintergarten über 28 °C durch die natürliche Lüftung und eine Überhitzungsschutzvorrichtung verhindert werden.

9.2.2 Energiegewinn eines passiven Solarsystems

Bei Systemen mit Direkt-Energiegewinn (vgl. Bild 9.2.1a) lassen sich die *Monatsmittelwerte der täglich absorbierten Sonnenstrahlung* E_{abs} bezogen auf die Verglasungsfläche wie folgt errechnen [9.2, 9.9]:

$$E_{abs} = E_D R_D (\tau\alpha)_D + E_d (\tau\alpha)_d (1 + \cos\beta)/2 + E \rho (\tau\alpha)_r (1 - \cos\beta)/2 \quad (9.2.1)$$

mit: E, E_D bzw. E_d = Monatsmittelwerte der täglichen Global- Direkt- bzw. Diffusstrahlung auf die horizontale Ebene,
R_D = Umrechnungsfaktor für die Direktstrahlung,
$(\tau\alpha)$ = Transmissionsgrad-Absorptionsgrad-Produkt für die Direkt-, Diffus- und reflektierte Strahlung (Index D, d bzw. r),
ρ = Reflexionsgrad des Bodens,
β = Neigungswinkel der Fläche.

Die fehlenden Werte von R_D und E_d lassen sich gemäß dem Abschnitt 1.4 bzw. 1.5 in Kapitel 1 berechnen. Für senkrechte Flächen mit β gleich 90° vereinfacht sich die Gleichung (9.2.1) zu:

$$E_{abs} = E_D R_D (\tau\alpha)_D + E_d (\tau\alpha)_d / 2 + \rho E (\tau\alpha)_r / 2 \quad (9.2.2)$$

Ein wichtiger Kennwert des passiven Systems zum Direkt-Energiegewinn ist der *Gewinnfaktor* g, d.h. das Verhältnis der monatlichen absorbierten Sonnenstrahlung E_{abs} zur gesamten auftreffenden Sonnenstrahlung E_{ges} [9.2]. An die Absorption der Sonnenstrahlung, die durch die ein- oder mehrfache Verglasung in einen Raum eindringt, kann man ein Modell des räumlichen Strahlungsempfängers anwenden. Demnach gilt für den monatlichen Anteil der absorbierten Sonnenstrahlung:

$$(\tau a)_{eff} = E_{abs} / E_{ges} = \tau_g \alpha_i / [\alpha_i + (1 - \alpha_i) \tau_d A_{g,f} / A_i] \quad (9.2.3)$$

mit: α_i = Absorptionsgrad des Raums für die Diffusstrahlung,
τ_g bzw. τ_d = Transmissionsgrad der Verglasung für die Global- bzw. Diffusstrahlung,
$A_{g,f}$ bzw. A_i = Fläche der Verglasung bzw. der Innenoberflächen des Raums.

Die Werte von τ_d werden aus dem Bild 3.3.3 in Kapitel 3 bei einem Einfallswinkel der Diffusstrahlung von 60° auf die Verglasungsfläche bestimmt.

Für den effektiven Absorptionsgrad des Raums gilt nun:

$$\alpha_{eff} = \alpha_i / [\alpha_i + (1-\alpha_i) \tau_d A_{g,f} / A_i] \quad (9.2.4)$$

Die Anwendung der angeführten Ansätze zur Berechnung der passiven Solarsysteme wird in den folgenden Beispielen veranschaulicht.

Beispiel 9.2.1. *Anteil der im Raum absorbierten Sonnenstrahlung.*

Ein Raum 6x5x3 m hat ein Südfenster mit Einfach-Verglasung von 3 m x 2 m (vgl. Bild 9.2.1a). Der mittlere Absorptionsgrad α_i der Innenoberflächen des Raums

228   9 Aktive Solarsysteme zur Unterstützung der Raumheizung

beträgt 0,5. Der Transmissionsgrad τ_g der Verglasung für die auftreffende Sonnenstrahlung beträgt 0,87. Das Glas hat einen Extinktionskoeffizienten k von 32 1/m und eine Dicke δ von 4 mm.

Gesucht wird der effektive Absorptionsgrad α_{eff} der Innenoberflächen des Raums und der Anteil $(\tau\alpha)_{eff}$ der absorbierten Sonnenstrahlung.

Lösung:

Der Transmissionsgrad τ_d der Verglasung für die isotrope diffuse Sonnenstrahlung erhält man aus Bild 3.3.3 bei $k\delta = 3,2 \cdot 0,004 = 0,128$: $\tau_d = 0,82$.

Die Fläche der Verglasung des Fensters beträgt $A_{g,f} = 6$ m^2 und die Fläche der Innenoberflächen des Raums beträgt:

$A_i = 2 \ (6\text{x}5 + 6\text{x}3 + 5\text{x}3) - 6 = 120 \text{ m}^2$.

Der effektive Absorptionsgrad des Raums ergibt sich aus der Gleichung (9.2.4) zu:

$\alpha_{eff} = \alpha_i \ A_i \ / \ [\alpha_i \ A_i + (1 - \alpha_i) \ \tau_d \ A_{g,f}] = 0,5 \cdot 120 \ / \ [0,5 \cdot 120 + (1 - 0,5) \cdot 0,82 \cdot 6]$
$= 0,96$

Für den Anteil der im Raum absorbierten Sonnenstrahlung gilt:

$(\tau\alpha)_{eff} = \tau_g \ \alpha_{eff} = 0,87 \cdot 0,96 = 0,837$.

Das heißt, daß 83,7% der auf die Verglasung auftreffenden Sonnenstrahlung im Raum absorbiert wird. Dieses Ergebnis ist auf das große Verhältnis $A_i/A_{g,f}$ zurückzuführen.

Beispiel 9.2.2. *Monatmittelwert der im Raum täglich absorbierten Sonnenstrahlung.*

Ein Gebäude mit einem passiven System zum direkten Gewinn der Sonnenenergie befindet sich in Stuttgart ($\varphi = 48,8°$) und hat einen beheizten Raum mit einem einfachverglasten Südfenster aus dem Beispiel 9.2.1.

Gesucht wird die absorbierte Sonnenstrahlung im März, wenn der Monatsmittelwert des Einfallswinkels der Direktstrahlung 53° beträgt und der effektive Absorptionsgrad α_{eff} des Gebäudes 0,96 beträgt (aus dem Beispiel 9.2.1).

Lösung:

Gemäß dem Bild 3.3.3 bei dem Einfallswinkels von 53° beträgt der Transmissionsgrad τ_g der Verglasung 0,86. Damit ergibt sich das effektive Produkt aus dem Transmissionsgrad und dem Absorptionsgrad des Gebäudes für die direkte Sonnenstrahlung:

$(\tau\alpha)_D = 0,86 \cdot 0,96 = 0,83$.

Für die diffuse und reflektierte Sonnenstrahlung gilt bei einem Einfallswinkel von 60° und einem Transmissionsgrad τ_d für die diffuse Sonnenstrahlung von 0,82 (aus

9.2 Systeme zur passiven Sonnenenergienutzung

dem Beispiel 9.2.1):

$$(\tau\alpha)_d = (\tau\alpha)_r = 0,82 \cdot 0,96 = 0,79.$$

Für Monat März gelten in Stuttgart: Monatsmittelwert der täglichen Globalstrahlung auf die horizontale Fläche E = 9,6 MJ/(m²d), Clearness Index K_T = 0,42 und die Deklination der Sonne am mittleren Tag des Monats δ = -2,4°.

Nun ergibt sich der Stundenwinkel des Sonnenuntergangs am mittleren Tag des Monats zu:

$$\omega_s = \arccos\,[-\tan\,(-2,4°)\,\tan\,48,8°] = 87,3°.$$

Das Verhältnis der täglichen Diffusstrahlung zur täglichen Globalstrahlung bei ω_s = 87,3° und K_T = 0,42 errechnet sich aus der Gleichung (1.5.4) zu:

$$E_d/E = 1,311 - 3,022 \cdot 0,42 + 3,427 \cdot 0,42^2 - 1,821 \cdot 0,42^3 = 0,511$$

Für den Monatsmittelwert der täglichen Diffus- bzw. Direktstrahlung gilt:

$$E_d = E\,(E_d/E) = 9,6\ \text{MJ/(m}^2\text{d)} \cdot 0,511 = 4,91\ \text{MJ/(m}^2\text{d)}$$
$$\text{bzw. } E_D = E - E_d = 9,6 - 4,91 = 4,69\ \text{MJ/(m}^2\text{d)}.$$

Mit einem Umrechnungsfaktor R_D von 1,3 errechnet sich der Monatsmittelwert der täglich absorbierten Sonnenstrahlung zu:

$$E_{abs} = E_D\,R_D\,(\tau\alpha)_D + E_d\,(\tau\alpha)_d/2 + E\,(\tau\alpha)_r\,\rho/2$$
$$= 4,69 \cdot 1,3 \cdot 0,83 + 4,91 \cdot 0,79/2 + 9,6 \cdot 0,79 \cdot 0,2/2 = 7,76\ \text{MJ/(m}^2\text{d)}.$$

Der Umrechnungsfaktor R für die Globalstrahlung beträgt:

$$R = R_D\,E_D/E + (E_d/E)/2 + \rho/2 = 1,3 \cdot 4,69/9,6 + 4,91 \cdot 0,79/2 + 9,6 \cdot 0,79 \cdot 0,2/2$$
$$= 0,99$$

Damit beträgt die Gesamtstrahlung je m² Fensterfläche:

$$E_{ges} = E \cdot R = 9,6 \cdot 0,99 = 9,5\ \text{MJ/(m}^2\text{d)}.$$

Daraus folgt für den Anteil der monatlichen absorbierten Sonnenstrahlung:

$$(\tau\alpha)_{eff} = E_{abs}/E_{ges} = 7,76/9,5 = 0,816.$$

Der *momentane Netto-Energieertrag $Q_{n,f}$ eines Fensters* mit einer Aperturfläche A_f ergibt sich als die Differenz zwischen dem im Raum absorbierten Sonnenenergiestrom Q_{abs} und dem Wärmeverlust $Q_{v,f}$ des Fensters, das als ein Solarkollektor wirkt:

$$Q_{n,f} = Q_{abs} - Q_{v,f} = A_f\,[\alpha_{eff}\,\delta_1\,(I_D\,R_D\,\tau_D\,f_{sch} + I_d\,f_{sicht}\,\tau_d + \rho\,I\,\tau_r/2)$$
$$- K_f\,\delta_2\,(T_i - T_u)] \qquad (9.2.5)$$

mit: α_{eff} = effektiver Absorptionsgrad des Raums,
δ_1 und δ_2 = Steuerungsparameter für die Berücksichtigung des temporären Wärmeschutzes,
I_D, I_d bzw. I = Sonnenstrahlungsstärke der Direkt-, Diffus- bzw. Gesamtstrahlung in W/m²,

f_{sch} = Verschattungsfaktor des Fensters durch einen Überhang,
f_{sicht} = Sichtfaktor (ohne Verschattung ist f_{sicht} = 0,5),
τ = Transmissionsgrad für die Direkt-, Diffus- und reflektierte Strahlung (Index D, d bzw. r),
ρ = Reflexionsgrad des Bodens (Albedo),
K_f = Wärmedurchgangskoeffizient des Fensters in W/(m²K),
T_i bzw. T_u = Innen- bzw. Außentemperatur in °C.

Für die Periode mit Anwendung des temporären Wärmeschutzes, z.B. der Nachtisolierung des Fensters, gilt $\delta_1 = 0$, sonst gilt $\delta_1 = \delta_2 = 1$. Dabei ist der Faktor δ_2 das Verhältnis des Wärmedurchgangskoeffizienten K_f des Fensters mit temporärem Wärmeschutz zu K_f des Fensters ohne den Wärmeschutz.

Weiterhin wird der *Verschattungsfaktor* f_{sch} des Fensters durch einen Überhang als der Quotient der Direktstrahlung, die auf das Fenster mit Verschattung durch einen Überhang trifft, zu der ohne Verschattung definiert. Damit ist der Verschattungsfaktor f_{sch} dem Verhältnis der Fläche $A_{f,un}$ des unverschatteten Teils des Fensters zur Aperturfläche A_f des Fensters gleich. Der f_{sch}-Wert hängt von der Geometrie des Fensters und des Überhangs sowie von dem Einfallswinkel der Direktstrahlung ab. Die Diagramme zur Bestimmung des Verschattungsfaktors f_{sch} sind in [9.3] aufgeführt.

Die Gleichung (9.2.5) gilt auch für die Berechnung der täglichen bzw. monatlichen solaren Energieerträge für das Fenster aufgrund der Tages- bzw. Monatsmittelwerte der Sonnenstrahlung (E, E_D und E_d), der optischen Eigenschaften (α und τ), des Sichtfaktors f_{sicht} und des Wärmedurchgangskoeffizienten K_f.

Der tägliche Sonnenenergiegewinn Q_{sol} der Verglasung eines Fensters mit der Fläche A_f kann näherungsweise mittels des solaren Gewinnfaktors g_f und der Einstrahlung E_f [in MJ/m²d] für das Fenster berechnet werden [9.2]:

$$Q_{sol} = g_f A_f E_f \text{ in MJ/d} \tag{9.2.6}$$

Anhaltswerte des Gewinnfaktors g_f für die Verglasungen der Fenster in quasistationärer Betriebsweise sind in der Tabelle 9.2.2 enthalten.

Aus der Energiebilanz eines Raumes kann die Innenraumtemperatur T_i berechnet werden, die nur infolge des Sonnenenergiegewinns Q_{sol} des Fensters erreicht wird. Bei Vernachlässigung der Energiespeicherung in den Bauteilen und

Tabelle 9.2.2. Gewinnfaktor g_f der Verglasung [9.10]

Verglasung	g_f
Normalglas, Einfach-/Doppelverglasung	0,76/0,64
Leicht absorbierendes eisenarmes Glas, Einfach-/Doppelverglasung	0,51/0,38
Stark absorbierendes Glas, Einfach-/Doppelverglasung	0,39/0,25
Reflektierendes goldbeschichtetes Glas, Einfachverglasung	0,26
Normalglas, Einfachverglasung, mit weißem Vorhang	0,41

9.2 Systeme zur passiven Sonnenenergienutzung

Verschattung läßt sich die momentane Energiebilanz wie folgt schreiben:

$$Q_{sol} = Q_{v,r} \text{ in W} \qquad (9.2.8)$$

Der Wärmeverlust des Raumes $Q_{v,r}$ setzt sich aus dem Wärmeverlust $Q_{v,f}$ des Fensters und Wärmeverlust $Q_{v,a}$ durch andere Umschließungsflächen zusammen:

$$Q_{v,r} = Q_{v,f} + Q_{v,a} = [(KA)_f + (KA)_{a,b}] (T_i - T_u) \text{ in W}, \qquad (9.2.9)$$

wobei K_f bzw. $K_{a,b}$ der mittlere Wärmedurchgangskoeffizient des Fensters bzw. anderer Bauteile (Außenwand usw.) in W/(m²K) und A_f bzw. $A_{a,b}$ die Fläche des Fensters bzw. anderer Bauteile in m² ist.

Für die Innenraumtemperatur gilt aus Gleichungen (9.2.8) und (9.2.9):

$$T_i = T_u + Q_{sol} / [(KA)_f + (KA)_{a,b}] \text{ in °C} \qquad (9.2.10)$$

Unter Berücksichtigung der Wärmespeicherung in der Gebäudehülle muß der solare Gewinn des Fensters mit einem korrigierten Gewinnfaktor $g_{f,k}$ berechnet werden, der nicht nur von Beschaffenheit des Fensters, sondern auch von der Speicherungsfähigkeit des Gebäudes abhängig ist.

Beispiel 9.2.3

Das Gebäude aus dem Beispiel 9.2.2 hat ein passives System zur Sonnenenergienutzung mit einer einfachverglasten südlichen Speicherwand aus Beton mit geschwärzter Außenoberfläche. Der Absorptionsgrad der Betonwand mit einer Fläche von 3x5 m² beträgt 0,9.

Gesucht werden die Monatsmittelwerte (im März) der Sonnenstrahlung E_{mon}, die auf die Verglasung der Speicherwand trifft, der absorbierten Sonnenstrahlung E_{abs} und des effektiven Transmissionsgrad-Absorptionsgrad-Produktes $(\tau\alpha)_{eff}$.

Lösung:

Bei senkrechtem Einfall der Sonnenstrahlung auf die Verglasung der Speicherwand beträgt der Transmissionsgrad $\tau = 0{,}91$ (aus Bild 3.3.3). Bei dem Absorptionsgrad der Wand α_w von 0,9 erhält man das Transmissionsgrad-Absorptionsgrad-Produkt bei senkrechtem Einfall:

$$(\tau\alpha)_n = 1{,}01 \cdot 0{,}91 \cdot 0{,}9 = 0{,}827$$

Für den vertikalen Kollektor der Sonnenstrahlung, d.i. für die Speicherwand, ist der Einfallswinkel θ_d für die Diffusstrahlung und reflektierte Sonnenstrahlung gleich 60°. Bei θ_d von 60° erhält man das Verhältnis $(\tau\alpha)/(\tau\alpha)_n = 0{,}85$ und damit ist $(\tau\alpha)_d = (\tau\alpha)_r = 0{,}85 \cdot 0{,}827 = 0{,}7$ für alle Monate des Jahres.

Im März beträgt der Einfallswinkel θ der Direktstrahlung auf die senkrechte Fläche der Wand 53° und das Verhältnis $(\tau\alpha)_D/(\tau\alpha)_n$ ergibt sich zu 0,9. Daraus folgt:

$$(\tau\alpha)_D = 0{,}9 \, (\tau\alpha)_n = 0{,}9 \cdot 0{,}827 = 0{,}744.$$

Mit den obigen Werten von $(\tau\alpha)_D$, $(\tau\alpha)_d$ und $(\tau\alpha)_r$, mit der Globalstrahlung und Diffusstrahlung und mit den Umrechnungsfaktoren R_D für die Direktstrahlung und R für die Globalstrahlung aus dem Beispiel 9.2.2 erhält man für die absorbierte Sonnenstrahlung bezogen auf 1 m² Speicherwandfläche:

$$E_{abs} = (E - E_d) R_D (\tau\alpha)_D + E_d (\tau\alpha)_d (1 + \cos \beta)/2 + E (\tau\alpha)_r (1 - \cos \beta)/2$$
$$= (9,6 - 4,91) 1,3 \cdot 0,744 + 4,91 \cdot 0,744 (1 + \cos 90)/2 + 9,6 \cdot 0,744 \cdot 0,2$$
$$(1 - \cos 90)/2 = 7,08 \text{ MJ}/(m^2 d).$$

Bei einer Wandfläche A von 15 m² beträgt die gesamte absorbierte Sonnenstrahlung im Monat März mit N_{tag} = 31 Tage:

$$E_{abs,g} = E_{abs} A N_{tag} = 7,08 \cdot 15 \cdot 31 = 3290,8 \text{ MJ pro Monat}.$$

Die gesamte monatliche Einstrahlung auf die Speicherwand errechnet sich mit einem Umrechnungsfaktor R für die Globalstrahlung von 0,99 zu:

$$E_{mon} = E R A N_{tag} = 9,6 \cdot 0,99 \cdot 15 \cdot 31 = 4419,4 \text{ MJ pro Monat}.$$

Der mittlere Anteil der während des Monats absorbierten Sonnenstrahlung beträgt:

$$(\tau\alpha)_{eff} = E_{abs,g} / E_{ges} = 3290,8 / 4419,4 = 0,744.$$

Der Entwurf eines passiven Solarsystems muß den klimatischen Bedingungen des Standortes gut angepaßt werden, damit ein Niedrigenergiehaus entsteht. Hauptpunkte der passiven Sonnenenergienutzung: Abschattung im Sommer, Zutritt von Wintersonne, Verschluß nach Norden, massive Wände, Decke und Boden als gute Wärmespeicher. Um die Überhitzung im Sommer zu vermeiden, sind bei Winter-

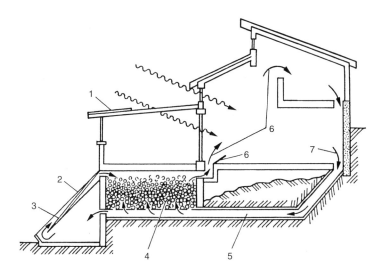

Bild 9.2.2. Solarhaus mit Direkt-Sonnenenergiegewinnsystem: 1 - Überhang, 2 - Lufterwärmer, 3 - geschwärztes Metallblech, 4 - Gestein-Wärmespeicher, 5 - Rückführluftkanal, 6 - Umschaltluftklappe, 7 - Zuluft, 8 - Warmluft

gärten Vertikal-Verglasungen auf der Südseite allen Arten und Orientierungen von Schräg-Verglasungen vorzuziehen.

Bild 9.2.2 zeigt ein Solarhaus mit einem System zur passiven Sonnenenergienutzung. Zur Heizungsunterstützung wird die durch südliche verglaste Flächen eingestrahlte Sonnenenergie genutzt. Zusätzlich wird die Luft durch ein geschwärztes Blech im Vordergrund erwärmt. Ein Gesteinspeicher verbessert die Effizienz des passiven Systems.

Bei kommerziellen Gebäuden spielt die Gebäudemasse und die internen Energiegewinne eine größere Rolle als im Wohnungsbau. Je besser die Gebäudegeometrie und die Dimensionierung der Bauteile mit den Erfordernissen der passiven Sonnenenergienutzung und der Bauphysik abgestimmt sind, um so besser arbeiten auch die solaren Systeme. Die Optimierung der Wärmedämmung der Außenhaut eines Gebäudes und die Nutzung der internen Energiegewinne führen zu erheblichen Energieeinsparungen beim Heizen.

Tageslicht ist von großer Bedeutung in Büro- und kommerziellen Gebäuden, da die aus künstlicher Beleuchtung resultierenden Energiekosten durchaus die Heizkosten überschreiten können. Der aus der natürlichen Beleuchtung resultierende Wärmegewinn muß mit dem der konstruktiven Elemente zur passiven Sonnenenergienutzung abgestimmt werden.

9.3 Heizungsanlagen auf Basis von Solarkollektoren und Wärmepumpen

Durch die *Kopplung einer Solaranlage mit einer Wärmepumpe* werden bestimmte technische und wirtschaftliche Vorteile erzielt. Als Wärmequelle für die Wärmepumpen können alle Arten der Umweltenergie - die der Außenluft, des Erdreichs, des Grundwassers oder der anderen Gewässer, sowie die Sonnenenergie - verwendet werden. Eine solarunterstützte Anlage mit einer Kompressions- sowie Absorptionswärmepumpe kann als eine Klimaanlage zur Heizung und Kühlung eingesetzt werden [9.3, 9.5].

Der Solarkreislauf, der hauptsächlich aus einem Kollektor und einem Wärmespeicher besteht, kann mit einer Wärmepumpe parallel oder in-Reihe geschaltet werden (s. Bilder 9.3.1 und 9.3.2).

Analog zum solaren Deckungsgrad einer Solaranlage kann der Anteil der nutzbaren Sonnen- und Umweltenergie Q_{Nutz} an der Heizwärmelast Q_L als Kenngröße einer kombinierten Heizungsanlagen benutzt werden. Bild 9.3.3 zeigt die Leistung der kombinierten Heizungsanlagen mit parallel- oder reihengeschalteter Solaranlage und Wärmepumpe. Bei *Reihenschaltung* wird Wärme zum Verdampfer der Wärmepumpe aus dem Wärmespeicher der Solaranlage zugeführt, in welchem eine Temperatur von mindestens 5 bis 30 °C herrscht. Dadurch ist die Leistungszahl der Wärmepumpe ziemlich hoch (3 bis 5). Die Temperaturen von 5 bis 30 °C sind auch für einen hohen Wirkungsgrad des Solarkollektors maßgebend.

Zur Erhöhung der Effizienz können Wärmepumpen mit zwei Verdampfern verwendet werden. Der erste Verdampfer wird im Wärmespeicher untergebracht,

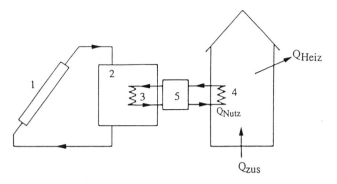

Bild 9.3.1. Reihenschaltung einer solaren Heizungsanlage und einer Wärmepumpe:
1 - Solarkollektor, 2 - Wärmespeicher, 3 - Verdampfer, 4 - Kondensator,
5 - Wärmepumpe

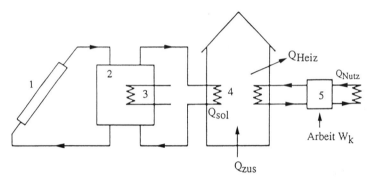

Bild 9.3.2. Parallelschaltung einer solaren Heizungsanlage und einer Wärmepumpe:
1 - Solarkollektor, 2 - Wärmespeicher, 3 - Warmwassererwärmer, 4 - Heizkörper, 5 - Wärmepumpe

der zweite nimmt die Umgebungswärme, beispielsweise die Wärme der Außenluft oder des Erdreichs, auf. Die reihengeschalteten Anlagen werden zur Heizung und Kühlung von Wohnhäusern und gewerblichen Gebäuden eingesetzt.

Bei *Parallelschaltung der Solaranlage und der Wärmepumpe* können Luft-Luft-Wärmepumpen zur Warmluftheizung eingesetzt werden. Eine solche Anlage wird normalerweise durch einen herkömmlichen Heizkessel oder eine andere Zusatzenergiequelle ergänzt.

In Bild 9.3.4 ist eine Solaranlage mit Wärmepumpe zur Heizung und Kühlung eines Wohnhauses schematisch dargestellt. Die Lage der Klappen und der Strömungsrichtung im Kreislauf der Wärmepumpe entsprechen dem Heizungsbetrieb. Durch Umschaltung wird ein Kühlungsbetrieb möglich.

Bild 9.3.5 stellt das experimentelle Solarhaus von der Fa. Philips in Aachen schematisch dar. Dieses Niedrigenergiehaus mit einer beheizten Fläche von 116 m^2

9.3 Heizungsanlagen auf Basis von Solarkollektoren und Wärmepumpen 235

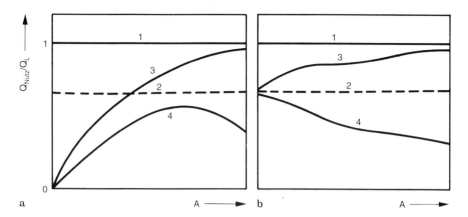

Bild 9.3.3. Anteil der nutzbaren Sonnen- und Umweltenergie Q_{Nutz} an Deckung der Heizwärmelast Q_L für die Reihen - und Parallelschaltung (**a** bzw. **b**) einer Solarheizungsanlage und einer Wärmepumpe in Abhängigkeit von der Kollektorfläche: 1 - $Q_{Nutz} = Q_L$ (theoretischer Fall), 2 - Anteil der Wärmepumpe (monovalenter Betrieb), 3 - Gesamtanteil der Sonnen - und Umgebungsenergie, 4 - Anteil der Wärmepumpe bei Reihen- bzw. Parallelschaltung

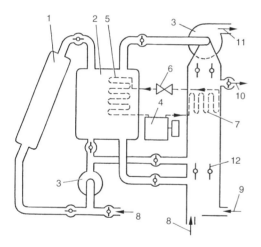

Bild 9.3.4. Solaranlage mit Wärmepumpe zur Heizung und Kühlung (gezeigt im Heizungsbetrieb): 1 - Luftkollektor, 2 - Gesteinschüttung-Speicher, 3 - Gebläse, 4 - Verdichter der Wärmepumpe, 5 - Verdampfer, 6 - Drosselventil, 7 - Kondensator, 8 - Außenluft, 9 - Umluft, 10 - Abluft, 11 - warme Zuluft, 12 - Luftklappe

hat einen jährlichen Heizwärmebedarf von 8,3 MWh, d.h. 71,6 kWh pro m² beheizte Fläche. Es ist mit einem hocheffizienten System zur Nutzung der Sonnen- und Umgebungsenergie sowie zur Wärmerückgewinnung ausgestattet. Die Solaranlage besteht aus Vakuum-Röhrenkollektoren (1) mit einer Fläche von 20 m²,

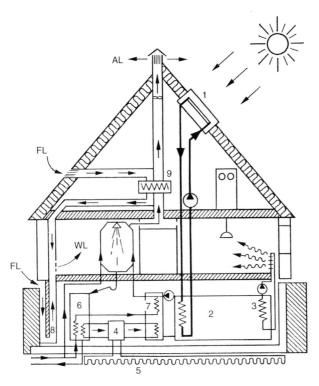

Bild 9.3.5. Solarhaus in Aachen mit Vakuum-Röhrenkollektoren und Wärmepumpe: 1 - Vakuum-Röhrenkollektoren, 2 - Wasser-Wärmespeicher, 3 - Heizkreislauf, 4 - Wärmepumpe, 5 - Verdampfer im Erdreich, 6 - Wasservorwärmung, 7 - Warmwasserspeicher, 8 - Wand zur Luftvorwärmung, 9 - Wärmerückgewinner. FL - Frischluft, WL - Warmluft, AL - Abluft [9.5]

einem Wasser-Wärmespeicher (2) mit 40 m³ Inhalt für Heizung und einem 4 m³ Tank für Warmwasserbereitung. Die Wärmepumpe (4) hat zwei Verdampfer, durch welche Abwärme und Erdreichwärme (5) genutzt werden. Die Leistungszahl der Wärmepumpe erreicht 3,5-4 im Temperaturbereich von 15-50 °C, die Antriebsleistung ist 1,2 kW. Der Kollektor liefert Wasser mit 95 °C in den Wärmespeicher, der mittels des Wärmetauschers (3) Heizkörper mit Wärme versorgt. Die Warmwasserbereitung erfolgt mit Hilfe der Wärmetauscher (6 und 7). Im Lüftungssystem ist ein Wärmetauscher (9) zur Wärmerückgewinnung vorgesehen. Außerdem wird die Außenluft mittels der Zusatzwand (8) durch den Kontakt mit dem Boden im Winter vorgewärmt und im Sommer abgekühlt.

10 Solare Kühlung

10.1 Solare Kompressions-Kälteanlagen

Bei solarer Kälteerzeugung und Raumkühlung wird die Sonnenenergie zunächst in Solarwandlern in eine andere Energieform umgewandelt, d.h. sie wird photovoltaisch in Strom oder durch Kollektoren in Wärme umgewandelt. Dann werden *Kompressions-, Absorptions- oder Adsorptionskälteanlagen* zur Kälteerzeugung eingesetzt. Solare Kälteanlagen können zur Eisproduktion, Kälteerzeugung zur Lebensmittel- oder Arzneimittelerhaltung sowie zur Klimatisierung von Gebäuden verwendet werden. Im Gegensatz zur Solarheizung ist die solare Klimatisierung ein günstigerer Bereich der Sonnenenergienutzung, da Klimazonen mit Klimatisierungsbedarf im allgemeinen auch überdurchschnittlich viel Sonnenenergie zur Verfügung stellen, zudem stimmen die höchsten Werte der Einstrahlung mit den maximalen Energieverbräuchen zeitlich überein. Sie ist aber mit hohen Investitionskosten verbunden. Eine Solaranlage, die im Winter zur Heizung und im Sommer zur Kühlung benutzt werden kann, hat eine größere jährliche Nutzungsstundenzahl im Vergleich zu Anlagen, die nur zur Heizung oder Kühlung benutzt werden. Um eine bessere Ausnutzung und geringere Amortisationsdauer zu erreichen, werden kombinierte Anlagen benutzt, die auf Basis einer reversiblen Wärmepumpe aufgebaut sind und von Heizung im Winter auf Kühlung im Sommer umgeschaltet werden können. Der Aufbau und Funktionsweise aller Arten von solaren Kälteanlagen werden im folgenden eingehend besprochen. Die thermodynamischen Grundlagen der Kältetechnik sind in [10.4, 10.8, 10.11] beschrieben.

In Bild 10.1.1 ist das Schaltbild einer Kompressions-Kältemaschine dargestellt. Die Hauptkomponenten einer *Kompressions-Kältemaschine* sind der *Verdampfer* (V), der *Kompressor* (Kr), der *Kondensator* (K) und das *Expansions- oder Drosselventil* (D) [10.4, 10.11].

Bild 10.1.2 veranschaulicht den Kreisprozeß der Kompressions-Kältemaschine. Er erfaßt vier Vorgänge der Zustandsänderung des Kältemittels. Bei einer niedrigen Temperatur T_v und entsprechendem Druck p_v im *Verdampfer* (V) wird das Kältemittel unter Aufnahme der Wärme Q_v aus der Wärmequelle (Umgebung) isobar verdampft (Vorgang 4-1). Im *Kompressor* (Kr) wird der Kältemitteldampf unter dem Arbeitsaufwand W_k isentrop auf einen höheren Druck p_k verdichtet (Vorgang 1-2) und anschließend im *Kondensator* (K) bei einer höheren Temperatur T_k isobar verflüssigt (Vorgang 2-3). Die Kondensationswärme Q_k wird aus dem Kondensator durch ein Kühlmittel, z.B. Luft oder Wasser, abgeführt. Das Kältemittelkondensat wird dann im *Expansions- oder Drosselventil* (D) irreversi-

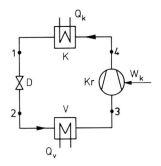

Bild 10.1.1. Schaltbild einer Kompressions-Kältemaschine: D - Drosselventil, K - Kondensator, Kr - Kompressor, V - Verdampfer

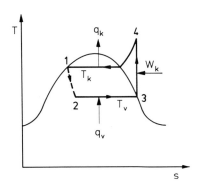

Bild 10.1.2. Kreisprozeß der Kompressions-Kältemaschine

bel auf den Verdampferdruck entspannt, dabei erfolgt bei konstanter Enthalpie eine teilweise Verdampfung des Kältemittels (Vorgang 3-4). Auf diese Weise ist der Kreisprozeß abgeschlossen. Mit der erneuten Verdampfung durchläuft das Kältemittel einen neuen Zyklus.

Die Energiebilanz einer Kompressions-Kältemaschine läßt sich folgendermaßen aufstellen [10.4, 10.11]:

$$Q_v + W_k = Q_k \text{ in J} \tag{10.1.1}$$

mit: Q_v = Nutzkälte (im Verdampfer), W_k = Arbeitsaufwand (im Kompressor),
Q_k = abgeführte Wärme (im Kondensator).

Die Kälteleistung $\dot{Q}_v$ *einer Kältemaschine* ist die dem Kältemittel im Verdampfer zugeführte Wärmestromleistung. Sie wird einer Wärmequelle (abzukühlende Produkte oder Medien) entnommen. *Die Kälteleistung* $\dot{Q}_v$ läßt sich wie folgt errechnen:

$$\dot{Q}_v = \dot{m} \, (h_{v,aus} - h_{v,ein}) \text{ in W} \tag{10.1.2}$$

10.1 Solare Kompressions-Kälteanlagen

mit: $\dot{m}$ = Massenstrom des Kältemittels in kg/s,
$h_{v,ein}$ bzw. $h_{v,aus}$ = spezifische Enthalpie des Kältemittels am Verdampfereintritt bzw. -austritt in J/kg.

Die Wärmeleistung $\dot{Q}_k$ des Kondensators, die dort dem Kältemittel entnommen und auf das wärmeaufnehmende Kühlmittel übertragen wird, läßt sich aus der folgenden Gleichung errechnen:

$$\dot{Q}_k = \dot{m}\,(h_{k,ein} - h_{k,aus}) = \dot{m}_k\,c_{pk}\,(T_{k,aus} - T_{k,ein}) \text{ in W} \qquad (10.1.3)$$

mit: $h_{k,ein}$ bzw. $h_{k,aus}$ = spezifische Eintritts- bzw. Austrittsenthalpie des Kältemittels im Kondensator in J/kg,
$\dot{m}_k$ = Massenstrom des wärmeaufnehmenden Mediums (des Kühlmittels) im Kondensator in kg/s,
c_{pk} = spezifische isobare Wärmekapazität des Kühlmittels in J/kgK,
$T_{k,ein}$ bzw. $T_{k,aus}$ = Eintritts- bzw. Austrittstemperatur des Kühlmittels in °C.

Im Drosselventil verläuft eine irreversible Entspannung des Kältemittels mit einer Senkung des Drucks von p_k auf p_v bei gleichbleibender Enthalpie ($h_{k,aus} = h_{v,ein}$).
Die Antriebsleistung P_{kr} des Kompressors kann durch die Änderung der Kältemitteldampf-Enthalpie $h_{v,aus}$ am Verdampferaustritt auf $h_{k,ein}$ am Kondensatoreintritt berechnet werden:

$$P_{kr} = \dot{m}\,(h_{k,ein} - h_{v,aus}) \text{ in J} \qquad (10.1.4)$$

Die Leistungszahl ε_k einer Kältemaschine, d.h. das Verhältnis der Nutzkälteleistung $\dot{Q}_v$ zur Antriebsleistung P_{kr} des Kompressors, ist:

$$\varepsilon_k = \dot{Q}_v / P_{kr} = (h_{v,aus} - h_{v,ein}) / (h_{k,ein} - h_{v,aus}) \qquad (10.1.5)$$

Die maximale Leistungszahl $\varepsilon_{c,k}$ im gegebenen Temperaturbereich zwischen der Verdampfer- und der Kondensatortemperatur (T_v bzw. T_k) besitzt der *linkslaufende Carnot-Kreisprozeß* (Bild 10.1.3):

$$\varepsilon_{c,k} = T_v / (T_k - T_v) \qquad (10.1.6)$$

Für den *Gütegrad η_{km} einer Kältemaschine* gilt nun:

$$\eta_{km} = \varepsilon_k / \varepsilon_{c,k} \qquad (10.1.7)$$

Die Energiebilanz - Gleichung (10.1.1) - gilt auch für Kompressions-Wärmepumpen, die zur Heizung eingesetzt werden. Dabei wird als Nutzwärme die im Kondensator abgeführte Wärmemenge Q_k betrachtet.
Die Heizzahl φ_w einer Kompressions-Wärmepumpe ist das Verhältnis der Nutzwärmeleistung (Heizleistung) $\dot{Q}_k$, die aus dem Kondensator durch ein Kühlmittel abgeführt wird, zur Kompressor-Antriebsleistung P_{kr}:

$$\varphi_w = \dot{Q}_k / P_{kr} = (h_{k,ein} - h_{k,aus}) / (h_{k,ein} - h_{v,aus}) \text{ in W} \qquad (10.1.8)$$

Dabei gilt:
$$\varphi_w = \varepsilon_k + 1 \qquad (10.1.9)$$

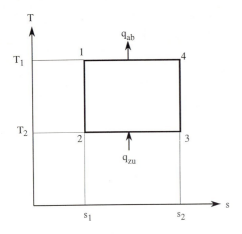

Bild 10.1.3. Linkslaufender Carnot-Kreisprozeß als der Vergleichskreisprozeß für Kompressions-Kältemaschine

Für die *Heizzahl* $\varphi_{c,w}$ *einer Carnot-Kreisprozeß-Wärmepumpe* gilt

$$\varphi_{c,w} = T_k / (T_k - T_v) \tag{10.1.10}$$

Der Gütegrad η_w *einer Kompressions-Wärmepumpe* ist

$$\eta_w = \varphi_w / \varphi_{c,w} \tag{10.1.11}$$

Bei kleinen Wärmepumpen liegt η_w zwischen 0,4 und 0,6.

Der Verdampfer und der Kondensator sind konstruktionsgemäß Wärmetauscher, in welchen Wärme von der Wärmequelle auf das Kältemittel bzw. vom Kältemittel auf das Kühlmittel übertragen wird. Die Wärmeleistung des Verdampfers (Index v) bzw. Kondensators (Index k) läßt sich aus der jeweiligen Energiebilanz errechnen:

$$\dot{Q}_v = \dot{m} \, (h_{v,aus} - h_{v,ein}) = \dot{m}_v \, c_{pv} \, (T_{v,ein} - T_{v,aus}) \text{ in W} \tag{10.1.12}$$

bzw. $\dot{Q}_k = \dot{m} \, (h_{k,ein} - h_{k,aus}) = \dot{m}_k \, c_{pk} \, (T_{k,aus} - T_{k,ein}) \text{ in W}$ (10.1.13)

mit: $\dot{m}_v$ = Massenstrom des Wärmequellen-Mediums im Verdampfer in kg/s, $\dot{m}_k$ = Massestrom des Kühlmittels im Kondensator in kg/s.
Index ein bzw. aus bezeichnet die Eintritts- bzw. Austrittstemperatur.

Die erforderliche Wärmeaustauschfläche A des Verdampfers bzw. Kondensators wird durch die jeweilige Wärmeleistung $\dot{Q}$, den Wärmedurchgangskoeffizienten K und die mittlere Temperaturdifferenz ΔT_m berechnet:

$$A = \dot{Q} / (K \, \Delta T_m) \text{ in m}^2 \tag{10.1.14}$$

10.2 Solare Absorptions-Kälteanlagen

Als Antriebsenergie wird in Absorptions-Kältemaschinen Wärme genutzt. Dabei verläuft der Kreisprozeß mit einem *Arbeitsstoffpaar*, das aus einem *Kältemittel* und einem *Lösungsmittel* besteht.

Zwei Arten von solaren Absorptions-Kälteanlagen sind einsetzbar: *kontinuierlich und periodisch (intermittierend) betriebene Absorptions-Kältemaschinen*. Kontinuerlich betriebene Absorptions-Kältemaschinen sind am besten für solare Klimaanlagen geeignet und können von Flachkollektoren angetrieben werden. Solare Absorptions-Kälteanlagen sind im Prinzip ähnlich den konventionellen gas- bzw. wasserdampfbetriebenen Absorptions-Kältemaschinen. Die Antriebswärme wird entweder direkt aus einem Solarkollektor oder über einen Wärmespeicher zur Verfügung gestellt. Letzterer kann die Wärme genau dann an den Generator (Austreiber des Kältemitteldampfes) führen, wenn die Raumkühlung notwendig ist.

Eine *Absorptions-Kältemaschine* ist in Bild 10.2.1 schematisch dargestellt und besteht aus folgenden Komponenten [10.4 - 10.8]:

- Austreiber oder Generator (G),
- Absorber (A),
- Drosselventil für Kältemittel (D) und Drosselventil für Lösungsmittel (DL),
- Kondensator (K),
- Verdampfer (V) und
- Pumpe (P).

Ein Wärmetauscher wird normalerweise zur Erhöhung der Effizienz verwendet.

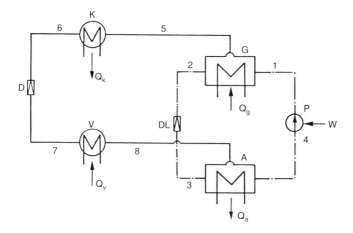

Bild 10.2.1. Schaltbild einer kontinuierlich betriebenen solaren Absorptions-Kältemaschine: K - Kondensator, G - Generator, P - Lösungspumpe, A - Absorber, V - Verdampfer, D - Drosselventil für Kältemittel, DL - Drosselventil der Lösung

In einer Absorptions-Kältemaschine durchläuft ein Arbeitsstoffpaar die folgenden Zustandsänderungen [10.4, 10.11]. Im Verdampfer (V) wird das Kältemittel unter Aufnahme von Wärme Q_v (Nutzkälte) aus einer Wärmequelle (aus dem zu kühlenden Medium), bei der Temperatur T_v verdampft. Der Kältemitteldampf wird nun von einer an Kältemittel verarmten (armen) Lösung im Absorber (A) bei der Temperatur T_a absorbiert. Die Absorptionswärme Q_a wird durch das Kühlwasser abgeführt. Die durch die Absorption an Kältemittel angereicherte (reiche) Lösung wird von der Lösungspumpe (P) mit einer geringen Antriebsleistung P_p über den Wärmetauscher (im Schaltbild nicht gezeigt) in den Generator (G) gepumpt. Im Wärmetauscher wird Wärme von der heißen armen Lösung auf die reiche Lösung übertragen. Die abgekühlte arme Lösung wird in dem Drosselventil (DL) auf den Verdampferdruck irreversibel entspannt, und im Absorber A absorbiert sie wieder das Kältemittel, so daß sich wieder die reiche Lösung bilden kann. Die reiche Lösung gelangt nach dem Wärmetauscher in den Generator. Durch die Zufuhr der solaren Wärme Q_g wird die Lösung im Generator (G) bei der höchsten vorkommenden Temperatur T_g zum Kochen gebracht, wobei der Kältemitteldampf ausgetrieben wird. Die Lösung wandelt sich dabei wieder zu einer an Kältemittel armen Lösung. Das Kältemittel wird im Kondensator (K) bei der Temperatur T_k verflüssigt, und die Kondensationswärme Q_k wird an das Kühlwasser abgegeben. Das Kondensat wird dann im Drosselventil (D) auf den Verdampferdruck entspannt. Damit wird der Ausgangspunkt des Kreisprozesses wieder erreicht.

Ein *Arbeitsstoffpaar* für solare Absorptions-Kälteanlagen besteht aus einem *Kältemittel* (Arbeitsmittel) und einem *Lösungsmittel* (Absorptionsmittel oder auch Absorbens). Das Paar soll ungiftig, korrosionsinert und sowohl chemisch als auch physikalisch stabil sein. Grundsätzlich muß ein geeignetes Lösungsmittel eine hohe Affinität für das Kältemittel und einen im Vergleich zum Kältemittel höheren Siedepunkt aufweisen, damit das Kältemittel gut absorbiert und leicht ausgetrieben werden kann. Bei manchen Arbeitsstoffpaaren ist der Siedepunkt des Lösungsmittels so hoch im Vergleich zu dem des Kältemittels, daß im Generator soviel Lösungsmittel verdampft, daß es anschließend in einer Rektifikationssäule vom Kältemittel abgetrennt werden muß. Das Kältemittel soll eine große Verdampfungsenthalpie haben, damit die erforderliche Kälteleistung mit einem geringen Massenstrom erreicht wird. Der Gefrierpunkt des Lösungsmittels sollte so niedrig sein, daß ein Einfrieren ausgeschlossen werden kann.

Die zwei gebräuchlichsten Arbeitsstoffpaare für solare Absorptions-Kälteanlagen sind: *NH_3-H_2O* mit *Ammoniak als Kältemittel* und *Wasser als Lösungsmittel* und *$LiBr$-H_2O* mit *Wasser als Kältemittel* und *Lithiumbromid als Lösungsmittel*. Das NH_3-H_2O-Paar ist besonders gut zur Kälteerzeugung unter 0 °C und zum Einsatz in Wärmepumpen geeignet. Bei der im Generator herrschenden hohen Temperatur (von 120 bis 150 °C) kann der Wasserdampf dem Ammoniakdampf beigemischt werden. Für die vollständige Trennung von Ammoniak und Wasser wird dem Generator eine Rektifikationssäule nachgeschaltet. Eine LiBr-H_2O-Kältemaschine arbeitet bei der Generatortemperatur von 88 bis 96 °C zufriedenstellend. Wegen der Gefahr des Einfrierens kann das LiBr-H_2O-Paar praktisch nur bei Verdampfertemperaturen über 4 °C arbeiten. Deshalb eignet es sich nur bei

Kühlung oberhalb des Gefrierpunktes und ist somit besonders für solare Klimaanlagen geeignet. Die niedrige Generatortemperatur macht den Einsatz von hocheffizienten Flachkollektoren möglich. Als Nachteil des LiBr-H$_2$O-Paares muß die mögliche Kristallization von LiBr im Generator erwähnt werden.

Das NH$_3$-H$_2$O-Arbeitsstoffpaar besteht aus thermisch, chemisch und mechanisch stabilen, sehr billigen und überall verfügbaren Stoffen und hat eine günstige spezifische Verdampfungsenthalpie. Dieses Paar hat aber die folgenden Nachteile: hoher Druck und Temperatur im Generator, Korrosion von Kupfer und Kupfer-Legierungen. Bei Generatortemperaturen von 120-150 °C ist der Einsatz von Flachkollektoren problematisch. Dem Generator muß eine Rektifikationssäule nachgeschaltet werden, um den Wasserdampf vom NH$_3$-Dampfstrom abzutrennen. Die Abkühlung des Kühlwassers, das zur Wärmeabfuhr aus dem Absorber und Kondensator benutzt wird, erfolgt in einem Kühlturm.

Der ideale Kreisprozeß einer solaren Absorptions-Kälteanlage ist im lg p - 1/T-Diagramm in Bild 10.2.2 schematisch dargestellt. Bild 10.2.3 zeigt den Kreisprozeß einer Absorptions-Kälteanlage mit NH$_3$-H$_2$O. Der Druck p_k im Kondensator und Generator (Austreiber) ist durch die Kältemitteltemperatur T_k im Kondensator festgelegt. Der Druck p_v in dem Verdampfer und dem Absorber ist durch die Kältemitteltemperatur T_v im Verdampfer bestimmt.

Die Funktionen der Komponenten Verdampfer, Kondensator und Drosselventil in einer Absorptions-Kältemaschine sowie die in ihnen verlaufenden thermodynamischen Vorgänge sind gleich denen in entsprechenden Komponenten der Kompressions-Kältemaschine. Anstelle einer mechanischen Verdichtung durch einen Kompressor erfolgt in der Absorptions-Kältemaschine eine thermische Verdichtung. Dazu werden die Komponenten Absorber, Lösungspumpe und Generator verwendet.

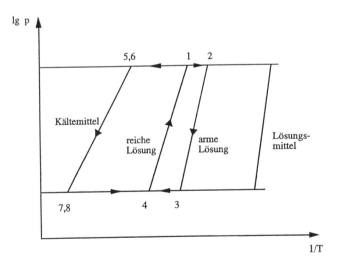

Bild 10.2.2. Kreisprozeß einer solaren Absorptionskältemaschine

244   10 Solare Kompressions-Kälteanlagen

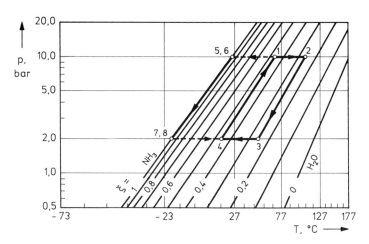

Bild 10.2.3. Kreisprozeß einer solaren Absorptionskältemaschine mit Arbeitsstoffpaar Ammoniak-Wasser

Die thermodynamische Analyse von Absorptions-Kältemaschinen basiert auf der folgenden *Energiebilanz* [10.4, 10.11]:

$$\dot{Q}_v + \dot{Q}_g + P_p = \dot{Q}_k + \dot{Q}_a + \dot{Q}_{verl} \text{ in W} \tag{10.2.1}$$

mit: $\dot{Q}_v$ = Nutzkälteleistung, $\dot{Q}_g$ = Antriebswärmeleistung des Generators,
P_p = Antriebsleistung P_p der Lösungspumpe,
$\dot{Q}_k$ = Kondensatorwärmeleistung, $\dot{Q}_a$ = Lösungswärmeleistung am Absorber, $\dot{Q}_{verl}$ = Wärmeverlustleistung.

Die Werte von P_p und $\dot{Q}_{verl}$ im Vergleich zu $\dot{Q}_g$ sind vernachlässigbar gering.

Das Verhältnis von Nutzen zu Aufwand wird bei Absorptionsanlagen als *Wärmeverhältnis* ζ bezeichnet. Für eine Absorptions-Kältemaschine ist ζ_k das Verhältnis der erzeugten Nutzkälte Q_v zur Generator-Antriebswärme Q_g [10.4]:

$$\zeta_k = Q_v / Q_g \tag{10.2.2}$$

Für eine Absorptions-Wärmepumpe ist ζ_w das Verhältnis der erzeugten Nutzwärme (Heizwärme) Q_{heiz}, die sich aus der im Kondensator und Absorber abgeführten Wärme (Q_k und Q_a) zusammensetzt, zur Generator-Antriebswärme Q_g [10.4]:

$$\zeta_w = (Q_k + Q_a) / Q_g = \zeta_k + 1 \tag{10.2.3}$$

Zur Gestaltung eines idealen Vergleichskreisprozesses wird ein linkslaufender und ein rechtslaufender Carnot-Kreisprozeß herangezogen. Im rechtslaufenden Kreisprozeß, der zwischen der Generatortemperatur T_g und Absorbertemperatur T_a abläuft, wird eine spezifische Nutzarbeit w_r erzeugt. Für den linkslaufenden Kreisprozeß zwischen der Kondensatortemperatur T_k und Verdampfertemperatur T_v wird eine auf die Masse des Arbeitsstoffes bezogene spezifische Antriebsenergie w_l benötigt. Für w_r und w_l gelten:

10.2 Solare Absorptions-Kälteanlagen

$$w_r = (T_g - T_a)\, \Delta s_r \text{ bzw. } w_l = (T_k - T_v)\, \Delta s_l \text{ in J/kg} \tag{10.2.4}$$

mit: Δs_r bzw. Δs_l = Änderung der spezifischen Entropie des Arbeitsstoffs im rechts- bzw. linkslaufenden Kreisprozeß.

Daraus folgt bei $w_r = w_l$:

$$\Delta s_l / \Delta s_r = (T_g - T_a) / (T_k - T_v) \tag{10.2.5}$$

Weiter gilt für die spezifische Nutzkälte q_v bzw. Generator-Antriebswärme q_g pro kg Arbeitsstoff:

$$q_v = T_v\, \Delta s_l \text{ bzw. } q_g = T_g\, \Delta s_r \text{ in J/kg} \tag{10.2.6}$$

Das *Wärmeverhältnis* $\zeta_{c,k}$ einer idealen Absorptions-Kältemaschine nach Carnot-Kreisprozeß ergibt sich zu:

$$\zeta_{c,k} = [T_v / (T_k - T_v)]\, (T_g - T_a) / T_g \tag{10.2.7}$$

Bei idealen Absorptions-Wärmepumpen nach Carnot-Kreisprozeß gilt für die spezifische im Kondensator bzw. Absorber abgeführte Wärme:

$$q_k = T_k\, \Delta s_l \text{ bzw. } q_a = T_a\, \Delta s_r \text{ in J/kg} \tag{10.2.8}$$

Für das *Wärmeverhältnis* $\zeta_{c,w}$ der idealen Absorptions-Wärmepumpe gilt:

$$\zeta_{c,w} = (T_k T_g - T_a T_v) / (T_k - T_v) T_g \tag{10.2.9}$$

Wenn als Vereinfachung $T_a = T_k$ angenommen wird, gilt:

$$\zeta_{c,k} = T_v / (T_k - T_v)\, (T_g - T_k) / T_g \tag{10.2.10}$$
$$\text{bzw. } \zeta_{c,w} = [T_k / (T_k - T_v)]\, [(T_g - T_a) / T_g] \tag{10.2.11}$$

Der Gütegrad der Absorptions-Kältemaschine bzw. -Wärmepumpe ist:

$$\eta_{km} = \zeta_k / \zeta_{c,k} \text{ bzw. } \eta_w = \zeta_w / \zeta_{c,w} \tag{10.2.12}$$

Entscheidend für den Betrieb einer LiBr-H$_2$O-Absorptions-Kälteanlage ist die Aufrechterhaltung des Druckes von rund 0,01 bar in Verdampfer und Absorber und rund 0,1 bar im Generator und Kondensator. Die Kopplung einer Absorptions-Kältemaschine mit einer Solaranlage ist in Bild 10.2.4 schematisch dargestellt. Diese solare Absorptions-Kälteanlage mit dem Arbeitsstoffpaar LiBr-H$_2$O ist zur Klimatisierung von Gebäuden gut geeignet. Der Solarkreislauf besteht aus einem hocheffizienten Flachkollektor SK, einem Wärmespeicher SP, einer Zusatzheizung und einer Umwälzpumpe (im Schaltbild nicht gezeigt). Die Absorptions-Kältemaschine besteht aus Generator G, Kondensator K, Drosselventil D, Verdampfer V, Wärmetauscher W und Absorber A. Die Nutzkälte wird im Verdampfer erzeugt, wo das Medium Wasser abgekühlt und in die zu klimatisierenden Räume weitergeleitet wird. Mit dem Kühlwasser wird Wärme aus dem Absorber und dem Kondensator abgeführt. Mittels eines 3-Wegeventils wird die Kältemaschine auf die konventielle Heizung umgeschaltet. In der Regel liegt die Temperatur im Generator bei ca. 88-96 °C, im Kondensator bei 75 °C und im Verdampfer bei 5 °C (Arbeitsstoffpaar LiBr-H$_2$O).

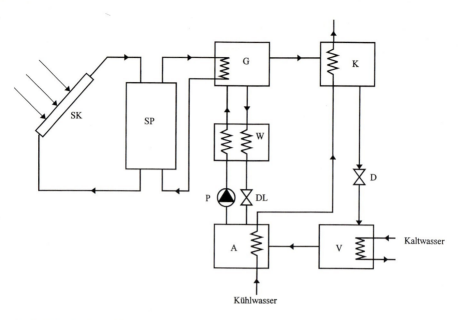

Bild 10.2.4. Solare Klimaanlage mit der LiBr-H_2O-Absorptionskältemaschine: SK - Solarkollektor, SP - Wärmespeicher, G - Generator, K - Kondensator, A - Absorber, V - Verdampfer, P - Lösungspumpe, W - Wärmetauscher, D - Drosselventil für Kältemittel, DL - Drosselventil der Lösung

Für das LiBr-H_2O-Stoffpaar beträgt das Wärmeverhältnis ζ_k 0,7 - 0,8, und für das NH_3-H_2O-Stoffpaar 0,4 - 0,6 [10.5, 10.8]. Je nach Arbeitsstoffpaar und Bauart der Anlage liegt der Gütegrad η_{km} zwischen 0,5 und 0,12.

Die solare Absorptions-Klimaanlage ist die einzige Art von Klimaanlagen, die von Flachkollektoren angetrieben werden kann. Absorptions-Klimaanlagen sind verhältnismäßig teuerer als Kompressions-Klimaanlagen mit Netzanschluß, aber bislang wurden nur solare Absorptions-Klimaanlagen erfolgreich verwendet. Solare LiBr-H_2O-Absorptions-Klimaanlagen mit einer Kälteleistung von 10 bis 150 kW wurden in USA in Wohn- und Gewerbegebäuden installiert. In den meisten Anlagen werden Flachkollektoren, in einigen Vakuum-Glasröhrenkollektoren verwendet. Die häufigsten technischen Probleme sind hoher Eigenenergieverbrauch für Pumpen, Gebläse und Kühltürme sowie ungeeignete Regelungen, die zu häufigen Ein- und Ausschaltungen führen.

Seit 1992 wird eine Solaranlage zur Kühlung, Heizung und Warmwasserbereitung eines Hotels in Benidorm, Spanien, betrieben [10.6, 10.9]. Das Kollektorfeld besteht aus 328 Vakuum-Röhrenkollektoren mit einer gesamten Absorberfläche von 344,4 m^2 in 47 Gruppen je 7 Module. Es ist auf dem Flachdach des 8-Stock-Hotelgebäudes angebracht. Im Winter wird solare Nutzwärme zur Beheizung des Hotels benutzt, im Sommer versorgen die Kollektoren die Absorptions-Kältemaschine mit ca. 96 °C heißem Wasser. Der jährliche Energieertrag des Kollektorfeldes beträgt rund 367 MWh/a. Im System sind drei Wasser-Wärmespeicher mit einem Gesamtinhalt von 36 m³ und noch drei Wassertanks von je 1,2 m³ Inhalt zur Warmwasserbereitung installiert. Die solar angetriebene LiBr-H$_2$O-Kältemaschine mit einer Kälteleistung von 125 kW liefert das auf 9 °C abgekühlte Wasser an den Wasser-Luft-Wärmetauscher des Lüftungssystems, das zur Klimatisierung des Hotels benutzt wird. Der jährliche Energieverbrauch des 500 kW – Ölkessels wurde durch die Sonnenenergienutzung um 30% gesenkt.

Solare Absorptions-Klimaanlagen mit offenem Kreislauf. Bei der Klimatisierung im heißen trockenem Klima wird die Luft bloß gekühlt. In Gebieten mit heißem und feuchtem Klima wird die Luft zunächst entfeuchtet, z.B. mittels eines flüssigen oder festen Trocknungsmittels, und danach gekühlt [10.1, 10.3, 10.5].

Dementsprechend besteht der Prozeß mit einem flüssigen Trocknungsmittel aus der Entfeuchtung der Raumluft mit dem Trocknungsmittel, aus der Kühlung der Luft durch Verdampfung und aus der solaren Regeneration des Trocknungsmittels. Das flüssige Trocknungsmittel, z.B. Triäthylenglykol, nimmt die Feuchtigkeit aus der Raumluft im Absorber bei niedriger Temperatur auf. Die Kühlung der Luft erfolgt in einem Verdampfungskühler. Dem Trocknungsmittel wird in einer Trennsäule bei erhöhter Temperatur das Wasser durch den Strom der solarerhitzten Luft entzogen. In einem Verfahren mit festem Trocknungsmittel wird die Luft beim Durchfluß durch eine Schüttung des körnigen Sorbens getrocknet. Das Sorbens wird ebenfalls durch solarerhitzte Luft regeneriert. Durch Verdampfung des im Luftstrom versprühten Wassers kühlt sich die Luft. Zur Wärmerückgewinnung und Wirkungsgraderhöhung des Systems werden Wärmetauscher sowie Schotterspeicher eingesetzt.

Zur Klimatisierung im heißen, trockenen Klima kann eine wässrige Lösung von Lithiumchlorid (LiCl-H$_2$O) verwendet werden [10.1, 10.3]. Andere Lösungen (CaCl$_2$-H$_2$O oder Triäthylenglykol-H$_2$O) sind auch einsetzbar. Bild 10.2.5 zeigt die solare Klimaanlage, die aus einem offenen Solarkollektor (SK) mit Verteilrohr-

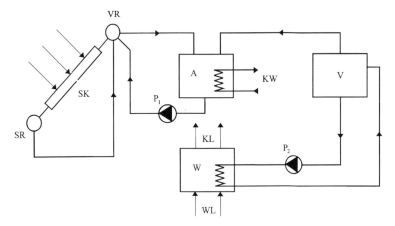

Bild 10.2.5. Schema einer solaren Klimaanlage mit offenem Kreislauf mit LiCl-H$_2$O: SK - Solarkollektor, A - Absorber, V - Verdampfer, W - Wasser-Luft-Wärmetauscher (Luftkühler), P$_1$ und P$_2$ - Pumpen, KW - Kühlwasser, WL - warme Luft, KL - kalte Luft

Wärmetauscher (VR), Absorber (A), Verdampfer (V), Pumpen (P$_1$ und P$_2$) und Luft-Wasser-Wärmetauscher (W) besteht. Vom Absorber (A) wird mittels der Pumpe (P$_1$) die arme Lösung von Lithiumchlorid zu dem Verteilrohr (VR) geführt. Beim Fließen der Lösung über den offenen Flachkollektor (SK) verdampft das Wasser. Dabei steigt die Konzentration von Lithiumchlorid an und die konzentrierte Lösung fließt dann über den Verteilrohr-Wärmetauscher (VR), der zur Wärmerückgewinnung dient, in den Absorber zurück. Dorthin strömt auch Wasserdampf aus dem Verdampfer (V). Unter Wärmeabfuhr mittels einer Kühlschlange im Absorber findet die Absorption vom Wasserdampf und die Verdünnung der Lösung statt. Im Verdampfer (V) wird das versprühte Wasser durch die teilweise Verdampfung abgekühlt. Die Pumpe (P$_2$) führt das abgekühlte Wasser zu einem Wärmetauscher (W), wo es die warme Raumluft (WL) kühlt. Mittel zum Entlüften der Lösung und zum Ausgleich von Wasserverlusten sind vorgesehen. Solare Absorptions-Klimaanlagen mit offenem Kreislauf sind billiger gegenüber Absorptions-Klimaanlagen mit geschlossenem Kreislauf. Sie können zur Deckung der sensiblen und latenten Kühllast autonom oder in Kopplung mit einer Kompressions-Kältemaschine verwendet werden. Dabei ist eine Verdampfertemperatur unter 7 °C beim autonomen Betrieb und ca. 10 °C beim gekoppelten Betrieb erforderlich [10.1].

Periodisch betriebene solare Absorptions-Kälteanlage. Eine Sonderart von solaren Absorptions-Kälteanlagen wird periodisch (intermittierend) in einem 24 Stunden-Takt betrieben. Bild 10.2.6 veranschaulicht das Arbeitsprinzip der *periodischen Absorptions-Kälteanlage*. Entsprechend dem Tagesgang der Sonneneinstrahlung besteht der Kreisprozeß aus Aufwärmung am Tage und Kühlung in der Nacht. Kennzeichnend für diese Anlagen ist die Vereinigung von zwei Funktionen in einer Komponente. So erfüllt der Solarkollektor die Funktion des Generators tagsüber und die des Absorbers in der Nacht. Für die Nahrungs- bzw. Arzneimittelkühlung in solaren intermittierenden Kühlungsanlagen wird häufig das Arbeitsstoffpaar Ammoniak-Wasser verwendet. Durch die Absorption der Sonnenstrahlung wird Ammoniakdampf im Generator aus der reichen Lösung ausgetrieben und im Kondensator niedergeschlagen. Das flüssige Ammoniak wird in einem Behälter mit Wassermantel gesammelt. Nachts kühlt sich der Kollektor bei geöffneter transparenter Frontdecke ab. Dabei sinkt der Druck im System, so daß das Ammoniak im Behälter verdampft. Die dazu erforderliche Wärme wird dem Wasser im Man-

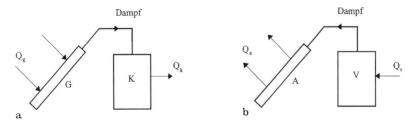

Bild 10.2.6. Periodisch betriebene solare Absorptionskältemaschine: a - tagsüber, b - in der Nacht

tel des Verdampfers entzogen. Das Wasser kühlt sich dabei bis zu -5 °C mit Eisbildung ab. Der gebildete Dampf wird im Absorber-Kollektor durch die arme Lösung absorbiert, die sich dabei in eine reiche Lösung wandelt.

Vergleich von solaren Kompressions- und Absorptions-Kälteanlagen. Solare Kälteanlagen werden auf Basis ihrer Gesamteffizienz miteinander verglichen.

Eine völlig solare Kompressions-Kälteanlage wird mit dem solarthermisch oder photovoltaisch erzeugten Strom angetrieben. Solarthermische Kraftanlagen vom Solarturm- oder Solarfarm-Typ (vgl. Kapitel 14) bestehen aus konzentrierenden Solarkollektoren und einer Wärmekraftanlage auf Basis einer Dampf- bzw. Gasturbine oder eines Stirlingmotors, die nach einem Clausius-Rankine-, Joule- oder Stirling-Kreisprozeß arbeitet.

Für die gesamte Umwandlungseffizienz einer solarthermischen Kraftanlage gilt:

$$\eta_{ges} = \eta_k \, \eta_{th} \tag{10.2.14}$$

mit: η_k = Wirkungsgrad des konzentrierenden Kollektors,
η_{th} = thermischer Wirkungsgrad der Wärmekraftanlage.

Mit den üblichen Werten von $\eta_k = 0{,}3$ und $\eta_{th} = 0{,}3$ ist $\eta_{ges} = 0{,}3 \cdot 0{,}3 = 0{,}09$.

Analog berechnet sich die gesamte Umwandlungseffizienz eines photovoltaischen (PV) Wandlers. Mit den typischen Wirkungsgrad-Werten für einen PV-Generator von $\eta_g = 10\%$ und für einen Wechselrichter zur Gleichstrom-/Wechselstrom-Umwandlung von $h_w = 60\%$ errechnet sich die gesamte Effizienz des PV-Wandlers für den Antrieb einer Kompressionskälteanlage zu $\eta_{ges} = \eta_w \, \eta_g = 0{,}06$. In beiden Fällen muß noch der Wirkungsgrad η_m eines elektrischen Motors für den Kompressor-Antrieb von 60-70% berücksichtigt werden.

Bei Kälteerzeugung nach einem linkslaufenden Clausius-Rankine-Kreisprozeß wird die im Kompressor aufgewendete mechanische Energie mit einer Leistungszahl ε von 2 bis 4 in Nutzkälte umgewandelt. Mit $\varepsilon = 3$ ergibt sich die gesamte Effizienz einer Kälteanlage mit Antrieb durch eine solarthermische Kraftanlage zu $\varepsilon_{ges} = \eta_{ges} \, \varepsilon \, \eta_m = 0{,}09 \cdot 3 \cdot 0{,}6 = 0{,}16$ bzw. mit Antrieb durch eine photovoltaische Anlage zu $\varepsilon_{ges} = \eta_{ges} \, \varepsilon \, \eta_m \cdot 0{,}6 = 0{,}06 \cdot 3 \cdot 0{,}6 = 0{,}11$. Bei solaren Absorptions-Kälteanlagen, die mit einem Arbeitsstoffpaar NH_3-H_2O oder $LiBr$-H_2O arbeiten, wird die Gesamzeffizienz durch den Wirkungsgrad des Solarkollektors η_k und das Wärmeverhältnis ζ der Absorptionskältemaschine bestimmt. Der ζ-Wert liegt zwischen 0,7-0,8 für das $LiBr$-H_2O-Stoffpaar und 0,4-0,6 für NH_3-H_2O-Stoffpaar. Bei viel komplizierteren zweistufigen $LiBr$-H_2O-Anlagen mit zwei hintereinander geschalteten Generatoren steigt die Leistungszahl auf 1 bis 1,5 an. Mit $\eta_k = 0{,}5$ und $\zeta_k = 0{,}7$ erreicht die Gesamteffizienz ζ_{ges} einer solaren $LiBr$-H_2O-Absorptionskälteanlage einen Wert von 0,35. Aus dieser Gegenüberstellung ist ersichtlich, daß solare Absorptionskälteanlagen eine höhere Gesamteffizienz im Vergleich zu solaren Kompressions-Kälteanlagen aufweisen. Außerdem ist das Konzept mit solarer Stromerzeugung viel teurer und komplizierter.

10.3 Solare Adsorptionskühlung, passive und thermoelektrische Kühlung

Solare Adsorptionskühlung. Adsorptionskühlungsanlagen arbeiten mit porösen Stoffen (*Sorbenten*, z.B. Silikagel), die große Volumina der Dämpfe (*Adsorbate*) adsorbieren können. Der Gehalt des Dampfes im festen Sorbent ist von der Temperatur des Arbeitsstoffpaares und dem Druck des Adsorbats abhängig. Dies ermöglicht *die Ad- bzw. Desorption des Adsorbats* durch Änderung der Temperatur und stellt die Grundlage für die periodische Sorptionskühlung dar.

Das Kältemittel muß eine hohe Verdampfungsenthalpie aufweisen. Die Arbeitsstoffpaare Calziumchlorid (Adsorbent)-Ammoniak (Kältemittel), Zeolith-Wasser, Zeolith-Methanol und Aktivkohle-Methanol sind einsetzbar. Das letzte Arbeitsstoffpaar mit einer Leistungszahl von 0,14 hat die höchste Effizienz.

Zeolithe sind Alumo-Silikate, die eine kristalline Struktur mit Mikroporen aufweisen, an denen polare Moleküle adsorbiert werden können. Zeolithe können mehr als 30 %-Gew. Wasser aufnehmen, welches durch Zufuhr von Wärme bei Temperaturen um 100 °C wieder ausgetrieben werden kann. Aufgrund dieser thermisch getriebenen Desorption und Adsorption von Wasser läßt sich ein Speicher für solare Niedertemperaturwärme aufbauen.

Das Stoffpaar Zeolith-Wasser kann zum Aufbau einer thermochemischen Wärmepumpe verwendet werden. Sie wirkt gleichzeitig auch als ein Speicher, da der Kreisprozeß nach der Wärmeaufnahme unterbrochen werden kann und erst dann fortgesetzt zu werden braucht, wenn Nutzwärme verlangt wird. Kälte (- 5 °C) und Wärme (75 °C) können unter Verwertung der Abwärme von konventionellen Kälteanlagen gleichzeitig erzeugt werden.

Das Arbeitsprinzip einer periodischen Adsorptionskühlungsanlage mit dem Stoffpaar Zeolith/Wasser wird im folgenden geschildert. Bei Erhöhung der Temperatur im Solarkollektor am Tage erfolgt die Desorption eines Teils des Wassers aus dem wassergesättigten Zeolith, der sich im Solarkollektor befindet. Der Wasserdampf schlägt im Kondensator nieder, das Kondensat fließt unter der Schwerkraft in den Verdampfer im isolierten Kasten. Dort befindet sich das zu kühlende Material, z.B. Arzneimittel. Nachts erfolgt die Verdampfung des Wassers mit Wärmeentnahme aus dem Kasteninnern, so daß die Temperatur im Kasten unter 0°C sinken kann. Der Dampf wird im Kollektor vom Zeolith adsorbiert. Zur Umschaltung für die Tag- bzw. Nachtbetriebsweise dient ein Ventil. Bild 10.3.1 stellt einen kleinen solaren Kühler für Arzneimittel mit dem Stoffpaar Zeolith/Wasser schematisch dar.

Passive Kühlung von Gebäuden. Je nach dem Klimatyp (warmes trockenes oder warmes feuchtes Klima) ist entweder lediglich die Luftkühlung oder aber die Luftkühlung mit Entfeuchtung erforderlich. Wenn die Lufttemperatur nachts 18 °C nicht überschreitet, kann die Kühlung des Gebäudes durch die natürliche oder mechanische Lüftung mit Nachtluft durchgeführt werden. Die kühle Luft reduziert die Temperatur des Mauerwerks, so daß auch tagsüber das Raumklima behaglich bleibt. Die Effizienz dieses Verfahrens wird durch einen Kiesspeicher unter dem

10.3 Solare Absorptionskühlung, passive und thermoelektrische Kühlung

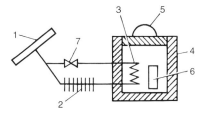

Bild 10.3.1. Solarer intermittierender Absorptionskühler für Arzneimittel: 1 - Solarkollektor mit Zeolith, 2 - Kondensator, 3 - Verdampfer, 4 - Kühlkammer mit Wärmedämmung, 5 - Deckel, 6 - Arzneimittel (Impfstoffe), 7 - Drosselventil

Haus erhöht. Mittels eines Kanals im Grund wird die Außenluft von der Nordseite des Gebäudes nachts dem Speicher zugeführt. Tagsüber wird der Raumluft durch den Speicher geführt und auf diese Weise abgekühlt. Die Zuluftöffnungen im Haus mit passiver Solarkühlung werden im unteren Bereich der Nordwand angeordnet. Durch diese Öffnungen sowie durch Fenster und Türen auf der Nordseite dringt die kühle Luft ins Hausinnere und verdrängt die warme Raumluft durch die Abluftöffnungen im oberen Bereich der Südwand nach außen.

Ein Überblick über passive Solarsysteme zur Kühlung von Gebäuden gibt [10.2]. Gegen das heiße und trockene Klima des Nahen Ostens wird in Ägypten seit Jahrtausenden das sogenannte Malqaf zur Kühlung verwendet. Dies ist ein kleiner Windfangturm, der einige Meter über das Hausdach ragt. Der kühle Luftstrom wird ins Hausinnere geleitet. Dort bestreicht er oft noch Wasserbecken im Hausinnern und durch die Verdunstung wird die Abkühlung verstärkt. Durch eine Dacherhöhung auf der Leeseite, wo der Wind Unterdruck erzeugt, zieht die erwärmte Luft wieder ab. Zur Verbesserung wird in dem Turm Wasser versprüht, dessen Verdunstungswärme die Luft abkühlt und anfeuchtet. Vor allem nachts kühlt die eingefangene kühle Luft das dicke, als Wärmespeicher wirkende Mauerwerk des Hauses.

Die Himmelstemperatur in der Nacht ist in der Regel im heißen feuchten Klima um 8-14 K, im heißen trockenen Klima sogar um 14-30 K tiefer als die Lufttemperatur. Bei klarem Himmel werden nachts große Wärmemengen ins All abgestrahlt. Die Wärmestromdichte q eines schwarzen Körpers beträgt 63 W/m^2 bei der Himmelstemperatur von 262 K. Für die Materialien mit einem hohen Emissionsgrad erreicht q einen Wert von 50 W/m^2 und die Temperatur des abstrahlenden Körpers sinkt dabei um 20 bis 40 K gegenüber der Tagestemperatur. Bei sehr reiner Atmosphäre und klarem Himmel in Bergen bildet sich an flachen Wasserbecken Eis.

Ein Gebäude kann in heißem Klima durch die nächtliche Abstrahlung effektiv gekühlt werden. Dazu wird das Dach aus Metallblech hergestellt (Bild 10.3.2a). Nachts erfolgt die Abkühlung der Räume durch *Abstrahlung vom Dach* in Himmelsrichtung und durch *Konvektion* der Raumluft in einer Wechselwirkung mit der Abstrahlung von Innenflächen an das Metallblech. Tagsüber muß das Dach durch Dämmplatten für den Schutz vor der Sonneneinstrahlung abgedeckt werden. Die Abkühlung kann durch *Wasserbesprühen des Daches* verstärkt werden. Unter dem

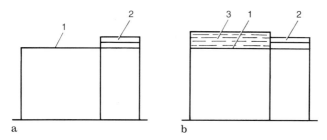

Bild 10.3.2. Passive Strahlungskühlung durch Abstrahlung des Daches (**a**) und mittels des Wasserbehälters auf Dach (**b**): 1 - Metallblechdach, 2 - Hartschaumdämmplatte, 3 - Wasser

Metallblech kann eine Dämmplatte mit Öffnungen zur Luftzirkulation angebracht werden. Zur Verbesserung der Kühlungswirkung kann ein *flaches Wasserbecken* (Wassertiefe 50 bis 100 mm) *auf dem Metallblechdach* aufgestellt werden (Bild 10.3.2b). Nachts wird das Wasser durch die Abstrahlung ins All gekühlt. Tagsüber wird das Becken durch die Dämmplatten von der Sonnenstrahlung geschützt. Dabei nimmt das Wasserbecken Wärme von Innenräumen auf und kühlt sie ab.

Im heißen feuchten Klima muß die Luft nicht nur gekühlt, sondern auch entfeuchtet werden. Die *sensible Luftkühlung*, die durch Abstrahlung erfolgt, kann durch eine *Luftentfeuchtung* mit Hilfe eines Adsorbens ergänzt werden, z. B. des Silikagels, der die Luftfeuchte adsorbiert. Nachts strömt die Luft durch eine dünne Schicht des Adsorbens und gibt die Feuchte ab. Durch das Metallblechdach wird die Wärme an die Umgebung abgestrahlt. Für die Zirkulation der Raumluft werden in Wänden Luftkanäle mit Luftklappen vorgesehen. Die Klappen öffnen die Kanäle in der Nacht und schließen sie am Tage. Auf diese Weise erfolgt nachts die *Kühlung und Entfeuchtung der Raumluft und die Kühlung des Mauerwerks*. Tagsüber wird die Adsorptionsfähigkeit des Silikagels durch den Kontakt mit warmem Außenluftstrom wieder hergestellt.

Durch Strahlungskühlung kann mindestens 25% der Kühllast gedeckt werden. Wenn das Silikagel und die Deckenventilatoren genutzt werden, kann 100% der sensiblen und latenten Kühllast gedeckt werden, so daß ein behagliches Raumklima (eine Temperatur von 27 °C und relative Feuchte unter 68%) erhalten werden kann.

Thermoelektrische Kühlung. Thermoelektrische Kühlung erfolgt durch *Peltier-Effekt*. Man kann ein Thermoelement in Form von einem n- und einem p-Stäbchen auf zwei Kupferbändern auflöten und an eine Gleichstromquelle anschließen, so daß der Minuspol mit p-Stäbchen und der Pluspol mit n-Stäbchen verbunden wird. Wenn man nun durch das auf Raumtemperatur temperierte Thermoelement einen passend starken Gleichstrom leitet, tritt der Kühlungseffekt auf. Bei einer ausreichenden Wärmeisolierung sinkt die Temperatur innerhalb von 1 Min. bis auf -25 °C. Dieser Effekt kann zur Kälteerzeugung in einer thermoelektrischen Kältemaschine verwendet werden. Bei einer Umschaltung der Klemmen der Stromquelle tritt ein entgegengerichteter Effekt auf. Also wenn man den Minuspol mit

10.4 Thermodynamische Berechnung einer solaren Absorptions-Kälteanlage

n-Stäbchen und den Pluspol mit p-Stäbchen verbindet, steigt bei die Temperatur des Thermoelements auf ca. 100 °C. Dies schafft eine Basis für eine thermoelektrische Wärmepumpe, die zur Heizung verwendet werden kann. Eine entscheidende Rolle für die erreichbare Leistungszahl spielen die thermoelektrischen Eigenschaften der Leiterwerkstoffe: Thermokraft, Leitfähigkeit, Wärmeleitfähigkeit. Als geeigneteste Werkstoffe werden Halbleiter, d.h. Legierungen aus Antimon, Wismut, Tellur, Selen mit anderen Metallen, eingesetzt. Insbesondere haben sich die Halbleiterlegierungen Si_2Te_3 und $SbTe_3$ bewährt. Die Thermopaare werden mäanderförmig zu thermoelektrischen Batterien zusammengeschaltet. Ein thermoelektrischer Heiz- bzw. Kühlblock besteht aus thermoelektrischen Batterie und Wärmeübertragern.

10.4 Thermodynamische Berechnung einer solaren Absorptions-Kälteanlage

Die Grundlage für die Auslegungsberechnung einer solaren Absorptionskälteanlage stellen die Erhaltungssätze für Masse und Energie dar. Bei Zweistoffgemischen, die als Arbeitsstoff-Paare in Absorptionskälteanlagen verwendet werden, müssen für Komponenten der Anlage drei Bilanzen aufgestellt werden: *die Massenbilanz für die gesamten Stoffmengen, die Massenbilanz für ein Bestandteil der Lösung*, z. B. für das Lösungsmittel, und *die Energiebilanz*.

Das Berechnungsschema einer Absorptionskälteanlage mit Arbeitsstoffpaar Wasser-Lithiumbromid ist in Bild 10.4.1 dargestellt. Der Kreisprozeß dieser Anlage ist im lg p-1/T-Diagramm in Bild 10.4.2 aufgezeichnet. Das h-ξ-Diagramm für

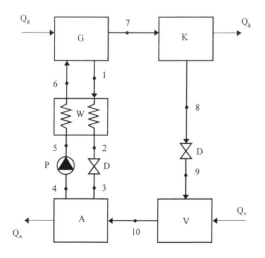

Bild 10.4.1. Wärmeströme und Zustandspunkte für die Berechnung einer solaren LiBr-H_2O-Absorptions-Kälteanlage

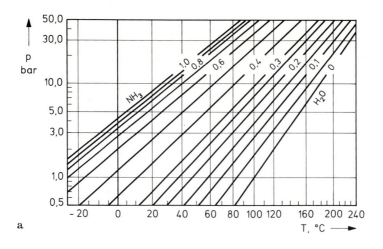

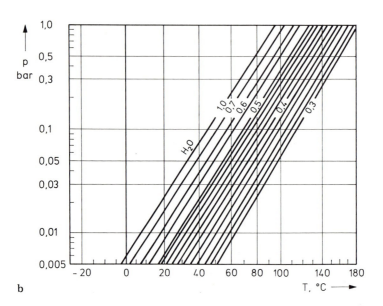

Bild 10.4.2. Das lg p-1/T-Diagramm für das Arbeitsstoffpaar LiBr- H_2O

das Arbeitsstoffpaar LiBr-H_2O, das die Beziehung zwischen Enthalpie h, Konzentration ξ, Temperatur T und Druck p graphisch darstellt, ist in Bild 10.4.3 aufgezeichnet.

Bei einer thermodynamischen Analyse des Kreisprozesses der solaren LiBr-H_2O-Absorptions-Kälteanlage wird angenommen:

10.4 Thermodynamische Berechnung einer solaren Absorptions-Kälteanlage 255

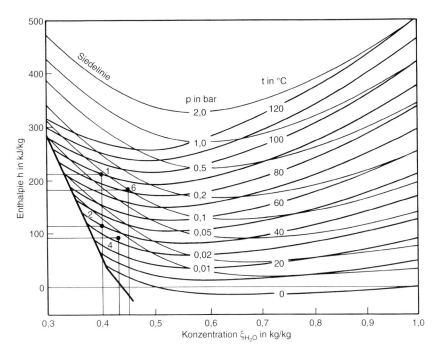

Bild 10.4.3. Das h-ξ Diagramm für das Arbeitsstoffpaar LiBr- H_2O

1. Kältemittel- und Lösungsmittelphasen sind an entsprechenden Punkten des Kreisprozesses im Gleichgewicht.
2. Druckabfälle bis auf den am Drosselventil und die Temperaturänderungen an Pumpe und Drosselventil werden vernachlässigt.
3. Drücke im Verdampfer und Kondensator sind dem Dampfdruck des Kältemittels gleich (dazu werden der Sättigungsdruck des Wasserdampfes bei der Verdampfer- bzw. Kondensatortemperatur den Wasserdampftabellen entnommen).

Die relativen Massenströme für das Lösungsmittel LiBr und das Kältemittel H_2O werden aus den Massenbilanzen der Komponenten der Anlage berechnet. In den Generator (Austreiber) strömt eine *reiche (an Kältemittel angereicherte) Lösung* mit einem Massenstrom $\dot{m}_r$ (in kg/s) ein, deren Zustand durch den Druck p_1, die Temperatur T_1, den Massenanteil ξ_r an das Lösungsmittel (in kg pro kg Lösung) und die Enthalpie h_1 festgelegt ist. Dem Generator wird die Antriebswärmeleistung Q_g zugeführt und dadurch wird der Kältemitteldampf (Wasserdampf) mit einem Massenstrom $\dot{m}_k$ ausgetrieben. Der Zustand des aus dem Generator abziehenden Dampfes ist durch die Parameter p_5, ξ_k, T_5 und h_5 gekennzeichnet. *Die arme Lösung* mit einem Massenstrom $\dot{m}_a$ zieht aus dem Generator mit Parametern p_2, T_2, ξ_a und h_2 ab. Es gilt $\xi_a > \xi_r > \xi_k$. Der Druck in allen drei Punkten ist gleich: $p_1 = p_5 = p_2$.

Nun werden die oben erwähnten Massen- und Energiebilanzen aufgestellt.

Die Massenbilanz der gesamten Stoffmengen für den Generator lautet, daß der Massenstrom $\dot{m}_r$ der reichen Lösung gleich der Summe der Massenströme der armen Lösung $\dot{m}_a$ und des Kältemitteldampfes $\dot{m}_k$ ist:

$$\dot{m}_r = \dot{m}_k + \dot{m}_a \text{ in kg/s} \qquad (10.4.1)$$

Die Massenbilanz für das Lösungsmittel ist:

$$\dot{m}_r \xi_r = \dot{m}_k \xi_k + \dot{m}_a \xi_a, \qquad (10.4.2)$$

wobei ξ_r, ξ_a und ξ_k die Massenanteile (in kg/kg) des Lösungsmittels in der reichen bzw. armen Lösung und im Kältemitteldampfestrom sind.

Aus der Gleichung (10.4.1) und (10.4.2) ergeben sich die folgenden Verhältnisse der Massenströme:

$$f_r = \dot{m}_r / \dot{m}_k = (\xi_a - \xi_k)/(\xi_a - \xi_r) \text{ und } f_a = \dot{m}_a / \dot{m}_k = (\xi_r - \xi_k)/(\xi_a - \xi_r) \qquad (10.4.3)$$

Beim LiBr-H$_2$O-System enthält der ausgetriebene Kältemitteldampf H$_2$O kein Lösungsmittel LiBr, d.h. daß $\xi_k = 0$ ist. Es gilt nun:

$$f_a = \dot{m}_a / \dot{m}_k = \xi_r /(\xi_a - \xi_r) \text{ und } f_r = \dot{m}_r / \dot{m}_k = \xi_a /(\xi_a - \xi_r) = 1 + f_a \qquad (10.4.4)$$

Das Verhältnis f_a bzw. f_r ist der spezifische Lösungsumlauf der armen bzw. reichen Lösung bezogen auf den Umlauf des Kältemitteldampfes.

Die Energiebilanz für den Generator ergibt die erforderliche Antriebswärmeleistung:

$$\dot{Q}_g = \dot{m}_k h_5 + \dot{m}_a h_2 - \dot{m}_r h_1 \text{ in kJ/s}, \qquad (10.4.5)$$

wobei h_1, h_2 und h_5 die Enthalpien (in kJ/kg) der reichen bzw. armen Lösung und des Kältemitteldampfes sind.

Setzt man $\dot{m}_a = \dot{m}_r - \dot{m}_k$ in die Gleichung (10.4.5), erhält man nach einer Umformung

$$\dot{Q}_g = \dot{m}_k (h_5 - h_2) + \dot{m}_r (h_2 - h_1) \text{ in kJ/s} \qquad (10.4.6)$$

bzw. bezogen auf 1 kg des ausgetriebenen Kältemitteldampfes

$$q_g = \dot{Q}_g / \dot{m}_k = (h_5 - h_2) + f_r (h_2 - h_1) \text{ in kJ/kg} \qquad (10.4.7)$$

Der erforderliche Massenstrom m_k des Kältemittels für eine Kälteleistung $\dot{Q}_v$ (in kW) ergibt sich aus der Energiebilanz des Verdampfers:

$$\dot{m}_k = Q_v /(h_8 - h_7) \text{ in kg/s} \qquad (10.4.8)$$

Für den Massenstrom des Lösungsmittels gilt nun,

$$\dot{m}_1 = f_a \, \dot{m}_k \, \xi_a = f_r \, \dot{m}_k \, \xi_r \text{ in kg/s} \qquad (10.4.9)$$

Die erforderliche Antriebswärmeleistung $\dot{Q}_g$, entspricht der maximalen Wärmeleistung $\dot{Q}_{k,max}$ des Solarkollektors während des heißesten Teils des Tages.

10.4 Thermodynamische Berechnung einer solaren Absorptions-Kälteanlage   257

Das Wärmeverhältnis ζ_k der solaren Absorptionskälteanlage läßt sich nach der Gleichung (10.2.2) berechnen.

Für den *Wärmestrom* $\dot{Q}_k$, der mit dem Kühlwasser *aus dem Kondensator* abgeführt werden muß, gilt:

$$\dot{Q}_k = \dot{m}_k (h_5 - h_6) \text{ in kW} \qquad (10.4.10)$$

Der Wärmestrom $\dot{Q}_a$, der mit dem Kühlwasser *aus dem Absorber* abgeführt werden muß, läßt sich aufgrund der Energiebilanz für die gesamte Anlage - Gleichung (10.2.1) - unter Vernachlässigung des Arbeitsaufwands in der Pumpe und der Wärmeverluste in der Anlage wie folgt errechnen:

$$\dot{Q}_a = \dot{Q}_g + \dot{Q}_v - \dot{Q}_k \text{ in kW} \qquad (10.4.11)$$

In der Regel wird zwischen dem Generator und Absorber ein Wärmetauscher eingebaut, der eine Aufwärmung der reichen Lösung durch die Wärmeentnahme von der armen Lösung ermöglicht. Beispiel 10.4.1 behandelt solch eine Art von solaren Absorptions-Kälteanlagen.

Beispiel 10.4.1

In einer 100 kW-Klimaanlage wird eine solare LiBr-H$_2$O-Absorptions-Kälteanlage mit einem Wärmetauscher verwendet. Die Austriebswärme an den Generator wird von einem Solarkollektor zugeführt. Es sollen das Wärmeverhältnis ζ_k, die Massenströme von Lösungs- und Kältemittel ($\dot{m}_l$ bzw. $\dot{m}_k$), und die erforderliche Antriebswärmeleistung $\dot{Q}_g$ ermittelt werden. Die Kälteleistung $\dot{Q}_v$ beträgt 100 kW. Die Temperaturen sind: im Generator $T_g = 90$ °C, im Verdampfer $T_v = 5$ °C, im Absorber $T_a = 35$ °C und im Kondensator $T_k = 45$ °C. Auf der Niedertemperaturseite des Wärmetauschers ist mit ΔT von 5 K zu rechnen.

Lösung:

Grundsätzlich wird die Berechnung nach den Ansätzen im vorhergehenden Abschnitt durchgeführt. Zusätzlich ist der Wärmetauscher zu betrachten, dadurch wurde die Numerierung der Punkte geändert. Die Zustandspunkte des Arbeitsstoffpaares LiBr-H$_2$O und die Wärmeflüsse in Komponenten der Kälteanlage sind in Bild 10.4.1 aufgezeichnet. Die Parameter und Kenngrößen des Kreisprozesses werden in die Tabelle 10.4.1 eingetragen, beginnend mit den bekannten Drücken p und Temperaturen T in gegebenen Punkten. Die Enthalpien für LiBr-H$_2$O-Gemische sind dem h-ξ-Diagramm in Bild 10.4.3 zu entnehmen. Der LiBr-Anteil ξ in der armen bzw. reichen Lösung wird aus dem Diagramm lg p-1/T in Bild 10.4.2 ermittelt.

Der Druck im Kondensator wird aus der Wasserdampftabelle ermittelt: bei $T_8 = 45$ °C beträgt der Wasserdampfdruck $p_k = 0{,}0958$ bar. Der Druck im Verdampfer bei der Temperatur wird nach der Temperatur im Punkt 10 gefunden: bei $T_{10} = 5$ °C ist $p_v = 0{,}00874$ bar.

Tabelle 10.4.1. Thermodynamische Parameter des Arbeitsstoffpaares LiBr- H_2O

Punkt	Temperatur T, °C	Druck p, bar	LiBr-Anteil ξ kg/kg	Massenstrom $\dot{m}$, kg/kg H_2O	Enthalpie h, kJ/kg
1	90	0,0958	0,60	19	210
2	40	0,0958	0,60	19	115
3	40	0,00872	0,60	19	115
4	35	0,00872	0,57	20	90
5	35	0,0958	0,57	20	90
6	82	0,0958	0,57	20	180,25
7	90	0,0958	0	1,0	2660,1
8	45	0,0958	0	1,0	188,35
9	5	0,00872	0	1,0	188,35
10	5	0,00872	0	1,0	2510,7

Der Zustand der reichen Lösung am Generatoreintritt ist durch die folgenden Parameter gekennzeichnet: Druck p_6, Temperatur T_6, Massenanteil x_r (in kg/kg Lösung) an das Lösungsmittel und die Enthalpie h_6 (in kJ/kg). Die Parameter der armen Lösung (mit dem Massenanteil ξ_a) bzw. des Wasserdampfes werden durch den Index 1 bzw. 7 bezeichnet.

Die Massenanteile an das Lösungsmittel in armen und reichen Lösung betragen:

$\xi_a = 0,6$ kg/kg und $\xi_r = 0,57$ kg/kg

Nach der Gleichung (10.4.4) errechnen sich die Massenstromverhältnisse f_a und f_r:

$f_a = \dot{m}_a / \dot{m}_k = \xi_r / (\xi_a - \xi_r) = 0,57 / (0,6 - 0,57) = 19$
und $f_r = \dot{m}_r / \dot{m}_k = f_a + 1 = 19 + 1 = 20$

Die Enthalpie h_6 der reichen Lösung am Generatoreintritt ergibt sich aus der Energiebilanz für den Wärmetauscher:

$h_6 = h_5 + (\dot{m}_a / \dot{m}_r) (h_1 - h_2) = 90 + 19 / 20 (210 - 115) = 180,25$ kJ/kg

Mit diesem Wert wird aus dem h-ξ-Diagramm in Bild 10.4.1 bei dem Druck $p_k = 0,0958$ bar die Temperatur $T_6 = 82$ °C ermittelt.

Der erforderliche Massenstrom $\dot{m}_k$ des Kältemittels ergibt sich aus der Energiebilanz des Verdampfers mit der Kälteleistung $\dot{Q}_v = 100$ kW zu:

$\dot{m}_k = \dot{Q}_v / (h_{10} - h_9) = 100 / (2510,7 - 188,35) = 0,0430$ kg/s

Der Massenstrom des Lösungsmittels (Absorbens) ist:

$\dot{m}_l = f_a \, m_k \, \xi_a = 19 \cdot 0,0430 \cdot 0,6 = 0,4902$ kg/s

Für den Massenstrom der armen bzw. reichen Lösung gilt:

$\dot{m}_a = f_a \, \dot{m}_k = 19 \cdot 0{,}0430 = 0{,}817$ kg/s

bzw. $\dot{m}_r = \dot{m}_a + \dot{m}_k = 0{,}817 + 0{,}0430 = 0{,}86$ kg/s

Für die Antriebswärmeleistung $\dot{Q}_g$, d.h. die maximale Wärmeleistung des Solarkollektors während der Sommertage, gilt aus der Energiebilanz des Generators:

$\dot{Q}_g = \dot{m}_k \, (h_7 - h_6) + \dot{m}_a \, (h_1 - h_6) = 0{,}0430 \, (2660{,}1 - 180{,}25) +$
$0{,}817 \, (210 - 180{,}25) = 130{,}94$ kW

Das Wärmeverhältnis ζ_k der solaren Absorptionskälteanlage errechnet sich wie folgt:

$\zeta_k = \dot{Q}_v / \dot{Q}_g = 100 / 130{,}94 = 0{,}764$

Aus der Wärmebilanz für den Lösungswärmetauscher ergibt sich der Wärmestrom von der armen heißen Lösung auf die reiche kalte Lösung:

$\dot{Q}_{wt} = \dot{m}_a \, (h_1 - h_2) = \dot{m}_r (h_6 - h_5)$ bzw. $\dot{Q}_{wt} = 0{,}817 \, (210 - 115) = 77{,}62$ kW.

Der Wärmestrom Q_k, der mit dem Kühlwasser aus dem Kondensator abgeführt wird, errechnet sich zu:

$\dot{Q}_k = \dot{m}_k \, (h_7 - h_8) = 0{,}0430 \, (2660{,}1 - 188{,}35) = 106{,}28$ kW.

Nach der Gleichung (10.4.11) gilt für den Wärmestrom $\dot{Q}_a$, der aus dem Absorber abgeführt wird:

$\dot{Q}_a = \dot{Q}_g + \dot{Q}_v - \dot{Q}_k = 130{,}94 + 100 - 106{,}28 = 124{,}66$ kW.

10.5 Berechnung der Kühllast für solare Klimaanlagen

Die gesamte Kühllast Q_L des Gebäudes läßt sich auf stündlicher oder monatlicher Basis wie folgt errechnen:

$Q_L = Q_{sol} + Q_{tr} + Q_{sens} + Q_{lat} + Q_{iw}$ (10.5.1)

Hierbei sind:

Q_{sol} = Wärmegewinn durch die Sonneneinstrahlung durch verglaste Bauteile (Fenster, Attika und Türen),
Q_{tr} = Transmissionswärmegewinn durch die Gebäudehülle,
Q_{sens} = Lüftungs-Kühllast (sensible Wärme),
Q_{lat} = Latentwärmegewinn,
Q_{iw} = Wärmegewinn von inneren Wärmequellen.

Dabei wird Q_{sol} getrennt für die unbeschatteten und beschatteten Fenster berechnet. Q_{iw} setzt sich zusammen aus der sensiblen (fühlbare) und latenten Wärme von der

Wärmeabgabe der anwesenden Menschen, vorhandenen Beleuchtungseinrichtungen sowie der elektrischen Maschinen und Geräten. Die entsprechenden Werte für Q_{iw} können in [10.10] gefunden werden.

Für die Berechnung der Kühllast des Gebäudes sind die folgenden Angaben notwendig [10.8, 10.10]: Lage und Orientierung des Gebäudes, Maßen und Flächen der Wände, Fenster und des Daches, Typ der Verglasung, Baustoffe und Wärmedämmung der Bauteile des Gebäudes, Außen- und Innenluftparameter (Temperatur und relative Feuchte), Sonneneinstrahlung und Wingeschwindigkeit.

Ein vereinfachtes Verfahren für die überschlägige Berechnung der stündlicher Kühllast des Gebäudes läßt sich schrittweise durchgeführen.

1. Die Kühllast durch die Fenster ergibt sich als der Wärmegewinn der unbeschatteten und beschatteten Fenster:

$$Q_f = Q_{f,unb} + Q_{f,bes} \qquad (10.5.2)$$

Für den Wärmegewinn der unbeschatteten Fenster mit der Fläche $A_{f,unb}$ gilt:

$$Q_{f,unb} = A_{f,unb} \left[\alpha_{eff} (\tau_D I_D \cos \theta_f / \sin \theta + 0{,}5 \tau_d I_d + 0{,}5 \tau_r \rho I) + K_{f,unb} (T_a - T_i) \right] \qquad (10.5.3)$$

mit a_{eff} = effektiver Absorptionsgrad des Innenraums,
   τ_D, τ_d bzw. τ_r = Transmissionsgrad des Fensters für die Direkt-, Diffus- bzw. vom Boden reflektierte Sonnenstrahlung,
   I, I_D und I_d = Global-, Direkt- und Diffusstrahlungsstärke auf die horizontale Fläche in W/m^2,
   ρ = Reflexionsgrad des Bodens,
   θ_f bzw. θ = Einfallswinkel der Direktstrahlung auf Fenster bzw. auf die horizontale Ebene in Grad,
   $K_{f,unb}$ = Wärmedurchgangskoeffizient für unbeschattete Fenster in W/(m^{2}K).

Für die beschatteten Fenster gilt unter Vernachlässigung der Absorption der Diffusstrahlung:

$$Q_{f,bes} = A_{f,bes} K_{f,bes} (T_a - T_i) \qquad (10.5.4)$$

wobei $A_{f,bes}$ die Fläche und $K_{f,bes}$ der Wärmedurchgangskoeffizient der Fenster ist.

2. Die Kühllast durch die unbeschatteten Außenwände errechnet sich wie folgt:

$$Q_{w,unb} = A_{w,unb} \left[\alpha_w (I_D \cos \theta_w / \sin \theta + 0{,}5 I_d + 0{,}5 \rho I) + K_{w,unb} (T_a - T_i) \right], \qquad (10.5.5)$$

wobei $A_{w,unb}$ die Fläche, a_w der Absorptionsgrad für die Sonnenstrahlung, q_w der Einfallswinkel der Direktstrahlung und $K_{w,unb}$ der Wärmedurchgangskoeffizient für unbeschattete Wände ist.

Für den Wärmegewinn durch die beschatteten Wände mit der Fläche $A_{w,bes}$ und dem Wärmedurchgangskoeffizienten $K_{w,bes}$ gilt die Gleichung (10.5.4).

3. Der Wärmegewinn durch das Dach errechnet sich aus:

$$Q_d = A_d [\alpha_d (I_D \cos \theta / \sin a + 0{,}5 \, I_d (1 + \cos \beta) + 0{,}5 \, \rho \, I \, (1 - \cos \beta) + K_d (T_a - T_i)], \quad (10.5.6)$$

wobei A_d die Fläche, α_d der Absorptionsgrad, β der Neigungswinkel und K_d der Wärmedurchgangskoeffizient des Daches ist.

4. Kühllast des Gebäudes durch die Lüftung

Der gesamte Wärmegewinn mit eindringender Außenluft berücksichtigt die sensible (fühlbare) und latente Wärme der ein- und ausströmenden Luftmassen. Der Luftzustand wird durch Temperatur T, relative Feuchte φ, Feuchtegehalt x und Enthalpie h gekennzeichnet. Index i bzw. a bezeichnet die Innen- bzw. Außenluft.

Für die Kühllast durch die sensible bzw. latente Wärme bei einem Massenstrom m_1 der Luft gilt:

$$Q_{sens} = m_1 (h_a - h_i) \quad (10.5.7)$$

bzw. $Q_{lat} = m_1 (\xi_a - \xi_i) \Delta h_{verd}, \quad (10.5.8)$

wobei Δh_{verd} die Verdampfungsenthalpie des Wassers (ca. $2{,}5 \cdot 10^6$ J/kg) ist.

5. Die Gesamtkühllast Q_L des Gebäudes läßt sich nach der Gleichung (10.5.1) mit den obigen Termen errechnen.

11 Solare Nahwärmeversorgungssysteme

11.1 Aufbau und Komponenten von solaren Nahwärmesystemen mit saisonalen Wärmespeichern

Aufbau von solaren Nahwärmesystemen. Seit Beginn der 80er Jahre wurden mehrere zentrale solarunterstützte Heizungsanlagen mit saisonalen Wärmespeichern hauptsächlich in nördlichen Ländern gebaut, erprobt und untersucht. Diese Demonstrations- und Versuchsprojekte sind im Rahmen des internationalen Programms "Task VII Central Solar Heating Plants with Seasonal Storage (CSHPSS)" mit der Koordinierung durch die Internationale Energieagentur IEA verwirklicht worden [11.11]. An diesem Programm arbeiten Dänemark, Deutschland, Finnland, Holland, Italien, Kanada, Schweden, die Schweiz und USA zusammen mit den Zielen:

- zentrale solarunterstützte Heizungsanlagen mit saisonalen Wärmespeichern in unterschiedlichen Klimazonen zu konzipieren, simulieren, bauen und testen,
- saisonale Wärmespeicher zu entwickeln und testen, die den sommerlichen Sonnenenergieüberschuß für den Verbrauch im Winter aufbewahren können, und
- den Bedarf an fossilen Brennstoffen für Wärmeversorgung sowie die CO_2-Emissionen von Heizungsanlagen zu reduzieren.

Die im Laufe dieses Programmes gewonnenen Erfahrungen und Ergebnisse sind in [11.1, 11.2] analysiert worden. Mit Langzeit-Wärmespeichern kann der im Sommer gesammelte Sonnenenergieüberschuß für den Winter aufbewahrt und damit der Brennstoffverbrauch vermindert werden. *Zentrale solarunterstützte Heizungsanlagen mit saisonalen Wärmespeichern (ZSHASW)* stellen eine umweltschonende, solarunterstützte Heizungstechnik dar. Die Realisierbarkeit der solaren Nahwärmeversorgung wurde in nördlichen Breiten von 40 bis 65° in experimentellen ZSHASW erfolgreich getestet. Z.Z. ist sie die einzige aussichtsreiche, fast schon wirtschaftliche Alternative zur herkömmlichen Wärmeversorgung von mittelgroßen Wärmeverbrauchern (Mehrfamilien-Wohnhausblöcke, mehrere öffentliche Gebäude, Krankenhäuser etc.).

Bild 11.1.1 zeigt den Jahresverlauf des Wärmebedarfs Q für die Heizung und Warmwasserbereitung in einem Haushalt und der Globalstrahlung E, die auf die eventuellen Sammelflächen des Hauses trifft. Es ist ersichtlich, daß der Wärmebedarf Q in der kalten Jahreshälfte nur teilweise durch die Sonnenstrahlung E ge-

11.1 Aufbau und Komponenten von solaren Nahwärmesystemen 263

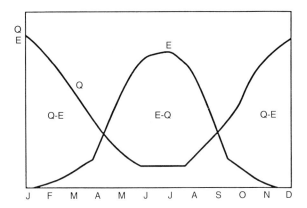

Bild 11.1.1. Jahresverlauf des Wärmebedarfs und der auftreffenden Globalstrahlung

deckt werden kann. Bis zum Schnittpunkt der beiden Kurven, der auf die Mitte des Frühlings fällt, ist die Differenz Q-E positiv. Der Wärmebedarf Q wird dabei hauptsächlich durch die konventionelle Heizung gedeckt. Im Sommer ist das Sonnenenergieangebot E viel größer als der Wärmebedarf Q, und als Folge entsteht ein Sonnenenergieüberschuß E-Q, der nicht genutzt werden kann, solange kein saisonaler Wärmespeicher vorhanden ist.

In ZSHASW wird der sommerliche Energieüberschuß in saisonale Wärmespeicher eingespeist. Bei einer optimalen Dimensionierung der Komponenten Solarkollektor und Wärmespeicher ist es grundsätzlich möglich, den gesamten jährlichen Wärmebedarf aus dem saisonalen Speicher zu decken, wirtschaftlich ist das aber nicht immer zweckmäßig.

Ein solarunterstütztes Nahwärmesystem besteht aus: einem zentralen Kollektorfeld oder dezentralen dachintegrierten Kollektoren, einem Langzeit- oder saisonalen Wärmespeicher, einer herkömmlichen Zusatzheizung und einem Nahwärmeverteilungsnetz. Die erprobten Konzepte schließen Solarkollektoren verschiedener Bauart und verschiedene Typen der Langzeit-Wärmespeicher ein [11.1, 11.14]. Die Solaranlage wird durch eine Heizzentrale oder einen Heizkessel und eventuell eine Wärmepumpe ergänzt. Dabei kann die Solaranlage in Verbindung mit Hoch- und Niedertemperatur-Wärmeverteilungsnetzen betrieben werden.

Bild 11.1.2 zeigt den prinzipiellen Aufbau eines solarunterstützten Nahwärmesystems. Die Heizwärmelast wird hauptsächlich durch die gewonnene und gespeicherte Solarwärme gedeckt, den Rest der Wärmelast übernimmt das herkömmliche Heizsystem. In Abhängigkeit von der Speichertemperatur wird die gespeicherte Wärme direkt oder mittels einer brennstoffbetriebenen Heizungsanlage an die Verbraucher geliefert. In Solaranlagen mit einer Konfiguration nach dem obigen Schema sind nur Hochtemperatur-Wärmespeicher verwendbar. Bei ZSHASW mit Niedertemperatur-Wärmespeichern wird oft eine Wärmepumpe verwendet, um die Temperatur des Wärmeträgers auf das erforderliche Verbrauchertemperaturniveau zu erhöhen. ZSHASW werden in diesem Fall nach Bild 11.1.3 aufgebaut. Nach wie vor ist die Verwendung eines konventionellen Heizsystems unvermeidbar. Nur

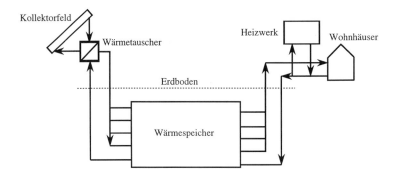

Bild 11.1.2. Prinzipieller Aufbau eines solarunterstützten Nahwärmesystems

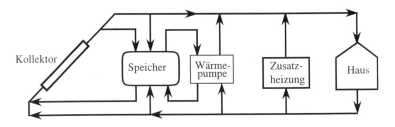

Bild 11.1.3. Solarunterstütztes Nahwärmesystem mit Wärmepumpe

in besonders günstigen Fällen wird eine vollständige Deckung der Heizwärmelast durch die Sonnenenergie wirtschaftlich. Bei der Planung wird meistens ein jährlicher Anteil der Sonnenenergie an der Heizwärmelast von 70 bis 90% angestrebt. Durch die Verwendung einer konventionellen Heizungsanlage wird die erforderliche Wärmeversorgungssicherheit gewährleistet. Diese Grundschemata von ZSHASW haben mehrere Ausführungsvarianten, wie die weitere Betrachtung der realisierten Projekte von ZSHASW zeigen wird.

Solarkollektoren. In ZSHASW können grundsätzlich *die folgenden Arten von Kollektoren* eingesetzt werden [11.1, 11.14]: Flachkollektoren, Vakuum-Röhrenkollektoren und Parabolrinnen-Kollektoren.

Hauptsächlich werden *Flachkollektoren* mit oder ohne transparente Abdeckung verwendet. Sie können entweder unmittelbar auf dem Erdboden oder auf Dächern von Häusern installiert werden. In Stadtteilen mit hoher Bebauungsdichte werden vorwiegend die dachintegrierten oder auf dem Dach montierten Kollektoren eingesetzt. Dachintegrierte Kollektoren werden vorteilhaft auf den Süd-Ost- oder Süd-West-orientierten Dächern der nahe zueinander stehenden Häuser dezentral installiert. Falls freie Landflächen zur Verfügung stehen, werden die landgebundenen Kollektoren verwendet. Der Kollektortyp muß mit dem gesamten Systemkonzept und vor allem mit dem Speichertyp abgestimmt werden. Hochtemperatur-Kollektoren fordern Hochtemperatur-Wärmespeicher, aus welchen Wärme

11.1 Aufbau und Komponenten von solaren Nahwärmesystemen

direkt in das Heizsystem geliefert werden kann. In ZSHASW werden derzeit meistens Kollektorfelder von *hocheffizienten Flachkollektoren* mit großflächigen Modulen genutzt. Wärmeträgertemperaturen von ca. 95 °C können in hocheffizienten Flachkollektoren erreicht werden. Dafür werden diese Kollektoren mit einem selektiven Absorber, einer Einfach-Verglasung und einer hochtransparenten Folie, die zwischen der Verglasung und dem Absorber zur Konvektionsunterdrückung angeordnet wird, versehen [11.8]. ZSHASW mit großflächigen Kollektorfeldern und saisonalen Wärmespeichern können nahezu die Wirtschaftlichkeit herkömmlicher Wärmeversorgungsanlagen erreichen. So wurden z.B. in der Solaranlage in Ingelstad (Schweden) Flachkollektoren mit großflächigen Einzelmodulen und minimalen Längen der Verbindungsrohre (und entsprechend geringeren Wärmeverlusten) eingesetzt. Werden Vakuum-Röhrenkollektoren oder Parabolrinnen-Kollektoren verwendet, steigt die Temperatur bis über 150 °C [11.8].

In Systemen mit Niedertemperatur-Wärmespeichern können einfache und billige *Flachkollektoren ohne transparente Abdeckung, d.h. Absorber*, eingesetzt werden. Sie ermöglichen eine Speichermedium-Temperaturerhöhung bis auf 40 bis 50 °C. Für eine effektive Ausnutzung der gespeicherten Wärme sind Wärmepumpen in diesem Fall erforderlich [11.1].

In Systemen mit einem zentralen Kollektorfeld werden in der Regel *landgebundene Flachkollektoren* verwendet, die aus großflächigen Modulen (bis über 12m^2 je Modul) aus den im Betrieb hergestellten Komponenten vor Ort montiert werden. Bild 11.1.4 zeigt das Kollektormodul SCAN CON HT der dänischen Firma AR CON Solvarme. Es hat: Abmessungen 2,27 m x 5,96 m, Brutto-Fläche 13,5 m^2, effektive Absorberfläche 12,5 m^2, Masse 300 kg, Inhalt 7 Liter von Wärmeträger Wasser/Propylenglykol-Gemisch, Durchfluß 2100 l/h. Der Kollektor besitzt einen Kupfer/Aluminium-Absorber. Die transparente Abdeckung besteht aus einer eisenarmen temperierten 4 mm Glasscheibe mit einer EPDM-Dichtung und einer Teflonfolie, die die Konvektion im Luftraum hemmt. Auf der Rückseite hinter einer Aluminiumfolie liegen 75 mm Mineralwolle zur Wärmedämmung. Das Gehäuse ist aus Aluminiumprofil und 0,5 mm Aluminiumblech hergestellt. Bei einer Temperaturdifferenz von 60 K und einer mittleren Einstrahlung beträgt der

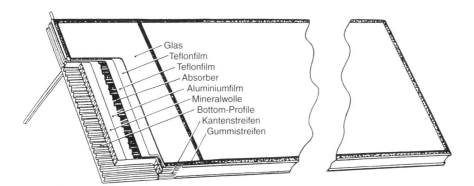

Bild 11.1.4. Flachkollektor für ein zentrales, landgebundenes Kollektorfeld

Wirkungsgrad eines Moduls 50%. Der Wirkungsgrad des gesamten Kollektorfelds ist um ca. 5% kleiner.

Um ein optimales Kosten/Energieertrags-Verhältnis für die Kollektoren zu erhalten, muß der Kollektorkreis mit den preisgünstigen hocheffizienten Kollektoren und niedrigen Durchflußraten ausgelegt werden. Dadurch werden auch Größe sowie Kosten der Vorlauf- und Rücklaufrohrleitungen des Solarkreises vermindert. Die fehlerhafte Ausführung des Kollektorfeldes verursacht eine ungleichmäßige Verteilung des Wärmeträgermediums zwischen den Kollektormodulen, Leckagen an Rohrverbindungsstellen, Luftansammlung in bestimmten Teilen des Solarkreises und erhöhte Wärmeverluste [11.11, 11.13].

Bild 11.1.5 zeigt die Kennlinien der Solarkollektoren verschiedener Art, die in ZSHASW Einsatz finden. Dies sind ein Absorber (A), ein Flachkollektor (FK), ein Vakuum-Röhrenkollektor (VRK) und ein Parabolrinnen-Kollektor (PR).

Saisonale Wärmespeicher. *Hauptarten der* in ZSHASW verwendeten *saisonalen Speicher* sind [11.1, 11.14, 11.15]:

- oberirdische Wasserspeicher in Behältern,
- Erdreichspeicher,
- unterirdische Wasserspeicher in Erdbecken, Felskavernen und Felsbohrungen
- und Aquifer.

Bisher gebaute Langzeit-Wärmespeicher speichern die fühlbare Wärme in Wasser, Grund oder Aquifer und haben ein Volumen zwischen 500 m^3 und 1.200.000 m^3 [11.1]. Anfänglich wurden für die Langzeit-Wärmespeicherung hauptsächlich

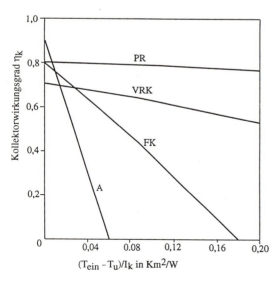

Bild 11.1.5. Kennlinien von Solarkollektoren: A - Absorber, FK - Flachkollektor, VRK - Vakuum-Röhrenkollektor und PR - Parabolrinnen-Kollektor

11.1 Aufbau und Komponenten von solaren Nahwärmesystemen   267

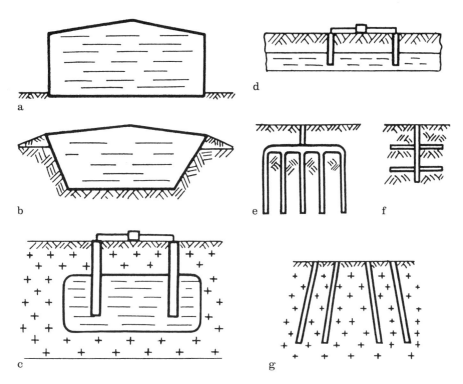

Bild 11.1.6. Hauptarten der saisonalen Wärmespeicher (schematisch): a - Wassertank, b - Erdbecken, c - Felskaverne, d - Aquifer, e bzw. f - Grundspeicher mit vertikaler bzw. horizontaler Verrohrung, g - Felsspeicher mit Bohrungen

Warmwasserbehälter mit großem Inhalt untersucht (Bild 11.1.6a). Die großen *oberirdischen Wasserwärmespeicher* brauchen viel Raum und eine sehr gute Wärmedämmung. Aus Festigkeitsgründen ist das Volumen eines Wassertanks aus Beton oder Stahl auf maximal 100.000 m³ beschränkt. Grundsätzlich kann eine große Gesamtspeicherkapazität aus mehreren Wasserbehältern zusammengesetzt werden. Der Wärmedämmstoffbedarf ist aber sehr groß und deshalb weisen die isolierten Wassertanks aus Stahl und Beton die höchsten Investitionskosten unter allen Techniken zur saisonalen Wärmespeicherung auf. Um Kosten zu reduzieren, werden saisonale Wärmespeicher als unterirdische Speicher konzipiert.

Wassergefüllte Erdbecken (Bild 11.1.6b) können als Hochtemperatur-Speicher mit großen Speicherkapazitäten verwendet werden [11.6]. Bei Erdbecken ist das Verhältnis der Deckfläche zum Volumen groß im Vergleich zu anderen Speicherarten, deshalb ist eine gute Wärmedämmung der Decke und mindestens teilweise der Seitenfläche erforderlich. Sie brauchen eine sichere Hydroisolierung. Der Standort für ein Erdbecken muß bestimmte Anforderungen (stabiler Grund, leichtes Ausgraben, kein Grundwasser) erfüllen.

Felskavernen (Bild 11.1.6c) sind für Hochtemperatur-Wärmespeicherung in großem Maße geeignet. Sie werden durch Explosionstechnik oder durch Ausgraben hergestellt und mit heißem Wasser aus den Solarkollektoren aufgeladen [11.11, 11.12]. Das umgebende Material (Granit) wirkt als Wärmedämmung und gleichzeitig als Zusatzspeicher.

Ein Aquifer (Bild 11.1.6d) ist eine unterirdische geologische Struktur (Gestein, Sandstein, Sand), die vom Grundwasser langsam durchströmt wird. Zum Beladen dieses Niedertemperatur-Speichers wird warmes Wasser aus Energieabsorbern in den Aquifer über einen Brunnen eingeleitet. Dabei wird das Grundwasser im Aquifer verdrängt und das umliegende Gestein erwärmt. Das Entladen eines offenen Aquiferspeichers kann entweder am Ort der Wassereinführung oder mittels gesonderter Förderbrunnen erfolgen, durch welche das warme Wasser zurückgewonnen wird [11.11]. Die Wärmespeicherung in Aquifern erfolgt bei niedrigen Temperaturen, dafür sind aber große bis sehr große Speicherkapazitäten verfügbar. Die Investitionskosten sind gering, aber bei starker Grundwasserströmung und hoher Wärmeleitfähigkeit der Deck- und Grundschichten des Aquifers können seine Wärmeverluste so groß sein, daß ein wirtschaftlicher Einsatz nicht erreicht wird [11.13].

Bei allen teilweise isolierten und nichtisolierten, unterirdischen Wärmespeichern wird in den ersten Betriebsjahren wegen der Aufwärmung einer großen Masse des umgebenden Materials viel Energie aufgewendet, bis eine quasistationäre Betriebsweise erreicht wird. Zu Erdreichspeichern gehören Grund- und Felsspeicher. *Ein Grundspeicher* (Bild 11.1.6e und f) stellt eine Schicht des Grundes mit einem Wärmetauscher in Form von vertikalen oder horizontalen Rohren aus Kunststoff dar. In Grundspeichern wird Ton, Lehm oder Granit als Speichermedium genutzt. Im Vergleich zu Warmwasserspeichern besitzen sie eine geringere volumetrische Speicherkapazität sowie auch eine kleinere Lade- und Entladewärmeleistung. Das ist auf die ungünstigeren thermischen Eigenschaften des Grundes gegenüber dem Wasser zurückzuführen. Die volumenspezifische Wärmekapazität des Grundes und Felses beträgt 2 MJ/m^{3}K, die des Lehms 4 MJ/m^{3}K. Wegen der geringen Wärmeleitzahl dieser Medien - 1 bis 3,5 W/m K - brauchen Erdreichspeicher große unterirdische Wärmeaustauschflächen. Die horizontalen Rohrreihen werden in einem Graben aufgestapelt und mit Grund bedeckt. Normalerweise wird der Grundspeicher von oben und im Falle der horizontalen Rohre auch an den Seitenflächen und am Boden isoliert. Der mit Wasser gesättigte Grund besitzt eine verbesserte Wärmeübertragungsfähigkeit, so daß höhere Be- und Entladewärmeleistungen erreichbar sind. Starke Grundwasserbewegung kann große Wärmeverluste verursachen. *Die zulässige Temperatur des Erdreichspeichers im Grund und Lehm liegt nach den Umweltschutzforderungen bei ca. 40 °C.* Bei dieser Temperatur werden in der Regel unverglaste Niedertemperatur-Kollektoren (Absorber) eingesetzt. Das Beladen des Speichers erfolgt mittels des in Kollektoren aufgewärmten Wärmeträgers, der durch ein geschlossenes Rohrleitungssystem innerhalb des Speichers strömt und dabei Wärme an das Speichermedium Erdreich abgibt. Das Entladen des Speichers erfolgt durch das Heizmittel. Bei Niedertemperatur-Heizsystemen kann das Heizmittel direkt durch das Rohrleitungssystem geleitet werden. Zur Anhebung des Temperaturniveaus werden Wärmepumpen eingesetzt. Die Heizwärme wird dann aus dem Kondensator der Wärmepumpe abgeführt [11.11].

11.1 Aufbau und Komponenten von solaren Nahwärmesystemen 269

Die Hochtemperatur-Speicher haben den Vorteil eines hohen verfügbaren Potentials des Wärmeträgers. Bei sehr großen Speichern (über 100.000 m³ Wasserinhalt oder sein äquivalent bei anderen Medien) können wassergefüllte Felskavernen oder Bohrungen im Granit verwendet werden. Beachtet werden muß eine richtige Ortswahl, damit es dabei keinen Grundwasserstrom gibt. Zwischen Rohren und Erdreich muß eine wärmeleitende Füllung verwendet werden. Als *Felsspeicher* dient ein großes Felsmassiv mit einem System von wasserdurchflossenen Felsbohrungen (Bild 11.1.6g). Diese Felsbohrungen werden zum Be- und Entladen des Speichers genutzt. Das Beladen des Speichers erfolgt aus den Hochtemperatur-Kollektoren, die einen Wärmeträger auf eine Temperatur von über 90 °C erwärmen können. Bei tiefen Bohrungen sind Speichertemperaturen von über 100 °C erreichbar. Zum Entladen des Speichers werden die Bohrungen mit dem Heizmittel aus der Rücklaufleitung durchströmt [11.6].

Eine ZSHASW besteht aus zwei Kreisläufen - aus einem Solarkreislauf, der den solar erhitzten Wärmeträger aus dem Kollektor zum Speicher mit möglichst hohem Wärmestrom führt, und einem Wärmelastkreislauf, der die thermische Energie aus dem Speicher an die Verbraucher liefert.

Die Wärmemenge, die der Speicherkapazität mit Wärmeverlusten entspricht, wird hauptsächlich in der warmen Jahreshälfte durch Kollektoren gesammelt und in den saisonalen Speicher übertragen. Dabei sind große Schwankungen an Wärmeströmen im Solarkreislauf möglich. Damit die Wärmeverluste gering sind, muß der Speicher nahe zum Kollektor und gleichzeitig nahe zu den Hauptwärmeverbrauchern positioniert werden.

Um die Wärmeverluste der Hochtemperatur-Speicher (mit Temperaturen von 40 bis 95 °C) zu minimieren, müssen entweder Speicher mit einer großen Kapazität (von 100.000 m³ Wasserinhalt) oder völlig oder teilweise isolierte Speicher verwendet werden. Bei Niedertemperatur-Speichern (mit Temperaturen von 5 bis 40 °C) *in solarunterstützten Wärmepumpenanlagen* werden die Wärmeverluste reduziert, aber die teure Wärmepumpe, die zur Wärmeabfuhr genutzt werden muß, erhöht erheblich die Gesamtinvestitionskosten [11.11]. Ein Niedertemperatur-Heizsystem ist vorteilhaft für eine effiziente solare Heizung. In Solaranlagen mit einer Wärmepumpe ist die Auswahl der Betriebstemperatur und die Nutzungsdauer der Wärmepumpe für die Wirtschaftlichkeit der gesamten Anlage wichtig.

Bei unterirdischen Hochtemperatur-Warmwasserspeichern entsteht das Problem der Auswahl von angepaßter und preisgünstiger Wärme- und Hydroisolierung, die leicht montierbar sein und einen sicheren, dauerhaften Betrieb bei Temperaturen bis 95 °C gewährleisten soll. Die vorhandenen Kunststoffmaterialien (z.B. HDPE) sind bis 80 °C einsetzbar, aber sie sind permeabel für Wasser. Die metallbeschichteten Kunststoffmaterialien sind sicher aber wesentlich teurer.

11.2 Technische Daten der solarunterstützten Nahwärmesysteme

Bislang wurden insgesamt ca. 35 experimentelle Pojekte von ZSHASW in Europa, USA und Kanada verwirklicht. Sie sind für die Wärmeversorgung verschiedener Gebäude und Wohnsiedlungen mit einer beheizten Fläche von 200 bis 350.000 m² pro Objekt konzipiert worden. Die größte bislang betrachtete Solaranlage mit einer Kollektorfläche von 126.000 m² und einem Speichervolumen von 400.000 m³ ist für die Wärmeversorgung von 3500 Wohneinheiten konzipiert worden. Die gemessenen Leistungsdaten von einigen ausgewählten ZSHASW mit und ohne Wärmepumpe sind in Tabelle 11.2.1 angegeben [11.11]. Nach den Erfahrungen, die mit ZSHASW in Schweden gewonnen wurden, sind billigere und effizientere Solarkollektoren und Wärmespeicher nötig, um eine solare Heizung mit saisonalen Wärmespeichern für 100 bis 500 Wohneinheiten im Vergleich zu herkömmlichen Heizsystemen wettbewerbsfähig zu machen. Ein Konzept der Solaranlage mit großflächigen Flachkollektor-Modulen und saisonalem Wärmespeicher in Form der nichtisolierten wassergefüllten Felskavernen von mindestens 100.000 m³ kann derzeit die Wirtschaftlichkeit erreichen [11.7]. Mit solchem Speicher in Lyckebo, Schweden, sollte die Wärmelast zu 100% solar gedeckt werden (s. Bild 11.2.1). Bergmännisch erstellte Kavernen in Granit mit 100.000 m³ Volumen dienen als Warmwasserbehälter. Das Wasser umgebende Granit dient als Isolierung, die Temperaturen bewegen sich zwischen 40 und 90 °C.

Durch den Einsatz von Langzeitwärmespeichern in Nahwärmesystemen kann *der jährliche solare Deckungsgrad* von 70 bis 90% erreicht werden. Die Solaranlage Lambohov II in Schweden hat Flachkollektoren und ein isoliertes Erdbecken

Tabelle 11.2.1. Die Leistungsdaten von ZSHASW ohne/mit Wärmepumpen [11.11]

Anlage	Q_L MWh/a	η_k	T_{s1}/T_{s2} °C	η_s	f	T_v/T_r °C	φ
ZSHASW ohne Wärmepumpen							
1	917	0,41	31/49	0,48	0,68	49/32	-
2	8100	0,26	45/75	0,72	0,75	70/60	-
3	914	-	40/85	0,78	0,62	80/60	-
ZSHASW mit Wärmepumpen							
4	95	0,31	0/31	0,80	0,59	50/40	3,1
5	413	0,39	7/53	0,75	0,54	70/50	2,5

1. Bezeichnungen: Q_L - Wärmelast, η_k bzw. η_s - Nutzungsgrad des Kollektors bzw. Speichers, f - solarer Deckungsgrad, T_{s1}/T_{s2} - minimale/maximale Temperatur im Speicher, T_v/T_r - Vorlauf-/Rücklauftemperatur, φ - Heizzahl der Wärmepumpe.
2. Anlagen: 1 - Groningen, Holland, 1988, 2 - Lyckebo, Schweden, 1986, 3 - Ingelstad, 1988, 4 - Stuttgart, 1988, 5 - Vaulruz, Schweiz, 1986.

11.2 Technische Daten der solarunterstützten Nahwärmesysteme

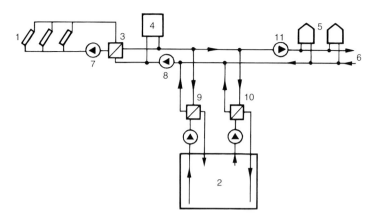

Bild 11.2.1. ZSHASW mit unterirdischem Wärmespeicher (Lykebo, Schweden). 1 - Kollektorfeld, 2 - saisonaler Wärmespeicher (Felstunnel), 3 - Wärmetauscher, 4 - Heizkessel, 5 - Verbraucher, 6 - Nahwärmeverteilnetz, 7 - Pumpe im Kollektorkreis, 8 - Rücklaufpumpe, 9 - Wärmetauscher zum Beladen, 10 - Wärmetauscher zum Entladen, 11 - Vorlaufpumpe

im Granit mit selbsttragender Decke. Rund 4000 m² von Flachkollektoren und 10.000 m³ des saisonalen Speichers reichen, um 70% der jährlichen Wärmelast von 1800 MWh/a solar zu decken [11.7]. Das Projekt der weltgrößten Solaranlage in Kungälv, Schweden, hat 126.000 m² von Hochtemperatur-Flachkollektoren und einen saisonalen Wärmespeicher in Form von 4 wassergefüllten Tunneln mit einem Gesamtvolumen von 400.000 m³ (errichtet wurde nur ein Tunnel mit 100.000 m³), um die Wärmelast von 56 GWh/a zu 75% solar zu decken [11.11]. Von der gesamten Wärmelast entfallen 60% auf die Wohneinheiten für 6000 Einwohner und 40% auf die Wärmeversorgung von öffentlichen und gewerblichen Gebäuden mit einer Gesamtfläche von 115.000 m². Die Kollektoren weisen einen jährlichen Ertrag von 360 kWh/m² bei einer Temperatur von 70 °C auf. Die Energiekosten betragen 105 DM/MWh bei einem solaren Deckungsgrad von 75%, Zinsen von 4%, einer Lebensdauer von 40 Jahren für den saisonalen Speicher, 20 Jahren für Kollektoren und 15 Jahren für die übrigen Komponenten. Dabei betragen die Kollektorkosten 280 DM/m² und die des Speichers 25 DM/m³. Die Zusatzkosten von Rohrleitungen und Kessel betragen 10% der Kosten von Kollektoren und Speicher. Die Gesamtkosten betragen 66,3 Mio DM, davon entfallen 53% auf die Kollektoren, 29% auf den Speicher und 18% auf das Netzwerk. Bei herkömmlicher Gasheizung betragen die Energiekosten 75 DM/MWh.

In der experimentellen Solaranlage an der Universität Stuttgart ist ein Erdbecken-Aquifer-Speicher (Kies-Wasser-Mischung) mit einem Volumen von 1053 m³ verwendet worden. Wände und Boden des Speichers sind nicht wärmegedämmt (Bild 11.2.2). Das Beladen des Speichers erfolgt mittels der Energieabsorber mit einer Fläche von 211 m². Die Wärmeversorgung eines Bürogebäudes im Winter erfolgt aus dem Speicher mittels einer Wärmepumpe. Die Temperatur im Speicher

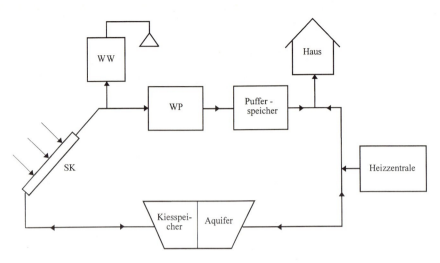

Bild 11.2.2. Experimentelle ZSHASW mit einer Wärmepumpe in Stuttgart: SK - Solarkollektor (Absorber), WW - Warmwasserspeicher, WP - Wärmepumpe

im Laufe des Jahres bewegt sich zwischen 0 und 32 °C, die Wärmeverluste sind gering und dadurch beträgt der jährliche Nutzungsgrad des Speichers 80% [11.9].

In der ZSHASW zur Heizung und Warmwasserbereitung für 96 Häuser in Groningen, Holland, sind Module der Vakuum-Röhrenkollektoren mit einer gesamten Kollektorfläche von 2400 m^2, saisonaler Erdreichspeicher mit senkrechten Rohren mit einem Volumen von 23000 m^3 und die Zusatzheizung mit einer Vorlauftemperatur von 42 °C sowie dezentralen Nachheizungen für die Warmwasserbereitung verwendet worden. Der jährliche solare Deckungsgrad erreicht 66% [11.11].

Eine ZSHASW für die Heizung und Kühlung eines 14-stöckigen Gebäudes mit ca. 30500 m^2 Fläche wurde in Scarborough (nahe Toronto, Kanada) gebaut. Die jährliche Wärmelast für die Heizung bzw. Kühlung beträgt 2280 bzw. 3330 MWh/a und für Warmwasserbereitung ca. 250 MWh/a. Diese Solaranlage besteht aus Vakuum-Röhrenkollektoren mit einer Fläche von 1300 m^2, dem saisonalen Wärmespeicher (Aquifer) mit einem Volumen von $8 \cdot 10^5$ m^3, der Elektro-Wärmepumpe und dem Heizkessel mit Hilfskomponenten Wärmetauscher und Kühlturm [11.11].

Die 1982 in Vaulruz, Schweiz, gebaute ZSHASW für die Heizung und Warmwasserbereitung besteht aus 520 m^2 dachintegrierten Flachkollektoren und einem Grundspeicher von 3300 m^3 mit 7 horizontalen Reihen von PE-Rohren mit einem Durchmesser von 20 mm und einer Gesamtlänge von 7000 m. Der Speicher mit einer Temperatur bis 40 °C ist von oben mit einer Schicht von 60 cm und an der Seitenfläche mit einer Schicht von 40/20 cm Polystyrolisolierung versehen. Die Wärmelast von 417 MWh/a wird durch die Solaranlage mit Gasmotor-Wärmepumpe und Zusatzheizung (Blockheizkraftwerk) gedeckt. Der solare Deckungsgrad beträgt 46%.

11.3 Energetische Kenngrößen und langfristige Leistungsfähigkeit von ZSHASW

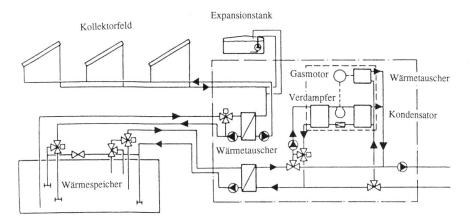

Bild 11.2.3. ZSHASW mit Warmwasserwärmespeicher und Gasmotor-Wärmepumpe in Tubberupvaenge, Dänemark

In Tubberupvaenge, Dänemark, wurde ein komplettes Konzept von Niedrigenergie-Wohnhäusern, Niedertemperatur-Heizung, einer ZSHASW mit einer Wärmepumpe und örtlichen Warmwasserbereitungs-Solaranlagen für die Wärmeversorgung von 92 Wohneinheiten in 8 Blöcken erarbeitet und 1990 gebaut (s. Bild 11.2.3). Die Solaranlage besteht aus landgebundenen hocheffizienten Hochtemperatur-Flachkollektoren mit einer Gesamtfläche von 1030 m^2 und Modulen mit einer Fläche von 12,5 m^2, einem versenkten 3000 m^3 Wassertank-Wärmespeicher, einer Gasmotor-Wärmepumpe und einem Gaskessel [11.11]. Während des Sommers und der warmen Jahreshälfte kann der saisonale Speicher auf ca. 80 °C erwärmt werden. Die Heizwärmelast inklusive der Warmwasserbereitung während der Heizperiode von rund 800 MWh wird durch die ZSHASW mit der Wärmepumpe und Zusatzheizung gedeckt. Durch den Einsatz einer Wärmepumpe sinkt die Temperatur im Speicher am Ende der Heizperiode auf 10 °C. Wegen der Leckagen im saisonalen Speicher konnte die ZSHASW bislang nicht vollständig betrieben werden. Acht örtliche Solaranlagen mit dachintegrierten Flachkollektoren von 46 m^2 je Anlage und je einem Speichertank von 2,6 m^3 werden zur Warmwasserbereitung im Sommer mit elektrischer Zusatzheizung genutzt. Der Wärmebedarf im Sommer wird zu 90% solar gedeckt. Die gesamte jährliche Wärmelast von 1016 MWh/a wird schätzungsweise zu 64% durch die Sonnenenergie gedeckt [11.11].

Neue Projekte von solaren Nahwärmeversorgungssystemen in Deutschland sind in [11.10] beschrieben.

11.3 Energetische Kenngrößen und langfristige Leistungsfähigkeit von ZSHASW

Kenngrößen von ZSHASW. Energetisch werden die ZSHASW durch die folgenden Kenngrößen charakterisiert [11.1, 11.14]:

- Jahresenergieertrag $Q_{k,j}$ und Nutzungsgrad η_k des Kollektorfeldes,
- Nutzungsgrad η_s des saisonalen Speichers,
- Gesamtnutzungsgrad η_{ges} des Systems und
- jährlicher solarer Deckungsgrad f_j.

Der Jahresenergieertrag $Q_{k,j}$ des Kollektorfeldes setzt sich aus den einzelnen Monatswerten zusammen.

Für den jährlichen Nutzungsgrad η_k des Kollektorfeldes gilt:

$$\eta_k = Q_{k,j} / E_{k,j} A, \qquad (11.3.1)$$

wobei $E_{k,j}$ die jährliche Gesamtstrahlung auf m² Kollektorfläche und A die Kollektorfläche ist.

Für den jährlichen Nutzungsgrad η_s des Speichers gilt:

$$\eta_s = Q_{ent} / Q_{zu} = 1 - Q_{s,v} / Q_{zu}, \qquad (11.3.2)$$

wobei Q_{ent} die während der Entladezeit abgeführte Wärmemenge, Q_{zu} die während der Beladezeit zugeführte Wärmemenge und $Q_{s,v}$ die gesamten jährlichen Wärmeverluste des Speichers sind.

Für den jährlichen solaren Deckungsgrad f der Solaranlage gilt:

$$f_j = Q_{sol,j} / Q_{L,j}, \qquad (11.3.3)$$

wobei $Q_{sol,j}$ die gesamte Netto-Nutzwärme der Solaranlage und $Q_{L,j}$ die jährliche Wärmelast ist.

Als Bezugstemperaturen werden die minimale bzw. maximale Temperatur im Speicher während eines Jahres-Betriebszyklus herangezogen, weil sie die Effizenz des Kollektors und Speichers bestimmen. Dies gilt auch für eine mit dem Speicher in-Reihe geschaltete Wärmepumpe.

Für die Solaranlagen mit Wärmepumpen wird ein zusätzlicher Kennwert genutzt, der als *die saisonale Heizzahl* φ bezeichnet wird:

$$\varphi = Q_{heiz} / W_k, \qquad (11.3.4)$$

wobei Q_{heiz} die gesamte Heizwärmemenge vom Kondensator der Wärmepumpe und W_k der Gesamtarbeitsaufwand für den Kompressorantrieb ist.

Für eine Solaranlage mit einem saisonalen Wärmespeicher, einer Zusatzheizung mit oder ohne Wärmepumpe kann die jährliche Energiebilanz aufgestellt werden. Das Energieflußdiagramm in Bild 11.3.1 veranschaulicht die jährliche Energiebilanz für ein Solarsystem, das aus Kollektoren mit einem saisonalen Wärmespeicher, einer Gaswärmepumpe und einer Zusatzheizung besteht und dem Schaltbild in Bild 11.1.3 entspricht.

Eine optimale Dimensionierung der Solaranlagen ist aufgrund einer analytischen Lösung der Energiebilanz-Gleichung für die Solaranlage möglich. Zuerst werden die optimalen Betriebsbedingungen der Solaranlage bestimmt, dann die entsprechende Kollektorfläche und das Speichervolumen.

Bei der Planung und Auslegung der ZSHASW werden die folgenden Entwurfsphasen durchlaufen.

11.3 Energetische Kenngrößen und langfristige Leistungsfähigkeit von ZSHASW

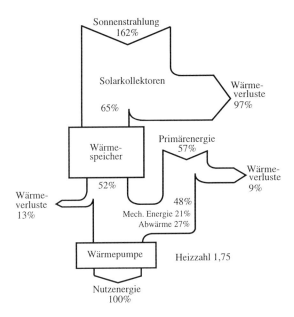

Bild 11.3.1. Energiefluß-Diagramm für ZSHASW mit Gaswärmepumpe und Zusatzheizung

1. Die Ermittlung der allgemeinen geo- und bautechnischen Bedingungen und Einschränkungen am Standort, einschließlich der Anforderungen an den Umweltschutz. Dabei sind die Besonderheiten der geologischen Struktur sehr wichtig für die Auswahl des geeigneten Speichersystems. Andererseits sind für die Auswahl und Auslegung von Kollektoren die verfügbaren freien Aufstellungsflächen von großer Bedeutung, da die Nutzung von preigünstigen landgebundenen, großflächigen Kollektoren anstelle der auf dem Dach aufstellbaren dezentralen Kollektoren erhebliche Einsparungen ermöglicht.

2. Die Untersuchung der vorhandenen Systemkonfigurationen von ZSHASW mit verschiedenen Kombinationen der Kollektorbauarten und Systemen der saisonalen Speicher.

3. Die Durchführung der Vorentwurfsphase, bei der die am besten Alternativen von Systemkonfigurationen analysiert werden sollen. In dieser Phase wird eine vorläufige, vereinfachte Abschätzung der erforderlichen Größen von den Komponenten Solarkollektor, Wärmespeicher und Kosten aufgrund von allgemeinen energetischen und wirtschaftlichen Kriterien durchgeführt. Die Entscheidung über das Konzept der ZSHASW wird nun getroffen.

4. Das eigentliche Entwerfen mit der Auslegung von allen Haupt- und Hilfskomponenten der ZSHASW geschieht am besten aufgrund einer dynamischen Simulation.

Die erforderliche Kollektorfläche A wird aufgrund der Energiebilanz der gesamten Solaranlage bestimmt [11.14, 11.16]:

$$Q_{k,j} = E_{k,j} A \eta_k = f_j Q_{L,j} + Q_{v,ges} \text{ in J/a} \tag{11.3.5}$$

mit: $Q_{k,j}$, $Q_{L,j}$ bzw. $Q_{v,ges}$ = Jahreswert des Kollektorenergieertrages, der Wärmelast bzw. der Gesamtwärmeverluste,
f_j = jährlicher solarer Deckungsgrad.

Das erforderliche Volumen V_s des Speichers läßt sich aufgrund seiner Energiebilanz berechnen:

$$\rho_s c_s V_s (T_{s,max} - T_{s,min}) = Q_{k,j} - Q_{dir} - Q_{s,v} \text{ in J/a,} \tag{11.3.6}$$

wobei ρ_s die Dichte des Speichermediums, c_s die spezifische Wärmekapazität des Speichermediums, $T_{s,max}$ bzw. $T_{s,min}$ die maximale bzw. minimale Temperatur im Speicher, Q_{dir} die aus den Kollektoren direkt an die Verbraucher gelieferte jährliche Wärmemenge und $Q_{s,v}$ die jährlichen Wärmeverluste des Speichers sind.

Langfristige Leistungsfähigkeit der Solaranlage mit saisonalem Wärmespeicher. Für *die Energiebilanz* einer Solarheizungsanlage mit einem vollständig durchgemischten saisonalen Wasser-Wärmespeicher für einen Monat gilt:

$$\rho V c_p (T_{s,end} - T_{s,anf}) = Q_{k,mo} - Q_{L,mo} - Q_{v,mo} \text{ in J/mo,} \tag{11.3.7}$$

wobei $T_{s,anf}$ und $T_{s,end}$ die Anfangs- und Endtemperatur des Wärmespeichers in °C, $Q_{k,mo}$, $Q_{L,mo}$ bzw. $Q_{v,mo}$ der Monatswert des Kollektor-Energieertrags, der Wärmelast bzw. der Wärmeverluste des Wärmespeichers in J ist.

Dabei setzt sich *die Monatswärmelast* aus der Wärmelast für Heizung (Q_h) und Warmwasserbereitung (Q_{ww}) zusammen:

$$Q_{L,mo} = Q_h + Q_{ww} = (KA)_{geb} GT + b \rho_w N_{pers} c_{pw} N_{tag} (T_w - T_k) \text{ in J/mo,}$$
$$\tag{11.3.8}$$

wobei $(KA)_{geb}$ das Produkt aus dem Wärmeverlustkoeffizienten K_{geb} und der Umschließungsfläche A_{geb} der zu beheizenden Gebäude in W/K, b der tägliche Warmwasserverbrauch pro Person in l/d, ρ_w die Dichte des Wassers (1 kg/l), N_{pers} die Anzahl der Personen, c_{pw} die spezifische Wärmekapazität des Wassers (4187 J/kgK), T_w und T_k die Temperatur des Warm- und Kaltwassers in °C und N_{tag} die Anzahl der Tage im Monat ist.

Die monatlichen Wärmeverluste des Wärmespeichers lassen sich wie folgt errechnen:

$$Q_{v,mo} = 3600 (KA)_s (T_s - T_u) t \text{ in J/mo,} \tag{11.3.9}$$

wobei $(KA)_s$ das Produkt aus dem Wärmeverlustkoeffizienten K_s und der Umschließungsfläche A_s des Wärmespeichers in W/K, T_s bzw. T_u der Monatsmittelwert der Speicher- bzw. Umgebungstemperatur in °C und t die Monatsdauer in Stunden ist.

Mit der Anfangs- bzw. Endtemperatur des Wärmespeichers ($T_{s,anf}$ bzw. $T_{s,end}$) gilt für die mittlere Speichertemperatur:

$$T_s = 0{,}5 (T_{s,anf} + T_{s,end}) \tag{11.3.10}$$

Der monatliche Energieertrag des Kollektors läßt sich mittels des täglichen Nutzbarkeitsgrades φ (vgl. Kapitel 5) errechnen. Dabei kann die Kollektor-Eintrittstemperatur T_{ein} gleich T_s angesetzt werden. Die Endtemperatur $T_{s,end}$ des Speichers kann aus Gleichung (11.3.10) ermittelt werden. Setzt man diese Terme in Gleichung (11.3.7) ein, erhält man:

$$2 \rho V c_p (T_s - T_{s,anf}) = A F_R \eta_0 E_k N_{tag} \phi (T_s) - Q_{L,mo} - (KA)_s (T_s - T_u) \tag{11.3.11}$$

Aus der Gleichung (11.3.11) erhält man für die mittlere Speichertemperatur:

$$T_s = [A F_R \eta_0 E_k N_{tag} \phi (T_s) - Q_{L,mo} + 2 \rho V c_p T_{s,anf} + (KA)_s T_u] / [2 \rho V c_p + (KA)_s] \tag{11.3.12}$$

Die Gleichung (11.3.12) ermöglicht eine iterative Berechnung der Temperatur T_s, vorausgesetzt, daß die Temperatur $T_{s,anf}$ bekannt ist.

11.4 Berechnung der Wärmeverluste saisonaler Wärmespeicher

Wärmeverluste eines ober- bzw. unterirdischen isolierten Wassertanks. Weiterhin werden Näherungsverfahren zur Überschlagsrechnung der Wärmeverluste der saisonalen Wärmespeicher unter quasi-stationären Bedingungen beschrieben.

Die gesamten Wärmeverluste $Q_{s,v}$ eines oberirdischen isolierten zylindrischen Wassertanks (s. Bild 11.4.1) an die Umgebung setzen sich aus den Wärmeverlusten über die Seitenwand Q_{sw}, die Decke Q_d und den Boden Q_b zusammen, die an die Außenluft und den Grund abgegeben werden. Infolge hoher thermischer Trägheit des saisonalen Speichers lassen sich die Wärmeübertragungsvorgänge näherungsweise quasi-stationär behandeln.

Für die gesamten Wärmeverluste $Q_{s,v}$ des Wassertanks über eine Periode von einem Monat bis zu einem Jahr gilt:

$$Q_{s,v} = Q_{sw} + Q_d + Q_b \text{ in J} \tag{11.4.1}$$

Für die einzelnen Terme der Gleichung (11.4.1) gelten näherungsweise:

$$Q_{sw} \approx \pi H \Delta T t / R_{sw}, \quad Q_d \approx (\pi D_i^2/4) \Delta T t / R_d \text{ und } Q_b \approx (\pi D_i^2/4) \Delta T t / R_b, \tag{11.4.2}$$

wobei H die Gesamthöhe des Speichers in m, ΔT die Temperaturdifferenz zwischen der mittleren Temperatur T_s des Speichermediums und der mittleren Umgebungstemperatur T_u in K, R_s der thermische Widerstand für die Seitenwand pro m Länge in (m K)/W, D_i der Innendurchmesser des Speichers in m, R_d bzw. R_b der gesamte thermische Widerstand für die Decke bzw. den Boden des Speichers in (m² K)/W und t die Zeit in s ist.

Die thermischen Widerstände R_{sw}, R_d und R_b ergeben sich zu:

$$R_{sw} = 1/(2 \lambda_{iso}) \ln (D_{a,i}/D_a) + 1/(\alpha_a D_{a,i}) + 1/(2 \lambda_w) \ln (D_a/D_i) \text{ in (m K)/W} \tag{11.4.3}$$

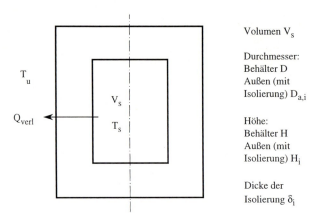

Bild 11.4.1. Isolierter zylindrischer Warmwasserspeicher (Berechnungsschema)

$$R_d = 1/\alpha_a + (\delta/\lambda)_{iso} + (\delta/\lambda)_w \text{ in } (m^2K)/W \tag{11.4.4}$$

$$R_b = (\delta/\lambda)_{iso} + (\delta/\lambda)_w + R_{erd} \text{ in } (m^2K)/W \tag{11.4.5}$$

Hierbei sind:

$D_{a,i}$ = Außendurchmesser des isolierten Speichers in m,
D_i bzw. D_a = Innen- bzw. Außendurchmesser des Speichertanks in m,
α_a = Wärmeübergangskoeffizient von der Speicheroberfläche an die Außenluft in W/(m² K),
δ_{iso} bzw. δ_w = Dicke der Isolierung bzw. der Speicherwand in m,
λ_{iso} bzw. λ_w = Wärmeleitzahl der Isolierung bzw. des Baustoffes der Speicherwand in W/(m K),
R_{erd} = thermischer Widerstand des Erdreichs [von 1 bis 3 (m² K)/W].

Zur Vereinfachung wird der Wärmedurchgang durch die Seitenfläche des zylindrischen Wasserwärmespeichers mit großem Volumen nach dem Ansatz für die ebene Wand berechnet. Die Werte $1/\alpha_a$ und δ_w/λ_w werden dabei im Vergleich zu $\delta_{iso}/\lambda_{iso}$ vernachlässigt.

Daraus folgt für *oberirdische isolierte Wassertanks* näherungsweise:

$$\dot{Q}_{s,v} \approx (\pi D_i/4)(T_s - T_u)\{(D_i + 4H)/(\delta/\lambda)_{iso} + D_i/[(\delta/\lambda)_{iso} + R_{erd}]\} \text{ in W}$$
$$\tag{11.4.6}$$

Für *unterirdische, isolierte, zylindrische Wassertanks* gilt näherungsweise:

$$\dot{Q}_{s,v} \approx A_{iso}(T_s - T_u)/[(\delta/\lambda)_{iso} + R_{erd}] \text{ in W}, \tag{11.4.7}$$

wobei A_{iso} die Fläche des isolierten Speichers im Kontakt mit Grund in m² ist.

Wärmeverluste eines unterirdischen, nichtisolierten Wasserwärmespeichers. Nach Carlslaw und Jäger [11.3] gelten näherungsweise *für den Wärmeverlustkoeffizienten K_s eines unterirdischen, nichtisolierten Speichers*, z.B. einer wasser-

11.4 Berechnung der Wärmeverluste saisonaler Wärmespeicher   279

gefüllten Felskaverne:

$$K_s = 4\pi (L_1 + L_2 + L_3) / 2[1 - (L_1 + L_2 + L_3) / 6L] \quad \text{bei } (L_1 + L_2)/2L_3 > 0,3 \tag{11.4.8}$$

und

$$K_s = 4\pi / \{(1/L_3) \ln [4 L_3 / (L_1 + L_2)] - 1 / 2L\} \quad \text{bei } (L_1 + L_2)/2L_3 < 0,3 \tag{11.4.9}$$

wobei L der Abstand des Speichers von der Erdoberfläche und L_1, L_2 und L_3 die Abmessungen des Speichers sind.

Bei dem Höhe/Durchmesser-Verhältnis H/D_i des Speichers größer als 1 gilt:

$L_1 = L_2 = D_i/2$ und $L_3 = H/2$. Sonst gilt: $L_1 = L_3 = D_i/2$ und $L_2 = H/2$.

Wärmeverluste des Erdbecken-Wärmespeichers. *Für ein Erdbecken mit Isolierung an der Decke und an einem Teil der Seitenwände* setzen sich die Wärmeverluste $Q_{s,v}$ aus Einzelbeträgen der Wärmeverluste Q_i durch die isolierten Teile und direkt vom Erdbecken an den Grund Q_g (s. Bild 11.4.2) zusammen:

$$Q_{s,v} = Q_i + Q_g = [(\delta_{iso}/\lambda_{iso}) (A_d + U_i L_i / 2) (T_s - T_u) + A_g (T_s - T_g) / R_{erd}]t \text{ in J,} \tag{11.4.10}$$

wobei A_d die Fläche der isolierten Decke, U_i bzw. L_i der Umfang bzw. die Länge der isolierten Wände, A_g die Kontaktfläche des Speichers mit dem Grund und T_g die Temperatur des Grundes ist.

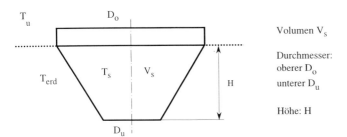

Bild 11.4.2. Wassergefüllter Erdbecken-Speicher (Berechnungsschema)

Beispiel 11.4.1. *Wärmeverluste eines oberirdischen Wasserwärmespeichers.*

Es sollen die monatlichen Wärmeverluste $Q_{s,v,mo}$ eines oberirdischen, saisonalen Wassertank-Wärmespeichers berechnet werden. Standort Stuttgart, Monat November. Maße des Stahltanks sind: Höhe H = 10 m, Durchmesser D = 30 m. Speicherwanddicke δ_w = 0,01 m, Wärmeleitfähigkeit von Stahl λ_w = 45 W/m K. Isolierung: Dicke δ_{iso} = 0,8 m, Wärmeleitzahl λ_{iso} = 0,045 W/m K. Mittlere Speichertemperatur T_s = 60 °C, Umgebungstemperatur T_u = 5 °C. Wärmeübergangskoeffizient vom Speicher an die Außenluft α_a = 25 W/m² K.

Lösung:

1. Das Volumen des Speichers ist $V_s = (\pi D^2 / 4) H = 7068,6 \text{ m}^3$.

2. Der Außen- bzw. Innendurchmesser des isolierten Tanks beträgt:

$D_{a,i} = D_i + 2 \delta_w + 2 \delta_{iso} = 31,62$ m bzw. $D_{i,i} = D_i + 2 \delta_w = 30,02$ m.

3. Der thermische Widerstand der Seitenwand pro m Länge (R_{sw}), des Bodens (R_b) bzw. der Decke (R_d) des Tanks errechnet sich wie folgt:

$R_{sw} = 1/(2 \lambda_{iso}) \ln (D_{a,i} / D_{i,i}) + 1/(2 \lambda_w) \ln (D_{i,i} / D_i) + 1/(\alpha_a D_{a,i})$
$= 0,578$ m K/W,
$R_b = (\delta/\lambda)_w + (\delta/\lambda)_{iso} + R_{erd} = 0,01 / 45 + 0,8 / 0,045 + 2 = 19,778$ m²K/W,
bzw. $R_d = (\delta/\lambda)_w + (\delta/\lambda)_{iso} + 1/\alpha_a = 17,818$ m²K/W.

4. Der Wärmeverluststrom durch die Seitenwand ($\dot{Q}_{sw}$), den Boden ($\dot{Q}_b$) bzw. die Decke ($\dot{Q}_d$) des Tanks errechnet sich zu:

$\dot{Q}_{sw} = \pi H (T_s - T_u) / R_{sw} = \pi \cdot 10 (60 - 5) / 0,578 = 2989,4$ W,
$\dot{Q}_b = (\pi D^2 / 4) (T_s - T_u) / R_b = (\pi \cdot 30^2 / 4) (60 - 5) / 19,778 = 1965,7$ W,
bzw. $\dot{Q}_d = \pi D^2 / 4 (T_s - T_u) / R_d = (\pi \cdot 30^2 / 4) (60 - 5) / 17,818 = 2181,9$ W.

5. Der Gesamtwärmeverluststrom des Speichers beträgt:

$\dot{Q}_{s,v} = \dot{Q}_{sw} + \dot{Q}_b + \dot{Q}_d = 7137$ W.

6. Für den Monatswert der Wärmeverluste des Speichers gilt näherungsweise:

$Q_{s,v,mo} = \dot{Q}_s \cdot t = 7137 \cdot 30 \text{ d} \cdot 24 \text{ h/d} \cdot 3600 \text{ s/h} = 18,5$ GJ/mo.

Beispiel 11.4.2. *Wärmeverluste eines unterirdischen Wasserwärmespeichers.*

Es sollen die monatlichen Wärmeverluste eines unterirdischen Wasserwärmespeichers berechnet werden. Der Speicher hat die gleichen Maße wie der Tank in Beispiel 11.4.1, außer der Dicke der Mineralwolle-Isolierung, die nun $\delta_{iso} = 0,2$ m beträgt.

Lösung:

1. Die Gesamtaußenfläche des Speichers ist:

$A_s = 2 \pi / 4 (D + 2 \delta_{iso})^2 + \pi (D + 2 \delta_{iso}) H = 2406,7$ m².

2. Mit $R_{erd} = 2$ (m²K)/W errechnen sich der momentane Wärmeverluststrom und die monatlichen Wärmeverluste zu:

$\dot{Q}_{s,v} = A_s (T_s - T_u) / [(\delta_{iso} / \lambda_{iso}) + R_{erd}] = 2406,7 (60 - 5) / [(0,2 / 0,045) + 2]$
$= 7326,4$ W und $Q_{s,v,mo} = \dot{Q}_{s,v} \cdot t = 7326,4 \cdot 30 \cdot 24 \cdot 3600 = 19$ GJ/mo.

Beispiel 11.4.3. *Wärmeverluste eines Erdbeckenspeichers.*

Wie groß sind die Wärmeverluste eines halbisolierten Erdbeckenspeichers in Form des Kegelstumpfs mit einem oberen/unteren Durchmesser D_o/D_u = 22/13 m und einer Tiefe H = 6 m? Isolierung der Decke: δ_{iso} = 0,9 m, λ_{iso} = 0,1 W/m K. Die mittleren Temperaturen sind: die des Speichers T_s = 30 °C, der Umgebung T_u = 5 °C, des Erdreichs T_{erd} = 10 °C. Thermischer Widerstand des Erdreiches R_{erd} = 2 m²K/W.

1. Das Speichervolumen errechnet sich mit entsprechenden Radien R_o/R_u = 11/6,5 m und Tiefe H = 6 m zu: $V_s = (\pi/3) H (R_o^2 + R_o R_u + R_u^2) = 1474,98$ m³.

2. Die Kontaktfläche des Speichers mit dem Grund errechnet sich mit dem Hilfsparameter $s = [(R_o - R_u)^2 + H^2]^{0,5} = 7,52$ m zu:

$$A_g = \pi [R_o^2 + R_u^2 + s (R_o + R_u)] - \pi D_o^2 / 4 = = 545,07 \text{ m}^2.$$

3. Für den Wärmeverluststrom durch die isolierte Decke des Speichers bzw. an den Grund gilt:

$$\dot{Q}_d = (\lambda/\delta)_{iso} (\pi D^2 / 4) (T_s - T_u) = 1055,9 \text{ W}$$

bzw. $\dot{Q}_g = A_g (T_s - T_g) / R_{erd} = 545,07 (30 - 10) / 2 = 5450,7$ W.

4. Für den Gesamtwärmeverluststrom bzw. die monatlichen Wärmeverluste gilt:

$$\dot{Q}_{s,v} = \dot{Q}_d + \dot{Q}_g = 1055,9 + 5450,7 = 6506,2 \text{ W}$$

bzw. $Q_{s,v,mo} = \dot{Q}_{s,v} t = 6506,2 \cdot 30 \cdot 24 \cdot 3600 = 16,9$ GJ/mo.

11.5 Planung und Auslegung der ZSHASW

Jahresenergieertrag des Kollektorfeldes einer ZSHASW. Infolge der hohen Investitionskosten lassen sich die ZSHASW nur für mittelgroße und große Wärmeversorgungsobjekte mit einer jährlichen Wärmelast von über 500 MWh/a wirtschaftlich auslegen. Dies können Wärmeversorgungsanlagen für ein Mehrfamilienhaus oder mehrere Einfamilienhäuser sowie Büro- oder Gewerbegebäude sein. Die Solaranlage schließt entweder ein zentrales Kollektorfeld oder mehrere dachintegrierte Einzelkollektoren und einen zentralen saisonalen Speicher ein. Die Wärmeverteilung erfolgt mittels eines Nahwärmeverteilnetzes, und die ZSHASW können nur bei hoher Dichte der Wohneinheiten, die kleine Verteilnetze brauchen, wirtschaftlich sein.

Die Planung der ZSHASW ist viel anspruchsvoller als bei herkömmlichen Heizungsanlagen. Die folgenden Aspekte sollen bei der Planung von ZSHASW im Auge behalten werden:

- die erforderliche Kollektorfläche ist wegen der geringen mittleren Energiedichte der Sonnenstrahlung groß,

11 Solare Nahwärmeversorgungssysteme

- die Wärmeverluste der Kollektoren müssen klein sein und
- der Jahresenergieertrag der Solaranlage ist von der Umgebungstemperatur, der Temperatur im Speicher und der Rücklauftemperatur der Heizung abhängig.

Um die Effizienz der gesamten Solaranlage zu erhöhen, müssen die Speichertemperatur und die Rücklauftemperatur so niedrig wie möglich sein. Deshalb sind Niedertemperatur-Heizungen besonders geeignet. Wärmeverluste in allen Komponenten der Solaranlage, im Verteilungsnetz und bei Wärmeverwendung müssen gering sein.

Im Gegensatz zu herkömmlichen Heizungsanlagen sind die Solarheizungen für die Lieferung der erforderlichen Wärmemenge (nicht der Leistung) auszulegen. Eine Überdimensionierung der Solaranlage muß unter allen Umständen vermieden werden, da die Energiekosten hauptsächlich durch die hohen Investitionskosten bestimmt werden. Bei herkömmlichen Heizungsanlagen überwiegen die Betriebs- und Energiekosten.

Eine optimale Dimensionierung der Solaranlagen ist aufgrund einer analytischen Lösung der Energiebilanz für die Solaranlage möglich [11.14, 11.16-11.19].

Der Jahresenergieertrag des Kollektorfeldes einer ZSHASW errechnet sich wie folgt:

$$Q_{kj} = 3600 \, A \, F' \, \eta_o \, \eta_r \, \phi(X) \, I_k \, t_j \text{ in J/a,} \tag{11.5.1}$$

wobei A die Fläche des Kollektorfeldes, F' der Absorberwirkungsgradfaktor, η_o der optische Wirkungsgrad des Kollektors, η_r der Wirkungsgrad der Kollektorverbindungsrohre, $\phi(X)$ der jährliche Nutzbarkeitsgrad des Kollektors, I_k der Jahresmittelwert der Sonnenstrahlungsstärke in der Kollektorebene und t_j die jährliche Tageslichtdauer ($t_j = 0{,}5 \cdot 8760 \text{ h} = 4380 \text{ h}$) ist.

Für den Nutzbarkeitsgrad des Kollektorfeldes gilt:

$$\phi(X) = (1 - X / X_{max})^{X_{max}} \tag{11.5.2}$$

Für die dimensionslosen Strahlungsverhältnisse X und X_{max} gelten:

$$X = K_k \, (T_s - T_u) / (\eta_o \, I_k) \tag{11.5.3}$$

$$\text{und } X_{max} = I_{max} / I_k, \tag{11.5.4}$$

wobei K_k der Wärmeverlustkoeffizient des Kollektors in W/(m²K), T_s bzw. T_u die mittlere Speicher- bzw. Umgebungstemperatur in °C und I_{max} die maximale Sonnenstrahlungsstärke auf die Kollektorfläche in W/m² ist.

Beim direkten Anschluß der Wärmeverbraucher an den Speicher gilt für den jährlichen Energieertrag die Gleichung (11.5.1). Wenn eine Wärmepumpe dazwischen eingeschaltet wird, gilt für den jährlichen Energieertrag:

$$Q_{kj} = 3600 \, A \, F_R \, \eta_o \, \eta_r \, \phi(X_m) \, I_k \, t_j \text{ in J/a,} \tag{11.5.5}$$

wobei F_R der Wärmeabfuhrfaktor des Kollektors und η_r der Wärmeverlustfaktor der Verbindungsrohre ist.

Der Nutzbarkeitsgrad φ des Kollektorfeldes errechnet sich dabei anhand des Strahlungsverhältnisses bei mittlerer Speichertemperatur T_{sm}:

$$X_m = K_k (T_{sm} - T_u) / \eta_o I_k \tag{11.5.6}$$

Die optimalen Werte von Kollektorfläche A_{opt} und Speichervolumen V_{opt} für eine ZSHASW sind durch den jährlichen solaren Deckungsgrad f und die system- und ortsspezifischen Parameter m und v_s bestimmt [11.19]

$$A_{opt} = f / m \text{ und } V_{opt} = v_s A_{opt} \tag{11.5.7}$$

Der Parameter m ist für eine bestimmte Systemkonfiguration konstant im gesamten Bereich der f-Werte, und der v_s-Wert ist von f abhängig.

Auslegung der Kollektorfläche für ZSHASW. In großen solaren Heizungsanlagen mit saisonalen Wärmespeichern beträgt die Größe der Kollektorfläche mindestens einige Hundert Quadratmeter. Die Kollektoren mit kleinen Modulen sind für diese Anwendung nicht geeignet. Zur Zeit werden in ZSHASW die sogenannten Sunstrip-Module von 12 m² mit minimalen Verbindungsstrecken eingesetzt, die am Standort der Solaranlage als ein großes zentrales Kollektorfeld auf dem Boden oder als ein dezentrales Kollektorsystem aus dachintegrierten Einzelkollektoren installiert werden.

Der Kollektorkreislauf wird in der Regel auf einen geringen Massenstrom (zwischen 0,002 und 0,007 kg/s pro m² Kollektorfläche) eines frostsicheren Wärmeträgermediums, d.h. eines Wasser-Glykol-Gemisches, ausgelegt. Dadurch wird zum einen die Temperaturschichtung des Speichermediums gefördert und zum zweiten werden die Rohrleitungsgröße und demzufolge auch ihre Kosten reduziert.

Die erforderliche Kollektorfläche A bezogen auf MWh der jährlichen Wärmelast Q_L ist von mehreren Parametern abhängig. Vor allem sind die Systemkonfiguration, die Effizienz der Hauptkomponenten Kollektor und Wärmespeicher, die Betriebstemperaturen im Solarsystem und im Wärmeverteilungsnetz sowie der angestrebte solare Deckungsgrad maßgebend. Die Kollektorfläche für ZSHASW für 200 Einfamilien-Wohnhäuser in Helsinki (1), Zürich (2), Mailand (3) und Madison (4) ist in Abhängigkeit von f für Systeme mit Erdbecken (a) und mit Grundspeicher (b) in Bild 11.5.1 gezeigt.

Die Kollektorfläche A/Q_L der hocheffizienten Flachkollektoren, bezogen auf 1 kW Wärmelastleistung bzw. auf 1 GJ der gesamten jährlichen Wärmelast, und die entsprechende spezifische Grundstücksfläche A_{gs}/Q_L für landgebundene Kollektoren können bei Überschlagsrechnungen wie folgt angenommen werden [11.11]:

1) die Kollektorfläche - etwa 6 m² pro 1 kW angeschlossene Wärmelastleistung bzw. etwa 0,67 m² pro 1 GJ jährliche Wärmelast,
2) die Grundstücksfläche - etwa 2,5 m² pro m² Kollektorfläche.

Die aufgeführten Werte beziehen sich auf einen jährlichen solaren Deckungsgrad f von 0,7-0,8. Tabelle 11.5.1 enthält die Anhaltswerte von A/Q_L für unterschiedliche Konfigurationen der ZSHASW.

Die spezifische jährliche Kollektorausbeute in ZSHASW ist innerhalb der Periode 1979-1985 von 205 auf 365 kWh/m²a gestiegen, während die spezifischen

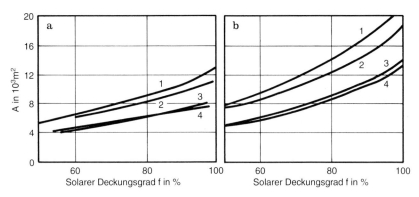

Bild 11.5.1. Erforderliche Kollektorfläche A (in $10^3 m^2$) für ZSHASW mit Erdbecken (**a**) und mit Grundspeicher (**b**) in Abhängigkeit vom jährlichen solaren Deckungsgrad f. Wärmelast: 200 Einfamilienhäuser in Helsinki (1), Zürich (2), Mailand (3) und Madison (4) [11.7]

Tabelle 11.5.1. Spezifische Kollektorfläche A (bezogen auf die Jahres-Heizwärmelast Q_L) für ZSHASW mit Warmwasser- und Erdreichspeichern [11.11]. Wärmelast: von 200 bis 1000 Haushalte. Solarer Deckungsgrad f_j: 0,7-0,8.

Speichersystem	A/Q_L in m^2 pro MWh/a
Warmwasserspeicher	1,5-2,5
Erdreichspeicher	2-3

Kosten der Kollektoren von ca. 1600 DM auf etwa 530 DM pro m^2 Kollektorfläche sanken. Angestrebt wird eine weitere Erhöhung der Ausbeute bis auf 400 kWh/m^2 pro Jahr und Senkung der Kosten auf ca. 240 DM pro m^2. Die Angaben beziehen sich auf die mittlere Kollektortemperatur von 70 °C, die Abschreibungszeit von 20 Jahren, den Realzins von 4% und jährliche Wartungskosten von 1% der Investitionskosten [11.11].

Auslegung von saisonalen Wärmespeichern für ZSHASW. Eine sorgfältige Auswahl des Standortes setzt seine geotechnische Untersuchung inkl. der Grundwasserlage und -bewegung voraus. Als Speichermedium in ZSHASW dient das Wasser in Behältern, Erdbecken, unterirdischen Tunneln (Felskavernen) bzw. Aquifern oder das Erdreich. Wasser-Wärmespeicher können entweder ober- oder innerhalb des Erdreichs untergebracht werden. Wassergefüllte Erdbecken, Felsbohrungen und -kavernen eignen sich für Hochtemperatur-Wärmespeicher, wenn günstige geologische Bedingungen vor Ort vorhanden sind. Die Erdreichspeicher (Boden oder Lehm) sind für die Niedertemperatur-Speicher kleinerer Speicherkapazität einsetzbar. Die Aquifer können nur in geologisch geeigneten Orten und entfernt von Trinkwasserquellen für beliebig große Niedertemperaturspeicher erschlossen werden. Im Gegensatz zu den Wasserbehältern, die einen guten Wärmeschutz brauchen, werden die unterirdischen Speicher mit viel geringerer oder ohne Wärmedämmung gebaut. Die Speicherung in Felskavernen kann nur bei einer Speicherkapazität von mindestens 100.000 m³ wirtschaftlich sein.

Bild 11.5.2 zeigt das erforderliche Volumen V (in Tausend m³) des Speichers für ZSHASW in Abhängigkeit vom jährlichen solaren Deckungsgrad f für drei europäische Orte (Helsinki, Zürich und Mailand) und die amerikanische Stadt Madison für verschiedene Systemkonfigurationen und unterschiedliche Wärmelast. Ein System mit einem Felsspeicher mit Bohrungen ist für 1000 Einfamilienhäuser in Helsinki konzipiert. In allen anderen Orten entspricht die Wärmelast 200 Einfamilienhäusern. Der Unterschied besteht diesmal im Speichertyp: Grundspeicher in Zürich und Mailand und Erdbeckenspeicher in Madison. Die Einflüsse von f sowie des Klimas und der Größe der Wärmelast sind sehr stark ausgeprägt.

Das Verhältnis des Volumens V des saisonalen Speichers zur Kollektorfläche A hängt von der Speicherart und von dem Temperaturbereich ab. Tabelle 11.5.2

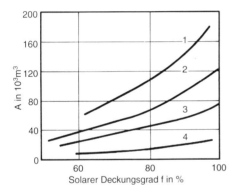

Bild 11.5.2. Erforderliches Speichervolumen V (in 10³m³) für ZSHASW in Abhängigkeit vom jährlichen solaren Deckungsgrad f. 1000 Einfamilienhäuser in Helsinki (1), 200 Einfamilienhäusern in Zürich (2), Mailand (3) und Madison (4) [11.7]

Tabelle 11.5.2. Verhältnis des Volumens V des saisonalen Speichers zur Kollektorfläche A für ZSHASW mit Warmwasser- und Erdreichspeichern [11.11].
Wärmelast: von 200 bis 1000 Haushalte. Solarer Deckungsgrad f_j: 0,7-0,8.

Speicherart	c' MJ/m³K	λ W/mK	l m/m²	s m	V_s/A m³/m²
Wärmespeicher	4,187	0,68	-	-	2-3
Erdreichspeicher					
Fels, Granit	2	3,5	1	2,5	6-7
Grund	2	2	1,5	2	6-7
Lehm	4	1	1,5	1,5	4-5

c'= Wärmekapazität, λ = Wärmeleitzahl, l = Rohrlänge pro m² Kollektorfläche, s = Rohrabstand, V_s/A = Speichervolumen bezogen auf 1 m² Kollektorfläche.

enthält die Werte von V_s/A für ZSHASW mit Warmwasser- und Erdreichspeichern mit senkrechten Rohren.

Das Volumen V_s eines Wasserwärmespeichers, das für eine ZSHASW erforderlich ist, um 70 bis 80% der jährlichen Wärmelast unter den Klimabedingungen Mitteleuropas solar decken zu können, kann bei Überschlagsrechnungen wie folgt angenommen werden [11.11]:

- etwa 18 m^3 bezogen auf 1 kW angeschlossene Wärmelastleistung,
- etwa 2 m^3 bezogen auf 1 GJ der gesamten jährlichen Wärmelast,
- etwa 3 m^3 bezogen auf 1 m^2 Kollektorfläche.

Bei der Auswahl der Speicherbauart wird zwischen den kleineren und größeren ZSHASW unterschieden. Die kleineren Anlagen werden für die Wärmeversorgung von Objekten mit einer angeschlossenen Wärmelastleistung von 100 kW bis 3 MW bzw. mit einer jährlichen Wärmelast von 1.000 bis 30.000 GJ/a geplant. In diesem Fall können gut isolierte Stahl- oder Betonwasserbehälter mit einem Wasserinhalt von 2.000 bis 60.000 m^3 verwendet werden. Alternativ können auch Erdreich- oder Erdbeckenspeicher verwendet werden. Die größeren ZSHASW werden zur Wärmeversorgung von Objekten mit einer Wärmelastleistung von über 5 MW (bzw. 40.000 GJ/a) eingesetzt. Die meist geeigneten Speicherkonzepte sind in diesem Fall die unterirdischen wassergefüllten Felskavernen oder die Aquifer.

Wirtschaftlichkeit von ZSHASW. Die Beurteilung der Konzepte von ZSHASW soll aufgrund der folgenden Kriterien durchgeführt werden: jährlicher solarer Deckungsgrad, Nutzungsgrade des Kollektors, Wärmespeichers und des gesamten Systems, Energieeinsparungskosten, Kosten der erzeugten thermischen Energie, Amortisationsdauer des Systems etc. Die Kosten der bislang ausgeführten ZSHASW sind hoch. Das ist zum Teil dadurch zu erklären, daß die ZSHASW meistens als Demonstrations- oder Pilotanlagen mit komplizierten Regelungssystemen konzipiert wurden. *Die Baukosten* verschiedener Langzeitwärmespeicher unterscheiden sich stark (s. Bild 11.5.3). *Die teuersten saisonalen Wärmespeicher sind isolierte Wassertanks* aus Stahl und Beton, dann folgen Erdbecken und Felskavernen. *Billiger sind Felsspeicher* mit wasserdurchströmten Bohrungen und *am billigsten sind Lehmspeicher* mit senkrecht angeordneten Rohrbündeln *und Aquifer*. Die letztgenannten Speicherarten sind Niedertemperatur-Speicher, bei welchen zur Temperaturanhebung Wärmepumpen verwendet werden, so daß ihre Nutzung aufwendiger werden kann als die der Hochtemperatur-Speicher. Allgemein vermindern sich die spezifischen Baukosten mit wachsendem Speichervolumen und reduziertem Grad der Isolierung.

Der Einfluß der Energiekosten von Zusatzheizungen K_{zus}, des solaren Deckungsgrades f und der Vorlauf- /Rücklauftemperatur im Wärmeverteilungsnetz auf die spezifischen solaren und gesamten Nutzwärmekosten K_{sol} wurde in Madison, USA, analysiert. Die Ausgangsdaten für die Berechnungen mit den verschiedenen Systemkonfigurationen sind: 500 Häuser, 20% Anteil der Warmwasserbereitungslast an Gesamtwärmelast. Beim Niedertemperatur-Wärmeverteilungsnetz (60/50/30 °C) liefern Systeme mit Aquifer bis f = 80% die billigste Wärme (unter 35 DM/MWh), dann folgen Systeme mit Erdbecken- und Erdreichspeicher (ca. 85

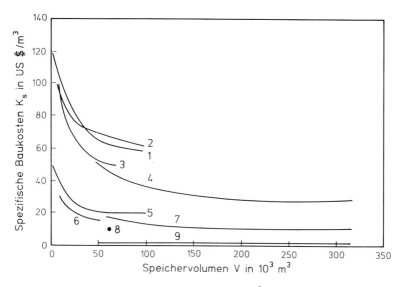

Bild 11.5.3. Spezifische Baukosten K_S (in US \$/m³) für die saisonale Wärmespeicher in Abhängigkeit vom Speichervolumen V (in 10³m³): 1 - Betonbehälter, 2 - Stahlbehälter, 3 - Erdbeckenspeicher (völlig isoliert), 4 - Felskaverne, 5 - Erdspeicher, 6 - Erdbeckenspeicher (teilweise isoliert), 7 - Felsspeicher mit wassergefüllten Bohrungen, 8 - Aquifer, 9 - Lehmspeicher mit vertikaler Verrohrung

DM/MWh). Die teuerste Wärme liefern Systeme mit Wassertanks. Bei f-Werten über 80% sind Systeme mit Erdbecken und Felskavernen die günstigsten, die mit Wassertanks, Erdreichspeichern und Aquifern sind die teuersten. Bei Hochtemperatur-Wärmeverteilungsnetzen (115/80/50 °C) sind Systeme mit Aquifer nur bis f von 50% die günstigsten. Darauf folgen die Erdbeckenspeicher, die bei f über 50% die günstigste Variante darstellen. Systeme mit Wassertanks oder Aquifer sind die teuersten bei f über 70%. Unabhängig von den Energiekosten von Zusatzheizungen K_{zus} (von 50 bis 500 DM/MWh) sind Systeme mit Wassertanks die teuersten, die günstigsten sind die mit Aquifer (bis 340 DM/MWh bei Niedertemperatur und nur bis ca. 170 DM/MWh bei Hochtemperatur). Bei K_{zus} über 340 DM/MWh sind Systeme mit Erdbecken und Felskavernen die günstigsten. Der Vergleich von Systemen mit/ohne Wärmepumpe zeigt, daß die billigste Wärme das System mit Gasmotor-Wärmepumpen (Kollektorfläche A = 1250 m², Grundspeichervolumen V = 41500 m³, jährlicher solarer Deckungsgrad f = 42%, Wärmeverhältnis der Wärmepumpe 1,76) liefert. Die teuerste Wärme erzeugt das System ohne Wärmepumpe (A = 3500 m², V = 20000 m³, f = 82%).

Beispiel 11.5.1. *Überschlagsrechnung der Kollektorfläche und des Speichervolumens.*

Es sollen die erforderliche Kollektorfläche und das Speichervolumen einer ZSHASW für eine Wohnsiedlung aus 500 Niedrigenergie-Wohneinheiten (N_{we} =

500) ermittelt werden. In der ZSHASW soll ein Kollektorfeld aus hocheffizienten Flachkollektoren und ein saisonaler Grundspeicher verwendet werden. Der spezifische Jahres-Heizwärmebedarf q_h beträgt 50 kWh/m²a. Die Nutzfläche A_{we} einer Wohneinheit beträgt 120 m². Die Wärmeverluste der Nahwärmeverteilungsnetze betragen 15% des jährlichen Netto-Heizwärmebedarfs. Der jährliche solare Deckungsgrad soll 70% betragen. Wie groß ist der Jahres-Zusatzenergiebedarf?

1. Unter Berücksichtigung der Wärmeverluste errechnet sich der Jahres-Heizwärmebedarf Q_L der Wohnsiedlung mit N_{we} = 500 WE zu:

$$Q_L = q_h\, N_{we}\, A_{we} / (1 - \eta_{verlust}) = 50 \text{ kWh/m}^2\text{a} \cdot 500 \cdot 120 \text{ m}^2 / (1 - 0{,}15) = 3530 \text{ MWh/a}.$$

2. Mit Anhaltswerten von A/Q_L = 2,5 m² und V_s/A = 6,5 m³/m² pro MWh/a aus den Tabellen 11.5.1 und 11.5.2 ergeben sich die Kollektorfläche und das Speichervolumen zu:

$$A = (A/Q_L)\, Q_L = 2{,}5 \cdot 3530 = 8825 \text{ m}^2 \text{ und } V_s = 6{,}5 \cdot 8825 = 57362 \text{ m}^3.$$

3. Mit einem solaren Deckungsgrad f von 70% ergibt sich der Jahres-Zusatzenergiebedarf zu:

$$Q_{zus} = Q_L\,(1 - f) = 3530 \text{ MWh/a}\,(1 - 0{,}7) = 1059 \text{ MWh/a}.$$

12 Berechnung und Auslegung von Solaranlagen zur Heizung und Warmwasserbereitung

12.1 Das f-Chart-Verfahren zur Berechnung von solaren Heizungs- und Warmwasserbereitungsanlagen

12.1.1 Grundlagen des f-Chart-Verfahrens

Die Berechnung, Planung und Auslegung von Niedertemperatur-Solaranlagen ist Gegenstand von vielen Büchern und Artikeln der Fachliteratur [12.1-12.4, 12.6, 12.8, 12.9, 12.11-12.13, 12.15-12.19]. Das halbempirische f-Chart-Verfahren wurde von Beckman, Klein und Duffie in 1976-1977 entwickelt [12.3, 12.4]. Es basiert auf mehreren hundert Simulationen solarer Heizungsanlagen mit Hilfe des Programms TRNSYS (siehe Abschnitt 12.2) [12.14]. Mittels dieses Verfahrens kann *der solare Deckungsgrad* f, d.h. der Anteil der Sonnenenergie am Gesamtwärmebedarf des Gebäudes, für solare Heizungs- und Warmwasserbereitungsanlagen mit einer vorgegebenen Kollektorfläche A ermittelt werden. Andererseits kann *die Kollektorfläche* A berechnet werden, die erforderlich ist, um einen bestimmten Wert des jährlichen solaren Deckungsgrades f zu erreichen. Das f-Chart-Verfahren gilt für Solaranlagen mit Flüssigkeits- bzw. Luftkollektoren, die zur Heizung und Warmwasserbereitung verwendet werden.

Für ein Gebäude mit einer solaren Heizungsanlage und einer Zusatzheizung gilt die folgende *monatliche Energiebilanz*:

$$Q_L = Q_{sol} + Q_{zus} - Q_v \text{ in MJ pro Monat,} \tag{12.1.1}$$

wobei Q_L die Wärmelast für Raumheizung und Warmwasserbereitung, Q_{sol} der Energieertrag der Solaranlage, Q_{zus} der Zusatzenergieverbrauch und Q_v die Wärmeverluste der Solaranlage sind.

Dabei wird die Änderung des Energieinhalts ΔQ_s des Wärmespeichers über die Periode von einem Monat vernachlässigt.

Der solare Deckungsgrad f für einen Monat wird als das Verhältnis der monatlichen Werte des Energieertrags Q_{sol} der Solaranlage und der Wärmelast Q_L definiert:

$$f = Q_{sol} / Q_L = (Q_L - Q_{zus}) / Q_L \tag{12.1.2}$$

Da der monatliche Energieertrag Q_{sol} einer Solaranlage eine komplizierte Funktion der auftreffenden Strahlung, der Umgebungstemperatur und der Wärmelast ist, wird der monatliche solare Deckungsgrad f als Funktion der dimensionslosen Parameter X und Y dargestellt [12.3, 12.4].

Der Parameter X stellt das Verhältnis der monatlichen Wärmeverluste des Solarkollektors bei einer Referenztemperatur zur monatlichen Wärmelast dar:

$$X = A\, F_R K_k\, (T_{ref} - T_u)\, t\, /\, Q_L \qquad (12.1.3)$$

mit: A = Kollektorfläche in m^2,
F_R = Wärmeabfuhrfaktor des Kollektors,
K_k = Gesamtwärmedurchgangskoeffizient des Kollektors in W/(m^{2}K),
T_{ref} = Referenztemperatur (100 °C) des Kollektors,
T_u = Monatsdurchschnitt der Umgebungstemperatur in °C,
t = Dauer des Monats in s,
Q_L = Monatswert der Wärmelast in J.

Der Parameter Y ist das Verhältnis der durch den Absorber des Kollektors während eines Monats absorbierten Sonnenenergie zur monatlichen Wärmelast:

$$Y = A\, F_R(\tau\alpha)_n\, E_k\, N_{tag}\, /\, Q_L \qquad (12.1.4)$$

mit: $F_R(\tau\alpha)_n$ = optischer Wirkungsgrad des Solarkollektors bei senkrechtem Direktstrahlungseinfall,
E_k = Monatsmittelwert der Tagessumme der Sonnenstrahlung auf die Kollektorfläche in J/m^{2}d,
N_{tag} = Anzahl der Tage im Monat.

Bei Zweikreis-Solaranlagen werden die nach Gleichungen (12.1.3) und (12.1.4) errechneten Parameter X und Y mit dem Quotienten F_R'/F_R multipliziert, um den Wärmetauscher im Kollektorkreislauf zu berücksichtigen. Dabei ist F_R' der gesamte Wärmeabfuhrfaktor des Kollektors mit dem Wärmetauscher. Um den Einfluß des Einfallswinkels der Direktstrahlung auf den optischen Wirkungsgrad des Kollektors zu berücksichtigen, wird der Parameter Y mit dem Quotienten $(\tau\alpha)/(\tau\alpha)_n$ des Monatsmittelwertes des effektiven optischen Wirkungsgrades des Kollektors und des optischen Wirkungsgrades bei senkrechtem Direktstrahlungseinfall multipliziert. Die Quotienten F_R'/F_R und $(\tau\alpha)/(\tau\alpha)_n$ werden nach den Gleichungen (3.7.23), (3.8.21) und (3.8.22) in Kapitel 3 bestimmt.

Grundbeziehung des f-Chart-Verfahrens. In solaren Heizungs- und Warmwasserbereitungsanlagen werden Kollektoren mit flüssigen oder gasförmigen Wärmeträgermedien verwendet. Die Referenz-Solaranlage stellt eine Zweikreis-Solaranlage zur Heizung und Warmwasserbereitung mit Flüssigkeitskollektoren und je einem Wärmetauscher im Kollektor- bzw. Wärmelastkreislauf (s. Bild 12.1.1). Ein frostsicheres Medium (Polyäthylen- bzw. Polypropylenglykol-Wasser-Gemisch) dient als Wärmeträger im Kollektor und gibt die gewonnene solare Wärme mittels eines Wärmetauschers an das Speichermedium ab. Aus dem Wärmespeicher wird die gespeicherte Wärme über einen jeweiligen Wärmetauscher an den Brauchwasser-Speichervorwärmer bzw. an das Heizsystem des Gebäudes abgegeben. Je nach Ausbeute der Solaranlage wird das Brauchwasser nachgeheizt und die Zusatzenergie von einer konventionellen Energiequelle zur Heizung des Gebäudes geliefert. Solare Heizungsanlagen mit Luftkollektoren enthalten auch die Komponenten,

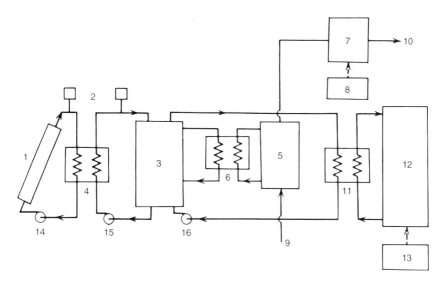

Bild 12.1.1. Solare Heizungs - und Warmwasserbereitungsanlagen mit Flüssigkeitskollektoren: 1 - Solarkollektor, 2 - Sicherheitseinrichtung, 3 - Wärmespeicher, 4 - Wärmetauscher, 5 - Wasservorwärmer, 6 - Wärmetauscher, 7 - Warmwassertank, 8 - Zusatzheizung, 9 - Kaltwasseranschluß, 10 - Warmwasserabfuhr, 11 - Wärmetauscher, 12 - Haus, 13 - Zusatzheizung, 14 bis 16 - Pumpe [12.3]

die zur Brauchwassererwärmung verwendet werden. Dies sind der Luft-Wasser-Wärmetauscher und der solare Warmwassertank mit nachgeschalteter Zusatzheizung. Die Referenzanlage ist in Bild 12.1.2 graphisch dargestellt. Die Heizung erfolgt über einen Feststoff-Wärmespeicher mittels der warmen Luft, bei Bedarf wird eine Zusatzheizung eingeschaltet.

Die folgenden Werte der anlagenspezifischen Parameter wurden dem f-Chart-Verfahren zugrunde gelegt [12.3, 12.4]:

- der optische Wirkungsgrad η_o von 0,6 bis 0,9,
- die Fläche A des Kollektors von 5 bis 120 m².
- Gesamtwärmedurchgangskoeffizient K_k des Kollektors von 2,1 bis 8,3 W/(m²K),
- der Neigungswinkel des Kollektors β von 30° bis 90° und
- das Produkt aus dem Wärmeverlustkoeffizienten K_{geb} und der Umfassungsfläche A_{geb} des Gebäudes von 83 bis 667 W/K.

Bei der Anwendung des f-Chart-Verfahrens sollen die Parameter der zu planenden Solaranlagen innerhalb der aufgeführten Bereiche liegen.

Die empirische Grundbeziehung des f-Chart-Verfahrens verknüpft den monatlichen solaren Deckungsgrad f mit den Parametern X und Y. Für solare Heizungs- und Warmwasserbereitungsanlagen mit Flüssigkeitskollektoren bzw. mit Luftkollektoren gilt [12.3, 12.4]:

$$f = 1{,}029\,Y - 0{,}065\,X - 0{,}245\,Y^2 + 0{,}0018\,X^2 + 0{,}0215\,Y^3 \qquad (12.1.5)$$

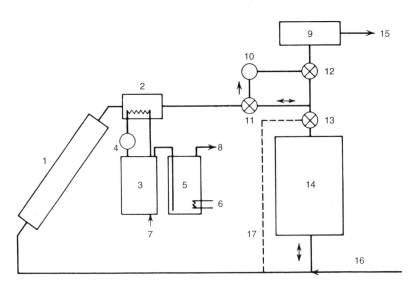

Bild 12.1.2. Solare Heizungs - und Warmwasserbereitungsanlagen mit Luftkollektoren:
1 - Solarkollektor, 2 - Wärmetauscher, 3 - Wasservorwärmer, 4 - Pumpe, 5 - Wassererhitzer, 6 - Zusatzheizung, 7 - Kaltwasserzufluß, 8 - Warmwasserentnahme, 9 - Zusatzheizung, 10 - Gebläse, 11 bis 13 - Klappe, 14 - Schüttbett-Wärmespeicher, 15 - warme Zuluft, 16 - Abluft, 17 - Umleitung im Sommer [12.3]

bzw. $f = 1{,}040\,Y - 0{,}065 \cdot X - 0{,}159\,Y^2 + 0{,}00187\,X^2 - 0{,}0095\,Y^3$ \hfill (12.1.6)

für: $0 < X < 18$ und $0 < Y < 3$. Die Gleichungen (12.1.5) und (12.1.6) sind in Bild 12.1.3 bzw. 12.1.4 graphisch dargestellt.

Parameter X und Y für Solaranlagen mit Flüssigkeitskollektoren. Die folgenden Auslegungsparameter - der Massenstrom des Wärmeträgers im Kollektorkreislauf, das spezifische Speichervolumen und die Größe des Lastwärmetauschers - blieben beim Erstellen des f-Chart-Verfahrens unverändert. Aufgrund der Simulationen von Solaranlagen wurde festgestellt, daß die Änderung des Kollektormedium-Massenstroms eine geringe Auswirkung auf die Effizienz der Solaranlage mit Flüssigkeitskollektoren ausübt. Bei Solaranlagen mit Luftkollektoren ist aber ein Korrekturfaktor erforderlich, der die Abweichung des Luftvolumenstroms im Kollektorkreislauf vom Basiswert berücksichtigt. Bei Abweichungen des spezifischen Speichervolumens vom Basiswert ist eine Korrektur für Solaranlagen mit Flüssigkeits- wie Luftkollektoren nötig. Nur bei Solaranlagen mit Flüssigkeitskollektoren muß der Einfluß des Lastwärmetauschers mit einem Korrekturfaktor berücksichtigt werden.

Demzufolge werden die nach den Gl. (12.1.3) und (12.1.4) errechneten Parameter X und Y mit entsprechenden Korrekturfaktoren multipliziert.

Für Solaranlagen mit Flüssigkeitskollektoren gelten die Korrekturfaktoren K_1 und K_2. Bei Abweichungen des tatsächlichen spezifischen Volumens v_s des

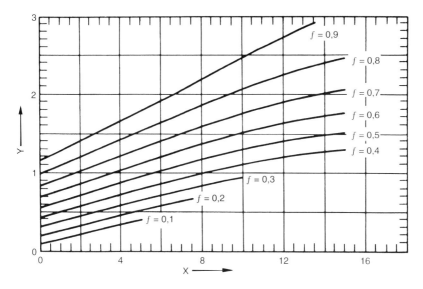

Bild 12.1.3. Das f-Diagramm für Solaranlagen mit Flüssigkeitskollektoren [12.3]

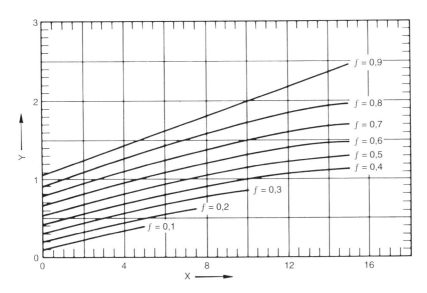

Bild 12.1.4. Das f-Diagramm für Solaranlagen mit Luftkollektoren [12.3]

Warmwasserspeichers von dem Basiswert von 75 l/m² wird der Parameter X mit K_1 multipliziert [12.3, 12.4]:

$$K_1 = (v_s / 75)^{-0{,}25} \qquad (12.1.7)$$

Empfohlen werden Werte von v_s im Bereich von 37,5 bis 300 Liter pro m² Kollektorfläche. In Bild 12.1.5 ist K_1 in Abhängigkeit von $v_s/75$ aufgezeichnet.

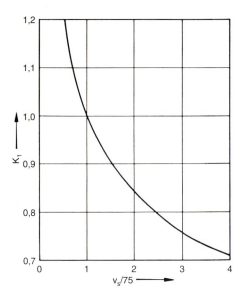

Bild 12.1.5. Korrekturfaktor K_1 für den Parameter X in Abhängigkeit vom spezifischen Volumen v_s des Warmwasserspeichers in Solaranlagen mit Flüssigkeitskollektoren [12.3]. Der Basiswert von v_s ist 75 l/m²

Bei Solaranlagen mit Flüssigkeitskollektoren je nach der *Größe des Lastwärmetauschers*, die durch $\varepsilon(\dot{m}c_p)_{min}/(KA)_{geb}$ gekennzeichnet wird, wird der Parameter Y mit K_2 multipliziert [12.3, 12.4]:

$$K_2 = 0{,}39 + 0{,}65 \exp[-0{,}139 \,(KA)_{geb} / \varepsilon(\dot{m}c_p)_{min}] \qquad (12.1.8)$$

für $0{,}5 \leq \varepsilon(\dot{m}c_p)_{min}/(KA)_{geb}$. In der Praxis liegt dieser Parameter zwischen 1 und 3.

Hierbei sind: ε die Betriebscharakteristik des Wärmetauschers, $(\dot{m}c_p)_{min}$ das minimale Produkt aus dem Massenstrom $\dot{m}$ und der spezifischen Wärmekapazität c_p von beiden Wärmeträgern im Wärmetauscher in W/K und $(KA)_{geb}$ das Produkt aus dem Wärmeverlustkoeffizienten K_{geb} und der Umfassungsfläche A_{geb} des Gebäudes.

Der Faktor K_2 kann dem Bild 12.1.6 entnommen werden.

Parameter X und Y für Solaranlagen mit Luftkollektoren. Solaranlagen zum Heizen mit Luftkollektoren können auch einen Luft-Wasser-Wärmetauscher und einen Warmwasserspeicher enthalten. Die Heizung des Gebäudes mit warmer Luft aus dem Solarkollektor erfolgt über einen Feststoff-Wärmespeicher mit den Speichermedien Kies, Schotter, Granit. Bei Bedarf wird eine Zusatzheizung eingeschaltet. Die Basiswerte der anlagenspezifischen Parameter für die Solaranlagen mit Luftkollektoren sind die gleichen wie für die mit Flüssigkeitskollektoren. Bei Solaranlagen mit Luftkollektoren werden die nach den Gleichungen (12.1.3) und (12.1.4) errechneten Parameter X und Y mit entsprechenden Korrekturfaktoren multipliziert.

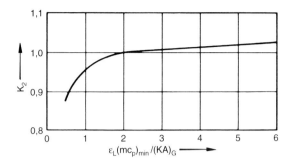

Bild 12.1.6. Korrekturfaktor K_2 für den Parameter Y in Abhängigkeit von der Größe des Lastwärmetauschers in Solaranlagen mit Flüssigkeitskollektoren [12.3]. Der Basiswert von $\varepsilon(mcp)_{min}/(KA)_{geb}$ ist 2

Bei Abweichungen des tatsächlichen spezifischen Volumens v_s eines Schüttbett-Wärmespeichers vom Basiswert von 0,25 m³/m² wird der Parameter X mit dem Faktor K_3 multipliziert [12.3, 12.4]:

$$K_3 = (v_s / 0,25)^{-0,3} \qquad (12.1.9)$$

Empfohlen werden Werte von v_s im Bereich von 0,125 bis 1 m³ pro m² Kollektorfläche.

Bei Abweichungen der tatsächlichen Volumendurchflußrate $\dot{V}$ im Luftkollektor vom Basiswert von 0,01 m³/s m² wird der Parameter X mit dem Faktor K_4 multipliziert [12.3, 12.4]:

$$K_4 = (\dot{V} / 0,01)^{0,28} \qquad (12.1.10)$$

Empfohlen werden Werte von $\dot{V}$ im Bereich von 0,005 bis 0,02 m³/s pro m² Kollektorfläche.

Die Faktoren K_3 und K_4 sind in Bild 12.1.7 und 12.1.8 graphisch dargestellt.

Parameter X und Y für solare Warmwasserbereitungsanlagen. In der Referenz-Solaranlage zur Warmwasserbereitung werden Flüssigkeitskollektoren über einen externen Wärmetauscher im Kollektorkreislauf mit zwei Wärmespeichern gekoppelt. Der erste Speicher dient zur Wasservorwärmung durch die solare Nutzwärme, während im zweiten die Nachheizung des Wassers auf die erforderliche Temperatur durch eine konventionelle Heizanlage erfolgt.

Bei solaren Warmwasserbereitungsanlagen wird der Parameter X mit dem folgenden Faktor multipliziert [12.3, 12.4]:

$$K_5 = (11,6 + 1,18\, T_{ww} + 3,86\, T_{kw} - 2,32\, T_{ku}) / (100 - T_u) \qquad (12.1.11)$$

Der Parameter Y wird analog zu solaren Heizungsanlagen berechnet.

Ausgangsdaten für die Berechnung von Solaranlagen zur Heizung und Warmwasserbereitung.

1. Klimadaten am Standort der Solaranlage: geographische Breite φ, Monatsmittelwerte der täglichen Global- und Diffusstrahlung (E bzw. E_d) auf eine horizontale

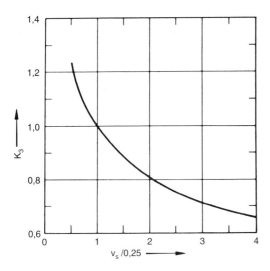

Bild 12.1.7. Korrekturfaktor K_3 für den Parameter X in Abhängigkeit vom spezifischen Volumen v_s des Schotterbett-Wärmespeichers in Solaranlagen mit Luftkollektoren [12.3]. Der Basiswert von v_s ist 0,25 m³/m²

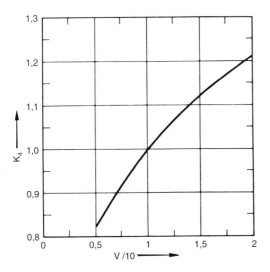

Bild 12.1.8. Korrekturfaktor K_4 für den Parameter X in Abhängigkeit vom Luftvolumendurchfluß V in Solaranlagen mit Luftkollektoren [12.1]. Der Basiswert von V ist 0,01 m³/(m²s)

Ebene, mittlere Umgebungstemperatur T_u und Gradtagzahl GT für jeden Monat der Nutzungsperiode der Solaranlage.

2. Daten über den Solarkollektor: optischer Wirkungsgrad $F_R(\tau\alpha)$, Wärmedurchgangskoeffizient $F_R K_k$, Anzahl (1 bzw. 2) der Deckscheiben, Neigungswinkel β

(von 30° bis 90°) und Ausrichtung (Azimut a beträgt 0° bei südlicher Ausrichtung, ±45° bei Süd-West- bzw. Süd-Ost-Orientierung, ±90° bei West- bzw. Ost-Orientierung). Kollektorfläche A darf 120 m² nicht überschreiten.

3. Spezifischer Massenstrom in Flüssigkeitskollektoren bzw. Volumenstrom in Luftkollektoren bezogen auf 1 m² der Kollektorfläche: für Wasser und frostsichere Flüssigkeiten - von 0,005 bis 0,02 kg/s, für Luft - von 0,005 bis 0,02 m³/s.

4. Spezifisches Volumen des Warmwasserspeichers bzw. Schüttbettspeichers bezogen auf 1 m² der Kollektorfläche: in Solaranlagen mit Flüssigkeitskollektoren von 37,5 bis 300 Liter bzw. in Solaranlagen mit Luftkollektoren von 0,125 bis 1 m³.

5. Angaben über Wärmetauscher im Kollektor- bzw. Wärmelastkreislauf: Typ - Rohrschlangen-, Doppelrohr-, Rohrbündel- bzw. Plattenwärmetauscher, Gegen-, Gleich-, bzw. Kreuzstrom, Massenstrom der beiden Wärmeträgermedien, Betriebscharakteristik und Wärmedurchgangskoeffizient. Die spezifische Wärmeleistung q_W des Wärmetauschers im Kollektorkreislauf soll zwischen 20 und 150 W pro m² Kollektorfläche und 1 K der mittleren Temperaturdifferenz liegen .

6. Angaben zur Ermittlung des Wärmebedarfs Q_L: Warmwasserbereitung - Anzahl der Verbraucher, Warmwasserverbrauch pro Person und Tag (20-120 l/d), Kaltwasser- und Warmwassertemperatur (T_{kw} = 5-15 °C und T_{ww} = 45 - 60 °C); Heizwärmebedarf - Umfassungsfläche des Gebäudes, Mittlerer Wärmedurchgangskoeffizient des Gebäudes [von 0,3 bis 1,2 W/(m²K)] und Gradtagzahl je Monat.

7. Art (Heizöl- bzw. Gasheizkessel, Brennwertkessel bzw. BHKW) und Nutzungsgrad der Zusatzheizung sowie unterer Heizwert des Brennstoffs.

Berechnungsergebnisse. Das f-Chart-Verfahren ergibt die Kollektorfläche A, das Volumen V des Wärmespeichers, den jährlichen solaren Deckungsgrad f_j, die Monats- und Jahreswerte des Energieertrags Q_{sol} der Solaranlage und die des Zusatzenergieverbrauchs Q_{zus}, sowie den Nutzungsgrad η_{sol} der Solaranlage.

12.1.2 Methodische Vorgehensweise bei der Berechnung von Solaranlagen nach dem f-Chart-Verfahren

Die Berechnung einer Solaranlage zur Heizung und/oder Warmwasserbereitung nach dem f-Chart-Verfahren wird für jeden Monat eines Jahres konsequent durchgeführt.

Monatsmittelwert der täglichen Gesamtstrahlung auf die Kollektorfläche.
Schritt 1. Die *Tageszahl n des mittleren Tages des Monats* wird der Tabelle 12.1.1 entnommen.

Schritt 2. Die *Deklination δ der Sonne* für den mittleren Tag des Monats läßt sich nach Gl. (1.3.1) errechnen oder der Tabelle 12.1.1 entnehmen. Beispielsweise

Tabelle 12.1.1. Datum, Tageszahl n und Sonnendeklination δ für den mittleren Tag des Monats [12.6]

Monat	Jan	Feb	März	April	Mai	Juni	Juli	Aug	Sep	Okt	Nov	Dez
Datum	17	16	16	15	15	11	17	16	15	15	14	10
n	17	47	75	105	135	162	198	228	258	288	318	344
δ in Grad	-20,9	-13	-2,4	9,4	18,8	23,1	21,2	13,5	2,2	-9,6	-18,9	-23

erhält man nach Gleichung (1.3.2) für Dezember mit n = 344 δ = -23,05°, Tabelle 12.1.1 ergibt den Wert δ = -23°.

Schritt 3. Der *Stundenwinkel des Sonnenuntergangs* für die horizontale bzw. geneigte Fläche (ω_s und ω_{sk} in Grad) am mittleren Tag des Monats errechnet sich wie folgt:

$$\omega_s = \arccos(-\tan \varphi \tan \delta) \qquad (12.1.12)$$

bzw. $\omega_{sk} = \min \{\omega_s, \arccos[-\tan(\varphi - \beta) \tan \delta]\}$ \qquad (12.1.13)

Schritt 4. Der *Monatsmittelwert des Umrechnungsfaktors R_D für die tägliche Direktstrahlung* läßt sich wie folgt berechnen:

$$R_D = [\cos(\varphi - \beta) \cos \delta \sin \omega_{sk} + (\pi / 180) \omega_{sk} \sin(\varphi - \beta) \sin \delta] /$$
$$[\cos \varphi \cos \delta \sin \omega_s + (\pi / 180) \omega_s \sin \varphi \sin \delta] \qquad (12.1.14)$$

Schritt 5. Für den *Monatsmittelwert des Umrechnungsfaktors R für die tägliche Gesamtstrahlung* gilt:

$$R = R_D [1 - (E_d / E)] + (E_d / E)(1 + \cos \beta)/2 + \rho(1 - \cos \beta)/2 \qquad (12.1.15)$$

Für den Reflexionsgrad (Albedo) des Bodens kann man annehmen: $\rho = 0{,}2$ für die schneefreie Periode des Jahres und $\rho = 0{,}7$ für Winter mit Schnee.

Schritt 6. Für den *Monatsmittelwert der täglichen Gesamtstrahlung E_k* auf eine geneigte Kollektorfläche gilt nun:

$$E_k = R\,E \text{ in MJ}/(m^2 d) \qquad (12.1.16)$$

Monatliche Wärmelast Q_L.

Schritt 7. Nach der *Gradtagzahl-Methode* gilt für die *monatliche Heizwärmelast*:

$$Q_{heiz} = 24 \cdot 3600 \cdot 10^{-6} (KA)_{geb}\,GT \text{ in MJ pro Monat} \qquad (12.1.17)$$

mit K_{geb} = mittlerer Wärmeverlustkoeffizient des Gebäudes in W/(m²K),
A_{geb} = Außenfläche des Gebäudes in m² und
GT = Gradtagzahl für den betreffenden Monat in Kd pro Monat.

Die Gradtagzahl eines einzelnen Tages ist die Differenz zwischen der Innenlufttemperatur von 18,3 °C und der mittleren Außenluft-Tagestemperatur T_u. *Die Gradtagzahl GT des Monats ist die Summe der Temperaturdifferenzen über den Monat*: $GT = \sum (18{,}3 - T_u)$ in Kd \qquad (12.1.18)

Schritt 8. Für den *monatlichen Wärmebedarf* Q_{ww} *für die Warmwasserbereitung* gilt:

$$Q_{ww} = N_{tag}\, N_{pers}\, b\, \rho_w\, c_{pw}\, (T_{ww} - T_{kw}) \text{ in MJ pro Monat} \tag{12.1.19}$$

mit: N_{tag} = Anzahl der Tage im Monat,
N_{pers} = Personenzahl,
b = Warmwasserverbrauch pro Person und Tag in l,
ρ_w = Dichte des Wassers (1 kg/l),
c_{pw} = spezifische Wärmekapazität des Wassers [$4,187 \cdot 10^{-3}$ MJ/(kg K)],
T_{ww} = Warmwassertemperatur, z.B. 45 °C oder 60 °C,
T_{kw} = Kaltwassertemperatur in °C.

Schritt 9. Die *monatliche Gesamtwärmelast* ergibt sich wie folgt:

$$Q_L = Q_{heiz} + Q_{ww} \text{ in MJ pro Monat} \tag{12.1.20}$$

Monatlicher solarer Deckungsgrad.
Schritt 10. Die Auswahl eines Ausgangswertes der Kollektorfläche A nach einer Faustregel oder gemäß den erfahrungsgestützten Empfehlungen. Es kann z.B. *1 bis 1,5 m^2 Kollektorfläche pro Verbraucher für eine Brauchwasseranlage mit hocheffizienten Flachkollektoren* gewählt werden.

Schritt 11. Die *Parameter X und Y* errechnen sich nach Gleichungen (12.1.3) und (12.1.4).

Schritt 12. Die *Quotienten* F_R'/F_R und $(\tau\alpha)/(\tau\alpha)_n$ werden gemäß dem Kapitel 3 ermittelt.

Schritt 13. Die Korrekturfaktoren K_1, K_2, K_3 und K_4 lassen sich nach Gleichungen (12.1.7)-(12.1.10) berechnen oder den Bildern 12.1.5-12.1.8 entnehmen.

Schritt 14. *Für Solaranlagen zur Brauchwassererwärmung* errechnet sich der Korrekturfaktor K_5 nach Gleichung (12.1.11).

Schritt 15. Der *Parameter X* für solare Heizungsanlagen mit Flüssigkeits- bzw. Luftkollektoren läßt sich wie folgt korrigieren:

$$X_{kor} = X \cdot (F_R'/F_R)\, K_1 \text{ bzw. } X_{kor} = X\, (F_R'/F_R)\, K_3\, K_4 \tag{12.1.21}$$

Für Solaranlagen zur Brauchwassererwärmung gilt:

$$X_{kor} = X\, (F_R'/F_R)\, K_1\, K_5 \tag{12.1.22}$$

Schritt 16. Für solare Heizungsanlagen mit Flüssigkeitskollektoren wird der *Parameter Y* wie folgt korrigiert:

$$Y_{kor} = Y\, [(\tau\alpha)/(\tau\alpha)_n]\, K_2 \tag{12.1.23}$$

Für Solaranlagen mit Luftkollektoren und Warmwasserbereitungsanlagen ist K_2 gleich eins.

Schritt 17. *Der monatliche solare Deckungsgrad* f für Solaranlagen mit Flüssigkeits- bzw. Luftkollektoren wird aus der Gleichung (12.1.5) bzw. (12.1.6) oder Bild 12.1.3 bzw. 12.1.4 ermittelt.

Monatswerte des Energieertrags der Solaranlage und des Zusatzenergiebedarfs. Schritt 18. Mit dem monatlichen Wärmebedarf Q_L, der sich nach den Gleichungen (12.1.17)-(12.1.20) berechnen. läßt und dem monatlichen solaren Deckungsgrad f *gilt für den monatlichen Energieertrag Q_{sol} der Solaranlage*:

$$Q_{sol} = f\, Q_L \text{ in MJ pro Monat} \tag{12.1.24}$$

Schritt 19. Für die *erforderliche Zusatzenergiemenge* Q_{zus} gilt:

$$Q_{zus} = Q_L - Q_{sol} \text{ in MJ pro Monat} \tag{12.1.25}$$

Schritt 20. Für den *monatlichen Nutzungsgrad* η_{sol} *der Solaranlage* gilt:

$$\eta_{sol} = Q_{sol} / A\, E_k\, N_{tag}, \tag{12.1.26}$$

wobei A die Kollektorfläche in m^2, E_k der Monatsmittelwert der täglichen Gesamtstrahlung auf den geneigten Kollektor in MJ/(m^{2}d) und N_{tag} die Anzahl der Tage im Monat ist.

Jahreswerte des Energieertrags der Solaranlage, des Zusatzenergiebedarfs und des solaren Deckungsgrades. Die Berechnungsschritte 1 bis 20 werden für alle Monate des Jahres mit einer vorab ausgewählten Kollektorfläche A wiederholt.

Schritt 21. Der *Jahres-Energieertrag der Solaranlage* wird als die Summe der Monatswerte von Q_{sol} berechnet:

$$Q_{sol,j} = \Sigma\, Q_{sol} \text{ in MJ/a} \tag{12.1.27}$$

Schritt 22. Für die *jährliche Wärmelast* gilt ebenfalls:

$$Q_{L,j} = \Sigma\, Q_L \text{ in MJ/a} \tag{12.1.28}$$

Schritt 23. *Der Jahres-Energiebedarf von einer Zusatzheizung* errechnet sich wie folgt:

$$Q_{zus,j} = \Sigma\, Q_{zus} = Q_{L,j} - Q_{sol,j} \text{ in MJ/a} \tag{12.1.29}$$

Schritt 24. *Für den jährlichen solaren Deckungsgrad der Solaranlage gilt*:

$$f_j = Q_{sol,j} / Q_{L,j} \tag{12.1.30}$$

Schritt 25. *Für den jährlichen Nutzungsgrad* $\eta_{sol,j}$ *der Solaranlage gilt*:

$$\eta_{sol,j} = Q_{sol,j} / E_{sol,j} = Q_{sol,j} / \Sigma\, AE_k\, N_{tag} \tag{12.1.31}$$

wobei $E_{sol,j}$ die gesamte jährliche Einstrahlung auf die Kollektorfläche ist.

Zusammenhang zwischen dem jährlichen solaren Deckungsgrad und der Kollektorfläche. Die Berechnungsschritte 1-25 werden für unterschiedliche Werte der Kollektorfläche A und des spezifischen Volumens v_s des Wärmespeichers durchgeführt. Eine graphische Beziehung zwischen f_j, A und v_s wird erstellt. Weiter kann die optimale Größe der Solaranlage nach Abschnitt 7.3 ermittelt werden.

Die Berechnung der mittleren Tagessumme E_k der Gesamtstrahlung auf den geneigten Kollektor einer Solaranlage ist in Beispiel 12.1.1 veranschaulicht. Weitere Anwendungsbeispiele zur rechnerunterstützten Auslegung und Optimierung der Solaranlagen sind in Abschnitt 12.2 aufgeführt.

Beispiel 12.1.1. *Tagessumme E_k der Gesamtstrahlung auf einen geneigten Kollektor.*

Es soll die mittlere Tagessumme E_k der Gesamtstrahlung berechnet werden, die auf einen geneigten Flachkollektor im Januar in Athen (geographische Breite $\varphi = 38°$) trifft. Der Monatsmittelwert der täglichen Globalstrahlung E beträgt 6,57 MJ/m²d und der Clearness Index $\overline{K}_T$ für Januar ist 0,4. Der südlich ausgerichtete Kollektor hat einen Neigungswinkel β von 45° gegen die Horizontale. Die Albedo des Bodens ρ ist 0,2.

Aus Tabelle 12.1.1 erhält man die Tageszahl n und die Deklination δ der Sonne für den mittleren Tag des Monats Januar: n = 17 und δ = -20,9°.

Der Stundenwinkel des Sonnenuntergangs für die horizontale bzw. geneigte Fläche am mittleren Tag des Monats errechnet sich nach Gl. (12.1.12) und (12.1.13):

ω_s = arccos (-tan φ tan δ) = arccos [-tan 38° tan (-20,9°)] = 72,63°.
bzw. ω_{sk}' = arccos [-tan (φ - β) tan δ] = arccos [-tan (38°-45°) tan (-20,9°)] = 92,7°.

Als ω_{sk} wird der kleinere Wert von ω_s und ω_{sk}' angenommen, d.h. daß ω_{sk} = 72,63° ist.

Aus der Gleichung (1.5.3) für $\omega_s \leq 81,4°$ ergibt sich der Monatsmittelanteil E_d/E der Diffusstrahlung an der Globalstrahlung mit $\overline{K}_T = 0,4$:

$E_d/E = 1,391 - 3,560\ \overline{K}_T + 4,189\ \overline{K}_T^2 - 2,137\ \overline{K}_T^3 = 0,5$.

Der Monatsmittelwert der täglichen Diffusstrahlung auf die horizontale Ebene ist nun:

$E_d = 0,5\ E = 3,28$ MJ/m²d.

Der Umrechnungsfaktor für den Monatsmittelwert der täglichen Direkt- bzw. Gesamtstrahung (R_D bzw. R) auf die geneigte Kollektorfläche ergibt sich zu:

R_D = [cos (φ - β) cos δ sin ω_{sk} + (π / 180) ω_{sk} sin (φ - β) sin δ]/
[cos φ cos δ sin ω_s + (π / 180) ω_s sin φ sin δ] = [cos (38° - 45°) cos (-20,9°) sin 72,63° + (π / 180) 72,63° sin (38° - 45°) sin (-20,9°)]/
[cos 38° cos (-20,9°) sin 72,63° + (π / 180) 72,63° sin38° sin (- 20,9°)]
= 2,22.

bzw. R = R_D [1 - (E_d / E)] + (E_d / E) (1 + cos β) / 2 + ρ (1 - cos β) / 2
= 2,22 [1 - 0,5] + 0,5 (1 + cos 45°) / 2 + 0,2 (1 - cos 45°) / 2 = 1,56.

Der Monatsmittelwert der täglichen Gesamtstrahlung auf die Kollektorfläche ist nun:

E_k = R E = 1,56·6,57 = 10,28 MJ/m²d.

12.2 Rechnerunterstützte Auslegung und Optimierung der Solaranlagen

In der Fachliteratur sind mehrere Simulationsprogramme für solarthermische Anlagen vorhanden. Das bekannteste *Programm TRNSYS* (Transient System Simulation Program) ist ein dynamisches Simulationsprogramm für Energiesysteme [12.8]. Das Modell des simulierenden Systems setzt sich aus Modellen von Einzelkomponenten zusammen, die durch die Energie- und Stoffflüsse miteinander nach dem Schaltbild verbunden sind. Das Programm errechnet Temperaturen, Energie- und Stoffströme für jede Komponente je Stunde. Kleinere Zeitschritte können auch verwendet werden, was für die Simulation von Regelorganen wichtig ist. Ursprünglich (1979) wurde die erste Version des Programms TRNSYS für Solaranlagen zur Warmwasserbereitung entwickelt, in weiteren Versionen wurde es auf andere Systemkonfigurationen, inklusive solare Heizungen, Wärmepumpen- und Nahwärmesysteme erweitert. Derzeit ist TRNSYS das am weitesten entwickelte Simulationsprogramm für solarthermische Anlagen. Hauptsächlich wird es in der Forschung verwendet, weil seine Anwendung mit großem Zeitaufwand verbunden ist. Dabei sind stündliche Strahlungs- und Klimadaten erforderlich, die nicht in allen Fällen vorhanden sind. Zur Planung der Solaranlagen sind vereinfachte Verfahren mehr geeignet.

Unter zahlreichen anderen Planungstools sind die *Programme MINSUN und SOLCHIPS* für die Simulation der solar unterstützten Nahwärmesysteme mit saisonalen Wärmespeichern erfolgreich verwendet und durch Vergleich mit an Solaranlagen in Skandinavien gemessenen Daten verifiziert worden. Das *Programm MINSUN* ist für Berechnung der langfristigen Leistungsfähigkeit der solar unterstützten Nahwärmesysteme entwickelt worden, weil es einen festen und großen Zeitschritt von einem Tag hat [12.13]. Ein analytisches Verfahren zur Berechnung und Optimierung von solar unterstützten Nahwärmesystemen liegt dem Programm SOLCHIPS zugrunde [12.12].

Am Institut für Energietechnik der Technischen Universität Berlin ist ein Satz von PC-Programmen in Turbo-Pascal Version 6.0 erarbeitet worden. Das *Programm RAY* dient zur Berechnung der stündlichen Global-, Direkt- und Diffusstrahlung für beliebig orientierte geneigte Flächen aufgrund der täglichen Strahlungswerte auf horizontale Fläche. Die Grundlage dieses Programms stellt das Verfahren dar, das auf dem Begriff des Clearness Index basiert und im Abschnitt 1.5 des Kapitels 1 beschrieben ist. Das *Programm SIMSOL* kann zur Berechnung der stündlichen Leistungsfähigkeit von solaren Warmwasserbereitungsanlagen verwendet werden. Das Ergebnis ist der stündliche Energieertrag der Solaranlage. Dem Verfahren sind die vereinfachten Modelle des Kollektors, Wärmespeichers und anderen Komponenten der Solaranlage zugrunde gelegt, die in entsprechenden Kapiteln dieses Buches beschrieben sind. Das *Hauptprogramm SOLPLAN* wird zur Berechnung und Optimierung von Solaranlagen nach dem f-Chart-Verfahren verwendet. Dieses Programm ermöglicht die Dimensionierung des Kollektors und des Speichers, errechnet die Jahreswerte des Energieertrags der Solaranlage, des Zusatzenergiebedarfs und des solaren Deckungsgrades. Es führt auch die Wirtschaftlichkeitsberechnung für solare Heizungs- und Warmwasserbereitungsanlagen und die Optimierung der Kollektorfläche durch. Die Optimierung von solaren Heizungs- und Warmwasserbereitungsanlagen wird dabei nach dem Verfahren durchgeführt, das in Abschnitt 7.3 beschrieben wurde.

Die Beziehung zwischen dem jährlichen solaren Deckungsgrad f_j und der Kollektorfläche A bei einem festgehaltenen spezifischen Volumen v_s des Wärmespeichers ist in Bild 12.2.1 aufgezeichnet. Mit wachsender Kollektorfläche A verringert sich der Zuwachs im Wert des jährlichen solaren Deckungsgrades f_j. Bild 12.2.2 verdeutlicht die Beziehung zwischen f_j und dimensionslosem Parameter AE_k/Q_L (mit E_k bzw. Q_L Jahreswert der Einstrahlung auf die Kollektorfläche bzw. der Wärmelast) bei unterschiedlichen Werten von v_s. Mit Erhöhung des v_s-Wertes nimmt der jährliche solare Deckungsgrad f_j zu.

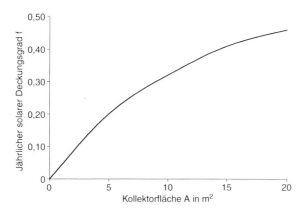

Bild 12.2.1. Jährlicher solarer Deckungsgrad fj in Abhängigkeit von der Kollektorfläche A für solare Brauchwasseranlagen

Beispiel 12.2.1. *Auslegung einer Solaranlage zur Warmwasserbereitung.*

Es soll eine Solaranlage zur Warmwasserbereitung für ein Objekt am Standort Berlin (geographische Breite $\varphi = 52,4°$) geplant werden. Die Anlage soll das Brauchwasser mit einer Temperatur von 45 °C für 25 Personen liefern. Der tägliche Warmwasserverbrauch beträgt 50 l/d pro Person, und die Kaltwassertemperatur ist 12 °C. Der Flachkollektor mit dem optischen Wirkungsgrad $F_R(\tau\alpha)_n = 0,83$ und effektiven Wärmedurchgangskoeffizienten $F_R K_k = 3,8$ W/m²K sollen auf dem südorientierten Schrägdach (Neigung $\beta = 50°$, nutzbare Fläche 37 m²) des Gebäudes aufgestellt werden.

Die Berechnung und Planung der Solaranlage wird mit dem Programm SOLPLAN durchgeführt. Die Kollektorfläche darf 37 m² nicht überschreiten. Das Volumen des Warmwasserspeichers wird zwischen 40 und 300 l pro m² Kollektorfläche ausgewählt.

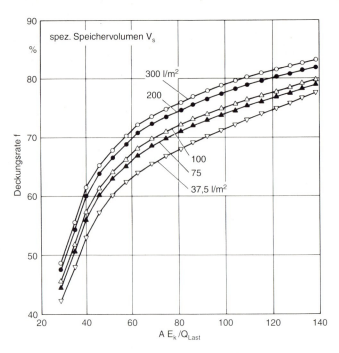

Bild 12.2.2. Jährlicher solarer Deckungsgrad fj in Abhängigkeit von der Kollektorfläche A und dem spezifischen Volumen v_s des Warmwasserspeichers für solare Brauchwasseranlagen

Die Berechnungsergebnisse für die Auslegungsvariante der Solaranlage sind in den Tabellen 12.2.1-12.2.3 aufgeführt. Tabelle 12.2.1 enthält u.a. die monatlichen Klimadaten für Berlin mit $\varphi = 52,4°$: die Tageszahl n des mittleren Tages, die Deklination δ (in Grad), den Stundenwinkel des Sonnenuntergangs (ω_s in Grad) für die horizontale Fläche, den Clearness Index K_T, die tägliche extraterrestrische Strahlung, Global-, Diffus- und Direktstrahlung auf eine horizontale Fläche (E_0, E, E_d und E_D, alle in Wh/m²d), den Diffusstrahlungsanteil E_d/E und die Umgebungstemperatur T_u (in °C).

Tabelle 12.2.2 enthält die Stundenwinkel des Sonnenuntergangs (ω_s und ω_{sk} in Grad) für die horizontale Fläche und für die südlich orientierte 45° geneigte Kollektorfläche, die Umrechnungsfaktoren R_D und R für die Direkt- und Globalstrahlung und die tägliche Gesamtstrahlung E_k (in Wh/m²d) auf die Kollektorfläche. Die Daten wurden für den jeweiligen mittleren Tag des Monats errechnet.

Tabelle 12.2.3 enthält die Monatswerte der Wärmelast Q_L (in kWh/mo), der Parameter X und Y, des solaren Deckungsgrades f (in %), des Ertrags der Solaranlage Q_{sol}, des Zusatzenergiebedarfs Q_{zus} und des nicht nutzbaren Energieüberschusses Q_u (alle in kWh/mo) sowie die entsprechenden Jahreswerte in kWh/a. Die Daten beziehen sich auf die Kollektorfläche von 25 m² (Neigung $\beta = 50°$) und das spezifische Speichervolumen v_s von 80 l/m².

12.2 Rechnerunterstützte Auslegung und Optimierung der Solaranlagen

Tabelle 12.2.1. Ortsspezifische Strahlungsdaten für Berlin. Breitengrad 52,4°.

Monat	n	δ Grad	ω_s Grad	E_o Wh/m²d	E Wh/m²d	$\overline{K}_T$ -	E_d/E -	E_D Wh/m²d	E_d Wh/m²d	T_u °C
Januar	17	-20,92	60,40	2129,4	606,9	0,29	0,68	194,1	412,8	0,6
Februar	47	-12,96	72,70	3010,6	1135,0	0,38	0,53	533,3	601,7	0,3
März	75	-2,42	86,87	5881,6	2435,0	0,41	0,51	1193,1	1241,9	1,3
April	105	9,42	102,38	8483,9	3486,9	0,41	0,52	1673,6	1813,3	8,0
Mai	135	18,79	116,09	10565,4	4765,0	0,45	0,48	2477,8	2287,2	13,4
Juni	162	23,09	123,43	11517,2	5436,1	0,47	0,46	2936,0	2500,1	17,8
Juli	198	21,18	120,06	11043,9	5256,9	0,48	0,45	2894,3	2362,6	20,3
August	228	13,46	108,01	9308,9	4580,0	0,49	0,44	2564,7	2015,3	17,1
September	258	2,22	92,87	6819,0	3048,1	0,45	0,48	1585,0	1463,1	13,1
Oktober	288	-9,60	77,37	4302,4	1591,9	0,37	0,54	732,2	859,7	9,3
November	318	-18,91	63,72	2475,6	760,0	0,31	0,63	281,1	478,9	5,4
Dezember	344	-23,05	56,64	1755,2	458,1	0,26	0,71	132,8	325,3	-0,3

Tabelle 12.2.2. Stundenwinkel des Sonnenuntergangs (ω_s und ω_{sk}) für die horizontale und geneigte Kollektorfläche, die Umrechnungsfaktoren R_D und R für die Direkt- und Globalstrahlung und die tägliche Gesamtstrahlung E_k auf die Kollektorfläche. Neigungswinkel $\beta = 45°$

Monat	ω_s Grad	ω_{sk} Grad	R_D -	R -	E_k MJ/m²d
Januar	60,40	60,40	3,80	1,65	3,604
Februar	72,70	72,70	2,58	1,50	6,140
März	86,87	86,87	1,75	1,27	11,129
April	102,38	91,21	1,23	1,06	13,268
Mai	116,09	92,49	0,97	0,94	16,151
Juni	123,43	93,12	0,87	0,89	17,468
Juli	120,06	92,83	0,91	0,92	17,317
August	108,01	91,75	1,11	1,02	16,905
September	92,87	90,28	1,51	1,24	13,594
Oktober	77,37	77,37	2,26	1,53	8,753
November	63,72	63,72	3,40	1,62	4,437
Dezember	56,64	56,64	4,34	1,76	2,895

Tabelle 12.2.3. Monats- und Jahreswerte der Wärmelast Q_L, der Ausbeute Q_{sol} der Solaranlage, des Zusatzenergiebedarfs Q_{zus}, des solaren Deckungsgrades f und des Nutzungsgrades η_{sol} der Solaranlage. Kollektorfläche 25 m², Kollektor-Neigungswinkel 45°, $F_R(\tau\alpha) = 0{,}83$, $F_R K_k = 3{,}8$ W/(m²K). Spezifisches Speichervolumen 60 l/m².
Wärmebedarf: 25 Personen, 50 l/Person pro Tag, $T_{ww} = 45$ °C, $T_{kw} = 12$ °C.

Monat	Q_L GJ	X	Y	f	Q_{sol} GJ	Q_{zus} GJ	η_{sol}
Januar	5,358	5,505	0,433	0,098	0,524	4,834	0,188
Februar	4,839	5,540	0,737	0,329	1,593	3,247	0,371
März	5,358	5,423	1,336	0,689	3,693	1,665	0,428
April	5,185	4,643	1,593	0,841	4,363	0,823	0,438
Mai	5,358	4,014	1,939	0,999	5,352	0,006	0,428
Juni	5,185	3,501	2,097	1,000	5,185	0,000	0,396
Juli	5,358	3,210	2,079	1,000	5,358	0,000	0,399
August	5,358	3,583	2,030	1,000	5,358	0,000	0,409
September	5,185	4,049	1,632	0,887	4,597	0,588	0,451
Oktober	5,358	4,491	1,051	0,580	3,108	2,250	0,458
November	5,185	4,946	0,533	0,204	1,060	4,125	0,319
Dezember	5,358	5,610	0,348	0,021	0,112	5,246	0,050
Jahreswert	63,086			0,639	40,303	22,782	0,402

Die Auslegungskonfiguration der Solaranlage: Kollektorfläche A = 25 m², das Speichervolumen $V_s = 2$ m³. Der jährliche solare Deckungsgrad $f_j = 62{,}2\%$.

Der jährliche Nutzungsgrad der Solaranlage errechnet sich zu: $\eta_{sol} = Q_{sol}/AE_{k,j}$ = 0,402. Bei anderen Varianten beträgt f_j: 54,6% bei A = 20 m² und $V_s = 1{,}5$ m³, 60,5% bei A = 25 m² und $V_s = 1{,}5$ m³, 67,3% bei A = 37 m² und $V_s = 1{,}5$ m³. Bild 12.2.3 veranschaulicht den Jahresverlauf des solaren Deckungsgrades f und des Nutzungsgrades η_{sol} einer Solaranlage zur Warmwasserbereitung mit einer Kollektorfläche A = 25 m² und einem Speichervolumen V = 1500 Liter.

Die optimalen Werte der Kollektorfläche und des Wärmespeichervolumens können nun durch den Vergleich mehrerer Varianten aufgrund einer Wirtschaftlichkeitsanalyse festgestellt werden.

12.3 Das ϕ-f-Chart-Verfahren für die Berechnung von Solaranlagen

Das im Abschnitt 12.1 beschriebene f-Chart-Verfahren ist dann bei Solaranlagen anwendbar, wenn die Kaltwassertemperatur T_{kw} zwischen 5 und 20 °C und die

12.3 Das ϕ–f-Chart-Verfahren für die Berechnung von Solaranlagen

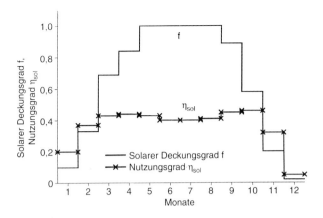

Bild 12.2.3. Jahresverlauf des solaren Deckungsgrades f und Nutzungsgrades η_{sol} der solaren Brauchwasseranlage mit A = 25 m² und V = 1500 Liter

Warmwassertemperatur T_{ww} unter 60 °C liegt. Mit dem in Kapitel 5 erläuterten Begriff vom Kollektor-Nutzbarkeitsgrad ϕ wurde von Klein und Beckman [12.6] das ϕ-f-Chart-Verfahren für die Berechnung von Solaranlagen zur Prozeßwärmeversorgung u.a. entwickelt.

Das ϕ-f-Chart-Verfahren gilt für geschlossene Solaranlagen, wenn:

1) die Wärmelast Q_L während jeden Tages über eine Periode von wenigstens einem Monat konstant bleibt,

2) das Temperaturniveau der lieferbaren Wärme eine bestimmte minimale Temperatur überschreitet und diese Temperatur die Betriebstemperaturbedingungen beim Verbraucher völlig kennzeichnet,

3) beim Verbraucher entweder keine Energiewandlung stattfindet oder der Wirkungsgrad der Energiewandlung langfristig konstant bleibt und

4) der Energieüberschuß vernachlässigt werden kann.

Nach [12.6] gilt die folgende empirische Beziehung zwischen dem solaren Deckungsgrad f, Parameter Y und Kollektor-Nutzbarkeitsgrad ϕ_{max}:

$$f = Y \phi_{max} - 0{,}015 \, [\exp(3{,}85\,f) - 1] \, [1 - \exp(-0{,}15\,X')] \, R_s^{0.76} \quad (12.3.1)$$

mit dem dimensionslosen Parameter

$$X' = 100 \, A \, F_R K_k \, t / Q_L \quad \text{und} \quad Y = A \, F_R \eta_o E_k N_{tag} / Q_L \quad (12.3.2)$$

Hierbei sind: A = Kollektorfläche, $F_R\eta_o$ = effektiver optischer Wirkungsgrad des Kollektors, E_k = tägliche Einstrahlung auf die Kollektorfläche, N_{tag} = Anzahl der Tage im Monat, Q_L = monatliche Wärmelast, $F_R K_k$ = effektiver Gesamtwärmedurchgangskoeffizient des Kollektors, t = Zeit, R_s = Verhältnis der angenommenen Speicherkapazität bezogen auf 1 m² Kollektorfläche, d.h. 350 kJ/(m²K), zur tatsächlichen Speicherkapazität $(m\,c_p)_s / A$.

12 Berechnung und Auslegung von Solaranlagen

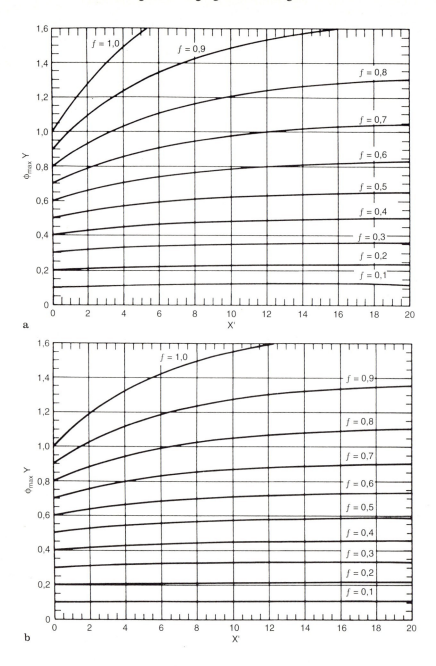

a

b

Um die Gleichung (12.3.1) nach f aufzulösen, muß eine iterative Prozedur verwendet werden. Die Gleichung (12.3.1) ist in Bild 12.3.1 für die spezifische Speicherkapazität bezogen auf die Kollektorfläche, d.h. $(m\ c_p)_s/A$, von 175 bis 1400 kJ/(m^{2}K) aufgezeichnet.

12.3 Das ɸ–f-Chart-Verfahren für die Berechnung von Solaranlagen

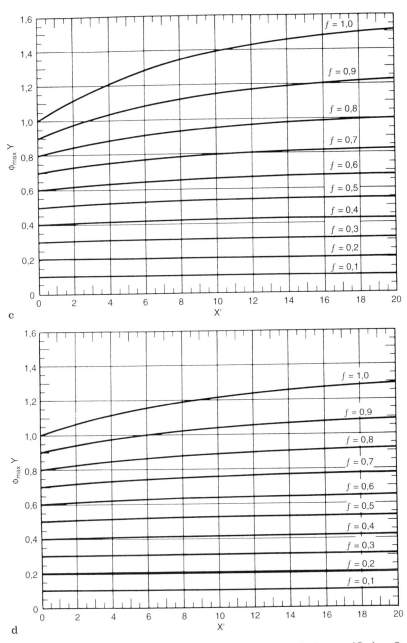

Bild 12.3.1. Das ɸ-f-Diagramm für Solarsysteme mit einer flächenspezifischen Speicherkapazität von 175 kJ/m²K (**a**), 350 kJ/ m²K (**b**), 700 kJ/ m²K (**c**) und 1400 kJ/ m²K (**d**) [12.6]

Für eine geschlossene Solaranlage mit einer nachgeschalteten Zusatzheizung ist eine weitere Variante des φ-f-Verfahrens geeignet. Eine typische Anwendung für diese Variante des φ-f-Verfahrens ist die Berechnung von solaren Absorptions-Klimaanlagen. In diesem Fall ändert sich die Gleichung (12.3.1) wie folgt:

$$f = Y \phi_{max} - 0,015 \, [\exp(3,85 \, f) - 1] \, [1 - \exp(-0,15 \, X')] \exp(-1,959 \, Z) \quad (12.3.3)$$

mit dem dimensionslosen Parameter $Z = Q_L / (C_L \, 100 \, K)$.

Für Solarsysteme ohne Wärmetauscher gilt für C_L das Produkt aus der gesamten monatlichen Wassermenge m_L und der spezifischen Wärmekapazität c_{pL} des Wassers, d.h. $C_L = (m \, c_p)_L$. Wenn im Verbraucher-Kreislauf ein Wärmetauscher verwendet wird, gilt $C_L = \varepsilon_L \, (m \, c_p)_{min}$, wobei ε_L die Betriebscharakteristik des Wärmetauschers im Wärmelastkreis und $(m \, c_p)_{min}$ der minimale $(m \, c_p)$-Wert der beiden Wärmeträger für den Monat in MJ/K pro Monat sind.

Der monatliche Energieertrag der Solaranlage kann maximal den folgenden Wert erreichen:

$$Q_{max} = A \, F_R \, \eta_o \, E_k \, \phi_{max} \quad (12.3.4)$$

Der maximale tägliche Kollektor-Nutzbarkeitsgrad ϕ_{max} errechnet sich mit dem minimalen Monatsmittelwert des kritischen Strahlungsverhältnisses

$$X_{kr,min} = [F_R \, K_k \, (T_{min} - T_u) / F_R \, \eta_o] / r_o \, R_o \, E, \quad (12.3.5)$$

wobei r_o das Verhältnis der stündlichen Strahlung um 12 Uhr zur täglichen Strahlung und R_o der Umrechnungsfaktor für Globalstrahlung um 12 Uhr sind.

Beispiel 12.3.1. *Solarer Deckungsgrad f und Nutzungsgrad η_{sol} einer Solaranlage.*

Eine Solaranlage zur Warmwasserbereitung soll das Warmwasser mit einer Temperatur T_{ww} von mindestens 70 °C in Kairo (Breitengrad $\varphi = 30°$) liefern, d.h. T_{min} = 70 °C. Die momentane Wärmelast Q_L beträgt 12 kW. Die tägliche Betriebsdauer t beträgt 10 h/d. Ein südlich orientierter Solarkollektor mit einer Fläche A von 30 m^2 und einer Neigung von $\beta = 30°$ besitzt die folgenden Kennwerte: $F_R(\tau\alpha)_n = 0,7$ und $F_R K_k = 3,2$ W/(m^{2}K). Die Kapazität des Wärmespeichers bezogen auf 1 m^2 der Kollektorfläche beträgt $(m \, c_p)_s /A = 350$ kJ/m^{2}K, d.h. die Masse des Speichermediums Wasser ist $m_s = 350 \cdot 30 / 4,19 = 2506$ kg. Die Klimadaten für Kairo im September sind: 1) die Globalstrahlung E = 21,97 MJ/m^{2}d, 2) der Clearness Index $\overline{K}_T = 0,66$ und 3) die Umgebungstemperatur $T_u = 26$ °C.

Wie groß ist der solare Deckungsgrad f und der Nutzungsgrad η_{sol} der Solaranlage im September?

Lösung:

1. Der Stundenwinkel des Sonnenuntergangs am mittleren Tag in September auf der horizontalen Ebene beträgt 18 Uhr 9' bzw. $\omega_s = 93°$.

2. Mit dem Clearness Index $\overline{K}_T = 0{,}66$ und $\omega_s = 93°$ erhält man aus Gl. (1.5.4) den Diffusstrahlungsanteil $E_d/E = 0{,}3$.

3. Der Monatsmittelwert des Umrechnungsfaktors für die Direkt- bzw. Gesamtstrahlung (R_D bzw. R) auf die Kollektorfläche mit dem Neigungswinkel $\beta = \varphi = 30°$) errechnet sich nach Gl. (1.4.2) bzw. (1.4.4) zu: $R_D = 1{,}1$ bzw. $R = 1{,}063$.

4. Mit $\omega_s = 93°$ ergibt sich aus Bild 1.5.2 bzw. Bild 1.5.3 der Quotient r bzw. r_d des stündlichen Wertes (um 12 Uhr) zum täglichen Wert für die Global- bzw. Diffusstrahlung: $r = 0{,}138$ bzw. $r_d = 0{,}128$.

5. Der Umrechnungsfaktor für die Direktstrahlung um 12 Uhr errechnet sich mit $\beta = \varphi = 30°$ und $\delta = 2{,}2°$ für den mittleren Tag des Monats wie folgt:
$R_{Do} = \cos(\varphi - \delta - \beta) / \cos(\varphi - \delta) = \cos(30 - 2{,}2 - 30) / \cos(30 - 2{,}2) = 1{,}13$.

6. Der Umrechnungsfaktor für die Gesamtstrahlung um 12 Uhr errechnet sich zu
$R_o = R_{Do} (1 - r_d E_d / r E) + (1 + \cos \beta)/2 \, r_d E_d / r E + \rho (1 - \cos \beta)/2$
$= 1{,}13(1 - 0{,}128/0{,}138 \cdot 0{,}3) + 0{,}128/0{,}138 \cdot 0{,}3 (1 + \cos 30)/2 + 0{,}2(1 - \cos 30)/2$
$= 1{,}089$.

7. Mit dem Korrekturfaktor $K_{opt} = (\tau\alpha)/(\tau\alpha)_n = 0{,}94$ folgt für den effektiven optischen Wirkungsgrad des Kollektors: $F_R(\tau\alpha) = F_R(\tau\alpha)_n K_{opt} = 0{,}7 \cdot 0{,}94 = 0{,}658$.

8. Mit dem Quotienten $R_o/R = 1{,}089 / 1{,}065 = 1{,}023$, $T_{min} = 70\,°C$, $T_u = 26\,°C$ und $F_R K_k = 3{,}2\,W/(m^2 K)$ ergibt sich für das minimale kritische Strahlungsverhältnis $X_{min} = F_R K_k (T_{max} - T_u) / F_R (\tau\alpha) \, r \, R_o \, E = 3{,}2\,W/(m^2 K)$
$(70 - 26)\,K / (0{,}658 \cdot 0{,}138\,d/h \cdot 1{,}089 \cdot 21{,}97\,MJ/m^2 d \cdot 278\,Wh/MJ) = 0{,}233$.

9. Mit $\overline{K}_T = 0{,}66$, $X_{min} = 0{,}233$, $R_o/R = 1{,}023$ und dem aus Bild 5.2.2 ermittelten maximalen Nutzbarkeitsgrad ϕ_{max} des Kollektors von $0{,}646$ errechnet sich das Produkt:

$\phi_{max} Y = \phi_{max} A F_R (\tau\alpha) E R / Q_L t = 0{,}646 \cdot 30\,m^2 \cdot 0{,}658 \cdot 21{,}97\,MJ/m^2 d \cdot 278$
$Wh/MJ \cdot 1{,}065 / (12000\,W \cdot 10\,h) = 0{,}69$.

10. Mit $\phi_{max} Y = 0{,}69$ und $X' = A F_R K_k \, 100 \, t / Q_L \, t = 30\,m^2 \cdot 3{,}2\,W/(m^2 K) \cdot 100 \cdot 10$
$h/(12000\,W \cdot 10\,h) = 0{,}8$ ergibt sich aus Bild 12.3.1 der monatliche solare Deckungsgrad $f = 0{,}67$.

11. Damit ist der tägliche Energieertrag der Solaranlage:
$Q_{sol} = f \, Q_L \, t = 0{,}67 \cdot 12\,kW \cdot 10\,h = 80{,}4\,kWh/d = 289{,}44\,MJ/d$.

12. Nun errechnet sich der Nutzungsgrad der Solaranlage wie folgt:
$\eta_{sol} = Q_{sol} / A \, E \, R = 289{,}44\,MJ/d \, 30\,m^2 \cdot 21{,}97\,MJ/m^2 d \cdot 1{,}065 = 0{,}413$.

12.4 Auslegung der Niedertemperatur-Wärmespeicher

Ermittlung des Speichervolumens. *Das Volumen V_s eines sensiblen Wärmespeichers* für solare Warmwasserbereitungs- und Heizungsanlagen läßt sich wie folgt

312   12 Berechnung und Auslegung von Solaranlagen

errechnen [12.7]:

$$V_s = \{[(KA)_{geb} + z\, V_{geb}\, \rho_l\, c_{pl} + (KA)_s]\, GT\, t_s / N + Q_{ww}\} / [\rho_s\, c_{ps}\, (1-\varepsilon)\, (T_{s,max} - T_{s,min})] \quad (12.4.1)$$

mit: $KA)_{geb}$ bzw. $(KA)_s$ = Produkt aus dem Wärmeverlustkoeffizienten K_{geb} und der Umfassungsfläche des Gebäudes bzw. des Speichers in W/K,
z = Luftwechselzahl (von 0,5 bis 1 pro Stunde) in 1/h,
V_{geb} = Volumen des Gebäudes in m³,
ρ_l bzw. ρ_s = Dichte der Außenluft bzw. des Speichermediums in kg/m³,
c_{pl} bzw. c_{ps} = spezifische Wärmekapazität der Luft bzw. des Speichermediums in Wh/kgK,
GT = Gradtagzahl des Monats in K d/mo,
t_s = Dauer eines Speicherzyklus in Stunden,
N_{tag} = Anzahl der Tage im Monat in d/mo,
Q_{ww} = Warmwasserwärmebedarf für die Periode von einem Speicherzyklus in Wh,
ε = Raumanteil des Speichermediums im Speichervolumen.
$T_{s,min}$ bzw. $T_{s,max}$ = minimale bzw. maximale Speichertemperatur während eines Speicherzyklus in °C.

Das Speichervolumen V_s für Solaranlagen zur Warmwasserbereitung sollte auf das 1,5 bis 2-fache des täglichen Warmwasserbedarfs ausgelegt werden, d.h. V_s sollte ca. 70-100 Liter pro Person betragen. Bei dieser Speicherauslegung ist mit ca. 30% auch das Bereitschaftsvolumen der Nachheizung enthalten.

Für Latentwärmespeicher gilt [12.7]:

$$V_s = \{[(KA)_{geb} + z\, V_{geb}\, \rho_l\, c_{pl} + (KA)_s]\, GT\, t_s / N + Q_{ww}\} / (1-\varepsilon)[\rho_f\, c_f\, (T_{sch} - T_{s,min}) + \rho_f\, h_{sch} + \rho_{fl}\, c_{p,fl}\, (T_{s,max} - T_{sch})] \quad (12.4.2)$$

mit: ρ_f bzw. ρ_{fl} = Dichte des Speichermediums im festen bzw. flüssigen Zustand in kg/m³,
c_f bzw. c_{pfl} = spezifische Wärmekapazität des Latentwärmespeichermediums im festen bzw. flüssigen Zustand in Wh/kgK,
h_{sch} = Schmelzenthalpie des Speichermediums in Wh/kg,
T_{sch} = Schmelztemperatur des Speichermediums in °C.

Beispiel 12.4.1. *Volumen eines Kurzzeit-Wärmespeichers.*

Wie groß soll das Volumen eines Tagesspeichers für eine Solaranlage zur Heizung und Brauchwassererwärmung für ein Gebäude mit einer Transmissions-Wärmeverlustrate $(KA)_{geb}$ von 250 W/K, einer Lüftungs-Wärmeverlustrate von 50 W/K und einem täglichen Warmwasserwärmebedarf Q_{ww} von 6945 Wh/d sein? Die Gradtagzahl GT im Auslegungsmonat beträgt 350 Kd. Die minimale und maximale le Temperaturen des Speichers sind 20 und 60 °C und die Wärmeverlustrate $(KA)_s$ des Speichers beträgt 1,2 W/K.

12.4 Auslegung der Niedertemperatur-Wärmespeicher

Zwei Varianten sind zu vergleichen:

1) Feststoff-Speicher mit c_s = 0,233 Wh/kgK und ρ_s = 1600 kg/m³ und ε = 0,35 und

2) Paraffin-Speicher mit T_{sch} = 56,3 °C, h_{sch} = 70,83 Wh/kg, ρ_{fl} = 770 kg/m³, $c_f = c_{fl}$ = 0,803 Wh/kgK und ε = 0,25.

Für das Volumen des Feststoff-Speichers bzw. Paraffin-Speichers gilt nach der Gleichung (12.4.1) bzw. (12.4.2):

V_s = {[250 W/K+ 50 W/K + 1,2 W/K] 350 Kd/mo 24 h /30 d/mo + 6945 Wh/d} /[1600 kg/m³·0,233 Wh/kgK (1 - 0,35)(60 - 20) K] = 9,4 m³,

bzw. V_s = {[250 W/K+50 W/K + 1,2 W/K] 350 Kd/mo 24 h /30 d/mo + 6945 Wh/d} / (1 - 0,25)[770 kg/m³ 0,803 Wh/kgK (56,3 - 20) K + 770 kg/m³ 70,83 Wh/kg + 770 kg/m³ 0,803 Wh/kgK (60 - 56,3) K] = 1,54 m³.

Berechnung der Wärmeverluste des Wärmespeichers. Beispielsweise wird die Vorgehensweise bei der Bestimmung der *Wärmeverluste eines Kurzzeit-Warmwasserspeichers während der Stillstandszeit* vorgeführt. Zur Vereinfachung wird ein vollständig durchgemischtes Speichermodell im quasi-stationären Zustand unterstellt. Dabei herrscht im gesamten Volumen des Speichermediums Wasser eine einheitliche, zeitabhängige Temperatur $T_s(t)$.

Aufgrund des 1. Hauptsatzes der Thermodynamik kann die momentane Energiebilanz des wegen der Wärmeverluste sich abkühlenden Speichers aufgestellt werden. Die Änderung des Energieinhalts Q_s des Speichers pro Zeiteinheit ist gleich dem Wärmeveruststrom $Q_{s,v}$ vom Speicher an die Umgebung (in Abwesenheit der Wärmezufuhr und -abfuhr). Mit der momentanen Speichertemperatur $T_s(t)$ läßt sich *die Energiebilanz* wie folgt schreiben:

$$V_s \rho_s c_{ps} dT_s(t)/dt = - K_s A_s [T_s(t) - T_u] \text{ in W}, \qquad (12.4.3)$$

wobei ρ_s die Dichte des Speichermediums in kg/m³, c_{ps} die spezifische isobare Wärmekapazität des Speichermediums in J/kgK, K_s der Wärmedurchgangskoeffizient des Speichers in W/(m²K), A_s die Umfassungsfläche des Speichers in m² und T_u die Umgebungstemperatur in °C sind.

Der Wärmedurchgangskoeffizient des Speichers errechnet sich wie folgt:

$$K_s = 1 / [1/\alpha_1 + (\delta/\lambda)_w + (\delta/\lambda)_{iso} + 1/\alpha_2] \text{ in W/(m}^2\text{K)}, \qquad (12.4.4)$$

wobei α_1 bzw. α_2 der Wärmeübergangskoeffizient an der Innen- bzw. Außenoberfläche des Speichers in W/m²K, δ_w bzw. δ_{iso} die Dicke der Speicherwand bzw. der Isolierung in m und λ_w bzw. λ_{iso} die Wärmeleitfähigkeit des Speicherwandwerkstoffs bzw. Isolierstoffs in W/m K ist.

Das Integrieren der Gleichung (12.4.3) ergibt:

$$\ln[T_s(t) - T_u] = - (K A)_s / (V_s \rho_s c_s) t + C. \qquad (12.4.5)$$

Mit einer Anfangsbedingung $T_s(0) = T_{s,anf}$ erhält man für *die Temperatur des Speichers* zu einem beliebigen Zeitpunkt t:

$$T_s(t) = T_u + \exp[- (K A)_s t / (V_s \rho_s c_{ps})] (T_{s,anf} - T_u). \qquad (12.4.6)$$

Für den Zeitraum t, in dem das Wasser im Speicher von der Anfangstemperatur $T_{s,anf}$ auf eine bestimmte Endtemperatur $T_{s,end}$ abgekühlt wird, gilt:

$$t = [(V_s \, \rho_s \, c_{ps}) / (KA)_s] \ln [(T_{s,anf} - T_u) / (T_{s,end} - T_u] \text{ in s} \qquad (12.4.7)$$

Die Wärmeverluste des Speichers an die Umgebung sollen durch eine angepaßte Wärmedämmung reduziert werden. Die mittlere Temperatur eines sensiblen Speichers (z.B. für einen Wassertank) wegen der Abkühlung durch die Wärmeverluste im Stillstand (ohne Wärmezufuhr oder Wärmeabfuhr) nimmt gemäß der Exponentialfunktion (Gl. 12.4.6) ab. Man kann die Wärmeverluste auf einen bestimmten Anteil a der Wärmekapazität Q_s des Speichers während einer bestimmten Zeitperiode t (z.B. 24 h) einschränken. Bei kleinen Werten von a (unter 0,1) gilt näherungsweise (mit der Masse des Speichermediums m_s):

$$\exp [- (K \, A)_s \, t / (m c_p)_s] = 1 - (K \, A)_s \, t / (m c_p)_s \qquad (12.4.8)$$

Anhand der Gleichungen (12.4.6) und (12.4.8) erhält man den zulässigen Wärmeverlustkoeffizienten des Speichers, bei welchem der angegebene a-Wert eingehalten wird:

$$K_s = a \, Q_s / t \, A_s \, (T_{s,anf} - T_u) = [a \, (m c_p)_s / A_s \, t] \, (T_{s,anf} - T_{s,end}) / (T_{s,anf} - T_u) \qquad (12.4.9)$$

Die Geometrie eines Speichers ist durch die Form (Zylinder, Quader, Kugel) und das Verhältnis S des Volumens V_s und der Umfassungsfläche A_s gekennzeichnet. Das Verhältnis S steigt mit dem Speichervolumen V_s an. Für jede Speichergröße hat die Kugel den größten S-Wert, danach folgt der Zylinder mit einem Höhe/Durchmesser-Verhältnis H/D = 1, einen etwas kleineren Wert haben Würfel und Quader mit einem Seitenverhältnis a/b = 2 oder 0,5. Bei V_s = 1000 m³ beträgt S-Wert 2,07 für eine Kugel. Für den Zylinder ist S von H/D abhängig:

H/D	0,25	0,5	1	2	4
S	1,43	1,71	1,8	1,72	1,52

Im allgemeinen gilt: je kleiner die Temperaturdifferenz Speicher-Umgebung $T_s(t) - T_u$ und der Wärmedurchgangskoeffizient K_s sind und je größer der S-Wert ist, desto kleiner sind die Wärmeverluste des Speichers.

Um die Wärmeverluste eines Speichers zu minimieren, muß eine ausreichende Wärmedämmung verwendet werden. Die Effizienz der Wärmedämmung ist um so höher und die Wärmeverluste des Speichers um so geringer, je größer der thermische Widerstand $R_{iso} = (\delta/l)_{iso}$ der Wärmedämmung ist. Bei optimal isolierten Speichern werden die Wärmeverluste eines Kurzzeit-Wärmespeichers innerhalb von 12 Stunden auf etwa 2% der Wärmekapazität des Speichers eingeschränkt.

Der R_{iso}-Wert des Speichers kann mittels eines Hilfsfaktors B (in m²/W) mit der Temperaturdifferenz ΔT_{su} zwischen der maximalen Speichertemperatur $T_{s,max}$ und Umgebungstemperatur T_u näherungsweise verknüpft werden: $R_{iso} = B \, \Delta T_{su}$. Dabei werden die Temperaturen für den Auslegungsmonat (z.B. für Januar bei ganzjährigen Solaranlagen) angenommen. Die Umgebungstemperatur T_u für den Speicher ist von der Aufstellungslage des Speichers abhängig. Bei der Aufstellung

12.4 Auslegung der Niedertemperatur-Wärmespeicher

im Keller oder in anderen Räumen ist $T_u = 18\,°C$, für die im Freien aufgestellten Speicher ist T_u gleich der Außenlufttemperatur. Für Untertagespeicher ist die Grundwassertemperatur in der Tiefe von 10 m relevant.

Die erforderliche Dicke δ_{iso} *des Wärmedämmstoffes* mit einer Wärmeleitzahl λ_{iso} (in W/mK) läßt sich wie folgt errechnen:

$$\delta_{iso} = \lambda_{iso}\, R_{iso} = \lambda_{iso}\, B\, \Delta T_{su} \text{ in m} \qquad (12.4.10)$$

Tabelle 12.4.1 gibt die B-Werte für zylindrische Wassertanks an [12.7]. Die B-Werte für vertikale Tanks sind bei einem Höhe/Durchmesser-Verhältnis H/D von 1 bis 6 der Spalte I und bei H/D von 0,5 der Spalte II zu entnehmen. Für horizontale Wassertanks mit einem Länge/Durchmesser-Verhältnis L/D von 1 bis 2 gilt die Spalte III, sonst die Spalte IV. Mit dem B-Wert wird die Dicke δ_{iso} der Wärmedämmung für die Decke und die Seitenflächen des Speichers berechnet, für den Boden wird die Hälfte von δ_{iso} angenommen.

Tabelle 12.4.1. Hilfswert B zur Ermittlung der erforderlichen Dicke der Wärmedämmung der senkrechten (Spalte I bei H/D von 1 bis 6, Spalte II bei H/D = 0,5) und waagerechten (Spalte III L/D von 1 bis 2, sonst gilt Spalte IV) zylindrischen Warmwasserspeicher (nach [12.7])

Volumen V in m^3	I	II	III	IV
0,3	0,15	0,17		
0,5	0,13	0,15		
1	0,1	0,11	0,09	0,10
2	0,08	0,09	0,07	0,08
3	0,07	0,08	0,06	0,07
4	0,06	0,07	0,055	0,066
6	0,057	0,06	0,048	0,057
8	0,050	0,057	0,044	0,050
10	0,044	0,050	0,041	0,044
15	0,041	0,044	0,035	0,041
20	0,038	0,041	0,031	0,035
25	0,035	0,038	0,033	0,035

Beispiel 12.4.2. *Dicke der Wärmedämmung eines Warmwasserspeichers.*

Ein Warmwassertank zylindrischer Form mit Höhe H gleich Durchmesser D wird durch die Wärmeverluste von einer Anfangstemperatur von 70 °C abgekühlt. Es soll die Temperatur des Speichers mit unterschiedlichem Wasserinhalt ($V_s = 1\,m^3$ bzw. 10.000 m^3) nach 12 h bzw. 2, 100 und 400 Tagen der Abkühlungsdauer berechnet werden. Die mittlere Umgebungstemperatur T_u beträgt 10 °C und der Wärmedurchgangskoeffizient des Speichers K_s ist 0,1 W/(m^2K). Die Wärmeübergangskoeffizienten sind: $\alpha_i = 1000$ W/(m^2K) und $\alpha_a = 10$ W/(m^2K).

Wie groß ist die erforderliche Dicke δ_{iso} der Wärmedämmung mit einer Wärmeleitzahl λ_{iso} von 0,04 W/m K?

Lösung:

1. Mit den Werten von α_i und α_a läßt sich die erforderliche Dicke der Wärmedämmung nach der Umformung der Gleichung (12.4.4) wie folgt (thermischer Widerstand $(\delta/\lambda)_w$ der Speicherwand kann vernachlässigt werden) errechnen:

$$\delta_{iso} \approx \lambda_{iso} (1/K_s - 1/\alpha_i - 1/\alpha_a) = 0{,}04 \; (1/0{,}1 - 1/1000 - 1/10) = 0{,}4 \text{ m}.$$

2. Berechnung der Speichertemperatur im Wärmespeicher mit $V_s = 1 \text{ m}^3$.

a) Die Höhe und der Durchmesser des Speichertanks betragen:

$$H = D = (4V_s/\pi)^{1/3} = (4 \cdot 1/\pi)^{1/3} = 1{,}084 \text{ m}.$$

b) Die Außenmaße des isolierten Speichers sind:

$$D_a = H_a = 1{,}084 + 2 \cdot 0{,}4 = 1{,}884 \text{ m}$$

c) Die Außenfläche des isolierten Speichers beträgt $A_s = 1{,}5\pi D_a^2 = 16{,}73 \text{ m}^2$.

d) Die Speichertemperatur $T_s(t)$ ergibt sich nach Gleichung (12.4.6) zu:

Zeit t in h	12	48	2400	9600
$T_s(t)$ in °C	68,97	66,00	11,90	10,00

3. Berechnung der Temperatur im Wärmespeicher mit $V_s = 10.000 \text{ m}^3$.

a) Die Maße des Speichers sind:

$$H = D = (4V_s/\pi)^{1/3} = (4 \cdot 10000/\pi)^{1/3} = 23{,}35 \text{ m}$$
und $D_a = H_a = 23{,}35 + 2 \cdot 0{,}4 = 24{,}15 \text{ m}$.

b) Die Außenfläche des isolierten Speichers beträgt $A_s = 1{,}5\pi D_a^2 = 2748{,}4 \text{ m}^2$.

c) Für die Speichertemperatur $T_s(t)$ gilt:

Zeit t in h	12	48	2400	9600
$T_s(t)$ in °C	69,98	69,93	66,69	57,82

Der Vergleich der Temperaturen $T_s(t)$ zeigt, daß bei gleicher Wärmedämmung und anderen Randbedingungen die Abkühlung des Speichers mit V_s von 10000 m³ viel langsamer als des Speichers mit $V_s = 1 \text{ m}^3$ erfolgt.

Überschlagsrechnung zur Auslegung der Latentwärmespeicher-Module. Für den Einsatz in Niedertemperatur-Latentwärmespeichern sind Materialien mit hoher Schmelzenthalpie (anorganische Salzhydrate von Na, Mg, K und Ca, Paraffine und organische Fettsäuren) vorteilhaft geeignet. Beispielsweise hat Glaubersalz $Na_2SO_4 \cdot 10 \; H_2O$ eine volumenbezogene Schmelzenthalpie von knapp 370 kJ/m³. Um 1 GJ Wärme zu speichern, sind nur 2,7 m³ von Glaubersalz im Vergleich zu 11,9 m³ Wasser und 30,6 m³ Gestein bei einer Speichertemperaturspreizung von 20 K erforderlich.

12.4 Auslegung der Niedertemperatur-Wärmespeicher

Bei der Auslegung von Latentwärmespeichern maßgebend sind die folgenden Faktoren:

1) die erforderliche Wärmekapazität des Latentwärmespeichers und der Betriebstemperaturbereich,

2) die Phasenwechseltemperatur und -enthalpie des Latentwärmespeichermaterials (LWS-Materials),

3) die erforderliche Wärmeleistung beim Be- und Entladen des Latentwärmespeichers,

4) die Art von Medien für Wärmezufuhr und -abfuhr (Wasser, andere Flüssigkeiten oder Luft),

5) die Geometrie des Latentwärmespeichers und Wärmetauschers.

Die Auswahl des LWS-Materials hängt hauptsächlich von der Anwendungstemperatur ab. Bei der Auslegung eines Latentwärmespeichers wird seine Wärmespeicherkapazität an die Größe der Solaranlage und Kollektorfläche angepaßt. Dabei müssen die Wärmetauscher für Wärmezu- bzw. -abfuhr dimensioniert und wärme- sowie strömungstechnisch berechnet werden. Latentwärmespeicher können mit Rohrbündel- oder Platten-Wärmetauschern ausgeführt werden. Das LWS-Material wird dabei im Innern oder auf der Außenseite der Rohre bzw. waagerechten Böden angebracht. Ein flüssiges Wärmeträgermedium fließt durch bzw. um die Rohre. In einem Luftkanal strömt Luft um die Platten oder Rohre mit LWS-Material. Um die Wärmeaustauschfläche zu vergrößern, kann ein Schüttbett mit kugelförmigen oder zylindrischen Kapseln des LWS-Materials verwendet werden.

Die auf die Kollektorfläche bezogene *spezifische Wärmekapazität q_s des Speichers* kann als Kriterium zur Auswahl der Größe eines Speichers dienen. Für sensible Speicher gilt: $q_s/\Delta T_s = Q_s/A\Delta T_s$ = 200-300 kJ/m²K. Bei einer durchschnittlichen Temperaturdifferenz ΔT_s von 20 K errechnet sich q_s zu 4-6 MJ pro m² Kollektorfläche.

Für Latentwärmespeicher kann dies ebenfalls als Anhaltswert für q_s angenommen werden. Beim Entladen wird dem Latentwärmespeicher die folgende Wärmemenge bezogen auf Masse m_s des LWS-Materials entnommen:

$$Q_s/m_s = c_p(T_{s,anf} - T_{sch}) + h_{sch} + c(T_{sch} - T_{s,end}) \text{ in J/kg,} \qquad (12.4.11)$$

wobei $T_{s,anf}$ bzw. $T_{s,end}$ die Anfangs- und Endtemperatur beim Entladen des Wärmespeichers, T_{sch} die Schmelztemperatur des LWS-Materials, h_{sch} die spezifische Schmelzenthalpie des LWS-Materials und c_p bzw. c die spezifische Wärmekapazität des LWS-Materials im flüssigen bzw. festen Zustand ist.

Die erforderliche Speicherkapazität Q_s des Wärmespeichers hängt von der Wärmelastleistung Q_L (in W) und der Speicherdauer t_s (in s) ab. Sie schließt generell auch die Wärmeverlustleistung $Q_{s,v}$ des Speichers ein. Es gilt:

$$Q_s = Q_L t_s + Q_{s,v} \text{ in J} \qquad (12.4.12)$$

Mit bekanntem Wert von Q_s ergibt sich *die erforderliche Masse bzw. das Volumen des LWS-Materials* wie folgt:

$$m_s = Q_s / q_s \text{ in kg bzw. } V_s = m_s / (1 - \varepsilon) \rho_s \text{ in m}^3, \qquad (12.4.13)$$

wobei ε der Leerraumanteil bei einer Schüttung aus dem eingekapselten LWS-Material oder bei durch den Luftstrom umgestömten Behältern (Zylinder, Kugel oder Platten) mit LWS-Material und ρ_s die Dichte des LWS-Materials im festen Zustand ist.

Da der Speicher das LWS-Material, sowie die Wärmeaustauschflächen einschließt, setzt sich das gesamte Volumen $V_{s,ges}$ des Latentwärmespeichers aus dem Volumen des LWS-Materials V_s und dem Zusatzvolumen, das den Raum für die Wärmeaustauschflächen (V_{wt}) und für die Volumenänderung ΔV_s des LWS-Materials beim Phasenwechsel rechtfertigt, zusammen:

$$V_{s,ges} = V_s + V_{wt} + \Delta V_s \qquad (12.4.14)$$

Mit einem Beiwert β errechnet sich die Volumenänderung des LWS-Materials:

$$\Delta V_s = \beta V_s.$$

Auslegung eines Schüttbettspeichers. Für die Auslegung der Schüttbett-Wärmespeicher sind wärme- und strömungstechnische Berechnungen notwendig mit dem Zweck der Ermittlung des Wärmeübergangskoeffizienten zwischen dem Luftstrom und Partikeln und des Druckverlustes im Bett. Dies betrifft nicht nur Wärmespeicher der sensiblen Wärme sondern auch Latentwärmespeicher. Im letzten Fall wird die Schüttung aus Kapseln (Zylinder, Kugel) des LWS-Materials bestehen.

Die Strömung und der Wärmeübertragungsvorgang in Schüttbettspeichern sind sehr kompliziert, so daß nur Näherungsverfahren mit starker Anlehnung an empirische Angaben anwendbar sind. Die Haupteinflußparameter sind die Art des LWS-Materials, die Form und Größe der Partikel, die Porosität des Betts, die Querschnittsfläche und Länge (Höhe) des Betts, die Strömungsgeschwindigkeit und Eintrittstemperatur des Fluids.

Die Strömung soll in vertikaler Richtung ablaufen: abwärts beim Be- und aufwärts beim Entladen, damit die höchste Temperatur immer im oberen Teil des Betts ist. Aus diesem Bereich wird beim Speicherentladen Wärme zum Verbraucher abgeführt. Die Höhe des Betts soll nicht zu groß sein, um das Druckgefälle verhältnismäßig klein zu halten. Wenn möglich, muß die horizontale Strömungsrichtung vermieden werden. Als ein Ausnahmefall gilt eine Anordnung mit vertikalen Zylindern, die mit LWS-Material gefüllt sind und in einem horizontalen Kanal durch Luft umgeströmt werden.

Für das gekapselte LWS-Material mit Partikeln unregelmäßiger Form wird der gleichwertige Durchmesser $d_{gl} = [6V(1-\varepsilon)/\pi n]^{1/3}$, wobei V das Volumen von einer Schüttung und n die Anzahl der Partikel sind. Die Abweichung der Form der Partikel von der Kugel wird durch den Formfaktor f berücksichtigt: 1 für Kugel, 0,671 für gleichseitige Pyramide, 0,806 für Würfel, 0,874 für Zylinder mit Höhe=Durchmesser, 0,63 für gebrochene Partikel.

Die mittlere Porosität ε eines Schüttbetts ist als das Verhältnis des Leerraumvolumens zum Gesamtvolumen des Schüttbetts definiert. Der Wert von ε ist von der Partikelform und Packungsart des Betts abhängig. Für homogene Partikel kann ein mittlerer Wert von ε = 0,4 angenommen werden. Für polydisperse Partikelgemische kann ε = 0,35 sein.

Für ein effektives Be- und Entladen sowie für eine preisgünstige Herstellung wird empfohlen, die Partikel für ein Schüttbett mit LWS-Material-Kapseln mit einem effektiven Durchmesser im Bereich zwischen 5 und 20 mm zu wählen.

In Abhängigkeit von der Phasenwechselenthalpie soll die auf die Kollektorfläche bezogene Masse des LWS-Materials 20 bis 30 kg/m^2 betragen.

Die erforderliche Masse und das erforderliche Volumen des LWS-Materials lassen sich nach Gleichung (12.4.13) errechnen.

Mit der Querschnittsfläche des Speichers $A_q = V_s / H_s$ (mit V_s = Volumen und H_s = Höhe des Schüttbetts), dem Massenstrom $\dot{m}_f$ und der Dichte ρ_f des fluiden Wärmeträgers (Luft, Wasser) errechnet sich seine Geschwindigkeit zu:

$$w_f = \dot{m}_f / (\varepsilon \, \rho_f A_q) \text{ in m/s} \qquad (12.4.15)$$

Die Luftgeschwindigkeit w_f im Speicher soll um 0,15 m/s liegen und 0,5 m/s nicht überschreiten. Dabei beträgt der Volumenstrom der Luft im Kollektor rund 0,01 m^3/s pro m^2 Kollektorfläche.

Mit der Reynolds-Zahl Re, die mit dem Partikeldurchmesser d berechnet wird und normalerweise zwischen 150 und 450 liegt, kann *der Wärmeübergangskoeffizient α zwischen dem Luftstrom und den Partikeln in der Schüttung aus den LWS-Material-Kapseln* wie folgt berechnet werden [12.10]:

$$\alpha = 1{,}55 \, c_p \, \rho_f \, w_f / \text{Re}^{0{,}43} \, \text{Pr}^{2/3} \text{ in W/(m}^2\text{K)} \qquad (12.4.16)$$

mit: c_p = spezifische isobare Wärmekapazität der Luft in J/kgK,
ρ_f = Dichte der Luft in kg/m^3,
w_f = Luftgeschwindigkeit in m/s,
Pr = Prandtl-Zahl für die Luft (Pr = 0,7),
Re = $w_f \, d / \nu_f$,
d = Partikeldurchmesser in m,
ν_f = kinematische Viskosität der Luft in m^2/s.

Die Berechnung des Druckverlustes im Schüttbett wurde im Kapitel 6 behandelt. *Für die Antriebsleistung* P, die für die Luftumwälzung im Schüttbett mittels eines Ventilators erforderlich ist, gilt:

$$P = V_f \, \Delta p / \eta_v \text{ in W}, \qquad (12.4.17)$$

wobei V_f der Volumenstrom der Luft in m^3/s, Δp der gesamte Druckverlust in Pa und η_v der Wirkungsgrad des Ventilators sind.

12.5 Auslegung der Wärmetauscher für Solaranlagen

Bauarten der Wärmetauscher für die Solaranlagen. Grundsätzlich sind drei Wärmetauscher-Anordnungen in Zweikreis-Solaranlagen möglich: 1) interner

Wärmetauscher im Innern des Speichers, 2) externer Rohrbündel- oder Plattenwärmetauscher außerhalb des Speichers und 3) Doppelmantelwärmetauscher.

Ein interner Wärmetauscher wird in Form einer Rohrwendel aus glattwandigem oder geripptem Kupferrohr ausgeführt und im unteren Drittel des Speichers untergebracht. Dabei wird die Kollektor-Vorlaufrohrleitung oben und die Kollektor-Rücklaufrohrleitung unten an den Wärmetauscher angeschlossen, damit die Strömung in der Rohrwendel von oben nach unten verläuft. Beim senkrechten Einbau des internen Wärmetauschers wird die Strömung des Speichermediums durch die natürliche Konvektion von unten nach oben begünstigt. Im Vergleich zu waagerecht liegenden Wärmetauschern weisen die senkrecht angeordneten Wärmetauscher eine höhere spezifische Wärmeleistung auf. Bei Schwerkraft-Solaranlagen muß auf die Verminderung des hydraulischen Widerstandes geachtet werden, und daher muß eine senkrechte Rohrwendel mit einem permanenten Gefälle verwendet werden.

Die Ausführung der internen Wärmetauscher muß *eine hohe spezifische Wärmeübertragungsleistung* gewährleisten. Eine möglichst tiefe Lage des Wärmetauschers im Speicher begünstigt die natürliche Konvektion des Speichermediums. Die Rippenrohr-Wärmetauscher besitzen eine größere Wärmetauscherfläche bezogen auf Meter Rohrlänge im Vergleich zu Glattrohr-Wärmetauschern, die mehr Platz im Speicher benötigen. Die glattwändigen Wärmetauscher weisen eine höhere spezifische Wärmeleistung bezogen auf m^2 Wärmetauscherfläche auf.

Als externer Wärmetauscher wird ein Gegenstromwärmetauscher in Form eines Rohrbündels im zylindrischen Gehäuse oder eines Plattenwärmetauschers verwendet. Auf der jeweiligen Seite der Wärmetauscherfläche wird das Solarkreis-Wärmeträgermedium bzw. das zu erwärmende Speichermedium durch je eine Umwälzpumpe geführt. Infolge der hohen Strömungsgeschwindigkeit jedes Mediums erfolgt die Wärmeübertragung viel intensiver als bei internen Wärmetauschern, und deshalb wird in diesem Fall eine kleinere Wärmetauscherfläche erforderlich. Bei Rohrbündel-Wärmetauschern strömt der Solarkreis-Wärmeträger in der Regel durch die Rohre und das Speichermedium durch den Rohrzwischenraum. Bei Plattenwärmetauschern strömt abwechselnd durch einen Plattenzwischenraum der Solarkreis-Wärmeträger und durch den folgenden das Speichermedium.

Für externe Wärmetauscher beträgt die Betriebscharakteristik ε 0,7 bis 0,8, für interne und Doppelmantel-Wärmetauscher ist ε geringer (ca. 0,4), da der K-Wert für sie kleiner ist wegen der ineffektiven Wärmeübertragung durch freie Konvektion. Im Vergleich zu internen Wärmetauschern sind externe Wärmetauscher viel teurer und benötigen eine zusätzliche Umwälzpumpe. Sie werden vor allem bei großen Speicherinhalten eingesetzt. Wegen einer hohen Turbulenz des Zuflusses ist die Wärmeschichtung des Speichermediums sehr schwer zu stabilisieren. Die Auswahl der Wärmetauscherart basiert auf dem Kriterium von Kosten-Nutzen-Analysen.

Bei Solaranlagen mit Schwerkraftumlauf können ausnahmeweise Doppelmantel-Wärmetauscher eingesetzt werden. In den Raum zwischen der Wärmespeicherwand und dem von außen in der unteren Hälfte des Wärmespeichers aufgeschweißten Mantel wird der Solarkreis-Wärmeträger geleitet. Durch die Speicherwand wird die Wärme an das Speichermedium mit einer genügenden Wärmeleistung übertragen. Vorteilhaft für diese Wärmetauscherart ist ihr geringer hydraulischer Widerstand und das Vermeiden der Kalkablagerung an der glatten Speicherwand. Bei internen und Doppelmantel-Wärmetauschern ist keine Zusatzpumpe erforderlich. Polyäthylenglykol ist giftig, Polypropylenglykol ist nicht giftig. Wenn Polyäthylenglykol gebraucht wird, muß ein Doppelwand-Wärmetauscher verwendet werden.

Berechnung der erforderlichen Wärmetauscherfläche. Die theoretischen Grundlagen zur Berechnung der Wärmetauscher sind in Kapitel 2 beschrieben. In diesem Abschnitt werden die dort aufgeführten Ansätze zur Dimensionierung der Wärmetauscher in Solaranlagen herangezogen. Die Auslegungswärmeleistung $\dot{Q}_w$ eines Wärmetauschers im Solarkreislauf muß auf die maximale Wärmeleistung $\dot{Q}_{k,max}$ des Kollektors abgestimmt sein. Diese läßt sich genau nur aufgrund einer dynamischen Simulation ermitteln.

Die maximale Wärmeleistung $\dot{Q}_{k,max}$ eines Solarkollektors mit einer Fläche A und einem effektiven Kollektorkreislauf-Wirkungsgrad $\eta_{k,eff}$ bei einer maximalen Strahlungsstärke $I_{k,max}$ auf die geneigte Kollektorfläche läßt sich näherungsweise wie folgt berechnen:

$$\dot{Q}_{k,max} = A \, I_{k,max} \, \eta_{k,eff} \text{ in W} \qquad (12.5.1)$$

Der effektive Kollektorkreislauf-Wirkungsgrad $\eta_{k,eff}$ berücksichtigt nicht nur die Wärmeverluste des Kollektors, sondern auch die der Verbindungsrohrleitung zwischen dem Kollektor und Wärmetauscher.

Diese maximale Wärmeleistung $\dot{Q}_{k,max}$ des Kollektors kann als die Auslegungswärmeleistung $\dot{Q}_w$ des Wärmetauschers im Kollektorkreislauf angenommen werden. Nun läßt sich *die Wärmetauscherfläche* wie folgt errechnen:

$$A_w = \dot{Q}_w / K_w \, \Delta T_m \text{ in m}^2, \qquad (12.5.2)$$

wobei K der Wärmedurchgangskoeffizient des Wärmetauschers im Kollektorkreislauf in W/(m²K) und ΔT_m die mittlere Temperaturdifferenz im Wärmetauscher in K sind.

Bei der Anordnung des Wärmetauschers im Innern des Wärmespeichers können die folgenden Anhaltswerte die Wärmetauscherfläche A_{wt} in Bezug auf die Kollektorfläche A angenommen werden: für Rippenrohrbündel $A_w = 0{,}25$ A und für Glattrohr-Wärmetauscher $A_w = 0{,}2$ A.

Die Anwendung der Gleichung (12.5.2) zur Ermittlung der Heizfläche A_w des Wärmetauschers ist mit bestimmten Unsicherheiten verbunden, die hauptsächlich durch die Bestimmung der mittleren Temperaturdifferenz ΔT_m im Wärmetauscher verursacht sind. Der Grund dafür liegt in der Tatsache, daß die Temperaturen der beiden Wärmeträger im Wärmetauscher zeit- und voneinander abhängig sind. Deshalb stimmt die mittlere Temperaturdifferenz ΔT_m nicht immer mit dem Zeitpunkt der maximalen Strahlungsstärke $I_{k,max}$ überein. Da mit einer Erhöhung der Wärmetauscherfläche die Investitionskosten steigen, muß eine optimale Fläche $A_{w,opt}$ gefunden werden, die das günstigste Preis/Leistungs-Verhältnis aufweist. Das folgende Beispiel verdeutlicht die Anwendung der Gleichung (12.5.2).

Beispiel 12.5.1. *Berechnung der Wärmetauscherfläche.*

Bei einer Kollektorfläche A von 25 m², einer maximalen Strahlungsstärke $I_{k,max}$ von 900 W/m² und einem wirksamen Kollektorkreislauf-Wirkungsgrad $\eta_{k,eff}$ von 50% (die Rohrleitungsverluste von 5% sind mitberücksichtigt) soll die erforderliche Heizfläche A_w des Kollektorkreislauf-Wärmetauschers berechnet werden. Der Wärmedurchgangskoeffizient K_w beträgt 500 W/(m²K) und die mittlere Temperaturdifferenz im Wärmetauscher ist ΔT_m = 5 K.

Die maximale Nutzwärmeleistung des Kollektors beträgt:

$$\dot{Q}_{k,max} = I_{k,max} \, A \, \eta_{k,eff} = 900 \cdot 0{,}5 \cdot 25 = 11250 \text{ W}.$$

Die Heizfläche A_w des Wärmetauschers im Kollektorkreislauf, die für die Übertragung der Wärmeleistung $\dot{Q}_w$ erforderlich ist, errechnet sich zu:

$$A_w = \dot{Q}_w / K_w \, \Delta T_m = 11250 / 500 \cdot 5 = 4{,}5 \text{ m}^2.$$

Das beträgt etwa 18% von der Fläche A des Kollektors.

Wärmedurchgangskoeffizient eines Wärmetauschers. *Der Wärmedurchgangskoeffizient des Wärmetauschers* läßt sich näherungsweise nach der folgenden Formel für die ebene Wand (vgl. Gl. 2.2.59) errechnen:

$$K_w = 1 / (1 / \alpha_i + \delta_w / \lambda_w + 1 / \alpha_a) \text{ in W/(m}^2\text{K)} \tag{12.5.3}$$

mit: α_i bzw. α_a = Wärmeübergangskoeffizient auf der Innen- bzw. Außenseite der Wärmetauscherfläche in W/(m²K),
δ_w = Wanddicke in m,
λ_w = Wärmeleitfähigkeit des Rohrwand-Werkstoffs in W/m K.

Die Wanddicke δ_w des Rohres errechnet sich aus den Außen- und Innenrohrdurchmessern (d_a bzw. d_i): $d_w = 0{,}5 \, (d_a - d_i)$. Die Wärmetauscherfläche A_w ist auf den mittleren Rohrdurchmesser d_m und die Gesamtlänge L des Rohrs bezogen:

$$A_w = \pi \, d_m \, L = 0{,}5 \, \pi \, (d_a + d_i) \, L \tag{12.5.4}$$

Ermittlung der Wärmeübergangskoeffizienten. *Die Wärmeübergangskoeffizienten α_i und α_a* sind durch eine Vielzahl von Faktoren und Parametern bestimmt. Darunter sind: Konvektions- und Strömungsart (natürliche und erzwungene Konvektion, laminare und turbulente Strömung), thermophysikalische Eigen-schaften des Wärmeträgermediums (die Dichte ρ, spezifische isobare Wärme-kapazität c_p, Wärmeleitfähigkeit λ, dynamische bzw. kinematische Viskosität μ bzw. ν), Temperaturen des Mediums (Fluids) T_f und der Wandoberfläche T_w, Strömungsgeschwindigkeit w, geometrische Form (Rohr, Platte), Lage (horizontal, senkrecht bzw. geneigt) und Abmessungen der um- oder durchströmten Körper (Rohrbündel, Platten).

Die Berechnung der Wärmeübergangskoeffizienten α_i und α_a erfolgt mittels der empirischen Gleichungen (vgl. Kapitel 2). Die Gleichungen schließen die dimensionslosen Kennzahlen der konvektiven Wärmeübertragung - Nusselt-Zahl Nu, Reynolds-Zahl Re, Rayleigh-Zahl Ra und Prandtl-Zahl Pr - ein.

Bei erzwungener turbulenter Strömung (bei Re > 2320) des Wärmeträgermediums im Rohr läßt sich die Nusselt-Zahl wie folgt (vgl. Kapitel 2) berechnen [12.20]:

$$Nu = 0{,}012 \, (Re^{0{,}87} - 280) \, Pr^{0{,}4} \, [1 + (d/L)^{2/3}] \, (Pr/Pr_w)^{0{,}11} \qquad (12.5.5)$$

Der Wärmeübergangskoeffizient α_i läßt sich wie folgt berechnen:

$$\alpha_i = Nu \, \lambda / d_i \text{ in W/(m}^2\text{K)} \qquad (12.5.6)$$

Die Stoffwerte (ν, c_p, μ und λ) in der Reynolds-Zahl Re = w d_i / ν, Prandtl-Zahl Pr = c_p μ / λ und Nusselt-Zahl Nu = α d_i/λ sind auf die mittlere Temperatur T_m des Fluids bezogen, die maßgebende Länge dabei ist der Rohrinnendurchmesser d_i. Die Prandtl-Zahl Pr_w wird bei der Rohrwandtemperatur T_w ermittelt. Für die Strömungsgeschwindigkeit des Mediums im Rohr bei einem Massenstrom $\dot{m}$ (in kg/s) gilt:

$$w = \dot{m} / [\rho \, (\pi / 4) \, d_i^2] \text{ in m/s} \qquad (12.5.7)$$

Der Wärmeübergangskoeffizient α_a bei freier Strömung um das Rohr im Innern des Wärmespeichers errechnet sich wie folgt (vgl. Gl. 2.2.19):

$$\alpha_a = Nu \, \lambda / d_a = C \, Ra^n \, \lambda / d_a, \qquad (12.5.8)$$

wobei Ra die Rayleigh-Zahl und d_a der Außendurchmesser des umströmten horizontalen Rohrs sind. Die Werte von C und n sind von Ra abhängig: C = 0,54 und n = 1/4 bei Ra von 500 bis 2·10^7.

Für die Rayleigh-Zahl gilt:

$$Ra = g \, d_a^3 \, \beta' \, (T_w - T_s) / (\nu \, a) \qquad (12.5.9)$$

mit: g = Erdbeschleunigung in m/s^2,
β' = Raumausdehnungskoeffizient des Speichermediums in 1/K,
T_w bzw. T_s = Temperatur der Rohrwand bzw. des Speichermediums in °C,
ν bzw. a = kinematische Viskosität bzw. Temperaturleitfähigkeit des Speichermediums bei der mittleren Temperatur T_s in m^2/s.

Beispiel 12.5.2. *Wärmeübergangskoeffizient für die Rohrinnenströmung.*

Für die Wärmeübertragung vom Kollektor-Wärmeträgerfluid an das Wärmespeichermedium wird ein Tauch-Wärmetauscher in Form einer Rohrwendel im Innern des Speichers genutzt. Es soll der Wärmeübergangskoeffizient α_i für die Rohrinnenströmung berechnet werden. Das Wärmeträgerfluid im Kollektorkreislauf besteht aus 60 % Wasser und 40 % Polypropylenglykol. Der Massenstrom des Wärmeträgers beträgt m = 0,28 kg/s, die mittlere Temperatur des Fluids ist T_m = 62,3 °C, die Wandtemperatur ist T_w = 59,7 °C. Der Innendurchmesser des Rohrs d_i beträgt 18 mm und die Rohrlänge ist L = 10 m.

Lösung:

Die Stoffwerte des Wärmeträgers, d.h. des Gemisches aus 40% Polypropylenglykol und 60% Wasser, bei der mittleren Temperatur T_m = 62,3 °C sind: ρ = 1009 kg/m³, c_p = 3870 J/kg K, λ = 0,41 W/mK und μ = 1,5 10^{-3} Pa s. Die Prandtl-Zahl Pr = 14,16 bei T_m = 62,3 °C und Pr_w = 15,4 bei T_w = 59,7 °C.

Mit der Strömungsgeschwindigkeit

$$w = \dot{m} / (\rho\, \pi/4\, d_i^2) = 0{,}28 / (1009 \cdot \pi/4 \cdot 0{,}018^2) = 1{,}09 \text{ m/s}$$

ergibt sich die Reynolds-Zahl:

$$Re = \rho\, w\, d_i / \mu = 1009 \cdot 1{,}09 \cdot 0{,}018 / 1{,}5 \cdot 10^{-3} = 13\,198.$$

Für die Nusselt-Zahl gilt nach Gleichung (12.5.5):

$$Nu = 0{,}012\, (13198^{0{,}87} - 280)\, 14{,}16^{0{,}4}\, [1 + (0{,}018/10)^{2/3}]\, (14{,}16/15{,}4)^{0{,}11}$$
$$= 122{,}35.$$

Daraus folgt für den Wärmeübergangskoeffizienten:

$$\alpha_i = Nu\, \lambda / d_i = 122{,}35 \cdot 0{,}41 / 0{,}018 = 2786{,}9 \text{ W/(m}^2\text{K)}.$$

Beispiel 12.5.3. *Wärmedurchgangskoeffizient K_w des Wärmetauschers.*

Für den Wärmetauscher aus Beispiel 12.5.2 soll der Wärmeübergangskoeffizient α_a auf der Außenseite der Rohrwendel und der Wärmedurchgangskoeffizient K_w des Wärmetauschers berechnet werden. Zusätzlich zu den Bedingungen des obigen Beispiels wird angegeben, daß die mittlere Temperatur T_s des Speichermediums Wasser 57 °C beträgt. Das Kupfer-Rohr hat die Wandstärke δ_w von 1 mm und die Wärmeleitfähigkeit λ_w von 372 W/mK.

Lösung:

Die Stoffwerte des Speichermediums Wasser bei der mittleren Temperatur T_s von 57 °C: Raumausdehnungskoeffizient β' = 0,503·10^{-3} 1/K, Dichte ρ = 984 kg/m³, kinematische Viskosität ν = 0,499·10^{-6} m²/s, spezifische isobare Wärmekapazität c_p = 4,181 kJ/kg K, Wärmeleitfähigkeit λ = 0,649 W/mK, Temperaturleitfähigkeit $a = \lambda / \rho\, c_p$ = 0,649/984·4181= 1,578·10^{-7} m²/s und Prandtl-Zahl Pr = 3,16.

Mit den angegebenen Stoffwerten, g = 9,81 m/s² sowie mit der Wandtemperatur T_w = 59,7 °C und der Speichertemperatur T_s = 57 °C und dem Rohraußendurchmesser $d_a = d_i + 2\delta_w$ = 0,02 m errechnet sich die Rayleigh-Zahl nach Gl. (12.5.9) zu:

$$Ra = g\, d_a^3\, \beta'\, (T_w - T_s) / (\nu\, a) = 9{,}81 \cdot 0{,}02^3\, 0{,}503 \cdot 10^{-3}\, (59{,}7 - 57)$$
$$/ (0{,}499 \cdot 10^{-6} \cdot 1{,}578 \cdot 10^{-7}) = 1{,}353 \cdot 10^6$$

Für den Wärmeübergangskoeffizienten α_a mit maßgeblichem Druchmesser d_a = 0,02 m, C = 0,54 und n = 0,25 gilt nach Gl. (12.5.8):

$$\alpha_a = 0{,}54\, Ra^{0{,}25}\, \lambda / d_a = 0{,}54\, (1{,}353 \cdot 10^6)^{0{,}25}\, 0{,}649 / 0{,}02 = 597{,}6 \text{ W/(m}^2\text{K)}.$$

12.5 Auslegung der Wärmetauscher für Solaranlagen   325

Mit α_i = 2786,9 W/(m²K) aus Beispiel 12.5.2, δ_w, λ_w und a_a läßt sich nun der Wärmedurchgangskoeffizient K_w des Wärmetauschers nach der Gleichung (12.5.3) errechnen:

K_w = 1 / (1 / 2786,9 + 0,001 / 372 + 1 / 597,6) = 491,4 W/(m²K).

Einfluß von Verschmutzung der Wärmetauscheroberfläche auf den Wärmedurchgangskoeffizienten. Bei der Auslegung von Wärmetauschern sollte die Verminderung der Wärmeübertragungsleistung Q_w durch mögliche Verschmutzung, z.B. Kalkablagerung, berücksichtigt werden [12.20]. Deshalb wird mit dem Korrekturfaktor ϵ_v die mögliche Minderung des Wärmedurchgangskoeffizienten K_w berücksichtigt. Dabei gilt für den Wärmedurchgangskoeffizienten $K_{w,v}$ des Wärmetauschers mit Verschmutzung:

$K_{w,v} = K_w \, \epsilon_v = K_w / [1 + K_w (\delta_v / \lambda_v)]$ (12.5.10)

mit: δ_v = Dicke der Verschmutzungsschicht in m,
λ_v = Wärmeleitfähigkeit der Verschmutzung (für Kesselstein liegt λ_v zwischen 0,15 und 1,16 W/mK [12.17]).

Die tatsächlich erforderliche Wärmetauscherfläche $A_{w,tat}$ muß größer ausgeführt werden:

$A_{w,tat} = A_w \, K_w / K_{w,v} = A_w / \epsilon_v = A_w [1 + K_w (\delta_v / \lambda_v)]$ (12.5.11)

Beispiel 12.5.4. *Tatsächlich erforderliche Heizfläche eines Wärmetauschers.*

Für den Wärmetauscher aus Beispiel 12.5.2 im Kollektorkreislauf soll die tatsächlich erforderliche Heizfläche $A_{w,tat}$ berechnet werden. Die Ausgangsdaten sind wie folgt anzunehmen:

- die Nutzwärmeleistung des Wärmetauschers im Kollektorkreislauf
  $\dot{Q}_w$ = 9,32 kW,
- die Kollektor-Wärmeträgertemperatur am Wärmetauschereintritt
  T_{ein} = 67 °C,
- der Massenstrom im Solarkollektorkreis $\dot{m}$ = 0,28 kg/s,
- die spezifische isobare Wärmekapazität des Kollektor-Wärmeträgers
  c_p = 3870 J/kgK,
- der Wärmedurchgangskoeffizient ist K_w = 491,4 W/(m²K) und
- die mittlere Speichertemperatur T_s = 57 °C,
- die Wärmeverluste in Verbindungsrohrleitungen betragen 8%,
- die Kalkablagerung hat die Dicke δ_v von 0,5 mm und Wärmeleitfähigkeit λ_v von 0,7 W/mK.

Lösung:

Unter Berücksichtigung der Wärmeverluste in Verbindungsrohrleitungen durch den Wirkungsgrad η_r von 92% errechnet sich die Nutzwärmeleistung des Kollektors zu:

$$\dot{Q}_k = \dot{Q}_w / \eta_r = 9320 / 0{,}92 = 10130 \text{ W}.$$

Die Kollektor-Wärmeträgertemperatur T_{aus} am Wärmetauscheraustritt errechnet sich aufgrund der Energiebilanz des Wärmetauschers zu:

$$T_{aus} = T_{ein} - \dot{Q}_w / (m\, c_p) = 67 - 10130 / (0{,}28 \cdot 3870) = 57{,}65 \text{ °C}.$$

Unter der Annahme einer gleichmäßig verteilten Speichertemperatur von $T_s = 56{,}5$ °C errechnen sich die größere und kleinere Temperaturdifferenzen wie folgt:

$$\Delta T_{gr} = T_{ein} - T_s = 67 - 56{,}5 = 10{,}5 \text{ K und } \Delta T_{kl} = 58{,}4 - 56{,}5 = 1{,}9 \text{ K}.$$

Nun ergibt sich die mittlere Temperaturdifferenz im Wärmetauscher:

$$\Delta T_m = (\Delta T_{gr} - \Delta T_{kl}) / \ln(\Delta T_{gr} / \Delta T_{kl}) = (10{,}5 - 1{,}9) / \ln(10{,}5 / 1{,}9) = 5 \text{ K}.$$

Mit $\Delta T_m = 5$ K und $K_w = 491{,}4$ W/(m²K) errechnet sich die erforderliche Wärmetauscherfläche ohne bzw. mit Verschmutzung zu:

$$A_w = \dot{Q}_w / (K_w \Delta T_m) = 9320 / (491{,}4 \cdot 5) = 3{,}79 \text{ m}^2$$
$$\text{bzw. } A_{w,tat} = A_w (1 + K_w \delta_v/\lambda_v) = 3{,}79 \,(1 + 491{,}4 \cdot 0{,}0005 / 0{,}7) = 4{,}44 \text{ m}^2.$$

Anhaltswerte für die spezifische Wärmeleistung des Wärmetauschers im Kollektorkreislauf. In der Regel liegt *der spezifische Massenstrom* ($\dot{m}_k/A$) des Wärmeträgerfluids *in Flüssigkeits-Flachkollektoren* zwischen 0,005 und 0,02 kg/m²s und *der Volumenstrom in Luftkollektoren* zwischen 0,005 bis 0,02 m³/m²s bezogen auf Quadratmeter Kollektorfläche [12.4, 12.6]). Eine Ausnahme stellen sogenannte Niedrigdurchfluß-Kollektoren (Low Flow) mit (m_k/A) von 0,001 bis 0,002 kg/m²s dar.

Für die spezifische Wärmeleistung des Wärmetauschers q_w im Kollektorkreislauf bezogen auf die Kollektorfläche A gilt:

$$q_w = \dot{Q}_w / A = (\dot{m}_k/A)\, c_{pk} \,\Delta T_k \text{ in W/m}^2 \qquad (12.5.12)$$

Mit einer typischen Wärmeträger-Temperaturerhöhung ΔT_k von höchstens 5 bis 10 K in Flachkollektoren für die Wassererwärmung und den oben angegebenen Werten des spezifischen Massenstroms lassen sich die Anhaltswerte von q_w wie folgt berechnen. Beim spezifischen Massenstrom des Wärmeträgers Wasser im Kollektor (0,005-0,02 kg/m²s) und der Temperaturerhöhung ΔT_k von 5 bis 10 K erhält man:

$$q_w = 0{,}005 \cdot 4{,}187 \,(5 \div 10) = 0{,}105 \div 0{,}21 \text{ kW/m}^2,$$
$$\text{bzw. } q'_w = 0{,}02 \cdot 4{,}187 \,(5 \div 10) = 0{,}42 \div 0{,}84 \text{ kW/m}^2.$$

Dimensionierung der Rohrleitungen. *Der Durchmesser d von Rohrleitungen* muß der Größe der Kollektorfläche A angepaßt werden. Er läßt sich aufgrund des Massenstroms $\dot{m}$, Dichte ρ und der Strömungsgeschwindigkeit w in der Rohrleitung ermitteln:

$$d = [\dot{m} / (\pi/4)\, \rho\, w]^{0{,}5} \text{ in m} \qquad (12.5.13)$$

Die Rohrleitungen für Wasser und andere flüssige Wärmeträger sollten so ausgelegt werden, daß eine Strömungsgeschwindigkeit von ca. 1 m/s nicht überschritten wird. Als Anhaltswerte für den Rohrdurchmesser der Verbindungsrohrleitungen können folgende Angaben dienen. In Solaranlagen mit dem Pumpenumlauf bei der Kollektorfläche A bis etwa 12 m² soll der Innendurchmesser d von Kupfer-Rohrleitungen 15-18 mm und bei A über 12 bis 30 m² d = 22-28 mm gewählt werden. Dabei liegt die erforderliche Pumpen-Antriebsleistung zwischen 10 und 50 W.

Bei Schwerkraftanlagen sollen größere Rohrdurchmesser gewählt werden. Bei A bis 12 m² wird in der Regel d von 22 bis 28 mm gewählt.

12.6 Strömungstechnische Berechnungen von Solaranlagen

Die Hauptaufgabe einer strömungstechnischen Berechnung von Solaranlagen besteht in der Ermittlung des Druckverlustes in durchströmten Rohrleitungen bzw. Luftkanälen, Wärmetauschern, Krümmern, Diffusoren u.a. Vor dem Beginn der strömungstechnischen Berechnung muß ein Schaltbild der Solaranlage mit den Verschaltungen aller Komponenten - Kollektoren, Speicher, Wärmetauscher, Ausdehnungsgefäß und Rohrleitungen mit sämtlichen Absperr- und Regelorganen - erstellt werden. Nach diesem Schema werden die Längen der Rohrleitungen und nach den Massenströmen und ausgewählten Strömungsgeschwindigkeiten der Medien werden Durchmesser der Rohrleitungen ermittelt. Aufgrund dieser Berechnung werden die erforderlichen Durchflußmengen und Druckverluste für die Auswahl der Umwälzpumpen bzw. Gebläse sowie Antriebsmotoren ermittelt.

12.6.1 Druckverluste durch Reibung und Einzelströmungswiderstände

Reibungs-Druckverlust. Die Grundlage für strömungstechnische Berechnungen stellen die Bernoulli-Gleichung und die Kontinuitätsgleichung dar. *Die Bernoulli-Gleichung* beschreibt eine auf eine Volumeneinheit bezogene Energiebilanz für die Strömung entlang einer Stromlinie. Für die Strömung eines inkompressiblen Mediums entlang einer Stromlinie ohne Druckverluste gilt [12.5, 12.21]:

$$p + p_{dyn} + \rho\, g\, z = \text{konst} \qquad (12.6.1)$$

mit: p bzw. p_{dyn} = statischer bzw. dynamischer Druck in Pa,
ρ = Dichte des strömenden Mediums in kg/m³,
g = Erdbeschleunigung in m/s²,
z = Höhe des Querschnitts über eine Bezugsebene in m.

Der Schweredruck (*hydrostatischer Druck*) $\rho\, g\, z$ bleibt unverändert, wenn kein Höhenunterschied vorhanden ist, d.h. bei z = konst. Für den Gesamtdruck p_{ges} gilt:

$$p_{ges} = p + p_{dyn} \text{ in Pa} \qquad (12.6.2)$$

Für den dynamischen Druck gilt:

$$p_{dyn} = 0{,}5 \; \rho \; w^2 \text{ in Pa,} \qquad (12.6.3)$$

worin w die Geschwindigkeit der Strömung in m/s ist.

Die Kontinuitätsgleichung basiert auf dem Massenerhaltungssatz, der lautet, daß im stationären Zustand der Massenstom $\dot{m}$ (in kg/s) in jedem Querschnitt (mit einer Fläche A_1 im Querschnitt 1 bzw. A_2 im Querschnitt 2) gleich ist:

$$\dot{m} = \rho_1 \, A_1 \, w_1 = \rho_2 \, A_2 \, w_2 = \text{konst} \qquad (12.6.4)$$

Für inkompressible Medien, d.h. mit $\rho_1 = \rho_2 = \rho$, gilt für den Volumenstrom bzw. für die Strömungsgeschwindigkeit:

$$\dot{V} = A_1 \, w_1 = A_2 \, w_2 \text{ in m}^3/\text{s} \qquad (12.6.5)$$

bzw. $w_2 = w_1 \, A_1/A_2$ \hfill (12.6.6)

Der Gesamtdruckverlust Δp_v in einer Rohrleitung setzt sich aus dem Reibungs-Druckverlust Δp_r und den Einzeldruckverlusten Δp_e zusammen:

$$\Delta p_v = \Delta p_r + \Delta p_e \text{ in Pa} \qquad (12.6.7)$$

Der Reibungs-Druckverlust Δp_r in geraden Rohren gleichmäßiges Querschnitts ist durch die Rohrreibungszahl λ, die Rohrlänge L, den Rohrinnendurchmesser d und den dynamischen Druck p_{dyn} bestimmt:

$$\Delta p_r = \lambda \, L/d \, p_{dyn} = 0{,}5 \; \lambda \; \rho \; w^2 \, L \, / \, d \qquad (12.6.8)$$

Für die Rohrreibungszahl λ *bei laminarer Strömung* (bei Reynolds-Zahl Re < 2320) gilt die Hagen-Poiseulle-Beziehung [12.5, 12.21]:

$$\lambda = 64 \, / \, \text{Re} \qquad (12.6.9)$$

Bei turbulenter Strömung gelten die folgenden Beziehungen [12.5, 12.21]:

1) in hydraulisch glatten Rohren:

- bei $2320 < \text{Re} < 10^5$ gilt die Blasius-Beziehung:

$$\lambda = 0{,}3164 \, \text{Re}^{-0{,}25} \qquad (12.6.10)$$

- bei $10^5 < \text{Re} < 3 \cdot 10^6$ gilt die Prandtl-Beziehung:

$$1/\sqrt{\lambda} = 2{,}0 \, \lg (\text{Re} \, \sqrt{\lambda})^{-0{,}8} \qquad (12.6.11)$$

2) in rauhen Rohren ist λ nur von der relativen Wandrauhigkeit k/d abhängig (bei Re > 400 lg (3,715 d/k) d/k):

$$\lambda = 0{,}25 \, [\lg (3{,}715 \, d/k)]^{-2} \qquad (12.6.12)$$

3) im Übergangsbereich gilt (nach Colebrook [12.5]) :

$$1 \, / \, \sqrt{\lambda} = -2{,}0 \, \lg \, [(k \, / \, 3{,}715 \, d) + 2{,}51 \, / \, (\text{Re} \, \sqrt{\lambda})] \qquad (12.6.13)$$

12.6 Strömungstechnische Berechnungen von Solaranlagen

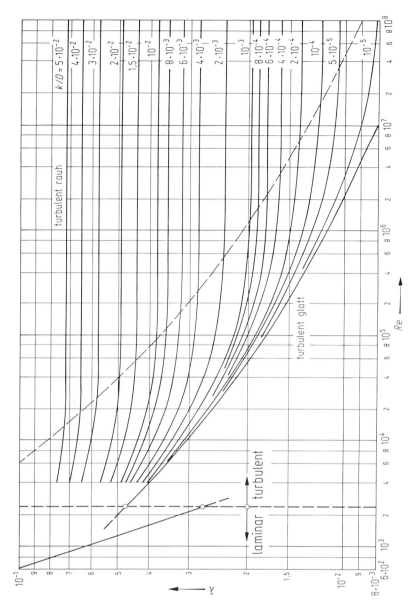

Bild 12.6.1. Moody-Colebrook-Diagramm für die Rohrreibungszahl λ in Abhängigkeit von Reynolds-Zahl [12.21]

In Bild 12.6.1 ist das Moody-Colebrook-Diagramm für die Rohrreibungszahl λ in Abhängigkeit von der Reynolds-Zahl Re und relativer Rohrwandrauhigkeit d/k bei turbulenter Strömung in geraden Rohren aufgezeichnet [12.5, 12.21].

Für die rauhen Oberflächen der Rohrleitungen aus verschiedenen Materialien ist die Rohrwandrauhigkeit k in Abhängigkeit vom Werkstoff in Tabelle 12.6.1 angegeben.

Für Strömungskanäle mit einem nichtkreisförmigen Querschnitt (Fläche A, benetzter Umfang U) wird ein *gleichwertiger (äquivalenter, hydraulischer) Durchmesser* d_{gl} benutzt:

$$d_{gl} = 4 \, A / U \qquad (12.6.14)$$

Für einen Kreisring (mit Durchmessern D und d) ist d_{gl} = D - d, für einen Spalt der Höhe H ist d_{gl} = 2 H und für einen Rechteck (Querschnitt a x b) d_{gl} = 2 ab / (a + b).

Druckverluste durch Einzelströmungswiderstände. *Für den Druckverlust durch Einzelströmungswiderstände* (Querschnittsänderung, Rohrkrümmer, Ventil u.a.) gilt:

$$\Delta p_e = \zeta \, \rho \, w^2 / 2, \qquad (12.6.15)$$

worin ζ der Widerstandsbeiwert ist.

Praktisch wird der Wert von Δp_e oft als der Reibungs-Druckverlust mittels der sogenannten äquivalenten Rohrleitungslänge $L_{äq}$ ermittelt:

$$\Delta p_e = \zeta \, \rho \, w^2 / 2 = \lambda \, (L_{äq} / d) \, (\rho \, w^2 / 2) \qquad (12.6.16)$$

Daraus folgt:

$$L_{äq} = \zeta \, d / \lambda \quad \text{in m} \qquad (12.6.17)$$

Der Widerstandsbeiwert ζ für eine unstetige Querschnittsänderung, d.h. für eine plötzliche Rohrerweiterung (ζ_1) oder -verengung (ζ_2), ist in Abhängigkeit vom Durchmesserverhältnis d/D in Bild 12.6.2 aufgetragen. Dabei ist die Strömungsgeschwindigkeit w in der Gleichung (12.6.16) auf den kleineren Querschnitt bezogen.

Beispielsweise beträgt ζ_2 0,45 beim Rohreinlauf mit einer scharfen Kante, 0 bei abgerundetem Rohreinlauf und 1 bei vorstehendem Einlauf.

Tabelle 12.6.1. Rohrwandrauhigkeit ε in Abhängigkeit von dem Werkstoff der Rohrleitung

Werkstoff des Rohrs (Zustand)	Rohrwandrauhigkeit k in mm
Kunststoff (neu)	0,0015-0,007
Kupfer, Glas (neu)	0,0013-0,0015
Stahl, geschweißt (neu): Walzhaut	0,04-0,10
- galvanisiert	0,008
Stahl, mäßig verrostet (gebraucht):	0,1- 0,2
Stahl, nahtlos (neu): Walzhaut	0,02-0,06
- verzinkt	0,07-0,10

12.6 Strömungstechnische Berechnungen von Solaranlagen

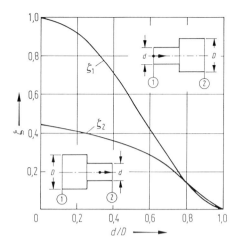

Bild 12.6.2. Widerstandsbeiwert ζ für unstetige Querschnittsänderungen [12.21]

Bei stetiger Querschnittsänderung (Diffusor für Druckerhöhung durch Verzögerung der Strömung bzw. Düse für Strömungsbeschleunigung), hängt der Widerstandsbeiwert ζ_1 (bezogen auf die Eintrittsgeschwindigkeit w_1) vom Öffnungswinkel α und Querschnittsverhältnis A_1/A_2 wie folgt ab:

$$\zeta_1 = k(\alpha) \left[1 - (A_1/A_2) \right]^2 \qquad (12.6.18)$$

Dabei ist A_1 bzw. A_2 die Eintritts- bzw. Austrittsquerschnittsfläche. Für $k(\alpha)$ gelten die Werte aus Tabelle 12.6.2.

Der optimale Öffnungswinkel α in Diffusoren beträgt 5 bis 8°. In Düsen erfolgt die Umsetzung von Druckenergie in kinetische Energie nahezu verlustfrei, deshalb liegt der Widerstandsbeiwert ζ zwischen 0 und 0,075 [12.5, 12.21].

Der Widerstandsbeiwert ζ bei einer Strömungsumlenkung in Rohrkrümmern hängt vom Verhältnis R/D (mit Krümmerradius R und Rohrdurchmesser D) und von der Oberflächenbeschaffenheit ab. Bild 12.6.3 zeigt den Widerstandsbeiwert ζ in Abhängigkeit von R/D für glatte und rauhe kreisförmige Rohre bei einem Umlenkwinkel $\varphi = 90°$. Für φ von 30° bis 180° muß $\zeta_{90°}$ aus Bild 12.6.3 mit dem Faktor $k(\varphi)$ aus Tabelle 12.6.3 multipliziert werden: $\varphi = k(\varphi) \, \zeta_{90°}$.

Für Absperr- und Regelorgane hängt ζ von der Bauform und dem Öffnungszustand des Organs (vom Verhältnis $(\varphi_o-\varphi)/\varphi_o$ bzw. y/a, s. Bild 12.6.4) ab. Im voll geöffneten Zustand, d.h. bei $(\varphi_o-\varphi)/\varphi_o = 1$ bzw. $y/a = 1$) beträgt ζ bei Drosselklappen und Schiebern 0,2 - 0,3, bei Regelventilen aber rund 50. Bei teilweiser Öff-

Tabelle 12.6.2. Faktor $k(\alpha)$ für Diffusoren und Düsen in Abhängigkeit vom Öffnungswinkel α

α in Grad	5	7,5	10	15	20	40 - 180
k	0,13	0,14	0,16	0,27	0,43	1,0

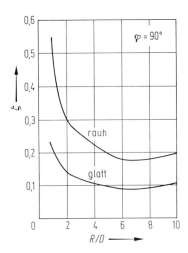

Bild 12.6.3. Widerstandsbeiwert ζ für Kreisrohrkrümmer [12.21]

Tabelle 12.6.3. Korrekturfaktor $k(\varphi)$ für den Umlenkwinkel φ

φ in Grad	30	60	90	120	150	180
$k(\varphi)$	0,4	0,7	1,0	1,25	1,5	1,7

nung erreicht der Widerstandsbeiwert ζ große Werte. Bild 12.6.4 zeigt ζ für Drosselklappen sowie für Ventile und Schieber in Abhängigkeit vom Öffnungszustand [12.21].

12.6.2 Auslegung der Pumpe des Kollektorkreislaufs einer Solaranlage

Für den geschlossenen Kollektorkreislauf wird eine Umwälzpumpe ausgelegt. *Die erforderliche Pumpenleistung* läßt sich durch den gesamten Volumenstrom $\dot{V}_k$ des Wärmeträgers und den Gesamtdruckverlust Δp_{ges} im Kollektorkreislauf unter Berücksichtigung des Pumpenwirkungsgrades η_p nach der folgenden Gleichung bestimmen:

$$P_p = \dot{V}_k \, \Delta p_{ges} / \eta_p \qquad (12.6.19)$$

Dabei setzt sich der gesamte Druckverlust im Kollektorkreislauf aus den Druckverlusten durch Kollektormodule (Δp_k), Rohrleitungen (Δp_{rl}), Armaturen (Δp_a) und den Wärmetauscher (Δp_w) zusammen:

$$\Delta p_{ges} = \Delta p_{pk} + \Delta p_{rl} + \Delta p_a + \Delta p_w \text{ in Pa} \qquad (12.6.20)$$

Die Strömungsgeschwindigkeit w im Solarkreislauf der Flüssigkeitskollektoren soll im Bereich von 0,3 bis 1,2 m/s liegen. Beispiele 12.6.1-12.6.4 veranschauli-

12.6 Strömungstechnische Berechnungen von Solaranlagen 333

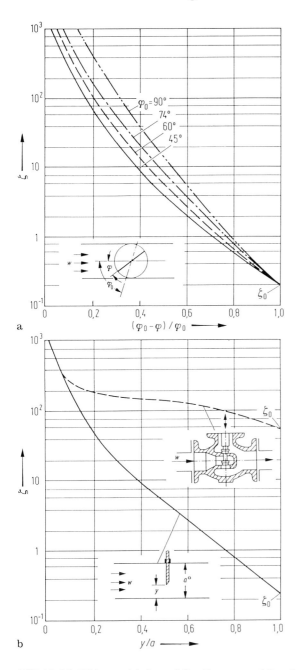

Bild 12.6.4. Widerstandsbeiwert ζ für Absperr- und Regelorgane [12.21]

chen die Anwendung der aufgeführten Ansätze für die strömungstechnische Berechnung der Solaranlagen.

Beispiel 12.6.1. Reibungs-Druckverlust in der Rohrleitung des Solarkreislaufs

Für eine Kupfer-Rohrleitung des Solarkreislaufs (Länge L = 96,9 m, Rohrinnendurchmesser d = 18 mm) soll der Druckverlust bei einer Strömungsgeschwindigkeit w von 1,09 m/s des Wärmeträgers Wasser-Polypropylenglykol (60/40%) bei einer mittleren Temperatur T_m = 62,3 °C (Dichte ρ = 1009 kg/m³) berechnet werden. Die Reynolds-Zahl Re beträgt dabei 13200.

Mit dem Rauhigkeit/Rohrdurchmesser-Verhältnis k/d = 0,0015/18 = $8,3 \cdot 10^{-5}$ für Kupferrohr läßt sich bei Reynolds-Zahl Re = 13200 die Rohrreibungszahl λ = 0,028 dem Diagramm in Bild 12.6.1 entnehmen.

Der Reibungs-Druckverlust in der Rohrleitung ergibt sich nun aus Gl. (12.6.8) zu:

$$\Delta p_r = 0{,}5 \cdot 0{,}028 \cdot 1009 \cdot 1{,}09^2 \cdot 96{,}9 / 0{,}018 = 90069 \text{ Pa} = 0{,}9 \text{ bar}.$$

Beispiel 12.6.2. *Druckverlust durch Armaturen des Solarkreislaufs*

Es soll der Druckverlust Δp_e beim Durchgang der Strömung durch zwei Absperrventile, einen Rückflußverhinderer, ein Knie 60°, ein T-Stück mit der Volumenstromteilung und w_2/w_1 = 0,5 und fünf Rohrbögen 90° mit R/d = 3 in der Rohrleitung berechnet werden. Alle übrigen Angaben entsprechen dem Beispiel 12.6.1.

Die einzelnen Widerstandsbeiwerte ζ sind: ζ_{vent} = 5,9 für ein Absperrventil, $\zeta_{rück}$ = 3,2 für einen Rückflußverhinderer, ζ_{60} = 0,8 für ein Knie mit dem Winkel 60°, ζ_t = 4,5 für ein T-Stück und ζ_{90} = 0,15 für ein Rohrbogen mit dem Winkel 90°.

Die Summe aller Widerstandsbeiwerte ζ beträgt:

$$\zeta_{ges} = 2\,\zeta_{vent} + \zeta_{rück} + \zeta_{60} + \zeta_t + 5\,\zeta_{90} = 21{,}05.$$

Mit λ = 0,028 und d = 0,018 m errechnet sich nach Gl. (12.6.17) die äquivalente Rohrleitungslänge für die Einzelwiderstände der Armaturen zu:

$$L_{äq} = \zeta_{ges}\, d / \lambda = 21{,}05 \cdot 0{,}018 / 0{,}028 = 13{,}53 \text{ m}.$$

Der Druckverlust Δp_e durch die Armaturen in der Rohrleitung läßt sich nun mit ρ = 1009 kg/m³ und w = 1,09 m/s nach Gl. (12.6.16) errechnen:

$$\Delta p_e = \lambda\,(L_{äq}/d)\,(\rho w^2/2) = 0{,}028 \cdot (13{,}53/0{,}018) \cdot (1009 \cdot 1{,}09^2 / 2)$$
$$= 12615 \text{ Pa}.$$

Beispiel 12.6.3. Druckverlust durch ein Flachkollektormodul

Es soll der Druckverlust Δp_{modul} eines Flachkollektormoduls berechnet werden. Das Kollektormodul besteht aus je einem Verteilerrohr und Sammelrohr mit D = 28 mm und L = 1,344 m, die durch 12 parallele Absorberrohre mit d = 8 mm und

12.6 Strömungstechnische Berechnungen von Solaranlagen

L = 2,715 m miteinander verbunden sind. Der Volumenstrom des Wärmeträgers Wasser-Polypropylenglykol bei einer Temperatur von 62,3 °C beträgt $\dot{V} = 0,143$ m³/h, die Dichte $\rho = 1009$ kg/m³, die dynamische Viskosität $\mu = 1,5 \cdot 10^{-3}$ Pa·s. Die Strömungsgeschwindigkeit w in den Anschlußleitungen beträgt 1,09 m/s.

Lösung:

Der Gesamtdruckverlust Δp_{modul} in einem Kollektormodul setzt sich aus den Druckverlusten im Verteiler- und Sammelrohr sowie in einem Absorberrohr zusammen. Hier wird eine vereinfachte Betrachtung der Strömung in Abzweigungen vorgenommen. Die Druckverluste werden durch zwei Widerstandsbeiwerte (ζ_d für den Durchgang und ζ_a für den Abgang), die Strömungsgeschwindigkeit, das Verhältnis des Teilvolumenstroms $\dot{V}_d$ zu dem mittleren Volumenstrom $\dot{V}$ erfaßt. Als Bezugsgeschwindigkeit in Abzweigstücken gilt die Geschwindigkeit des noch nicht geteilten Stroms.

Mit dem Widerstandsbeiwert $\zeta = 0,9$ errechnet sich der Druckverlust am Abzweig mit der Strömungsgeschwindigkeit im Zufluß w = 1,09 m/s zu:

$$\Delta p_1 = 0,9 \cdot 1009 \cdot 1,09^2 / 2 = 540 \text{ Pa}.$$

Die Strömungsgeschwindigkeit in einem Absorberrohr errechnet sich aus dem Volumenstrom $\dot{V}$ (0,143 m³/h), der Anzahl von Absorberrohren (n = 12) und dem Rohrdurchmesser d (8 mm) zu:

$$w_{abs} = \dot{V} / (n \, \pi/4 \, d^2) = (0,143 / 3600) / [12 \, (\pi/4) \, 0,008^2] = 0,066 \text{ m/s}.$$

Mit dem Widerstandsbeiwert ζ für den Abzweig (0,9) bzw. Durchgang (0,6) errechnet sich der Druckverlust am Abzweig und Durchgang zu $\Delta p_2 = 3,297$ Pa.

Mit $\rho = 1009$ kg/m³, $w_{abs} = 0,066$ m/s und $\mu = 1,5 \cdot 10^{-3}$ Pa·s gilt für die Reynolds-Zahl Re = $\rho \, w_{abs} \, d / \mu = 355,2$.

Mit der Rohrreibungszahl λ_{abs} für die laminare Strömung $\lambda_{abs} = 64 / Re = 0,18$ errechnet sich nun der Druckverlust im Absorberrohr zu:

$$\Delta p_3 = \lambda_{abs} \, (L_{abs}/d) \, \rho \, w_{abs}^2/2 = 0,18 \, (2,655/0,008) \, 1009 \cdot 0,066^2 / 2$$
$$= 131,3 \text{ Pa}.$$

Der Druckverlust durch Volumenstromtrennung bzw. -vereinigung im Verteiler- bzw. Sammelrohr ergibt sich zu $\Delta p_4 = 3,24$ Pa.

Die Summe der errechneten Druckverluste ergibt den Gesamtdruckverlust durch das Kollektormodul:

$$\Delta p_{modul} = 540 + 3,297 + 131,3 + 3,24 = 677,84 \text{ Pa} \approx 0,0068 \text{ bar}.$$

In der Praxis wird der Druckverlust der Kollektoren beim Nenn-Volumenstrom des Wärmeträgers gemessen.

Beispiel 12.6.4. *Ermittlung der Umwälzpumpenleistung für den Solarkollektorkreislauf.*

Der stündliche Volumenstrom des Wärmeträgers im Kollektorkreislauf beträgt $\dot{V}_k = 1$ m³/h. Die Druckverluste durch einzelne Komponenten des Kollektorkreislaufes betragen:

1) durch Kollektormodulen $\Delta p_k = 0{,}056$ bar,
2) durch Rohrleitungen $\Delta p_{rl} = 0{,}90$ bar,
3) durch Armaturen $\Delta p_a = 0{,}064$ bar und
4) durch Wärmetauscher $\Delta p_w = 0{,}80$ bar.

Welche Antriebsleistung ist für die Kollektorkreislauf-Umwälzpumpe erforderlich? Der Wirkungsgrad η_p der Pumpe beträgt 0,75.

Lösung:

Der Gesamtdruckverlust im Kollektorkreislauf ergibt sich aus den Druckverlusten durch einzelne Komponenten zu: $\Delta p_{ges} = 1{,}82$ bar.

Nun errechnet sich die erforderliche Umwälzpumpenleistung zu:

$P_p = 1{,}82 \cdot 10^5$ [Pa]$\cdot 1$ [m³/h] $/ 0{,}75 \cdot 3600$ [s/h] $= 67{,}4$ W.

12.7 Auslegung eines Ausdehnungsgefässes

Raumausdehnungszahl von festen Stoffen und Flüssigkeiten. Der Längenausdehnungsbeiwert α eines festen Stoffes ist relativ niedrig und beträgt im Temperaturbereich von 0 bis 100 °C: $23{,}2 \cdot 10^{-6}$ 1/K für Aluminium, $16{,}6 \cdot 10^{-6}$ 1/K für V2A-Stahl und Kupfer, $11 \cdot 10^{-6}$ 1/K für unlegierten Stahl, $11{,}9 \cdot 10^{-6}$ 1/K für Cr-Mo-Stahl und $9{,}7 \cdot 10^{-6}$ 1/K für V5M-Stahl [12.17].

Für die Raumausdehnungszahl eines festen Stoffes gilt: $\beta = 3\,\alpha$. Für den unlegierten Stahl ist $\beta = 33 \cdot 10^{-6}$ 1/K.

Das Volumen eines Behälters infolge der Erwärmung von T_0 auf T_1 erhöht sich von V_0 auf

$$V_1 = V_0 [1 + \beta (T_1 - T_0)] \tag{12.7.1}$$

Für Flüssigkeiten ist *die Raumausdehnungzahl* β viel größer als für feste Stoffe. Die Raumausdehnungzahl β beträgt für Wasser $236 \cdot 10^{-6}$ 1/K im Temperaturbereich von 0 bis 50 °C und $433 \cdot 10^{-6}$ 1/K von 0 bis 100 °C. Der Raumausdehnungsbeiwert ist:

$$\varepsilon = (V_1 - V_0) / V_0 = \beta (T_1 - T_0) \tag{12.7.2}$$

Bei einer Temperaturdifferenz ΔT von 100 K gelten die folgenden ε-Werte:
0,0433 für Wasser, 0,07 für 40% Glykol-60% Wasser-Gemisch und 0,09 für 40% Tyfocor-60% Wasser-Gemisch.

Beispiel 12.7.1.

Ein leerer bzw. mit Wasser gefüllter Stahlbehälter mit 0,7 m³ Inhalt bei 20 °C wird auf 60 °C erwärmt. Wie groß ist das neue Volumen des Behälters bzw. des Wassers?

Aus der Gl. (12.7.1) ergibt sich:

$V_{beh,1} = 0,7 \; [1 + 33 \cdot 10^{-6} \; (60 - 20)] = 0,700924 \; m^3$,

$V_{w,1} = 0,7 \; [1 + 433 \cdot 10^{-6} \; (60 - 20)] = 0,712124 \; m^3$.

Die Differenz zwischen dem Wasser- und Behältervolumen beträgt:

$V_{w,1} - V_{beh,1} = 0,0112 \; m^3$ oder 11,2 Liter.

Auslegung eines Ausdehnungsgefässes. In geschlossenen, d.h. *in Zweikreis-Solaranlagen mit Flüssigkeitskollektoren* werden Sicherheitsvorrichtungen, einschließlich Ausdehnungsgefäße, verwendet. Ein Ausdehnungsgefäß in der Solaranlage erfüllt folgende Funktionen: 1) Aufnahme des Flüssigkeitsvolumenüberschußes aus dem Kollektorkreis, der infolge der unterschiedlichen Raumausdehnung von Flüssigkeit, Behälter und Rohrleitungen bei Erhöhung der Temperatur entsteht, 2) Aufnahme des möglichen Dampfvolumens beim Überschreiten der Flüssigkeitssiedetemperatur und 3) Aufnahme der Flüssigkeitsvorlage, die zum Ausgleich der möglichen geringen Leckagen dient.

Normalerweise werden Membran-Ausdehnungsgefäße eingesetzt. Als Ausdehnungsgefäß für solare Heizungsanlagen dient ein geschlossener Behälter, der in der Lage sein muß, mindestens die Volumenänderung des Wärmeträgers zwischen der niedrigsten und der höchstzulässigen Betriebstemperatur aufzunehmen. Bei der Ermittlung des Volumens V_{ag} des Ausdehnungsgefäßes muß die mögliche Temperaturänderung im Bereich von -30 bis 95 °C berücksichtigt werden. Das Volumen V_{ag} des Ausdehnungsgefäßes wird aus dem Volumen des Mediums im Kollektorkreislauf inklusive aller Bestandteile, d.h. Solarkreis, Verteil- und Sammelrohr, Verbindungsrohre, Wärmetauscher und Ausdehnungsgefäß selbst ermittelt. Das Mehrvolumen, das durch die Expansion des Fluids bei maximal möglicher Temperaturerhöhung gebildet wird, ist ein Maß für die Aufnahmekapazität des Ausdehnungsgefässes, das aber mit einem Faktor 3 bis 4 multipliziert werden muß, um das gesamten Volumen des Ausdehnungsgefässes zu bestimmen.

Das Ausdehnungsgefäß wird in der Regel vor dem Eintritt der Solarkreis-Pumpe plaziert. Der Auslegungsdruck im Ausdehnungsgefäß ist von der Lage des Solarkreises über der Pumpe und vom statischen Druck im höchsten Punkt des Solarkreislaufs abhängig, wo ein Überdruck von 0,2-0,3 bar herrschen soll. Also setzt sich der Auslegungsdruck im Ausdehnungsgefäß aus diesem Überdruck und statischen Druck zusammen. Das Ausdehnungsgefäß ist auch der Sitz für ein Sicherheitsventil, deshalb muß der Auslegungsdruck des Ausdehnungsgefäßes dem Ansprechdruck des Sicherheitsventils entsprechen.

Das gesamte Volumen V_{ges} des Wärmeträgers im Solarkollektorkreis setzt sich aus dem Volumen V_k des Kollektors, dem Volumen V_{rl} der Rohrleitungen und dem

Volumen V_w des Wärmetauschers zusammen:

$$V_{ges} = V_k + V_{rl} + V_w \text{ in Litern} \qquad (12.7.3)$$

Mit dem Raumausdehnungsbeiwert ε gilt für das Ausdehnungsvolumen des Wärmeträgers im Solarkollektorkreis:

$$V_a = \varepsilon \, V_{ges} \text{ in Litern} \qquad (12.7.4)$$

Nun folgt für *das erforderliche Volumen des Ausdehnungsgefässes:*

$$V_{ag} = z \, (V_a + V_d + V_v) \, p_{end} / (p_{end} - p_{anf}) \text{ in Litern,} \qquad (12.7.5)$$

wobei z der Zuschlagsfaktor von 1,1-1,2 für mögliche Leckagen, V_n das Ausdehnungsvolumen in Litern, V_d das Dampfvolumen in Litern, V_v die Flüssigkeitsvorlage in Litern (ca. 0,01 V_{ges}) und p_{anf} bzw. p_{end} der Anfangs- bzw. Enddruck (in bar) im Solarkollektorkreis sind.

Das Volumen V_d des Dampfes wird nur in Fällen möglicher Dampfbildung im Kollektor (bei Temperaturen über 100 °C) berücksichtigt werden. Näherungsweise kann dann $V_d = 1{,}1 \, V_a$ angenommen werden. Der Anfangsdruck p_{anf} und der Enddruck p_{end} der Anlage werden durch den Fülldruck des Ausdehnungsgefässes und den Ansprechdruck des Sicherheitsventils eingegrenzt. Handelsübliche Ausdehnungsgefäße werden für einen Fülldruck von 0,5 bis 1,5 bar Überdruck ausgeführt. Mit dem Fülldruck von 1,5 bar ist also der Anfangsdruck $p_{anf} = 1{,}5$ bar. Der Enddruck p_{end} soll um etwa 0,5 bar geringer als der Ansprechdruck (etwa 4,5 bar) des Sicherheitsventils sein. Damit gilt für den Enddruck $p_{end} = 4{,}0$ bar. Beispiel 12.7.2 veranschaulicht das Vorgehen bei Auslegung eines Ausdehnungsgefässes.

Beispiel 12.7.2

Es soll das Volumen des Ausdehnungsgefässes für den Kollektorkreislauf einer Zweikreis-Solaranlage ermittelt werden. Der Kreislauf setzt sich aus dem Kollektor mit einem Volumen V_k von 0,023 m³, den Rohrleitungen mit $V_r = 0{,}024$ m³ und dem Wärmetauscher mit $V_w = 0{,}018$ m³. Die mögliche Temperaturänderung des Wärmeträgers ist von 0 bis 95 °C. Der dimensionslose Raumausdehnungsbeiwert ist ε = 0,083.

Lösung:

Der gesamte Kollektorkreislaufinhalt bzw. das Ausdehnungsvolumen des Wärmeträgers beträgt:

$$V_{ges} = V_k + V_r + V_w = 0{,}065 \text{ m}^3 \text{ bzw. } V_a = \varepsilon \, V_{ges} = 0{,}083 \cdot 0{,}065$$
$$= 0{,}0054 \text{ m}^3.$$

Da die maximale Temperatur die Siedetemperatur nicht überschreitet, wird ohne die Dampfbildung berechnet, d.h. $V_d = 0$. Der Anfangs- bzw. Enddruck ist:

$$p_{anf} = 1{,}5 \text{ bar bzw. } p_{end} = 4{,}0 \text{ bar.}$$

Das erforderliche Volumen des Ausdehnungsgefässes ergibt sich zu:

$V_{ag} = z (V_a + V_v) p_{end} / (p_{end} - p_{anf}) = 1,1 (0,0054 + 0,01 \cdot 0,065) 4/(4 - 1,5)$
$= 0,0106 \text{ m}^3 = 10,6 \text{ Liter}.$

Man wählt die nächstfolgende Standard-Ausdehnungsgefäßgröße.

12.8 Zusatzheizung, Regel- und Steuerungseinrichtungen

Solaranlagen werden in der Regel mit einem konventionellen Nachheizsystem, das die Wärmeversorgung während sonnenarmer Perioden völlig oder teilweise übernimmt, gekoppelt. Als Zusatzheizung für Solaranlagen zur Warmwasserbereitung kommen Heizöl- bzw. Gaskessel oder Elektrostaberhitzer in Betracht. Die konventionellen Wassererwärmungssysteme lassen sich in Speicher- und Durchlaufsysteme sowie in kombinierte Systeme einteilen. Elektrische Heizstaberhitzer sollten nur dann verwendet werden, wenn kein Heizkessel vorhanden ist. Die Wärmezufuhr durch die Zusatzheizung kann im oberen Teil des Speichers oder mittels einer externen Nachheizung erfolgen, die durch eine Serien- bzw. Parallelschaltung mit dem Speicher der Solaranlage verbunden ist. Moderne *Niedertemperaturkessel* (unter 50 °C) und *Brennwertkessel* lassen sich vorteilhaft für die Nachheizung in Solaranlagen einsetzen. Ein Nachheiz-Wärmetauscher kann entweder intern im oberen Bereich des Speichers oder extern installiert werden. Der solare Deckungsgrad steigt, wenn die Nachheizung außerhalb des Wärmespeichers erfolgt. Kompakte Öl - oder Gaskessel mit eigebautem Warmwasserspeicher können dem Wärmespeicher der Solaranlage nachgeschaltet werden. Die Effizienz und die Energiekosten für konventionelle Heizsysteme (mit Nutzungsgrad η) mit unterschiedlichen Energieträgern sind in Tabelle 12.8.1 aufgeführt [12.17].

In Solaranlagen werden *Regeleinrichtungen* verwendet, um die Massen- und Wärmeströme mittels automatisch gesteuerter Pumpen und Ventilen in Flüssigkeitsanlagen oder Ventilatoren und Klappen in Luftanlagen zu regeln. Zwei Arten

Tabelle 12.8.1. Effizienz und Energiekosten je MWh Nutzwärme für konventionelle Heizsysteme mit unterschiedlichen Energieträgern [12.17]

Brennstoff, Heiztechnik	Heizwert H_u, kWh	Einheitspreis P, DM	Effizienz h	Verbrauch je MWh	Kosten DM/MWh
Heizkessel:					
- Heizöl EL	10	0,4	0,8	125 l	50
- Erdgas	8,9	0,5	0,85	132 m³	66
- Koks	8,3	0,6	0,7	172 kg	103,2
Fernwärme		0,07	0,95	1053	73,7
Nachtstrom		0,12	0,95	1053	126,3

Einheit: Heizöl Liter, Erdgas m³, Koks kg, Fernwärme und Nachtstrom kWh.

von Regeleinrichtungen sind in solaren Heizungs- und Warmwasserbereitungsanlagen verwendet: Ein-/Aus-Geräte und Proportional-Regler. Beispielsweise wird in einer solaren Heizungs- und Warmwasserbereitungsanlage als Regeleinrichtung eine Kombination aus einem Differentialthermostat und einem in-Reihe geschalteten Sicherheitsthermostat verwendet. Der Differentialthermostat schaltet die Pumpe im Kollektor-Kreislauf ein und aus, wenn die Temperaturdifferenz ΔT jeweils einen eingestellten Wert der Temperaturdifferenz überschreitet bzw. unterschreitet. Dabei ist das Hochtemperatur-Thermoelement des Differentialthermostats am Austritt des Solarkollektors und sein Niedertemperatur-Thermoelement im Wärmespeicher oder in seinem unteren Teil (bei geschichtetem Wärmespeicher) angeordnet und sie messen jeweils die Temperatur T_k und T_s. Mittels dieses Gerätes wird es sichergestellt, daß die Pumpe nur dann läuft, wenn der Kollektor die nutzbare Wärmeleistung abgeben kann.

Der Differential- bzw. Sicherheitsthermostat ist eine Ein-/Aus-Regeleinrichtung mit Hysteresis. Als Eingangssignal dient die Temperaturdifferenz zwischen den oben erwähnten Thermoelementen. Der Differentialthermostat hat zwei Positionen: "Ein" (1) für die Einschaltung der Pumpe bzw. des Ventilators des Kollektor-Kreislaufs, wenn ΔT einen eingestellten Startwert ΔT_{ein} überschreitet, und "Aus" (0) für die Ausschaltung der Pumpe bzw. des Ventilators, wenn ΔT einen eingestellten Stopwert ΔT_{aus} unterschreitet. Um öftere Ein-/Aus-Schaltungen zu verhindern, muß ΔT_{aus} um einige Grad tiefer als ΔT_{ein} sein. Die folgende Bedingung muß erfüllt werden [12.6]:

$$\Delta T_{aus} / \Delta T_{ein} \leq A \, F_R \, K_k / (\dot{m} c_p)_k, \qquad (12.8.1)$$

wobei A die Kollektorfläche, F_R der Wärmeabfuhrfaktor, K_k der Wärmeverlustfaktor des Kollektors und $(\dot{m} c_p)_k$ der Wärmekapazitätsstrom des Kollektors sind. Beispielsweise ist ΔT_{ein} gleich 7-9 K und ΔT_{aus} gleich 2-4 K eingestellt.

Der Sicherheitsthermostat schützt den Wärmespeicher vor Überhitzung. Sein Fühler wird auch im oberen Teil des Wärmespeichers untergebracht. Zwei eingestellte Temperaturen $T_{s,ein}$ und $T_{s,aus}$ ($T_{s,ein} > T_{s,aus}$) bestimmen den Arbeitsbereich des Sicherheitsthermostats. Er wird angesprochen, wenn das Eingangssignal zwischen diesen Grenzwerten liegt. Wird $T_{s,ein}$ erreicht, schaltet der Sicherheitsthermostat die Wärmezufuhr ab. Bei Abkühlung unter $T_{s,aus}$ geht der Speicher wieder zum Normalbetrieb über.

Ähnlich funktioniert ein *Thermostat*, der eine Pumpe bzw. einen Ventilator ein- und ausschalten kann. Als Eingangsgröße wird nur eine Temperatur T benutzt, der Betriebsbereich ist durch zwei Grenzwerte T_{ein} und T_{aus} bestimmt. Der Thermostat schaltet die Maschine ein bei $T > T_{ein}$ und schaltet sie aus bei $T < T_{aus}$, dabei ist $T_{ein} < T_{aus}$. Er kann z.B. zur Regelung der Be- und Entladevorgänge eines Wärmespeichers verwendet werden.

Eine Schaltuhr kann als Steuerungseinrichtung zur Regelung der Anlage gemäß einem Zeitplan verwendet werden. Sie kann z.B zur Änderung der Thermostateinstellwerte während des Tages und der Nacht bei Thermostatgesteuerten Heizungsanlagen oder zur Ein-/Ausschaltung eines Elektroerhitzers im Wärmespeicher zur vorzüglichen Nutzung des Niederstromtarifs in der Nacht verwendet werden.

Ein Proportionalregler kann beispielsweise verwendet werden, um den Massenstrom proportional der Temperatur im beheizten Raum durch Änderung der Pumpendrehzahl zu regeln. Er funktioniert im Bereich zwischen den Temperaturen T_1 und T_2 und wird mit dem Raumthermostat gekoppelt. Wenn die Raumtemperatur T über den Schwellenwert T_1 ansteigt, wird der Massenstrom des Heizwassers proportional der Temperatur T reduziert, solange T unter T_2 liegt. Erreicht die Temperatur T den Wert T_2, wird die Heizung abgestellt.

13 Berechnung und Auslegung von passiven Solarheizsystemen

13.1 Empirische Berechnungsverfahren für passive Solarheizsysteme

SLR-Verfahren. Die Auslegung von passiven Systemen zur Sonnenenergienutzung ist sehr eng mit der architektonischen Planung und Gestaltung des Gebäudes verbunden. Die Haupttypen von passiven Systemen sind in Kapitel 9 beschrieben und in Bild 9.2.1 und Bild 9.2.2 schematisch dargestellt. Um die langfristigen wärmetechnischen Bewertungsgrößen eines Gebäudes mit einem passiven Solarsystem zu ermitteln, werden in der Regel empirische Berechnungsverfahren, wie z.B. *die sogenannten SLR- und LCR-Verfahren*, verwendet [13.1-13.5, 13.9]. Dabei ist SLR (Solar Load Ratio) das Verhältnis des Sonnenenergiegewinns des passiven Systems zur Heizwärmelast des Gebäudes und LCR (Load Collector Ratio) der modifizierte Wärmeverlustkoeffizient des Gebäudes. Anhaltswerte zur Überschlagsrechnung der spezifischen Solarkollektorfläche und Speichermasse eines passiven Systems können den im Abschnitt 13.4 aufgeführten Tabellen entnommen werden. Weiterhin werden Näherungsverfahren für die Dimensionierung der passiven Solarsysteme betrachtet.

Das SLR-Verfahren wurde für die Auswertung der passiven Solarsysteme mit einer Speicherwand (Trombe-Wand) von Balcomb und McFarland [13.1] entwickelt. Man kann dieses Verfahren auch auf andere passive Systeme, d.h. auf Systeme zum direkten Sonnenenergiegewinn mittels südorientierten Fenstern sowie auf Systeme mit Glasvorbau (Wintergarten, Atrium), anwenden. Das SLR-Verfahren ermöglicht die Berechnung des Jahresbedarfs an Zusatzenergie von einer konventionellen Energiequelle für die Heizung des betreffenden Gebäudes. In einem Gebäude mit passivem Solarsystem ist die Solarapertur (Strahleinfallsöffnung) der lichtdurchlässige, verglaste Teil einer Wand, der für die Sonnenenergiegewinnung genutzt wird. Die Fläche der Solarapertur ohne Rahmen ist dann die Netto-Aperturfläche A_a. Für verglaste Vorbauten an der Südwand des Gebäudes wird die Fläche $A_{a,p}$ der Projektion des Glasvorbaus auf die vertikale Ebene, die senkrecht zum Azimut der Solarapertur steht, berücksichtigt.

Bei der *Berechnung der Heizwärmelast* Q_L wird das Gebäude mit einem passiven Solarsystem scheinbar in zwei Teile aufgeteilt: in die Hülle des Gebäudes mit der Nettofläche $A_{G,n}$, d.h. mit der Gesamtumfassungsfläche des Gebäudes ohne die Fläche des Solarkollektors, und in den Solarkollektor mit der Aperturfläche A_a. Unter dem Solarkollektor wird bei passiven Direktgewinn-Systemen das Südfenster, bei Trombewandsystemen die Speicherwand und bei Glasvorbauten die Ver-

13.1 Empirische Berechnungsverfahren für passive Solarheizsysteme

glasung verstanden. Die Öffnungsfläche, durch welche die Sonnenenergie in das Gebäude einfällt, wird als die Aperturfläche A_a des Solarkollektors bezeichnet. Bei geneigten Solarkollektoren, wie das z.B. bei Glasvorbauten der Fall ist, wird die Fläche $A_{a,p}$ der Aperturprojektion in der vertikalen Ebene, die senkrecht zum Aperturazimut steht, benutzt. Für Fenster und Wände sind die beiden Flächen gleich, d.h. $A_a = A_{a,p}$. Bei den Glasvorbauten und anderen ähnlichen passiven Systemen ist die Aperturfläche A_a des Solarkollektors größer als die Aperturprojektionsfläche $A_{a,p}$. Für eine verallgemeinerte Behandlung aller Systeme wird normalerweise die Aperturprojektionsfläche $A_{a,p}$ verwendet.

Unter dem monatlichen SLR-Wert wird das Verhältnis des Monatsmittelwertes der durch das passive Solarsystem absorbierten Sonnenstrahlung Q_{sol} zum Monatswert der sogenannten Netto-Referenz-Heizwärmelast $Q_{L,n}$ des Gebäudes verstanden. Dabei entspricht $Q_{L,n}$ den monatlichen Wärmeverlusten des gesamten Gebäudes mit Ausnahme der Solarapertur (Südfenster, Speicherwand etc.), die adiabat betrachtet wird. Alle Relationen für SLR beziehen sich auf die Wärmelast $Q_{L,n}$. Die Brutto-Referenz-Wärmelast Q_L des gesamten Gebäudes, d.h. einschließlich die Apertur, wird als ein Bezugswert verwendet. *Die gesamte Heizwärmelast Q_L des Gebäudes setzt sich also aus der Netto-Referenz-Heizwärmelast $Q_{L,n}$ durch die Wärmeverluste über die Außenhülle des Gebäudes ohne Kollektorapertur und aus der Heizwärmelast $Q_{L,k}$ durch die Wärmeverluste der Kollektorapertur selbst zusammen* (s. Bild 13.1.1). Die Wärmeverluste werden nach dem Gradtagzahl-Verfahren für jeden Monat des Jahres oder der Heizperiode ermittelt.

Für den Monatswert der gesamten Heizwärmelast Q_L des Gebäudes gilt nun:

$$Q_L = Q_{L,n} + Q_{L,k} \text{ in J pro Monat} \tag{13.1.1}$$

Für den Monatswert der Netto-Referenz-Heizwärmelast $Q_{L,n}$ des Gebäudes mit adiabater Solarkollektorfläche bzw. der Heizwärmelast $Q_{L,k}$ des Gebäudes durch die Wärmeverluste über die Kollektorfläche gilt:

$$Q_{L,n} = 24 \cdot 3600 \, (K \, A)_{geb,n} \, GT \text{ in J pro Monat,} \tag{13.1.2}$$

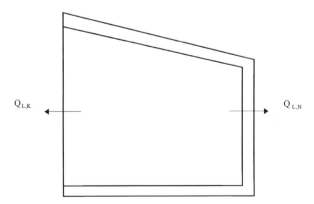

Bild 13.1.1. Bestandteile $Q_{L,n}$ und $Q_{L,k}$ der Heizwärmelast Q_L des Gebäudes

bzw. $Q_{L,k} = 24 \cdot 3600 \, K_k \, A_a \, GT = 24 \, K_{k,p} \, A_{a,p} \, GT$ in J pro Monat (13.1.3)

wobei $K_{geb,n}$ der Netto-Wärmeverlustkoeffizient für die Gebäudehülle ohne die Solarkollektorfläche in W/m²K, $A_{geb,n}$ die gesamte Netto-Umfassungsfläche der Gebäudehülle ohne Solarkollektor in m², GT die Gradtagzahl für den betreffenden Monat in K·d/mo und K_k bzw. $K_{k,p}$ der Wärmeverlustkoeffizient des Solarkollektors bezogen auf die Aperturfläche A_a bzw. auf die Aperturprojektionsfläche $A_{a,p}$ in W/m²K ist.

Aus den Gleichungen (13.1.2), (13.1.3) und (13.1.1) folgt:

$Q_L = 24 \cdot 3600 \, [(K\,A)_{geb,n} + (K\,A)_{k,p}] \, GT$ in J pro Monat (13.1.4)

Zwischen den Wärmeverlustkoeffizienten K_k und $K_{k,p}$ besteht der folgende Zusammenhang:

$K_{k,p} = K_k \, A_a / A_{a,p}$ in W/m²K (13.1.5)

Die Anhaltswerte für den Wärmeverlustkoeffizienten K_{sw} der doppelt verglasten Speicherwände mit bzw. ohne temporäre Nachtisolierung sind in Tabelle 13.1.1 aufgeführt.

Die gesamte monatliche Heizwärmelast Q_L des Gebäudes wird nur teilweise durch den Netto-Energiegewinn des passiven Solarsystems ($Q_{sol,n}$) gedeckt, für den Rest wird eine herkömmliche Zusatzenergiequelle (Q_{zus}) herangezogen, so daß gilt:

$Q_L = Q_{sol,n} + Q_{zus}$ in J pro Monat (13.1.6)

Für den monatlichen solaren Deckungsgrad gilt:

$f = Q_{sol,n} / Q_L = 1 - Q_{zus} / Q_L$ (13.1.7)

Die Referenzparameter der passiven Systeme und der Gebäude, die bei der Entwicklung des SLR-Verfahrens zugrunde gelegt wurden, sind in Tabelle 13.1.2 zusammengestellt. Als wichtige Bewertungsgrößen eines passiven Solarsystems werden im SLR-Verfahren der scheinbare monatliche solare Deckungsgrad f_s sowie die Verhältnisse SLR und LCR verwendet. Die monatlichen Werte von f_s und SLR lassen sich wie folgt errechnen [13.1-13.3]:

$f_s = Q_{sol,n} / Q_{L,n} = 1 - Q_{zus} / Q_{L,n}$ (13.1.8)

$SLR = Q_{sol} / Q_L$ (13.1.9)

Tabelle 13.1.1. Wärmedurchgangskoeffizient K_{sw} für doppelt verglaste Speicherwände ohne/mit temporärer Nachtisolierung [13.1, 13.6]

Passives Solarsystem	K_{sw} in W/m²K
1. Trombe-Wand (TW) aus Beton, Stärke 450 mm ohne/mit temporärer Nachtisolierung	1,25 / 0,68
2. Wand in Form von aufeinander gestellten Wasserbehältern (WW) ohne/mit temporärer Nachtisolierung	1,87 / 1,02

13.1 Empirische Berechnungsverfahren für passive Solarheizsysteme 345

Tabelle 13.1.2. Referenzparameter der passiven Systeme und der Gebäude im SLR-Verfahren [13.2, 13.3]

Parameter	Bezeichnung	Einheit	Wert
1. Spezifische Wärmekapazität, bezogen auf m² Fläche	c_A	MJ/m²K	0,92
2. Innenraumtemperatur	T_i	°C	19/24
3. Speicherwand:			
Wärmekapazität, bezogen auf m² Fläche	$c_{w,a}$	MJ/m²K	2
Wärmeleitfähigkeit	λ	W/mK	1,73
thermischer Widerstand der Nachtisolierung	R_{iso}	m²K/W	1,6
Wärmeübergangskoeffizient von der Wand an den Innenraum	α_i	W/m²K	5,6
Absorptionsgrad	α	-	0,9
4. Doppelverglasung der Speicherwand:			
Transmissionsgrad	τ	-	0,747

Der monatliche Netto-Energiegewinn $Q_{sol,n}$ eines passiven Solarsystems ergibt sich wie folgt:

$$Q_{sol,n} = Q_{sol} - Q_{L,k} - Q_{über} \text{ in J pro Monat,} \qquad (13.1.10)$$

wobei Q_{sol} die gesamte absorbierte Sonnenenergie, $Q_{L,k}$ die monatliche Wärmeverluste des Solarkollektors und $Q_{über}$ der Monatswert des nicht nutzbaren Energieüberschusses ist.

Für Q_{sol} gilt:

$$Q_{sol} = A_{a,p} N_{tag} E_{abs,p} \text{ in J pro Monat} \qquad (13.1.11)$$

wobei N_{tag} die Anzahl der Tage im Monat.

Der mittlere *Tageswert der absorbierten Sonnenenergie $E_{abs,p}$* bezogen auf 1 m² Aperturprojektionsfläche läßt sich wie folgt berechnen:

$$E_{abs,p} = E_{abs} A_a / A_{a,p} \text{ in J/m}^2\text{d} \qquad (13.1.12)$$

Für die absorbierte Sonnenenergie E_{abs} bezogen auf die Aperturfläche A_a gelten die gleichen Ansätze, wie für Flachkollektoren (vgl. Kapitel 3).

Das Verhältnis der spezifischen monatlichen Netto-Referenz-Heizwärmelast $Q_{L,n}$ zu dem Monatswert der Gradtagzahl GT und der Aperturprojektionsfläche $A_{a,p}$ wird als LCR (*LCR = Load Collector Ratio*) bezeichnet. Dies ist *der tägliche Netto-Wärmeverlustkoeffizient $K_{g,n}$ des Gebäudes* [13.1-13.3]:

$$K_{g,n} = LCR = Q_{L,n} / GT A_{a,p} = 24 \cdot 3600 \, (KA)_{geb,n} / A_{a,p} \text{ in J/m}^2\text{K pro Tag} \qquad (13.1.13)$$

Analog erhält man den *täglichen Netto-Wärmeverlustkoeffizienten* $K_{k,n}$ bzw. LCR_s *für den Solarkollektor:*

$$K_{k,n} = LCR_s = Q_{L,k} / GT\, A_{a,p} = 24 \cdot 3600\, (KA)_k / A_{a,p} = 24 \cdot 3600\, K_{k,p} \text{ in } J/m^2K \text{ pro Tag} \quad (13.1.14)$$

Aus den Gleichungen (13.1.9)-(13.1.14) folgt:

$$SLR = A_{a,p} N_{tag} E_{abs,p} / (K_{g,n} + K_{k,n}) A_{a,p} GT = N_{tag} E_{abs,p} / (K_{g,n} + K_{k,n}) GT$$
$$= N_{tag} E_{abs,p} / m\, K_{g,n}\, GT \quad (13.1.15)$$

Der Faktor m für passive Direktgewinn-Solarsysteme ist $m = 1 + K_{k,n} / K_{g,n}$, für Systeme mit Speicherwand oder mit Glasvorbauten ist m = 1.

In einer modifizierten Form des SLR-Verfahrens wird der Kennwert X benutzt, der für passive Direktgewinn-Systeme bzw. für Systeme mit Speicherwand oder mit Glasvorbauten wie folgt berechnet wird:

$$X = SLR / m\, K_{g,n} = N_{tag} E_{abs,p} / (GT\, m\, K_{g,n}) \quad (13.1.16)$$

bzw. $X = SLR - a\, K_{k,n} / m\, K_{g,n} = (N_{tag} E_{abs,p} / GT - a.K_{k,n}) / m\, K_{g,n}$ (13.1.17)

Dabei kennzeichnet die Konstante a zusammen mit dem Faktor m und den weiteren Konstanten (b, c, d, n und s) einen bestimmten Typ des passiven Solarssystems.

Die Konstruktionstypen von passiven Solarsystemen sind in Tabellen 13.1.3 bis 13.1.5 durch die Werte der flächenbezogenen Wärmespeicherkapazität c_A und des thermischen Widerstands R_{iso} der temporären Nachtisolierung gekennzeichnet.

Tabelle 13.1.3. Typen der passiven Direktgewinn-Systeme mit Doppelverglasung. Verhältnis Wärmespeicherfläche/Aperturfläche beträgt 6 [13.3, 13.4]

Typ	Wärmespeicherkapazität c_A, kJ/m²K	Thermischer Widerstand der Nachtisolierung R_{iso}, m²K/W
DG 1	613	Keine
DG 2	613	1,59
DG 3	1227	Keine
DG 4	1227	1,59

Tabelle 13.1.4. Konstruktionstypen der passiven Solarsysteme mit Speicherwand. Das Verhältnis der Wärmespeicherfläche zur Aperturfläche beträgt 1 [13.3, 13.4]

Typ	Wärmespeicherkapazität c_A, kJ/m²K	Verglasung	Thermischer Widerstand der Nachtisolierung R_{iso}, m²K/W
SW 1	459	Doppel	Keine
SW 2	613	Doppel	Keine
SW 3	919	Doppel	Keine
SW 4	613	Einfach	1,59

13.1 Empirische Berechnungsverfahren für passive Solarheizsysteme

Tabelle 13.1.5. Typen der passiven Systeme mit doppelt verglasten Glasvobauten. Der thermische Widerstand der Verbindungshauswand ist 0,17 m²K/W und der der Hauswand ist 3,57 m² K/W [13.3, 13.4]

Typ	Verglasungsneigung in Grad	Hauswand	Seitenwände	Nachtisolierung R_{iso}, m²K/W
GV 1	50	Mauerwerk	Nicht transparent	Keine
GV 2	50	Mauerwerk	Nicht transparent	1,59
GV 3	90/30	Mauerwerk	Verglasung	Keine
GV 4	90/30	Mit Isolierung	Nicht transparent	1,59

Die Konstanten a, b, c, d, n, und s sowie der Wert von $K_{k,n}$ bzw. $K_{g,n}$ für diese Systeme sind in Tabellen 13.1.6 und 13.1.7 aufgeführt. Für alle Direktgewinn-Systeme ist a = 0, für alle Systeme mit Speicherwand bzw. mit Glasvorbau sind b = 0, c = 1, s = -9 und m = 1.

Der monatliche scheinbare solare Deckungsgrad f_s ist mit dem tatsächlichen Deckungsgrad f mittels der folgenden Gleichung verbunden [13.1, 13.2]:

$$f_s = 1 - (1 - f) Q_{zus} / Q_{L,n} = 1 - m (1 - u) \tag{13.1.18}$$

Tabelle 13.1.6. Konstanten b, c, d, n und s sowie $K_{k,n}$ für passive Direktgewinn-Systeme, Konstante a = 0 [13.3, 13.4]

Typ	b	c	d	n	s	$K_{k,n}$ in Wh/m²Kd
DG 1	0,5650	1,0090	1,0440	0,7175	0,3931	53,1
DG 2	0,5442	0,9715	1,1300	0,9273	0,7086	15,0
DG 3	0,6344	0,9887	1,5270	1,4380	0,8632	54,5
DG 4	0,6182	0,9859	1,5660	1,4370	0,8990	13,6

Tabelle 13.1.7. Konstanten a, d und n sowie $K_{g,n}$ für passive Systeme mit Speicherwand bzw. mit Glasvobauten, Konstanten b = 0, c = 1 und s = -9 [13.3, 13.4]

Typ	a	d	n	$K_{g,n}$, Wh/(m²K d)
Systeme mit Speicherwand				
SW 1	0,92	0,9680	0,6318	73,7
SW 2	0,85	0,9964	0,7123	73,7
SW 3	0,79	1,0190	0,7332	73,7
SW 4	1,08	1,0346	0,7810	50,5
Systeme mit Glasvorbauten				
GV 1	0,83	0,9587	0,4770	105,5
GV 2	0,77	0,9982	0,6614	59,0
GV 3	0,82	0,9689	0,4685	109,5
GV 4	0,84	1,0068	0,6778	48,2

Dabei gilt [13.3]:

$u = b\, X$ für $X \leq s$ und $u = c - d \exp(-n\, X)$ für $X > s$.

Für den monatlichen Zusatzenergiebedarf Q_{zus} gilt:

$$Q_{zus} = (1 - f_s)\, Q_{L,n} \qquad (13.1.19)$$

Der mittlere monatliche Energiegewinn eines passiven Solarsystems mit Speicherwand ergibt sich wie folgt:

$$Q_{gew} = E\, R\, (\tau\alpha)\, A_{sw}\, N_{tag} \text{ in MJ/mo} \qquad (13.1.20)$$

mit: E = Monatsmittelwert der täglichen Globalstrahlung auf die horizontale Ebene, MJ/m²d,
R = Umrechnungsfaktor für die Globalstrahlung,
$(\tau\alpha)$ = effektives Transmissionsgrad-Absorptionsgrad-Produkt für die verglaste Speicherwand,
A_{sw} = Fläche der Speicherwand, m².

Das Verhältnis der nutzbaren Sonnenenergiemenge $Q_{sol,n}$ zur Wärmelast Q_L ist *der monatliche solare Heizenergiebeitrag SHB* eines passiven Solarheizsystems. Es gilt:

$$SHB = a_1\, SLR \text{ für } SLR < s_1 \qquad (13.1.21)$$

$$\text{oder } SHB = a_2 - a_3 \exp(a_4\, SLR) \text{ für } SLR > s_1 \qquad (13.1.22)$$

$$\text{Bei } SLR = s_1 \text{ ist } SHB = SLR \qquad (13.1.23)$$

Die Werte von s_1 und Koeffizienten a_1 bis a_4 für passive Solarsysteme mit Trombe-Wand (TW ohne temporäre Nachtisolierung und TWI mit temporärer Nachtisolierung) bzw. mit Wasserbehälter-Wand (WW ohne Nachtisolierung und WWI mit Nachtisolierung) sind in Tabelle 13.1.8 angegeben. Die Beziehung zwischen den Monatswerten des solaren Heizenergiebeitrages SHB und des Solar/Last-Verhältnisses SLR für passive Solarsysteme verschiedener Art ist in Bild 13.1.2 graphisch dargestellt. Hierbei gilt Kurve 1 bzw. 3 für Systeme mit Speicherwand aus mehreren aufeinander gestellten Wasserbehältern ohne bzw. mit temporärer Nachtisolierung, Kurve 2 bzw. 4 für Systeme mit Trombe-Wand aus Beton ebenso ohne bzw. mit temporärer Nachtisolierung und Kurve 5 für Direktgewinn-Systeme mit Südfenster.

Beispiel 13.1.1 verdeutlicht die Anwendung des SLR-Verfahrens.

Beispiel 13.1.1. *Monatlicher Zusatzenergiebedarf eines Gebäudes mit Trombe-Wand.*

Ein Wohnhaus ist mit einer doppelt verglasten südlichen Trombe-Wand aus Beton, Stärke 450 mm, Fläche 24 m², mit temporärer Nachtisolierung ausgestattet. Wie groß ist der monatliche Bedarf an Zusatzenergie für die Heizung des Hauses im März?

Der Monatsmittelwert der täglichen Sonnenstrahlung auf die Südfassade beträgt: $E_v = 3_K Wh/m^2 d$. Das Produkt $(KA)_{geb}$ für das Gebäude mit passivem Solar-

13.1 Empirische Berechnungsverfahren für passive Solarheizsysteme

Tabelle 13.1.8. Faktor s_1 und Koeffizienten a_1 - a_4 der Gleichungen (13.1.21) und (13.1.22) für Häuser mit Trombe- bzw. Wasserwand mit/ohne temporäre Nachtisolierung [13.3, 13.4]

Systemart	s_1	a_1	a_2	a_3	a_4
TW	0,1	0,452	1,014	1,039	0,705
TWI	0,5	0,720	1,007	1,119	1,095
WW	0,8	0,600	1,015	1,260	1,070
WWI	0,7	0,764	1,010	1,403	1,546

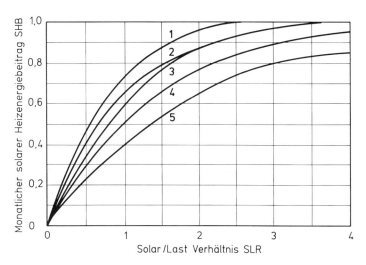

Bild 13.1.2. Solarer Heizungsbeitrag SHB in Abhängigkeit vom Solar-Last-Verhältnis SLR für passive Systeme mit Wasserbehälterspeicher hinter verglaster Südfassade mit/ohne Nachtisolierung (Kurve 1 bzw. 3), mit Trombe-Betonwand mit/ohne Nachtisolierung (Kurve 2 bzw. 4), mit Südfenster (Kurve 5) [13.3]

system beträgt 250 W/K, für das konventionelle Gebäude ohne Solarsystem gilt: $(KA)_{geb,konv}$ = 320 W/K. Die Gradtagzahl GT im März beträgt 230 K d.

Lösung:

1. Der Wärmedurchgangskoeffizient K_{sw} für die Trombe-Wand mit temporärer Nachtisolierung (vgl. Tabelle 13.1.1) beträgt 0,68 W/m²K.

2. Der Monatswert der Heizwärmelast des Hauses mit passivem Solarsystem ist:

Q_L = 24 [$(KA)_{geb}$ + $(KA)_{sw}$] GT
    = 24 h/d [250 W/K + (0,68 W/m²K 24 h/d)] 230 Kd = 1470 kWh/mo

3. Die Heizwärmelast des konventionellen Hauses ohne das passive Solarsystem:

$Q_{L,konv}$ = 24 $(KA)_{geb,konv}$ GT = 24 h/d 320 W/K 230 Kd = 1766,4 kWh/mo

4. Die absorbierte Sonnenenergiemenge im Monat März ergibt sich zu:

$E_{sol} = E_v \, A_{sw} \, N_{tag} = 3000 \text{ Wh/m}^2 \text{ d} \cdot 24 \text{ m}^2 \cdot 31 \text{ d} = 2232 \text{ kWh/mo}$

5. Das Solar/Last-Verhältnis SLR für März beträgt:

$SLR = E_{sol} / Q_L = 2232 \text{ kWh/mo} / 1470 \text{ kWh/mo} = 1{,}52$

6. Der solare Heizenergiebeitrag ergibt sich aus Bild 13.1.2 zu: SHB = 0,8.

7. Damit ist der monatliche Zusatzenergiebedarf:

$Q_{zus} = (1 - SHB) \, Q_{L,konv} = (1 - 0{,}8) \, 1766{,}4 \text{ kWh} = 353{,}28 \text{ kWh}$
pro Monat.

LCR-Verfahren. Im LCR-Verfahren zur Berechnung von passiven Solarheizsystemen wird das *Last/Kollektor-Verhältnis LCR* benutzt. Es ist definiert als das Verhältnis der Wärmelast des Gebäudes zur Aperturfläche [13.1] und wird nach der Gleichung (13.1.13) berechnet. Die Überschlagswerte von LCR in Abhängigkeit von SHB für passive Solarheizsysteme mit einer Trombe-Wand ohne bzw. mit temporärer Nachtisolierung (TW bzw. TWI), für Systeme mit einer Speicherwand ohne bzw. mit temporärer Nachtisolierung (WW bzw. WWI), die aus mehreren aufeinander gestellten Wasserbehältern besteht, sowie für passive Direktgewinn-Systeme ohne bzw. mit temporärer Nachtisolierung (DG bzw. DGI) sind für mitteleuropäische Klimabedingungen in Tabelle 13.1.9 aufgeführt.

Mit einem Wert von LCR läßt sich beispielsweise *die erforderliche Fläche einer Speicherwand* wie folgt berechnen:

$$A_{sw} = (KA)_{geb} / LCR \qquad (13.1.24)$$

Tabelle 13.1.9. LCR [in kJ/(GT m^2)] für passive Solarheizsysteme in Abhängigkeit von SHB für Klimabedingungen Mitteleuropas [13.9]

Systemart	SHB-Werte								
	0,1	0,2	0,3	0,4	0,5	0,6	0,7	0,8	0,9
TW	2328	960	510	306	163	81	-	-	-
TWI	3880	1736	1041	714	510	368	265	184	102
WW	2400	980	531	306	163	-	-	-	-
WWI	4105	1838	1123	776	551	408	285	204	142
DG	1879	857	408	-	-	-	-	-	-
DGI	4187	1817	1082	714	490	327	224	142	61

DG bzw. DGI - Direkt-Gewinn-Systeme ohne/mit temporärer Isolierung,
TW bzw. TWI - Systeme mit Trombewand ohne/mit temporärer Isolierung,
WW bzw. WWI - Systeme mit Wasserbehälter ohne/mit temporärer Isolierung.

13.2 Berechnung des monatlichen Zusatzenergiebedarfs eines Gebäudes mit passivem Solarheizsystem

In diesem Abschnitt wird das Verfahren zur Berechnung des monatlichen Zusatzenergiebedarfs eines Gebäudes mit einem passiven Solarheizsystem, das auf dem Begriff des Nutzbarkeitsgrades fundiert ist, beschrieben [13.6-13.8]. Ein Gebäude mit passivem System kann als ein Sollarkollektor mit einer endlichen Gesamtwärmekapazität betrachtet werden. *Der Zusatzenergiebedarf Q_{zus} liegt zwischen zwei Grenzwerten.* Ein Grenzwert $Q_{zus,\infty}$ entspricht einer Baustruktur mit sehr hoher (unendlicher) Gesamtwärmekapazität, die den gesamten anfallenden Sonnenenergieüberschuß speichern kann. Der zweite Grenzwert $Q_{zus,0}$ entspricht einer Baustruktur, welche keine Energie wegen der geringen Gesamtwärmekapazität des Gebäudes speichern kann (sie wird gleich Null gesetzt).

Die Heizwärmelast Q_L läßt sich nach der Gradtagzahl-Methode berechnen (vgl. Kapitel 12).

Die Energiebilanz des Gebäudes über einen Monat läßt sich wie folgt aufstellen (s. Bild 13.2.1):

$$Q_{sol} + Q_{zus} = Q_L + Q_{über} \pm Q_{sp} \text{ in J pro Monat} \tag{13.2.1}$$

Hierbei Q_{sol} die monatliche absorbierte Sonnenenergie, Q_{zus} der monatliche Zusatzenergiebedarf, Q_L die monatliche Heizwärmelast, $Q_{über}$ der monatliche nicht nutzbare Sonnenenergieüberschuß, Q_{sp} die gespeicherte Energie (sie kann für den ganzen Monat vernachlässigt werden) ist.

Die Änderung der gespeicherten Wärmemenge über einen Monat ist gleich Null angesetzt worden.

Für die absorbierte Sonnenenergie gilt:

$$Q_{sol} = E_k (\tau\alpha) A_a N_{tag} = E_{abs} A_a N_{tag} \text{ in J pro Monat} \tag{13.2.2}$$

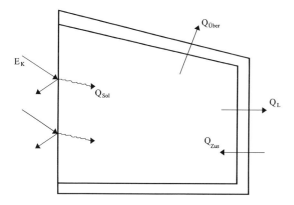

Bild 13.2.1. Energiebilanz eines Gebäudes mit passivem Direktgewinn-Solarsystem

mit: E_k = tägliche Einstrahlung auf 1 m² der Kollektorfläche in J/m²d,
$(\tau\alpha)$ = effektives Transmissionsgrad-Absorptionsgrad-Produkt für das System Solarkollektor-Raum,
A_a = Solarkollektorfläche in m²,
N_{tag} = Anzahl der Tage im Monat,
E_{abs} = tägliche absorbierte Sonnenenergie in J/m²d.

Der Zusatzenergiebedarf für ein Gebäude mit unendlicher Wärmekapazität beträgt:

$$Q_{zus,\infty} = (Q_L - Q_{sol})^+ \text{ in J pro Monat} \tag{13.2.3}$$

Das Hochzeichen + bedeutet, daß nur positive Werte der Differenz berücksichtigt werden.

Das Integrieren der stündlichen Beträge über einen Monat ergibt den *monatlichen nicht nutzbaren Sonnenenergieüberschuß*. Für ein Gebäude mit der Null-Wärmekapazität gilt:

$$Q_{\text{über},0} = \int [(I_k (\tau\alpha) A_a - (KA)_{geb} (T_{ref} - T_u)]^+ \, dt \text{ in J pro Monat,} \tag{13.2.4}$$

wobei $(KA)_{geb}$ das Produkt aus dem Wärmeverlustkoeffizienten K_{geb} und der Umfassungsfläche A_{geb} des Gebäudes in W/K und T_{ref} bzw. T_u die Referenz- bzw. Umgebungstemperatur in °C ist.

Als die Referenz-Temperatur T_{ref} wird 18,3 °C angenommen.

Für die kritische Strahlungsstärke I_{kr}, bei welcher die Wärmeverluste des solar beheizten Gebäudes der absorbierten Sonnenenergiemenge gleich sind, gilt:

$$I_{kr} = (KA)_{geb} (T_{ref} - T_u) / (\tau\alpha) A_a \text{ in W/m}^2 \tag{13.2.5}$$

Die bei $I_k > I_{kr}$ absorbierte Sonnenenergie stellt einen Energieüberschuß dar, der in einem Gebäude mit der Null-Wärmekapazität nicht genutzt werden kann und deshalb an die Umgebung abgegeben werden muß. Setzt man die Gleichung (13.2.5) in die Gleichung (13.2.4), erhält man:

$$Q_{\text{über},0} = A_a (\tau\alpha) \int (I_k - I_{kr})^+ dt \text{ in J pro Monat} \tag{13.2.6}$$

Gemäß der Definition (vgl. Kapitel 5) berechnet sich der Monatsmittelwert des Nutzbarkeitsgrades ϕ eines passiven Solarsystems wie folgt:

$$\phi = \sum \sum (I_k - I_{kr})^+ / E_K \tag{13.2.7}$$

Nur positive Beträge der Differenz in Klammern werden über Tagesstunden für alle Tage des Monats aufaddiert.

Mit der absorbierten Sonnenenergie Q_{sol} und dem Nutzbarkeitsgrad ϕ ergibt sich der monatliche Sonnenenergieüberschuß des Gebäudes mit der Null-Wärmekapazität zu:

$$Q_{\text{über},0} = \phi \, Q_{sol} \text{ in J pro Monat} \tag{13.2.8}$$

Für den monatlichen Zusatzenergiebedarf des Gebäudes mit der Null-Wärmekapazität gilt:

$$Q_{zus,0} = Q_L + Q_{\text{über}} - Q_{sol} = Q_L - (1 - \phi) E_{abs} \text{ in J pro Monat} \tag{13.2.9}$$

13.2 Berechnung des monatlichen Zusatzenergiebedarfs

Der Parameter X oder das Solar/Last-Verhältnis SLR, d.h. das Verhältnis der Monatswerte der gesamten absorbierten Sonnenstrahlung Q_{sol} und der Heizwärmelast Q_L, ist [13.7]

$$X = Q_{sol} / Q_L \qquad (13.2.10)$$

Für den solaren Deckungsgrad des Gebäudes mit unendlicher Wärmekapazität bzw. mit der Null-Wärmekapazität gilt [13.7]:

$$\phi_\infty = X \qquad (13.2.11)$$

$$\text{bzw. } f_0 = (1 - \phi) X \qquad (13.2.12)$$

Das Verhältnis der Monatswerte der in einem Gebäude gespeicherten Wärme und des Energieüberschusses $Q_{über}$ wird als Y bezeichnet und wie folgt errechnet [13.7]:

$$Y = C_{geb} A_{geb,w} \Delta T_{geb} N_{tag} / Q_{über} = C_{geb} \Delta T_{geb} / Q_{sol} \phi, \qquad (13.2.13)$$

wobei C_{geb} die effektive Wärmekapazität des Gebäudes bezogen auf die Wohnfläche des Gebäudes in kJ/m²K, $A_{geb,w}$ die Wohnfläche des Gebäudes in m² und ΔT_{geb} die zulässige Temperaturspreizung im Gebäude in K.

Der Parameter Y ist für das Gebäude mit einer Null-Wärmekapazität gleich Null und mit einer unendlichen Wärmekapazität unendlich groß.

Der Hilfsparameter P für Gebäude mit Direktgewinn-System ergibt sich aus [13.7]:

$$P = [1 - \exp(-0{,}294\, Y)]^{0{,}652} \qquad (13.2.14)$$

Zwischen dem Monatswert des solaren Deckungsgrades f, dem Monatswert des Nutzbarkeitsgrades ϕ und den Parametern X und Y besteht eine empirische Beziehung. Der Monatswert des solaren Deckungsgrades f für Gebäude mit Direktgewinn-System wird entweder 1 gesetzt oder wie folgt berechnet (dabei muß der errechnete Wert kleiner als 1 sein) [13.7]:

$$f = P X + (1 - P)(3{,}082 - 3{,}142\, \phi)[1 - \exp(-0{,}329\, X)] \qquad (13.2.15)$$

Für den monatlichen *Netto-Energieertrag $Q_{sol,n}$ des Solarsystems* bzw. monatlichen *Zusatzenergiebedarf Q_{zus} des Gebäudes* gilt:

$$Q_{sol,n} = f Q_L \text{ bzw. } Q_{zus} = (1 - f) Q_L \text{ in J pro Monat} \qquad (13.2.16)$$

Das oben beschriebene Verfahren wurde zunächst für Direktgewinn-Systeme entwickelt und später auf passive Systeme mit Speicherwand mit einigen Änderungen erweitert [13.8]. Bild 13.2.2 zeigt die Energieströme in einem Gebäude mit Speicherwand. *Die monatliche Heizwärmelast Q_L* setzt sich aus den Wärmeverlusten $Q_{L,k}$ durch die Speicherwand und aus den Wärmeverlusten $Q_{L,a}$ durch die Außenhülle des Gebäudes unter der Annahme der adiabaten Speicherwand zusammen. Übrigens sind Gleichungen (13.2.1)-(13.2.3) für die Berechnung der monatlichen Heizwärmelast des Gebäudes gültig.

Für den Wärmedurchgangskoeffizienten einer Speicherwand gilt:

$$K_{sw} = 1 / (1 / K_a + \delta / \lambda + 1 / \alpha_i) \text{ in W/m}^2\text{K} \qquad (13.2.17)$$

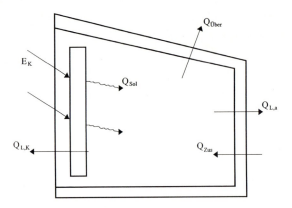

Bild 13.2.2. Energieströme im Gebäude mit passivem Speicherwand-Solarsystem

mit: K_a = Wärmedurchgangskoeffizient von der Frontoberfläche der Speicherwand über die Verglasung an die Außenluft in W/m²K,
α_i = Wärmeübergangskoeffizient von der Innenoberfläche der Speicherwand an die Raumluft in W/m²K,
δ = Dicke der Speicherwand in m,
λ = Wärmeleitfähigkeit der Speicherwand in W/mK.

Für $1/\alpha_i$ gilt normalerweise der Wert von 0,13 m²K/W.

Bei Nutzung einer temporären Nachtisolierung mit einem thermischen Widerstand R_{iso}, die im Zwischenraum zwischen der Speicherwand und der Verglasung während einer Periode von t_{iso} Stunden täglich angeordnet wird, wird *der Wärmedurchgangskoeffizient $K_{a,i}$* wie folgt berechnet:

$$K_{a,i} = 1/(1 - t_{iso}/24) K_a + t_{iso}/24 (1/K_a + 1/R_{iso}) \text{ in W/m}^2\text{K} \quad (13.2.18)$$

Die durch die Speicherwand absorbierte Sonnenenergie wird nur zum Teil wird an den Raum übertragen. Ein anderer Teil geht an die Umgebung verloren. Für die *tägliche absorbierte Sonnenenergie* gilt:

$$E_{abs,d} = [K_{wi}(T_{sw} - T_i) + K_a(T_{sw} - T_u)] t_d \text{ in J pro Tag,} \quad (13.2.19)$$

wobei K_{wi} der Wärmedurchgangskoeffizient von der Frontoberfläche der Speicherwand über die Wand an die Raumluft in W/m²K, T_u, T_{sw} bzw. T_i der Monatmittelwert der Umgebungs-, Speicherwand- bzw. Innenraumtemperatur in °C und t_d die Tagesdauer (86400 s) ist.

Dabei gelten:

$$K_{wi} = 1/(1/\alpha_i + \delta/\lambda) \quad (13.2.20)$$

$$\text{und } T_{sw} = E_{abs,d} + (K_{wi} T_i + K_a T_u) t/(K_{wi} + K_a) \text{ in °C} \quad (13.2.21)$$

Der monatliche Netto-Energiegewinn $Q_{sol,n}$ der Speicherwand mit einer Fläche A_{sw} ist:

$$Q_{sol,n} = K_{wi} A_{sw} (T_{sw} - T_i) t N_{tag} \text{ in J pro Monat} \quad (13.2.22)$$

In einem Gebäude mit unendlicher Wärmekapazität wird $Q_{sol,n}$ restlos genutzt. Der monatliche Zusatzenergiebedarf in einem Gebäude mit unendlicher bzw. Null-Wärmekapazität läßt sich durch den positiven Wert der folgenden Differenz errechnen [13.8]:

$$Q_{zus,\infty} = (Q_{L,n} - Q_{sol,n})^+ \quad (13.2.23)$$

$$\text{bzw. } Q_{zus,0} = (Q_{L,n} - Q_{sol,n} + Q_{über})^+ \quad (13.2.24)$$

Der monatliche nicht nutzbare Sonnenenergieüberschuß $Q_{über}$ in einem Gebäude mit Speicherwand errechnet sich mittels des mittleren Nutzungsgrades φ wie folgt [13.8]:

$$Q_{über} = E_{abs,d} \, N_{tag} \, A_{sw} \, \varphi / (1 + K_a / K_{wi}) \text{ in J pro Monat} \quad (13.2.25)$$

Mit dem Wert von $Q_{zus,\infty}$ bzw. $Q_{zus,0}$ läßt sich der monatliche solare Deckungsgrad φ_∞ bzw. φ_0 wie folgt berechnen [13.8]:

$$\varphi_\infty = 1 - Q_{zus,\infty} / (Q_{L,a} + Q_{L,k}) = (Q_{L,k} + Q_{sol,n}) / (Q_{L,a} + Q_{L,k}) \quad (13.2.26)$$

$$\text{bzw. } f_0 = 1 - Q_{zus,0} / (Q_{L,a} + Q_{L,k}) = f_\infty - X \varphi, \quad (13.2.27)$$

wobei $X = Q_{sol} / Q_L$ ist.

Für die Gesamtwärmespeicherkapazität des Gebäudes bzw. der Speicherwand für einen Monat gilt:

$$Q_{geb,sp} = C_{geb} \, \Delta T_{geb} \, N_{sp} \text{ in J pro Monat} \quad (13.2.28)$$

$$\text{bzw. } Q_{sw} = c_{sw} \, \rho_{sw} \, \delta_{sw} \, A_{sw} \, \Delta T_{sw} \, N_{sp} \quad (13.2.29)$$

mit: C_{geb} = Gesamtwärmekapazität des Gebäudes in J/K,
ΔT_{geb} = Temperaturspreizung im Gebäude in K,
N_{sp} = Anzahl der Speicherungszyklen im Monat,
c_{sw} = spezifische Wärmekapazität des Speicherwand-Baustoffs in J/kgK,
ρ_{sw} = Dichte des Speicherwand-Baustoffs in kg/m³,
δ_{sw} = Dicke der Speicherwand in m,
A_{sw} = Fläche der Speicherwand in m²,
ΔT_{sw} = Temperaturspreizung in der Speicherwand in K.

Hierbei gilt:

$$\Delta T_{sw} = 0{,}5 \, (T_{sw,a} - T_{sw,i}) \text{ in K} \quad (13.2.30)$$

mit: $T_{sw,a}$ bzw. $T_{sw,i}$ = mittlere Außen - bzw. Innenoberflächentemperatur der Speicherwand in °C

Die Wärmemenge Q_i, die durch die Speicherwand an den Innenraum während eines Monats übertragen wird, errechnet sich wie folgt:

$$Q_i = \lambda / \delta \, A \, (T_{sw,a} - T_{sw,i}) \, t \, N_{sp} = 2 \lambda / \delta \, A \, \Delta T_{sw} \, t \, N_{sp} \text{ in J pro Monat}, \quad (13.2.31)$$

wobei t die Dauer eines Speicherzykus in s ist.

Aus den Gleichungen (13.2.29) und (13.2.31) folgt:

$$Q_{sw} = Q_i\, \rho_{sw}\, c_{sw}\, \delta_{sw}^2 / (2\, \lambda_{sw}\, t) \tag{13.2.32}$$

Für Gebäude mit Speicherwand gelten die Parameter Y und P [13.8]:

$$Y = (Q_{geb,sp} + 0{,}047\, Q_{sw}) / Q_{über} \tag{13.2.33}$$

$$P = [1 - \exp(-0{,}144\, Y)]^{0,53} \tag{13.2.34}$$

Der monatliche solare Deckungsgrad f wird entweder 1 gesetzt oder nach der folgenden Gleichung berechnet (vorausgesetzt, daß der errechnete Wert kleiner als 1 ist) [13.8]:

$$f = P\, f_\infty + 0{,}88\, (1 - P)\, [1 - \exp(-1{,}26\, f_\infty)] \tag{13.2.35}$$

Für den monatlichen Zusatzenergiebedarf Q_{zus} des Gebäudes gilt nun:

$$Q_{zus} = (1 - f)\, Q_L \tag{13.2.36}$$

Die Anwendung des Verfahrens ist in Beispielen 13.2.1-13.2.3 verdeutlicht.

Beispiel 13.2.1. *Absorbierte Sonnenenergie $E_{abs,d}$ und das effektive Produkt $(\tau\alpha)$ für ein Gebäude mit passivem Direktgewinn-System.*

Ein Wohnhaus in Zürich ($\varphi = 47{,}5°$) ist mit einem passiven Direktgewinn-System ausgestattet. Das Südfenster mit Doppelverglasung (Glas mit $k\delta = 0{,}037$) hat die Fläche A_f von 25 m² und dient als passiver Solarkollektor. Wie groß sind die täglich durch das Südfenster in den Raum einfallende Sonnenenergie E_f, die absorbierte Sonnenenergie $E_{abs,d}$ und das effektive Produkt $(\tau\alpha)$ für das System Südfenster-Raum?

Klimadaten für Zürich im März sind: der Monatsmittelwert der täglichen Globalstrahlung auf die horizontale Ebene $E = 9{,}81$ MJ/m²d, der mittlere Clearness Index $K_T = 0{,}41$, der Monatsmittelwert der Umgebungstemperatur $T_u = 5$ °C und die Monats-Gradtagzahl $GT = 428$ Kd.

Lösung:

1. Dem Sonnenstand-Diagramm wird die Sonnenuntergangszeit von 17 Uhr 48 am mittleren Tag des Monats März für $\varphi = 47{,}5°$ entnommen. Der entsprechende Stundenwinkel des Sonnenuntergangs ist $\omega_s = 15$ Grad/h·(17,8 - 12) h = 87°.

2. Der Transmissions- bzw. Absorptionsgrad beim senkrechten Einfall der Sonnenstrahlung auf die südlich orientierten Doppelfenster wird angenommen: $\tau_n = 0{,}88$ bzw. $\alpha_n = 0{,}89$. Damit ergibt sich das Produkt $(\tau\alpha)_n = 0{,}88 \cdot 0{,}89 = 0{,}78$.

Die Einfallswinkel für die diffuse und reflektierte bzw. direkte Sonnenstrahlung werden wie folgt angenommen: $\theta_d = \theta_r = 59°$ bzw. $\theta_D = 45°$.

3. Der Monatsmittelwert der extraterrestrischen Strahlung auf die horizontale Ebene beträgt $E_0 = E / K_T$ ($\varphi = 47{,}5$ °C; März) = 23,9 MJ/m²d.

13.2 Berechnung des monatlichen Zusatzenergiebedarfs 357

4. Mit dem monatlichen Clearness Index $\overline{K}_T = 0,41$ ergeben sich der monatliche Anteil der Diffusstrahlung und der Monatsmittelwert der Diffusstrahlung zu:

$E_d / E = 0,52$ und $E_d = 0,52 \cdot 9,81 = 5,1$ MJ/m²d

5. Mit einem Monatsmittelwert des Umrechnungsfaktors R_D für die Direktstrahlung von 1,25 errechnet sich der Monatsmittelwert des Umrechnungsfaktors R für die Gesamtstrahlung von horizontaler auf die vertikale Fläche zu:

$R = R_D (1 - E_d / E) + E_d / E (1 + \cos \beta) / 2 + 0,2 (1 - \cos \beta) / 2 =$
$1,25 (1 - 0,52) + 0,52 \cdot 1/2 + 0,2 \cdot 1/2 = 0,96$

6. Die tägliche Einstrahlung auf 1 m² der Südfensterfläche beträgt:

$E_f = E R = 9,81 \cdot 0,96 = 9,418$ MJ/m²d

7. Effektives Transmissionsgrad-Absorptionsgrad-Produkt für die Direkt- bzw. Diffusstrahlung ergibt sich mit einem Korrekturfaktor 0,96 bzw. 0,83:

$(\tau\alpha)_D = 0,96 (\tau\alpha)_n = 0,96 \cdot 0,78 = 0,749$ bzw. $(\tau\alpha)_d = 0,83 (\tau\alpha)_n = 0,647$.

8. Die absorbierte Strahlung errechnet sich zu:

$E_{abs,d} = (E - E_d) R_D (\tau\alpha)_D + E_d (\tau\alpha)_d (1 + \cos \beta) / 2 + E (\tau\alpha)_d \rho (1 - \cos \beta) / 2$
$= 4,71 \cdot 1,25 \cdot 0,749 + 5,1 \cdot 0,647 \cdot 1/2 + 9,81 \cdot 0,647 \cdot 0,2 \cdot 1/2 = 6,695$ MJ/m²d

9. Effektives Transmissionsgrad-Absorptionsgrad-Produkt für die Gesamtstrahlung ist nun: $(\tau\alpha) = E_{abs,d} / E_f = 6,695 / 9,418 = 0,711$.

Beispiel 13.2.2. *Zusatzenergiebedarf eines Gebäudes mit Direktgewinn-System.*

Für das Gebäude mit passivem Direktgewinn-System aus Beispiel 13.2.1 soll der monatliche Zusatzenergiebedarf im Monat März mit einer Gradtagzahl GT = 428 Kd ermittelt werden. Die Wärmeverluste des Gebäudes (ohne Berücksichtigung der Fenster) sind durch $(KA)_{geb} = 150$ W/K angegeben. Die Fenster haben eine Fläche von 25 m² Fläche und einen Wärmedurchgangskoeffizienten K_f von 2,8 W/m²K.

Lösung:

1. Für die spezifischen Wärmeverluste des Gebäudes (inklusive Fenster) gilt:

$(KA)_{heiz} = (KA)_{geb} + K_f A_f = 150 + 2,8 \cdot 25 = 220$ W/K

2. Nun errechnet sich die monatliche Heizwärmelast des Gebäude zu:

$Q_L = (KA)_{heiz}$ GT 24 3600 = 220 W/K·428 Kd/mo·24h/d·3600 s/h
= 8,135 GJ/mo

3. Mit $E_f = 9,418$ MJ/m²d, $Q_L = 8,135$ GJ/mo, $(\tau\alpha) = 0,711$ und $N_{tag} = 31$ ergibt sich der Parameter X zu:

$X = E_f (\tau\alpha) A_f N_{tag} / Q_L = 9,418 \cdot 0,711 \cdot 25 \cdot 31 / 8135 = 0,638$

358   13 Berechnung und Auslegung von passiven Solarheizsystemen

4. Die kritische Strahlungsstärke, bei welcher die Wärmeverluste des Gebäudes gleich dem Sonnenenergiegewinn sind, errechnet sich nach Gleichung (13.2.5) zu:

$I_{kr} = (KA)_{heiz} (18,3 - T_u) / (\tau\alpha) A_f = 220 (18,3 - 5) / 0,711 \cdot 25$
$= 164,6 \text{ W/m}^2$.

5. Mit dem Stundenwinkel des Sonnenuntergangs am mittleren Tag im März $\omega_s = 87°$ wird dem Diagramm 1.4.3 bzw. 1.4.4 bei $K_T = 0,41$ der Quotient r aus stündlicher Globalstrahlung I um 12 Uhr und täglicher Globalstrahlung E bzw. der Quotient r_d aus stündlicher Diffusstrahlung I_d um 12 Uhr und täglicher Diffusstrahlung E_d entnommen: $r = 0,147$ bzw. $r_d = 0,136$.

6. Der Umrechnungsfaktor für die Direktstrahlung um 12 Uhr ergibt sich zu: $R_{Do} = 1,25$.

7. Mit $E_d / E = 0,52$, $E_d = 5,1$ MJ/m²d und $E = 9,81$ MJ/m²d aus dem Beispiel 13.2.1 errechnet sich der Umrechnungsfaktor für die Gesamtstrahlung um 12 Uhr zu:

$R_o = (1 - r_d E_d / r E) R_{Do} + (r_d E_d / r E) (1 + \cos \beta) / 2 + \rho (1 - \cos \beta) / 2$
$= (1 - 0,136 \cdot 0,52 / 0,147) 1,25 + (0,136 \cdot 0,52 / 0,147) (1 + \cos 90) / 2$
$+ 0,2 (1 - \cos 90) / 2 = 0,989$

8. Der Quotient aus $R = 0,96$ (s. Beispiel 13.2.1) und $R_o = 0,989$ beträgt $R/R_o = 0,97$.

9. Das kritische Strahlungsverhältnis errechnet sich zu:

$X_{kr} = I_{kr} / r R_o E = 164,6 \text{ W/m}^2 / (0,147 \text{ d/h} \cdot 0,989 \cdot 9,81 \text{ MJ/m}^2\text{d} \cdot 278 \text{ Wh/MJ})$
$= 0,415$.

10. Mit $\overline{K}_T = 0,41$ errechnen sich die folgenden empirischen Koeffizienten:

$a = 2,943 - 9,271 \overline{K}_T + 4,031 \overline{K}_T^2 = 2,943 - 9,271 \cdot 0,41 + 4,031 \cdot 0,41^2 = -0,1805$
$b = -4,345 + 8,853 \overline{K}_T - 3,6021 \overline{K}_T^2 = -4,345 + 8,853 \cdot 0,41 - 3,6021 \cdot 0,41^2$
$= -1,3208$
$c = -0,170 - 0,306 \overline{K}_T + 2,936 \overline{K}_T^2 = -0,170 - 0,306 \cdot 0,41 + 2,936 \cdot 0,41^2 = 0,1981$

11. Mit $R/R_o = 0,97$ und $X_{kr} = 0,415$ ergibt sich der monatliche Nutzbarkeitsgrad ϕ nach Gleichung (5.2.11):

$\phi = \exp \{[a + b (R_o / R)] [X_{kr} + c X_{kr}^2]\} = \exp \{[-0,1805 - 1,3208 (0,989/0,96)] [0,415 + 0,1981 \cdot 0,415^2]\} = 0,5$.

12. Mit einer Speicherkapazität des Gebäudes C'_{geb} von 170 MJ/K, einer zulässigen Raumtemperatur-Schwankung ΔT_{geb} von 5 K und einer absorbierten Sonnenenergiemenge $E_{abs,d}$ von 6,695 MJ/m²d (aus Beispiel 13.2.1) errechnet sich der Parameter Y zu:

$Y = C'_{geb} \Delta T_{geb} / E_{abs,d} A_f \phi = 170 \cdot 5 / 6,695 \cdot 25 \cdot 0,5 = 10,16$

13. Mit $P = [1 - \exp(-0,294 Y)]^{0,652} = [1 - \exp(-0,294 \cdot 10,16)]^{0,652} = 0,967$ errechnet sich der monatliche solare Deckungsgrad:

13.3 Auslegung von passiven Solarheizsystemen aufgrund der Erfahrungsdaten

$f = P X + (1 - P) (3,082 - 3,142 \phi) [1 - \exp(-0,329 X)] = 0,967 \cdot 0,638$
$+ (1 - 0,967) (3,082 - 3,142 \cdot 0,5) [1 - \exp(-0,329 \cdot 0,638)] = 0,626$.

14. Damit beträgt der monatliche Zusatzenergiebedarf des Gebäudes im Monat März:

$Q_{zus} = Q_L (1 - f) = 8,135$ GJ $(1 - 0,523) = 3,04$ GJ/mo.

Beispiel 13.2.3. *Zusatzenergiebedarf eines Gebäudes mit Speicherwand.*

Ein Einfamilien-Wohnhaus in Stuttgart ($\varphi = 48,8°$) ist mit einer Beton-Speicherwand von 400 mm Dicke und 12 m² Fläche auf der Südfassade versehen. Das Gebäude hat einen spezifischen Heizwärmebedarf $(KA)_{geb}$ von 150 W/K. Klimadaten für April sind: Tägliche Globalstrahlung E = 14,59 MJ/m²d, Clearness Index $\overline{K}_T = 0,46$, Umgebungstemperatur $T_u = 9$ °C, Gradtagzahl GT = 284 Kd. Stoffwerte des Betons sind: Dichte $\rho = 2400$ kg/m³, spezifische Wärmekapazität c = 1 kJ/kgK. Wie groß ist der Zusatzenergiebedarf des Gebäudes im April?

Lösung:

Der Tabelle 13.1.7 werden die folgenden Parameter für den ausgewählten Speicherwandtyp entnommen: a = 0,92, b = 0, c = 1, m = 1, d = 0,968, n = 0,6318, s = -9 und $K_{g,n} = 73,7$ Wh/(m²Kd). Der tägliche Netto-Wärmelastfaktor beträgt: 24 $(KA)_{geb} = 24 \cdot 150 = 3600$ Wh/Kd. Das Last/Kollektorfläche-Verhältnis ist LCR = 24 $(KA)_{geb} / A_{sw} = 3600$ Wh/Kd / 15 m² = 240 Wh/m²Kd.

Für den Parameter X gilt:

$X = (N_{tag} E / GT - a K_{g,n}) / LCR \cdot m = (30 \text{ d/mo} \cdot 14,59 \cdot 10^6 \text{ J/m}^2\text{d} / (3600 \text{ s/h} \cdot 284 \text{ Kd}) - 0,92 \cdot 73,7 \text{ Wh/(m}^2\text{K d}) / 240 \text{ Wh/(m}^2\text{Kd}) \cdot 1 = 1,5$

Mit s = -9 gilt bei X > s: $u = c - d \exp(-n X) = 1 - 0,968 \exp(-0,6318 \cdot 1,5)$
= 0,625.

Für den monatlichen scheinbaren solaren Deckungsgrad f_s gilt nun:

$f_s = 1 - (1 - u) m = 1 - (1 - 0,625) \cdot 1 = 0,625$.

Der monatliche Zusatzenergiebedarf des Gebäudes ist:

$Q_{zus} = 24 (KA)_{geb} GT (1 - f_s)$
= 3600 Wh/(Kd) 284 Kd·3600 s/h·10⁻⁹ GJ/J (1 - 0,625) = 1,38 GJ/mo.

13.3 Auslegung von passiven Solarheizsystemen aufgrund der Erfahrungsdaten

Passive Direktgewinn-Systeme. Bei Überschlagsrechnungen kann *die erforderliche Aperturfläche eines Südfensters, einer verglasten Speicherwand oder eines*

360 13 Berechnung und Auslegung von passiven Solarheizsystemen

Glasvorbaus aufgrund der Erfahrungsdaten wie folgt abgeschätzt werden:

$$A_a = a\, A_w \text{ in m}^2 \tag{13.3.1}$$

wobei a die spezifische Aperturfläche (Verglasungsfläche) in m² pro m² beheizte Wohnfläche und A_w die Wohnfläche der vom passiven System beheizten Räume des Gebäudes in m² sind.

Beispielsweise läßt sich die Südfensterfläche, die zum Sammeln der Sonnenenergie in passiven Direktgewinn-Systemen erforderlich ist, wie folgt berechnen:

$$A_f = a_f\, A_w \text{ in m}^2 \tag{13.3.2}$$

Die Anhaltswerte von a_f für Südfenster sind in Abhängigkeit von der Umgebungstemperatur T_u im kältesten Monat und der Güte des Wärmeschutzes in Standard-Wohnhäusern und in Häusern mit verbessertem Wärmeschutz in Tabelle 13.3.1 angegeben. Dabei beziehen sich die a_f-Werte auf die doppelt verglasten Südfenster in Mittel- und Nordeuropa.

Passive Solarsysteme mit Speicherwand. *Die erforderliche Fläche einer Speicherwand* läßt sich analog zu Direktgewinn-Systemen wie folgt errechnen:

$$A_{sw} = a_{sw}\, A_w \text{ in m}^2, \tag{13.3.3}$$

Tabelle 13.3.2 enthält die a_{sw}-Anhaltswerte für Gebäude mit Speicherwand in Abhängigkeit von der mittleren Umgebungstemperatur T_u des kältesten Monats. Eine wichtige Einflußgröße ist dabei auch der Absorptionsgrad α_{sw} der Speicherwand-Frontoberfläche, der in Abhängigkeit von der Beschaffenheit und Farbe der Oberfläche in Tabelle 13.3.3 aufgeführt ist. Für die optimale Absorption der Sonnenstrahlung muß die Oberfläche der wärmespeichernden Wand dunkel gefärbt werden.

Die Dicke der Speicherwand ist durch die erforderliche Speicherkapazität und durch das Material bestimmt. Je größer die Wanddicke ist, umso geringer sind die Schwankungen der Temperatur im Gebäude. Bei einer Beton-Speicherwand mit einer Dicke δ von 200 mm sind tägliche Temperaturschwankungen von rund ± 7 K

Tabelle 13.3.1. Verglasungsfläche a_f der Südfenster in m² pro m² beheizte Wohnfläche

Umgebungstemperatur T_u in °C	-10	-7	-4	-1	2	5	7
Verglasungsfläche a_f der Südfenster in m²/m²							
- Standard-Wohnhaus	0,44	0,4	0,35	0,3	0,26	0,2	0,17
- Wohnhaus mit verbessertem Wärmeschutz	0,32	0,28	0,25	0,2	0,16	0,14	0,12

Tabelle 13.3.2. Speicherwandfläche a_{sw} in m² pro m² beheizte Wohnfläche

Umgebungstemperatur T_u in °C	-10	-4	2	7
Speicherwandfläche a_{sw} in m²/m²	0,72-1	0,5-0,93	0,35-0,6	0,22-0,35

13.3 Auslegung von passiven Solarheizsystemen aufgrund der Erfahrungsdaten 361

Tabelle 13.3.3. Absorptionsgrad α_{sw} der Speicherwand bei senkrechtem Strahleneinfall

Baustoff, Farbe	α_{sw}
Baustoff:	
Beton, grau	0,6
Dachziegel	0,69
Holz, Kiefer	0,6
Kalksandstein	0,54
Ziegel, rot	0,68
Farbe:	
Braun	0,79
Dunkelgrün	0,88
Dunkelrot	0,57
Grau	0,75
Gelb	0,33
Hellgrün	0,5
Schwarz, matt	0,96
Weiß	0,18

möglich, bei $\delta = 300$ mm liegen sie bei 4 K und bei $\delta = 500$ mm nur noch bei 2,5 K. Die minimal erforderliche spezifische Speicherkapazität der Speicherwand bezogen auf 1 m² der Verglasungsfläche der Speicherwand pro 1 K Temperaturspreizung soll 630 kJ/(m²K) betragen.

Passive Systeme mit Glasvorbau. *Die erforderliche Fläche der Verglasung eines Glasvorbaus* (Wintergartens, Solariums, Atriums) läßt sich wie folgt berechnen:

$$A_{wg} = a_{wg} A_w \text{ in m}^2 \qquad (13.3.4)$$

Die Anhaltswerte der spezifischen Verglasungsfläche a_{wg} eines Glasvorbaus (Wintergartens, Attriums) bezogen auf 1 m² der beheizten Wohnfläche des Gebäudes sind in Tabelle 13.3.4 angegeben. Diese Werte sind geeignet zur Überschlagsrechnung eines an der südlichen Wand des Gebäudes angeordneten Glasvorbaus in Abhängigkeit von der mittleren Umgebungstemperatur T_u und der Gradtagzahl GT des kältesten Monats des Jahres und vom Speichermedium. Die Wärmespeicherung kann dabei in der Speicherwand, im Betonfußboden, in Wasserbehältern oder im Grund erfolgen.

Die a_{wg}-Werte in Tabelle 13.3.4 beziehen sich auf die südlich orientierten doppelverglasten Wintergärten in Mittel- und Nordeuropa. Die höheren a_{wg}-Werte gelten für Wintergärten in schlecht wärmegedämmten Gebäuden, die kleineren a_{wg}-Werte sind für Gebäude mit verbessertem Wärmeschutz empfehlenswert.

Was die Wand zwischen dem Glasvorbau und den Wohnräumen betrifft, so muß sie als eine wärmespeichernde Wand ausgeführt werden. Für eine optimale Absorption der Sonnenstrahlung muß die Oberfläche der Speicherwand dunkel gefärbt werden. In ihrem oberen Bereich sollen Öffnungen für Warmluftzulaß in

Tabelle 13.3.4. Verglasungsfläche a_{wg} des Glasvorbaus in m^2 pro m^2 beheizte Wohnfläche des Gebäudes

Umgebungs-temperatur T_u, °C	Gradtagzahl GT, Kd	a_{wg} in m^2/m^2 bei Wärmespeicherung in:	
		Speicherwand	Wasserbehältern
-7	1500	0,9-1,5	0,7-1,25
-4	1200	0,8-1,3	0,55-1,05
-1	1060	0,65-1,2	0,5-0,8
2	900	0,55-0,9	0,4-0,65
4	750	0,4-0,7	0,3-0,5
7	600	0,35-0,55	0,25-0,4

die beheizten Wohnräume während des Tages vorgesehen werden. Die geöffnete Fenstertür in der Speicherwand erfüllt denselben Zweck.

Anhaltswerte der Dicke δ der Wand, die den Glasvorbau (Wintergarten, Atrium) mit den Wohnräumen verbindet, sind in Tabelle 13.3.5 angegeben. Die Lufttemperatur im Glasvorbau bewegt sich in einem ziemlich breiten Bereich in Abhängigkeit von der Bestrahlung am betreffenden Tag und von der Speicherkapazität der Bauteile des Gebäudes sowie von der Speichermasse des Glasvorbaus und der Wand zwischen dem Glasvorbau und den Räumen.

Je nach der spezifischen Speichermasse der Wasserbehälter (von 330 bis 1300 kg bezogen auf 1 m^2 der Verglasungsfläche des Glasvorbaus) liegen die maximal möglichen Temperaturschwankungen im Glasvorbau zwischen 18-23 K und 11-16 K im Klima Mittel- und Nordeuropas.

Tabelle 13.3.5. Wanddicke δ_{sw} für passive Systeme mit Glasvorbau

Wandstoff	δ in mm
Ziegel	250-350
Beton	300-450
Kalksandstein	200-300
Wasserbehälter	mindestens 200

14 Solarthermische Kraftanlagen zur Stromerzeugung

14.1 Solarfarm-Kraftanlagen

Arten der solarthermischen Kraftanlagen. Die Sonnenenergie kann zur Stromerzeugung entweder direkt oder mittels einer Wärmekraftanlage genutzt werden. Die direkte Umwandlung der Sonnenenergie in elektrische Energie umfaßt die photovoltaische und thermoelektrische Stromerzeugung. Solarthermische Kraftanlagen wandeln die durch Konzentration auf einen Empfänger fokussierte Sonnenstrahlung in Wärme um, diese Wärme erhitzt einen Wärmeträger, der einen Arbeitsstoff in einem Wärmetauscher verdampfen läßt, der erzeugte Arbeitsstoffsdampf treibt eine Turbine mit elektrischem Generator an. Auf diese Weise wird die Sonnenenergie in solarthermischen Kraftanlagen über Wärme und mechanische Energie in Strom umgewandelt. Allgemein wird zwischen zentralen solarthermischen Kraftanlagen im Leistungsbereich von 30 bis 200 MW mit einer jährlichen Stromerzeugung von 80 bis 700 GWh/a und dezentralen Kraftanlagen mit einer Leistung von 10 bis 500 kW und einem Jahresenergieertrag von 0,02 bis 2 GWh/a unterschieden.

Zwei Hauptarten von solarthermischen Kraftanlagen sind *Solarfarm-* und *Solarturm-Kraftanlagen*. Für die Kraftgewinnung und Stromerzeugung aus der Sonnenenergie können außerdem die folgenden Anlagentypen verwendet werden: Parabolspiegel/Stirlingmotor-, Aufwind-, Solarteich- und Ozeanwärme-Kraftanlagen.

In Solarturm- und Solarfarm-Kraftanlagen sowie in Paraboloidspiegel/Stirling-Motor-Systemen werden konzentrierende Solarkollektoren mit Betriebstemperaturen im Bereich von 300 bis über 1000 °C verwendet. Die konzentrierenden Kollektoren nutzen nur die gerichtete (direkte) Sonnenstrahlung und müssen für ihren Betrieb der Sonne nachgeführt werden, um zu jedem Zeitpunkt einen möglichst senkrechten Strahlungseinfall zu erreichen. In Mitteleuropa (aufgrund eines hohen Anteils an Diffusstrahlung und der verhältnismäßig geringen Sonnenscheindauer) kommt der Einsatz von solchen Anlagen praktisch nicht in Frage. Die günstigen Standorte für solarthermische Kraftanlagen liegen in sonnenreichen Gebieten mit einer jährlichen Einstrahlung über 1600 kWh/m^2 und einer Sonnenscheindauer von 2400 bis mehr als 4000 Stunden. Hierfür kommt vor allem der Wüstengürtel in Afrika, Australien, Nahem Osten und Zentralasien sowie Kalifornien (USA), der Mittelmeerraum (Südeuropa und Nordafrika), Lateinamerika, China und Indien zum Aufbauen von Solarkraftwerken in Betracht.

364 14 Solarthermische Kraftanlagen zur Stromerzeugung

Im Gegensatz zu Solarfarm- und Solarturm-Kraftwerken sind die Solarteich- und Ozeanwärme-Konzepte Niedertemperaturtechniken, da die Betriebstemperaturen dabei unter 100 °C liegen. Die Aufwind-Kraftanlagen nutzen die kinetische Energie der solar erwärmten Luftströmung zur Kraft-/Stromgewinnung. Ein kommerzieller Durchbruch ist derzeit mit Solarfarm-Kraftwerken in Kalifornien erreicht worden, die im Vergleich zu anderen Konzepten auch technisch am weitesten entwickelt sind. Mit Ausnahme von Ozeanwärme-Kraftanlagen sind aktuelle praktische Erfahrungen mit allen erwähnten Konzepten vorhanden [14.1, 14.4-14.9]

Solarfarm-Kraftwerk. Ein Solarfarm-Kraftwerk hat eine modulare Struktur und ist mit einem konventionellen Kraftwerksteil gekoppelt. *Jedes solares Modul einer Solarfarm-Kraftanlage besteht* aus den folgenden Komponenten: einem *Parabolrinnen-Solarkollektor* mit einer Nachführungseinrichtung und einem vom Arbeitsmedium durchflossenen *Strahlungsempfängerrohr*.

In der Mojave-Wüste in Kalifornien mit einer mittleren jährlichen Einstrahlung von 2400 kWh/m^2 wurden seit 1984 neun kommerzielle Solarfarm-Kraftwerke mit Parabolrinnen-Kollektoren SEGS (SEGS = Solar Electric Generating Systems) mit einer Gesamtleistung von 354 MW von der Firma Luz errichtet. Das Projektvolumen der bisher errichteten Solarfarm-Kraftwerke beläuft sich auf 1,7 Mrd. DM. Sie liefern 95% allen Solarstroms in der Welt mit Stromgestehungskosten von 0,17 DM/kWh [14.1].

Bild 14.1.1 zeigt das Solarfarm-Kraftwerk SEGS I schematisch, das aus einem Feld der Parabolrinnen-Solarkollektoren, einem Zweitank-Wärmespeicher und einer konventionellen Dampfkraftanlage besteht. Die technischen Daten der Solarfarm-Kraftwerke SEGS sind in Tabelle 14.1.1 angegeben [14.1, 14.4, 14.9]. Bei SEGS I wurde ein Block von ca. 14 MW, in SEGS II bis VII wurden 30 MW-Blöcke und in SEGS VIII und IX schon 80 MW-Blöcke eingesetzt [14.4]. Der

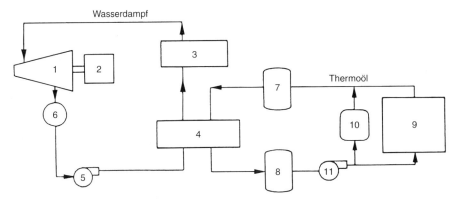

Bild 14.1.1. Schema des Solarfarm-Kraftwerkes: 1 - Dampfturbine, 2 - elektrischer Generator, 3 - Dampfüberhitzer, 4 - Dampferzeuger, 5 - Speisewasserpumpe, 6 - Kondensator, 7 - Speichertank (warm), 8 - Speichertank (kalt), 9 - Solarkollektorfeld, 10 - Zusatzheizung, 11 - Thermoölpumpe

Tabelle 14.1.1. Technische Daten der Solarfarm-Kraftwerke SEGS I-IX [14.1, 14.4]

SEGS	I	II	III	IV	V	VI	VII	VIII	IX
Elektrische Leistung, MW	13,8	30	30	30	30	30	30	80	80
Thermischer Wirkungsgrad, %	31,5	29,4	30,6	30,6	30,6	37,5	37,5	37,6	37,6
Kollektor-Aperturfläche, 10^3 m^2	83	190	230	230	251	188	194	464	414
Feldwirkungsgrad, %	35	43	43	43	43	42	43	53	50
Jahresvollaststunden, h/a	2203	2217	2835	2835	3060	3019	3147	3169	3210
Jahresnettoproduktion, GWh/a	30,1	80,5	91,3	91,3	99,2	90,9	92,7	252,8	256,1
Verkaufspreis, DM/kW	7638	5386	5722	5892	6810	6572	6623	5000	5926
Stromgestehungskosten, DM/kWh	0,41	0,29	0,22	0,22	0,20	0,19	0,19	0,14	0,17

Solarteil ist mit einem durch Erdgas betriebenen, konventionellen Kraftwerksteil verknüpft. Kollektorfelder sind aus Modulen LS-1, LS-2 und LS-3 mit den Flächen von 128, 235 und 545 m^2 je Modul aufgebaut. Der optische Wirkungsgrad (max.) des Feldes beträgt 71-80%. Im konventionellen Kraftwerksteil (Erdgasteil) beträgt der Dampfturbinen-Eintrittsdruck 10 MPa und die Temperatur 510 °C in SEGS I-VII und 370 °C SEGS VIII-IX. Der thermische Wirkungsgrad des Kreisprozesses liegt bei 37,3 - 39,5%. Die Kollektor-Eintrittstemperatur beträgt 240-250 °C in SEGS I-V und 290 °C in SEGS VI-IX, am Kollektor-Austritt ist die Temperatur 310-350 °C bzw. 390 °C. Thermoöl VP-1 dient als Wärmeträger und Wärmespeichermedium außer bei SEGS I und VI.

Mit der Anlagenvergrößerung konnten die Stromgestehungskosten bei reinem Solarbetrieb von 0,41 DM/kWh bei SEGS I bis zu 0,14-017 DM/kWh bei SEGS VIII-IX gesenkt werden. Der gesamte Jahreswirkungsgrad konnte auf nunmehr 15% gesteigert werden. Weitere Entwicklungen in Kalifornien sind mit der Errichtung von Solarfarm-Kraftwerken mit einer Gesamtleistung von über 600 MW vorgesehen. Dabei sollen die Stromgestehungskosten bis 0,08-0,10 DM/kWh gesenkt werden [14.1]. Tabelle 14.1.1 zeigt, daß die Solarfarm-Kraftwerke technisch ausgereift und wirtschaftlich günstig sind. Die Jahresvollaststunden im Hybridbetrieb mit dem Anteil der Zusatzgasfeuerung von nur 25% der Stromerzeugung betragen 2500-2900 h, der rein solare Betrieb wird mit 1800 Jahresvollaststunden abgeschätzt [14.4].

Eine experimentelle Solarfarm-Kraftanlage SSPS/DCS mit elektrischer Leistung von 0,5 MW wird seit 1981 auf Plataforma Solar in Almeria (Spanien) von EU-Ländern betrieben.

Parabolrinnen-Kollektoren. Ein Kollektormodul für ein Solarfarm-Kraftwerk besteht aus einem Strahlungskonzentrator und einem Strahlungsempfänger. Als Strahlungskonzentrator dient ein Spiegel in Form der Parabolrinne. Dieser Linien-Konzentrator bündelt die einfallende direkte Strahlung etwa 50fach auf das in der Brennlinie des Konzentrators geführte Empfängerrohr. Die konzentrierte Sonnenstrahlung wird von dem Empfängerrohr absorbiert. In der Regel wird die Rohrabsorberoberfläche selektiv beschichtet und mit einer evakuierten Glashülle versorgt. Dadurch werden die Wärmeverluste vom Strahlungsempfänger an die Umgebung durch Strahlung erheblich reduziert und die durch Konvektion (in der Glashülle) praktisch ausgeschlossen. Ein durchströmter Wärmeträger wird durch die absorbierte Sonnenstrahlung bis auf 400 °C erhitzt. Ein Parabolrinnenkollektor erreicht die höchste Leistung, wenn die Direkt-Sonnenstrahlung zu jedem Zeitpunkt senkrecht zur Aperturfläche des Konzentrators einfällt. Deshalb wird er durch Drehung um die Längsachse, die entweder in Nord-Süd oder in Ost-West Richtung ausgerichtet ist, der Sonne nachgeführt. Tabelle 14.1.1 zeigt, daß die Einzelmodule von Parabolrinnen-Solarkollektoren in SEGS I-IX eine Fläche von 128, 235 und 545 m^2 haben. Die Gesamtfläche des Kollektorfeldes beträgt: 190 bis 250 Tausend m^2 bei einer elektrischen Leistung von 30 MW und 414 bis 464 Tausend m^2 bei einer elektrischen Leistung von 80 MW. Die Spiegel haben einen Wirkungsgrad von 71 bis 80% (max.), und der gesamte Wandlungsfaktor, der die Umwandlung der Sonnenstrahlung in Wärme kennzeichnet, liegt zwischen 35 und 53%.

Arbeitsmittel für Solarfarm-Kraftwerke. Als Wärmeträger in Parabolrinnen-Kollektoren wird oft Mineralöl oder synthetisches Thermoöl mit einer Arbeitstemperatur von 300 bis 400 °C benutzt. Im anschließenden konventionellen Dampfturbinen-Kraftwerksteil wird über einen Wärmetauscher Wasserdampf erzeugt und der Dampfturbine zugeführt. Günstiger ist eine Betriebsweise mit dem Arbeitsmittel Wasserdampf direkt in Kollektoren. Der thermische Wirkungsgrad von Solarfarm-Kraftanlagen, der als Verhältnis der gewonnenen elektrischen Energie zur gesamten Sonnenstrahlung berechnet wird, wurde von 10 % (1987) auf 15,1% (1990) gesteigert [14.1].

Wärmespeicher. Das Problem der effektiven Wärmespeicherung für Solarkraftwerke steht noch offen. Unterschiedliche Speichermedien (zur sensiblen und latenten Wärmespeicherung) sind einsetzbar. Bei einer Speicherkapazität von 200 MWh reicht der Energievorrat nur für eine Betriebsstunde des 80 MW-Solarkraftwerks. Beim Beladen des Speichers sollte die Eintrittstemperatur des Wärmeträgers Thermoöl 390 °C betragen, um beim Entladen die minimale Dampferzeuger-Eintrittstemperatur von 350 °C zu erreichen.

Leistungsfähigkeit und Nutzungsgrad einer Solarfarm-Kraftanlage. *Die Nutzwärmeleistung $\dot{Q}_{kf}$ eines Kollektorfeldes errechnet sich wie folgt:*

$$\dot{Q}_{kf} = n \, I_D \, A_a \, \eta_{kf} \text{ in W,} \qquad (14.1.1)$$

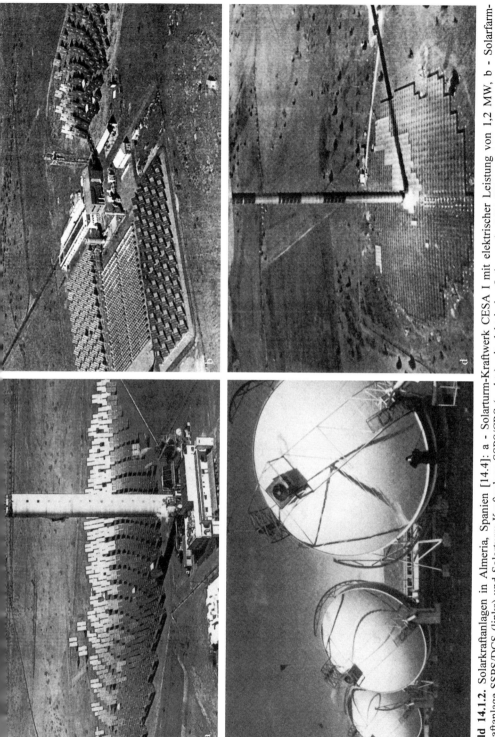

Bild 14.1.2. Solarkraftanlagen in Almeria, Spanien [14.4]: a - Solarturm-Kraftwerk CESA I mit elektrischer Leistung von 1,2 MW, b - Solarfarm-Kraftanlage SSPS/DCS (links) und Solarturm-Kraftanlage SSPS/CRS (rechts) mit elektrischer Leistung je 0,5 MW, c - Dish/Stirling-Systeme, d - Aufwind-Kraftanlage

wobei n die Anzahl der Module im Kollektorfeld, A_a die Aperturfläche eines Moduls in m², I_D die Direktstrahlungsstärke in der geneigten Aperturebene in W/m², η_{kf} der Wirkungsgrad des Kollektorfeldes (0,8 bis 0,9 vom Wirkungsgrad η_k eines Kollektormoduls) ist.

Der Wirkungsgrad η_k eines Parabolrinnen-Kollektormoduls läßt sich wie folgt errechnen:

$$\eta_k = \rho\, \alpha_{abs} - (K_k / C\, I_D)(T_{abs} - T_u) - (\varepsilon_{abs}\, \sigma / C\, I_D)(T_{abs}^4 - T_u^4), \qquad (14.1.2)$$

wobei ρ der Reflexionsgrad des Reflektors bzw. des Absorbers, α_{abs} bzw. ε_{abs} der Absorptionsgrad bzw. Emissionsgrad des Absorbers, K_k der Wärmedurchgangskoeffizient in W/(m²K), C das Konzentrationsverhältnis und T_{abs} bzw. T_u die Absorber- bzw. Umgebungstemperatur in K ist.

Für das experimentelle Solarfarm-Kraftwerk SSPS/DCS (s. Bild 14.1.2a, links) in Almeria (Spanien) mit Parabolrinnen-Kollektoren gibt Tabelle 14.1.2 die Auslegungs- und Betriebsdaten wieder. Das Kraftwerk hat eine elektrische Leistung von über 0,5 MW, dabei beträgt die solare Leistung rund 7 MW und die Nutzwärmeleistung 3,66 MW. Ein Teil des Kollektorfeldes wird einachsig, der Rest zweiachsig der Sonne nachgeführt. Die Wärmeträgertemperatur beträgt 225 bis 295 °C: Der Dampf hat eine Temperatur von 280 °C und einen Druck von 25 bar. Der Wärmespeicher besitzt eine Speicherkapazität, welche die Erzeugung von 1,17 MWh Strom ermöglicht. Der Gesamtwirkungsgrad der Solarfarm-Kraftanlage SSPS/DCS von 3% (1984) ist sehr gering im Vergleich zu 12% für SEGS mit Modulen LS-3 (1988). Der Zielwert für SEGS mit Modulen LS-4 liegt bei 16%.

Tabelle 14.1.2. Technische Daten für SSPS/DCS in Almeria [14.4, 14.7]

Parameter	Wert
Kollektorfeldfläche, m²	7.602
Solare Auslegungsleistung, MW	7
Wärmeleistung, MW	3,66
Elektrische Leistung, MW	0,5
Jahres-Wirkungsgrad des Kollektorfeldes	0,28
Thermischer Wirkungsgrad	0,17
Gesamtwirkungsgrad	0,03

14.2 Solarturm-Kraftwerk

Bild 14.2.1 stellt ein Solarturm-Kraftwerk schematisch dar. Der solare Teil des Kraftwerks besteht aus einem Heliostatenfeld, einem Strahlungsempfänger und eventuell einem Wärmespeicher. Der konventionelle Kraftwerksteil schließt eine Dampfturbine mit elektrischem Generator sowie Hilfseinrichtungen ein. Die beiden Teile sind direkt oder über einen Wärmetauscher in einem gemeinsamen System verknüpft.

14.2 Solarturm-Kraftwerk

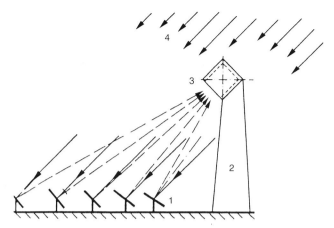

Bild 14.2.1. Schema eines Solarturm-Kraftwerkes: 1 - Heliostatenfeld, 2 - Turm, 3 - Strahlungsempfänger, 4 - auftreffende Direktstrahlung

Die auftreffende Direkt-Sonnenstrahlung wird von den Heliostaten auf den Strahlungsempfänger reflektiert. Ein Heliostat ist ein Flach- oder leicht gewölbter Spiegel aus gesilbertem Glas mit einer Einzelfläche von 25 m^2 bis 100 m^2. Das Heliostatenfeld konzentriert die Direkt-Sonnenstrahlung auf den Zentralempfänger, der auf der Turmspitze angebracht ist. Die maximale Absorbertemperatur liegt zwischen 400 und 1000 °C und hängt vom Konzentrationsverhältnis C ab, d.h. von dem Verhältnis der gesamten Spiegelfläche zur Empfängerfläche. Dabei erreicht C einen Wert von mehreren Hunderten bis ca. 1500. Als Wärmeträger werden Wasserdampf, Luft, flüssige Metalle (Natrium) und geschmolzene anorganische Salze verwendet. Das im Absorber erhitzte Arbeitsmedium wird direkt (Wasserdampf) oder über einen Wärmetauscher einer Dampfturbine zugeführt.

Die Wärmeleistung einer Solarturm-Kraftanlage ist durch die Einstrahlung, die Heliostatenfeldfläche und die Energieverluste bestimmt.

Bis 1993 wurden insgesamt nur 7 Versuchs-Solarturm-Kraftanlagen mit einer gesamten elektrischen Leistung von 18 MW gebaut [14.3-14.5].

Die größte elektrische Leistung von 10 MW hat die experimentelle Solarturm-Kraftanlage Solar One, die 1982 in Barstow, USA, erbaut wurde [14.9]. Die gesamte Fläche von 1818 Heliostaten mit je 39,13 m^2 beträgt 71.000 m^2. Die Spiegel aus gesilbertem Glas haben einen Reflexionsgrad von 0,9. Ein zylindrischer Strahlungsempfänger (Receiver) mit 13,7 m Höhe und einem Durchmesser von 7 m hat einen Absorptionsgrad von 0,96 und dient als Dampferzeuger. Die gesamte Turmhöhe mit Receiver beträgt 90 m. 50900 kg Wasserdampf mit einer Temperatur von 516 °C werden je Stunde erzeugt. Die höchste elektrische Netto-Leistung des Kraftwerks Solar One betrug 11,7 MW und der mittlere jährliche Nutzungsgrad, d.h. das Verhältnis des jährlichen elektrischen Netto-Energieertrages zur jährlichen Direkteinstrahlung, bewegte sich zwischen 4,1 und 5,8%. Der maximale monatliche Nutzungsgrad betrug 8,7%.

Das zweitgrößte Solarturm-Kraftwerk mit einer elektrischen Leistung von 5 MW befindet sich auf der Halbinsel Krim (Ukraine).

1980 bis 1983 wurden experimentelle Solarturm-Kraftanlagen Eurelios in Italien, SSPS (Small Solar Power System) und CESA1 in Almeria (Spanien), Sunshine in Niohama (Japan) und Themis in den Pyrenäen (Frankreich), mit elektrischen Einzelleistungen von 0,5 bis 2 MW errichtet [14.5]. Die experimentelle Solarturm-Kraftanlage CESA I (s. Bild 14.1.2b) mit einer elektrischen Leistung von 1,2 MW wird in Almeria (Spanien) betrieben.

Allgemeine technische Daten der Solarturm-Kraftanlagen CESA-1 und SSPS/CRS (s. Bild 14.1.2a, rechts) in Almeria sind in Tabelle 14.2.1 gegenübergestellt. Die elektrische Leistung beträgt 1,2 bzw. 0,6 MW bei einer entsprechenden solaren Leistung von 5,5 bzw. 3,36 MW. Als Kollektor-Wärmeträger wird Wasserdampf bzw. Natrium verwendet. In Wärmespeichern mit einer Speicherkapazität von 2,7 bzw. 1 MWh (äquivalente Stromproduktion) wird Salz bzw. Natrium als Speichermedium verwendet. Bei direkter Dampferzeugung im Zentralreceiver wird eine Temperatur von 520 °C bei einem Druck von 100 bar erreicht. Der Gesamtwirkungsgrad der Solarturm-Kraftanlagen SSPS/CRS in Almeria und Solar-One in Barstow (Kalifornien, USA) liegt derzeit bei 2-7% und soll durch weitere Entwicklungen auf 20% erhöht werden. Das größte Verbesserungspotential bieten die konventionellen Komponenten. Durch Erhöhung der Dampfparameter am Turbineneintritt soll der thermische Wirkungsgrad von 22-30% auf 42% gesteigert werden.

Bei größeren Leistungen der Solarturm-Kraftwerke kann mit höheren Nutzungsgraden gerechnet werden. Bei dem Phoebus-Projekt (elektrische Leistung von 30 MW) mit luftbetriebenem Strahlungsreceiver und bei dem Solar-100 Projekt (100 MW Leistung) in Südeuropa wird ein gesamter Wirkungsgrad von 15 % erwartet. Dabei wurden für das Luftsystem die geringsten Stromgestehungskosten von unter 0,2 DM/kWh errechnet [14.1, 14.3, 14.9].

Komponenten einer Solarturm-Kraftanlage. *Die Hauptkomponenten eines Solarturm-Kraftwerks* sind: ein *Heliostatenfeld* mit Nachführmechanismen, ein *Strahlungsempfänger (Zentralreceiver)* auf dem Solarturm, ein *Energiespeicher* und eine *Wärmekraftmaschine* mit elektrischem Generator. Von den verschiedenen möglichen Strahlungsempfängern werden meist offene zylindrische Receiver und Hohlraumreceiver eingesetzt [14.6, 14.7, 14.9].

Optimale Form und Größe des Receivers wird durch den Anteil der aufgefangenen und absorbierten Strahlung, die Wärmeverluste, den Typ des Heliostatenfel-

Tabelle 14.2.1. Technische Daten für Solarturmanlagen CESA-1 und SSPS/CRS [14.4, 14.7]

Daten	CESA-1	SSPS/CRS
Heliostatenfeld, m^2	11.880	3.655
Turmhöhe, m	80	43
Solare Leistung, MW	5,5	3,36
Wärmeleistung, MW	4,95	2,2
Elektrische Leistung, MW	1,2	0,6

des und zulässige Kosten bestimmt. Bei großen Feldern ist ein zylindrischer Receiver eher für Solarkraftwerke mit Rankine-Dampfturbinenkreislauf bei Temperaturen bis zu 550 °C geeignet. Bei Temperaturen von 800 bis 1000 °C, die für den Betrieb eines Gasturbinenkraftanlage gefordert sind, ist ein Hohlraumreceiver mit einem hohen Verhältnis von Turmhöhe zur Heliostatenfeldgröße günstiger [14.6, 14.9].

Ein offener Receiver hat eine zylindrische Form und besteht aus einem mit flüssigem Wärmeträger durchflossenen Rohrbündel, das als Absorber wirkt. Dieser Typ von Receiver ist billig, hat aber ziemlich große Wärmeverluste. Effektiver ist ein Hohlraumreceiver mit einer inneren Anordnung des Rohrbündels. Er ist nach außen über eine relativ kleine Apertur für den Strahlungseinfall geöffnet. Der Solarturm kann entweder als Stahl- oder Stahlbetonturm ausgeführt werden.

Für offene Receiver werden die Heliostaten um dem Turm angeordnet. Dieses Konzept ist nur für Gebiete in der Äquatornähe geeignet. Bei höheren Breitengraden wird ein einseitiges Heliostatenfeld - bei Hohlraumreceivern ein Nord- bzw. Südfeld auf nördlicher bzw. südlicher Halbkugel - konzipiert.

Die Feldgröße ist von der elektrischen Leistung P_{el} abhängig: für P_{el} = 1, 20 bzw. 100 MW ist eine Heliostatenfeldfläche 0,024, 0,5 bzw. 3,3 Millionen Quadratmeter erforderlich [14.6].

Das Heliostatfeld wird mit Hilfe eines Rechners derart gesteuert, daß der Neigungswinkel β jedes einzelnen Heliostaten zu jedem Zeitpunkt dem aktuellen Sonnenhöhenstand nach folgender Gleichung eingestellt wird [14.6]:

$$\beta = 90 - 0{,}5\,\alpha - 0{,}5\,\arctan\left[(H_t - 0{,}5\,H_h)/x\right] \text{ in Grad,} \qquad (14.2.1)$$

wobei α der Höhenwinkel der Sonne, H_t die Turmhöhe, H_h die Höhe des Heliostats und x der Abstand zwischen der vertikalen Receiverapertur- und der Heliostatendrehachse ist.

Die Strahlungsverluste im Heliostatenfeld sind durch unvollkommene Reflexion, Herstellungs- und Ausrichtungsfehler von Heliostaten, sowie durch Abschatten von Heliostaten u.a. verursacht. Bezogen auf die einfallende Direktstrahlung betragen die Energieverluste durch unvollkommene Reflexion 10-20%, durch die Verkleinerung der effektiven Spiegelfläche bei nicht senkrechtem Strahlungseinfall 5-20%, durch die Turmbewegung unter der Windwirkung 5-7%, durch Abschatten von Heliostaten und durch Spiegeloberflächenfehler je 1-3%. Der Wirkungsgrad η_{hf} des Heliostatenfeldes, der als Verhältnis der auf die Absorberfläche treffenden Strahlung zur auf die Heliostaten einfallenden Direkt-Sonnenstrahlung berechnet wird, beträgt 55-80%. Für Heliostaten ist eine kontinuierliche, zweiachsige Nachführung erforderlich.

Für die momentane Nutzstrahlungsleistung des Feldes mit einer gesamten Spiegelfläche A_{hf} gilt:

$$E_{fn} = A_{hf}\,I_{Dn}\,\eta_{hf} \text{ in W,} \qquad (14.2.2)$$

wobei I_{Dn} die Intensität (in W/m²) der Direktstrahlung auf die senkrecht zur Strahlung liegende Fläche ist.

Thermische Analyse eines Hohlraumreceivers. Die Nutzstrahlungsleistung E_{fn} *eines Heliostatenfeldes*, die auf die Aperturfläche des Receivers trifft, wird im Hohlraumreceiver teilweise in die Nutzwärmeleistung $\dot{Q}_n$ des Absorbers umgewandelt. *Die Energieverluste des Receivers an die Umgebung* setzen sich aus den Reflexionsenergieverlusten $E_{v,r}$ und den Wärmeverlusten durch Konvektion ($\dot{Q}_{v,k}$), Strahlung ($\dot{Q}_{v,s}$) und Wärmeleitung in der Receiverumwandung ($\dot{Q}_{v,l}$) zusammen.

Für die Nutzwärmeleistung $\dot{Q}_n$ des Absorbers gilt nun:

$$\dot{Q}_n = E_{fn} - E_{v,r} - (\dot{Q}_{v,k} + \dot{Q}_{v,s} + \dot{Q}_{v,l}) \text{ in W} \tag{14.2.3}$$

Andererseits gilt:

$$\dot{Q}_n = F_R A_a [I_a - K_k (T_{ein} - T_u) A_f/A_a] = \dot{m} (h_{aus} - h_{ein}) \text{ in W}, \tag{14.2.4}$$

wobei F_R der Wärmeabfuhrfaktor, A_a die Aperturfläche des Receivers in m², I_a die absorbierte Sonnenstrahlungsleistung bezogen auf m² der Aperturfläche in W/m², K_k der Gesamtwärmedurchgangskoeffizient des Receivers in W/m²K, T_{ein} bzw. T_u die Kollektoreintritts- bzw. Umgebungstemperatur in °C, A_f die Heliostatenfeldfläche in m², $\dot{m}$ der Massendurchsatz des Wärmeträgers im Absorber in kg/s und h_{ein} bzw. h_{aus} die Eintritts- bzw. Austrittsenthalpie des Wärmeträgers in J/kg ist.

Die absorbierte Sonnenstrahlungsleistung läßt sich nun wie folgt berechnen:

$$I_a = (E_{fn} - E_r)/A_a = I_{Dn} \rho (\gamma \tau \alpha) K_{opt} \text{ in W/m}^2, \tag{14.2.5}$$

wobei I_{Dn} die Intensität der senkrecht einfallenden Direktstrahlung in W/m², ρ der Reflexionsgrad der Heliostaten, γ der Auffangfaktor des Absorbers, τ der Transmissionsgrad der transparenten Abdeckung des Receivers (τ ist 1, wenn keine Abdeckung verwendet wird), α der Absorptionsgrad des Absorbers und K_{opt} der Korrekturfaktor für die zeitliche Änderung des optischen Wirkungsgrades des Kollektors ist.

Der Auffangfaktor γ des Absorbers ist das Verhältnis der von Heliostaten reflektierten Strahlung zu der Strahlung, die auf den Absorber trifft.

Der Wirkungsgrad des Receivers ist:

$$\eta_R = \dot{Q}_n / E_{fn} \tag{14.2.6}$$

Die Terme $\dot{Q}_{v,k}$, $\dot{Q}_{v,s}$ und $\dot{Q}_{v,l}$ in der der Gleichung (14.2.3) können nach den entsprechenden Ansätzen aus den Kapiteln 2 und 3 wie folgt berechnet werden.

Für den Wärmeverluststrom $Q_{v,k}$ durch freie Konvektion im Receiver gilt:

$$\dot{Q}_{v,k} = \alpha_k A_{abs} (T_{abs} - T_u) \text{ in W}, \tag{14.2.7}$$

wobei α_k der Wärmeübergangskoeffizient zwischen der Absorberfläche und Umgebung (6-8 W/m²K), A_{abs} die Absorberfläche in m² und T_{abs} bzw. T_u die Absorber- bzw. Umgebungstemperatur in K ist.

Der Transmissionswärmeverluststrom $\dot{Q}_{v,l}$ bei einem gut wärmegedämmten Receiver ist klein und läßt sich wie folgt errechnen:

$$\dot{Q}_{v,l} = A_{abs} (T_{abs} - T_u) / [(\delta/\lambda)_i + 1/\alpha_a] \text{ in W}, \tag{14.2.8}$$

wobei δ_i die Dicke der Wand bzw. der Isolierung in m, λ_i die Wärmeleitfähigkeit des Stoffes der Wand bzw. der Isolierung in W/mK und α_a der Wärmeübergangskoeffizient von der Außenfläche des Absorbers (nach der Gleichung (3.5.3), vgl. Kapitel 3) in W/m²K ist.

Für den gesamten Energieverluststrom $\dot{Q}_{v,s,r}$ durch Strahlung und Reflexion gilt:

$$\dot{Q}_{v,s,r} = \rho\, E_{fn} / [1 - \rho\,(1 - r_f)] + A_{abs}\, \varepsilon\, \sigma\, (T_{abs}^4 - T_u^4) / [1 - \rho\,(1 - \varepsilon)(1 - r_f)] \text{ in W,}$$
(14.2.9)

wobei ρ der effektive Reflexionsgrad des Absorbers, r_f das Verhältnis der Apertur- und Absorberfläche, ε der Emissionsgrad des Absorbers im langwelligen Bereich und $\sigma = 5{,}67 \cdot 10^{-8}$ W/m²K⁴ ist.

Ein offener Receiver steht in direktem Strahlungsaustausch mit der Umgebung. Für ihn ist $r_f = 1$ und für die Wärmeverluste durch Strahlung und Reflexion gilt:

$$\dot{Q}_{s,r} = \rho\, E_{fn} + A_{abs}\, \varepsilon\, \sigma\, (T_{abs}^4 - T_u^4) \text{ in W}$$
(14.2.10)

14.3 Andere Arten von solarthermischen Kraftanlagen

Dish/Stirlingmotor-Solarsystem. Ein *Dish/Stirling-Solarsystem* besteht aus einem *Paraboloidkonzentrator (Dish)*, einem *Strahlungsempfänger (Receiver)* und einer *Wärmekraftmaschine (Heißgas-Stirlingmotor)*, die mit einem Elektrogenerator verbunden werden kann. Diese Anlagen weisen den höchsten Wirkungsgrad der Umwandlung von Sonnenenergie in mechanische und elektrische Energie auf. Weltweit sind solche Solaranlagen bisher mit einer gesamten elektrischen Leistung von 8 MW installiert. Sie umfassen in den USA Konzentratoren mit Durchmessern von 7 bis 12 m und Konzentrationsverhältnissen C von 240 bis 2500. Dabei erreicht die Absorbertemperatur T_a 300 bis 800 °C und der Konzentrator-Wirkungsgrad beträgt von 63 bis 77%.

Seit März 1992 werden auf der Plataforma Solar in Almeria (PSA, Spanien) drei Dish/Stirling-Systeme der dritten Generation von der Firma SBP (Stuttgart) kontinuierlich betrieben (s. Bild 14.1.2c) [14.3]. Ein Paraboloidspiegel mit 44 m² Gesamtfläche mit einem Konzentrationsverhältnis C von 3000 besteht aus einer 0,2 mm starken Edelstahlmembrane mit dünnen Glasspiegelsegmenten und wird der Sonne zweiachsig nachgeführt. Der Stirlingmotor V-160 von Fa. SOLO (Stuttgart) arbeitet mit dem Arbeitsstoff Helium und weist bei 40-150 bar und 520 bis 650 °C einen thermischen Wirkungsgrad von 33% auf. Die elektrische Auslegungsleistung eines Dish/Stirling-Systems in Almeria beträgt 9 kW bei einer Einstrahlung von 1000 W/m². Zur Zeit sind 7,8 kW erreicht und der maximale Gesamtwirkungsgrad beträgt 16%. Durch hohe Konzentrationsverhältnisse (bis zu 3000) und die Arbeitstemperaturen im Bereich von 700 - 900 °C kann der thermische Wirkungsgrad bis auf 40 % und der Gesamtwirkungsgrad auf 23 - 25 % gesteigert werden. Wenn es gelingt, die Paraboloidspiegel zu verbilligen und den Stirlingmotor konstruktiv zu verbessern, können Dish/Stirling-Systeme für die dezentrale solare Stromerzeugung in abgelegenen südlichen Gebieten wirtschaftlich eingesetzt werden. Die derzeitigen Investitionskosten von 12500-37000 DM sollten auf 3000 DM pro kW gesenkt werden.

Aufwind-Solarkraftanlagen. In einer Aufwindkraftanlage (s. Bild 14.1.2d) erwärmt sich Luft durch die absorbierte Sonnenenergie. Als Kollektor dient ein mit transparenter Folie oder Glas abgedecktes großflächiges Grundstück, das die Sonnenstrahlung absorbiert. Die Auftriebskraft wird durch die Dichtedifferenz der kalten und erwärmten Luft und die Höhe eines Kamins (Chimney) bestimmt. Die Luftaufwärtsströmung betreibt die im oberen Teil des Kamins aufgestellte Turbine, welche mit einem elektrischen Generator verbunden ist. Der Vorteil dieses Konzeptes liegt im Wegfall der konzentrierenden Kollektoren. Ein Aufwindkraftwerk hat allerdings einen geringen Wirkungsgrad und als Folge einen hohen Flächenbedarf sowie eine große Kaminhöhe.

Im spanischen Manzanares wurde 1981 die weltweit einzige Aufwindkraftanlage mit einer Nennleistung von 50 kW als Prototyp errichtet. Der erreichte Gesamtwirkungsgrad liegt dabei nur bei 0,05 %. Die Betriebsdauer von 3200 h pro Jahr überschreitet die Sonnenscheindauer von 2840 h/a, weil während des Tages Wärme teilweise im Boden gespeichert und am späten Nachmittag Nutzenergie vom Boden abgenommen wird, so daß die Turbine auch dann betrieben werden kann. Die jährliche Stromproduktion beträgt 42 MWh. Da die bereits vorliegenden Betriebsdaten die prinzipielle Machbarkeit dieser Technik bestätigen, sind in Tabelle 14.3.1 auch die Projektdaten eines 100 MW-Aufwind-Kraftwerks mit einer Kaminhöhe von 950 m und einer jährlichen Stromerzeugungsrate von über 295 GWh angegeben. In diesem Projekt soll ein doppelverglaster Luftkollektor mit einem Wirkungsgrad von 53% verwendet werden, und die Turbine soll eine Effizienz von 77% besitzen.

Solarteich-Kraftanlagen. Bei einem Solarteich liegt die Kombination eines Solarkollektors mit einem Wärmespeicher vor. In einem konvektionslosen Salzwasserteich erhitzt sich das Wasser nahe dem Boden durch die Sonnenenergieabsorption auf bis zu 85 °C. Die in der unteren Schicht gespeicherte Wärme kann zur Stromerzeugung verwendet werden. Auf diesem Prinzip arbeitet beispielsweise in

Tabelle 14.3.1. Technische Daten der Aufwind-Kraftanlagen [14.4, 14.7]

Parameter	Anlage in Manzanares	Neuprojekt
Auslegungsleistung, MW	0,050	100
Kaminhöhe/-radius, m	200/5	950/57,5
Kollektorradius, m	122	1800
Höhe der Kollektorabdeckung, m	1,85	6,5-20
Turbinenrotordurchmesser, m	10	25
Luftgeschwindigkeit im Kamin, m/s	7,6	15,8
Stromproduktion, MWh/a	42	295000

Israel seit 1984 ein Solarkraftwerk mit einer elektrischer Leistung von 5 MW. Am Grund der beiden 2,5 m tiefen, zusammen 253 000 m² großen Solarteiche erreicht die Temperatur einen Wert von 85 °C, an der Oberfläche aber nur 28 °C. Die heiße Sole aus dem Solarteich verdampft in einem Wärmetauscher Ammoniak, der eine Turbine mit einem 5 MW-Generator jährlich 1000 Stunden antreibt.

Ozeanwärme-Kraftanlagen. Die absorbierte Sonnenenergie erwärmt die obere Wasserschicht, dadurch entstehen im tropischen Ozean hohe Temperaturgradienten. Eine mittlere Temperatur an der Wasseroberfläche beträgt 27 °C, während sie in der Tiefe von 500 bis 1000 m zwischen 7 und 12 °C liegt. Prinzipiell kann man diese Temperaturdifferenz zur Stromerzeugung mittels eines Rankine-Kreisprozesses mit einem niedrig siedenden Arbeitsstoff, z.B. Ammoniak, nutzen. Mit der Wärme des Oberflächenswassers wird Ammoniak verdampft, der Dampf verrichtet in einer Dampfturbine die Nutzarbeit, die in einem elektrischen Generator weiter in Strom umgewandelt wird. Nach der Entspannung des Dampfes in der Turbine wird der Arbeitsstoff-Dampf in einem Kondensator verflüssigt. Dabei wird die Kondensationswärme durch das aus der Ozeantiefe gepumpte Kühlwasser abgeführt.

Der theoretisch maximale Wirkungsgrad bei einer Temperaturdifferenz von 20 K beträgt nach Carnot 6,7%, praktisch liegt er bei 3%.

Die erste 40 kW-Kraftanlage zur Nutzung der Temperaturgradienten im Ozean wurde 1930 in Kuba von Claude erprobt. Das prinzipielle Schema einer Ozeanwärme-Kraftanlage ist in Bild 14.3.1 aufgezeichnet. Der erzeugte Strom kann

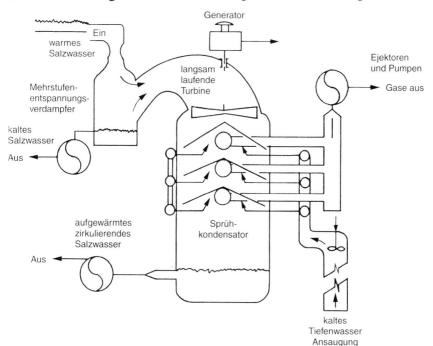

Bild 14.3.1. Prinzipielles Schema der Ozeanwärme-Kraftanlage

zur Wasserstoffproduktion durch Wasserelektrolyse eingesetzt werden. Die Leistungsdichte beträgt 12 kW pro m² Meeresfläche. Die Investitionskosten sollten möglichst niedriger als für konventionelle Wärme- und Kernkraftwerke sein. Der Strompreis läge dann bei 0,04 DM/kWh ab Werk. Die Energieübertragung zu den Verbrauchsorten sollte am günstigsten mittels Wasserstofftransport erfolgen [14.9].

Eine Abschätzung des Entwicklungs- und Kostenreduktionspotentiale solarthermischer Kraftwerke enthält Tabelle 14.3.2.

Tabelle 14.3.2. Kostenreduktionspotentiale solarthermischer Kraftwerke [14.5]

Konzept des Solarkraftwerks	Stand		Langfristiges Ziel	
	η %	Kosten DM/W	η %	Kosten DM/W
Solarfarm-Kraftwerk	6	7	9	4
Solarturm-Kraftwerk	8-12	19-10	17	5-3,5
Paraboloidspiegel/Stirling-Motor-Kraftwerk	13-20	37-12,5	23	3
Aufwind-Kraftwerk	0,05	70-20	0,8	9

η = Gesamtwirkungsgrad des Solarkraftwerks.

14.4 Direkt-Umwandlung der Sonnenstrahlung in elektrische Energie

Photovoltaische Stromerzeugung. Solarzelle, -modul und -generator. Die direkte Umwandlung der Sonnenenergie in die elektrische Energie umfaßt die photovoltaische und thermoelektrische Stromerzeugung. *Eine Solarzelle* ist ein Bauelement für die photovoltaische Umwandlung von Direkt- und Diffus-Sonnenstrahlung in elektrische Energie. Durch Lichtabsorption werden im Halbleiter Ladungsträger - negativ geladene Elektronen und von Elektronen nicht besetzte, positiv geladene Plätze (Löcher) - erzeugt. Die Elektronen und Löcher werden durch bestimmte Halbleiterstrukturen, z.B. durch einen p/n-Übergang, voneinander getrennt. Unter dem Einfluß des inneren Feldes sammeln sich die Elektronen im n-Leiter und die Löcher im p-Leiter. Dadurch entsteht an Metallkontakten an den Oberflächen eine Quellenspannung, die der des inneren Feldes entgegengesetzt und gleich ist. Diese Spannung führt in einem geschlossenen äußeren Stromkreis zu einem Gleichstrom.

Der Wirkungsgrad η_z einer Solarzelle bzw. eines Solarmoduls ist als das Verhältnis der erzeugten elektrischen Leistung P zum Produkt aus Strahlungsstärke I und Aperturfläche A definiert. Die Spitzenleistung P_{max} einer Solarzelle beträgt etwa 100 W/m².

14.4 Direkt-Umwandlung der Sonnenstrahlung in elektrische Energie 377

Zur Zeit werden meistens Silizium-Solarzellen verwendet. Je nach Kristallform werden *monokristalline, multi- oder polykristalline und amorphe oder Dunnschicht-Silizium-Solarzellen* unterschieden. Durch ihren hohen Wirkungsgrad, der bis zu 15-18% erreicht, werden monokristalline Solarzellen bevorzugt in mittleren und großen PV-Anlagen eingesetzt. Bei multi- oder polykristallinen Solarzellen bildet Silizium viele Kristalle unterschiedlicher Größe und Orientierung. Der Wirkungsgrad der polykristallinen Solarzellen beträgt 12 bis 14 %. Die monokristallinen Silizium-Zellen sind sehr arbeits- und energieaufwendig in der Herstellung, die polykristallinen Zellen sind weniger arbeitsaufwendig. Der Wirkungsgrad von Dünnschicht-Solarzellen aus amorphem Silizium beträgt nur 5-8%, aus Gallium-Arsenid GaAs etwa 20%. Die höchsten Wirkungsgrade von über 30% weisen Solarzellen aus zwei oder mehreren Schichten unterschiedlicher Halbleitermaterialien auf. Mit GaAs/GaSb wurden im Laboratorium 37% erzielt. Die Kennlinien, d.h. die Beziehung zwischen der Stromdichte und der Spannung, sowie die Wirkungsgrade η der besten Solarzellen aus Si und GaAs sind in Bild 14.4.1 aufgezeichnet.

Das Grundelement eines PV-Systems ist das *Solarmodul*, d.h. das kleinste Bauteil, in dem eine Reihe von Solarzellen hintereinander geschaltet und unter einer transparenten Abdeckung luftdicht und mechanisch fest zusammengefaßt sind. Die Nennspannung eines Solarmoduls beträgt 12 V. Der Wirkungsgrad eines Solarmoduls aus monokristallinen Si-Solarzellen liegt unter 10-12%. Ein *Solargenerator* wird durch Zusammenschaltung mehreren PV-Modulen gebildet und zur Elektroenergieversorgung verwendet. Bei Reihen- und Parallelschaltung einer großen Anzahl von Modulen werden höhere Spannungen und Leistungen erreicht.

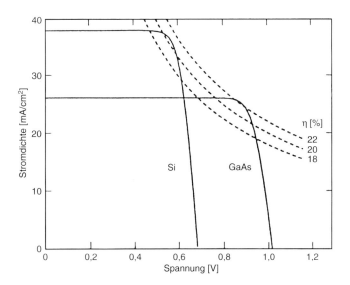

Bild 14.4.1. Kennlinien der besten Solarzellen [nach Siemens].

Aufbau eines PV-Systems. Der Solargenerator erzeugt Gleichstrom in Abhängigkeit von der Einstrahlungsstärke. Nur in einfachsten Anwendungsfällen ist der Stromverbraucher direkt an den Solargenerator angeschlossen. Die Sicherheit der Stromversorgung der Gleichstromverbraucher steigt durch Einbindung von Batterien und Zusatzgeneratoren in die Anlage.

PV-Versorgungssysteme werden als autonome netzunabhängige Inselsysteme oder als Systeme mit Anschluß ans öffentliche Netz ausgeführt. *Ein Inselsystem* (s. Bild 14.4.2) besteht aus einem Solargenerator, einer Speicherbatterie mit einem Laderegler, einem Wechselrichter, einem Notstrom-Verbrennungsmotor-Generator und einem Hausverteilnetz. Es eignet sich zur Stromversorgung netzferner Verbraucher (Wasserpumpen, Signaleinrichtungen etc.). *Bei einem netzgekoppellten PV-System* wird neben dem Solargenerator nur noch ein Wechselrichter verwendet. Der Wechselrichter wandelt den Gleichstrom vom Solargenerator in Wechsel- und Drehstrom um, der direkt das Haus versorgt oder ins öffentliche Netz eingespeist wird.

Wirtschaftlichkeit von PV-Systemen. Wegen der geringen Strahlungstärke und des verhältnismäßig geringen Wirkungsgrades der Solarzellen ist der Flächenbedarf in allen Fällen groß. Die Investitionskosten für PV-Anlagen betragen z.Z. 20 bis 27 DM pro Watt Spitzenleistung und die Stromgestehungskosten liegen bei dezentralen PV-Anlagen derzeit zwischen 1,2 DM/kWh für eine netzgekopellte 20 kW-Anlage und ca. 4,5 DM/kWh für eine 500 W-Anlage mit Batteriespeicherung gegenüber 0,05 bis 0,15 DM/kWh in herkömmlichen Kraftwerken. Neue sogenannte Farbsolarzellen, die auf dem Prinzip der Photosynthese arbeiten und sehr billig (ca. 1 DM pro Watt) hergestellt werden sollten, könnten gute Rahmenbedingungen für eine breite Marktdurchdringung der photovoltaischen Energiewandler verschaffen.

1990 betrug die jährliche PV-Produktionskapazität der Welt 67,6 MW, davon entfiel 48 MW auf Industrieländer und 19,6 MW auf Entwicklungsländer. Die jährliche PV-Produktion der Welt betrug 49 MW und die gesamte installierte Leistung war 46,5 MW, davon 17,7 MW in Industrie- und 28,8 MW in Entwicklungländern. 1991 wurden weltweit Solarzellen-Generatoren mit rund 20 MW

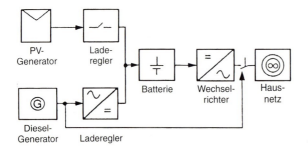

Bild 14.4.2. Schema eines photovoltaischen Insel-Energieversorgungssystems [nach Siemens].

Leistung verkauft. Die USA hatten daran etwa 40% Anteil, Japan 33 %, die europäische Industrie 19% und die deutsche 7 %.

Anwendungen von PV-Systemen. Die Anwendungen von autonomen und netzgekoppelten PV-Anlagen reichen von Kleingeräten (amorphe Solarzellen in Taschenrechnern und Uhren) im Kleinstleistungsbereich über den mittleren Bereich der Leistung von 50 W bis 5 kW bis zum Leistungsbereich von 100 kW bis einigen MW. Für alleinstehende Häuser, Sender, Leuchten, Wasserpumpen werden autonome PV-Anlagen mit einer Leistung von 50 bis 5 kW verwendet. Dachmontierte PV-Anlagen für eine dezentrale Versorgung von Wohnhäusern brauchen eine Leistung von 1 bis 5 kW. Für die Stromversorgung kleiner Gemeinden sind Anlagen im Leistungsbereich von 1 bis 100 kW erforderlich. In Entwicklungsländern können PV-Anlagen für Trinkwasserversorgung, Bewässerung, Kälteerzeugung, Dorfversorgung u.a. den Einsatz finden. In den USA wurden ab 1983 mehrere Solarzellen-Anlagen (teils mit Montage der Module auf Heliostaten) errichtet, die gemäß ihrer Leistung - geplant sind bis zu 100 MW - als Solarkraftwerk bezeichnet werden können. 1984 wurde eine PV-Anlage in Carrisa Plains (Kalifornien, USA) errichtet. Sie besitzt 754 Heliostate mit je 100 m^2 Solarzellen und hat eine Spitzenleistung von 6,5 MW. Eine PV-Anlage mit einer Leistung von 1 MW und einer Gesamtfläche der Silizium-Solarzellen von rund 8 000 m^2 ist als ein Gemeinschaftsprojekt von drei europäischen Energiversorgungsunternehmen in Toledo (Spanien) mit einer jährlichen Einstrahlung von 1900 kWh/m^2a im Juni 1994 in Betrieb gesetzt worden [14.2].

In sonnenarmen Industriestaaten finden Solargeneratoren zunehmend Verwendung in abgelegenen Alphütten und Ferienhäusern, aber auch auf Booten, in Leuchttürmen, Funkbojen, Verkehrssignalen und Straßentunnels. In Entwicklungsländern werden Solargeneratoren vor allem für Wasserpumpen, aber auch in Krankenhäusern, Dörfern, Farmen zum Antrieb von Kältemaschinen sowie zur Wasserentsalzung und in Verkehrssignalen eingesetzt. Der größte Solargenerator der BRD mit 300 kW Leistung wurde auf der Nordseeinsel Pellworm aufgestellt.

Thermoelektrische Stromerzeugung. 1822 hat Seebeck den thermoelektrischen Effekt entdeckt, der eine direkte Umwandlung der Wärme in Strom ermöglicht. In einem Kreis mit zwei Leitern A und B aus verschiedenen Metallen stellt sich eine Potentialdifferenz zwischen den Kontaktstellen, die unterschiedliche Temperaturen besitzen, ein. Dieser Stromkreis wird als ein Thermoelement bezeichnet. Ein Leiter enthält nur negative Ladungsträger und wirkt als n-Typ des Thermoelements, der zweite Leiter enthält nur positive Ladungsträger und wird als p-Typ des Thermoelements bezeichnet. Die Kontaktstellen werden als eine kalte und eine warme Lötstelle bezeichnet. Zum n-Typ gehört z.B. Kupferdraht, zum p-Typ z.B. Konstantandraht (eine Cu/Ni-Legierung). Einer der effektivsten Werkstoffe für Thermoelemente ist Wismuttellurid Bi_2Te_3, der durch eine geeignete Technologie als negativer und positiver Leitertyp verwendet werden kann.

Die Höhe der Potentialdifferenz in einem Thermoelement ist von dem Stoffpaar der Leiter und von der Temperaturdifferenz zwischen den Lötstellen abhängig. Beispielsweise beträgt der sogenannte Seebeck-Koeffizient a für ein Thermoelement mit Kupfer- und Konstantandraht 0,04 mV/K. Bei einer Temperaturdifferenz von 600 K in einem Thermoelement entsteht eine Spannung von 24 mV. Das bedeutet, daß für eine höhere Potentialdifferenz mehrere Thermoelemente parallel geschaltet werden müssen.

Strom läßt sich mit Hilfe eines thermoelektrischen Generators und eines Solarkollektors erzeugen. Die Effizienz eines thermoelektrischen Wandlers kennzeichnet sich durch seinen Wirkungsgrad η_{te}, der als Verhältnis der elektrischen Leistung P_{el} zu der verbrauchten Wärmeleistung Q berechnet wird. Bei einer Temperaturdifferenz von 400 K zwischen kalter (373 K) und heißer (773 K) Lötstelle beträgt η_{te} maximal 11,4%. Der thermische Carnot-Wirkungsgrad $\eta_{th,c}$ erreicht dabei 52%, und daher beträgt der Gütegrad des thermoelektrischen Wandlers 0,22.

Photovoltaische Generatoren mit dem höchsten Wirkungsgrad von 10%, d.h. nur mit dem Zweifachem des Wirkungsgrades der thermoelektrischen Generatoren bei einer Betriebstemperatur von 350 K, haben derzeit ungefähr zehnfache Investitionskosten.

15 Solaranlagen für südliche Regionen

15.1 Solare Trocknungsanlagen

Feuchtegehalt des Gutes und die Eigenschaften der feuchten Luft. Die Trocknung ist ein Verfahren zur Verringerung des Wassersgehalts vom Trocknungsgut mit Hilfe eines Trocknungsmittels, meistens der feuchten Luft. Im Trocknungsgut kann die Feuchte als Haft-, Kapillar-, Quell- oder gebundene Flüssigkeit enthalten sein. Die Haftflüssigkeit bildet einen dünnen Film auf der Oberfläche des Trocknungsguts. Bei jeder Temperatur herrscht über dem Flüssigkeitsfilm der entsprechende Sättigungsdampfdruck. Die Kapillarflüssigkeit befindet sich in den Poren des kapillarporösen Körpers und muß während des Trocknungsvorgangs durch Kapillarkräfte zur Oberfläche des Körpers gefördert werden. Ein hygroskopischer Körper hat mikroporöse Struktur (mit Porendurchmesser unter 0,1 µm) und nimmt aus der Umgebung die Feuchte so lange auf, bis der Sättigungsdampfdruck erreicht wird. Die Quellflüssigkeit ist meist kolloidal an das Gut gebunden, bei ihrer Entfernung schrumpft das Gut. Die gebundene Flüssigkeit kann nur durch Zersetzung des Stoffes entfernt werden.

Die Parameter der feuchten Luft sind Temperatur T, Feuchtegehalt x, relative Feuchte φ, Enthalpie h, Gesamtdruck p und Wasserdampf-Partialdruck p_d bzw. Partialdruck p_l der trockenen Luft.

Die Masse m der feuchten Luft setzt sich aus der Masse m_l der trockenen Luft und der Masse m_d des Wasserdampfs zusammen: $m = m_l + m_d$. Der Feuchtegehalt x der feuchten Luft ist die auf 1 kg trockene Luft bezogene Masse des Wasserdampfs: $x = m_d/m_l$. Nach Dalton setzt sich der Gesamtdruck p der feuchten Luft aus dem Partialdruck der trockenen Luft (p_l) und dem des Wasserdampfs (p_d) zusammen:

$$p = p_l + p_d \text{ in bar} \tag{15.1.1}$$

Für den Feuchtegehalt gilt näherungsweise:

$$x \approx 0{,}622\, p_d / (p - p_d) \text{ in kg pro kg trockene Luft} \tag{15.1.2}$$

Die relative Feuchte der feuchten Luft ist definiert wie folgt:

$$\varphi = \rho_d / \rho_{ds} \approx p_d / p_{ds} \tag{15.1.3}$$

mit: p_d bzw. p_{ds} = Wasserdampf-Partialdruck in der ungesättigten feuchten Luft bzw. Sättigungsdruck des Wasserdampfs bei der Lufttemperatur in Pa,

ρ_d bzw. ρ_{ds} = Dichte des Wasserdampfs im ungesättigten bzw. gesättigten Zustand bei Lufttemperatur in kg/m^3.

Im Sättigungszustand ist $\varphi = 1$ und $p_d = p_{ds}$.
Für die Enthalpie der feuchten Luft gilt:

$$h = h_l + x\,h_d = c_{pl}\,T + x\,(c_{pd}\,T + h_{fg}) \text{ in kJ pro kg trockene Luft} \qquad (15.1.4)$$

mit: h_l bzw. h_d = spezifische Enthalpie der trockenen Luft bzw. des Wasserdampfs in kJ/kg, c_{pl} bzw. c_{pd} = spezifische isobare Wärmekapazität der trockenen Luft bzw. des Wasserdampfs in kJ/kg K, T = Lufttemperatur in °C, h_{fg} = Verdampfungsenthalpie in kJ/kg (2500 kJ/kg).

Bei Berechnungen der Vorgänge mit feuchter Luft wird das h,x-Diagramm nach Mollier verwendet. Aus dem h,x-Diagramm kann der Feuchtegehalt x und die Enthalpie h der feuchten Luft bei einer bestimmten Temperatur T und einer relativen Feuchte φ abgelesen werden.

Trocknungsvorgang. Der Trocknungsvorgang besteht aus der Verdunstung des Wassers an der Körperoberfläche und der Diffusion der Feuchte aus dem Körperinneren zu seiner Oberfläche. Für den Trocknungsvorgang ist die Differenz des Wasserdampf-Partialdrucks auf der Oberfläche und im Luftstrom maßgebend. Die gemeinsame Wirkung des Stoff- und Wärmeaustausches zwischen dem Trocknungsmittel (feuchter Luft) und dem Trocknungsgut bestimmt die Geschwindigkeit seiner Austrocknung, die durch die Minderung des Feuchtegehaltes von w_1 auf w_2 gekennzeichnet ist. Im folgenden wird nur die Trocknung von nichthygroskopischen Stoffen behandelt.

Bild 15.1.1 veranschaulicht die Vorgänge in einer Trocknungsanlage im h,x-Diagramm der feuchten Luft. Das Trocknungsmittel (die feuchte Luft) wird zunächst erwärmt (Vorgang 11' in Bild 15.1.1). Dabei steigt die Temperatur und die Enthalpie der feuchten Luft von T_1 auf $T_{1'}$ bzw. von h_1 auf $h_{1'}$ bei gleichbleiben-

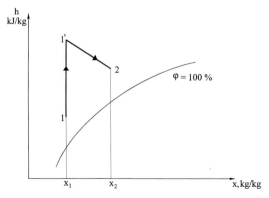

Bild 15.1.1. Darstellung der Lufterwärmungs- und Trocknungsvorganges im x-h-Diagramm der feuchten Luft in einem Solartrockner [15.4]: 11' - Erwärmung der feuchten Luft im Solarkollektor, 1'2 - adiabate Trocknung mit Sättigung der feuchten Luft

dem Feuchtegehalt ($x_1 = x_{1'}$) und die relative Feuche sinkt von φ_1 auf $\varphi_{1'}$. Im darauffolgenden Trocknungsvorgang 1'2 wird bei gleichbleibender Enthalpie ($h_{1'} = h_2$) in einer Trocknungskammer dem Trocknungsgut Feuchte entzogen. Dabei sinkt die Temperatur von $T_{1'}$ auf T_2 und der Feuchtegehalt steigt von $x_{1'}$ auf x_2.

Der zur Lufterwärmung benötigte Wärmestrom ist [15.2]:

$$Q = m_l (h_{1'} - h_1) \text{ in kJ/s} \tag{15.1.5}$$

mit m_l = Massenstrom der trockenen Luft in kg/s.

Aus der Feuchtebilanz für den Trocknungsvorgang ergibt sich die aus dem Feuchgut ausgedunstete Feuchte:

$$m_d = (x_2 - x_1) \, m_l \text{ in kg/s} \tag{15.1.6}$$

Der Endfeuchtegehalt w_2 des Trocknungsguts errechnet sich wie folgt:

$$w_2 = w_1 - m_d / m_g \text{ in kg/kg} \tag{15.1.7}$$

mit: m_g = Massendurchsatz des Guts bezogen auf trockenen Zustand kg/s, w_1 bzw. w_2 = Anfangs- bzw. Endfeuchtegehalt des Trocknungsguts in kg pro kg trockenes Gut.

Der erforderliche Massenstom des Trocknungsmittels ist:

$$m_l = m_d / (x_2 - x_1) \text{ in kg trockener Luft pro Sekunde} \tag{15.1.8}$$

Bei Kühlung der feuchten Luft sinken ihre Temperatur und ihre Enthalpie bei konstant bleibendem Feuchtegehalt (x = konst), wenn die Endtemperatur T_{end} der Luft den Taupunkt T_{tau} nicht unterschreitet, andernfalls kondensiert ein Teil des Wasserdampfes aus und senkt den Feuchtegehalt ($x_{end} < x_{anf}$). Die abführbare Wärme errechnet sich aus:

$$Q = m_l (h_{anf} - h_{end}) \text{ in kJ/s} \tag{15.1.9}$$

mit h_{anf} bzw. h_{end} = Anfangs- bzw. Endenthalpie der feuchten Luft in kJ/kg.

Die auskondensierte Wassermenge ist:

$$m_k = m_l (x_{anf} - x_{end}) \text{ in kg/s} \tag{15.1.10}$$

Bei der Mischung der kalten (Index 1) und warmen (Index 2) Luftströme liegt der Mischluftzustand (ohne Index) auf der Geraden, die die Zustände 1 und 2 verbindet. Aus der Massen- und Enthalpiebilanz können die Parameter der Mischluft ermittelt werden.

Für die trockene Luft bzw. den Wasserdampf gilt:

$$m_l = m_{l1} + m_{l2} \text{ bzw. } m_d = m_{d1} + m_{d2} \tag{15.1.11}$$

Daraus folgt für den Feuchtegehalt x bzw. die Enthalpie h der Mischluft:

$$x = (x_1 m_{l1} + x_2 m_{l2}) / m_l \text{ bzw. } h = (h_1 m_{l1} + h_2 m_{l2}) / m_l \tag{15.1.12}$$

Solare Trocknungsanlagen. Die einfachste natürliche Trocknung der landwirtschaftlichen Produkte durch Sonnenstrahlung und Wind entweder unmittelbar auf dem Feld oder als Ernte auf Sammelpunkten ist weit verbreitet. Dieses Verfahren ist nicht besonders effektiv und kann keine hohe Qualität des Endproduktes gewähren. Nachteilig für die natürliche Trocknung ist eine starke Abhängigkeit von Witterungsbedingungen. Die Nachteile der natürlichen Trocknung (mögliche Verschmutzung und Verluste des Produktes wegen Umwelteffekten, Insekten, Mäusen, Schimmeln u.a.) können bei solarer Trocknung aufgehoben werden, bei welcher ohnehin eine bessere Qualität des Trockenguts mit geringen Verlusten erreichbar ist.

In einer solaren Trocknungsanlage wird dem feuchten Gut Wasser durch die warme Luft entzogen. Die Trocknungsluft kann direkt in der Trocknungskammer durch die Absorption der Sonnenstrahlung erwärmt oder aus einem Solarkollektor in die Trocknungskammer zugeleitet werden. Die Luftströmung in Solartrocknern erfolgt infolge des natürlichen Zuges, der durch die Auftriebskraft wegen der Dichtedifferenz der kalten und warmen Luft entsteht, oder wird durch Druckdifferenz mittels eines Ventilators veranlaßt.

Die folgenden Arten von solaren Trocknungsanlagen sind zu unterscheiden [15.10, 15.11]: *solare passive und aktive Trockner*, sowie *solare Direkt- und Indirekt-Trockner*. In passiven Trocknern ist die Sonnenstrahlung die einzige Energiequelle und die Luftbewegung erfolgt durch die Auftriebskraft. In aktiven Trocknern wird eine zusätzliche Energiequelle verwendet. Solartrockner sind in der Regel Hybridanlagen, die eine Zusatzenergie (Brennstoff und Strom) in Ergänzung zur Sonnenstrahlung für die Erwärmung der Luft und für den Betrieb der Ventilatoren verwenden. Dies erhöht die Verfügbarkeit, Effizienz und Leistung eines Solartrockners.

In Direkt-Trocknern wird das Trocknungsgut in einem Trocknungsraum untergebracht. Durch das transparente Dach und die Südwand wird das Material unmittelbar durch die Sonnenstrahlung beschienen. Die Luft, die durch den Naturzug oder mit Hilfe eines Gebläses bewegt wird, entnimmt die Feuchtigkeit dem trocknenden Material. In solaren Direkt-Trocknern vom Typ eines Gewächshauses wird die Sonnenstrahlung durch das Trocknungsgut und die inneren Oberflächen des Trockners absorbiert. Die Luft erwärmt sich im Innern des Trocknungsraums und strömt durch oder über das zu trocknende Gut und nimmt die aus dem Gut ausgedunstete Feuchtigkeit auf. Die Wärmeübertragung erfolgt durch Strahlung und Konvektion. Die Zu- und Auslaßöffnungen für die Luft sollen entsprechend unten und oben in Wänden auf nördlicher bzw. südlicher Seite der Trocknungsanlage angebracht werden. Durch untere Öffnungen dringt die Außenluft in die Anlage, die warme feuchtebeladene Abluft verläßt den Trocknungsraum durch die oberen Öffnungen. Für einen sicheren Luftzug wird zusätzlich ein Kamin bei passiven Trocknern und ein Gebläse bei aktiven Trocknern verwendet.

Der solare Direkt-Trockner mit Glasdach, der in Bild 15.1.2 gezeigt ist, ist in seiner Bauweise einem Treibhaus ähnlich und längs der Nord-Süd-Achse angeordnet. Die Luft dringt in den Trocknungsraum durch zahlreiche Öffnungen am Boden ein und verläßt nach der Feuchtigkeitsaufnahme den Raum durch die im Dach angeordneten Öffnungen. Die Einlaßöffnungen können mit Folienklappen zur Luftmengeregelung versehen werden. Alle Flächen innerhalb des Trockners sind

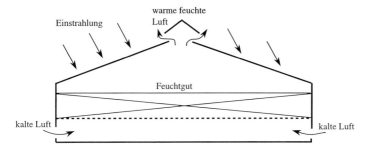

Bild 15.1.2. Schema eines solaren Direkt-Trockners

mit schwarzer Farbe angestrichen, um eine bessere Absorption der einfallenden Sonnenstrahlung sicherzustellen. Die opaquen Seitenwände sollten isoliert werden. Das Trocknungsgut ist entweder auf Siebböden und auf Rahmen aufgelegt oder an Stangen derart aufgehängt, daß freie Zwischenräume zum Luftumlauf gesichert sind. Bild 15.1.3 stellt einen solaren Direkt-Trockner, der zur Trocknung von gestapeltem Holz geeignet ist, schematisch dar. Die Luftbewegung erfolgt mittels freier Konvektion, die durch einen Kamin begünstigt wird. Die Anwendung eines Ventilators (Bild 15.1.4) verbessert die Umströmung und die Qualität des Trokkenguts [15.5, 15.11].

Bei Indirekt-Trocknern fällt die Sonnenstrahlung auf das zu trocknende Material nicht, die Trocknungsluft wird vorher in einem Solarkollektor vorgewärmt und dann in die Trocknungskammer geführt. Die Zwangslüftung mittels eines Ventilators erhöht die Effizienz des Trockners durch die verbesserte Luftzirkulation insbesondere in solaren Holztrocknern. Ein solarer Aufwindtrockner für Getreide,

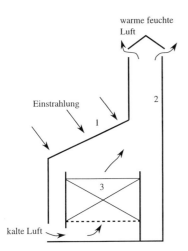

Bild 15.1.3. Solarer Direkt-Trockner für Holz: 1 - transparente Abdeckung, 2 - opaque Seitenwand mit Wärmedämmung, 3 - Feuchtgut

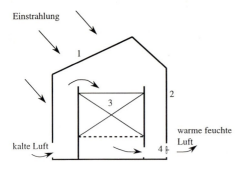

Bild 15.1.4. Solarer Direkt-Trockner mit Ventilator: 1 - transparente Abdeckung, 2 - opaque Wand mit Wärmedämmung, 3 - Feuchtgut, 4 - Ventilator

Obst, Gemüse und Heu ist in Bild 15.1.5 schematisch aufgezeichnet. Der natürliche Luftstrom erwärmt sich durch die Sonnenstrahlung unter der transparenten Kunstoffabdeckung 1 und strömt weiter in die wärmegedämmte Trocknungskammer 2. Das Feuchtgut 3 ist auf dem Drahtgitter 4 angeordnet. Die feuchte Luft verläßt die Trochnungskammer über einen Kamin, der für einen guten Luftzug eine Höhe von bis zu 4 m besitzen sollte. Ein Trockner mit einem Solarkollektor, der einen Absorber aus Wellenplatten zur effizienten Lufterwärmung besitzt, mit einem Ventilator und einer Trocknungskammer ist schematisch in Bild 15.1.6 dargestellt. In solaren Trocknungsanlagen können einfache Luftkollektoren aus Poly-

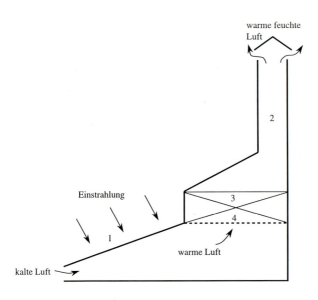

Bild 15.1.5. Passiver solarer Aufwindtrockner mit natürlicher Luftströmung: 1 - Kunststoffabdeckung, 2 - wärmegedämmte Trocknungskammer, 3 - Feuchtgut, 4 - Drahtgitter

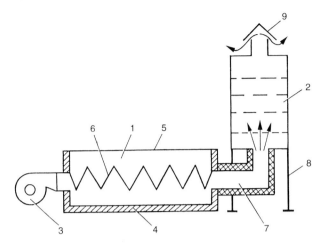

Bild 15.1.6. Aktiver solarer Indirekt-Trockner mit erzwungener Luftströmung: 1 - Lufterwärmer, 2 - Trocknungskammer, 3 - Ventilator, 4 - Wärmedämmung, 5 - transparente Abdeckung, 6 - geschwärzter Strahlungsabsorber, 7 - Luftkanal, 8 - Stütze, 9 - Abluft-Auslaßschutzdach

merfolie oder mit porösen luftdurchströmten Absorbern verwendet werden. Bild 15.1.7 zeigt einen Solartrockner mit einem photovoltaisch angetriebenen Gebläse (c). Die Luft erwärmt sich zunächst durch Kühlung der Rückseite des Photovoltaikpaneels (a), danach im Solarkollektor mit luftdurchströmtem Absorber (b) und durchströmt schließlich das Gut in der Trocknungskammer (d) [15.6]

Die Güte der Trocknung ist in Indirekt-Trocknern höher als bei Direkt-Trocknern. Das Verfahren gewinnt auch in Mitteleuropa zur Trocknung von Heu und Holz an Bedeutung. In der Schweiz sind seit 1986 100.000 m^2 Flachkollektoren für die Heutrocknung in Betrieb.

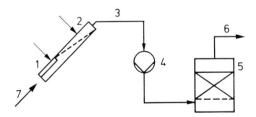

Bild 15.1.7. Solartrockner mit photovoltaischem Gebläseantrieb: 1 - PV-Paneel, 2 - durchströmter Solarabsorber, 3 - Luftkanal, 4 - Gebläse, 5 - Mehrordentrockner, 6 - warme feuchte Luft, 7 - kalte Luft

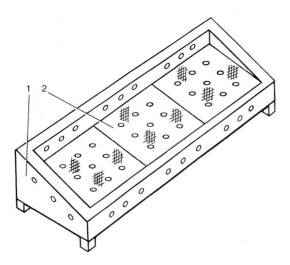

Bild 15.1.8. Einfacher tragbarer Solartrockner: 1 - Holzkiste mit Lüftungsöffnungen und Gitter für Trocknungsgut, 2 - transparente Abdeckung

15.2 Meer- und Brackwasserentsalzung mit Sonnenenergie

Unter solarer Entsalzung wird der Entzug von Salz aus Meer- und Brackwasser mit Hilfe der Sonnenenergie verstanden. 1872 baute Wilson sehr wirkungsvolle solare Entsalzungs-Großanlagen in Chile. Eine davon lieferte 20 m^3 Trinkwasser täglich innerhalb von 36 Jahren für die Wasserversorgung einer Bergbau-Siedlung. Weltweit wurden Mitte der 80er Jahre über 2000 solare Entsalzungs-Großanlagen für mehr als 200 m^3 je Tag in Betrieb genommen, die zusammen täglich über 8 Millionen m^3 Süßwasser liefern. Einsatzmöglichkeiten für die solare Entsalzung sind dort vorhanden, wo es keine anderen Wasserquellen gibt wie in Gebieten mit starker Sonnenstrahlung und hohen Umgebungstemperaturen. Solare Entsalzungsanlagen sollten mit Regensammlung und Wasserspeichern gekoppelt werden.

Eine solare Entspannungsverdampfungsanlage arbeitet nach folgendem Verfahrensprinzip [15.5]. In einem flachen Becken (Trog) mit zeltförmigem transparentem Glas- oder Kunststoffdach verdunstet durch die Absorption der Sonnenenergie das Meer- oder Brackwasser. Der gebildete Wasserdampf schlägt sich an der Innenseite des windgekühlten Daches nieder. Das Kondensat läuft unter dem Dach herab und über Sammelrinnen in einen Destillatbehälter. Der Salzgehalt des Meerwassers beträgt 6 g, der des Trinkwassers unter 0,06 g Salz je Liter. Die erforderliche Prozeßtemperatur muß wenigstent 80 °C betragen. Für die Erwärmung von 1 kg Wasser von 20 auf 80 °C und seiner Verdampfung sind ca. 2510 kJ Wärme erforderlich. Bei einer Tagessumme der Globalstrahlung von 20 MJ/m^2 und einem Wirkungsgrad einer solaren Entsalzungsanlage von 40% verdampft an einem schönen Sommertag eine Wasserschicht von etwa 3,2 mm Dicke. Großanlagen haben eine Fläche von über 3 000 m² und eine spezifische Produktivität von 2 bis 4 l/m²d Destillat. Das entspricht einem spezifischen Wärmeverbrauch von rund 700 kWh pro m³ verdunstetem Wasser.

Der typische Aufbau einer einfachen solaren Entsalzungsanlage ist in Bild 15.2.1 schematisch dargestellt. Durch eine verbesserte Nutzung der solaren Wärme in mehrstufigen Entsalzungsanlagen sinkt der spezifische Wärmeverbrauch bis auf 50-60 kWh pro m³ Destillat. Bei mehrstufigen Entsalzungsanlagen erfolgt das Eindampfen der Sole in mehreren Stufen mit direkter und indirekter Wärmezufuhr. Die Sole mit einer ursprünglichen Salzkonzentration wird in die erste Stufe gespeist, durch Absorption der Sonnenenergie teilweise verdampft und in die nachfolgenden Stufen weitergeleitet, das Konzentrat wird aus der letzten Stufe abgezogen. Bei Temperaturen oberhalb des Siedepunktes bildet sich eine entsprechende Menge Wasserdampf. Der Dampf aus der ersten Stufe wird in einem Kondensator niedergeschlagen, der sich in der nächster Stufe befindet. Die Kondensationswärme bewirkt das Eindampfen weiterer Sole bei geringerem Druck und entsprechender niedrigerer Siedetemperatur im nächsten Verdampfer.

Solare Großanlagen zur Meer- und Brackwasserentsalzung haben eine Fläche von über 3000 m² und weisen eine spezifische tägliche Wasserproduktivität von 2 bis 6 l/m²d auf, so daß 100 bis 200 m³ Trinkwasser täglich erzeugt werden. In Abu-Dabi (Vereinigte Arabische Emirate) arbeitet eine solare mehrstufige Entsalzungsanlage mit 1862 m² Vakuum-Röhrenkollektoren. Das Wasser erwärmt sich in den Kollektoren auf 80 °C und wird in einen Wärmespeicher geleitet. Dies ermöglicht einen kontinuierlichen Betrieb der Entsalzungsanlage. Die Verdampfung erfolgt bei einer Temperatur von 75-80 °C. Der spezifische Verbrauch an Wärme beträgt 45 kWh und der an Strom 7 kWh pro m³ Destillat. Großanlagen befinden sich auch in Griechenland, z.B. eine Anlage mit 8500 m² Beckenfläche und 40 m³/d Destillat auf der Insel Patmos, in Pakistan (eine Anlage mit 16000 m² Beckenfläche und 60 m³/d Destillat), Australien, Spanien, Indien u.a..

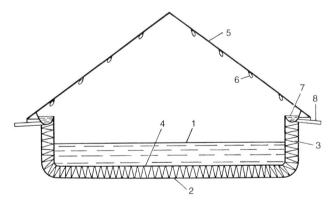

Bild 15.2.1. Solare Entsalzungsanlage mit Entspannungsverdampfung [15.5]: 1 - Salzwasser, 2 - flaches Wasserbecken mit schwarzem Boden, 3 - Wärmedämmung, 4 - Hydroisolierung, 5 - Glasdach, 6 - Kondensat, 7 - Destillatbecken, 8 - Destillatauslaß

Das effektive Membranverfahren zur Meerwasserentsalzung beruht auf der reversen (umgekehrten) Osmose. Dies ist die Diffusion von Flüssigkeiten durch halbdurchlässige Membranen. Nur reines Wasser diffundiert durch die Membrane, die gelösten Stoffe bleiben zurück und werden als Konzentrat abgeführt. Der Wärmeverbrauch hängt vom Salzgehalt des Wassers ab und beträgt 5 bis 15 kWh pro m^3 Destillat, bei Brackwasser mit geringem Salzgehalt ist er etwa 1 kWh/m^3. Das Membranverfahren wird in Solaranlagen nicht verwendet.

Solare Entsalzungsanlagen arbeiten mit dem Trägermedium Luft zum Transportieren des Wasserdampfes. Durch Erwärmung der Luft steigt ihre Wasserdampf-Aufnahmefähigkeit, die durch die Differenz des Feuchtegehalts der gesättigten und ungesättigten feuchten Luft bestimmt wird. Bei Taupunktunterschreitung gibt die Luft den Wasserdampf als Kondensat wieder ab. Der gesamte solare Entsalzungsprozeß setzt sich aus den folgenden Teilprozessen zusammen: Erwärmung des Salzwassers auf die erforderliche Temperatur im Solarkollektor, Erwärmung und Befeuchtung der Luft durch Zerstäubung des warmen Salzwassers in einer Verdampfungskammer, Auskondensierung des Destillats aus dem Trägerluftstrom. Dabei wird die Kondensationswärme zur Vorwärmung des kalten Salzwassers genutzt, das aus dem Kondensator weiter zum Solarkollektor geleitet wird.

Die Energiebilanz für eine solare Entsalzungsanlage lautet: die absorbierte Sonnenstrahlung ist gleich der Summe aus der Nutzwärme, die für die Wassererwärmung und Verdunstung verbraucht wird, und den Wärmeverlusten an die Umgebung. Die Änderung der inneren Energie des Wassers wird dabei als gespeicherte Energie berücksichtigt. Die Wärmeübertragung vom Wasserbecken auf die transparente Abdeckung erfolgt durch Konvektion bei Verdampfung am Wasserspiegel und Kondensation an der Abdeckung sowie durch Strahlung. Von der Außenseite der solaren Entsalzungsanlage geht Wärme an die Umgebung durch Strahlung, Konvektion bzw. Wärmeleitung (am Boden und Seiten) verloren.

Bezogen auf 1 m^2 Wasseroberfläche läßt sich *die Energiebilanz für eine Entsalzungsanlage von Beckentyp* folgendermaßen schreiben:

$$I(\tau\alpha) = q_n + q_{v,s} + q_{v,k} + q_{v,l} + m\,c_p\,dT_w/dt \text{ in W/m}^2, \qquad (15.2.1)$$

wobei I die Globalstrahlungstärke in W/m^2, τ der Transmissionsgrad der Abdeckung mit Wassertropfen auf der Unterseite, α der Absorptionsgrad des Wassers und Beckenbodens, q_n die Netto-Nutzwärmestromdichte für die Wassererwärmung-Verdampfung-Kondensation in W/m^2, $q_{v,s}$, $q_{v,k}$ bzw. $q_{v,l}$ die Wärmeverlustdichte durch Strahlung, Konvektion bzw. Wärmeleitung (am Boden und Seiten) in W/m^2, m die Masse des Wassers in kg, c_p die spezifische Wärmekapazität des Wassers in J/kgK, T_w die Temperatur des Wassers in °C und t die Zeit in s ist.

Zwei Pilotanlagen zur Meerwasserentsalzung über Feuchtluftdestillation werden seit 1992 auf den Kanarischen Inseln betrieben [15.4]. Bild 15.2.2 zeigt das Schema der solaren Feuchtluft-Destillationsanlage. Das Verfahren beruht auf Be- und Entfeuchtung von Luft. Der Kreislauf des Meerwassers schließt die folgenden Vorgänge ein [15.4]:

- Wasservorwärmung durch Aufnahme der Kondensationswärme im Kondensator,

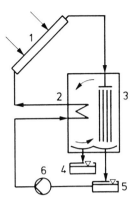

Bild 15.2.2. Solare Feuchtluft-Destillationsanlage zur Entsalzung von Meerwasser: 1 - Solarkollektor, 2 - Kondensator-Wasservorwärmer, 3 - Verdampfer, 4 - Kondensatsammler, 5 - Salzwasserbehälter, 6 - Pumpe

- Nachwärmung des Wassers auf die erforderliche Temperatur (80 °C) im Solarkollektor,
- Versprühen des Wassers im Entsalzungsblock, der aus einem Verdampfer (Verdunster) und einem Kondensator besteht,
- Kondensation des Wasserdampfs aus feuchter Luft.

Die Luft strömt in einem Verdampfer aus Kunststoff aufwärts und nimmt dabei Wasserdampf auf. Die Verdampfungswärme wird hierbei dem Wasser entzogen. Das im Kondensator anfallende Destillat wird unterhalb des Kondensators gesammelt, die konzentrierte Sole wird ins Meer entsorgt. Die flächenspezifische Destillatproduktion liegt bei 11-14 l/m²d. Der erwartete Energieaufwand soll 70 kWh und die Wasserkosten unter 50 DM pro m³ Trinkwasser betragen [15.4].

Die Wirtschaftlichkeit einer solaren Entsalzung ist durch die spezifischen Investitionskosten von 35-90 DM/m² (Indien, Griechenland, Spanien, USA, Baujahr 1961-1967) bis 150-300 DM/m² (Kolumbien, Niger, Baujahr 1981-1982) und durch die spezifischen Trinkwasserkosten von 6 bis 10 DM/m³ gekennzeichnet.

Beispiel 15.2.1

In einer solaren Entsalzungsanlage wird das Meerwasser durch den Verdampfungs-Kondensations-Zyklus in Süßwasser verwandelt. Es soll die stündliche Kondensatausbeute M der Entsalzungsanlage und der momentane Wirkungsgrad η unter folgenden Bedingungen berechnet werden: Temperatur des Wassers im Wasserbecken T_{wb} = 36 °C, Temperatur des transparenten Glasdaches T_g = 17,5 °C, Umgebungstemperatur T_u = 15 °C, Einstrahlungsstärke (Globalstrahlungsstärke) auf die Horizontale I = 820 W/m². Die Grundfläche des Wasserbeckens beträgt A = 3·8 m² = 24 m².

Lösung:

1. Der Wasserdampf-Sättigungsdruck bei Temperaturen des Wassers und des Glasdaches (T_{wb} = 36 °C bzw. T_g = 17,5 °C) beträgt: p_{wb} = 0,06 bar = 45 mm Hg bzw. p_{wg} = 0,02 bar = 15 mm Hg. Die Verdunstungsenthalpie des Wassers bei T_{wb} = 36 °C: h_{vd} = 2416·10³ J/kg.

2. Der Wärmeübergangskoeffizient a_k durch Konvektion zwischen dem Wasser und der Luft in der Entsalzungsanlage errechnet sich mit Temperaturen des Wassers und des Glasdaches (T_{wb} bzw. T_g in K) wie folgt:

$$\alpha_k = 0{,}884\,[(T_{wb} - T_g) + T_{wb}(p_{wb} - p_{wg}) / (2016 - p_{wb})]^{1/3}$$
$$= 0{,}884\,[(309 - 290{,}5) + 309\,(45 - 15) / (2016 - 45)]^{1/3} = 2{,}521\ \text{W/m}^2\text{K}.$$

3. Die spezifische Kondensatausbeute der Anlage pro m² Wasserfläche errechnet sich wie folgt:

$$m = 9{,}15 \cdot 10^{-7}\,\alpha_k\,(p_{wb} - p_{wg}) = 9{,}15 \cdot 10^{-7} \cdot 2{,}521\,(45 - 15) = 6{,}92 \cdot 10^{-5}\ \text{kg/m}^2\text{s}.$$

4. Der Massenstrom des verdunsteten Wassers bei der Becken-Wasserfläche A von 24 m² beträgt: $M = m \cdot A = 6{,}92 \cdot 10^{-5} \cdot 24 = 1{,}661 \cdot 10^{-3}$ kg/s

5. Die Nutzwärmeleistung der solaren Entsalzungsanlage ist:

$$Q = M\,h_{vd} = 1{,}661 \cdot 10^{-3} \cdot 2416 \cdot 10^3 = 4012{,}5\ \text{W}$$

6. Für den momentanen Wirkungsgrad der Entsalzungsanlage gilt:

$$\eta = Q / (A\,I) = 4012{,}5 / (24 \cdot 820) = 0{,}204.$$

15.3 Kochen mit Sonnenenergie

In südlichen Gebieten mit heißem Klima können solare Kochherde und Solargrills eingesetzt werden, um die knappen Brennstoffvorräte einzusparen. Unterschiedliche Ausführungen sind für solare Kochherde möglich. Die zahlreichen Solarkocher lassen sich in drei Typen einteilen: *Reflektorkocher, Solarkocher mit Flachkollektoren bzw. konzentrierenden Kollektoren sowie Dampfkocher* [15.1]. Neuerdings werden Solarkocher oft mit einem temporären Wärmespeicher ausgestattet.

Den einfachsten Aufbau hat die sogenannte *Heißkiste zum Kochen*, die in Bild 15.3.1 schematisch dargestellt ist. In einer Kiste aus Metallblech, Holz oder Kunststoff mit guter Wärmedämmung ist ein Kochraum mit Glasdeckel vorgesehen. Die Wandung des Kochraums sollte einen hohen Reflexionsgrad aufweisen, um die einfallende Strahlung auf den Kochtopf zu reflektieren. Die Außenfläche des Kochtopfes sollte geschwärzt werden, um einen guten Absorptionsgrad zu besitzen. Eine selektive Beschichtung der Topfaußenfläche erhöht die Effizienz des Solarkochers. Die wärmegedämmte ausschwenkbare Decke sollte als Reflektor ausgeführt werden. Bei heiterem Himmel erreicht die Temperatur im Kochraum 90 °C und mehr, so daß das Kochen ermöglicht wird, aber einige Stunden in Anspruch nimmt. Durch eine geeignete Wärmedämmung werden Wärmeverluste stark

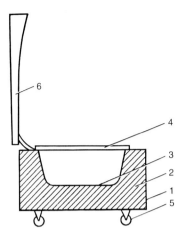

Bild 15.3.1. Transportabler Solarkocher: 1 - Kiste, 2 - Wärmedämmung 3 - Kochraum, 4 - transparenter Deckel, 5 - Transportrolle, 6 - Decke mit Wärmedämmung.

reduziert. Solche Einrichtungen können in Mitteleuropa zur Aufwärmung von Nahrung eingesetzt werden.

Ein Solarkocher besteht aus einem Flachkollektor mit Doppelverglasung und einer Kocheinheit, die mit einem temporären Wärmespeicher (Gestein-Öl) ausgestattet werden kann [15.7, 15.8]. Der Wärmeträger Pflanzenöl kann aus dem Kollektor mit dem Schwerkraftumlauf direkt zur Kocheinheit zugeführt oder zum Beladen des Wärmespeichers genutzt werden. Dies ermöglicht das Kochen nach Sonnenuntergang. Das Kochen kann außerhalb oder innerhalb eines Raums erfolgen. Die Seitenreflektoren verstärken die Einstrahlung auf den Kollektor, so daß bei einer Kollektorfläche von 2 m² der Kocher eine Nutzwärmeleistung von 1 kW hat. Die maximale Temperatur erreicht 200 °C, und die Kochzeit liegt bei 15-20 Minuten für 3 Liter Wasser [15.7, 15.8].

Bild 15.3.2 zeigt den Aufbau des Solarkochers mit Tageswärmespeicher.

Höhere Temperaturen sind in Solarkochern mit Konzentratoren erreichbar. Beispielsweise im Kocher nach [15.3] bilden die ebenen Reflektorflächen einen

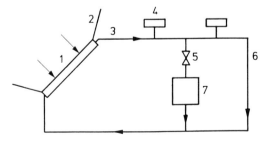

Bild 15.3.2. Solarkocher mit Flachkollektor und Wärmespeicher: 1 - Solarkollektor, 2 - Planreflektor, 3 - Wärmeträgerkreis, 4 - Kochherd, 5 - Ventil, 6 - Bypaß, 7 - Wärmespeicher

Trichter, der die einfallende Sonnenstrahlung auf einen abnehmbaren Wärmespeicher konzentriert. Der Speicher mit einem geeigneten Speichermedium wird innerhalb von 3-4 Stunden bei hohem Sonnenstand auf eine Temperatur von 250 bis 350 °C beladen. Im aufgeladenen Zustand wird der Speicher vom Konzentrator abgetrennt und in einer gut isolierten Kiste aufbewahrt. Das Kochen kann mit der gespeicherten Wärme am Abend erfolgen.

Mit einem Konzentrator, der von einem Uhrwerk um einen festen Brennpunkt der Sonne nachgeführt wird, läßt sich ein stationärer, von innen nutzbarer Solarherd mit einem Wärmespeicher bauen [15.12]. Ein eliptischer Spiegel mit einer Aperturfläche von 1,45 m^2 liefert eine Nutzleistung von 845 W bei einer Globalstrahlungsstärke von 900 W/m^2 und einem Direktstrahlungsanteil von 0,88 [15.12]. Die Minderung der Wärmeverluste ist die Voraussetzung für eine hohe Effizienz.

15.4 Wasserpumpen mit solarthermischem Antrieb

In Dürregebieten (hauptsächlich in Entwicklungsländern) können mit Sonnenenergie angetriebene Wasserpumpen eingesetzt werden, die zum Heben von Wasser für Bewässerung und Trinkwasser aus unterirdischen Wasservorkommen oder aus tiefliegenden Gewässern dienen. 1875 konstruierte Mouchot in Frankreich die erste solare Wasserpumpe mit Parabolrinnenkollektor. Später wurden auch die von Flach- oder Vakuumröhrenkollektoren angetriebenen Pumpen gebaut. Außerdem werden Elektro-Wasserpumpen mit photovoltaischer Stromerzeugung in Solarzellen-Generatoren eingesetzt.

Einsatzmöglichkeiten für solare Wasserpumpen ergeben sich dort, wo keine elektrische Energie für das Pumpen von Wasser zur Verfügung steht, und die tägliche solare Einstrahlung im Jahresdurchschnitt mehr als 5 kWh/m^{2}d erreicht.

Im Vergleich zu dieselbetriebenen Wasserpumpen kann für den kleinen Leistungsbereich der Einsatz der solarthermischen Pumpen wirtschaftlich sein, wenn die längere Lebensdauer und die Einsparung von Kraftstoffkosten die höheren Investitionskosten der Solaranlage kompensieren.

Ein typisches *solarthermisches Pumpensystem* besteht aus (Bild 15.4.1):

- Solarkollektor,
- Dampfmaschine und Kraftübertragungssystem,
- Wasserpumpe,
- Kondensator mit Kondensatpumpe

Zum Betrieb der Anlage wird das Arbeitsmittel im Solarkollektor verdampft und gelangt über einen Abscheider in den Doppelkolbenmotor. Der Dampfmotor treibt über ein Schwungrad die Wasserpumpe an. Dabei wird das Arbeitsmittel durch das gepumpte Wasser im Kondensator verflüssigt und über die Kondensatpumpe zum Kollektor zurückgeführt. Eine automatische Steuerung setzt die Anlage bei ausreichendem Druck in Betrieb.

15.4 Wasserpumpen mit solarthermischem Antrieb

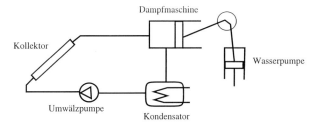

Bild 15.4.1. Funktionsschema eines solarthermischen Wasserpumpensystems.

Der Motor ist in gekapselter Bauweise ausgeführt und stellt eine langsam laufende Maschine mit einer maximalen Drehzahl von 150 U/min dar. Ein ölfreier Betrieb ist möglich durch den Einsatz von Lagern und Kolbenringen mit Trockenlaufeigenschaften. Sowohl Vakuumkollektoren als auch Flachkollektoren können verwendet werden. Bei täglicher Einstrahlung von 6 kWh/m^{2}d fördert die solarthermisch angetriebene Pumpe 18 m^3 täglich aus der Tiefe von 100m oder 90 m^3/d aus 20 m Tiefe.

In Entwicklungsländern sind eine Reihe von Wasserpumpen mit solarthermischem und photovoltaischem Antrieb installiert [15.10-15.12]. Eine neuartige Entwicklung stellt eine Wasserpumpe mit einem solar angetriebenen Niedertemperatur Stirlingmotor dar, der bei einer Temperaturdifferenz von 40-100 K funktionsfähig ist [15.9].

Tabellenanhang

Klima- und Strahlungsdaten, Sonnenstand, Stoffwerte

Tabelle A 1. Klimadaten der ausgewählten Orte der Welt [1.3, 1.5 - 1.7].
E bzw. E_d = Tägliche Global- bzw. Diffusstrahlung auf die horizontale Fläche (Monatsmittelwerte in MJ/m²d).
K_T = Clearness Index (Monatsmittelwert). φ = geographische Breite
T_u = Umgebungstemperatur (Monatsmittelwerte in °C). GT = Heizungs-Gradtagzahl in Kd

	Jan.	Feb.	März	Apr.	Mai	Jun.	Jul.	Aug.	Sep.	Okt.	Nov.	Dez.
					Afrika							
Angola, Luanda, φ = -8,8°												
E	20,21	20,93	19,54	18,57	17,32	14,68	12,66	12,60	15,77	18,05	20,16	19,46
K_T	0,52	0,53	0,52	0,53	0,55	0,49	0,42	0,38	0,43	0,47	0,52	0,50
T_u	26	27	27	27	25	22	20	21	22	25	26	26
GT	0	0	0	0	0	3	13	12	3	0	0	0
Ägypten, Kairo, φ = 30°												
E	11,84	15,60	19,32	23,15	26,32	27,95	27,10	25,23	21,97	17,86	13,24	11,12
K_T	0,56	0,60	0,61	0,63	0,66	0,68	0,67	0,66	0,66	0,65	0,59	0,56
T_u	14	15	17	21	25	27	28	28	26	24	19	15
GT	143	104	69	12	1	0	0	0	0	2	32	116
Äthiopien, Addis Abeba, φ = 9°												
E	19,14	20,96	21,27	20,38	19,28	16,56	13,64	14,05	17,05	21,74	22,27	20,12
K_T	0,59	0,60	0,57	0,54	0,52	0,45	0,37	0,38	0,46	0,61	0,68	0,64
T_u	17	18	19	19	19	17	15	15	17	16	17	17
GT	56	33	25	29	21	50	102	113	69	79	62	60
Kenia, Nairobi, φ = -1,3°												
E	23,21	23,59	22,27	18,89	16,71	15,09	12,94	14,16	19,00	20,19	19,10	22,05
K_T	0,63	0,62	0,59	0,52	0,49	0,46	0,39	0,40	0,51	0,54	0,52	0,61
T_u	18	18	19	19	18	16	15	16	17	19	18	18
GT	40	34	27	26	44	73	110	89	62	30	36	44
Marokko, Casablanka, φ = 33,6°												
E	9,68	12,89	17,03	20,97	23,03	24,31	24,82	23,10	19,62	14,56	10,87	8,47
K_T	0,51	0,54	0,56	0,58	0,58	0,59	0,61	0,61	0,61	0,56	0,54	0,48
T_u	12	13	15	16	18	20	22	23	22	19	16	13
GT	190	152	122	90	41	17	6	3	5	30	85	169

Tabellenanhang 397

	Jan.	Feb.	März	Apr.	Mai	Jun.	Jul.	Aug.	Sep.	Okt.	Nov.	Dez.
*Nigerien, Benin, $\varphi = 6,1°$												
E	15,42	16,77	17,30	17,13	17,15	15,44	12,84	12,b8	13,91	15,85	17,25	15,95
K_T	0,46	0,47	0,46	0,46	0,47	0,43	0,36	0,34	0,37	0,44	0,51	0,48
T_u	27	28	28	28	28	26	25	25	26	27	28	2?
Senegal, Dakar, $\varphi = 14,7°$												
E	18,43	22,02	24,34	25,42	24,93	23,01	20,25	19,06	19,18	20,19	18,36	17,02
K_T	0,62	0,67	0,68	0,67	0,65	0,60	0,53	0,50	0,52	0,60	0,60	0,59
T_u	21	20	21	22	23	26	27	27	28	27	26	23
GT	8	11	11	6	2	0	0	0	0	0	0	2
Südafrika, Pretoria, $\varphi = -25,8°$												
E	23,39	22,40	20,24	16,68	15,29	14,17	15,28	17,79	20,41	21,88	23,60	24,53
K_T	0,55	0,56	0,57	0,57	0,65	0,67	0,69	0,67	0,63	0,57	0,57	0,57
T_u	21	21	20	17	13	10	10	13	16	20	20	21
GT	11	9	20	64	170	250	259	170	86	20	18	11
Tunesien, Sidi-Bou-Said, $\varphi = 36,9°$												
E	8,81	11,25	15,94	19,59	23,99	26,18	27,03	23,79	19,07	14,28	10,59	8,29
K_T	0,51	0,51	0,55	0,55	0,60	0,63	0,66	0,64	0,61	0,59	0,58	0,53
T_u	11	12	13	16	19	23	26	27	25	20	16	12
GT	230	188	160	96	33	3	0	0	1	19	91	189
*Uganda, Entebbe, $\varphi = 0,1°$												
E	18,02	18,13	18,17	17,43	16,35	16,01	15,46	16,45	18,05	17,78	17,55	17,38
K_T	0,50	0,48	0,48	0,47	0,47	0,48	0,46	0,46	0,48	0,48	0,48	0,49
T_u	22	22	22	22	22	21	21	21	21	22	22	22

Asien

	Jan.	Feb.	März	Apr.	Mai	Jun.	Jul.	Aug.	Sep.	Okt.	Nov.	Dez.
Armenien, Erewan, $\varphi = 40,1°$												
E	6,34	10,13	14,04	19,18	24,97	28,22	27	25,11	20,15	14,85	8,06	5,13
E_d	4,05	5,96	7,02	8,2	8,23	7,78	6,88	6,34	5,38	4,86	3,89	3,1
T_u	-3,7	-2,3	4	11,1	15,9	20,1	24	24,2	20	13,9	6,2	-1,2
Azerbajdzhan, Baku, $\varphi = 41,1°$												
E	9,99	14,3	18,49	24,05	27,13	29,61	27,40	25,11	20,01	15,66	10,7	8,77
E_d	2,16	2,83	3,78	4,73	5,26	6,53	6,34	5,4	3,89	3,64	2,5	2,02
T_u	3	4,4	6,8	11,8	18,4	23,4	26,5	26,3	22,1	16,9	11,1	6,7
Georgien, Tbilisi, $\varphi = 41,7°$												
E	5,8	8,34	12,42	16,12	19,71	22,8	22,41	20,52	15,29	10,93	6,11	4,99
E_d	3,24	4,47	6,21	7,23	7,83	7,64	7,83	6,75	5,42	4,32	3,2	2,7
T_u	0,9	2,6	6,6	11,9	17,3	21,1	24,4	24,2	19,6	13,8	7,6	2,8
*Indien, Madras, $\varphi = 13°$												
E	18,20	22,11	24,18	24,57	22,69	20,21	19,57	19,96	19,73	16,63	15,53	14,31
K_T	0,60	0,66	0,66	0,65	0,59	0,53	0,52	0,53	0,54	0,49	0,50	0,48
T_u	25	26	28	31	32	32	30	30	30	28	26	25

	Jan.	Feb.	März	Apr.	Mai	Jun.	Jul.	Aug.	Sep.	Okt.	Nov.	Dez.
Indien, New Delhi, $\varphi = 28{,}6°$												
E	11,34	13,81	16,15	19,88	21,10	18,69	18,03	16,88	18,04	15,60	12,39	10,52
K_T	0,51	0,52	0,50	0,54	0,53	0,46	0,45	0,44	0,53	0,55	0,54	0,51
T_u	15	18	23	29	33	35	31	30	30	26	20	16
GT	132	52	5	0	0	0	0	0	0	0	20	87
Japan, Kagoshima, $\varphi = 31{,}6°$												
E	8,48	10,01	12,82	14,19	15,17	14,66	17,08	17,84	13,98	12,41	9,33	8,24
K_T	0,42	0,40	0,41	0,39	0,38	0,36	0,42	0,47	0,42	0,46	0,44	0,43
T_u	7	9	12	16	19	23	27	28	25	19	14	9
GT	348	273	216	98	33	6	0	0	2	37	133	282
Kazakhstan, Alma-Ata, $\varphi = 43{,}4°$												
E	6,34	9,24	12,01	16,54	20,52	22,66	23,62	20,79	16,96	11,20	6,67	5,13
E_d	3,64	5,25	6,21	6,95	8,1	7,78	6,68	6,34	5,28	4,18	3,34	2,7
T_u	-11,5	-8,9	0,8	10,3	16	20,3	22,9	1,71	5,6	8	-1,2	-8,2
Kirgizstan, Beshkek, $\varphi = 43°$												
E	7,56	10,13	12,28	17,37	21,6	25,16	24,3	21,73	17,37	11,61	7,09	5,8
E_d	3,01	5,36	6,34	7,78	6,91	7,78	7,56	6,48	5,56	4,86	3,34	3,1
T_u	-5,6	-3,2	3,8	11,4	16,9	21,3	24,1	22,6	17,3	10,1	2,2	-2,9
*Malaysia, Kuala Lumpur, $\varphi = 3{,}1°$												
E	17,68	19,08	19,44	18,77	17,70	16,77	17,13	17,43	17,15	18,33	15,50	16,74
K_T	0,51	0,52	0,52	0,50	0,50	0,48	0,49	0,48	0,46	0,50	0,44	0,49
T_u	26	27	27	27	27	27	27	27	26	26	26	26
*Pakistan, Karachi, $\varphi = 24{,}8°$												
E	16,36	18,74	21,10	22,75	23,89	23,50	20,19	18,59	20,80	19,77	17,7	15,37
K_T	0,67	0,66	0,63	0,61	0,60	0,58	0,50	0,49	0,60	0,66	0,68	0,67
T_u	19	22	25	27	30	31	0	9	28	27	5	21
*Singapur, $\varphi = 10°$												
E	16,71	17,64	17,88	16,69	15,40	15,11	15,54	15,78	16,24	15,63	13,90	1,37
K_T	0,47	0,47	0,47	0,45	0,44	0,45	0,45	0,44	0,44	0,42	0,39	0,41
T_u	26	26	27	27	27	28	27	7	27	27	26	26
*Sri Lanka, Colombo, $\varphi = 6{,}9°$												
E	16,59	17,39	19,64	19,57	18,10	16,93	16,03	16,01	15,50	16,25	17,07	16,84
K_T	0,50	0,49	0,53	0,52	0,49	0,47	0,44	0,43	0,42	0,45	0,50	0,52
T_u	26	28	29	30	30	29	28	28	28	28	27	25
*Thailand, Bangkok, $\varphi = 13{,}7°$												
E	16,59	17,39	19,64	19,57	18,10	16,99	16,04	16,03	15,51	16,31	17,22	
K_T	0,55	0,52	0,54	0,51	0,47	0,45	0,42	0,42	0,42	0,48	0,56	0,56
T_u	26	28	29	30	30	29	28	28	28	28	27	25
Turkmenien, Aschkhabad, $\varphi = 38°$												
E	7,42	10,58	13,63	18,35	24,16	26,83	26,59	24,97	20,57	14,71	9,03	6,48
E_d	3,64	5,07	6,34	7,78	8,1	7,92	7,83	6,48	5,98	4,72	3,89	3,24
T_u	1	4,3	9,8	16,4	22,8	27,3	29,3	27,7	22,6	15,3	8,4	3,7

	Jan.	Feb.	März	Apr.	Mai	Jun.	Jul.	Aug.	Sep.	Okt.	Nov.	Dez.
					Australien							
*Australien, Darwin, $\varphi = -12{,}4°$												
E	17,54	18,73	18,37	20,84	19,27	19,86	21,07	22,55	23,64	23,23	24,62	19,52
K_T	0,44	0,47	0,49	0,61	0,64	0,71	0,73	0,70	0,66	0,60	0,62	0,49
T_u	28	28	28	28	27	25	25	26	28	29	29	29
Australien, Perth, $\varphi = -31{,}9°$												
E	25,05	24,09	19,55	13,91	10,58	8,83	10,21	13,45	17,89	21,72	23,43	25,89
K_T	0,58	0,61	0,58	0,53	0,52	0,50	0,55	0,57	0,59	0,58	0,56	0,59
T_u	24	25	22	19	16	14	13	13	15	16	19	21
GT	1	0	6	29	89	137	170	170	110	89	29	11
					Europa							
Deutschland, Stuttgart, $\varphi = 48{,}8°$												
E	3,47	5,98	9,60	14,59	17,87	19,43	19,55	16,12	13,07	7,99	3,94	2,72
K_T	0,35	0,39	0,42	0,46	0,46	0,47	0,49	0,47	0,50	0,45	0,35	0,32
T_u	0	3	8	9	13	17	18	19	16	11	5	3
GT	576	425	324	284	161	66	54	35	95	239	402	471
Griechenland, Athen, $\varphi = 38°$												
E	6,57	9,40	13,59	18,08	22,56	24,72	24,86	22,28	17,59	12,22	8,18	6,09
K_T	0,40	0,43	0,48	0,51	0,57	0,59	0,61	0,60	0,57	0,52	0,46	0,40
T_u	10	10	11	15	20	25	28	28	23	19	14	11
GT	260	234	231	114	25	1	0	0	5	37	140	231
Moldavien, Kischiniew, $\varphi = 47°$												
E	4,05	6,26	10,8	15,84	20,25	23,07	23,62	20,11	14,73	9,18	4,03	2,7
E_d	2,56	3,87	5,8	8,48	9,18	10	9,04	7,83	5,98	4,32	2,36	1,8
T_u	-3,6	-2,6	2,5	9,3	15,6	19,2	21,4	20,5	15,7	10	3,9	-1
Polen, Warschau, $\varphi = 52{,}3°$												
E	1,90	3,48	8,32	11,94	16,42	19,30	18,18	16,47	10,41	5,09	2,12	1,32
K_T	0,25	0,26	0,39	0,39	0,43	0,47	0,46	0,49	0,42	0,33	0,24	0,2
T_u	-2	-3	1	7	13	17	19	18	13	8	3	0
GT	641	604	549	331	177	66	44	59	165	315	459	555
Romania, Cluj, $\varphi = 46{,}8°$												
E	4,74	7,37	12,07	15,76	20,16	22,18	21,97	18,95	14,16	9,06	4,69	3,22
K_T	0,43	0,45	0,50	0,48	0,52	0,53	0,55	0,54	0,52	0,48	0,38	0,33
T_u	-3	-3	3	9	14	18	20	19	15	9	4	-1
GT	660	596	475	282	148	54	29	41	117	291	429	598
Rußland, Moskau, $\varphi = 55{,}8°$												
E	1,89	4,33	9,29	13,41	18,65	19,83	19,19	15,14	10,06	4,87	2,23	1,35
E_d	1,76	3,18	5,95	7,54	9,33	9,78	10,27	8,11	6,14	3,34	1,54	1,14
K_T	0,39	0,44	0,46	0,44	0,48	0,50	0,46	0,46	0,41	0,32	0,26	0,26
T_u	-10	-10	-4	5	12	17	19	17	11	5	-2	-7
GT	874	778	697	409	208	81	46	79	220	429	606	778

	Jan.	Feb.	März	Apr.	Mai	Jun.	Jul.	Aug.	Sep.	Okt.	Nov.	Dez.
Rußland, St. Petersburg, $\varphi = 60°$												
E	1,16	3,37	7,48	12,11	18,71	21,06	19,00	14,37	8,43	3,60	1,21	0,61
K_T	0,34	0,40	0,44	0,44	0,51	0,51	0,49	0,46	0,41	0,33	0,26	0,26
T_u	-8	-8	-4	3	10	15	18	17	11	5	0	-4
GT	803	733	700	450	265	109	53	82	219	410	555	703
Schweiz, Zürich, $\varphi = 47,5°$												
E	3,00	5,81	9,81	14,16	18,09	19,64	20,87	16,41	12,87	7,23	3,60	2,37
K_T	0,28	0,36	0,41	0,44	0,47	0,47	0,52	0,47	0,48	0,39	0,30	0,26
T_u	-1	0	5	9	13	16	18	17	14	9	4	0
GT	601	504	428	293	181	93	60	72	140	303	438	564
Ukraine, Kiew, $\varphi = 50,5°$												
E	3,1	5,36	9,72	13,9	18,76	21,82	20,52	17,28	12,65	7,29	2,92	2,16
E_d	2,29	3,43	5,53	7,51	9,18	10	9,45	7,69	5,84	3,91	2,08	1,62
K_T	0,38	0,41	0,42	0,45	0,49	0,53	0,50	0,50	0,50	0,42	0,29	0,28
T_u	-6	-5	-1	8	15	19	20	19	14	8	1	-3
GT	756	658	583	323	132	48	27	40	139	337	507	657
Ukraine, Odessa, $\varphi = 46,5°$												
E	3,44	5,41	9,23	14,42	19,34	22,30	21,58	18,88	14,27	8,60	3,79	2,61
K_T	0,31	0,32	0,38	0,44	0,50	0,53	0,53	0,54	0,52	0,45	0,30	0,27
T_u	-2	-2	2	8	15	20	22	22	17	11	5	0
GT	635	565	515	299	125	31	11	16	74	230	388	555
Nordamerika												
Kanada, Edmonton, $\varphi = 53,6°$												
E	3,74	7,06	12,61	17,49	20,94	22,54	23,20	18,08	13,07	8,06	4,20	2,78
K_T	0,54	0,57	0,61	0,58	0,55	0,54	0,59	0,55	0,55	0,54	0,51	0,49
T_u	-15	-10	-5	4	11	15	17	16	11	6	-4	-10
GT	1032	781	722	424	226	120	75	99	226	389	660	889
Kanada, Vancouver, $\varphi = 49,3°$												
E	2,94	5,53	10,03	15,09	20,15	21,78	22,95	18,62	13,22	7,38	3,59	2,28
K_T	0,31	0,37	0,44	0,48	0,52	0,52	0,57	0,54	0,51	0,43	0,33	0,28
T_u	3	5	6	9	12	15	17	17	14	10	6	4
GT	477	370	382	294	206	117	70	72	130	250	363	440
Kanada, Toronto, $\varphi = 43,7°$												
E	5,19	8,20	12,05	16,07	19,83	21,97	21,94	18,68	14,04	9,24	4,82	3,90
K_T	0,40	0,45	0,47	0,48	0,50	0,53	0,54	0,52	0,49	0,45	0,34	0,34
T_u	-5		1	8	14	19	22	21	17	11	5	-2
GT	710	621	546	323	160	40	14	20	73	233	403	617
Kanada, Montreal, $\varphi = 45,5°$												
E	5,30	8,80	12,51	15,87	19,07	20,25	20,96	17,23	13,45	8,0	4,61	3,92
K_T	0,45	0,51	0,50	0,48	0,49	0,49	0,52	0,19	0,49	0,41	0,35	0,38
T_u	-10	-9	-2	6	13	18	21	0	15	9	2	-7
GT	871	761	635	383	176	54	24	37	117	296	483	772

	Jan.	Feb.	März	Apr.	Mai	Jun.	Jul.	Aug.	Sep.	Okt.	Nov.	Dez.
USA, Dallas, Texas, φ = 32,9°												
E	9,33	12,15	16,14	18,47	21,43	24,24	24,09	22,14	18,01	14,48	10,63	8,86
K_T	0,48	0,50	0,53	0,51	0,54	0,59	0,59	0,59	0,55	0,55	0,51	0,49
T_u	7	10	13	19	23	28	30	30	26	20	13	9
GT	348	252	188	64	24	5	2	2	10	55	179	301
USA, Denver, Colorado, φ = 39,8°												
E	9,54	12,79	17,37	21,33	24,24	26,68	25,80	23,21	19,60	14,77	10,03	8,30
K_T	0,62	0,62	0,63	0,62	0,61	0,64	0,63	0,63	0,65	0,65	0,61	0,60
T_u	-1	0	3	9	14	19	23	22	17	11	4	0
GT	609	505	488	308	182	80	37	45	109	251	433	563
USA, Las Vegas, Nevada, φ = 36,1°												
E	11,10	15,21	20,70	26,33	30,84	31,53	29,38	26,73	23,13	17,48	12,32	10,00
K_T	0,63	0,67	0,71	0,74	0,75	0,76	0,72	0,72	0,74	0,71	0,66	0,62
T_u	7	9	13	18	23	28	32	31	27	20	12	7
GT	371	263	211	99	37	9	2	4	13	76	226	357
USA, Los Angeles, Kalifornien, φ = 33,9°												
E	10,52	13,78	18,38	22,15	23,38	24,06	26,19	23,60	19,08	14,95	11,39	9,63
K_T	0,56	0,58	0,61	0,61	0,58	0,58	0,64	0,63	0,59	0,58	0,57	0,55
T_u	13	13	14	15	17	18	20	21	20	18	16	14
GT	209	172	181	145	115	83	56	49	51	83	126	177
USA, Madison, Wisconsin, φ = 43,1°												
E	5,85	9,13	12,89	15,88	19,79	22,11	21,96	)9,39	14,75	10,34	5,72	4,42
K_T	0,44	0,49	0,50	0,47	0,50	0,53	0,54	0,54	0,51	0,50	0,39	0,37
T_u	-8	-7	-1	7	13	19	21	20	15	10	2	-6
GT	828	695	602	340	194	79	50	60	140	282	508	743
USA, Miami, Florida, φ = 25,8°												
E	12,01	14,91	18,20	21,10	20,92	19,39	20,01	18,50	16,53	14,79	12,70	11,57
K_T	0,51	0,53	0,55	0,56	0,53	0,48	0,50	0,48	0,48	0,50	0,51	0,52
T_u	20	20	22	24	26	27	28	28	28	25	22	20
GT	56	44	32	15	9	4	4	3	4	10	26	48
USA, New York, φ = 40,8°												
E	6,21	9,02	12,69	16,54	19,18	20,46	20:25	17,97	14,53	10,79	6,74	5,19
K_T	0,42	0,45	0,47	0,48	0,48	0,49	0,50	0,49	0,49	0,49	0,42	0,39
T_u	0	1	5	11	17	22	25	24	20	15	9	2
GT	567	497	426	241	114	34	16	22	53	159	306	509
USA, Phoenix, Arizona, φ = 33,4°												
E	11,60	15,60	20,59	26,73	30,38	31,10	28,23	26,02	22,88	17,90	13,06	10,57
K_T	0,60	0,65	0,68	0,74	0,76	0,75	0,69	0,69	0,71	0,69	0,64	0,59
T_u	11	13	15	20	25	29	33	32	29	22	15	11
GT	251	175	134	52	14	2	0	1	2	28	128	233

	Jan.	Feb.	März	Apr.	Mai	Jun.	Jul.	Aug.	Sep.	Okt.	Nov.	Dez.
USA, San Francisco, Kalifornien, $\varphi = 37,6°$												
E	8,03	11,46	16,52	21,80	25,26	26,98	27,15	24,02	19,78	13,91	9,33	7,29
K_T	0,48	0,52	0,58	0,62	0,63	0,65	0,61	0,65	0,64	0,58	0,52	0,48
T_u	9	11	12	13	15	16	17	17	18	16	13	10
GT	300	229	229	192	158	115	110	104	90	126	192	282
Südamerika												
Argentinien, Buenos Aires, $\varphi = -34,6°$												
E	25,20	22,91	18,51	13,44	9,69	7,40	8,18	1),49	15,00	18,93	23,95	24,73
K_T	0,58	0,59	0,57	0,54	0,51	0,46	0,48	0,52	0,51	0,52	0,57	0,56
T_u	24	23	21	16	13	11	11	12	14	17	20	22
GT	2	3	12	87	170	222	229	200	137	68	19	7
Chile, Valparaiso, $\varphi = -33°$												
E	21,91	18,02	14,45	9,83	6,46	5,23	6,25	9,11	12,31	15,46	19,39	21,32
K_T	0,51	0,46	0,44	0,38	0,33	0,31	0,34	0,40	0,41	0,42	0,46	0,48
T_u	18	18	17	14	13	12	12	12	13	14	15	17
GT	44	42	62	134	168	191	198	198	162	154	108	67
Venezuela, Caracas, $\varphi = 10,5°$												
E	14,65	16,15	16,94	16,24	15,92	16,05	16,86	17,10	16,82	15,11	14,22	13,50
K_T	0,46	0,41	0,46	0,43	0,42	0,43	0,45	0,45	0,45	0,43	0,44	0,44
T_u	19	20	21	22	22	22	21	22	22	22	21	20
GT	24	13	8	3	3	4	6	4	3	4	7	14

Anmerkung: * GT = 0 praktisch in allen Monaten.

Tabellenanhang 403

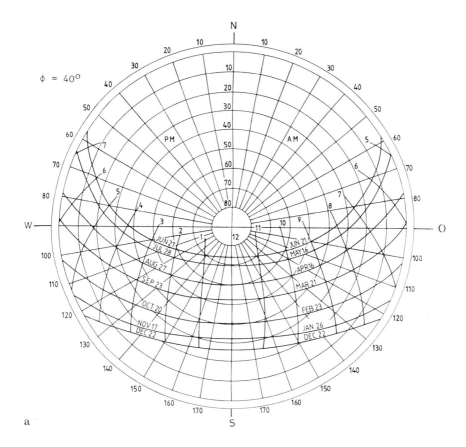

a

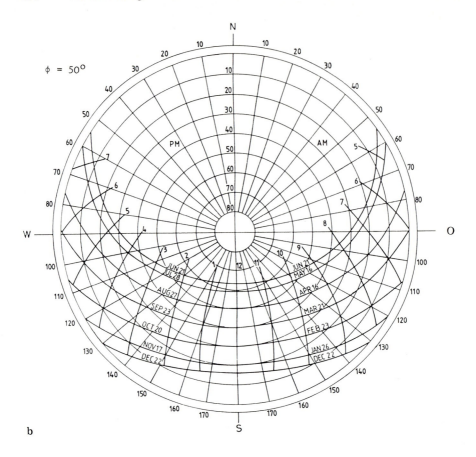

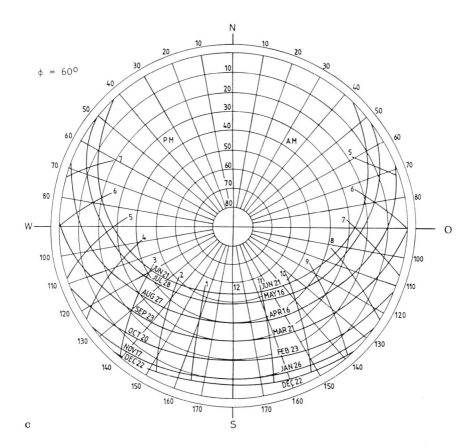

Bild A 1. Sonnenstanddiagramm für alle Monate des Jahres für die Orte mit geographischer Breite φ von 40° (**a**), 50° (**b**) und 60° (**c**) auf der Nordhalbkugel. Die Zahlen 5 bis 12 in der rechten Hälfte des Diagramms entsprechen der Sonnenzeit (WOZ) am Vormittag und die Zahlen 1 bis 7 in der linken Hälfte entsprechen 13 bis 19 Uhr Sonnenzeit.

Tabelle A 2. Sonnenstand (Höhenwinkel α und Azimut a_s, beide in Grad), stündliche Sonneneinstrahlung I und Tagessumme E der Sonneneinstrahlung für die senkrecht zur Strahlung liegende Fläche (s), horizontale (h), vertikale (v) und geneigte Flächen mit einem Neigungswinkel β zur Horizontalen. Heiterer Tag, Clearness Index $K_T = 1$.
Albedo ρ = 0. WOZ - Wahre Ortszeit. Nach ASHRAE Handbook of Fundamentals, ASHRAE, New York, 1977.

a) Geographische Breite φ = 48° NB.

Tag	WOZ		α	a_s	Sonneneinstrahlung I in kJ/m²h			
					s	h	v	β = φ
21. Jan.	8	16	3,5	54,6	420	45	250	216
	9	15	11,0	42,6	2100	522	1578	1498
	10	14	16,9	29,4	2712	942	2338	2338
	11	13	20,7	15,1	2962	1214	2758	2826
	12		22,0	0,0	3030	1305	2894	2996
Tagessumme E in kJ/m²d					19407	6764	16774	16774
21. Feb.	7	17	2,4	72,2	136	11	45	45
	8	16	11,6	60,5	2134	556	1090	1158
	9	15	19,7	47,7	2849	1135	1895	2122
	10	14	26,2	33,3	3155	1578	2463	2849
	11	13	30,5	17,2	3291	1873	2803	3291
	12		32,0	0,0	3325	1963	2928	3450
Tagessumme E in kJ/m²d					26443	12257	19520	22380
21. März	7	17	10,0	78,7	1736	420	397	556
	8	16	19,5	66,8	2678	1090	1090	1498
	9	15	28,2	53,4	3064	1668	1725	2349
	10	14	35,4	37,8	3257	2122	2213	3019
	11	13	40,3	19,8	3348	2406	2531	3439
	12		42,0	0,0	3382	2497	2633	3575
Tagessumme E in kJ/m²d					31550	17909	18522	25286
21. Apr.	6	18	8,6	97,8	1226	306	57	102
	7	17	18,6	86,7	2327	965	238	783
	8	16	28,5	74,9	2803	1612	783	1600
	9	15	37,8	61,2	3042	2168	1305	2361
	10	14	45,8	44,6	3178	2588	1725	2951
	11	13	51,5	24,0	3246	2860	2009	3337
	12		53,6	0,0	3269	2951	2100	3562
Tagessumme E in kJ/m²d					34910	23901	14322	25717
21. Mai	5	19	5,2	114,3	465	102	23	45
	6	18	14,7	103,7	1839	692	114	182
	7	17	24,6	93,0	2485	1339	148	851
	8	16	34,7	81,6	2815	1941	511	1612
	9	15	44,3	68,3	2996	2463	976	2293
	10	14	53,0	51,3	3110	2860	1362	2849
	11	13	59,5	28,6	3166	3110	1600	3189
	12		62,00,0	3178	3189	1691	3314	
Tagessumme E in kJ/m²d					36930	28168	11145	25354

Tag	WOZ		α	a_s	Sonneneinstrahlung I in kJ/m²h			
					s	h	v	β = φ
21. Juni	5	19	7,9	116,5	874	238	57	102
	6	18	17,2	106,2	1952	840	136	216
	7	17	27,0	95,8	2497	1464	170	874
	8	16	37,1	84,6	2792	2054	397	1589
	9	15	46,9	71,6	2962	2554	840	2247
	10	14	55,8	54,8	3053	2939	1192	2769
	11	13	62,7	31,2	3110	3178	1430	3098
	12		65,5	0,0	3121	3257	1509	3212
Tagessumme E in kJ/m²d					37588	29803	9919	25013
21. Juli	5	19	5,7	114,7	488	114	34	57
	6	18	15,2	104,1	1770	704	125	204
	7	17	25,1	93,5	2395	1339	159	851
	8	16	35,1	82,1	2724	1941	488	1589
	9	15	44,8	68,8	2905	2440	942	2259
	10	14	53,5	51,9	3019	2837	1317	2992
	11	13	60,1	29,0	3076	3087	1555	3132
	12		62,6	0,0	3087	3166	1634	3246
Tagessumme E in kJ/m²d					35840	28077	10850	24968
21. Aug	6	18	9,1	98,3	1124	318	68	114
	7	17	19,1	87,2	2156	965	227	760
	8	16	29,0	75,4	2633	1600	738	1555
	9	15	38,4	61,8	2883	2145	1248	2281
	10	14	46,4	45,1	3019	2554	1657	2860
	11	13	52,2	24,3	3087	2815	1918	3235
	12		53,4	0,0	3110	2905	2009	3359
Tagessumme E in kJ/m²d					32889	23674	13710	24968
21. Sep.	7	17	10,0	78,7	1487	397	352	499
	8	16	19,5	66,8	2440	1044	1021	1407
	9	15	28,2	53,4	2849	1612	1623	2236
	10	14	35,4	37,8	3053	2054	2100	2883
	11	13	40,3	19,8	3155	2327	2406	3280
	12		42,0	0,0	3178	2417	2508	3427
Tagessumme E in kJ/m²d					29144	17273	17546	24037
21. Okt.	7	17	2,0	71,9	45	11	11	
	8	16	11,2	60,2	1873	499	987	1033
	9	15	19,3	47,4	2644	1067	1782	1997
	10	14	25,7	33,1	2973	1509	2349	2712
	11	13	30,0	17,1	3110	1782	2690	3144
	12		31,5	0,0	3155	1884	2803	3303
Tagessumme E in kJ/m²d					24446	11599	18454	21109
21. Nov.	8	16	3,6	54,7	409	57	250	216
	9	15	11,2	42,7	2032	522	1532	1464
	10	14	17,1	29,5	2644	942	2281	2293
	11	13	20,9	15,1	2894	1214	2701	2781
	12		22,2	0,0	2962	1305	2837	2939
Tagessumme E in kJ/m²d					18930	6764	16365	16433

Tag	WOZ		α	a_s	Sonneneinstrahlung I in kJ/m²h			
					s	h	v	$\beta = \varphi$
21. Dez.	9	15	8,0	40,9	1589	306	1237	1112
	10	14	13,6	28,2	2429	715	2156	2043
	11	13	17,3	14,4	2747	976	2622	2565
	12		18,6	0,0	2837	1067	2769	2735
Tagessumme E in kJ/m²d					16388	5062	14799	14186

b) Geographische Breite $\varphi = 56°$ NB.

Tag	WOZ		α	a_s	Sonneneinstrahlung I in kJ/m²h			
					s	h	v	$\beta = \varphi$
21. Jan.	9	15	5,0	41,8	885	125	681	624
	10	14	9,9	28,5	1229	443	1736	1657
	11	13	12,9	14,5	2349	658	2281	2236
	12		14,0	0,0	2463	738	2463	2429
Tagessumme E in kJ/m²d					12779	3200	11848	11463
21. Feb.	8	16	7,6	59,4	1464	284	783	783
	9	15	14,2	45,9	2429	738	1805	1714
	10	14	19,4	31,5	2837	1112	2554	2361
	11	13	22,8	16,1	3019	1351	3008	2758
	12		24,0	0,0	3064	1430	3166	2894
Tagessumme E in kJ/m²d					22539	8398	19475	18136
21. März	7	17	8,3	77,5	1453	318	363	454
	8	16	16,2	64,4	2440	851	1101	1362
	9	15	23,3	50,3	2871	1339	1748	2190
	10	14	29,0	34,9	3087	1714	2327	2849
	11	13	32,7	17,9	3200	1952	2678	3269
	12		34,0	0,0	3223	2032	2792	3405
Tagessumme E in kJ/m²d					29359	14391	19293	23651
21. Apr.	5	19	1,4	108,8				
	6	18	9,6	96,5	1385	363	68	102
	7	17	18,0	84,1	2281	919	329	749
	8	16	26,1	70,9	2712	1464	931	1532
	9	15	33,6	56,3	2951	1918	1509	2270
	10	14	39,9	39,7	3087	2281	1975	2849
	11	13	44,1	20,7	3155	2497	2270	3223
	12		45,6	0,0	3178	2576	2372	3348
Tagessumme E in kJ/m²d					34319	21472	16547	24809
21. Mai	4	20	1,2	125,5				
	5	19	8,5	113,4	1056	284	68	102
	6	18	16,5	101,5	1986	806	125	193
	7	17	24,8	89,3	2485	1351	182	840
	8	16	33,1	76,3	2769	1850	715	1566

Tabellenanhang

Tag	WOZ		α	a_s	Sonneneinstrahlung I in kJ/m²h			
					s	h	v	β = φ
	9	15	40,9	61,6	2905	2281	1237	2236
	10	14	47,6	44,2	3042	2622	1660	2769
	11	13	52,3	23,4	3098	2826	1929	3110
	12		54,0	0,0	3121	2894	2620	3223
Tagessumme E in kJ/m²d					37906	26943	13823	24832
21. Juni	4	20	4,2	127,2	238	45	11	23
	5	19	11,4	115,3	1385	454	91	148
	6	18	19,3	103,6	2100	976	136	216
	7	17	27,6	91,7	2520	1498	170	863
	8	16	35,9	78,8	2758	1986	624	1555
	9	15	43,8	64,1	2917	2406	1112	2190
	10	14	50,7	46,4	3008	2724	1509	2701
	11	13	55,6	24,9	3053	2928	1770	3030
	12		57,5	0,0	3076	2996	1861	3132
Tagessumme E in kJ/m²d					39018	28668	12711	24582
21. Juli	4	20	1,7	125,8				
	5	19	9,0	113,7	1033	306	68	114
	6	18	17,0	101,9	1918	817	136	204
	7	17	25,3	89,7	2406	1351	170	840
	8	16	33,6	76,7	2690	1850	692	1544
	9	15	41,4	62,0	2860	2281	1203	2190
	10	14	48,2	44,6	2962	2610	1612	2712
	11	13	52,9	23,7	3008	2815	1873	3042
	12		54,6	0,0	3030	2883	1963	3155
Tagessumme E in kJ/m²d					36771	26920	13460	24423
21. Aug.	5	19	2,0	109,2	11			
	6	18	10,2	97,0	1271	386	79	125
	7	17	18,5	84,5	2122	931	318	738
	8	16	26,7	71,3	2554	1453	885	1487
	9	15	34,3	56,7	2792	1907	1430	2190
	10	14	40,5	40,0	2928	2259	1884	2747
	11	13	44,8	20,9	2996	2474	2168	3110
	12		46,3	0,0	3019	2554	2270	3235
Tagessumme E in kJ/m²d					32345	21382	15798	24037
21. Sep.	7	17	8,3	77,5	1214	284	318	4087
	8	16	16,2	64,4	2202	817	1010	1260
	9	15	23,3	50,3	2644	1294	1668	2066
	10	14	29,0	34,9	2871	1657	2190	2690
	11	13	32,7	17,9	2985	1884	2531	3098
	12		34,0	0,0	3019	1963	2644	3235
Tagessumme E in kJ/m²d					26874	13846	18090	22267
21. Okt.	8	16	7,1	59,1	1180	267	647	647
	9	15	13,8	45,7	2190	681	1566	1646
	10	14	19,0	31,3	2622	1044	2213	2383

Tag	WOZ		α	a_s	Sonneneinstrahlung I in kJ/m²h			
					s	h	v	β = φ
	11	13	22,3	16,0	2815	1271	2610	2837
	12		23,5	0,0	2871	1351	2735	2985
Tagessumme E in kJ/m²d					20474	7808	16797	18000
21. Nov.	9	15	5,2	41,9	863	136	658	613
	10	14	10,0	28,5	1873	443	1680	1623
	11	13	13,1	14,5	2281	658	2224	2190
	12		14,2	0,0	2395	738	2395	2372
Tagessumme E in kJ/m²d					12416	3223	11531	11190
21. Dez.	9	15	1,9	40,5	57	45	45	-
	10	14	6,6	27,5	1282	216	1169	1078
	11	13	9,5	13,9	1884	420	1861	1748
	12		10,6	0,0	2043	488	2066	1963
Tagessumme E in kJ/m²d					8489	1770	8194	7695

Tabelle A 3. Monatsmittelwerte der täglichen Globalstrahlung E, der Umgebungstemperatur T_u und der Heizungs-Gradtagzahl GT (GT-Kühlungs-Zahlen in Klammern) für ausgewählte Orte Europas.

Monat	T_u, °C	GT, K·d	E, kJ/(m²d)	T_u, °C	GT, K·d	E, kJ/(m²d)
	Belgien, Brüssel, $\varphi = 50{,}8°$			Bulgarien, Sofia, $\varphi = 42{,}8°$		
Januar	2,1	501	2424	-2,0	653	4514
Februar	3,2	422	4431	0,2	506	9614
März	5,3	403	7733	4,1	439	11453
April	9,2	272	12038	10,3	240	13919
Mai	12,6	176	15968	14,6	114	17890
Juni	16,0	68	16595	17,6	20	20858
Juli	16,9	43	16009	19,5	0 (74)	23199
August	16,7	48	13752	19,8	0 (91)	19980
September	14,9	102	10116	16,4	57	14212
Oktober	11,2	219	5936	11,2	219	9447
November	5,9	372	2884	6,8	345	4891
Dezember	2,0	505	1714	0,2	560	3846
Jahr		3137			3157 (166)	
	Deutschland, Bochum, $\varphi = 51{,}5°$			Braunschweig, $\varphi = 52{,}3°$		
Januar	2,2	498	1630	0,1	563	2884
Februar	17,6	19	3428	0,4	501	4849
März	6,0	381	6813	0,8	450	8862
April	9,7	257	11495	0,4	297	13083
Mai	13,8	140	13418	13,0	164	17222
Juni	16,8	45	14923	16,2	62	18726
Juli	21,1	0 (170)	13585	17,8	16	17765
August	18,0	9	12122	17,3	31	14254
September	15,2	92	8569	14,1	125	11913
Oktober	5,2	407	4849	9,2	281	6479
November	6,5	353	2174	5,1	395	2341
Dezember	3,5	458	1254	1,7	513	1547
Jahr		2663 (170)			3404	
	Deutschland, Dresden, $\varphi = 51{,}2°$			Freiburg, $\varphi = 48°$		
Januar	0,3	558	2508	1,1	532	2383
Februar	1,1	481	4431	2,1	453	4682
März	4,6	424	8653	6,3	372	10659
April	8,9	282	13292	10,3	240	13083
Mai	14,2	126	16636	14,5	117	17054
Juni	17,1	35	18183	17,7	17	20440
Juli	18,9	0 (36)	17222	19,4	0 (67)	18894
August	18,2	2	15048	18,8	0 (29)	16804
September	14,8	105	11077	15,6	80	12874
Oktober	9,8	264	6688	10,1	253	7691
November	4,7	407	2759	5,4	387	3010
Dezember	1,5	520	1839	1,9	508	2675
Jahr		3209 (36)			2965 (96)	

Monat	T_u, °C	GT, K·d	E, kJ/(m²d)	T_u, °C	GT, K·d	E, kJ/(m²d)
	Deutschland, Hamburg, $\varphi = 53{,}63°$			Hannover, $\varphi = 52{,}47°$		
Januar	-0,2	574	2132	0	567	1881
Februar	0,6	495	4264	0,7	492	4598
März	2,9	477	8235	3,1	470	8026
April	7,5	323	13292	8,2	302	13460
Mai	11,6	207	17222	12,1	191	16093
Juni	15,9	72	18058	16,2	62	16595
Juli	16,2	64	16804	16,6	52	15550
August	16,0	71	14128	6,2	64	14087
September	13,3	150	10659	13,9	132	9907
Oktober	10,0	257	5727	10,0	257	7231
November	4,9	402	2299	4,7	407	2675
Dezember	0,2	560	1379	0	567	1630
Jahr		3652			3567	
	Deutschland, Hohenpeißenberg, $\varphi = 47{,}8°$			Potsdam, $\varphi = 52{,}38°$		
Januar	-2,4	641	5058	-0,7	589	2424
Februar	1,3	548	7942	0,1	509	4347
März	0,7	544	12540	3,6	455	8862
April	5,9	372	15006	8,0	308	13334
Mai	9,1	284	18350	13,4	152	17305
Juni	13,1	155	18852	16,3	60	19688
Juli	14,7	110	18726	18,1	5	18434
August	14,1	129	17514	17,1	36	15215
September	12,4	177	13460	13,8	135	11453
Oktober	8,4	307	9196	8,7	296	5977
November	2,8	465	5058	3,6	440	2550
Dezember	-2,5	644	3887	0,4	555	1672
Jahr		4383			3547	
	Deutschland, Würzburg, $\varphi = 49{,}8°$			Finnland, Helsinki, $\varphi = 60{,}2°$		
Januar	-0,6	586	3762	-5,3	732	961
Februar	0,5	498	5601	-6,3	688	3469
März	4,7	420	9907	4,1	694	9321
April	9,3	270	13961	1,6	500	14421
Mai	13,5	148	16636	7 8	326	18016
Juni	16,7	47	17849	13,1	155	21151
Juli	18,4	0 (5)	19061	16,7	48	20148
August	17,8	16	16260	16,1	67	15173
September	14,4	117	14212	11,5	203	9196
Oktober	9,2	281	7148	6,2	374	3929
November	4,3	420	2341	1,8	495	1087
Dezember	0,8	543	1923	-2,0	629	376
Jahr		3351 (5)			4918	

Tabellenanhang 413

Monat	T_u, °C	GT, K·d	E, kJ/(m²d)	T_u, °C	GT, K·d	E, kJ/(m²d)
	Frankreich, Brest, $\varphi = 48{,}58°$			Dijon, $\varphi = 47{,}33°$		
Januar	6,0	381	3344	1,1	532	3762
Februar	5,8	350	5852	3,3	420	6688
März	7,1	346	10868	5,9	384	12540
April	8,9	282	14630	10,2	242	16720
Mai	11,3	217	17974	13,6	145	19646
Juni	14,0	128	18810	18,4	0 (5)	22154
Juli	15,4	90	18810	19,3	0 (60)	22572
August	15,5	86	17138	18,4	0 (5)	19228
September	14,7	107	11704	16,0	68	14212
Oktober	12,4	183	7942	11,3	217	9196
November	8,6	290	4180	5,6	380	4598
Dezember	6,6	362	2926	1,1	532	2926
Jahr		2828			2926 (71)	
	Frankreich, Lille, $\varphi = 50{,}67°$			Lyon, $\varphi = 45{,}75°$		
Januar	2,9	477	3344	2,6	488	4180
Februar	3,4	415	5852	3,8	406	6688
März	6,1	377	9614	7,6	331	12958
April	9,0	278	14630	10,8	225	17556
Mai	12,4	183	17556	14,6	114	20482
Juni	15,2	92	19228	18,3	0	22572
Juli	17,3	31	18392	20,7	0 (150)	23826
August	17,5	24	15466	20,1	0 (112)	20064
September	15,2	93	10868	17,1	35	14630
Oktober	10,6	238	7524	12,0	195	9196
November	6,1	365	3344	6,9	342	4598
Dezember	3,6	457	2508	2,6	488	3344
Jahr		3037			2628 (262)	
	Frankreich, Marseille, $\varphi = 43{,}33°$			Montpellier, $\varphi = 43{,}58°$		
Januar	6,8	355	5852	6	381	6270
Februar	8,0	288	9196	7,2	310	10032
März	10,5	241	13376	9,7	265	14212
April	13,4	147	17974	12,5	173	19228
Mai	16,9	43	20064	15,9	74	21736
Juni	20,6	0 (138)	24244	19,8	0 (88)	26334
Juli	22,8	0 (277)	25916	27,9	0 (597)	28424
August	22,4	0 (253)	21318	22,1	0 (236)	22572
September	19,7	0 (85)	16720	19,3	0 (58)	17556
Oktober	15,4	90	10450	14,9	105	10868
November	11,1	215	7106	10,6	230	7106
Dezember	7,5	334	5016	6,6	362	5016
Jahr		1717 (755)			1904 (981)	

Monat	T_u, °C	GT, K·d	E, kJ/(m²d)	T_u, °C	GT, K·d	E, kJ/(m²d)
	Frankreich, Nantes, $\varphi = 47{,}25°$			Nice, $\varphi = 43{,}7°$		
Januar	5,4	400	4180	7,5	334	6897
Februar	5,9	347	6688	8,4	277	10032
März	8,3	310	10450	10,5	241	13752
April	10,6	230	15884	13,5	143	18476
Mai	13,6	145	19228	16,5	55	22029
Juni	16,8	45	20482	19,9	0 (95)	26418
Juli	18,6	0 (19)	21318	22,7	0 (274)	27086
August	18,5	0 (12)	17556	22,3	0 (246)	23784
September	16,4	57	12122	20	0 (102)	16427
Oktober	12,3	186	8360	16,7	48	11244
November	8,0	308	4598	11,6	200	7190
Dezember	5,1	410	3344	8	319	5601
Jahr		2443 (31)			1622 (718)	
	Frankreich, Paris, $\varphi = 48{,}81°$			Perpignan, $\varphi = 42{,}75°$		
Januar	3,5	458	3135	7,5	334	6688
Februar	4 9	375	5476	8,6	271	10450
März	7,0	350	10366	10,6	238	14212
April	10,5	233	14087	13,7	137	18392
Mai	13,7	141	18016	17,2	33	20482
Juni	17,3	30	20106	20,9	0 (155)	23408
Juli	18,7	0	19061	23,5	0 (322)	25080
August	18,1	5	15968	22,6	0 (267)	20900
September	16,3	60	12164	20,1	0 (108)	16720
Oktober	12,3	186	7106	16,3	62	11286
November	7,2	332	3553	11,5	203	7942
Dezember	3,5	458	2592	8,1	315	5434
Jahr		2635			1597 (853)	
	Frankreich, St. Quentin, $\varphi = 49{,}83°$			Strasbourg, $\varphi = 48{,}67°$		
Januar	2,5	489	2926	1,0	536	3344
Februar	3,3	420	5434	2,2	450	5852
März	6,2	374	12540	6,0	381	10450
April	9,1	275	14630	10	248	14212
Mai	12,7	172	17138	14,0	133	18810
Juni	15,5	83	18392	17,1	35	20900
Juli	17,5	24	18392	19,2	0 (57)	20900
August	17,3	31	15048	18,5	0 (12)	17974
September	14,9	102	10868	15,6	80	12122
Oktober	10,5	241	7106	10,3	248	8360
November	5,8	375	3344	5,1	395	3762
Dezember	2,6	486	2508	1,1	532	2508
Jahr		3080			3043 (69)	

Monat	T_u, °C	GT, K·d	E, kJ/(m²d)	T_u, °C	GT, K·d	E, kJ/(m²d)
	Frankreich, Toulouse, $\varphi = 43{,}67°$			Griechenland, Athen, $\varphi = 38°$		
Januar	5	412	5016	9,3	279	7524
Februar	6,2	338	8360	10,2	226	11537
März	9,2	281	13376	11,9	198	13961
April	11,7	197	17138	15,9	72	19103
Mai	13,9	136	19228	20,5	0 (136)	21569
Juni	17,3	30	20900	25,0	0 (402)	24119
Juli	19,4	0 (67)	22572	27,6	0 (577)	23910
August	19,1	0 (50)	20064	27,5	0 (570)	20816
September	16,5	53	15466	23,6	0 (318)	16553
Oktober	12	195	10450	18,6	0 (19)	11537
November	7,2	332	6270	15,7	77	7817
Dezember	4,1	439	4180	11,6	207	6730
Jahr		2418 (117)			1061 (2024)	
	Großbritannien, Cambridge, $\varphi = 52{,}22°$			Kiew, $\varphi = 51{,}47°$		
Januar	3,4	462	2508	4,3	434	2006
Februar	3,9	403	4264	4,7	380	3762
März	6,1	377	7942	6,4	36	7106
April	8,8	285	11871	9,2	272	11997
Mai	11,9	198	16636	12,5	179	15550
Juni	15,1	95	17890	15,9	72	17138
Juli	17,0	40	17222	17,2	33	15717
August	16,7	48	13376	16,8	47	13251
September	14,3	120	10283	14,9	102	9781
Oktober	10,4	245	6312	12,1	191	5434
November	6,7	347	2801	7,5	323	2633
Dezember	4,5	427	1756	4,5	427	1588
Jahr		3053			2835	
	Holland, De Bilts, $\varphi = 52{,}1°$			Italien, Florenz, $\varphi = 43{,}8°$		
Januar	2,0	505	2592	4,7	420	3595
Februar	2,5	442	4180	6,7	324	5936
März	5,8	388	8778	9,3	279	9280
April	9,8	255	12916	13,4	147	15968
Mai	14,2	128	17514	17,1	36	21151
Juni	17,3	30	19019	20,9	0 (155)	23074
Juli	18,2	4	17180	23,7	0 (336)	23157
August	18,4	0 (5)	13752	22,9	0 (284)	19521
September	15,4	87	10534	19,9	0 (95)	14087
Oktober	10,7	234	5559	15,4	90	8694
November	6,3	360	2592	10,9	222	4389
Dezember	2,8	481	1630	5,5	396	2968
Jahr		2918 (5)			1918 (871)	

Monat	T_u, °C	GT, K·d	E, kJ/(m²d)	T_u, °C	GT, K·d	E, kJ/(m²d)
	Italien, Genua, $\varphi = 44{,}4°$			Mailand, $\varphi = 45{,}5°$		
Januar	7,7	329	4222	1,5	520	2592
Februar	8,7	269	6395	4,3	392	5559
März	11,6	209	9614	9,6	271	9196
April	14,7	108	14463	14,2	122	15299
Mai	17,7	17	17222	18,1	5	20607
Juni	21,7	0 (205)	20440	22,7	0 (265)	20858
Juli	24,4	0 (377)	22447	25,2	0 (425)	21527
August	24,3	0 (329)	18726	24,3	0 (370)	17974
September	22,1	0 (132)	14254	20,5	0 (132)	13585
Oktober	17,9	23	9572	14,3	124	7858
November	12,7	167	5016	7,7	317	3511
Dezember	9,2	283	3511	3,1	470	1965
Jahr		1408 (1182)			2225 (1193)	
	Italien, Neapel, $\varphi = 40{,}9°$			Pisa, $\varphi = 43{,}7°$		
Januar	8,3	310	5267	6,5	365	5936
Februar	9,0	260	7608	7,7	297	8109
März	10,9	229	11453	10,4	243	9698
April	14,2	123	16553	13,6	140	15884
Mai	17,7	17	20231	17,1	36	20566
Juni	21,9	0 (218)	23032	20,8	0 (148)	21067
Juli	24,7	0 (398)	23701	23,4	0 (315)	21861
August	24,8	0 (401)	20106	23,6	0 (325)	19019
September	21,9	0 (215)	14630	20,8	0 (148)	15550
Oktober	17,5	24	10575	16,3	62	11328
November	13,1	157	5936	11,3	210	6312
Dezember	9,8	264	4807	7,7	329	4431
Jahr		1389 (1233)			1687 (938)	
	Italien, Rom, $\varphi = 41{,}8°$			Turin, $\varphi = 45{,}2°$		
Januar	6,8	357	6145	-0,3	575	4389
Februar	8,0	288	8611	2,4	445	7148
März	10	257	10743	6,7	358	9363
April	13,4	147	15550	11,3	210	15257
Mai	17,1	36	20148	15,3	93	18141
Juni	21,1	0 (168)	22823	19,2	0 (55)	19437
Juli	23,9	0 (346)	23366	21,5	0 (198)	20607
August	23,7	0 (336)	20189	20,5	0 (136)	16720
September	20,8	0 (148)	15173	17,4	27	13042
Oktober	16,1	67	10952	12,0	195	8736
November	12,5	173	6395	5,7	377	4431
Dezember	8,0	319	4932	0,6	548	3428
Jahr		1648 (1000)			2833 (389)	

Monat	T_u, °C	GT, K·d	E, kJ/(m²d)	T_u, °C	GT, K·d	E, kJ/(m²d)
	Italien, Venedig, $\varphi = 45{,}43°$			Kroatien, Zagreb, $\varphi = 45{,}49°$		
Januar	3,0	474	3804	-0,8	591	3637
Februar	4,8	378	6354	2,8	434	6354
März	10,3	246	10032	6,6	362	9739
April	13,3	148	15173	12,5	173	15173
Mai	17,3	31	20607	16,0	71	20816
Juni	21,4	0 (185)	20900	19,8	0 (88)	19061
Juli	23,6	0 (325)	21652	21,1	0 (174)	17556
August	23,6	0 (329)	18267	20,4	0 (129)	18601
September	20,5	0 (132)	13919	17,3	30	14087
Oktober	14,9	104	9238	12,5	179	7900
November	7,6	320	4598	7,6	320	3051
Dezember	4,9	414	2968	0,4	555	2592
Jahr		2119 (971)			2715 (391)	
	Makedonien, Skopje, $\varphi = 41{,}98°$			Norwegen, Bergen, $\varphi = 60{,}4°$		
Januar	-0,6	5136	4264	1,1	532	920
Februar	2,4	445	8945	0,9	487	2383
März	6,8	357	10366	2,7	482	8360
April	12,7	167	15633	5,7	377	10366
Mai	17,3	31	21569	9 6	269	17514
Juni	20,7	0 (145)	23032	13,1	155	17389
Juli	23,2	0 (305)	24286	13,5	148	14045
August	23,2	0 (305)	21067	14,2	126	11537
September	19,0	0 (41)	15633	12,0	188	6312
Oktober	13,0	164	9530	9,0	288	2675
November	7,8	315	4765	4,4	417	1129
Dezember	1,7	513	3344	1,9	508	418
Jahr		2581 (797)			3984	
	Österreich, Wien, $\varphi = 48{,}3°$			Polen, Warschau, $\varphi = 52{,}32°$		
Januar	-0,2	629	2884	-2,9	656	1839
Februar	1,0	484	5476	-2,0	568	4180
März	4,4	431	9238	1,8	512	8318
April	10,9	222	13836	7,6	320	12582
Mai	14,3	124	18058	13,8	140	17556
Juni	18,1	5	19061	16,8	45	19144
Juli	19,5	0 (74)	18935	18,6	0 (19)	16135
August	18,7	0 (26)	16260	17,2	33	13710
September	15,7	77	11537	13,3	150	9698
Oktober	10,4	245	6646	7,8	326	5267
November	5,2	392	3260	2,3	480	2174
Dezember	-0,8	591	2132	-1,3	606	1 170
Jahr		3203 (100)			3841 (19)	

Tabellenanhang

Monat	T_u, °C	GT, K·d	E, kJ/(m²d)	T_u, °C	GT, K·d	E, kJ/(m²d)
	Portugal, Braganca, $\varphi = 41{,}82°$			Faro, $\varphi = 37°$		
Januar	4,6	424	5894	12,3	186	9196
Februar	5,6	355	10617	12,6	159	13627
März	7,9	322	13167	13,8	140	17096
April	10,2	242	20775	15,7	77	24453
Mai	14,0	133	24202	18,9	36	28424
Juni	17,8	15	27839	21,1	0 (168)	31517
Juli	21,3	0 (184)	30096	23,6	0 (329)	31141
August	20,8	0 (153)	25038	23,9	0 (346)	27630
September	17,8	15	18768	21,9	0 (215)	22447
Oktober	13,6	145	13334	18,9	0 (36)	16093
November	7,7	317	9071	14,6	110	10617
Dezember	4,1	439	5267	11,6	207	8569
Jahr		2411 (338)			881 (1132)	
	Portugal, Lissabon, $\varphi = 38{,}12°$			Schweden, Karlstad, $\varphi = 59{,}37°$		
Januar	11,1	222	8151	-5,5	737	1296
Februar	11,5	190	12373	-5,9	677	3887
März	13,3	155	15299	-1,5	613	8694
April	14,9	102	22572	3,9	432	12206
Mai	17,8	16	26167	9,6	269	19061
Juni	20,3	0 (118)	28884	15,4	87	23115
Juli	22,1	0 (236)	30096	15,7	79	18894
August	22,6	0 (267)	26167	15,2	95	15048
September	21,1	0 (168)	20148	11,6	200	9990
Oktober	18,5	0 (12)	14797	7,5	334	3971
November	13,7	137	10074	1,0	518	1129
Dezember	10,6	238	7231	-3,4	672	627
Jahr		1063 (803)			4720	
	Schweden, Stockholm, $\varphi = 59{,}35°$			Schweiz, Basel, $\varphi = 47{,}58°$		
Januar	-3,9	687	1170	0,1	563	4013
Februar	-4,4	635	3469	2,2	450	7608
März	-0,4	579	8444	4,9	415	9071
April	4,5	413	12456	9,6	260	13919
Mai	9,9	260	18141	13,1	160	19730
Juni	16,6	50	20398	16,8	45	18894
Juli	16,7	48	19437	18,5	0 (12)	19228
August	16,0	71	14881	17,4	28	16720
September	12,3	180	9447	15,1	95	13669
Oktober	8,0	319	4180	10,5	241	6019
November	2,2	482	1338	5,1	395	2550
Dezember	-1,9	625	711	0,4	555	2842
Jahr		4356			3213 (12)	

Monat	T_u, °C	GT, K·d	E, kJ/(m²d)	T_u, °C	GT, K·d	E, kJ/(m²d)
	Schweiz, Davos, $\varphi = 46{,}8°$			Zürich, $\varphi = 47{,}39°$		
Januar	-6,6	772	5727	-0,1	570	3219
Februar	-5,6	669	9280	0,9	487	5643
März	-2,1	632	14505	4,6	424	10492
April	2,0	488	19437	8,3	300	15048
Mai	7,2	343	20984	13,1	160	17013
Juni	10,4	237	21569	16,1	65	21527
Juli	12,0	195	21402	17,7	17	20607
August	11,4	214	17974	17,1	36	17180
September	8,2	302	14379	13,9	132	12707
Oktober	3,6	455	10116	8,9	291	6354
November	-1,4	590	6395	4,0	428	3678
Dezember	-5,3	730	4849	0,8	543	2592
Jahr		5633			3460	
	Slowakei, Bratislava, $\varphi = 48{,}17°$			Slowenien, Lubljana, $\varphi = 46{,}07°$		
Januar	-2,7	651	3762	-1,4	610	2508
Februar	0,6	495	6019	0,4	501	4431
März	4,2	436	9990	4,7	420	7775
April	10,8	225	15215	9,3	270	12958
Mai	14,8	109	21067	13,8	140	18141
Juni	18,6	0 (18)	20607	17,8	0	17347
Juli	19,7	0 (88)	20398	19,7	0 (88)	19437
August	18,8	0 (29)	19604	18,6	0 (19)	16093
September	15,4	87	13251	15,0	98	11579
Oktober	10,2	250	7984	9,9	260	6019
November	5,2	392	3093	5,5	383	1839
Dezember	-0,6	586	2006	-0,8	591	1672
Jahr		3234 (136)			3294 (107)	
	Spanien, Almeria, $\varphi = 37°$			Madrid, $\varphi = 40{,}42°$		
Januar	12,5	179	8987	5,9	384	6563
Februar	12,9	151	12373	7,0	316	10701
März	14,5	117	16845	9,8	264	13836
April	16,2	62	21025	12,5	173	19813
Mai	19,5	0 (74)	23074	17,0	40	22196
Juni	22,1	0 (228)	24578	20,6	0 (138)	24035
Juli	25,3	0 (432)	24871	24,4	0 (377)	25331
August	25,9	0 (470)	22614	23,7	0 (336)	22447
September	23,5	0 (312)	18517	19,9	0 (95)	16845
Oktober	19,8	0 (91)	14087	15,0	102	11871
November	15,5	83	10074	8,8	285	7817
Dezember	12,7	172	7942	5,4	400	5894
Jahr		768 (1609)			1967 (947)	

Monat	T_u, °C	GT, K·d	E, kJ/(m²d)	T_u, °C	GT, K·d	E, kJ/(m²d)
	Tschechei, Prag, $\varphi = 50{,}07°$			Ungarn, Budapest, $\varphi = 47{,}4°$		
Januar	-3,2	667	2383	-2,0	629	3971
Februar	-1,0	540	4765	1,4	4730	6186
März	2	505	8862	5,5	396	11620
April	8,6	290	13125	12,4	177	16762
Mai	12,5	179	17765	16,2	64	22238
Juni	16,6	50	18768	20,0	0 (102)	20482
Juli	17,7	17	16762	21,3	0 (184)	22697
August	16,7	48	15633	20,6	0 (143)	20231
September	13,8	135	11704	17,3	30	15424
Oktober	9,1	284	5810	12,1	191	9865
November	3,3	450	2341	6,7	347	3637
Dezember	-2,3	637	1505	0	567	2550
Jahr		3809			2878 (429)	
	Yugoslavien, Belgrad, $\varphi = 44{,}79°$					
Januar	-1,1	601	4723			
Februar	2,3	448	7608			
März	6,3	372	11453			
April	12,9	162	14797			
Mai	17,0	40	19521			
Juni	20,5	0 (132)	21 861			
Juli	21,7	0 (212)	22154			
August	21,5	0 (198)	17723			
September	18,0	8	14923			
Oktober	13,2	157	9865			
November	8,6	290	4765			
Dezember	1,1	532	3678			
Jahr		2615 (542)				

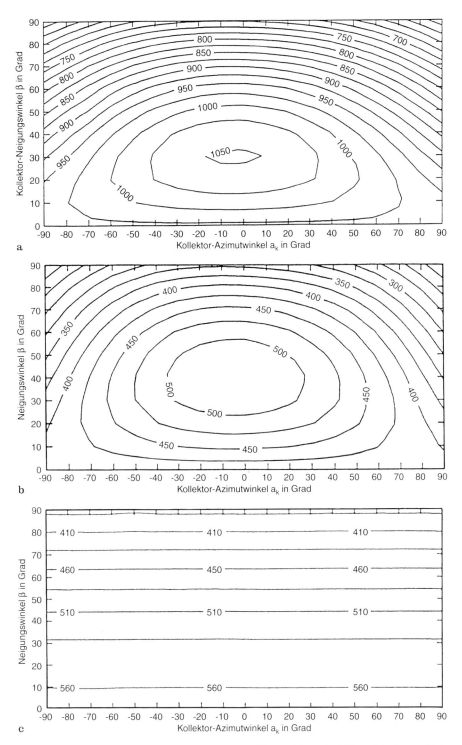

Bild A 2. Jahreswerte der Global-, Direkt- und Diffusstrahlung in Abhängigkeit vom Neigungswinkel und Orientierung der Kollektorfläche in Berlin.

Tabelle A 4. Umrechnungsfaktor $\overline{R}_D$ für die Monatsmittelwerte der täglichen Direktstrahlung auf südlich ausgerichtete geneigte Flächen für Süd- und Mitteleuropa (Breitengrad φ von 30, 40, 45, 50 und 55 °) [1.3]. β - Neigungswinkel.

φ	Jan.	Feb.	März	Apr.	Mai	Jun.	Jul.	Aug.	Sep.	Okt.	Nov.	Dez.
					$\beta = \varphi$							
30	1,66	1,43	1,20	1,00	0,85	0,79	0,82	0,93	1,12	1,35	1,60	1,74
40	2,26	1,79	1,38	1,05	0,84	0,75	0,79	0,96	1,24	1,64	2,12	2,42
45	2,76	2,07	1,51	1,09	0,83	0,73	0,77	0,98	1,33	1,86	2,55	3,02
50	3,55	2,46	1,69	1,15	0,83	0,69	0,75	1,00	1,45	2,17	3,21	4,00
55	4,94	3,06	1,92	1,21	0,81	0,64	0,72	1,03	1,60	2,60	4,30	5,86
					$\beta = \varphi + 15°$							
30	1,83	1,51	1,18	0,90	0,72	0,65	0,68	0,82	1,06	1,39	1,74	1,94
40	2,47	1,88	1,36	0,96	0,73	0,64	0,68	0,85	1,18	1,69	2,30	2,68
45	3,01	2,17	1,49	1,00	0,74	0,64	0,68	0,88	1,27	1,91	2,76	3,34
50	3,86	2,58	1,66	1,55	0,75	0,64	0,69	0,91	1,38	2,22	3,45	4,40
55	5,36	3,19	1,89	1,12	0,77	0,65	0,70	0,95	1,52	2,67	4,62	6,40
					$\beta = \varphi - 15°$							
30	1,38	1,26	1,14	1,03	0,96	0,99	0,95	1,00	1,09	1,22	1,34	1,42
40	1,89	1,58	1,31	1,10	0,97	0,92	0,94	1,04	1,22	1,48	1,80	2,00
45	2,32	1,83	1,44	1,15	0,98	0,92	0,95	1,07	1,31	1,68	2,17	2,50
50	3,00	2,18	1,60	1,21	1,00	0,92	0,96	1,11	1,42	1,96	2,74	3,34
55	4,20	2,72	1,82	1,29	1,03	0,93	0,97	1,16	1,57	2,36	3,69	4,91
					$\beta = \varphi + 30°$							
30	1,88	1,48	1,08	0,74	0,54	0,45	0,49	0,65	0,93	1,34	1,77	2,01
40	2,52	1,84	1,24	0,79	0,54	0,45	0,49	0,67	1,04	1,62	2,32	2,76
45	3,06	2,12	1,36	0,82	0,55	0,45	0,49	0,69	1,11	1,84	2,78	3,42
50	3,91	2,52	1,51	0,87	0,56	0,45	0,49	0,72	1,21	2,13	3,47	4,50
55	5,40	3,11	1,72	0,92	0,57	0,45	0,50	0,75	1,34	2,56	4,62	6,51
					$\beta = \varphi - 30°$							
30	1,00	1,00	1,00	1,00	1,00	1,00	1,00	1,00	1,00	1,00	1,00	1,00
40	1,39	1,26	1,15	1,06	1,01	0,98	0,99	1,04	1,11	1,22	1,35	1,43
45	1,72	1,46	1,26	1,11	1,02	0,99	1,00	1,07	1,19	1,39	1,64	1,81
50	2,24	1,75	1,41	1,17	1,04	0,99	1,01	1,11	1,30	1,62	2,08	2,44
55	3,16	2,19	1,60	1,25	1,06	1,00	1,03	1,16	1,44	1,95	2,83	3,63
					$\beta = 90°$ (vertikale Fläche)							
30	1,59	1,13	0,67	0,30	0,11	0,05	0,08	0,21	0,50	0,97	1,46	1,74
40	2,32	1,59	0,96	0,48	0,25	0,17	0,21	0,37	0,74	1,36	2,11	2,58
45	2,90	1,93	1,14	0,59	0,33	0,24	0,28	0,47	0,89	1,63	2,61	3,27
50	3,80	2,38	1,36	0,71	0,41	0,31	0,35	0,56	1,05	1,99	3,35	4,39
55	5,34	3,03	1,64	0,84	0,50	0,38	0,43	0,67	1,26	2,48	4,55	6,45

Tabelle A 5. Stoffwerte von Wasser bei 0,981 bar [1.7]

T °C	ρ kg/m³	c_p kJ/kg K	$10^3 \cdot \lambda$ W/m K	$10^3 \cdot \beta$ 1/K	$10^3 \cdot \eta$ Pa.s	$10^6 \cdot \nu$ m²/s	$10^6 \cdot a$ m²/s	Pr -
0	999,8	4,218	552	-0,07	1,792	1,792	0,131	13,67
10	999,7	4,192	578	0,088	1,307	1,307	0,138	9,41
20	998,2	4,182	598	0,206	1,002	1,004	0,143	7,01
30	995,7	4,178	614	0,303	0,797	0,801	0,148	5,43
40	992.2	4,178	628	0,385	0,653	0,658	0,151	4,35
50	988,0	4,181	641	0,457	0,548	0,554	0,155	3,57
60	983,2	4,181	652	0,523	0,467	0,475	0,158	3,00
70	977,8	4,190	661	0,585	0,404	0,413	0,161	2,56
80	971,8	4,196	669	0,643	0,355	0,365	0,164	2,23
90	965,3	4,205	676	0,698	0,315	0,326	0,166	1,96
100	958,4	4,216	682	0,752	0,282	0,295	0,169	1,75

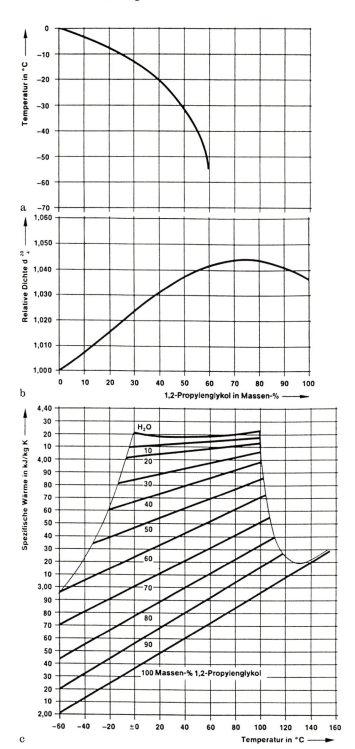

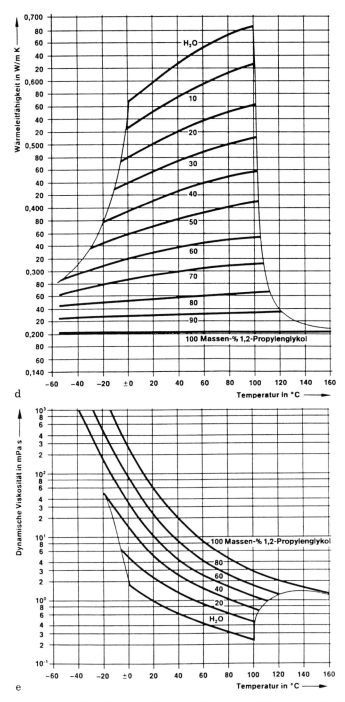

Bild A 3. Physikalische Eigenschaften von 1,2-Propylenglykol-Wasser-Mischungen: a - Erstarrungspunkt, b - relative Dichte, c - spezifische Wärmekapazität, d - Wärmeleitfähigkeit, e - dynamische Viskosität.

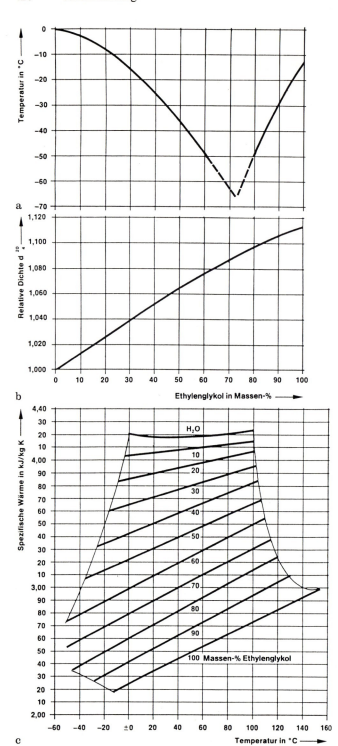

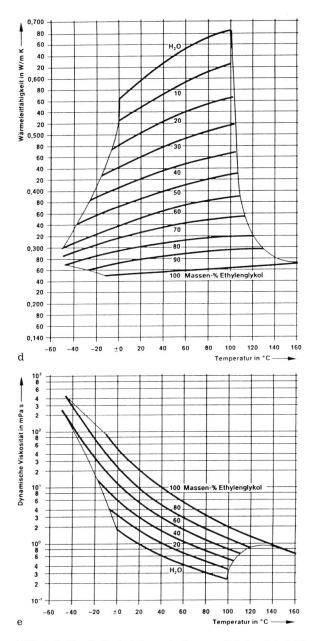

Bild A 4. Physikalische Eigenschaften von Ethylenglykol-Wasser-Mischungen: a - Erstarrungspunkt, b - relative Dichte, c - spezifische Wärmekapazität, d - Wärmeleitfähigkeit, e - dynamische Viskosität.

Tabelle A 6. Stoffwerte von trockener Luft bei 1,013 bar [1.7]

T °C	ρ kg/m³	c_p kJ/kg K	$10^3 \cdot \lambda$ W/m K	$10^5 \cdot \mu$ Pa.s	$10^6 \cdot \nu$ m²/s	$10^6 \cdot a$ m²/s	Pr -
0	1,293	1,005	24,3	1,72	13,30	18,7	0,711
20	1,205	1,005	25,7	1,82	15,11	21,4	0,713
40	1,128	1,009	27,1	1,91	16,97	23,9	0,711
60	1,06	1,009	28,5	2,00	18,90	26,7	0,709
80	1,000	1,009	29,9	2,10	20,94	29,6	0,708
100	0,946	1,013	31,4	2,18	23,06	32,8	0,704
120	0,898	1,013	32,8	2,27	25,23	36,1	0,70
140	0,855	1,013	34,3	2,35	27,55	39,7	0,694
160	0,815	1,017	35,8	2,43	29,85	43,0	0,693
180	0,779	1,022	37,2	2,51	32,29	46,7	0,69
200	0,746	1,026	38,6	2,58	34,63	50,5	0,685
250	0,675	1,034	42,1	2,78	41,17	60,3	0,68
300	0,616	1,047	45,4	2,95	47,85	70,3	0,68
350	0,567	1,055	48,5	3,12	55,05	81,1	0,68
400	0,525	1,068	51,6	3,28	62,53	91,9	0,68
450	0,488	1,080	54,3	3,44	70,54	103,1	0,685
500	0,457	1,093	57,0	3,58	78,48	114,2	0,69
600	0,404	1,114	62,1	3,86	95,57	138,2	0,69
700	0,363	1,135	66,7	4,12	113,7	162,2	0,70
800	0,329	1,156	70,6	4,37	132,8	185,8	0,715
900	0,301	1,172	74,1	4,59	152,5	210	0,725
1000	0,277	1,185	77,0	4,80	173	235	0,735

Tabelle A 7. Eigenschaften der Werk- und Baustoffe für Solaranlagen [1.7]

Stoff	c	ρ	λ	α	ε
		Baustoffe			
Beton	0,834	1920 - 2240	0,8 -1,73	0,6 - 0,98	0,88-0,97
Ziegel	0,921	1920-2080	0,6-1,3	0,26-0,89	0,93
Holz	2,51-2,93	350-740	0,1-0,16	0,6	0,9
Keramik	0,8	-	1,7-2,9	0,2-0,8	0,6-0,9
		Metalle			
Stahl	0,5	7830	45	0,8-0,9	0,85
Kupfer		8795	385		
Eisen, oxidiert	0,51	7810	55	0,8-0,94	0,94
Aluminium, poliert	0,88	2740	202	0,1-0,4	0,05
Aluminium, oxidiert	0,88	2740	202	0,4-0,65	0,07

Bezeichnungen: c - spezifische Wärmekapazität in kJ/(kg K), ρ - Dichte in kg/m³, λ - Wärmeleitfähigkeit in W/(m K), α - Absorptionsgrad, ε - Emissionsgrad.

Tabelle A 8. Strahlungskoeffizient C und Emissionsgrad ε verschiedener Stoffe [1.7]

Stoff	Strahlungskoeffizient C, W/(m²K⁴)	Emissionsgrad ε
Schwarzer Körper	5,67	1
Aluminium, poliert	0,30	0,05
Aluminium, roh	0,41	0,07
Eisenblech, poliert	0,33	0,06
Eisenblech, verrostet	3,95	0,70
Eisenblech, verzinkt	1,59	0,28
Gußeisen, abgedreht	2,51	0,44
Gußeisen, rauh	4,70	0,83
Kupfer, oxydiert	4,49	0,79
Kupfer, poliert	0,23	0,04
Stahlblech, Walzhaut	3,79	0,67
Stahlblech, oxydiert	4,63	0,82
Schwarz glänzender Lack	5,06	0,89
Asbestschiefer, rauh	5,54	0,98
Eichenholz, gehobelt	5,16	0,91
Gips	5,21	0,92
Glas, glatt	5,00	0,88
Marmor hellgrau, poliert	5,37	0,95
Ziegelstein, rauh	5,36	0,95

Tabelle A 9. Temperaturfaktor a für den Strahlungs-Wärmeübergangskoeffizienten $\alpha_{str} = a\, C_{12}$

T_2 in K \ T_1 in K	273	293	333	373	473	573	673	773
273	0,813	0,908	1,124	1,380	2,22	3,408	4,989	7,03
293	0,908	1,006	1,231	1,498	2,371	3,588	5,205	7,28
333	1,124	1,231	1,476	1,765	2,698	3,984	5,674	7,83
373	1,380	1,498	1,765	2,078	3,070	4,422	6,193	8,44
473	2,225	2,371	2,698	3,070	4,230	5,774	7,755	10,23
573	3,408	3,588	3,984	4,422	5,774	7,538	9,726	12,40
673	4,989	5,205	5,674	6,193	7,755	9,726	12,207	15,18
773	7,030	7,281	7,834	8,442	10,233	12,463	15,189	18,44

Literaturverzeichnis

Literatur zu Kapitel 1

1.1. Collares-Pereira, M., and A. Rabl. Simple procedure for predicting long term average energy delivery of solar collectors. Solar Energy, Vol. 23, p. 223-33, 1979.
1.2. Collares-Pereira, M., and A. Rabl. Derivation of method for predicting long term average performance of nonconcentrating and of concentrating solar collectors. Solar Energy, Vol. 23, p. 235, 1979.
1.3. Duffie, J.A., and Beckman, W.A. Solar engineering of thermal processes. 2nd ed., New York. Wiley, 1991.
1.4. Erbs, D. G., Klein, S.A., and Duffie, J.A. Estimation of the diffuse radiation fraction for hourly, daily and monthly-average global radiation. Solar Energy, Vol. 28, p. 293, 1982.
1.5. Atlas über die Sonnenstrahlung Europas. Bd. 1. Globalstrahlung auf die horizontale Empfangsebene. Band 2. Geneigte Flächen. Herausgeber. W. Palz. Kommission der Europäischen Gemeinschaften. Verlag TÜV Rheinland. 1984.
1.6. Iqbal, M. Introduction to solar radiation. Academic Press, Toronto, 1983.
1.7. Khartchenko, N.V. Solaranlagen (auf Russisch). Energoatomizdat, Moskau, 1991.
1.8. Klein, S.A. Calculation of monthly average insolation on tilted surfaces. Solar Energy, Vol. 19, p. 325, 1977.
1.9. Klein, S.A., and Theilacker, J.C. An algorithm for calculating monthly-average radiation on inclined surfaces. Trans. ASME, J. Solar Energy Engrg., Vol. 103, 29, 1981.
1.10. Liu, B. Y. H., and Jordan, R.C. The interrelationship and characteristic distribution of direct, diffuse and total solar radiation. Solar Energy, Vol. 4, p. 1, 1960.
1.11. Orgill J.F., and Hollands, K.G.T. Correlation equations for hourly diffuse radiation on a horizontal surface. Solar Energy, Vol. 19, p. 357, 1977.
1.12. Page, J. K. Prediction of solar radiation on inclined surfaces. Reidel, Dordrecht, 1986.
1.13. Thekäkara, M. P. Solar radiation measurement techniques and instrumentation. Solar Energy, Vol. 18, p. 309, 1976.

Literatur zu Kapitel 2

2.1. Bosnjakovic, F., und Knoche, K. F. Technische Thermodynamik. 7. Aufl., Steinkopff, Darmstadt, 1988.
2.2. Elsner, N., und Dittmann, A. Grundlagen der technischen Thermodynamik.
1. Energielehre und Stoffverhalten. 2. Wärmeübertragung. 8. Aufl., Akad.-Verlag, Berlin, 1993.
2.3. Handboook of heat transfer applications. 2-nd ed., Eds.: W. M. Rohsenow, J. P. Hartnett and E. N. Ganic. New York, McGraw-Hill, 1985.
2.4. Marsal, D. Finite Differenzen und Elemente. Numerische Lösung von Variationsproblemen und partiellen Differentialgleichungen, Berlin, Springer, 1989.
2.5. Meyer, G., und Schiffner, E. Technische Thermodynamik. 4. Aufl., VEB-Fachbuchverlag, Leipzig, 1989.

2.6. Saunders, E. A. D. Heat exchangers, selection, design and construction. London, Longman, 1988.
2.7. Segal, R., and Howell, J.R. Thermal radiation transfer. 3rd ed., Hemisphere, Washington, 1992.
2.8. VDI-Wärmeatlas. 6. Aufl., VDI-Verlag, Düsseldorf, 1991.

Literatur zu Kapitel 3

3.1. ASHRAE Standard 93-77. Methods of testing to determine the thermal performance of solar collectors. American Society of Heating. Refrigeration, and Air Conditioning Engineers, New York, 1977.
3.2. Armin, M. und Ufheil, M. Vakuumröhren-Kollektoren im Vergleich. Sonnenenergie und Wärmetechnik, Nr. 4, S. 10-14, 1993.
3.3. Benz, N., und Schölkopf, W. Thermischer Wirkungsgrad evakuierter Flachkollektoren. In: 7. Int. Sonnenforum. Frankfurt/M., DGS-Sonnenenergie-Verlags-GmbH, München, 1990.
3.4. DIN 4757. Teil 4 (1982). Bestimmung von Wirkungsgrad, Wärmekapazität und Druckabfall des Solarkollektors.
3.5. Duffie, J.A., and Beckman, W.A. Solar engineering of thermal processes. 2nd ed., New York, Wiley, 1991.
3.6. Garg, H.P. Treatise on solar energy. New York, Wiley, 1982.
3.7. Götzberger, A., und Wittwer, V. Sonnenenergie: physikalische Grundlagen und thermische Anwendungen. 3. Aufl., Stuttgart, Teubner, 1993.
3.8. Hill T.E., Wood B.D., Reed K.A. Testing solar collectors. Advances in solar energy. An annual review of R and D. Eds.: K.W. Boer, J.A.Duffie. New York et al., Plenum Press, Vol. 2, p. 349-404, 1988.
3.9. Hollands, K. G. T., T. E. Unny, G. D. Raithby, and L.Konicek. Free convection heat transfer across inclined air layers, Trans. ASME. J. Heat Transfer, 98, 189, 1976.
3.10. Klein, S.A. Calculation of flat-plate loss coefficients. Solar Energy, Vol. 17, p. 79, 1975.
3.11. Kurzzeit-Testverfahren für Solaranlagen. DIN e.V., Beuth, Berlin, 1993.
3.12. Mahdjuri, F. Vakuumröhren-Kollektoren. Stand der Technik. Sonnenenergie und Wärmetechnik, Nr. 4, 18-21, 1993.
3.13. Mar, H.Y.B. Low cost coatings for flat-plate collectors. Thin solid film, Vol. 39, p. 95, 1976.
3.14. Orel Z.C., Leskovsek N., Orel B. u.a. Thermal stability studies of paint coatings for solar collector panels. In: Proceeedings of EUROPT Optical Materials Technoogy for Energy Efficiency and Solar Energy Conversion XI. Eds.: A. Hugot-Le Goff a.o. Toulouse-Labege, 18 May 1992, pp. 102-113, SPIE, 1992.
3.15. Samdarshi S.K., and Mullick S.C. Generalized analytical equation for top heat loss factor of a flat-plate solar collector with N glass covers. Trans. of ASME. J. Solar Energy Engineering. Vol. 116, pp. 43-46, Febr. 1994.

Literatur zu Kapitel 4

4.1. Eisenbeiß G. Solarkraftwerke. 9. Internationales Sonnenforum. DGS, S. 3-13, 1994.
4.2. Duffie, J.A., and Beckman, W.A. Solar engineering of thermal processes. 2nd ed., New York, Wiley, 1991.
4.3. Kleemann, M., und Meliß, M. Regenerative Energiequellen. 2. Aufl., Springer, Berlin, 1993.
4.4. Rabl, A. Optical and thermal properties of compound parabolic concentrators. Solar Energy, Vol. 18, 497, 1976.

4.5. Rabl, A., O'Gallagher, J.J., and Winston, R. Design and test of non-evacuated solar collectors with compound parabolic concentrators. Solar Energy, Vol. 25 335, 1980.
4.6. Rabl, A. Active solar collectors and their applications. Oxford University Press. New York and Oxford, 1985.
4.7. Solarthermische Anlagen-Technologien im Vergleich. Turm-, Parabolrinnen-, Paraboloidanlagen und Aufwindkraftwerke. DLR. Hrsg.: M. Becker u.a. Berlin, Springer, 1992.

Literatur zu Kapitel 5

5.1. Clark, D.R., Klein, S.A., and Beckman, W.A. Algorithm for evaluating the hourly radiation utilizability function. Trans. ASME, J. Solar Energy Engrg, Vol. 105, pp. 281-287, 1983.
5.2. Collares-Pereira, M., and A. Rabl. Simple procedure for predicting long term average energy delivery of solar collectors. Solar Energy, Vol. 23, p. 223, 1979.
5.3. Collares-Pereira, M., and A. Rabl. Derivation of method for predicting long term average performance of nonconcentrating and of concentrating solar collectors. Solar Energy, Vol. 23, p. 235, 1979.
5.4. Duffie, J.A., and Beckman, W.A. Solar engineering of thermal processes. 2nd ed., New York. Wiley, 1991.
5.5. Klein, S.A. Calculations of flat-plate collector utilizability. Solar Energy,Vol. 21, pp. 393-402, 1978
5.6. Liu, B. Y. H., Jordan, R.C. The interrelationship and characteristic distribution of direct, diffuse and total solar radiation. Solar Energy, Vol. 4, p. 1, 1960.
5.7. Liu, B.Y.H., Jordan, R.C. A rational procedure for predicting the long-term average performance of flat-plate solar energy collectors. Solar Energy,Vol. 7, pp. 53-74, 1963.
5.8. Rabl, A. Yearly average performance of the principal solar collector types. Solar Energy, Vol. 27, p. 215, 1981.
5.9. Reddy, T.A. The design and sizing of active solar thermal systems. Clarendon Press, Oxford, 1987.

Literatur zu Kapitel 6

6.1. Abhat A. Short term thermal energy storage. Rev. Phys.Appl.,Vol. 15, 3, p. 477, 1980.
6.2. Beckman, G., and Gilli, P.V. Thermal energy storage. Wien, Springer Verlag, 1984.
6.3. Bitterlich, W. Speicher für thermische Energie, VDI-Verlag, Düsseldorf, 1987.
6.4. Carslaw H.S., Jäger J.C. Conduction of heat in solids. Oxford Univ. Press, London and New York, 1959.
6.5. Davidson J.H., and Adams D.A. Fabric stratification manifolds for solar water heating. Trans. of ASME. J. Solar Energy Engineering. Vol. 116, pp. 130-136, Aug. 1994.
6.6. Davidson J.H., Adams D.A., and Miller J.A. A coefficient to characterize mixing in solar water storage tanks. Trans. of ASME. J. Solar Energy Engineering. Vol. 116, pp. 94-102, May 1994.
6.7. Dinter, F. Thermische Energiespeicher in Solarfarmkraftwerken und ihre Bewertung. Aachen, Shaker, 1992.
6.8. Duffie, J.A., and Beckman, W.A. Solar engineering of thermal processes. 2nd ed., New York, Wiley, 1991.
6.9. Dunkle, R.V., Ellul W.H.J. Randomly packed particulate bed regenerators and evaporative coolers. Trans. Inst. Eng., Vol. 8, p. 117, 1972.

6.10. Garg H.P., Mullick S.K., Bhargava A.K. Solar thermal energy storage. Reidel, Dordrecht, 1985.
6.11. Hoogendoorn C.J., Bart G.C.J. Performance and modelling of latent heat stores. Solar Energy, Vol. 48, 1, pp. 53, 1992.
6.12. Jensen J., Sorensen B. Fundamentals of energy storage. New York, Wiley. 1981.
6.13. Lane, G.A. Solar Heat Storage. Latent heat materials. Vol. I. CRC Press, Ann Arbor, Roca Baton, 1983.
6.14. Lane, G.A. Solar Heat Storage. Latent heat materials. Vol. II. CRC Press, Ann Arbor, Roca Baton, 1986.
6.15. Levy M., Levitan R. Closed-Loop Operation of a Solar Chemical Heat Pipe at the Solar Furnace. Solar Energy Materals, Vol. 24, 1-4, p. 464, 1991.
6.16. Meier A., Winkler C. Speicherung solarer Hochtemperaturwärme. Villigen-PSI, 1993.
6.17. Ratzesberger R., Hahne E. Der thermische Energiespeicher als Komponente eines Solarkraftwerks zur Senkung der Stromgestehungskosten. 9. Internationales Sonnenforum. DGS, S. 765-772, 1994.
6.18. Shamsundar, N., and Rooz, E. Numerical methods for moving boundary problems. In: Handoook of numerical heat transfer, W. J. Minkowitz, ed., Wiley, New York, pp. 747-786, 1989.
6.19. Yao, L. S., and Prusa, J. Melting and freezing. In: Advances in Heat Transfer, Vol. 25, p. 1-96, 1989.

Literatur zu Kapitel 7
7.1. Duffie, J.A., and Beckman, W.A. Solar Engineering of Thermal Processes. 2nd Ed. Wiley, New York, 1991.
7.2. Goy, G.C., Horn, M., Hrubesh, P. u.a. Kostenaspekte erneuerbarer Energiequellen. R. Oldenbourg Verlag, München-Wien, 1991.
7.3. Reddy, T.A. The design and sizing of active solar thermal systems, Clarendon Press, Oxford, 1987.
7.4. VDI-Richtlinie 2067: Berechnung der Kosten von Wärmeversorgungsanlagen. Bl. 1(12.83)

Literatur zu Kapitel 8
8.1. Davidson J.H., and Adams D.A. Fabric stratification manifolds for solar water heating. Trans. of ASME. J. Solar Energy Engineering. Vol. 116, pp. 130-136, Aug. 1994.
8.2. Duffie, J.A., and Beckman, W.A. Solar engineering of thermal processes. 2nd ed., New York. Wiley, 1991.
8.3. Götzberger, A., und Wittwer, V. Sonnenenergie: physikalische Grundlagen und thermische Anwendungen. 3. Aufl., Stuttgart, Teubner, 1993.
8.4. Khartchenko, N.V. Solaranlagen (auf Russisch). Energoatomizdat, Moskau, 1991.
8.5. Kreider, J. F., Hoogendorn, C.J., Kreith, F. Solar design. Components, systems, economics. New York, Hemisphere Publ. Corp., 1989.
8.6. Ladener, H. Solaranlagen. Stuttgart, –kobuch, 1993.
8.7. Lakner, K. Solarbeheizte Schwimmbäder in Frankreich. Sonnenenergie und Wärmetechnik, Nr. 3, S. 17-19, 1994.
8.8. Luboschik, U., und Peuser, F.A. Sonnenenergie zur Warmwasserbereitung und Raumheizung. 2. Aufl., Vlg TÜV Rheinland, Köln, 1991.
8.9. Molineaux B., Lachal B., and Guisan O. Thermal analysis of five outdoor swimming pools heated by unglazed solar collectors. Solar Energy, Vol. 53, No. 1, pp. 21-26, 1994.

8.10. Recknagel H., Sprenger E., Hönmann W. Taschenbuch für Heizung und Klimatechnik. München, Oldenbourg, 1993.
8.11. Reddy, T.A. The design and sizing of active solar thermal systems, Clarendon Press, Oxford, 1987.
8.12. Smith C.C., Löf G., and Jones R. Measurement and analysis of evaporation from an inactive outdoor swimming pool. Solar Energy, Vol. 53, No. 1, pp. 3-7, 1994.

Literatur zu Kapitel 9

9.1. Balcomb, J. D. Passive solar buildings. MIT Press, Cambridge, 1992.
9.2. Bhandari M.S., and Bansal N.K. Solar heat gain factors and heat loss coefficients for passive heating concepts. Solar Energy, Vol. 53, No. 2, pp. 199-208, 1994.
9.3. Duffie, J.A., and Beckman, W.A. Solar engineering of thermal processes. 2nd ed., New York, Wiley, 1991.
9.4. Götzberger, A., und Wittwer, V. Sonnenenergie: physikalische Grundlagen und thermische Anwendungen. 3. Aufl., Stuttgart, Teubner, 1993.
9.5. Khartchenko, N.V. Solaranlagen (auf Russisch). Energoatomizdat, Moskau, 1991.
9.6. Kreider, J. F., Hoogendorn, C.J., Kreith, F. Solar design. Components, systems, economics. New York, Hemisphere Publ. Corp., 1989.
9.7. Luboschik, U. und Peuser, F.A. Sonnenenergie zur Warmwasserbereitung und Raumheizung. 2. Aufl., Vlg TÜV Rheinland, Köln, 1991.
9.8. Recknagel H., Sprenger E., Hönmann W. Taschenbuch für Heizung und Klimatechnik. München, Oldenbourg, 1993.
9.9. Sodha M.S., Bansal N.K., Kumar A., Bansal P.K., and Malik M.A.S. Solar passive building. Pergamon Press, Oxford, 1986.
9.10. Volger, Laaasch. Haustechnik. B.G. Teubner, Stuttgart, 1994.
9.11. Niedrigenergiehäuser. 1994.

Literatur zu Kapitel 10

10.1. Ameel T.A., Wood B.D., Siebe D.A., and Collier R.K. Performance predictions of solar open-cycle absorption air conditioning systems in three climatic regions. Trans. of ASME. J. Solar Energy Engineering. Vol. 116, pp. 107-112, May 1994.
10.2. Antinucci M. Passive and hybrid cooling of buildings. State of the art. Int. J of Solar Energy, Vol. 11, 3-4, p.251, 1992.
10.3. Baum, V. A., Kakabaev A., Khandurdyev A., Klychajeva 0., et Rakhmanov A. Utilization de lÂenergie solaire dans les conditions particulieres des regions a climale torride et aride pour la climatisation en ete. International Solar Energy Congress, Paris, 1973.
10.4. Bosnjakovic, F., und Knoche, K. F. Technische Thermodynamik. 7. Aufl., Steinkopff, Darmstadt, 1988.
10.5. Duffie, J.A., and Beckman, W.A. Solar engineering of thermal processes. 2nd ed., New York, Wiley, 1991.
10.6. Hansen C. Solare Klimatisierung. Sonnenenergie, Nr. 2, S. 8-9, 1993.
10.7. Keßling W., Lävemann E. Klimatisierung über Sorption. 9. Internationales Sonnenforum. DGS, S. 1190-1196, 1994.
10.8. Kreider, J. F., Hoogendorn, C.J., Kreith, F. Solar design. Components, systems, economics. New York, Hemisphere Publ. Corp., 1989.
10.9. Kühlung durch Wärme: Kollektoren versorgen Klimaanlagen im Süden. Sonnenenergie und Wärmetechnik, Nr. 1, S. 29, 1993.
10.10. Recknagel H., Sprenger E., Hönmann W. Taschenbuch für Heizung und Klimatechnik. München, Oldenbourg, 1993
10.11. Stephan, K. Thermodynamik. 1. Einstoffsysteme. 14. Aufl., 2. Mehrstoffsysteme und chemische Reaktionen. 13. Aufl., 1992.

Literatur zu Kapitel 11

11.1. Bankston C.A. The status and prospects of central solar heating plants with seasonal storage an international report. Advances in solar energy. Ed.: K.W. Boer, J.A. New York et al., Plenum Press. Vol. 4, p. 352-444, 1988.

11.2. Bruce T., Hillson J. Solar heating plant with seasonal storage for 500 apartments in Sodertuna. Swedish Council for Building Research, Stockholm, 1985.

11.3. Carlslaw, H.S., and Jaeger, J.C. Conduction of heat in solids. Oxford, Clarendon Press, 1953.

11.4. Claesson J., Dunand A. Heat extraction from the ground by horizontal pipes. Swedish Council for Building Research, Stockholm, 1983.

11.5. Dalenbäck J.-O. Large-scale Swedish solar heating technology system design and rating. Swedish Council for Building Research, Stockholm, 1988.

11.6. Dalenbäck, J.-O. The Status of CSHPPS, a report of International Energy Agency. Solar Heating and Cooling Task VII, 1989.

11.7. Dalenbäck, J.-O. Central solar heating plants with seasonal storage. Status Report. Doc. D14, Swedish Council for Building Research, Stockholm,1990.

11.8. Dalenbäck J.-O. Solare Wärmeversorgung in Schweden. VDI Berichte, 1024, S. 21-31, 1993.

11.9. Fisch N., Kübler R., Hahne, E. Solarunterstützte Nahwärmeversorgung-Heizen mit der Sonne. Tagungsbericht. 8. Int. Sonnenforum, Berlin, 1992.

11.10. Fisch, N., Kübler R., Lutz, A., Hahne, E. Solare Nahwärme. Stand der Projekte. Sonnenenergie und Wärmetechnik, Nr. 1, S. 14-18, 1994.

11.11. International Energy Agency Solar Heating and Cooling Programme Task 7. Central solar heating plants with seasonal storage. A status report. J.-O. Dalenbäck (ed.). Document D 14: 1990. Swedish Council for Building Research, Stockholm, 1990.

11.12. Jilar T. Central solar heating plants wilh seasonal storage. In: O. C. Morck and T. Pedersen (Eds.) . Advanced district heating technologies. International Energy Agency. Programme of Research Development and Demonstration on District Heating, p. 349-383, 1989.

11.13. Johansson S. Design of aquifer TES-a case study Solna. Swedish Council for Building Research, Stockholm, 1989.

11.14. Khartchenko N.V. Solare Heizungsanlagen mit saisonaler Wärmespeicherung (auf Russisch). Informenergo, Moskau, 1989.

11.15. Lemmeke L. Seasonal storage of solar heat. Utilization of large scale heat pumps. Swedish Council for Building Research, Stockholm. 1983.

11.16. Lund P. D. A general methodology for seasonal storage solar systems. Solar Energy, Vol. 42, 3, p. 235-251, 1989.

11.17. Lund P. D., Peltola S.S. SOLCHIPS-a fast predesign and optimization tool for solar heating with seasonal storage. Solar Energy, Vol. 48, 5, p. 291-300, 1992.

11.18. Mazarella L. The MINSUN program. Application and user's guide. 1989

11.19. Peltola S.S., and Lund P. D. Comparison of analytical and numerical modeling approaches for sizing of solar heating systems. Solar Energy, Vol. 48, 4, p. 267-273, 1992.

Literatur zu Kapitel 12

12.1. ASHRAE. 1989 ASHRAE Handbook, Fundamentals. SI ed. ASHRAE, Atlanta, 1989.

12.2 ASHRAE. 1991 ASHRAE Handbook, Heating, Ventilating, and air conditioning applications. SI ed. ASHRAE, Atlanta, 1991.

12.3. Beckman, W, A., Klein, S. A., und Duffie, J. A. Solar heating by the f-chart method. Wiley, New York, 1977.

12.4. Beckman, W, A., Klein, S. A., und Duffie, J. A. Solarheizungen planmässig optimiert nach f-Chart Methode. München, Pfriemer, 1979.
12.5. Bohl, W. Technische Strömungslehre. Vogel-Fachbuchverlag, Würzburg, 1989.
12.6. Duffie, J.A., and Beckman, W.A. Solar engineering of thermal processes. 2nd ed. Wiley, New York, 1991.
12.7. Handboook of heat transfer applications. 2-nd ed., Eds.: W. M. Rohsenow, J. P. Hartnett, E. N. Ganic. New York, McGraw-Hill, 1985.
12.8. Klein, S. A., Beckman, J. A., and Duffie, W. A. TRNSYS. A transient system simulation program. User's manual. Version 14.1. University of Wisconsin-Madison, 1993.
12.9. Kreider, J. F., Hoogendorn, C.J., Kreith, F. Solar design. Components, systems, economics. New York, Hemisphere Publ. Corp., 1989.
12.10. Lane, G.A. Solar Heat Storage. Latent heat materials. Vol. II. CRC Press, Ann Arbor, Roca Baton, 1986.
12.11. Luboschik, U. und Peuser, F.A. Sonnenenergie zur Warmwasserbereitung und Raumheizung. 2. Aufl.,Verlag TÜV Rheinland, Köln, 1991.
12.12. Lund P. D., Peltola S.S. SOLCHIPS-a fast predesign and optimization tool for solar heating with seasonal storage. Solar Energy, Vol. 48, 5, p. 291-300, 1992.
12.13. Mazarella L. The MINSUN program. Application and user's guide. Dipartamento de Energetica, Politecnico di Milano, 1989.
12.14. Meyer G., Schiffner E. Technische Thermodynamik. 4. Aufl., VEB-Fachbuchverlag, Leipzig, 1989.
12.15. Peltola S.S., Lund P. D. Comparison of analytical and numerical modeling approaches for sizing of solar heating systems. Solar Energy, Vol. 48, 4, p. 267-273, 1992.
12.16. Perers B., Karlsson B., Walletun, H. Simulation and evaluation methods for solar energy systems. Studsvik Report ED-90/4. Nykoping, 1990.
12.17. Recknagel, H., Sprenger, E., und Hönmann, W. Taschenbuch für Heizung und Klimatechnik. München, Oldenbourg, 1993
12.18. Reddy, T.A. The design and sizing of active solar thermal systems. Clarendon Press, Oxford, 1987.
12.19. Simonson, I.R. Computing methods in solar heating design, Macmillan Press, London, 1984.
12.20. VDI-Wärmeatlas. 6. Aufl., VDI-Verlag, Düsseldorf, 1991.
12.21. Zierep J., Bühler K. Strömungsmechanik. In: Hütte. Grundlagen der Ingenieurwissenschaften. 29. Aufl. Hrsg.: H. Czinos, Springer, Berlin, 1991.

Literatur zu Kapitel 13
13.1. Balcomb, J. D. Passive solar buildings. MIT Press, Cambridge, 1992.
13.2. Balcomb, J. D., Barley, D., McFarland, R. D., Perry, J., Wray, W. D. , and Noll, S. Passive solar design handbook. Vol. 2. U.S. Department of Energy, Washington, 1980.
13.3. Balcomb, J. D., Jones, R. W., Kosiewicz, C. E., Lazarus, G. S., McFarland, R. D., and Wray, W. D. Passive solar design handbook. Vol. 3. American Solar Energy Society, Boulder, 1983.
13.4. Balcomb, J. D., Jones, R. W., McFarland, R. D., Wray, W. D. et al. Passive Solar Heating Analysis. A Design Manual. ASHRAE, Atlanta, 1984.
13.5 Bhandari, M.S., and Bansal, N.K. Solar heat gain factors and heat loss coefficients for passive heating concepts. Solar Energy, Vol. 53, No. 2, pp. 199-208, 1994.
13.6. Duffie, J.A., and Beckman, W.A. Solar engineering of thermal processes. 2nd ed., New York, Wiley, 1991.
13.7. Monsen, W. A., Klein, S. A., and Beckman, W. A. Prediction of direct gain solar heating system performance. Solar Energy, Vol. 27, 143, 1981.

13.8. Monsen, W. A., Klein, S. A., and Beckman, W. A. The unutilizability design method for collector-storage walls. Solar Energy, Vol. 29. 421, 1982.
13.9. Sodha M.S., Bansal, N.K., Kumar, A., et al. Solar passive building. Pergamon Press, Oxford, New York etc., 1986.

Literatur zu Kapitel 14

14.1. Arinhoff, R. Solarthermische Kraftwerke in Kalifornien. Energiewirtschaftliche Tagesfragen, Heft 4, 1990.
14.2. Beyer, U., Pottbrock, R., und Voermans, R. 1 MW Photovoltaik-Anlage Toledo-Spanien. 9. Internationales Sonnenforum. DGS, S. 355-362, 1994.
14.3. Eisenbeiß, G. Solarkraftwerke. 9. Internationales Sonnenforum. DGS, S. 3-13, 1994.
14.4. Grasse, W., Macias, M., und Schiel, W. Operating experiences with experimental solar thermal power plants in Spain and perspectives for near-term commercial applications. In: VDI-Berichte 1024, Düsseldorf, 1993.
14.5. Goy, G.C., Horn, M., Hrubesh, P. u.a. Kostenaspekte erneuerbarer Energiequellen. R. Oldenbourg Verlag, München-Wien, 1991.
14.6. Kleemann, M., und Meliß, M. Regenerative Energiequellen. 2. Aufl., Springer, Berlin, 1993.
14.7. Solarthermische Anlagen-Technologien im Vergleich. Turm-, Parabolrinnen-, Paraboloidanlagen und Aufwindkraftwerke. DLR. Hrsg.: M. Becker u.a. Berlin, Springer, 1992.
14.8. Solarthermische Kraftwerke für den Mittelmeerraum. DLR. Hrsg.: H. Klaiß. Berlin, Springer, 1992.
14.9. Winter, C. J., Sizmann, R.L., and Vant-Hull, L.L. Solar power plants. Springer, Berlin, 1991.

Literatur zu Kapitel 15

15.1. Bernard, R. Le soleil a votre table. Editions Silence, Lyon, 1987.
15.2. Bosnjakovic, F., und Knoche, K. F. Technische Thermodynamik. 7. Aufl., Steinkopff, Darmstadt, 1988.
15.3. Busch, P., und Zumach, W. Praxisnaher Solarkocher mit Wärmespeicher für Entwicklungsländer. 9. Internationales Sonnenforum. DGS, S. 1436-1439, 1994.
15.4. Jung, D., Kössinger, F., und Schölkopf, W. Betriebserfahrungen mit kleinen solarthermisch betriebenen Entsalzungsanlagen. 9. Internationales Sonnenforum. DGS, S. 1491-1498, 1994.
15.5. Khartchenko, N.V. Solaranlagen (auf Russisch). Energoatomizdat, Moskau, 1991.
15.6. Osakwe, A., Weingartmann H. Entwicklung eines Solartrockners für tropische Früchte mit Nutzung der Photovoltaik. 9. Internationales Sonnenforum. DGS, S. 1400-1405, 1994.
15.7. Schwarzer, K., Hafner, B., und Krings, T. Simulations- und Auslegungs-programm für solare Kocher mit temporärem Speicher, Vergleich der Ergebnisse mit Messungen. 9. Internationales Sonnenforum. DGS, S. 1422-1427, 1994.
15.8. Schwarzer, K., Krings, T., und Hafner, B. Verbreitung von solaren Kochern mit und ohne zuschaltbarem Speicher. 9. Internationales Sonnenforum. DGS, S. 1428-1435, 1994.
15.9. Sodeik, M. Niedertemperatur Stirling-Wasserpumpe. 9. Internationales Sonnenforum. DGS, S. 1504-1508, 1994.
15.10. Solar energy handbook. Eds.: J.F. Kreider, F. Kreith. New York et al., McGraw Hill, 1981.
15.11. Solar energy in agriculture. Vol. 1-4. Ed.: B.F. Parker. Elsevier, N.Y., 1991.
15.12. Wippermann K., und Scheffler, W. Solarherd mit mit thermischem Pufferspeicher und Spiegel mit festem Brennpunkt. 9. Internationales Sonnenforum. DGS, S. 1455-1462, 1994.

Stichwortverzeichnis

A

Abdeckung, transparente 54
Abdeckung, Schwimmbad 209, 213
Absorbens 242
Absorber 50, 54, 63, 203
– schwarzer 74
– selektiver 67, 75
Absorberbeschichtung, selektive 67-70
Absorberplatte 53
Absorberbauart 54, 203
Absorberwirkungsgradfaktor 78, 108
Absorptionsgrad 44, 59
– Schwimmbad 208
– Speicherwand 361
Absorptions-Kälteanlage, solare 241-249
– Analyse, LiBr-H_2O 253-257
– Arbeitsstoffpaar 242, 250
– Berechnung 257-259
– Energiebilanz 244, 256
– intermittierende 248
– kontinuerlich betriebene 24
– Kreisprozeß 243
– Massenbilanz 256
– mit offenem Kreislauf 247
– periodisch betriebene 248
Adsorbat 250
Adsorption 250
Adsorptionskühlung 250
Albedo 18
Amortisationsdauer 176
Anhaltswerte, Fläche
– Glasvorbau 361
– Speicherwand 360
– Südfenster 360
Annuitätsfaktor 175
Antriebsleistung
– Kompressor 239
– Pumpe 332
Antriebswärme 244
Apertur 103
Aperturfläche 99, 103, 106, 342

Aperturprojektionsfläche 344
Arbeitsmittel für
– Solarfarm-Kraftwerk 366
– Ammoniak-Wasser 242
– Lithiumbromid-Wasser 242
– Zeolith-Wasser 250
Arbeitsstoffpaar 242, 250
– Ammoniak-Wasser 242
– Lithiumbromid-Wasser 242
– Zeolith-Wasser 250
Auffangsfaktor 106
Auftriebsdruck 183
Aufwind-Kraftanlage 364, 374
Ausdehnungsgefäß 336
Ausführung
– Absorber 203
– aktives System 188, 192
– Entsalzungsanlage 391
– Kocher 385
– Kollektor 49, 112, 265
– Kraftanlage 367
– Latentwärmespeicher 317
– Nahwärmesysteme 270
– passives System 225
– Schwimmbad, solarbeheiztes 202
– Trockner 393
– Wärmespeicher 140, 148, 167, 170, 267
– Wassererhitzer 183, 186, 188, 192
– Wasserpumpe, solare 395
Auslegung
– aktive Solaranlage 289
– Ausdehnungsgefäß 336
– Kollektorfläche 215, 283
– passives System 342
– Kollektorkreispumpe 332
– Kurzzeit-Speicher 312
– Langzeit-Speicher 285
– Schüttbettspeicher 318
– Wärmespeicher 284, 312
– Wärmetauscher 319
– ZSHASW 283, 285

Austreiber 241
Austrittstemperatur, Kollektor 79
Azimutwinkel, Sonne 13, 406
Azimutwinkel, Kollektor 14

B

Baukosten, Speicher 287
Beladungsleistung, Speicher 135
Berechnung
– aktive Solaranlage 289
– passives System 342
– Kollektorfläche 215
– strömungstechnische 327-332
– stündliche Strahlung 22
– Volumen, Latentwärmespeicher 312
– Volumen, sensibler Speicher 311
– Wärmetauscherfläche 321
Beschichtung, selektive 67
Betriebskosten 175
Betriebszyklus, Speicher 135
Bewertungsgrößen, Energiespeicher 134
Biot-Zahl 162
Brennstoffverbrauch 176
Brechungsindex 57
Breitengrad 12
Brennstoffeinsparung 176

C

Carnot-Kreisprozeß 29
– rechtslaufender 30
– linkslaufender 31, 239
Chemisches Wärmerohr 172
Clausius-Rankine Kreisprozeß 31
Clearness Index 23
Clearness Index, Monatsmittelwert 396
CPC 103, 112
– abgehauener 113
– unabgehauener 113
CPC, Energieertrag 129

D

Dampfturbinenkraftanlage 31, 364
Deckungsgrad, solarer 289
– jährlicher 274, 300
– monatlicher 299
Deklination, der Sonne 12
Desorption 250
Diagramm

– f-Chart, Flüssigkeitskollektor 293
– f-Chart, Luftkollektor 293
– h-x, feuchte Luft 382
– h-ξ, LiBr-H_2O 255
– lg p-1/T, LiBr-H_2O 254
– lg p-1/T, NH_3-H_2O 254
– Moody-Colebrook 329
Differenzenverfahren 36
Differentialthermostat 340
Diffusstrahlung 6
Direkt-Energiegewinn-System 227
Direktstrahlung
Dimensionierung
– Rohrleitung 326
– Solaranlage, Anhaltswerte 196
Direktumwandlung
– photovoltaische 376
– thermoelektrische 379
Drosselventil 237, 241
Druck
– dynamischer 328
– hydrostatischer 327
Druckverlust, Kollektorkreis 332
Durchflußfaktor, Kollektor 83

E

Effizienz 96, 339
Eigenschaften
– Ethylenglykol-Wasser-Gemisch 427
– Propylenglykol-Wasser-Gemisch 425
– Werk- und Baustoffe 429
Einfallswinkel, Diffusstrahlung 61
Einfallswinkel, Direktstrahlung 14-16
– beliebig orientierte Fläche 14
– geneigte Fläche, südliche Ausrichtung 16
– horizontale Fläche 16
– nachdeführte Fläche 16
– vertikale Fläche 16
Einkreis-Solaranlage 188
Einstrahlung 6
Eintrittstemperatur, Kollektor 82, 120
Einzelströmungswiderstand 330
Emissionsgrad 46, 429
Energiebilanz
– Absorptions-Kältemaschine 244
– Entsalzungs-Solaranlage 390
– Freibad 204, 208
– Gebäude 351

– Generator 256
– Kompressions-Kältemaschine 238
– Kondensator 240
– Solarheizungsanlage 276
– Speicher 144, 313
– Speicherschicht 146, 150
– Verdampfer 240, 256
– Wärmetauscher 41, 259
Energiedichte, Speicher 135, 136
Energieeinsparung 218
Energieertrag, Kollektor 127
– jährlicher 129
– monatlicher 128
– täglicher 127
Energieertrag, Kollektorfeld 93
Energieertrag, Solaranlage 193
Energiegewinn
– Freibad 207
– passives System 227, 345, 348
Energiekosten 175
Energiekosteneinsparung 177
Energiespeicher
– Akkumulator 133
– Batterie 133
– Druckluftspeicher 133
– Magnetfeldspeicher, supraleitender 133
– Metallhydrid 170
– Pumpspeicherbecken 133
– Schwungradspeicher 133
– Wärmespeicher 133
– thermochemischer 171
Entladungsleistung, Speicher 135
Eutektiken 160
Extraterrestrische Strahlung 1, 4

F

f-Chart-Verfahren 289
– Grundbeziehung 290
– Parameter X 290
– Parameter Y 290
– Korrekturfaktoren 292, 295
Fettsäure, organische 159
Feuchtegehalt 381
Feuchtigkeit, relative 381
Flachkollektoren 49-101
Fourier-Zahl 162
Fouriersche Differentialgleichung 34
Fresnel-Linse 103

G

Gasturbinenkraftanlage 33
Gebäude mit
– Null-Wärmekapazität 352
– unendlicher Wärmekapazität 352
Generator 241
Gesamtstrahlung 17
Gesamtwärmedurchgangskoeffizient 74, 107
Gewinnfaktor, Verglasung 219
Glasvorbau 226
Glaubersalz 161
Globalstrahlung 6
Gradtagzahl 298
Gradtagzahl, Werte 396, 411

H

Hauptsatz, der Thermodynamik
– erster 28
– zweiter 29
Heißgas-Stirlingmotor 373
Heizwärmebedarf, Schwimmbad 204
Heizwärmelast, Gebäude 343
Heizung, solare
– aktive 217, 220
– passive 217, 223
Heizwärmelast 343
Heizzahl 274
Heliostat 103
Heliostatenfeld 370
Himmelsstrahlung 6
Himmelstemperatur 206, 251
Höhenwinkel, der Sonne 406
Hohlraumreceiver 372

I

Indirekt-Energiegewinn-System 225
Indirekt-Trockner 385
Inselsystem, PV 378
Intensität, Strahlung 6, 17
Investitionskosten 174
Isolierung 225

J

Jahresenergieertrag
– Kollektor 128
– Solaranlage 300
– ZSHASW 282

Jahresgang
- Globalstrahlung 263
- Wärmelast 263
Joule-Kreisprozeß 32

K

Kälteanlage, solare 237, 241
Kälteerzeugung, solare 237-257
Kälteleistung 238
Kältemittel 237, 241, 242, 255
Kennlinie
- Kollektor 86, 266
- Solarzelle 377
Klimaanlage, solare 245
Klimadaten, Europa 411-420
Kocher, solarer 392
Körper, schwarzer 45
Kollektor 49-118
- evakuierter Kollektor 50, 96
- Flachkollektor 53-92
- Flüssigkeitskollektor 53, 217
- fokussierender Kollektor 52, 102-118
- hocheffizienter Flachkollektor 53, 265
- Hochtemperaturkollektor 52, 102-118
- Luftkollektor 55, 217
- Mitteltemperaturkollektor 52
- nichtkonzentrierender Kollektor 49
- Niedertemperaturkollektor 49
- Speicher-Kollektor 51
- Vakuum-Flachkollektor 50
- Vakuum-Röhrenkollektor 50
Kollektor mit
- schwarzem Absorber 74
- selektivem Absorber 67, 75
- Wärmerohr 97
Kollektorfläche, Berechnung 215, 283, 303
Kompakt-Wassererhitzer 186
Kompressions-Kälteanlage 237
Kompressor 237
Kondensator 237
Konzentrierender Kollektor 102-118
- Absorbertemperatur 105
- CPC 112-117
- Konzentrationsverhältnis 103
- Nutzwärmeleistung 108
- optischer Wirkungsgrad 106
- Parabolrinnen 103, 109
- Parabolspiegel 103

- Wirkungsgrad 109
Kosten, jährliche 174
Kraftwerk, solares
- Aufwind-Kraftwerk 374
- Dish/Stirlingmotor 373
- Solarfarm 364
- Solarteich 374
- Solarturm 368
Kreisprozesse, Energieumwandlung 29
Kühllast, Berechnung 259
Kühlung, passive 250
Kühlung, thermoelektrische 252
Kunststoffkollektor 91

L

Langzeit-Leistungsfähigkeit
- Kollektor 119-132
- Solaranlage, offene 197
- Solaranlage, mit Speicher 199
- Solaranlage, ohne Speicher 197
Last/Kollektor-Verhältnis 350
Latentwärmespeicher
- Ausführung 167, 170
- natürliche Konvektion 165
- Wärmeleitung 163
LCR-Verfahren 350
Lebensdauer 177
Leerlauftemperatur, Kollektor 91
Leistungszahl, Kältemaschine 239
Linienkonzentrator 102
Lösung, arme 242, 256
- reiche 242, 256
Lösungsmittel 241, 242, 256
LWS-Material
- Niedertemperaturspeicher 156, 158, 161
- Mitteltemperaturspeicher, 170

M

Massenstrom, Kollektor 9
Mathematisches Modell
- Speicher 144, 152
- Kollektor 101
Meerwasserentsalzung, solare 388
Mehrstoffspeicher 153
Membran-Ausdehnungsgefäß 337
Messung, Sonnenstrahlung 9
MINSUN 302

Stichwortverzeichnis

N
Nachführung 102, 106, 112, 364, 371
Nachheizung 339
Nachtisolierung, temporäre 225
Nahwärmesystem 263, 270
Neigungswinkel, optimaler 90
Niedertemperatur-Solaranlagen 49
Niedrigenergiehaus 218
NTU 42
Numerische Lösung 36
Nusselt-Zahl 38
Nutzarbeit 30
Nutzkälteleistung 238, 244
Nutzbarkeitsgrad, Solarkollektor 119
– täglicher 123, 127
– stündlicher 121, 127
Nutzungsgrad
– Kollektorfeld 274
– Speicher 137
Nutzwärmeleistung, Kollektor 82, 108

O
Optimierung
– Kollektorfläche 177
-Neigungswinkel 90
-Speichervolumen 177
-Solaranlage 303
Ozeanwärme-Kraftanlage 375

P
Parabolrinnen-Konzentrator 103
Parabolspiegel 103
Parabol-Trogkonzentrator 112
Passive Kühlung 250
Passive Solarheizsysteme 223-232
Photovoltaik 376
Prandtl-Zahl 39
Prüfung, Kollektor 98-101
Punktkonzentratoren 102
Pyranometer 11
Pyrheliometer 11

R
Rayleigh-Zahl 38
Receiver, offener 371
Reflexion der Strahlung 56
Reflexionsgrad 18, 44, 56
Regeleinrichtungen 339

Reynolds-Zahl 39
Rohrabsorber 106
Rohrreibungszahl 327

S
Salzhydrate 157
Schätzung, Sonnenstrahlung 22
Schwarzchrom 69
Schwarznickel 70
Schwimmbad, solarbeheiztes 201-216
– Auslegung, Kollektor 215
– Freibad, Energiebilanz 204
– Hallenbad 209
– Heizwärmebedarf 208
– Wärmeverluste, Freibad 204-207
Sicherheitsthermostat 340
SIMSOL 302
Simulation, Solaranlage 302
SLR-Verfahren 343
Solaranlagen
– Heizungsanlagen 217-222
– mit Wärmepumpe 233-236
– Schwerkraft-Solaranlagen 180-186
– zur Schwimmbaderwärmung 201-215
– zur Warmwasserbereitung 180-193
Solarer Heizungsbeitrag 348
Solarfarm-Kraftwerk 363-368
– Leistungsfähigkeit 366
– Wirkungsgrad 368
Solargenerator 377
Solarkocher 392
Solarkollektor 49
Solarkonstante 2
Solar/Last-Verhältnis 342, 353
Solarmodul 377
SOLCHIPS 302
SOLPLAN 302
Solarteich 52
Solarthermische Kraftanlagen 363-380
– Dish/Stirlingmotor 373
– Solarfarm-Kraftanlage 363, 368
– Solarturm-Kraftanlage 368, 370
Solartrockner
– Direkt-Trockner 384
– Indirekt-Trockner 385
Solarzelle 376
Sonnenenergieangebot 5
Sonnenenergieüberschuß 352, 355
Sonnenscheindauer 6

Sonnenstand 406
Sonnenstanddiagramm 403
Sonnenstrahlung, Daten
– stündliche 406
– tägliche 406
– Tagessumme, Europa 411
Sonnenstrahlung
– auf der Erdoberfläche 5
– extraterrestrische 1
– Diffusstrahlung 6
– Direktstrahlung 6
– Globalstrahlung 6
– jährliche 5, 6, 9
– stündliche 22
– tägliche 6, 8, 17, 18
Sonnenzeit 11
Sorbent 250
Speicher
– für fühlbare Wärme 139, 147, 168
– Hochtemperaturspeicher 138, 171
– Latentwärmespeicher 155
– Niedertemperaturspeicher 138, 140, 157
– Mitteltemperaturspeicher 138, 168
– Schüttbettspeicher 147
– Warmwasserspeicher 139
– saisonaler Wärmespeicher 262, 266
Speicherkapazität 134
Speicher-Kollektor 51, 186
Speichermedien
– Vergleich 161
Speichermedium
– sensible Wärmespeicher 140
– Latentwärmespeicher 157-161
Speicherwand 225
– Energiegewinn 348
– Wärmedurchgangskoeffizient 344
– Zusatzenergiebedarf 348
Stanton-Zahl 162
Stefan-Zahl 162
Stoffwerte
– Ethylenglykol-Wasser-Gemisch 222, 427
– Feststoff-Speichemedien 168
– Latentwärmespeichermedien 158, 170
– organische Fettsäure 159
– Paraffin 159
– Propylenglykol-Wasser-Gemisch 222, 425
– Speichermedien 158, 168, 170

– Thermoöl 169
– trockene Luft 222, 428
– Wärmeträger 169, 222, 423, 425-428
– Wasser 222, 423
Strahlung, Wärmeübertragung 44
Strahlungsaustausch
– Körper-Umwandung 47
– planparalleles System 46
Strahlungsdaten, Berlin 421
Strahlungsdaten, BRD 10
Strahlungsdaten, Welt
– Globalstrahlung 396
– Diffusstrahlung 396
Strahlungsempfänger 52, 373
Strahlungsgesetz von
– Stefan-Boltzmann 46
– Kirchoff 46
– Planck 45
– Wien 45
Strahlungskoeffizient 46
Strahlungskoeffizient, Werte 429
Strahlungskonzentrator 52
Strahlungsstärke
– Diffusstrahlung 6
– Direktstrahlung 6
– Globalstrahlung 6
– kritische 91, 119
Stromerzeugung 363-380
Stromgestehungskosten 364, 365, 370, 378
Stundenwinkel 12
– Sonnenuntergang 17

T

($\tau\alpha$)-Produkt, effektives 62
Tageslänge 17
Tageszahl 21
Taupunkttemperatur 206
Temperaturdifferenz, mittlere 42
Temperaturschichtung, Speicher 141
Temperaturverteilung 34, 75
Thermischer Widerstand 36, 73
Thermoelektrische Energieumwandlung 379
Thermosiphon-Solaranlage 181
Transmissionsgrad 44, 57
TRNSYS 302
Trocknung, solare 381-387
Trombe-Wand 225
TWD 224

U

Überschlagsrechnung 287, 316
Umgebungstemperatur, Monatswerte
– Europa 411
– Welt 396
Umrechnungsfaktor für geneigte Fläche
– Direktstrahlung 18, 422
– Globalstrahlung 18, 21
– stündliche Strahlung 18
– tägliche Strahlung 18, 422
Umwälzpumpe, Auslegung 332

V

Vakuum-Flachkollektor 50
Vakuum-Röhrenkollektor 50
Verdampfer 237, 241
Verdampfungsenthalpie 205, 261
Verdichter 237
Verdunstungsverluste 205
Verfahren
– f-Chart-Verfahren 289
– φ-f-Chart-Verfahren 307
– LCR-Verfahren 350
– SLR-Verfahren 342
Vergleich
– Kollektoren 102
– Wärmespeicher 161, 172
Verschaltung, Kollektormodule 93

W

Wärmeabfuhrfaktor 82
Wärmebedarf 299
Wärmedämmung 54
Wärmedämmung, transparente 223
Wärmedurchgang 39
Wärmedurchgangskoeffizient 39
Wärmelast, Berechnung 298
Wärmepumpe 233
– Leistungszahl 31
– Gütegrad 31
Wärmerohr 97
Wärmespeicher
– durchgemischter 141
– für sensible Wärme 139, 147, 168
– geschichteter 141
– Hochtemperaturspeicher 138, 171
– Jahresspeicher 135, 266
– Kiesspeicher 148
– Kurzzeit-Speicher 135
– Latentwärmespeicher 155
– mit LWS-Materialkapseln 319
– Mitteltemperaturspeicher 138, 168
– Niedertemperaturspeicher 138, 140, 157
– Schüttbettspeicher 148, 318
– Vergleich 161, 172
– Warmwasserspeicher 139
Wärmespeicher, saisonaler
– Aquifer 268
– Erdbecken 267, 279
– Felskaverne 267, 279
– Grundspeicher 268
– Hochtemperaturspeicher 269
– Wassertank, isolierter 267, 277
Wärmetauscher
– Auslegung, für Solarkreis 321
– Betriebscharakteristik 42
– Doppelrohr-Wärmetauscher 40
– externer 190, 320
– Gegenstrom-Wärmetauscher 41, 190
– Gleichstrom-Wärmetauscher 41, 297
– interner 190, 320
– Kreuzstrom-Wärmetauscher 297
– Platten-Wärmetauscher 190, 320
– Rippenrohr-Wärmetauscher 320
– Rohrbündel-Wärmetauscher 190
– Tauch-Wärmetauscher 323
– Verschmutzung 325
Wärmeträger 54
– Kollektorkreis 297
– Wärmetauscher 297
Wärmeübertragung
– Feststoff-Wärmespeicher 150
– Kollektor 70
– Konvektion 38
– Latentwärmespeicher 160
  Wärmeleitung 163
  natürliche Konvektion 165
– Strahlung 44
– Wärmeleitung 34
– Warmwasserspeicher 139
Wärmewertverhältnis 42
Wärmeverluste, Berechnung
– Erdbecken 279
– Freibad 204
– Kollektor 70, 100
– Kurzzeit-Wärmespeicher 313
– unterirdischer Wärmespeicher 278

- Wassertank 277
Wasserdampf-Sättigungsdruck 205
Wasserpumpe, solare 294
Widerstandsbeiwert 330
Wintergarten 226
Wirkungsgrad
- Kollektor 86, 109
- optischer, Kollektor 64, 100, 106
- thermischer, Kreisprozeß 32, 365
Wirtschaftliche Bewertungskriterien 175
Wirtschaftlichkeitsanalyse, Solaranlage 174
WOZ (Wahre Ortszeit) 11, 406

Z

Zeitkonstante, Kollektor 92
Zenitwinkel, Sonne 13
Zentralreceiver 370
Zeolith 250
ZSHASW 262, 270, 275
- Aufbau 263
- Ausführung 270
- Energiefluß-Diagramm 275
- Heizzahl, saisonale 275
- Kenngrößen 273
- Kollektorarten 265
- Kollektorfläche 283
- Leistungsfähigkeit 276
- mit Wärmepumpe 270, 273
- ohne Wärmepumpe 270
- Planung 275
- Speichervolumen 285
- Speicherarten 266
- Wirtschaftlichkeit 286
Zusatzenergiebedarf 193, 300, 351
Zusatzheizung 339
Zusatzstoffe, LWS-Materialien 160
Zwangsumlauf-Solaranlage 187, 191
Zweikreis-Solaranlage 188

Springer-Verlag und Umwelt

Als internationaler wissenschaftlicher Verlag sind wir uns unserer besonderen Verpflichtung der Umwelt gegenüber bewußt und beziehen umweltorientierte Grundsätze in Unternehmensentscheidungen mit ein.

Von unseren Geschäftspartnern (Druckereien, Papierfabriken, Verpackungsherstellern usw.) verlangen wir, daß sie sowohl beim Herstellungsprozeß selbst als auch beim Einsatz der zur Verwendung kommenden Materialien ökologische Gesichtspunkte berücksichtigen.

Das für dieses Buch verwendete Papier ist aus chlorfrei bzw. chlorarm hergestelltem Zellstoff gefertigt und im pH-Wert neutral.